제 5 판

CONSTRUCTION AND MANAGEMENT
OF CHEMICAL PLANTS

- 산업현장의 창의적 관리 지침서 -

화학공장의 건설과 관리

김영호 저

Y.H.KIM Eng. & Mfg. Int.
Consultant, Representative
(전 KAIST 공학철학, 행복론 대우교수)

A-JIN 도서출판 아 진

"내가 가는 길을 그가 아시나니 그가 나를 단련하신 후에는
내가 순금 같이 되어 나오리라 (욥23 : 10)"

나의 부모님과

늘 격려와 힘을 북돋아 준

사랑하는 아내, 김영숙과

두 딸 내외: 혜윤이와 이영배, 수정이와 고광호에게

盡人事待天命
靑山

1. 저자 김영호 교수가 공학인 에게 주는 선서

(공학인의 행복을 위한 기도)

- 철학적/윤리적 판단기준을 마음에 새기며, 그것을 비춰볼 거울을 만들게 하소서.
- 원칙을 준수하며 양심적/신념적 Leadership을 발휘케 하소서.
- 안전문화/정책을 입안, 실행토록 하여 모두를 위험에서 벗어나게 하소서.
- 상호간의 의사소통을 할 수 있게 하여, 정도를 걷게 하소서.
- 역경에서 강인함을 보이며 설득력 있는 구성원들이 되게 하소서.
- 불의에 대하여 비판할 수 있게 하여, 구성원들이 변화를 추구하게 하소서.
- 용기 있는 자가 되어 구성원 모두가 지혜로운 길을 택하게 하여 주어서.
- 인간존중과 지구촌 보호에 역점을 두는 지도자가 되게 하소서.
- 창의력 바탕 위에 성장하며 인류에 공헌할 수 있는 의사결정권자가 되게 하소서.

II. 저자 김영호 교수가 정의한 공학철학과 공학윤리

공학철학 정의:

공학과정의 활동을 철학적/윤리적 바탕에서 의사 결정할 수 있게 함으로써, 공학적 재해를 최소화 할 수 있게 하고, 공학과정의 활동에서 어떤 선택을 하는 것이 Human Error를 최소화할 수 있는지 논증하고 설득하는 학문이다.

(저자 김영호 KAIST 인문사회과학과 대우교수 공학철학 교과목 강의에서 정의)

공학철학이 있는 공학자들은 이 학문을 통해서 의사결정권자들로 하여금 자율성을 높이고 양심과 신념 있는 판단과 의사결정을 할 수 있도록 소신을 펴 나갈 수 있게 하여 인류에 공헌하도록 유도한다.

공학윤리 정의:

공학철학 과정을 통하여 유도된 결론을 공학활동에 적용 실행할 때 양심에 바탕 하여 신념 있는 판단을 내려 실천하는 용기 있는 행동이며, 사회와 연관 짓는 공학결론의 활동을 철학적/윤리적 판단 기준에 의거하여 의사 결정, 실행할 수 있게 함으로써 판단오류에 의한 공학적 재해를 최소화하고 부정적 요소들을 정의롭게 제거하는 학문이다.

(저자 김영호 KAIST 인문사회과학과 대우교수 "공학철학" 교과목 강의에서 정의)

공학윤리에 바탕 한 의사결정권자의 판단과 실행은 국가, 사회, 인류를 재해로부터 보호할 수 있는 공헌을 하게 된다.

III. 저자 김영호 교수가 전하는 공학인의 의사결정

의사결정권자들은 공학철학과 공학윤리를 바탕으로 하여 심사 숙고한 과정을 거쳐 의사결정을 해야 하는데, 아래에 언급한 철학적/윤리적 판단기준 6가지를 바탕 으로 하여 의사 결정을 해야 한다.

즉, 판단기준 6가지는:

- 철학적 마인드 (Keeping philosopic mind)
- 윤리적 행동 (Ethical action)
- 신념 있는 행동 (Action in beliefs)
- 정직/양심 있는 행동 (Honest/Conscientious action)
- 용기 있는 주장과 설득 (Emphasizing and persuading courage)
- 인류에 공헌 여부이다. (Contribution to human beings)

공학철학과 공학윤리에 위배되는 사항에 대하여는 그 어떠한 경우에든 실행해서는 안되며, 운영 매뉴얼에 명기된 사항들을 여과 없이 실행하도록 해야 한다.

제 5 판을 내면서

국•내외 현대 화학공장과 산업체는 과학, 기술의 발달과 진화하는 과정에 따라 휴머니즘을 담은 공학의 인간적 설계와 화학공장의 건설과 관리를 새롭게 요구하고 있다.
공학 분야에 기반을 둔 복잡 다양한 기존 설계기준과 공장건설 그리고 전반적인 관리도 이에 따라 새롭게 진화 해 나가야 한다. 이러한 조건의 새로운 설계기준에 따라 변화된 화학공정 시설을 통 해 새롭게 요구되는 안전 규격의 화학제품들을 생산하여 사회에 공헌해야 한다.
특히 현대가 요구하는 최신 화학공장의 건설과 관리에 있어 기후변화에 따른 화학공장 설계기준을 강화하고 설계개념을 새롭게 정의하여 공장설계와 건설을 향상된 규격으로 적용 할 수 있도록 재 조명 해 보아야 한다.
우리 공학자들은 현재 지구 기후변화가 제반 공장에 영향을 미치는 지진, 쓰나미, 태풍, 폭풍우(rainstorm), 뇌우(thunderstorm), 홍수, 폭염(暴炎)/혹서(酷暑, heat wave), 게릴라성 폭우, 가뭄, 천둥, 낙뢰, 대기권 오존층 파괴, 설산과 빙산의 해빙, 초고온, 초저온, 화산폭발 등과 같은 현상들의 요소와 요인들을 공장 안전설계에 반영하고 공장건설을 해야 할 뿐만 아니라, 이에 따른 관리도 포괄적으로 해 나가야 한다.
현 시점에서 지구 기후변화에 따른 이들 요소들과 요인들을 공장 안전설계에 반영하지 않고 지나칠 경우에 제반 공장의 사고가 발생할 때는 인명손실과 자산손실은 물론 대자연의 생태계는 파괴될 뿐만 아니라, 화재, 폭발, 붕괴, 위험물질누출/확산, 독가스의 분출/확산, 침수, 수해 등과 같은 재앙적 재해로 이어지게 된다.
이 총체적 운영관리 측면의 과정인 공학개념, 공성 기본 및 상세 설계, 기기장치 설계, 공정응용설계 등의 다양한 설계 기준에 따라 Project관리, 공장건설, 시운전, 성능보장, 생산정상화, 공정개선, R&D, Research, 공정안전 및 환경관리 등의 제반 과정들을 공학철학 바탕 위에서 실행실천하고 관리 해 나가야 한다.
저자는 오랜 세월 국•내외 대단위 화학공장에서 실무를 담당 해 오면서 총체적 공학 공정설계, 안전 및 환경 부문에 많은 시간을 할애하며 실질적 경험(Hands-on Experience)을 쌓아 왔다. 실질적 업무 추진에서 공학요소들을 이론에 입각하여 총체적으로 공장건설과 관리에 응용 해 나간다면 "모든 사고(incident/accident) 들은 예방 될 수 있다." 는 것을 깨닫고 확신하게 되었다.
전문가 집단과 연구집단, 그리고 정책입안 집단들이 공학철학적 관점에서 협업(協業, cooperation)하고 지구 기후변화가 영향을 주는 자연재해(Natural Disasters)에 대비하여 실질적으로 연구하고 그 결과를 제반 학문 및 산업에 응용 발전시켜 나간 다면 이로 인한 사고의 피해를 예방할 수 있다고 보며, 이렇게 할 때 인명 손실과 자산 손실, 그리고 생태계 파괴 등의 피해를 최소화할 수 있다고 본다.
이에 따라, 제5판에서는 공학을 생산과 연계하여 실행에 옮기는 과정에 공학철학의 중요성을 감안하여:
•저자 김영호 교수가 공학인 에게 주는 선서(공학인의 행복을 위한 기도)
•저자 김영호 교수가 정의한 공학철학과 공학윤리
•저자 김영호 교수가 전하는 공학인의 의사결정 내용들을 증보하였으며

또한 공장 건설과 관리에 있어 인류에 공헌하는 휴머니즘의 바탕이 필수적으로 도입되어야 하는 주요점을 감안하여 저자의 논문: "공학철학과 윤리에 바탕 한, 공학/산업분야에서 발생하고 있는 Human Errors(인재, 人災)예방과 인재 최소화 전략을 위한 응용연구" 를 부록 (Appendix III)으로 증보했다.

이 논문은:

•기후변화에 따른 화학산업과 원자력 산업의 위험성 분석
•공학인 들을 위한 공학철학과 윤리의 핵심관리
•공학철학과 윤리의 궁극적 목적과 역할
•공학분야에서의 부정부패 발생원 분석
•Human Errors에 의한 사회적 제반 사고에서 얻은 교훈 요약
•공학인 들을 위한 철학적 의사결정
•Human Errors Free 화학공학의 비전과 Target
•인문사회과학 측면에서 Human Errors의 근본원인 분석
•공학측면에서 Human Errors발생의 핵심영역 분석
•공학측면에서 Human Errors를 예방하기 위한 영역분석
•Human Errors에 의한 사고 진행과 H.W. Heinrich Principle
•Human Errors에 의한 사고의 직접원인과 간접원인 분석
•Human Errors예방을 위한 공학인 들의 수행업무 요약
•Human Errors 예방을 위한 Y.H.KIM' s Principle
•Human Errors의 최소화 전략 Application을 포함한다.

따라서, 학생들이 사회에 배출되어 화학플랜트의 건설과 관리를 실질적으로 운영할 수 있는 능력과 응용 가능한 설계능력을 배양시켜 이들 학생들이 국가, 사회, 및 지구촌 인류에 공헌할 수 있게 함을 근본으로 하며 "화학공장의 건설과 관리" 제5판을 내 놓는다.

2017년 봄이 오는, 성복동 산자락 첼시빌 서재에서……

Y.H.KIM Eng. & Mfg. International Consultant, Representative
(전 KAIST 인문사회과학과 행복론, 공학철학 교과목 대우교수)
김영호(金榮鎬) 씀
yhkim1116@hotmail.com
Blog: http://blog.daum.net/greenishk

제 4 판을 내면서

최근에 중국 상해에 있는 미국의 공장을 방문해 보고, 아울러 중국 상해의 눈부신 발전 상을 한눈에 보았을 때 우리 화학공학 기술자 들이 모두 함께 지금의 궤도를 벗어나 새로운 물결이 밀려 오는 궤도로 궤도 수정을 하지 않고서는 머지 않아 국가와 사회에 더 이상 이바지 할 수가 없을 뿐만 아니라 Survive할 수 도 없겠다는 생각이 들었다.

여기에 또한 우리 화학공학 기술자 들은 우리 인접 국가인 Taiwan 대만의 Formosa Group이 최근에 단독 투자로 건설한 Mailiao Industrial Park는 세기적인 규모의 대단위 중화학공업 단지로서 세계적인 Group의 기술자들도 그 규모에 놀라곤 하는 Industrial Complex가 있다는 사실과 아울러, India OSWAL Group이 최근에 건설한 세계 최대 규모의 복합비료공장 들은 그 규모면에서 우리 들이 잊어서는 않되 겠다는 생각이 든다.

이렇게 급변하는 주위의 여건 들을 감안 해 볼 때 우리나라의 국제적 대응 경쟁체제는 서서히 약화되어 가는 기분을 느끼게 된다.

그간 느껴온 내용들과 우리 화학공학 기술자 들이 새로이 사고의 전환을 가져 옴으로서 궁극적으로 World-class로 가는 것만이 국가와 사회에 공헌하는 길이 되겠다는 마음이 들어 이들을 요약해 보면서 제 4판의 출간 목적으로 삼기로 한다.

- 첫째, Safety Design으로 화학공장 들의 안전에 대한 품질을 최대로 끌어 올려 인명 재산 손실이 발생되지 않도록 국제적 경쟁체제를 향상시키고, 이에 부가가치를 최대로 올릴 수 있도록 하여 국가 사회가 안진 속에 번영 할 수 있도록 실행 해야 하며,
- 둘째, Intelligent Design으로 품질을 최대로 향상 발전 시켜 Design과 상품의 부가가치를 최대로 끌어 올려 World-class로 성장 할 수 있도록 실행 해야 하며,
- 셋째, 상품 및 생산 규모에 있어 품질을 최우선으로 하는 Micro와 Macro의 양 분야를 공동으로 개발 발전시켜 최대의 부가가치를 올릴 수 있도록 세계 무대에서 선발대에 설 수 있게 끔 유도하여 국제 경쟁력을 최대로 강화 해 나가야 하며,
- 넷째, 산. 학계에서 공동으로 Philosophic Education and Training System을 개발 하여 산. 학이 공동으로 받아 들여 교육 훈련을 이수토록 함으로서 Soft를 강화해 나가야 하며,
- 다섯째, Human Education and Communication에 깊은 관심을 두고 실행 함으로서 상의 하달, 하의상달, 좌우 조직이 함께 공동으로 발전 해 감으로서 생동하는 조직이 활력을 받아 5대양 6대주로 뻗어 나가도록 해야 하며,
- 끝으로, Ergonomics를 감안한 Intelligent Design으로 인간의 가치를 존중하고, Zero-Defect위에 Safety First라는 개념과 철학을 충분히 이해하고 사업을 추진 실행 해 나가면서 기업의 문화로 정착시켜나가도록 한다.

첨언하여 제4판은 다음 취지가 강조되기에 펴내기로 하였습니다.

즉 화학공장 들은 노후화가 급속히 진행 되면서 주민 지역 가까이에서 생산활동을 하고 있다는

점을 감안하면 현재뿐만 아니라, 향후에도 더욱 Zero-Defect의 안전 설계에 깊은 관심을 가지고 이를 응용하여 생산활동에 노력을 경주해 주어야 한다고 본다.

그렇기에 안전 설계에 집중하여 공장을 건설해 나가야 한다.

화학공학 기술자 들이 세계화의 국제적 무대에서 활약하려면 안전설계와 화학공장의 총체적 관리에 안전을 최우선으로 두어야 함을 다시 한번 강조 해 둔다.

설계에 있어 안전 설계부문을 향상시키고 공정을 안전측면에서 개량하며, 각 공정 (Process)과 화학 공장 들을 전반에 걸쳐 더욱 안전하게 설계하도록 발전시켜 나간다면 제반 인명 손실과 재산 손실을 최소화 시킬 수 있을 뿐만 아니라 위험 요소들을 거의 대부분 제거 시킬 수가 있어 국제적 경쟁체제에서도 주도적 역할을 할 수 있다고 본다.

상기 여건 들을 감안하여 본 제4판에서는 제 23장 화학공장의 안전 설계와 관리 (Safety Design and Management of Chemical Plants)을 증보 하였으며, 아울러 2002년 8월에 Czech Republic Praha에서 개최된 "15thInternationalCongressofChemicalandProcessEngineering" 에서 초청 발표한 논문 내용을 대학, 대학원 생들의 논문 작법 및 발전을 위해 부록으로 수록한다.

최근 중국 발전의 원동력이 무엇인가를 생각 해 보면서……

2004년 4월 著者, 金 榮 鎬 씀

yhkim1116@hotmail.com

제 3 판을 내면서

우리는 현재 정보기술(IT), 바이오기술(BT), 나노기술(NT), 환경기술(ET)등과 같은 첨단 기술 분야에 집중하는 첨단 기술 산업시대에 돌입 하여 살고 있으며, 이들 최첨단 기술의 성공적인 연착륙으로 21세기를 온 인류와 함께 풍요롭게 살아가기 위한 전환점에 있다.

특히 이들 최첨단 기술 산업의 응용 개발을 위해서는 대부분의 첨단 기술 분야에 기초가 되는 화학산업의 제품 들을 어떻게 제반 안전 조업 상태에서 고급화를 이루 워 갈 수 있는 가가 주요 관건이 된다.

따라서 이들 화학물질 들을 제조 생산하는 기존의 화학 공장과 산업을 더욱 질적으로 경영 발전시키고, 미래를 대비하여 우수한 화학공학기술자 들을 많이 육성, 배출해 나가야 하는 것이 현재의 당면 과제라고 판단된다.

더욱이 철학적 마인드를 가지고 기초와 근본, 이론 원리와 경험 들을 기반으로 화학공장과 산업체를 고급화 시켜 나갈 때, 위의 최첨단 기술 산업 들도 함께 공존하며 영속적으로 발전해 나갈 수 있다고 본다.

그러나 현대 화학 산업은 첨단적으로 정밀화 되어가고 있는 반면에 고도의 복잡성과 대형화를 이루 워 나가 면서, 한편으로는 노후화가 진행되고 인적 자원 육성 소홀에 따라 기술적으로 낙후되어 가기 때문에 안전 조업에 많은 문제점 들을 안고 있는 실정이다.

뿐만 아니라 화학산업 분야에서 생산, 취급되는 대부분의 화학제품 들은 그 맹독성과 폭발성, 위험성 등의 성상으로 인하여 자칫 소홀히 관리 운영 및 경영 할 경우에는 많은 인명피해를 초래 하게 된다.

더욱이 주위에 돌이 킬 수 없는 상상을 초월하는 생태학적 파괴를 일으키게 됨으로 기존 산업의 안정적 발선을 위해서라도 창의적 고급 경영에 세심한 관심을 집중시켜 나가야 한다.

상기 내용들의 문제점 들을 해결 해 나가기 위해서 화학공장 건설의 타당성 조사에서부터 종합계획, 기본 설계와 상세 설계, 건설공사, 공장 인수 인계, 시운전 및 문제점 해결, 성능보장, 이어서 정상조업에 이르러 발전단계에 이르기 까지 성장 발전시켜 나가는 과정을 철학적 바탕 위에 체계적이고, 구체적으로 가르칠 필요가 절실히 요구 되고 있다.

따라서 산업 현장에서 오랜 세월 동안 제반 문제점 들을 분석하여 해결하고 보완하는 과정에서 배우고 익힌 이론을 바탕으로 한 경험 들을 토대로 공장 설계 및 건설, 그리고 운영, 관리, 경영에 현장감 있고 실직적으로 응용해 나갈 수 있도록 본 책자를 집필하게 되었다.

제 3 판의 개정과 활용방안

세계적 규모의 비료공장에서 25년간 현장 및 요직의 부서에서 실무를 통하여 얻은 이론을 바탕으로 한 제반 경험 들을 토대로 하고, 여기에 국제적 감각을 익히고 해외 Project 및 Technical Sales Business를 추진하는 데에 있어 의사소통을 위한 Communication의 도움을 주고자 실무에서 실제 오갔던 내용 들의 Practical English Patterns 700 Sentences를 부록으로 하여, 1995년에 총4편, 21 Chapters, 493 Pages로 도서출판 동화기술에서 발행 했다.

제2판인 증보판은 Process System Design이 기업발전을 위한 경영수지개선에 얼마나 중요한 역할을 하는지를 일께 우고, 공정설계의 Trouble-Shooting의 예들을 제시 했으며, 또한 기술자들에게

Business와 경영에 대한 마인드를 심어 주기 위해서 제22장 공정 시스템 설계와 기업(Design of Chemical Process Systems and Enterprises)을 증보하여, 1996년에 총4편, 22 Chapters, 509 Pages로 도서출판 동화기술에서 발행했다.

그리고 이번에 발행하는 제3판은 저자가 국제 Consultant로서 Taiwan, Formosa Group에서 대만 Mailiao지역에 건설중인 세계적 규모의 대단위 화학공장에서 Consultant, Senior Advisor로 활약하면서 그곳에 온 세계 속의 선진국 기술진 들과 기술 및 공학을 현장에 접목시켜 나가는 과정에서의 교류를 통해 얻은 교훈 들을 중요시 다루었으며, 각 Chapter마다 중요 사항 들을 응용문제로 발전시켰다.

또한 산업현장에서 터득한 기술자로서의 국제적 감각과 기술인 들이 갖추어야 할 기본 자세에 대하여 깊은 관심을 기울였으며, 더욱 중요하게는 철학적 개념 정립이 왜 기술인 들에게 절대적으로 요구되며, 공장설계, 공장건설, 공장관리경영에 얼마나 중요한 역할을 하는지를 피력했다.

제3판 발행을 위해 더욱 의미를 부여 하게 된 것은 본 책자가 4년마다 개최되는 세계화학공학회(World Congress of Chemical Engineering)에 알려지게 되어, 2001년 Melbourne Australia에서 열린 "6th World Congress of Chemical Engineering" 세계학회 초청논문 발표 때 학자 들과 경영자 들은 본 논문이 "化學工場의 建設과 管理(Construction and Management of Chemical Plants)" 라는 책자를 기본으로 하여 발표한 것을 이해 하고는 본 책자를 영어로 번역하여 세계 여러 나라에서 함께 공유하면 좋겠다는 조언을 해 준 데에 힘입어 우선 영문 번역에 앞서 증보를 하게 되었다.

그리고 제3판에서 특기 할 사항은 본 책자의 내용을 중시하고 효율적인 활용방안을 제시 하기 위해서 각 Chapter마다 응용문제를 다루었으며 총 342개의 응용문제를 실었다.

화학공학 기술자 들이 사회에 배출되어 국제적 수준의 감각을 가지고 업무를 처리 하고 발전 시켜 나갈 수 있도록 논술식의 응용 문제를 다양하게 다룬 점을 깊이 이해하고 대학생, 대학원생, 그리고 기술자 들의 자질 및 수준 평가 시에 꼭 활용해 주기 바란다.

- 제4장 4-4-1의 내용을 보완하고, 4-10 공장건립지반공사(Piling Foundations Works)를 증보했으며, 제5장에서는 5-1-3에 Piping Dynamic Analysis를 증보하였다. 제22장에서는 22-4-1 SRI(Stanford Research Institute)자료를 이용한 응용설계를 증보하고, 22-8에 Toluidine 공정설계의 Trouble-Shooting의 예를 추가 했으며, 또한 22-9 화학산업을 위한 球의 哲學(Sphere Philosophy for Chemical Industry)을 증보하면서, 기술 인으로서 가장 중요시 다루어야 할 철학적 의사 결정(Philosophic Decision-Making)을 22-10에 증보 하였다.

- 대학과 대학원 생들의 논문 작성에 참고를 도모하기 위해서 2001년 Melbourne Australia에서 개최된 제6차 세계학회 "6th World Congress of Chemical Engineering"에서 초청 발표한 논문, Title; "Philosophic Decision-Making for Overall Management of Complex Chemical Plants"의 내용과 아울러 그간 저자의 논문 발표 제목과 대학교 및 대학원 특강 제목을 부록에 실었다.

그리고, 첨언하여 해외에서 Consultant로 활약하는 동안 독일인 기술자 친구는 본 책자 "化學工場의 建設과 管理(Construction and Management of Chemical Plants)의 부록에 실려 있는 "Practical English Patterns 700 Sentences" 를 보고는 고급문장 들로 구성되어 있다며 자기 개발을 위해 한부가 꼭 필요하다고 하면서 몇 번씩 이나 얻고 싶다고 하기에 한부를 선물 한 적이 있다.

이들 독일인 기술자가 International Technical Business and Consulting을 위한 English Writing에 깊은 관심을 가지고 공부하는 것을 보고 깊은 감명을 받았기에 본3판 부록에 Practical English Patterns 50 Sentences를 더 추가하여 750 Sentences로 부록에 실었다.

그리고 제3판은 화학공학 전문도서 출판사인 "도서출판 아진(A-JIN PUBLISHING CO.)" 에서 발행하게 되었다.

이 책의 강의 및 교재를 담당하는 교수님들께

우리 화학공학 기술자들이 국제적 감각을 익히고 자질을 증진시켜 국제적 지위에 올라가기 위해서는 Practical English Communication 연습은 필수적이며, 또한 국제 기술인 사이의 원활한 의사소통을 위해서도 소홀히 할 수가 없는 현실적 문제인 것이다. 따라서 부록에 실은 실제 응용했던 영문 내용 들을 모두 익힐 수 있도록 대학교육 교과 과정에서 조율해 주기 바란다.

무엇보다도 여러 유명대학에서 본 책자를 화학공학 교육과정의 교재로 선정하여 가르쳐 오고 있는 데에 깊은 감사를 드리며, 계속하여 앞으로 더욱 여러 대학에서 본 책자를 교재로 선정하여 후학들에게 철학적 바탕 위에 깊고 폭 넓은 경험적 산 지식을 가르쳐 줌으로서 그들이 국내외에 배출 된 후에 각자의 발전은 물론 Global 시대의 사회와 국가에 현저한 공헌을 해 줄 것을 기대해 본다.

또한 본 책자의 각 Chapter에 실은 응용문제를 잘 활용하여 학생들의 자질 향상은 물론 성장해 나가는 과정에서 합리적이고, 객관적이며, 과학적으로 판단하며, 이들 기반 위에 철학적 의사결정을 할 수 있는 우수 인력으로 성장하여 국제무대로 많은 기술자 들이 배출 될 수 있도록 지도해 주기 바란다.

아울러 기술사 및 국가시험 대비 수험도서로도 활용하고 응용하여 기본바탕이 올바르고 강인한 우수 고급 기술인 들로 배출되기를 기원한다.

끝으로 産. 學. 硏, 政의 활기찬 상호 協同을 통해 우리나라 대한민국의 화학 산업은 물론, 세계의 화학산업과 기술을 공유하고 어깨를 나란히 공동 발전하여 안전 조업을 기반으로 세계의 여러 국가들이 꾸준히 성장 발전 해 나가기를 소망해 본다.

2002년 6월 World Cup 4강을 위한 광화문 거리응원을 다녀와서

著者, 金 榮 鎬 씀

머 리 말

이 책을 쓰게되는 동기는 공과대학을 졸업하고 25년째의 비료공장 생활속에서 배우고 응용하며 또한 경험하고 익혀온 값진 내용들을 헛되이 버리지않고 심혈을 기울여 요약정리하여 책자화 함으로서 세계화로 향하는 젊은세대와 경영개선을 위해 자기개발을 꾸준히 해나가는 경영인에게 도움을 주고저 함이다.

지구촌 경쟁 시대에 살고있는 우리는 급변하는 세계속의 복잡 다양한 환경속에서 살아가고 있다. 이러한 경쟁위기 시대에 항상 새로운 변화에 복합적으로 대응하고 도전하면서 업무를 처리하며 새로움을 배워 응용해 나갈때 젊음은 주위에 더욱 빛을 발할수 있겠다.

현재로 닥쳐올 미래를 예측하며 전략을 세워 나감으로서 불원간 밀려올 불투명한 문제점들을 자신있게 해결해 나갈수 있다고 본다.

이를 위해 우리 기술인은 선진국의 공장들을 보고 배우며 그들의 새로움을 응용, 적용
함으로서 경쟁속에서 당면할 문제점들을 해결해 나갈수 있다고 본다.

누구나 각자 맡은 업무를 처리해 나가는 과정에서 긴급 상황(EMERGENCY)과 마주칠때가
종종 있다. 이때 보다 신속 정확하게 그리고 피해를 최대한으로 줄여나가기 위해 이
긴급 상황을 현명하고 능숙하게 신속히 처리 수습해야 한다.

이러한 긴급 상황에서 당황하지 않고 여유있게 업무를 정확히 처리하려면 평소에 충분한 시간을 가지고 착실하게 한발 한발 각자의 능력을 배양해 나가야 한다.

그리고 항상 현재의 상태에서 각자의 위치를 확인해 보는 시간이 필요하다고 본다.

이러한 제반 여건과 상황 속에서 본 책자가 여러분의 잠재 능력을 다시한번 발휘케 하는데 밝은 빛이 되었으면 하는 마음에서 펜을 들게된 동기도 된다.

제 4 비료공장(진해화학)에서 생산 조업의 경험을 익힌후 제 7 비료공장(남해화학)
건설에 참여하는 단계에서 부터 복합적으로 응용하며 경험한 내용들을 토대로하여 본책자의 내용은 시작된다.

건설을 마치고 시운전을 거쳐 발전 단계인 현재의 공장 조업에 이르기 까지 11개 대형공장과 4개의 정밀화학 공장에서 생산조업을 담당하고, 19개의 COMPLEX 대형공장의 총괄 공정 관리(PROCESS CONTROL MANAGEMENT)와 기술관리(TECHNICAL AND ENGINEERING MANAGEMENT)
그리고 공정개선사업 (PROJECT FOR PROCESS IMPROVEMENT)과 환경개선사업 (ENVIRONMENTAL UPGRADING PROJECT)을 담당해 오면서 이론을 정립하고 경험을 바탕하여 익히고 응용해온 내용들을 요약한 것이다.

또한 미국, 프랑스, 스위스, 독일, 일본등 10여 개국의 선진국에서 교육훈련 및 기술협의를 거치면서 배워 응용하며 익힌 내용들을 기본으로 하였다.

본 책자의 이용목적은 효율적인 생산 조업 관리와 구체적인 경영방식을 통하여 경영개선에 도움을 주고, 공장의 공정 및 안전 문제와 환경 문제를 개선해 나감으로서 인재(人災)와 산업재해를 최대한으로 배제하여 나감으로서 기업과 사회에 다소나마 이바지하기 위함에 있다.

그리고 젊은 세대들이 세계로의 진출을 하는데 도움을 주기 위해서 그간 선진국의 고급 기술자들과 기술협의 및 PROJECT를 수행하는 과정에서 COMMUNICATION한 영문 FAX 내용들을 요약

하여 부록으로 첨부한다.

특히 본 책자는 생산공장에서 활약하는 기술자와 전문대학과 공과대학의 학생들에게 생산공장의 전반을 이해시키고 공장 설계 및 건설 그리고 환경과 안전을 포함하는 제반 공장 관리와 공장개량 발전에 이르는 전반 분야를 가르치는 교재로 이용되기를 바라며 더욱이

경영개선을 위해 꾸준히 노력하는 경영인에게 구체적인 공장관리와 경영에 반영되었으면 하는 내용을 제시함으로서 경영개선에 도움이 되었으면 하는 마음 간절하다.

그리고 著者로서는 본 책자의 구체적인 내용들이 여러 공업분야에서 널리 이용되고, 특히

안전 및 환경분야에서 사회발전에 큰 도움이 되었으면 하고 기원하는 마음 간절할 뿐이다.

끝으로 본 책자가 탄생되기까지 자료제공등에 많은 도움을 준 공정과 직원과 김근희 계장, 박영준 화학공학기사 그리고 구성을 맞추어 말끔히 WORD PROCESSING을 하여준 이남구

화학공학기사와 김경임 타이피스트에게 깊은 감사를 드린다.

1995년 짙푸른 초록빛 계절에

著　者　　씀

추 천 서

"化學工場의 建設과 管理"를 보고

남해화학에 김영호 부장이 그간 현장의 산 경험과 지식을 바탕으로 집필한 "화학공장의 건설과 관리" 를 보고 새삼 감회가 깊었습니다.

그간 화학공장의 현장에 근무하면서 그리고 건설할 때와 건설 후에 공장을 관리하면서 참고가 될만한 책이 현장 실무자들에게 없었던 것이 사실입니다. 저도 화학공학과 교수로 어언 30년간 단위조작을 가르쳐 왔으며 오래 전에는 공장설계를 강의했지만 그때마다 외국원서를 교재로 써왔습니다.

이제 세월도 많이 변했고 또 최근 기술이 급속하게 변하고 있는 시점에서 꼭 필요한 책이 없었습니다. 대학교재는 극히 제한된 내용과 이론에 치우쳐 왔고 더구나 우리시대에서 보면 환경과 안전이 크게 부각되고 있는 시점에서 이런 실질적인 문제를 심도있게 다룬 책이 없었다는 것입니다.

그런면에서 생각해 볼 때 이 책은 우리가 꼭 원해왔고 시대성도 크게 반영된 모든 내용이 들어 있는 책입니다.

회사의 기획실에서 공장건설을 기획하고 건설을 발주해 나가는 방법론이 자세히 기술되었고 기술자의 훈련과 시운전 그리고 공장이 가동된 후에 생산관리와 생산계획을 세우는 모든 것이 있습니다. 공장관리에 있어서는 규격화관리, 에너지보고서, 안전사고보고서, 공정분석보고서 등 현장에 근무하면서 다루어야 하는 내용이 다들어 있습니다.

그렇지 않아도 대학교육의 내용이 빈약해서 4년간 화공과를 다녔어도 실제 공장에서 근무하려면 재교육을 많이(약 3.5년) 시켜야 한다고 하는 시점에서 볼 때 이것을 화공과 4학년의 "공장설계 및 생산관리" 의 형태로 강의한다면 이러한 이론교육과 실무 사이의 "공백(gap)" 을 메우는데 크게 기여하게 될 것으로 생각합니다.

더구나 이 책에서 눈에 띄는것은 "공정개량과 연구발전" 이라는 제 3편입니다. 우리나라 화학공장들이 그동안 기술도입한 공장에 대하여 개량을 해 왔다고 하지만 부족한 점이 많이 있다는 것을 듣고 있는 점을 감안한다면 이 제 3편을 보고나면 공정개선의 접근방법을 이해하고 신기술 도입시의 유의사항을 잘 이해할 수가 있다고 생각합니다. 기술개발을 위한 정보수집과 구상을 하는데 크게 도움을 줄 수 있습니다.

김영호 부장은 현재 비료회사에 근무하면서 이 책을 집필했지만 이 책은 어느 화학공업 분야에 근무하시는 분도 쉽게 이해하고 접근하기 쉽도록 집필하였습니다.

김 부장의 성품을 잘 이해하고 있는 본인은 그분의 정열적인 성품과 학문 그리고 기술에 대한 욕심과 이를 즐기는 바탕이 이 책을 내놓게 된 동기라고 생각하면서 화공분야에 종사하는 분은 말단 직원에서부터 중역 및 사장에 이르기까지 꼭 한번 읽어보시기를 권하고 싶습니다.

한양대학교 화공과 교수

대학원장 하 백 현

1995. 11.

차　　　례

제 1 편

공장 건설 (PLANT CONSTRUCTION)

총론 1장
(INTRODUCTION)

1-1. 공장 건설

공장 건설이 완료되어 시운전을 거쳐 성능보장 시험을 할때 쯤에는 벌써 해당되는 공장 건설의 성패를 가늠할 수 있다.

모든 만물이 그렇듯이 태어날때부터 건강하고 건실하게 태어나야 하는 것과 같다.

우선 인간의 머리와도 같은 생산 공정(MANUFACTURING PROCESS) 선택이 기업 성패의 영향을 주게되며 또한 시설 규모(PRODUCTION CAPACITY) 결정도 기업의 미래 지향적 성장 발전과 세계 무대에서의 국제 경쟁력 강화면에서 중요한 요소가 된다.

그리고 인간의 팔다리와 같은 역활을 하는 기계 장치류의 건설 조립을 중요시 인식해야 한다.

기초가 튼튼히 다져진 곳에 기계 장치류를 설계 조건에 꼭맞게 건설 조립을 해야 한다.

아무리 머리가 좋아도 팔다리가 약하면 제대로 실력 발휘를 할 수 없듯이 공장 건설에 있어 생산 공정과 시설 규모 그리고 기계 장치류의 건설 조립은 기업의 미래를 결정하는데 중요한 요소가 된다는 점을 결코 잊어서는 안되며 또한 공장 건설의 삼위일체와 같다고 생각하면 된다.

1-2. 공장 운영

물자나 원료의 물리적 변화나 화학적 변화를 제공함으로서 계속적으로 경제적인 제품을 인력에 의하여 생산해 내는 시설을 공장이라고 말 할 수 있으며 이들 공장은 생산 기술 집단과 기계 장치류 집단 그리고 노동 인력 집단으로 구성된다.

공장을 움직여 계속적인 경제 활동을 영위해 나가기 위해서는 공장 경영 관리 기술이 필수적으로 중요한 여건이 된다.

공장은 태평양과 대서양을 횡단하는 비행기와 같다고 보면 된다. 단지 공룡과 같이 거대하여 날지는 못하고 지상에 머물며 목적을 달성해 내는 점이 차이는 있다. 비행기 조종사와 기내에서 종사하는 승무원들은 비상사태에 대비하여 그 얼마나 긴장하며 목적지를 향하는가를 이해하면 공장을 어느정도 이해 했다고 해도 과언은 아니다.

공장은 가동중에 여러가지 형태의 비상상태(EMERGENCY)와 비정상 상태(UNSTABLE OPERATING CONDITION)가 돌발적으로 발생할 때가 종종 있다. 즉 쉽게 표현하여 엄청난 돈(MONEY)의 행방이 손실의 늪으로 떨어지는 순간이다.

이런 상황에서 어떤 중요한 판단 기준이 설정되어 있지 않을때 얼마나 망서려지고 두려움이 엄습해 오는지 경험한바 있었을 것이다.

누구나 각자 담당한 공장내에서 비상상태와 비정상 상태에 돌입되었을때 보다 정확하게, 보다 신속하게, 보다 피해가 없게 그리고 보다 안전하게 이런 비상 상태의 수습을 할 수 있도록 각자 기술 능력을 배양하고 정확한 판단 기준을 설정 운영할때 각자의 안전은 물론 공장 안전 조업에 도움을 줄 수 있게된다.

평상시 공장을 아무리 만족하게 잘 운영했다 하더라도 공장에서 발생되는 비상상태와 비정상 상태의 수습을 안전하게 처리못했을때 미치는 영향은 그간 쌓아온 경영개선의 탑을 하루 아침에 무너뜨리게 된다.

따라서 공장을 관리하고 공정 기계 장치를 다루는 사람들은 평소 배우고 공부하며, 기술을 배양하여 능력을 얻을때 비로소 기술인으로서의 생명을 보존 할 수 있고 기업 발전에 공헌 할 수 있게 된다.

또한 기술자는 전문적인 기술을 향상 발전시켜 나가야하며 책임있는 기술업무 수행에 요구되는 광범위한 소양과 자질을 하루하루 성실히 키워 나가야 한다.

각 구성원의 소양과 자질이 결여 될 시에는 가치관의 판단기준이 흐려져서 업무 추진은 부진해지고, 눈에 보이지는 않지만 엄청난 경영 손실이 기업내에 누적되어 가게 된다.

즉 기술 업무 수행에 요구되는 소양과 자질이 결여될 때 더욱 발전해 나갈 수 있는일들이 그 자리에 머물며 퇴보하게 되는 것이다.

특히 경영개선에 있어 계량 측정이 안되는 부문에 경영자는 촛점을 마추어 경영관리해 나가야 하며 "기업은 사람이다" 라고 하는 경영 철학을 기업에 뿌리를 내려 놓아야 한다.

1-3. 정상 조업

공장이 설립되어 정상가동이 되어지는 과정을 보면 공장 계획, 공장 설계, 공장 건설, 시운전 및 정상조업, 연구 발전의 다섯단계로 구분 지을 수 있다.

이들 5단계의 전 과정을 총괄적으로 경영관리 할때 기업은 번창하여 갈 수 있다. 이들 5단계의 전 과정중 일부 과정에만 정성을 쏟고 나머지 과정에는 관심을 보이지 않게되면 공장은 일정한 기간이 흐르면서 서서히 비정상 상태가 나타나기 시작하며 조금더 진전되면 비상상태의 조건에 놓이게 되어 더이상 치료할 수 없는 상황에 돌입하게 된다.

공장은 설립된 이상 양질의 품질과 자랑할 수 있는 제품을 생산하여 국내는 물론 오대양 육대주로 판매망을 확장해 나가야 한다.

안정된 정상 조업이 이루어 질때 양질의 제품 생산이 가능하며 원활한 판매 활동이 촉진 될 수 있는 것이다.

안정된 공장 조업을 위해서 조직 관리, 생산 관리, 공정 관리, 안전 관리, 손실 관리, 설계보전 관리, 환경 관리등의 중요 부문 관리를 섬세하고 성실하게 운영해 나가야 한다.

1-4. 연구 발전

생산 공장은 건설하여 정상 조업 단계에 이르면 어느새 구식 공정(OUT-OF-DATE PROCESS)의 공장이 되어 신공정(UP-TO-DATE PROCESS)의 공장과 비교하여 효율면이나 안정 조업면에서 크게 뒤떨어 지게된다.

이를 극복하여 경쟁력을 확보하기 위해서는 공정개선, 신기술 도입, 연구 개발등의 분야에 투자를 아끼지 말아야 하며, 이를 소홀히 경영 관리할때 기업은 어느새 사양의 길로 접어들고 있음을 늦게서야 깨닫게 된다.

국내외의 세계적인 변화를 찾아 나서야 하며, 변화를 찾아 복합적으로 도전하는 기업만이 세계의 문을 열수 있다는 경영 철학이 마음속에 아로새겨져 있어야 한다.

1-5. 경 영

앞에서 언급한 공장건설, 공장운영, 정상조업, 연구발전의 과정을 아무리 능숙하게 추진 관리하였다 하더라도 경영관리에 문제점을 안고있으면 모든 것이 수포로 돌아가게 된다. 오직 수포로 돌아가는 길이 보이지 않을뿐이며 서서히 침몰해 가게 된다.

최고 경영자의 올바른 경영 철학관속에 조직 구성원들이 모두 함께 합리적이고 객관적인 사고 방식으로 목표를 향하여 매진하도록 분위기를 유도해 주어야 한다.

도덕관과 가치관이 뚜렷한 최고 경영자의 냉정하고 부드러운 철학의 눈(EYE)이 있을때 조직은 활성을 찾게 된다.

그리고 최고 경영자는 항상 현재의 위치를 조명해주는 눈(INSIGHTFUL EYE)을 가지고 구성원들을 살펴주어야 한다.

그러면 여기서 잠깐 눈에 대하여 몇자 적기로 한다.

때에 따라서 편협해지기 쉬운 주관적 사람의 눈이 있는가 하면, 있는 상태를 그대로 보는 사진과 같이 정밀한 관찰력(CAMERA-EYE)의 객관적 카메라의 눈이 있다.

또한 마이크로(MICRO)와 매크로(MACRO)의 눈도 있다.

그런가 하면 입체적 사고의 눈으로 안과 밖을 동시에 보며 정확히 사물을 판단해 내는 예술적인 눈도 있다.

이러한 모든 눈들은 객관적이며 합리적이고, 이론과 논리 그리고 감성적인 바탕을 중요시하며 구성원들이 성장 발전할 수 있도록 주위에 도움을 준다.

이러한 종합 예술적인 감성적인 사고의 눈으로 안과 밖을 입체적으로 동시에 보며 정확히 사물을 판단 해낼수 있는 구성원들이 되도록 키워나가야 한다.

이러한 분위기 속에 소프트(SOFT)와 하드(HARD)의 세계가 공존하며 함께 발전해 나갈수 있게 된다.

앞에서 말한 이러한 모든 눈(INSIGHTFUL EYE)들이 최고 경영자에게 반영되어 질때 기업은 성장 발전하게 되며, 또한 최고경영자가 이러한 눈을 가지고 조명할때 기업은 세계화의 경쟁속에서 살아남을수 있게 된다.

최고 경영자는「기업은 사람이다」라는 말을 뜻깊게 가슴에 아로새기며 구성원 각자의 인격과 신뢰를 바탕으로 서로들을 소중히 가꾸어 나가도록 분위기를 조성해 주어야 한다.

그리고 새로운 변화에 대응하며 복합적으로 도전해 나갈수 있도록 젊음의 길을 열어 주어야 하며 최고 경영자의 올바른 철학관속에서 각 구성원들을 옳게 키워내야 한다.

각 구성원들이 항상 배워 익히며 응용하고, 자기 개발을 위해 긇임없이 노력하는 분위기가 되도록하여 기업에 무궁 무진한 활력소가 깃들도록 최고 경영자는 깊은 관심을 가져주어야 한다.

다음의 내용들을 공장 경영 관리에 응용해 보는 방법도 있다.

1) 책임 완수를 위해서는 ;

- 항상 배우고 공부하며 응용하는 자세로 신선함과 젊음을 유지하고
- 겸손하고 자유로운 분위기속에 대화를 자유자재로 해나가며
- 자연과학과 사회과학을 바탕으로한 이론을 정립하면서 응용 발전하는 생활을 해나갈때 가능하게 된다.

2) 인화협동을 위해서는 ;

- 부드러움속에 강함이 있음을
- SIMPLE한 분위기속에 그윽한 예술의 아름다움이 있음을
- 겸허한 자기자신은 주위에 밝음을 준다는 사실을

인지할 때 가능하게 된다.

3) 창의 약진을 위해서는 ;

- 객관적이고 과학적인 사고의 눈으로
- 합리적이고 OVERALL한 사고의 눈으로
- 입체적인 사고로 안과 밖을 동시에 볼 수있는 눈으로
- MICRO와 MACRO의 눈으로

생물체와 무생물체를 관찰할 때 가능하게 된다.

4) 경영발전을 위해서는 만24년간의 현장 생활에서 깨달은 다음의 "현장 철학" 이 실천에 옮겨질때 도움을 줄수도 있다.

- 현장 생활의 빛과 향기 : 현장 철학
  ① 자기자신과의 싸움에서 이길 자신감이 있어야 하며
  ② 사물을 대할때 냉정한 마음을 잃으면 주관적 사고로 흐르게 되어 위험성이 뒤따르게 된다는 사실을 인식해야 하며,
  ③ 현장에서 첫 사고가 유발될시 원인이 발견되지 않거나, 은폐될때 더 큰 피해가 제 2의 인재사고로 나타난다는 현장 진리를 마음에 깊이 새겨야 하며,
  ④ 과정을 일부 생략하면 생략된 부분은 다른 과정에 편중되고, 이 편중된 과정은 과부하 현상이 초래되어 끝내 지속성을 상실하게되며 시간이 흐른뒤 대형사고를 유발 시킨다는 또 하나의 현장 진리를 마음에 아로새겨야 하며,

⑤ 과정을 중요시하는 분위기가 조성되어야 하며,

⑥ 보이는 시계바늘 3개와 뒷면의 안보이는 수많은 톱니바퀴들을 화합의 장으로 함께 볼수 있는 눈을 가질때 빛과 향기가 주위를 밝게 한다.

⑦ 현장 생활에서의 구성원의 마음가짐이 가정을 밝게하고 그 밝은 가정의 빛은 회사의 생활을 더욱 밝게하고 건전한 사회를 이룬다는 사실을 재인식해야 한다.

⑧ 교육은 주기적으로 끊임없이 이루어져야 하며 최고 경영자는 관심을 가져주어야 한다.

⑨ "기업은 사람이다" 라고 하는 깊은 경영철학을 기업에 뿌리 내려야 한다.

⑩ 끝으로 최고 경영자가 안전 제일(SAFETY FIRST)을 경영 기조(BASIC MANAGEMENT CONDIT IONS)에 둘때 조직 구성원들은 최고 경영자를 믿고 혼신을 다할수 있다.

그러나 무엇보다도 제일 중요한것은 최고 경영자의 의욕이며 또한 최고 경영자가 올바르고 현명한 경영철학관 을 가지고 기업을 경영할때이다.

다시한번 강조하지만 앞에서 언급한 종합예술적인 경영과 사고의 눈(INSIGHTFUL EYE)을 가진 경영자는 기업사회에서 존경받을수 있고 영원한 아름다운 발자취를 국민의 마음속에 깊이 남길수 있게 된다.

응용문제

1. 공장 건설에 있어 기업 발전의 미래를 결정하는데 중요한 요소가 되는 점들은 무엇이라고 생각하는가?
2. 화학공장을 무엇이라고 말 할 수 있으며, 어떠한 집단으로 구성되는가?
3. 화학공장의 가동 중에 나 타 날 수 있는 돌발적 상태란 어떠한 것인가?
4. 화학공장이 돌발적 상태에 돌입 되었을 때 수습을 위한 기본적 개념은 무엇인가?
5. 화학공장에서 기술 인으로서 안전을 도모하며 생명을 보존 할 수 있고, 기업 발전에 공헌 할 수 있는 길은 무엇이라 생각 하십니까?
6. 최고 경영자가 경영관리를 해 나가는 과정에서 뿌리를 내려야 할 경영철학을 한마디로 표현하면 무엇이라 말 하시 겠습니까?
7. 공장이 설립되어 정상가동이 되어 가는 과정을 다섯 단계로 구분 지을 때 그것은 무엇이 되겠습니까?
8. 안정된 공장 조업을 위해서 다루어야 할 중요 부문 관리는 무엇입니까?
9. 공장 경영 관리에 있어 응용 해 볼 수 있는 내용 들을 열거 하십시오.

공장 계획 2장
(PLANT OVERALL PLANNING)

2-1. 시설규모와 공정

공장 건설에 있어서 기업의 성패는 여러 요인 가운데서도 특히 최적 공정을 선택하느냐 못하느냐에 달려 있으므로 이점에 특히 역점을 두어야 한다.

또한, 시설 규모 결정도 기업의 미래 지향적 성장 발전과 세계 무대에서 국제 경쟁력을 강화해 나가는데 중요한 요소가되므로 전문가들로 팀을 구성하여 차분히 심사 숙고하여 결정해야 한다.

장기적으로 기업이 성장 발전하여 나가는데 제일 중요한 요소가 되기 때문이다.
뿐만아니라 최적 공정과 최신 시설은 정상가동중에 발전 지향적 공정 개선을 꾸준히 시도하여 나가는데 중요한 견인차 역활을 하게된다. 아울러 미래의 규모확장을 고려하여 최적의 공정과 시설 규모가 되도록 다각도로 신중히 검토하여 결정해야 한다.

국제 경쟁력을 강화하기 위해 시설은 성능이 충분히 입증된 최신 공정을 도입해야 하며 아울러 시설을 대형화 함으로서 제품 단위당 투자비와 조업 운영비를 최소화 시키는 방법을 고려의 대상으로 할 필요가 있다.

특히 주시설(主施設)이되는 생산 공장의 공정 선정 및 생산 능력 결정은 생산이 시작되면서부터 기업의 생사를 좌우한다.

시설 규모에 있어서 다음을 참고로 한다.

1) 대단위 공장을 각 단위 공장별로 구분하고
2) 각 공장별로 생산 능력을 결정하고
3) 각 단위 공장의 생산 능력을 1기 공장으로 대형화 할 것인가, 아니면 2기로 나누어 생산할 것인가를 결정하고
4) 일일 생산량과 년간 생산량으로 생산 능력을 결정한다.

2-2. 주시설(主施設) 과 부대시설(附帶施設)

시설에 있어서는 생산 목적을 위해 주시설(主施設)과 부대시설(附帶施設)로 구분되며, 주시설은 제품을 직접 생산하는 공장들을 말하며, 부대시설은 이들 공장의 생산 활동에 소요되는 제반지원

시설로서 예를들면 원료와 제품의 저장 및 공급 시설, 제품포장시설, 부두하역 및 선적시설, 동력설비, 공업용수 저장지(工業 用水 貯藏池), 수송시설 그리고 폐수 처리 시설등이 되겠다.

여기서 다음 사항을 참고로 하면 업무 추진에 도움이 되겠다.

1) 원료 저장 시설을 분류하고 저장 능력을 결정한다.
2) 원료 공급 시설을 분류하고 공급시설의 능력을 결정한다.
3) 액체 제품의 저장능력을 결정하고 저장량에 따라 저장조를 1기로 할것인지 또는 2기, 3기로 할 것인가를 결정한다.
4) 제품 저장 시설을 분류하고 저장 능력을 결정한다.
5) 제품 포장 시설의 포장 능력을 결정한다.
6) 포장 제품 저장 능력을 결정한다.
7) 적재 수송방법을 선박, 철도, 화물차로 구분하여 적재 능력을 결정한다.

2-3. 생산 공정 및 선정 (MANUFACTURING PROCESS AND SELECTION)

생산 공정은 상업적으로 충분히 성능이 입증되고 특히 환경오염 방지 및 안전조업에 있어서 완벽하게 성능이 보장된 최신 공정 (UP-TO-DATE IMPROVED PROCESS)을 신중히 검토하여 도입해야 한다.

생산공정의 특허업체 선정은 국제경쟁력 강화를 위한 제품생산 효율면에서 매우 중요하며, 또한 제품의 안정적인 공급을 위해 생산 활동중에 환경 측면이나 안전 측면에서 사고에 대비 사회에 물의를 일으키지 않을 안전한 공정이 되어야 하며 폭넓고 세부적인 기술 검토를 통하여 선정해야 한다.

참고할 사항으로는 세계적으로 우수한 특허업체들 중에서 몇개업체를 선정하여 그들 회사로 부터 신청서(PROPOSAL)를 받아 특히 공정부문을 서로 비교하여 기술측면에서 최우수 공정을 선정해야 한다.

2-4. 공정 설명

생산 공정에 있어서 철저한 공정이해는 생산 손실, 인명 손실, 설비 재산 손실 등을 예방 할 수 있고 또한 사회적으로 재난을 야기할 수 있는 제반 환경 오염 문제 및 인재(人災) 등을 예방하는데 제일 중요한 항목중의 하나다.

공정 이해를 충실히 하기위해 공정 설명은 다음의 주요항목들을 상세히 친절하게 나열해야 된다.

즉 1) 본론에 앞서 목적 및 부문 배열등에 대하여 개요를 설명하고
2) 설계용량, 주요원료 및 동력부문 등의 소비물량 및 생산량등을 보장(GUARANTEE) 하기 위한 성능 시험 운전(PERFORMANCE TEST RUN)에 대하여 언급하고

3) 원료 공급 부문에서 부터 생산제품을 저장, 출하하는 부문까지의 전체의 공정을 각 부문별로 나누어 설명하고
4) 주요 기기장치의 명세서와 설계사양서 그리고 기기장치 공급자의 기술정보 자료등을 명시해야 하며
5) 안전에 대한 제반 주의사항 과 위험 물질취급 그리고 유해 물질 처리에 대한 안정상의 내용을 상세히 명기해야 하며
6) 시운전 준비관계에 있어서의 제반 주요활동을 이행하는데 필요한 절차에 대하여 설명하고
7) 운전원을 위한 교육훈련과 공장가동에 대한 준비 사항에 대하여 명기하고
8) 원료 공급을 처음 시작하는 초기 생산운전에 대하여 공정 각부문별로 상세히 설명하고
9) 여러가지 원인에 따라 공장을 가동 정지 할때의 절차에 대하여 상세히 명기하고
10) 정상운전 절차와 운전 조정 방법에 대하여 설명하고
11) 계기 장치의 제어 수치와 연동 장치에 의한 비상 긴급 가동정지에 대하여 명기하고
12) 제반 운전중에 나타날수 있는 오염물질 처리와 환경오염 문제에 대하여 언급하고
13) 운전에 필요한 제반 설계 도면과 공정 자료들을 첨부한다.
14) 상기 내용들을 총괄하여 안전에 대하여 언급해야 한다.

참고 : 化學肥料 製品別 製造工程 및 規模 (1)

<table>
<tr><th colspan="2" rowspan="2">會社名</th><th rowspan="2">工場別</th><th colspan="2">規模(톤)</th><th rowspan="2">工程</th><th rowspan="2">備　　考</th></tr>
<tr><th>日産</th><th>年産</th></tr>
<tr><td rowspan="11">綜合化學</td><td rowspan="2">忠州工場
(1肥)</td><td>암모니아</td><td>200</td><td>66,000</td><td>.TEXACO PARTIAL OXI-DATION</td><td>(70.10.稼動中止
77.4. 事業廢棄)</td></tr>
<tr><td>尿　　素</td><td>350</td><td>115,500</td><td>.INVENTA, TOTAL GAS RECYCLE PROCESS</td><td>(80.3.22 事業廢棄)</td></tr>
<tr><td rowspan="4">羅州工場
(2肥)</td><td>암모니아</td><td>223</td><td>73,600</td><td>.SHELL PARTIAL OXIDA-TION AND NAPHTHA ST-EAM REFORMING</td><td>(80.3.22 事業廢棄)</td></tr>
<tr><td>尿　　素</td><td>375</td><td>123,750</td><td>.INVENTA TOTAL GAS RECYCLE PROCESS STAMICARBON PROCESS</td><td>(80.3.22 事業廢棄)</td></tr>
<tr><td>OCTANOL</td><td>220</td><td>55,000</td><td>.LOW PRESSURE OXO PRO-CESS</td><td>(82.5 竣工)</td></tr>
<tr><td>BUTANOL</td><td>300</td><td>10,000</td><td>.LOW PRESSURE OXO PRO-CESS</td><td></td></tr>
<tr><td rowspan="2">蔚山工場</td><td>ETHANOL</td><td>90</td><td>30,000</td><td>.SHELL ETHANOL PROCESS</td><td></td></tr>
<tr><td>ACET-ALDEHYDE</td><td>72</td><td>24,000</td><td>.GERMAN ALDEHYDE PRO-CESS</td><td></td></tr>
<tr><td rowspan="2">忠州工場
(6肥)</td><td>암모니아</td><td>907</td><td>300,000</td><td>.ICI. NAPHTHA STEAM REFORMING PROCESS</td><td>(83.2.14 事業廢棄)</td></tr>
<tr><td>尿　　素</td><td>700</td><td>231,000</td><td>.STAMICARBON PROCESS</td><td>(83.2.14 事業廢棄)</td></tr>
<tr><td colspan="2" rowspan="3">東部化學(3肥)</td><td>암모니아</td><td>310</td><td>95,000</td><td>.ICI-SEALS NAPHTHA ST-EAM REFORMING</td><td>(90. 事業廢棄)</td></tr>
<tr><td>尿　　素</td><td>375</td><td>112,000</td><td>.TOYO-KOATSU PROCESS</td><td>(90. 事業廢棄)</td></tr>
<tr><td>複　　肥</td><td>1,000</td><td>361,200</td><td>.TVA, TOTAL PROCESS</td><td>(76.2腹肥工場擴張)</td></tr>
</table>

참고 : 化學肥料 製品別 製造工程 및 規模 (2)

會社名	工場別	規模(톤)		工程	備　　考
		日産	年産		
鎭海化學(4肥)	암모니아	310	95,000	.ICI-SEALS NAPHTHA ST-EAM	(84.6.事業廢棄)
	尿　　素	375	112,000	.TOYO-KOATSU PROCESS	(84.6.事業廢棄)
	複　　肥	500	180,600	.TVA, TOTAL PROCESS	
韓國肥料(5肥)	암모니아	590	197,000	.ICI, NAPHTHA STEAM REFORMING	
	尿　　素	1,000	330,000	.MITSUI-TOATSU, TOTAL SOLUTION RECYCLE C,P PROCESS	
南海化學(7肥)	암모니아	2x907	600,000	.ICI, KELLOGG PROCESS	
	尿　　素	2,000	660,000	.MITSUI-TOATSU, TOTAL RECYCLE C.IMPROVED PROCESS	(80.10.尿素工場擴張)
	複　　肥	2x1,080	700,000	.TVA,DAVY POWER GAS	
韓國카프로락탐	CAPROLACTAM	2x100	66,000	.STAMICARBON PROCESS	
	黃酸 암모늄 (硫安)	2x430	284,000	.CAPROLACTAM 製造 過程中 副産物	
京 織 化 學	熔成燐肥	156	50,000	.連續式 平爐法	
	過　　石	250	75,000		
	熔過燐肥	400	120,000	.連續式 平爐造粒法	
	黃酸加里	240	80,000	.日本 CHISSO PROCESS	
	複　　肥	900	270,000		
	由林用肥料	150	45,000		
豊 農 肥 料	熔成燐肥	360	108,000	.平爐法	
	複　　肥	400	120,000		
	由林用肥料	273	90,000		
朝　　肥	複　　肥	330	100,000	.連續式 造粒法	

자료 : 1992년 비료절감

2-5. 주요 기기 명세

생산공정의 정상운전을 위해서는 운전원들이 주요기기 장치의 기술적인 설계내용을 항상 파악하고 기억하기 쉽도록 하기위해, 주요 기기장치의 내용을 요점식으로 정리할 필요가 있다.

이를 위해 다음과 같이 요약하여 정리하는것이 바람직하다.

1) 기기장치를 구분할 수 있는 번호를 부여하여 목록표를 만들고
2) 현장에 설치된 기기장치의 숫자를 명기하고
3) 설치된 기기장치의 형식(TYPE), 크기 및 설계 용량(SIZE AND CAPACITY), 재질 (MATERIAL OF CONSTRUCTION) 그리고 회전체의 동력 방법(MOTOR OR TURBINE DRIVE)등을 명기하고
4) 기기 장치의 주요 설계 내용등을 명기한다.

2-6. 성능 보장 항목 선정

공장을 건설한 후 시운전을 통하여 생산 공정의 성능 보장 시험 운전을 하게 된다. 공정 특허업체가 제시한 성능보장치를 만족시키지 못했을 때는 공장을 인수할 수 없으며, 또한 이런 상태에서 공장을 가동시에는 환경 및 안전측면에서 문제점을 야기시키게 되는 후유증이 어느 시점에서 부터 나타나게 된다.

이러한 측면에서 주시할때 성능보장 항목선정은 기업경영 뿐만아니라 사회적으로 안정을 도모해야할 환경 및 안전 측면에서도 중요한 요소가 된다.

특히, 고려해야 할 성능보장 항목 선정 내용을 요약해 보면;

연속 운전 72시간을 기준하여 단위생산량 당의 원단위로 나타낸다.

1) 생산량
2) 종합 회수 효율
3) 생산품 품질
4) 오염 물질 배출량
5) 부산물 품질
6) 공급 원료 소비량
7) 유틸리티 소비량 등등

2-7. 물질수지(物質收支:MATERIAL BALANCE)

판매 제품 종류와 판매량이 결정되면 최종 하류 부문 공장(DOWNSTREAM PLANT)의 경제적 생산능력을 결정하고, 이어서 중간 제품 공장(INTERMEDIATE PRODUCT PLANT)의 적정 생산 능력을 결정해야 한다.

여기서 중간 제품공장의 생산능력은 최종 하류부문 공장의 생산능력에 중간제품 소비원단위를 곱하여 이론적인 생산능력을 계산하고 여기에 여분의 생산량을 합산하여 결정한다.

마찬가지로 상류부문 공장(UPSTREAM PLANT)의 생산능력을 결정하여 전체공장(COMPLEX)의 생산 물질 수지(PRODUCT MATERIAL BALANCE)를 작성한다.

공장 물질 수지의 예(EXAMPLE)

단위 : 천톤/년

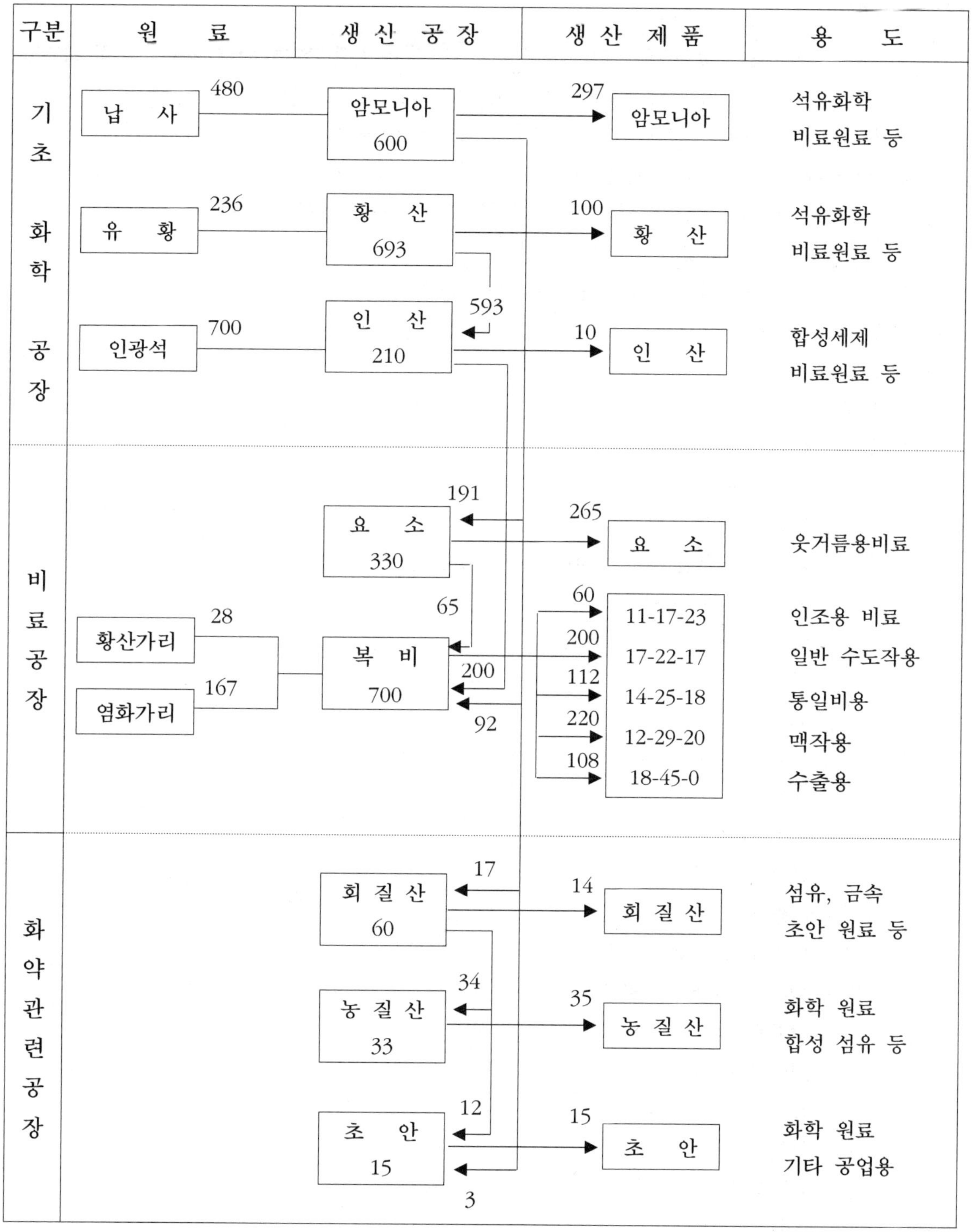

자료 : 남해화학 20년사

2-8. 원료 및 조달 계획

2-8-1. 원료

생산 공장에 소요되는 원료를 빠짐 없이 종류별로 구분하고 일일, 월간, 년간 사용량을 결정한다.

원료는 주원료와 부원료로 구분 할 수 있으며, 주원료는 제품을 생산하는데 필요한 직접 원료를 말하며 그 이외의 원료들은 부원료라고 할수 있는데 예를 들면 촉매류, 화공약품류, 연료유, 흡착제, 이온교환수지, 소포제 등이 있다.

원료를 종류별로 구분하고, 각 생산공장에 적합하도록 원료의 규격을 결정한다.

규격이 결정되면 원료 공급선을 결정해야 한다.

원료의 규격을 결정할 때 고려해야 할 사항은 다음과 같다.

1) 규격 제정 일자

2) 원료명;

3) 사용 공장

4)규 격 ; -. 순도

-. 수분 함량

-. 불순물 함량

-. 공정에 영향을 주는 유해 물질 종류별 함량

-. 수용성 성분 함량

-. 비중

-. 색상

-. 점도

-. 인화점

-. 유동점

-. 회분 함량

-. 물리적 성질

-. 화학적 조성

-. IGNITION RESIDUE

-. SIZE DISTRIBUTION

-. POROSITY

-. OIL ABSORPTION

-. SOLIDIFICATION

-. HARDNESS

-. IODINE ABSORPTION

-. SHAPE

-. BULK DENSITY

-. WATER INSOLUBLE
-. BOILING POINT
-. PH
-. HEAVY METAL
-. FREEZE POINT
-. CLOUD POINT
-. ANGLE OF REPOSE
-. CORROSIVE
-. ABRASIVE
-. HYGROSCOPIC
-. DUSTY
-. STICKY
-. ETC.

2-8-2. 조달계획

원료 종류별로 구분하고 규격이 결정되면 시운전 전에 필요한 물량의 원료를 확보해야 한다.
원료 종류에 따라 내자공급과 외자공급으로 구분하여 조달할 수 있다.
조달 계획을 위해 다음을 참고하면 도움이 되겠다.

1) 주원료와 부원료를 빠짐없이 구분하고
2) 년간 소요량을 확정하고
3) 단가를 기록하고
4) 년간 소요 자금을 확정 예산에 반영하고
5) 공급원을 명기한다.

2-9. 유틸리티(UTILITY)

생산 공정에 따라 필요한 유틸리티를 종류별로 구분하고 소요량을 산정한다.

종류별로는 크게 공업용수, 전력, 증기, 압축공기, 질소등이 되겠고 이들 유틸리티 소요량을 추정한다.

공장 건설이 기계적 준공에 이르게되면 공정 부문별로 시운전 준비에 착수하게 되는데, 이때 공정부문 세척작업을 위해 유틸리티를 이용해야 한다.

이를 위해 유틸리티는 각 공장의 기계적 준공전에 미리 가동되어 있어야 한다.

유틸리티 추정량은 공정 특허업체가 제시한 성능 보장치에 약간량의 여유분을 두어 측정하는 것도 하나의 방법이 된다.

유틸리티 측정량을 결정하는데 다음 내용이 도움이 될수 있겠다.

1) 공업 용수 추정량;
-. 냉각수 사용량
-. 스팀(증기) 발생량
-. 음료수, 부대시설 및 기타 사용량

2) 전력 추정량
-. 각 공장 사용량
-. 부대 시설 및 조명 설비

3) 스팀(증기) 추정량
-. 각 공장 사용량
-. 부대 시설 및 기타 사용량

4) 압축 공기 추정량
-. 각 생산 공장 공정 사용량
-. 계기 사용량
-. 기타 공장 및 부대 시설에 사용량

2-10. 수송 계획

대단위 공장으로 단지(團地:COMPLEX)를 이루는 공장일 경우에 수송 계획은 신중하게 검토해야 한다.
즉 막대한 양의 원료가 반입되어지고, 또한 각종의 제품이 반출되게 된다.
원료와 제품의 반입량과 반출량을 결정하고 수송 수단을 분류 수송토록 한다.
수송 수단을 아래와 같이 구분하여 검토하면 도움이 되겠다.

1) 원료와 제품별로 구분하고
2) 수송 수단을 구분한다.
-. 해상
-. 철도
-. 도로
-. 파이프 라인 등

응용문제

1. 생산 시설 규모 결정에 있어서의 주안점 들은 무엇입니까?
2. 생산 목적을 위한 시설에 있어 주시설과 부대시설 들을 각각 설명하고, 능력 결정의 주안점 들에 대하여 설명 하십시오.
3. 생산공정 선정 요령에 대하여 설명 하십시오.
4. 생산 공정 이해를 돕기 위한 공정 설명의 주요 항목 들을 설명 하십시오.
5. 주요 기기장치의 기술적인 설계 내용 들을 이해 하기 쉽게 요약 정리 하려면 어떻게 해야 할까요?
6. 성능 보장 시험(Performance Guarantee Test)에 있어서의 주요시 다루어야 할 항목 들은 무엇 입니까?
7. 생산 시설 규모의 결정을 위한 물질수지(Material Balance)를 작성하는 방법을 설명 하십시오.
8. 원료를 주원료와 부 원료로 구분하여 설명하십시오.
9. 원료의 규격(Specification)을 결정 할 때 고려해야 할 사항 들을 열거 하십시오.
10. 원료 조달 계획을 세울 때 고려 해야 할 사항 들을 설명하십시오.
11. 유틸리티(Utility)를 종류 별로 구분하고, 각 소요량을 결정하는 방법을 설명하십시오.
12. 수송계획을 검토 할 때 반영해야 할 내용에 대하여 설명 하십시오.

공장 건설 계획 (CONSTRUCTION PLANNING OF PLANT) 3장

3-1. 공장 입지

공장 입지를 어디로 하는것이 최적인지를 결정하는 문제는 매우중요한 일이며, 이는 기업 생존권에 막대한 영향을 미칠 수 있다.

입지 선정시 고려해야할 중요한 요소들은 다음과 같이 요약 정리해 볼 수 있다.

3-1-1. 부지

공장의 소요면적을 충분히 확보할수 있어야 겠고, 향후에 공장확장을 위해 필요한 면적도 충분히 확보할수 있는지의 여부를 판단하고, 기초 토목 공사를 할때 난공사가 될수도 있기 때문에 지질 조사를 통하여 세밀히 검토한다.

3-1-2. 항만

투자비에 막대한 영향을 미치는 항만 시설 설치 여건은 최적 조건을 갖추고 있는지를 검토하고 특히 대형 선박이 순조로이 드나들 수 있는지의 여부를 검토하기 위해 수심 관계를 면밀히 확인해야 한다.

아울러 준설 공사도 수시로 해야 할 가능성이 있는지 수역 조건도 함께 검토한다.

3-1-3. 공업 용수

공업 용수는 공장이 정상 가동되어 운전될때 가동 효율과 관계된 운전에 막대한 영향을 미치게 되므로 주의깊게 검토해야 하며, 특히 수질이 양질의 것인지의 여부와 정상운전시 생산공정에 미치는 영향을 수질면에서 파악해 보아야 한다.

공업 용수와 관련하여 제일 중요한 것은 무엇 보다도 공업 용수의 공급원이 공장과 어느정도 가까운 거리에 있느냐가 문제가 된다.

3-1-4. 전력

공장운전에 중요한 동력원으로서 양질의 전기를 안정적으로 공급 받을수 있는지의 여부와 인접거리에 발전소가 있는지도 검토하고, 향후 공장 확장과도 연계하여 충분한 전력 공급 가능한지도 검토한다.

3-1-5. 철도

원료 및 제품수송을 원활히할수 있도록 인접거리에 철도시설이 갖추어져 있는지의 여부와, 철도 인입선을 공사할때 투자비와 연관하여 난공사가 예상되는지의 여부도 검토한다.

3-1-6. 도로

건설 부품과 원료 및 제품 수송이 도로를 통하여 원활히 이루어질 수 있는지의 타당성을 검토하고, 고속도로와의 인접거리도 고려 대상이 된다.

3-1-7. 기후 조건

공장의 운전조건은 기후 조건에 따라 영향을 많이 받게 되므로 수십년에 걸쳐 그 지역의 기후 통계자료를 자세히 분석하여 대책 내용을 설계에 반영토록 한다.

풍향, 풍속, 태풍, 기온, 강우량 등등이 중요한 기후 조건이 되기 때문에 기기장치 설계 및 토목공사와 건물공사 설계에 특히 반영해야 한다.

3-1-8. 주원료 공급원

공장 가동에 필요한 주원료 공급원을 인접거리에서 구할수 있는지의 여부도 신중히 검토한다.

3-1-9. 인근 공업 단지

인근 공업단지의 시설과 교통수단으로서 육상,해상, 철도를 공용할수 있는지도 검토한다.

정상 가동중에 갑자기 문제가 발생시 서로도움을 주고 받을수 있기때문에 고려할 가치가 있다.

3-1-10. 인력 확보

지역여건에 따라 양질의 고급인력을 확보할수 있겠는지의 여부 또한 중요한 요소가 된다.

참 고 : 肥料工場 建設現況

工場名		區分	竣工	所要資金		外資財源
				外資 (千$)	內資 (百萬원)	
綜合化學	忠肥	旣存	'61.4	33,152	279	AID 援助
		擴張	'68.7	800	163	KFX
		計		33,952	442	
	羅肥	旣存	'62.12	27,000	1,000	KFX
		擴張(1)	'68.6	4,362	774	西獨 LURGI 商借
		擴張(2)	'69.6	3,687	745	
		計		35,049	2,489	
	六肥		'73.10	36,892	3,891	AID 借款, 4個 借款
		合計		105,893	6,822	
東部化學		旣存	'67.3	34,200	2,700	AID 借款, SWIFT 投資團
		擴張	'76.2	18,270	2,894	①EXIM BANK ②FNCB(뉴욕) ③FNCB(싱가폴) ④ESTECH-GETTY
		計		52,470	5,594	
鎭海化學		旣存	'67.4	35,100	2,835	AID 借款, GULF投資團, I.M.C
韓國肥料		旣存	'67.4	42,077	4,200	日本三井商事
南海化學		旣存	'77.8	261,173	77,700	綜合化學75%, AGRICO25%
		擴張	'80.11	16,827	9,032	日本三井借款
		計		278,000	86,700	
韓國카프로락탐		旣存	'74.12	25,000	6,200	ADB 借款
		擴張	'88.12	-	81,000	
京畿化學		旣存	'66.6	450	200	AID 援助, KFX
		擴張	'74.12	825	1,349	日本미쓰비시CO. 日東肥料CO.
		黃酸加里	'82.12	2,000	5,000	“
		工場	'83.10 (擴張1)	1,632	3,631	“
			'88.3 (擴張2)	1,800	8,500	“
		溫山	'85.2	-	1,980	
		複肥				
		計		4,907	12,160	
豊農肥料		旣存	'67.11	1,225	720	丸紅飯田(商借)
		擴張	'68.10	573		FNCB
		計		1,798	720	
朝肥		旣存	'68.12	288	570	外換銀行

자료 : 1992년 비료 연감

3-1-11. 안전 및 공해 문제

공장 입지주변에 주민들이 살고 있으면 안전 및 공해 문제와 관련하여 신중히 대비책을 강구해야 한다.

3-1-12. 투자비

입지선정은 총괄 투자비와 관련하여 이루어져야 함으로 상기 요약된 내용외에 검토해야할 사항들이 지역특성에 따라 많이 있을것으로 판단되기 때문에 폭넓고 세밀하게 검토해 나가야 한다.

3-2. 건설 계획

건설 계획에 투자될 총 소요자금이 확정되고 자금 조달 방법이 결정되면 년도별 소요 자금 투자계획에 따라 건설 자금을 지불하게 된다.

공정의 특허권 사용 및 설계에 관하여 특허권 업체와 계약서에 서명하고, 선정된 건설 업체와 설계 및 건설에 관한 세부 계약서에 정식 서명함으로서 공장건설의 착공을 하게된다. 대형 단위 공장들로 구성된 단지(團地:COMPLEX)를 이루는 공장일 경우에는 건설 주 계약자를 선정하여 설계, 구매, 건설등에 대한 총괄적인 책임을 부여한다.

그리고 각 단위 공장별 설계 및 주요기기 발주등은 주계약자가 특허권이 있고 상업적으로 성능이 입증된 최신 공정을 가진업체를 선정하여 사업추진하는 방법이 공기를 계획대로 맞추어 나가는데 효과적인 방법이 된다. 건설 추진일정에 대하여는 준공 목표일을 기준하여 다음과 같은 내용들이 주로 포함되어야 한다.

1) 부지 조성
   부지 조성에서는 부두 및 교각, 건물, 사택, 철도, 수선 시설, 공업 용수 시설, 원수 저장지, 울타리등의 건설을 계획하여 추진하는 방법이 있다.
2) 건설용 현장 시설
   여기에는 용접실, 목공소, 철공소, 임시 전력, 용수등의 임시 시설 건설이 필요하다.
3) 암석 분쇄 및 콘크리트 혼합 시설에 따른 계획이 수립되어야 한다.
4) 굴착
   기초공사, 다량굴착, 정토, 정밀 정토에 대한 건설 계획이 있어야 한다.
5) 콘크리트 공사
   기초공사, 배관지지시설, 포장 공사등의 계획이 필요하다.
6) 철골 구조 계획이 수립되어야 한다.
7) 건물 및 설치 공사가 일정에 표기 되어야 한다.
8) 기기 설치
   운반시설, 부두 및 교각, 현장제작용기, 기기장치시설의 설치계획이 수립되어야 한다.

9) 지하 및 지상 배관 시설의 건설 계획이 수립되어야 한다.
10) 계기 장치의 설치 일정이 나타나야 한다.
11) 절연 및 도장 작업의 일정이 연기되어야 한다.
12) 최종적으로 시운전 계획이 수립되어야 한다.
13) 상기 내용들을 가지고 기간 별로 일정을 작성해야 한다.

3-3. 공장 위치도(Example : 남해화학여천공장)

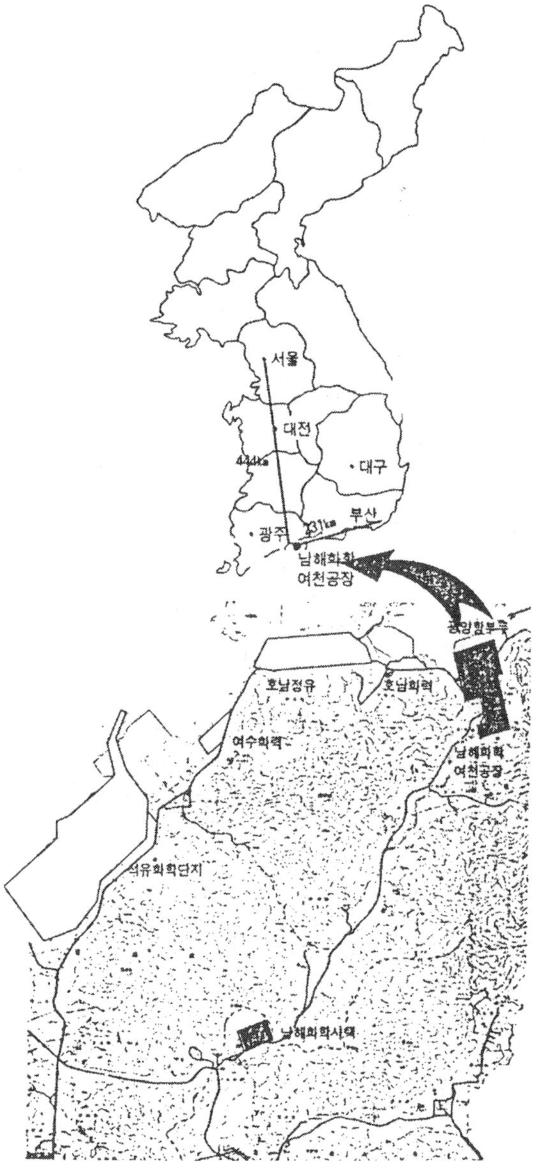

자료 : 남해화학 20년사

3-4. 공장 배치도(Overall Plot Plan)

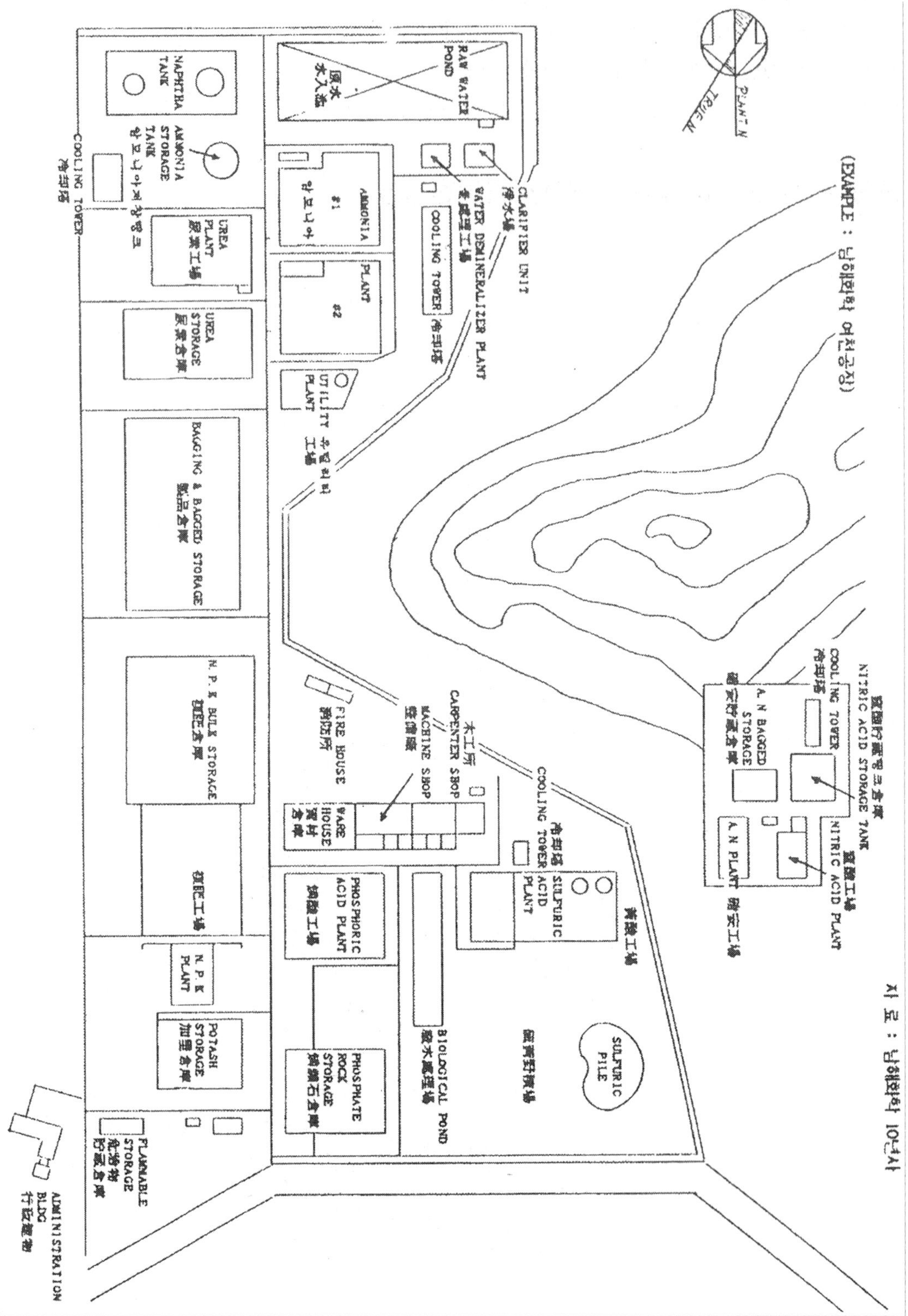

응용문제

1. 공장 입지에 대하여 고려 해야 할 중요한 세부 요소 들을 열거하고, 각 입지 요소에 대하여 검토 해야 할 내용들을 설명하십시오.
2. 공장 입지 조건 중 부지(Site) 선정에 대하여 설명하십시오.
3. 공장 입지 조건 중 항만(Port, Harbor) 선정 조건에 대하여 검토해야 할 내용들을 설명 하십시오.
4. 공장 입지 조건 중 공업용수(Industrial Water)의 Source 선정 조건에 대하여 검토 해야 할 내용 들을 설명 하십시오.
5. 공장 입지 조건 중 전력(Electricity) 공급에 대하여 검토 해야 할 내용들을 설명 하십시오.
6. 공장 입지 조건 중 수송을 위한 철도(Rail Road) 시설 확보를 위하여 검토 해야 할 내용들을 설명 하십시오.
7. 공장 입지 조건 중 도로(Road) 건설을 위하여 검토 해야 할 내용 들을 설명 하십시오.
8. 공장 입지 조건 중 기후 조건(Weather Conditions)에 대하여 검토 해야 할 내용 들을 설명 하십시오.
9. 공장 입지 조건 중 안전 및 공해 문제(Safety and Environmental Problems)에 대하여 검토 해야 할 내용 들을 설명 하십시오.
10. 건설 계획을 수립하는 데에 있어 필수적으로 포함해야 할 세부 사항에 대하여 설명하십시오.

건설 공사 4장
(CONSTRUCTION WORKS)

4-1. 주요 용어 해설(TERMINOLOGY)

건설공사를 진행하여 나가는 중에 기계적 준공, 시운전준비, 모의운전, 공장 시운전등을 거쳐 공장을 최종인수 할때까지의 여러단계를 거치게 되는데 이들 단계의 명칭과 활동 내용을 다음과 같이 정의해 놓음으로서 효율적 건설공사 관리가 이루어지게 된다.

1) PRECOMMISSIONING(프리코미셔닝)

PRECOMMISSIONING이란 공장이 기계적 준공이 되기전에 공사 계약자가 수행하는 업무로서 시운전준비 완료단계를 뜻하며 특히 운전기기장치의 조정업무(NONOPERATING ADJUSTMENTS) 회전기기 장치의 정렬업무(COLD ALIGNMENT), 계기장치의 보정업무(CALIBRATION) 그리고 기기장치의 청소작업과 씻어내기 작업등을 말한다.

2) MECHANICAL COMPLETION(MC:기계적 준공)

설계도면(DRAWINGS), 규격서(SPECIFICATIONS), 관련 규약서(APPLICABLE CODES)에 의거하여 기기장치를 설치완료한 상태로서 PRECOMMISSIONING 상태가 완료되고, 각종 기기장치의 각종 검사와 시험을 완료하고 COMMISSIONING을 위한 준비 단계이다.

3) COMPLETION OF CONSTRUCTION(건설 준공)

건설 준공은 공사 계약자가 설계 도면과 규격서에 의거하여 공장 건립을 완료하고, PRECOMMISSIONING 작업을 완료함과 함께 최종 정리작업, 페인팅 작업, 열보온 작업을 완료한 상태를 말한다.

4) COMMISSIONING(코미셔닝)

원료를 공정에 투입하기전 상태에서 초기운전과 모의운전을 통하여 운전조정(OPERATING ADJUSTMENTS)을 하는 과정으로 사업주의 요구계획에 따라 공장 담당 운전원에 의하여 수행된다.

5) INITIAL START UP(시운전)

공장의 INITIAL START UP(시운전)은 초기 생산 운전(INITIAL PRODUCTION OPERATION)과 같은 뜻이다.

원료를 공정에 투입하여 전 공정의 가동율을 설계 용량까지 생산 시도하는 과정이며 생산된 제품이 설계 및 규격에 적합할 때까지의 운전을 말한다.

6) PUNCH LIST(결함 항목 리스트)

설계도서, 규격서, 시방서에 의거하여 설치된 기기 장치의 상태가 운전 및 정비 업무에 부적합하게 설치되었거나, 안전측면에서 보안해야할 항목들이 있으면 이들 결함들을 모두 지적, 보완, 수정토록 요청하기 위해 항목들을 발췌하여 LIST UP하는 작업을 말하며 이는 사업주의 시운전 요원에 의해 준비된다.

7) EXCEPTION ITEM(미완결 제외 항목)

기계적 준공시에 모든 공사가 설계 도면, 규격서, 시방서에 의거하여 완료 되어야 하나 작업계획 여건이나 시운전계획 일정관계로 일부 미완결된 보온공사나 페인팅 공사등과 같은 시운전 업무에 지장이 없는 공사 항목을 말한다.

8) PERFORMANCE GUARANTEE TEST(성능 보장 시험)

시운전이 완료된 후에 계약서 상의 성능 보장 조항에 따라 통상 72시간의 연속적인 공정 운전을 통하여 생산량, 제품 규격, 품질, 원료 및 UTILITY 소비량 등이 성능 보장 조건에 규정된 제품을 생산 할 수 있음을 보장하는 시험을 말한다.

9) PLANT ACCEPTANCE(최종 공장 인수)

공장의 최종인수 절차는 설계 및 건설계약에 의거 계약자와 사업주간에 성능보장 시험 운전결과가 성공적으로 만족하다고 판단될때;

① 전체 공장의 관리 소유 및 운영권을 이양 하는 방법
② 각 단위 공장별 성능 보장 시험 결과에 따른 단위 공장을 인수하는 방법
③ 최종 단위 공장의 성능 보장 결과에 따라 동시에 전체 공장을 인수하는 방법

상기 구분 방법에 따라 부분적으로 인수하거나 전체적으로 인수하는 방법을 말한다.

10) TRANSFER CARE, CUSTODY AND CONTROL(시설 인수 관리)

시설 인수 관리란 기계적 준공과 동시에 일부 시설 또는 전체 시설을 사업주가 인수하는 절차로서 인수된 시설에 대한 유지 관리는 사업주가 책임을 진다.

상기에서 정의된 EXCEPTION ITEM과 PUNCH LIST 상에 나타난 항목들에 대해서는 공사계약자가 계속 책임을 지게 된다.

〈정의 요약〉

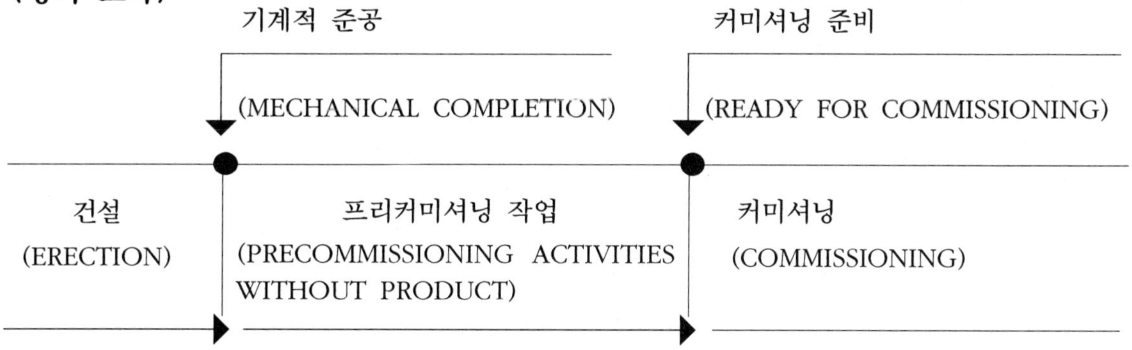

4-2. 공사 발주

여기서는 공사 발주 업무를 효율적으로 수행하기위해 특히 구매 사항중 주요 내용과 건설 공사와 관련된 입찰 업무 수행중 고려해야할 사항에 대하여 피력 한다.

4-2-1. 구매요청

구매 요청시 주요 내용으로는 ①기자재의 사양서(SPECIFICATION)를 작성하고 ②구매 기자재와 관련된 제반 주요 사항을 작성하고 ③구매 기자재의 사용 목적을 명기 하도록 한다.

4-2-2. 입찰 업무

건설 공사와 관련된 입찰 업무 수행중 특히 고려해야할 사항에 대하여 아래와 같이 요약한다.

가. 입찰 자격 요건

종합 건설업 면허 등록 업체로서 최근 3년간의 실적중 해당 분야 공장 단위 공사 수주 실적액을 감안하고, 또한 품질관리와 실적액 순위를 기준하여 자격을 부여하는 방법을 고려해 본다.

나. 견적 가격 산출 요령

정부 품셈, 물가 자료등의 공인 기관 자료를 참고하여 산출하는 방법도 고려하고 총 공사비 내역은 분야별로 집계 산정한다.

예를 들면 건물 공사, 배관 보온 공사, 기기 장치 설치 공사, 전기 공사, 계장 공사, 토목 공사등의 분야가 되겠다.

다. 공사 계획

공사는 실행 가능한 계획을 상세히 구체적으로 작성하여 실행해 나가면서 필요시에는 계획 수정을 융통성 있게 할 수 있을때 성공적이 될 수 있다.

공사를 성공적으로 유도하기 위해서는 특히 공사 계획 공정표를 작성 운영 해야하는데 여기서는 다음 사항이 충분히 고려 되도록 작성 되어야 한다.

① 공사 전반을 일목 요연하게 파악할 수 있어야 하며
② 공정상의 문제점을 쉽게 명확히, 종합적으로 파악 할 수 있어야 하며
③ 제반 문제점들을 중점 관리 할 수 있어야 하며
④ 공정 계획 변화와 변경에 쉽게 대처 할 수 있어야 하며
⑤ 위험 요소 작업과 일반 작업이 구분 운영될 수 있고
⑥ 관계 부서 및 관계자가 공정 계획을 이해하고 운영하는데 난이성이 없어야 하며
⑦ 공정 계획표를 보면서 관계자 누구나가 의사소통(COMMUNICATION)이 쉽게 이루어질 수 있도록 작성 해야 한다.

참고로 공사 전반에 대한 공정 계획표를 PERT/CPM(PROGRAM EVALUATION AND REVIEW TECHNIQUE / CRITICAL PATH METHOD)으로 작성 되도록 한다.

또한 여기서는 공정계획에 따른 인력 및 장비 동원계획을 직종 및 장비 종류별로 구분된 동원계획이 명시되어야 하며, 공사수행을 위한 조직표를 도표화하고 PROJECT TEAM의 단위 조직별로 수행업무를 상세히 기록해야 한다.

끝으로 공사추진을 위해 필요한 임시 가건물 설치 계획이 필수적으로 뒤따라야 하는데 임시 가설사무소, 자재보관 창고등 공사용 임시 가설물을 위한 개략적인 배치도도 준비 해야 한다.

라. 업무 범위

업무 범위중 특히 고려해야 할 중요사항들에 대하여 간략히 요약해 보기로 한다.

1) 보험 부보;

건설공사의 공정관리 및 본공사와 관련된 제반법규 및 규정에 의한 각종 보험 업무, 즉 건설공사 조립보험, 제 3자 배상보험, 산재보험, 사용자 배상보험등에 대하여 시공 업체 비용으로 가입토록 하고 안전관리에 철저를 기하도록 한다.

2) 인허가

공사에 필요한 제반 환경 및 산업 안전에 대한 인허가 업무, 준공검사 업무. 즉 공사에 관련된 건축(착공신고, 중간검사, 준공검사), 고압가스 설치허가 및 완성검사, 도급자재 고압가스 수입 신고허가, 고압가스 설치허가 및 완성검사, 도급자재 고압가스 수입신고 허가, 고압가스 검사대상기기 설치검사(사급 및 도급 자재)등의 제반 인허가를 적기에 받을 수 있도록 시공업체로 하여금 수행토록 해야 한다.

참고로 고압가스 기술검토, 공장 설치신고, 위해방지 계획서(사업장 설치허가), 건축 허가는 상세 설계사에서 수행하는 것이 공사 여건에 따라 효율적이 될수도 있다.

3) 성능 및 품질 보증

공사의 성공여부는 각 기기장치의 성능 및 품질보증이 된것으로 설치 운영할때 판가름이 나게된다. 이는 매우 중요한 사항이므로 선정에 각별한 주의를 기울여야 한다.

즉, 중요한 기기장치에 대하여는 사업주가 제공하는 사급자재가 있을수 있고, 성능 및 품질보증을 하기위해 사업주가 지정하는 VENDOR 중에서 선정하여 공사용 도급자재를 구매하도록 할수 있으며 또한 시공업체가 공급하는 주요 기자재는 구매전에 반듯이 VENDOR LIST와 SPECIFICATION을 제출하도록 하여 사업주의 승인을 받도록 하는 방법도 고려해 보아야 하며, 기자재 기기 성능시험과 배관 X-RAY 검사등의 제반시험을 수행할 수 있어야 한다.

4) 시운전 업무 지원

시공업체는 기기장치의 건설에 대한 각 분야의 PRECOMMISSIONING 업무와 MECHANICAL COMPLETION 업무를 수행할 수 있어야 하며 또한 기기장치 각 분야에 대하여 인력 투입을 지원하여 시운전 업무를 도울수 있어야 한다.

5) 비밀 준수

사업주의 비밀 재산 정보로 취급되는 제반 기술자료, 경험, KNOW-HOW등은 비밀 사항으로 분류하고 공사 계약자는 이들 내용을 비밀준수 사항으로 인지하고 제 3자에게 유용하거나 제공하지 않아야 한다.

6) 공사 수행

시공업체는 사업주가 제시한 제반 설계도서, 사양서와 과업지시서에 의거한 제반 내용을 수행할 수 있는 능력이 있어야 하며 특히 토목공사, 건물공사, 철골공사, 배관공사, 전기공사, 계장공사등에 이론이 뒷바침되고 실적경험이 풍부한 인력을 제공할 수 있어야 한다.

4-3. 공사 계약

사업주와 공사 계약자간의 계약은 상호 경제적인 견실한 이익 발전을 위해서 뿐만 아니라 대외적으로 성실한 업무 이행에 따른 각 사의 신망과 평판에 중요한 역활을 하기 때문에 계약내용은 일방적이 되어서는 안되며 상호발전을 위한것이 되도록 충분한 배려를 가지고 작성되어야 한다.

그러면 여기서는 계약서(안) 작성에 따른 일반적이고 중요한 항목과 내용에 대하여 언급 하도록 한다.

1) 목 적

공장시설 또는 부대시설을 설치하기 위한 소재지를 명기하고 사업주와 공사 계약자간의 상호합의 사항을 규정하는 것을 목적으로 한다.

2) 시설 내역

시설이라 함은 계약서 부록에 명기된 "과업지시서" 상의 공장시설 또는 관련 부대시설 등을 말한다.

3) 업무 범위

계약서에서 정한 제조건과 "과업지시서" 에 명기된 내용의 업무를 수행하는 내용을 말하며, 즉 공장 또는 시설의 설치를 위한 기본설계, 상세설계, 기자재공급, 설치공사, 시운전, 성능보장, 제반 인허가 업무, 운전원 교육 등을 업무범위로 하게 된다.

4) 계약 금액

공사 계약자가 수행한 제반업무에 대한 대가를 공사비와 부가세로 구분된 고정 계약금을 공사 계약자에게 지불하는 내용을 말한다.

5) 지불 방법

사업주가 착수금, 기성불, 완공불등의 지불방법에 따라 공사 계약자에게 고정 계약금을 지불하는 것을 말하며, 또한 공사 계약자는 계약금 청구시 산출근거가 첨부된 상세 내역서를 사업주에게 제출해야 한다는 내용과 상세내역서 작성 요령등을 언급하는 것을 말한다.

6) 계약 기간

공사 계약자의 보증사항 이행을 제외하고는 공사시설의 성능보장 완료시 까지로 하며, 공사 계약자는 업무수행 계획에 의거 정해진 공사 기간내에 계약업무가 완료되도록 한다는 내용을 명기한다.

7) 사업주가 제공 및 수행해야 할 업무 범위

사업주가 공사 계약자의 건설업무와 원활한 업무수행을 위하여 필요한 사항을 제공하고 협조하는 내용을 말한다.

즉 ①부지 확보
②공사 계약자의 설계 업무를 위해서 사업주가 보유하고 있는 기존 설계도서 제공
③공사용 UTILITY
④인허가 업무 협조
⑤시운전 업무 협조 등을 언급한다.

8) 보험 및 면책

공사 계약자가 공사에 필요한 제반보험을 부보해야 하는 내용으로서 공사 계약자의 과실로 기인한 여하한 재산 및 인명의 손상으로 부터 사업주를 보호 변책해야 한다는 내용을 말하며 보험 부보해야할 내용에는 건설공사 조립보험, 제 3자 배상보험, 산재 보험, 사용자 배상보험 등에 대하여 언급한다.

9) 계약자의 보증

① 공사 계약자가 수행하는 설계, 기자재 구매, 건설공사등의 제반업무를 성능보장된 공장의 설계에 일반적으로 적용되는 공업규격과 사업주가 제공하는 사양서에 의해 수행해야 하는 내용을 포함하며,
② 공사 계약자가 수행한 업무에 하자가 발생시 공사계약자의 비용과 책임하에 이를 수정, 보완해야 한다는 내용과
③ 계약상 업무수행을 보증하기 위한 계약이행 보증금, 차액 보증금등을 납부하는 방법을 명기하고
④ 하자 보증에 대한 내용을 골자로 한다.

10) 공기 보장

① 공사 계약자가 공사계약일로 부터 기계적 준공을 언제까지 완료하고 시운전 및 성능 보장을 언제까지 완료 할 것을 보장하는 내용이 되고
② 성능보장 지연시 지체 상금 감액내용을 다룬다.

11) 시설 성능 보장

① 사업주가 제시한 설계도서 및 공사 시방서에 맞게 건설되고 기계적 작동상태가 운전 및 유지보수에 이상이 없으며 기기성능에 하자가 없을 것을 보장하는 내용과
② 사업주는 계약서에 명기된 시설의 성능보장이 된경우 시설의 최종 인수를 한다는 내용과
③ 사업주가 시설을 최종인수한 후 1년간 공사 계약자의 책임 사유로 인한시설의 하자가 발생될 경우 공사 계약자는 사업주가 요청하는 시일내에 이를 수리, 보수 또는 교체해야 한다는 내용을 골자로 한다.

12) 준공 검사

① 공사 계약자는 성능보장을 완료 하였을때 지체없이 신청원과 준공 관계서류를 사업주에게 제출하여 사업주가 선정한 검사원의 준공검사를 받아야 한다는 내용과

② 공사 계약자는 준공검사에 불합격 되었을 때는 이를 보수 또는 개선하여 다시 검사를 받아야 한다는 내용을 말한다.

13) 비밀 준수

① 공사 계약자는 사업주로 부터 제공받은 기술자료가 사업주에 의해 비밀정보로 취급되는 자료, 경험, KNOW-HOW임을 인정하고,
② 공사 계약자는 사업주의 서면 동의없이 본계약 발효일로 부터 최소 10년간 기술정보를 사용하거나 제 3자에게 유용하게 하거나 제공하지 않을것에 동의하고 서약한다는 내용과
③ 사업주가 기술자료 제공시점에 공사 계약자가 이미 알고 있었음을 서면으로 증명할 수 있는 사항이거나 자료 제공시에 공지사항이 있었거나, 제 3자로 부터 합법적으로 공개되어 제한없이 유용하게된 기술정보에는 적용되지 아니한다는 내용들을 말한다.

14) 공사 계약자의 과업 범위 변경

① 사업주는 서면통보에 의하여 공사 계약자의 과업범위를 일부 추가 또는 감소 시킬 수 있다는 내용과
② 상기 변경내용이 계약금액 및 성능 보장일에 영향을 미칠경우 공사 계약자는 그 영향을 검토한 후에 사업주에게 그 결과를 통보하여 상호 협의하에 계약금액 및 성능 보장일을 변경 수정할수 있다는 내용을 언급한다.

15) 계약 금액의 변경

① 공사 계약자는 본 계약서나 공사 계약자의 설계도서등에 명시하지 아니한 사항이라도 구조상 필요한 모든 공사는 공사도급 금액내에서 시공하여야 하며, 설계의 부분적인 변경, 현장 여건상 필요한 사소한 설계 변경이나 용역 업무 변경은 불가피한 사항이므로 이로 인한 계약 금액 변경은 인정하지 아니한다는 내용과
② 계약금액은 아래 사항을 제외하고는 계약 금액의 증감 조정은 인정하지 아니 한다는 내용을 말한다.
즉 -. 설계 변경으로 현저한 물량 변동이 발생할 경우
-. 계약 업무의 일부를 삭제하거나 시설 및 업무를 추가하는 경우

16) 해 약

① 사업주는 공사 계약자가 현저히 계약을 위반하였을 경우 또는 업무 수행을 태만히 하여 사업주로 부터 업무 불이행에 대한 통보를 받은후 1주일 이내에 이를 시정하지 않거나 업무수행 능력을 상실한 경우 본 계약을 해약할 수 있다는 내용과

② 계약 보증금 처리 및 손실액이 보증금을 초과할 경우 공사 계약자에게 배상을 청구할 수 있다는 내용과 공사 계약자는 해약으로 인한 손해 보상을 사업주에게 청구할 수 없다는 내용을 말하며

③ 사업주는 사업주의 편의상 본계약을 해약할수 있으며 이 경우 공사 계약자가 수행한 계약업무에 대한 모든 비용은 사업주와 공사 계약자가 상호 협의하에서 정산 한다는 내용을 언급한다.

17) 불가 항력

공사 계약자의 과오나 태만에 의한것이 아닌 예측불허의 사유로 인하여 시설의 완공이 지연되었을 경우 본 계약상에 기술된 공사 계약자의 보장 사항이 면제된다는 내용을 말하며 상기 예측불허의 사유는 천재 지변이나 적대국 관계, 전쟁의 발발, 화재 및 홍수, 전염병 및 격리 제한등을 의미한다.

18) 세 금

본 계약과 관련하여 부과되는 제세 및 공과금은 세법이 정하는 바에 따라 납세 의무자별로 부담한다.

단, 사업주가 공사 계약자에게 지불하는 계약금에 대한 부가가치세는 사업주가 부담한다는 내용이 된다.

19) 위 임

공사 계약자는 사업주의 서면 승인없이 본 계약상 업무의 일부 또는 전부를 제 3자에게 위임, 양도 또는 하도급할 수 없고 담보의 목적으로 채권을 양도할 수 없다는 내용을 말한다.

20) 소 송

본 계약에 관한소송은 사업주의 주소지를 관할하는 법원에서 행한다는 내용을 말한다.

21) 통 지

본 계약상 모든 통지는 명기된 주소로 서면으로 한다는 내용을 말한다.

22) 해석의 결정

본 계약의 해석과 관련 사업주와 공사 계약자간에 이견이 있을 경우에는 사업주의 해석에 따른다는 내용을 말한다.

23) 발 효

본 계약은 사업주와 공사 계약자가 서명한날로 부터 발효한다는 내용을 말한다.

4-4. 과업 지시

공사 건설을 성공적으로 수행하고 기계적 준공과 시운전을 거쳐 성능보장에 이르기까지의 전공정의 질적향상을 위해서 과업지시서의 주요 기술내용을 구체적으로 상세히 작성해야 한다.

다음과 같이 요약 정리해 보기로 한다.

우선 사업명과 목적을 정확히 이해할 수 있도록 명기해야 하고 기기장치와 시설 내역 또한 주요한 내용을 빠짐없이 상세히 기록하도록 한다.

4-4-1. 설계기준

기본 설계 기준에 있어서는

① SITE CONDITION으로서 대기온도, 대기습도, 풍속, 지진 강도, 강우량 등의 기후 조건을 다년간의 통계자료를 입수해 설정해야 하는데, 특히 주요 집중 관리가 요구되는 공장, 즉 독극 물 및 폭발성 화학제품 제조부문, 석유화학부문, 원자력부문, 정밀화학부문, 무기화학부문, 유기화학부문, 의약품부문 등의 공장들이 건설될 지역은 특히 내진 설계(耐震 設計;Earthquake-proof Design)를 위해 지진계수(지진계수 ; Seismic Factor)의 설계 기준을 얼마로 설정 할 것인가를 특별히 고려해야 한다.

② UTILITY 공급 조건으로서는 냉각수, PLANT AIR, INSTRUMENT AIR, STEAM, 전력등의 조건을 압력, 온도, 유량, 특성 등으로 구분된 SPECIFICATION을 제시하고

③ 제품의 품질 및 성상에 있어서는 제품품질 순도, 비중, 수분함량, 흡습성, 부식 및 마모등의 화학적, 물리적 성질등을 자세히 제시하도록 한다.

④ 기기장치 설계기준 또한 제조 공정에 적합하도록 SPECIFICATION을 작성 제시해야 한다.

4-4-2. 설치 공사

가. 설계에 대한 주요 고려 사항

1) 설계범위는 공사시설의 기본 및 상세설계와 물질 수지(MATERIAL BALANCE), UTILITY 시설, TIE-IN 작업에 대한 SYSTEM의 설계 및 본 시설의 운전과 유지 보수에 필요한 제반 부대시설 까지를 포함하도록 한다.
2) 공사시설에 대한 성능 및 시설의 설치, 운전, 유지 보수가 용이하도록 기본 및 상세 설계업무를 수행하고 사업주의 승인을 득하여 최종적으로 확정해야 한다.

3) 설계 과업 내역으로는 특히
① 공정도(PROCESS FLOW DIAGRAM)
② UTILITY FLOW DIAGRAM
③ 기기장치 목록표(EQUIPMENT LIST)
④ 공정 설명(PROCESS DESCRIPTION)
⑤ PIPING AND INSTRUMENT DIAGRAM
⑥ 공정용 운전 교본(PROCESS OPERATING MANUAL)등을 작성 제시할 수 있어야 한다.

4) 설계 업무 사항으로는
① 사업주가 요구하는 크기별로 설계도서를 작성해야 하고
② 도면 작성은 INK를 사용하고
③ TIE-IN에 관계되는 도면은 상호협의하여 제 2 원도화 하여 수정 또는 보완하여 사용토록 하고
④ 계약자가 설계한 설계도면 및 사양서는 사업주에게 제출하여 승인을 받은뒤에 공사용으로 사용해야 한다.

나. 기계 설비 공사

DESIGN CODE를 규정하여 적용토록 하고, 사업주의 승인을 얻은후 변경할 수 있어야 하며 기타장치에 대한 적용 CODE 또한 사업주의 승인을 득한후 확정해야 한다.

참고로 PIPING : ANSI
PUMP : API 또는 관계회사의 SPECIFICATION
HEAT EXCHANGER : ASME, TEMA

다. 배관 설비 공사

1) PIPING과 FITTING류의 적용 CODE는 ANSI CODE 적용 또는 기술적인 동질성 유지를 위해 각 회사규정에 맞도록 제정된 SPECIFICATION을 적용토록 한다.
2) 배관시설의 용적 CODE는 AWS CODE를 적용하거나 특별히 제정된 CODE을 적용하도록 한다.
3) 재질은 ASME CODE로 표기하거나 각 회사 규정에 맞는 CODE를 따르도록 한다.
4) 기타 사항 또한 규격에 알맞도록 자세히 명기해야 한다.

라. 전기 계장 공사

1) 시설에 소요되는 MOTOR, LIGHTING 및 LOCAL PUSH BUTTON SWITCH등 모든 전기 시설물의 방폭 GRADE는 인허가가 가능한 TYPE(DUST-IGNITION PROOF ENCLOSURE)을 사용해야 한다.
2) 계장 시설의 CONTROL 전원은 설계 규격에 적합해야 한다.
3) MOTOR POWER와 PUSH BUTTON의 인입부분은 방진, 방수, 방폭이 되는 FLEXIBLE로 처리해야 하며 LOCAL PUSH BUTTON은 방진, 방수, 방폭 TYPE이어야 한다.

4) CONTROL 계통은 LOCAL에 ON / OFF PUSH BUTTON을 설치하고 조정실에 각 기기장치의 ON / OFF RUNNING LAMP와 ALARM, 그리고 AMPERE METER를 설치하여야 한다.
5) MCC UNIT는 규정에 적합한 SPECIFICATION에 의거하여 제작 설치하여야 하며 MCC PANEL 제작도면은 사업주의 승인을 득한후 제작토록 한다.
6) 전기 공사용 CONDUIT PIPE 및 CABLE은 규정에 적합하도록 설계한다.
7) EARTH 및 계기용 WIRING은 각각 규정에 적합한 SPECIFICATION을 따르도록 한다.
8) LOCAL CONTROL PANEL은 방수, 방진이 되는 TYPE으로 제작되어야 하며 부식에 견딜 수 있는 재질로 제작 되어야 한다.
9) 기타 사항에 대하여도 규격에 적합하도록 해야한다.

마. 토목공사

1) CONCRETE 강도를 규격에 알맞도록 선정하고
2) 기초 PILE 시공에 있어서는 기존시설물에대한 손상을 예방하기 위해 무진동 CONCRETE PILE 시공을 하거나 각 회사의 특성에 적합한 PILE 방법을 결정 시행토록 한다.
3) 모든 토목 사항은 토목공사 일반 표준 시방서, 도로공사 표준 시방서, CONCRETE 표준 시방서 또는 각 회사의 규정에 의거하여 설계 시공하여야 한다.
4) 도로를 횡단하는 PIPE RACK 높이는 관계법 규정에 의거하여 결정되어야 한다.

바. 건물 공사

1) 건물의 구조의 TYPE을 결정하고 벽체는 방화, 방음, 방수등을 고려하여 설계시공한다.
2) 지붕 방수에 대하여도 설계 방법을 결정하여 시공토록 한다.
3) 조명시설, 환풍시설, 소화설비, AIR CONDITIONER, 양압 설비등의 부대시설을 구비하여 최적설계가 되도록한다.

사. 도장 공사

1) 모든 철 구조물은 표면처리를 하고 PAINTING은 하도, 중도, 상도로 방식 도장하여야 한다.
2) 도장공사에 필요한 상세한 자료는 각 회사의 규정에 따르도록 한다.

아. 보온 공사

배관 보온, DUCT 보온에 대하여는 설계 규격이나 각 회사가 제공하는 SPECIFICATION에 의거하여 시공토록 한다.

자. 시운전 관련 업무

1) PRECOMMISSIONING 작업 수행
2) COMMISSIONING 및 START-UP 업무 수행
3) 성능 보장 업무 수행
4) 사업주의 운전원과 정비원의 교육등이 수행되어야 한다.

차. 인허가 업무

1) 공장 설치 신고
2) 배출 시설 설치 허가
3) 건축 및 공작물 축조허가
4) 유해 위험 방지 계획서
5) 소방 인허가등 대관공서 인허가 업무를 법규정 및 절차에 따라 적기에 수행되어야 한다.

카. 기타 부대 공급 조건

주요 기기장치의 부품 확보에 대하여는 MAKER가 추천하는 품목중 필요한 양(1년분)을 공급하여야 한다.

4-4-3. 프로젝트 관리 (PROJECT MANAGEMENT)

사업(PROJECT)을 성공적으로 이끌어 기업의 발전을 도모해 나가기 위해서 프로젝트 관리(PROJECT MANAGEMENT)는 매우 중요한 비중을 찾이 하게 된다.

즉 기업의 성패를 좌우할수도 있는 상황까지 갈수 있기때문에 처음 시작부터 확고히 관리해 나가야 한다.

이를 위한 다음 사항들이 참고가 될수 있다.

가. 사업 계획(PROJECT SCHEDULE)

사업 계획(PROJECT SCHEDULE)은 공사 추진에 있어 중요한 요소가 되므로 세부적으로 구체화 하여 해당되는 항목들을 총 망라하여 CPM/PERT화 한다.

여기서 다루어야할 중요한 요소들을 아래와 같이 요약해본다.

1) 상세 설계 분야
2) 인허가 서류 작성 제출
3) 기자재 구매 분야
4) 현장 가설 사무실 설치 및 작업 준비 사항

5) 설치 공사
6) 준공 검사 및 현장 정리
7) 성능 보장

나. 사업 진도 보고(PROJECT PROGRESS REPORT)

사업 진행과정은 공기를 적기에 맞추어 나가는데 중요한 역활을하기 때문에 공사 계약자는 주간, 월간 보고서를 작성하여 사업주의 관계자에게 보고하도록 하고 사업주의 관계자는 이들 보고서를 면밀히 점검하고 미진한 사항에 대하여는 문제점과 원인을 분석하고 대책을 강구한다.

사업 진도 보고서는 매주말과 매월말로 구분하여 보고서를 작성하고 이 보고서에 포함하여야 할 주요내용은 아래에 명기한다.

1) 주요 업무 내용 요약
2) 일반 사항
3) 설계 현황
4) 기자재 입고 및 구매 현황
5) 공사 진행 현황 및 인력 투입 현황
6) 시운전 현황
7) 문제점 및 해결 대책 방안
8) 문서 수발 현황

4-4-4. 공사 추진 조직 및 업무

가. 공사 추진 조직

공사추진 조직은 효율적 공사 업무수행에 중요한 관리 조직이며 계약자측과 사업자측 사이의 업무협조 체제(COORDINATION)에 있어서도 중요한 역활을 하게 된다.

일반적으로 아래와 같이 구성되며 각 구성원의 수행업무 내용을 다음에 요약하도록 한다.

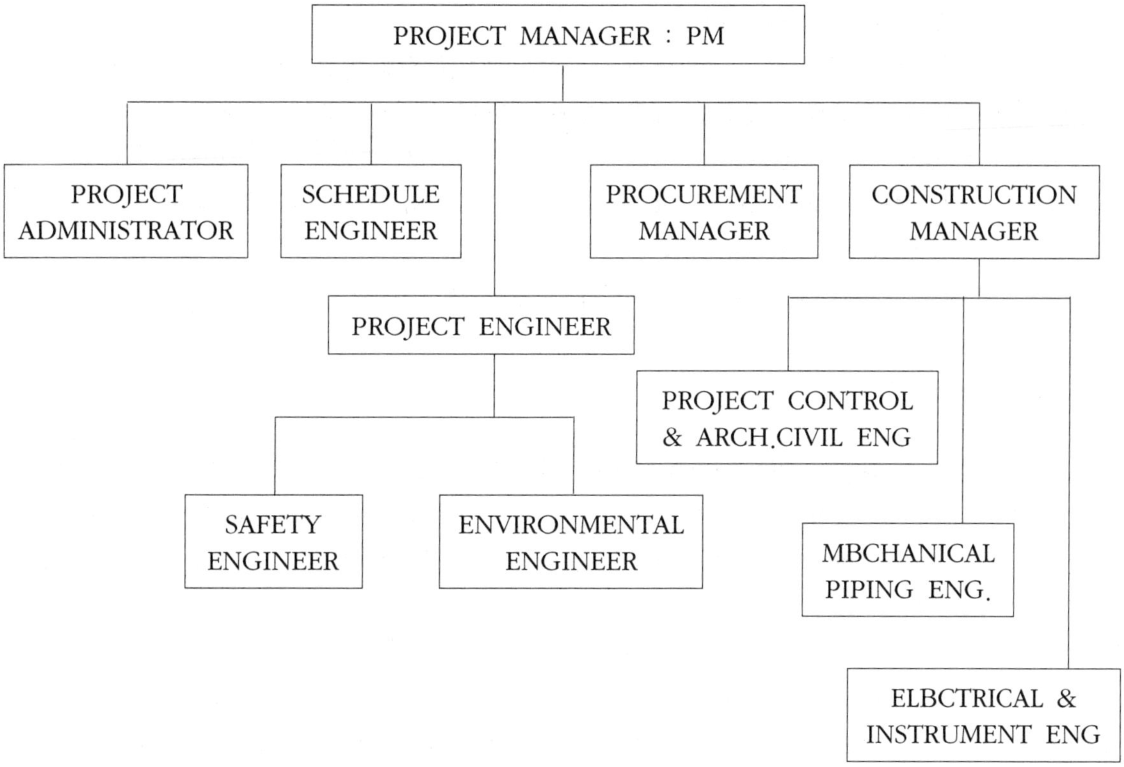

나. 조직 구성원의 업무

1) PROJECT MANAGER(PM)

프로젝트 업무 추진의 총책임자로서 대외적으로 회사를 대표하며, 프로젝트 업무 범위와 방침을 결정 추진하고 공사추진 조직을 구성, 운영한다.

2) PROJECT ADMINISTRATOR

제반 서류관리와 설계도서를 관리하며 PROJECT와 관련된 제반보고서 작성과 행정 자료 작성 및 기타 문서 수발을 담당한다.

3) SCHEDULE ENGINEER

PROJECT의 제반 SCHEDULE을 작성하고 공정 보고서를 작성 보고한다.

4) PROJECT ENGINEER

PROJECT를 진행해 나가는 중에 공사전반에 걸쳐 PROJECT MANAGER를 보좌하며, 공사 수행에 있어 안전과 환경 문제에 대하여 뿐만아니라 조직 구성원 전체의 효율적 관리를 도모한다.

5) SAFETY ENGINEER

공사전반에 걸쳐 산재해 있거나 부주의로 발생할 가능성이 있는 안전 사고를 예방하기 위한 업무를 담당하며 또한 상세 설계시의 안전에 대한 인허가 업무를 수행한다.

6) ENVIRONMENTAL ENGINEER

공사와 관련하여 발생하거나 예측이 되는 제반 환경문제에 대한 대책업무를 수행하며, 상세 설계시의 환경업무를 수행하고 배출시설과 관련된 인허가 업무를 수행한다.

7) PROCUREMENT MANAGER

기자재 구매, 검사, 구매 촉진 업무를 수행하며 기자재 공급 업무를 관리한다.

8) CONSTRUCTION MANAGER

공사 시공관리, 기자재 관리 및 안전관리에 대하여 책임을 진다.

4-4-5. 설계 업무

가. 공사 계약자는 설계전 업무수행에 필요한 제반측량, 조사, 검사, 현장 실사등을 수행하여야 하며 운전 및 정비의 용이성, 안전도등이 관련법규에 의거하여 설계되어야 한다.

나. 공사 계약자는 기본설계 및 상세설계를 수행하며 모든 설계도서는 사업주의 승인을 받아 최종 확정하여야 한다.

다. 시설 및 기기 장치등의 사양서와 시방서 작성, 기본설계와 상세설계등은 사업주와 공사 계약자가 상호 협조하여 수행하여야 한다.

라. 최종 설계 도면(AS BUILT DRAWING), 기술 계산서, 기계류 카다로그 등의 제반 기술 자료 및 운전보수 지침서를 작성하여 사업주의 운전원이 교육을 충분히 받을수 있도록 기기장치가 건설되는중에 미리 제출되어야 한다.

마. 공사 계약자는 기본 설계와 상세 설계도면, 기자재 명세서, 기기장치 사양서, 공사 시방서 등 일체 설계도서에 의거하여 산정한 건설 공사비 산출 내역서를 사업주에게 제출한다.

바. 제반 법규의 기준에 적합하도록 시설을 설계하여야 한다.

사. 공사 계약서는 일체의 제출도서에 모든 책임을 지며, 사업주의 승인없이 제 3자에게 공개해서는 안된다.

4-4-6. 기자재 공급

가. 공사계약자는 사업에 필요한 기자재 공급을 위하여 VENDOR LIST, 구매 요구서, 도면, 사양서, 구매계획서 등을 작성 사업주에게 제출하고 승인을 받아야 한다.

나. 공사 계약자는 사업주로 부터 발주승인을 받은 기자재에 대한 구매 요구서를 발행하고 기자재의 제작, 검사, 납기등의 현황을 수시로 사업주에게 보고해야 한다.

다. 운전에 필요한 기기 제작자의 기기 시험성적서 및 기타 기기장치 제작자가 제공해야 하는 제반 인허가서와 설계도서를 종합 정리하여 사업주에게 제공한다.

라. 공사 계약자는 사업에 필요한 모든 기자재의 선적, 수송, 보험 및 하역 업무를 수행하며 이에 대한 책임을 진다.

마. 주요 기자재에 대한 제작과정중 검사를 필요로할 경우 사업주의 입회하에 수행하며, 사업주로 부터 보완이나 시정을 요구 받았을때는 공사 계약자는 제작자로 하여금 즉시 보완 수정하도록 조치해야 한다.

바. 건설현장에 공급되는 모든 기자재는 원칙적으로 사업주가 지정하는 관계자의 입회하에 검수하여야 한다.

사. 공사 계약자의 공급분의 기자재는 적기에 구매 조달해야 하며 사업주가 지정한 관계자의 검수를 받아야 한다.

아. 공사 계약자가 구매공급한 기자재가 건설 기간중에 부식, 파손 또는 유실되지 않도록 공사 계약자의 책임하에 관리되어야 한다.
상기 기자재에 대해 기자재 전부 또는 일부에 손해, 손실 또는 손상이 발생한 때에는 공사 계약자의 비용으로 수리 또는 보상하며 동시에 사업주나 제 3자에 입힌 손해에 대한 일체의 배상책임을 진다.

자. 공사 계약자가 공급한 기자재중 잉여 자재는 공사 계약자가 처분한다.

4-4-7. 건설 업무

가. 공사 계약자는 기존시설의 철거작업, 개조공사, TIE-IN 작업, 설치공사 및 건설 계획을 수시 분석 검토하여 공사진행에 차질이 생기거나 변경되었을 경우 즉시 사업주에 통보하여 사업주의 지시에 따라 공사가 진행할 수 있도록 조치한다.

나. 공사 계약자는 공사현장에 반입된 기자재를 사업주의 승인없이 공사 현장외로 반출할 수 없다.

다. 본사업과 관련 제 3자에게 공사를 수행케할 경우 시공업자 선정 및 계약은 사전에 사업주의 승인을 득하여 수행해야 하며 모든 공사는 사업주의 동일한 설계도서 및 공사 시방서에 의거 수행되어야 한다.

라. 공사 현장내의 재산, 인명 및 작업안전을 위해 모든 안전대책에대한 조치는 공사 계약자의 책임하에 이행해야 한다.

마. 공사 진행중 수정 부문이 있을 경우 사업주에게 수정도면(AS BUILT DRAWING)을 제출하여 사업주의 승인을 득하여야 한다.

바. 공사 계약자는 공사와 관련하여 수행한 TEST및 INSPECTION의 결과를 사업주에게 제출해야한다.

사. 제반 검사는 사업주 감독자의 입회하에 행해야 하며 비파괴 검사의 1차 검사결과 수리를 요하는 경우 수리후 검사비용 일체도 공사 계약자가 부담한다.

아. 기기별 예비적 작동 점검 및 기계적 완공 검사가 될수 있도록 조기에 점검표를 작성하여 제출하여야 한다.

자. 공사 계약자는 준공검사의 필요한 제반업무를 수행하고, 발견된 하자에 대하여 수정 작업을 수행하고 그 결과를 사업주에게 보고하여야 한다.

차. 공사 계약서는 능보장 시점에 관한 계획서를 작성하여 성능 시험전에 사업주에게 제출하여 승인을 득해야 한다.

카. 공사비 준공 내역서는 사업주가 제시한 양식에 의거 추후 준공시에 제출한다.

4-4-8. 안전 관리

가. 공사 계약자는 안전관리 조직 운영계획 및 예방 대책을 수립하여 사업주의 승인을 득한후 공사를 착수해야 한다.

나. 공사 계약자의 안전 관리자는 안전업무만 전담하며, 안전관리 활동, 운영사항을 매일 공사 감독부서에 보고하여야 한다.

다. 안전관리 업무가 소홀하다고 사업주가 판단할 경우에는 안전관리자 교체 또는 공사 중단을 할수 있으며, 이에 따른 모든 책임을 시공업체가 진다.

라. 공사 계약자는 작업현장에 반드시 소화기구, 방화수, 안전기구, 안전마스크등을 비치하고 안전사고 및 산업재해를 예방해야 한다.

마. 모든 안전기구는 공인기관의 허가품을 사용하고 반드시 사업주의 안전부서의 검사를 받아야 한다.

바. 공사 계약자는 사업주의 공장 안전수칙을 철저히 준수, 이행하여야 하며 안전 수칙 불이행에 따른 공장 출입금지, 공사중단 등 제재조치에 대한 불이익은 공사 계약자의 안전관리 소홀로 모든 책임을 져야 한다.

4-5. 공사 수행 절차

4-5-1. 공사 수행

공사 계약자는 설치공사와 공사관리는 물론 사업주의 공사관리 및 감리자와의 긴밀한 업무수행을 위하여 다음 사항을 이행한다.

1) 사업주의 공사 관리자 및 감리자의 지시에 의한 건설공사 추진
2) 사업주의 지시에 따른 수정공사 및 공사변경 수행
3) 공사 계약자는 매일, 매주, 매월 작업 계획서와 작업 진도 보고서를 사업주의 공사 관리자에게 제출한다.
4) 공사 계약자는 공사착수시 착공계 및 사업주가 요구하는 서류를 제출하여야 하며, 인력 변동이 있을시 사업주의 허가를 득하여야 한다.
5) 공사 계약자는 기성고 검사원을 일정기간 간격으로 작성하여 사업주의 공사 관리자에게 제출하고 검토 승인을 받아야 한다.

4-5-2. KICK-OFF MEETING(PROJECT TEAM의 첫번째 모임)

KICK-OFF MEETING은 공사 계약자와 사업주의 PROJECT TEAM (사업 추진팀)이 함께 첫 모임을 갖고 본 사업 추진과 관련된 제반 질문 사항과 확인 해야할 사항들은 협의하고 상견례를 하는 모임을 말한다.

공사 계약자의 PROJECT TEAM이 KICK-OFF MEETING에 참가 할때는 아래 사항들을 참고로하여 회의자료를 준비하는 것이 바람직하다.

1) 일반 사항
   ① SPECIFICATION, DRAWING NUMBER, PIPING NUMBER, INSTRUMENT에 대한 지시 내용
   ② REVISION 작업 절차
   ③ 사업주의 입회하에 검사를 필요로 하는 주요 기자재
   ④ 공정 진도 산정 절차 및 기술 협의
   ⑤ 인.허가 업무 협의
   ⑥ 사업 SCHEDULE 협의

2) 기기 장치
   특히 ① PIPING ② 기계장치 ③ 계기장치 ④ 전기등의 주요 기기장치 분야로 구분하고 각 분야별로 질문 사항과 확인해야 할 사항들을 협의한다.
   즉 기자재 변경, 설계기준, TIE-IN POINT, INSPECTION과 MAINTEANCE HOLE 위치 협의, SPEC 적용 협의, FIRE PROTECTION 관련 협의, FLOW METER SIZE CHECK, PRESSURE GAUGE CHECK, 적산전력계 위치 및 SPEC 등등을 협의하게 된다.

3) 공정 (PROCESS)
   공정 기기장치의 용량, 공정상의 문제점 예견내용, 설계조건, 설계상의 이상 내용등과 같은 내용을 진술, 확인한다.

4) 협조 내용(COORDINATION)
   업무창구, 상호협조 방법, 사업수행 조직표, 주간 및 월간 보고서의 FORMAT, 부수 및 제출일, 기성고 확인방법, 승인용 성과품 제출 부수등의 내용을 협의한다.

5) 요청 자료 LIST-UP
   사업주에게 요청하는 자료 내용이 된다.
   특히 토목, 구조, 전기, 공정, 장치, 계장, 배관등으로 구분하여 필요한 요청 자료를 LIST UP하여 협의한다.

6) 공정 진도 계산 절차
   -. 공정 진도 보고서 준비를 위해 ① 설계 ② 기자재 공급(구매) ③ 건설등으로 구분하여 총계 100%로 한다.
   -. 설계 진도 측정 방법은 MANHOUR를 기초하여 다음과 같이 구분하여 가중치를 측정하고 총계 100%로 한다.
      ① PROCESS
      ② EQUIPMENT
      ③ CIVIL
      ④ PIPING
      ⑤ STRUCTURE

⑥ ELECTRICAL

⑦ INSTRUMENT

-. ACTIVITY는 다음과 같이 단계별로 구분하여 측정한다.

① START

② COMPLETE

③ 승인용 제출

④ 공사용 승인

⑤ 공사용 제출

7) 구매 진도 측정 방법

항목별 기기 공급을 위한 진도측정은 다음과 같이 구분하여 집계한다.

① MECHANICAL EQUIPMENT

② CHEMICAL EQUIPMENT

③ ELECTRICAL EQUIPMENT

④ INSTRUMENT ITEM

⑤ BULK MATERIAL

8) 건설 진도 측정 방법

건설공사 진도측정을 다음과 같이 분류하여 가중치를 적용 측정한다.

① CIVIL

② PIPING

③ EQUIPMENT

④ STRUCTURE

⑤ INSTRUMENT

⑥ ELECTRICAL

⑦ PAINTING/INSULATION

4-5-3. 자재 관리

1) 공사 계약자는 설치공사에 필요한 자재에 대한 검수, 입고, 보관, 출고 및 반납 업무 등 자재관리 일체에 대한 책임을 진다.
2) 사업주는 업무자체의 감독 및 검수입회를 위한 필요 인원을 배정한다.
3) 공사 계약자는 창고의 경비 업무를 책임지며, 물품 출납기록을 유지 보관하며 사업주의 요구가 있을시 열람에 응한다.
4) 공사 계약자는 검수 결과 하자가 발생할 경우 즉시 필요한 조치를 취하여 건설공사 공기에 영향을 미치지 않도록 한다.

4-5-4. 현장 출입

1) 공사 계약자의 현장 요원의 공장 출입은 사업주의 통제하에 실시 하여야 한다.
2) 사업주의 시설 방호를 위한 안전 및 경비 수칙을 준수하고 협조한다.

4-5-5. 공사의 변경

1) 사업주는 공사 변경 지시서에 의해 건설공사의 일부를 추가 혹은 변경할 수 있다.
2) 공사 변경 절차
   ① 공사 변경 지시서는 사업주의 PROJECT MANAGER가 공사 계약자의 현장 소장에게 발급하며, 공사변경 지시서의 부본 1부를 상호 관계 관리자에게 송부한다.
   ② 공사 변경이 계약금액의 증감 조정이 필요한 사항일 경우에는 공사비 내역서 단가에 의하여 공사비 조정 내역서를 작성하여 사업주 관계자에게 제출, 승인을 받아야 한다.
   ③ 공사 계약자는 공사비 집계를 사업주가 제시한 양식에 의거 집계 제출해야 한다.

4-5-6. 계약후 제출 서류

공사를 효율적으로 관리하고, 양질의 공사를 공기내에 완료하기 위해서는 계약후 제출 서류를 면밀히 검토하여야 하며 누락되거나 미비되거나 특히 투입될 인력에 대하여도 면허소지 여부 및 자격여건을 갖춘 적격자 인지를 파악 확인하여야 한다.

그리고 기자재의 검사 방법과 검사 성적내용도 철저히 분석 파악해야 한다.

제출시기와 제출 부수가 명기된 제출 서류를 다음과 같이 정리한다.

1) 세부 공정 계획서
2) 공사비 내역서
3) 현장 인력 조직표
4) 현장 대리 인계
5) 현장 대리인 경력서
6) 현장 대리인 건설 기술 면허증 사본
7) 작업 인력 투입 계획서
8) 기자재 구매 계획서
9) 공사 요령서
10) 기자재 시험 검사 요령서
11) 기자재 시험 검사 성적서
12) 사고 발생시 사고 보고서(즉시 제출)
13) 승인용 설계 도서
14) 공사용 설계 도서

15) 최종 설계 도서 (AS-BUILT 원도, MICRO FILM)
16) TECHNICAL DATA BOOK(기본 및 상세설계 도서 주요 기기장치의 SPECIFICATION 등 공사와 관련되는 모든 자료)
17) 사업주의 승인을 요하는 주요 도서

4-6. 인허가 업무 추진

건설 공사와 관련하여 인허가 사항은 매우 중요한 업무로서 만일 하나라도 누락시에는 공장 준공 뿐만아니라 시운전도 불가능한 상태에 이르게 된다.

이러한 점을 감안하여 세밀히 파악하여 적기에 인허가를 획득할 수 있도록 최선을 다해야 한다. 다음과 같이 인허가 업무처리 요령을 정리 요약해 본다.

1) 인허가를 받아야 하는 분야를 구분한다.
   즉, 건축분야, 공장건설분야, 항만시설분야, 전기통신분야, 환경분야, 에너지분야, 위험물, 소방, 고압가스분야 등으로 구분될 수 있겠다.
2) 상기의 각 분야별로 인허가 종목을 나열한다.
   예를 들면 공사 건설분야의 ① 사업장 설치계획 신고 ② 공장설치 신고 ③ 공장건설 완료 보고 ④ 공업용수 급수신청 ⑤ 공업용수구 설치허가등으로 나열할 수 있겠다.
3) 상기의 인허가 종목별로 처리기관을 명시한다.
4) 인허가 종목별로 제출시기를 명시한다.
5) 인허가 종목별로 관계 법령을 명시한다.
6) 인허가 종목별로 구비 서류를 작성 제출한다.

4-7. 시운전용 자재 특별 구매 품목

시운전에 돌입하기전에 공정용 자재를 미리 구매하여 갖추어 놓아야 한다. 만일 사전에 미리 준비하지 못할 경우 공장 시운전은 적기에 이룩될 수 없다. 기업 경영에 매우 중요한 사항임을 감안하여 체계적으로 구매 추진해야 한다.

시운전용 특별 구매 품목의 적기 공급을 위해 다음과 같이 정리 요약해 본다.

1) 각 공정별로 필요한 주원료와 부원료, 촉매류, 충진물류, 피복제, 화공약품류, 연료유, 윤활유, 특별 소모품류 등으로 분류한다.
2) 분류한 상기 품목들의 사용처(공정)를 명시한다.
3) 각 품목별로 SPECIFICATION을 결정한다.
4) 각 품목별로 소요량을 결정한다.
5) 각 품목을 내자, 외자로 구분하고 DELIVERY를 추정하여 구매 조치하도록 한다.

4-8. 기계적 준공

전 공정 및 시설이 관련도면 및 규격에 의거하여 구조적으로 설치 완료되고 시운전을 위한 모든 조건이 갖추어진 상태를 기계적 준공이라고 하는데, INITIAL START UP을 위해서 제반 공정을 다시 한번 기기 장치 점검표를 만들어 최종 점검 할 필요가 있다.

즉 기기장치 점검표는 다음과 같이 분류하여 작성 해본다.

1) FIELD TEST RECORD (PIPING PRESSURE TEST)
2) FIELD INSTALLATION CHECK LIST (PIPING)
3) FIELD INSTALLATION CHECK LIST (GEAR UNITS)
4) FIELD INSTALLATION CHECK LIST (GENERAL)
5) FIELD INSTALLATION CHECK LIST (EXCHANGERS)
6) FIELD TEST RECORD (EQUIPMENT PRESSURE TEST)
7) FIELD INSTALLATION CHECK LIST (PUMPS)
8) FIELD INSTALLATION CHECK LIST (COMPRESSORS)
9) FIELD INSTALLATION CHECK LIST (ELEVATORS)
10) FIELD INSTALLATION CHECK LIST (BLOWERS)
11) FIELD INSTALLATION CHECK LIST (AIR COOLER FANS)

4-9. 최종 인수

성능 보장이 종결된후 사업주와 공사 계약자는 성능보장 시험에서 얻어진 시험 결과를 검토 평가해야 한다.

시험결과를 평가한 결과 성능보장 시험이 성공적으로 완료되었다고 판단되면 공사계약자는 이 결과를 사업주에게 서면으로 통보해야 한다.

사업주는 성능 보장 시험이 만족스럽게 완료되었다고 판단되면 공사 계약자에게 최종 인수 통보를 발행해야 한다.

만일 성능보장 시험이 만족하게 완결되지 않았다고 판단 될시에는 공사 계약자에게 서면으로 비인수를 통보하고 그 이유를 제시하여야 한다.

4-10. 공장건립지반공사 (Piling Foundations Works for Plant Erection)

건설공사 (Construction Works)전반사항에 대하여는 상기에서 이미 언급했지만, 본 항목은 대형화학공장의 건설경험에 비추어 볼 때 본 사항은 매우 중요함으로 특별히 강조하여 언급하기로 한다.

우리 화학공학기술자(Chemical Engineers)들이 혼신을 다하여 설계한 화학공장을 지상(地上)에 건립 (Erection)하는 과정 중에 지반공사 (地盤工事; Piling Foundations Works)가 취약하여 심각한 문제점이 발생되고 이로 인하여 장기간의 공기지연으로 막대한 경제적 손실을 입히는 예를 많이 보아 왔으며, 또한 기업이 몰락하는 단계에까지 이르는 결과를 초래하게 된다.

그래서 여기서는 공장건립지반공사 (工場建立地盤工事; Piling Foundations Works for Plant Erection)에 대하여 아래의 내용을 참고로 언급한다.

특히 화학공학기술자들은 자신들의 작품이 견고히 다져진 지반 위에 안전하게 건설되어 기업이 영속적으로 안전조업을 해 나갈 수 있도록 최선을 다해야 한다.

화학공장의 특성상, 정상가동이 된 후에 만일 지반의 불안정으로 미세하게나마 공정 시스템이 침하될 경우에는, 기기 장치의 불균형으로 공정시스템에 갈라지는 현상(Crack happening on the process systems)이 초래되어 안전사고는 물론 환경피해사고를 유발시켜 기업과 사회에 가공할만한 피해를 입히게 된다.

더 나아가 지반공사를 성실하게 관리한 상태에서 태어난 그 안전작품들만이 사회에 찬란한 빛을 비춰 줄 수 있다는 진리를 화학공학기술자들은 마음속에 깊이 아로새겨야 한다.

이런 의미에서 화학공학기술자들은 파일설치공사(Piling Works and Piles Installation)에 최대한의 관심을 기울여 관리해 나가야 한다.

4-10-1. Pile Installation

Pile 시공은 대형 토목 구조물인 교량, 고가 도로 등과 고층 건물 기초공사에 적용되고 있으며, 특히 Chemical Plant의 공사 시 Stack, Tank, Vessel등의 대형 Equipment Foundation에는 필수적이라 할 수 있다.

1) 타격공법
   Diesel Hammer 및 Steam Hammer로 직접 항타하여 시공하는 공법으로 시공속도는 빠르나 소음, 진동 등의 공해가 발생하며 Plant 건설공사에서 기존 시설물이 인접할 경우에는 시공이 곤란하다.
2) Pre-boring 공법
   Pile 시공 지반에 미리 AUGER 장비를 사용하여 지지 지반까지 굴착한 후 Pile을 매설하는 공법으로 최종 시공은 Diesel Hammer 등으로 마무리한다. 소음, 진동 등의 공해가 적고 특히 Plant 건설 공사 시 인접하는 기존 시설물 보호를 위해 자주 사용되는 공법이다.
3) Pile은 상부 하중을 충분히 지지할 수 있는 Weathered Rock(풍화 암) 또는 Bedrock(기반 암)에 관입 되어야 하나, 연약층 중간에 호박돌 층이 존재할 경우에는 정상시공이 곤란하므로 사전에 확정하고 충분한 지질조사를 통하여 Pile 시공에 대한 충분한 검토가 이루 워 지도록 해야 한다.

4) 연약층 중간에 호박돌 층이 존재할 경우에는 아래 그림에서와 같이 부실시공이 우려되므로 Pre-boring과 Casing을 동시 시공할 수 있는 BARBER 장비시공을 도입하거나 각 공사현장의 부지, 기초공사 규모, 상부시설의 종류, 장비 투입조건 등에 적합한 다른 기초공법을 검토하여야 한다.

4-10-2. Pile의 종류

1) PC Pile (Pre-tentioned Spun Prestressed Concrete Pile, KSF-4303)
2) PHC Pile (Pre-tensioned Spun High Strength Concrete Pipe, KSF-4306)

4-10-3. Piling 지반공사

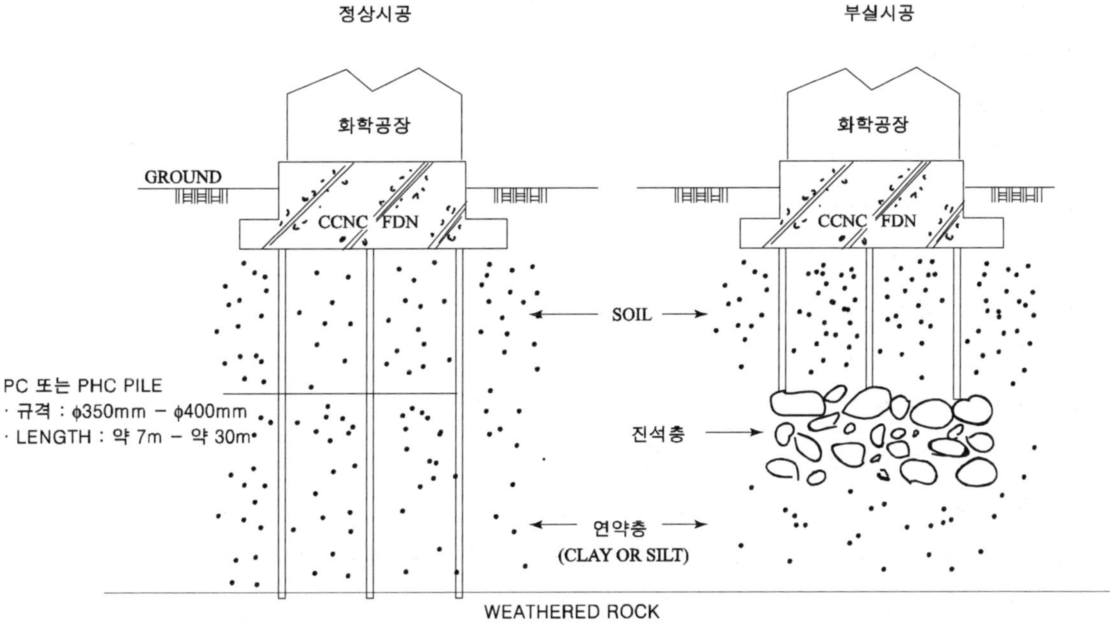

그림 4-2. PILING 지반공사

응용문제

1. Pre-commissioning에 대하여 설명하십시오.
2. Mechanical Completion이란 무엇 입니까?
3. Completion of Construction에 대하여 설명 하십시오.
4. Commissioning에 대하여 설명 하십시오.
5. Initial Start Up에 대하여 설명 하십시오.

6. Punch List란 무엇 인지를 설명 하십시오.
7. Exception Item이란 무엇 인지를 설명 하십시오.
8. Performance Guarantee Test에 대하여 설명 하십시오.
9. Plant Acceptance에 대하여 설명 하십시오.
10. Transfer Care, Custody, and Control에 대하여 설명 하십시오.
11. 공사 발주와 관련하여 구매 요청 시 주요 내용은 무엇 입니까?
12. 공사 발주와 관련하여 입찰업무 수행 중에 고려 해야 할 세부 사항 들을 열거 하고, 각 사항 들에 대하여 설명 하십시오.
13. 공사 계약 시에 기본이 되어야 할 정신은 무엇이 되겠습니까?
14. 공사 계약서(안) 작성에 포함해야 할 세부 항목들은 열거 하십시오.
15. 과업지시 란 무엇 입니까?
16. 설계기준에 대하여 명기 하십시오.
17. 설계에 대한 주요 고려 사항에 대하여 명기 하십시오.
18. 기계설비공사에 대하여 설명 하시오.
19. 배관 설비공사에 대하여 설명 하십시오.
20. 전기 계장 공사에 대하여 설명 하십시오.
21. 토목공사에 대하여 설명 하십시오.
22. 건설공사에 대하여 설명 하십시오.
23. 도장공사에 대하여 설명 하십시오.
24. 시운전 관련 업무에 대하여 설명 하십시오.
25. 인허가 업무에 대하여 설명하십시오.
26. 부대 공급 조건에 있어 부품 확보에 대하여는 어떻게 하는 것이 바람직 할까요?
27. Project Management에 대하여 설명 하십시오.
28. Project Schedule에 대하여 요약 하십시오.
29. Project Progress Report(사업진도 보고)에 대하여 명기 하십시오.
30. 공사 추진 조직(Construction Project Organization)을 예로 들어 보십시오.
31. 공사 추진 조직 각 구성원을 열거 하고, 각 구성원의 업무에 대하여 설명 하십시오.
32. 공사 계약자의 설계업무에 대하여 설명 하십시오.
33. 공사 계약자의 기자재 공급에 대하여 설명 하십시오.
34. 공사 계약자의 건설업무에 대하여 설명하십시오.
35. 공사 계약자의 안전관리에 대하여 설명하십시오.
36. 공사 수행에 있어 주요 절차를 설명 하십시오.

37. 공사 계약자의 공사 수행에 있어 이행 업무는 무엇 입니까?
38. Kick-Off Meeting은 무엇 입니까?
39. Kick-Off Meeting시에 논의해야 할 사항에 대하여 명기 하십시오.
40. 자재 관리에 대하여 설명 하십시오.
41. 공사 현장 출입에 대하여 설명 하십시오.
42. 공사의 변경에 대하여 설명 하십시오.
43. 공사 계약 후에 제출 할 Document에 대하여 명기 하십시오.
44. 인허가 업무 추진에 대하여 설명 하십시오.
45. Initial Start Up을 위한 시운전용 자재 특별 구매 품목에 대하여 명기 하십시오.
46. Mechanical Completion과 함께 시운전 준비를 위해서 Final Inspection을 수행해야 하는데 이때 필요한 Check List에는 어떤 것 들이 있습니까?
47. 최종인수(Final Acceptance)에 대하여 설명 하십시오.
48. 공장 건설에 있어 내진설계 (耐震設計; Earthquake-proof Design) 가 요구되는 부문의 공장들은 무엇 입니까?
49. 공장 건설을 위한 Site Condition으로서 다년간의 통계자료가 필요한 항목 들은 무엇입니까?
50. 화학공학 기술자로서 공장건립지반공사 (工場建立地盤工事) 에 최대한 관심을 가지고 공장건설을 해야 하는 이유는 왜 일까요?
51. 공장 건설에 있어 Pile Installation에 대하여 설명 하십시오.

시운전 및 성능보장 (INITIAL START UP AND PERFORMANCE GUARANTEE TEST)

5장

5-1. 시운전 준비

공장 건설이 끝나면 시운전을 하게 되고, 이때 비로서 시제품이 생산되게 된다.

기업의 경영수지를 위해서 순조로운 시운전은 앞으로의 정상조업과 생산공정 확장사업에도 중요한 영향을 미치게 된다.

시운전 준비가 충분히 이루어지지 못하고, 공정계통에 내재되어 있는 제반 결함들을 발견해내지 못하고 시운전을 시행 했을때는 정상가동이 순조롭지 못할 뿐만아니라 제반 안전 문제와 환경 문제등의 난관에 봉착하게 된다.

이러한 제반 악영향을 극복해 내기위해 시운전 준비 및 과정을 세밀히 파악하고 수행해내야 한다.

5-1-1. 준비 활동 업무(PREPARATION ACTIVITIES)

1) 기기장치 목록표 작성(EQUIPMENT LIST)

생산 및 제반기술 업무수행에 필수적인 자료가 되기때문에 시운전 기간 이전에 미리 준비되어야 한다.

특히 시운전을 담당한 운전원들이 기기장치 번호와 명칭을 정확히 암기하고 이해 함으로서 긴장된 시운전 상황에서 안전하게 운전을 할 수 있으며 또한 상호 의사소통을 하는데 도움을 주게 된다. 기기 장치의 목록표를 작성 할때는

① 해당공장 지역번호
② 기기 장치 부여 번호
③ 기기 장치의 명칭
④ 참고 기술자료 즉 기기장치의 형식, 설계용량, 기기장치의 재질등의 항목을 가지고 만들어본다.

2) 기기 장치의 설계 요약 목록표 작성(EQUIPMENT DESIGN DATA LIST)

특히 시운전중에 기기 장치의 성능을 점검 확인하고 정상 조건(NORMAL CONDITION), 비정상 조건(ABNORMAL CONDITION) 그리고 비상조건(EMERGENCY CONDITION)을 감지하

는데 필요한 자료가 되기때문에 목록화하여 시운전 요원들을 교육시켜야 한다.

기기 장치의 설계 요약 목록표를 작성할 때는

① 공장별 명기
② 기기 장치 부여번호
③ 기기 장치의 명칭
④ 회전 기기 장치의 마력수, 회전수, 전압, AMPERE
⑤ 과속 정지 회전수(OST : OVERSPEED TRIP)
⑥ 유량 등을 항목화 하여 목록표를 만들어 본다.

3) 계기장치 부호 목록표(INSTRUMENT LETTER SYMBOLS LIST)

기기 장치 운전을 위한 자동 제어 계통의 정확한 이해는 공정 손실 및 조업 중단 그리고 공정 안전사고와 연관된 재해 예방뿐만아니라 기업 손실을 극소화 시키는데 중요한 역활을 하게 된다.

실제 운전을 위한 LOGIC DIAGRAM이나 SEQUENCE를 이해하고 또한 공정도면(PROCESS FLOW DIAGRAM)과 P&ID (PIPING AND INSTRUMENT DIAGRAM)를 이해 응용하는데 필수적이다.

다음의 INSTRUMENT LETTER SYMBOLS의 목록표를 참고하기 바란다.

참고 : INSTRUMENT LETTER SYMBOLS (1)

SYMBOLS	IDENTIFICATION
A-ANALYZER	
AA	ANALYZER ALARM
AI	ANALYZER INDICATOR
AIC	ANALYZER INDICATING CONTROLLER
AR	ANALYZER RECORDER
ARC	ANALYZER RECORDER CONTROLLER
AT	ANALYZER TRANSMITTER
D-DENSITY	
DA	DENSITY ALARM
DI	DENSITY INDICATOR
DIC	DENSITY INDICATING CONTROLLER
DR	DENSITY RECORDER
DRC	DENSITY RECORDER CONTROLLER
DT	DENSITY TRANSMITTER
F-FLOW	
FA	FLOW ALARM
FC	FLOW CONTROLLER BLIND
FCV	FLOW CONTROL VALVE
FE	FLOW ELEMENT
FG	FLOW GLASS (SIGHT INDICATOR)
FIC	FLOW INDICATOR
FIRC	FLOW INDICATOR RATIO CONTROLLER
FQI	FLOW QUANTITY INDICATOR
FR	FLOW RECORDER
FRC	FLOW RECORDER CONTROLLER
FRRC	FLOW RECORDER RATIO CONTROLLER
FS	FLOW SWITCH
FR-PR	FLOW RECORDER AND PRESSURE RECORDER (DIRECT CONNECTED)
FT	FLOW TRANSMITTER

SYMBOLS	IDENTIFICATION
S-SPEED	SPEED ALARM
SA	SPEED CONTROLLER
SC	- BLIND
	SPEED INDICATOR
SI	SPEER INDICATING
SIC	- CONTROLLER
	SPEED RECORDER
SR	SPEED RECORDING
SRC	CONTROLLER
	SPEED TRANSMITTER
ST	
T-TEMPERATURE	TEMPERATURE ALARM
TA	TEMPERATURE
TC	CONTROLLER – BLIND
	TEMPERATURE
TdIC	DIFFERENTIAL
	INDICATING
	CONTROLLER
	TEMPERATURE
TdR	DIFFERENTIAL
	RECORDER
	TEMPERATURE
TdRC	DIFFERENTIAL
	RECORDER
	CONTROLLER
	TEMPERATURE
ThCV	CONTROL VALVE
	- SELF ACTUATED
	TEMPERATURE
ThI	INDICATOR
	TEMPERATURE
ThIC	INDICATOR
	CONTROLLER
	TEMPERATURE RECORDER
ThR	TEMPERATURE RECORING
ThRC	CONTROLLER
	TEMPERATURE WALL
ThW	TEMPERATURE
TI	INDICATOR
	TEMPERATURE

참고 : INSTRUMENT LETTER SYMBOLS (1-1)

SYMBOLS	IDENTIFICATION	SYMBOLS	IDENTIFICATION
L-LEVEL	LEVEL ALARM	S	INDICATOR
LA	LEVEL CONTROLLER - BLIND		CONTROLLER
LC	LEVEL CONTROLLER VALVE	TIC	TEMPERATURE RECORDER
LCV	- SELF ACTUATED		TEMPERATURE RECORING
	LEVET GLASS		ALARM (MULTIPOINT
LG	LEVEL INDICATOR	TR	RECORDER OR
LI	LEVEL INDICATOR CONTROLLER	TRA	SCANNER WITH
LIC	LEVEL RECORDER		COMMON ALARM
LR	LEVEL RECORDER CONTROLLER		TEMPERATURE RECORING
LRC	LEVEL SWITCH		CONTROLLER
LS	LEVEL TRANSMITTER		TEMPERATURE SWITCH
LT		TRC	TEMPERATURE
	(THROUGH POWER RELAY DEVICE)		TRANSMITTER
M-MANUAL	MANUAL INDICATING CONTROLLER	TS	TEMPERATURE WELL
MIC		TT	
P-PRESSURE	PRESSURE ALARM	TW	
PA	PRESSURE CONTROLLER - BLIND		COMMON ALARM
PC	PRESSURE CONTROL VALVE	SPECIAL DEVICES	COMPUTER INPUT
PCV	- SELF ACTUATED	CA	COMPUTER OUTPUT
	PRESSURE DIFFERENTIAL	CI	CONTROL VALVE
PdI	INDICATOR	CD	DRAFT GAGE
	PRESSURE DIFFERENTIAL	CV	ELECTRICAL FAULT
PdIC	INDICATOR CONTROLLER	DG	
	PRESSURE DIFFERENTIAL	EA	
PdR	RECORDER		
	PRESSURE DIFFERENTIAL		
PdRC	RECORDER CONTROLLER		
	PRESSURE DIFFERENTIAL		
PdT	TRANSMITTER		
	(CONT'D)		
P-PRESSURE	PRESSURE INDICATOR		
PI	PRESSURE INDICATING		
PIC	CONTROLLER		
	PRESSURE RECORDER		
PR	PRESSURE RECORDING		
PRC	CONTROLLER		
	PRESSURE SWITCH		
PS	PRESSURE TANSMITTER		
PT			

참고 : INSTRUMENT LETTER SYMBOLS (1-2)

SYMBOLS	IDENTIFICATION	SYMBOLS	IDENTIFICATION
HCV	HAND CONTROL VALVE	b	BALANCED DIAPHRAGM
IL	INDICATING LIGHT	e	ELECTRICAL
RL	RELAY LOADER		TRANSMISSION
VS	VALVE-SOLENOID	r	VARIABLE AREA TYPE
	OPERATED		
VPI	VALVE POSITION	MODIFYING	SYMBOLS - PREFIX
	INDICATOR	(ALARM	AND SWITCHES ONLY)
		H	HIGH
MODIFYING	SYMBOLS - SUFFIX	L	LOW
a	AIR TRANSMISSION		

참고 : INSTRUMENT LETTER SYMBOLS (2-1)

SYMBOLS	IDENTIFICATION
AC	ANALYZER CONTROLLER
AE	ANALYZER ELEMENT
AI	ANALYZER INDICATOR
AIR	ANALYZER INDICATING TANSMITTER
AR	ANALYZER RECORDER
AY	ANALYZER RELAY
BSV	BURNER SWITCH VALVE
CAN	HIGH CONDUCTIVITY ALARM
CE	CONDUCTIVITY ELEMENT
CIT	CONDUCTIVITY INDICATING TANSMITTER
CR	CONDUCTIVITY RECORDER
CY	CONDUCTIVITY RELAY
DAHL	HIGH AND LOW DENSITY ALARM
DE	DENSITY ELEMENT
DI	DENSITY INDICATOR
DIT	DENSITY INDICATOR TRANSMITTER
DPS	DIFFERENTIAL PRESSURE SWITCH
DR	DENSITY RECORDER
DSHL	HIGH AND LOW DENSITY SWITCH
DT	DENSITY TRANSMITTER

참고 : INSTRUMENT LETTER SYMBOLS (2-2)

SYMBOLS	IDENTIFICATION
DY	DENSITY RELAY
FAL	LOW FLOW RATE ALARM
FCV	FLOW RATE CONTROL VALVE
FE	FLOW RATE ELEMENT
FI	FLOW RATE GLASS
FIC	FLOW RATE INDICATOR
FICV	FLOW RATE INDICATING CONTROLLER
FL	FLOW RATE LIGHT
FO	FLOW RATE ORIFICE
FQ	FLOW QUANTITY
FQI	FLOW QUANTITY INDICATOR
FR	FLOW RATE RECORDING
FRC	FLOW RATE RECORDING CONTROLLER
FSL	LOW FLOW RATE SWITCH
FT	FLOW RATE TRANSMITTER
FV	FLOW RATE VALVE
FY	FLOW RATE RELAY
HC	HAND CONTROLLER
HIC	HAND INDICATING CONTROLLER
HS	HAND SWITCH
HV	HAND VALVE
II	CURRENT INDICATOR
IAN	HIGH CURRENT ALARM
JT	POWER TRANSMITTER
LA	LEVEL ALARM
LAH	HIGH LEVEL ALARM
LAHL	HIGH AND LOW LEVEL ALARM
LAL	LOW LEVEL ALARM
LALL	LOW-LOW LEVEL ALARM
LC	LEVEL CONTROLLER
LE	LEVEL ELEMENT
LG	LEVEL GAUGE GLASS

참고 : INSTRUMENT LETTER SYMBOLS (2-3)

SYMBOLS	IDENTIFICATION
LI	LEVEL INDICATOR
LIC	LEVEL INDICATOR CONTROLLER
LR	LEVEL RECORDER
LRC	LEVEL RECORDING CONTROLLER
LS	LEVEL SWITCH
LSH	HIGH LEVEL SWITCH
LSHH	HIGH-HIGH LEVEL SWITCH
LSHL	HIGH AND LOW LEVEL SWITCH
LSL	LOW LEVEL SWITCH
LT	LEVEL TRANSMITTER
LV	LEVEL VALVE
VE	VIBRATION ELEMENT
OPER	OPERATION
OR	ORIFICE RESTRICTION
PA	PRESSURE ALARM
PAL	LOW PRESSURE ALARM
PC	PRESSURE CONTROLLER
PCV	PRESSURE CONTROL VALVE
PDAH	HIGH PRESSURE DIFFERENTIAL INDICATOR
PDI	PRESSURE DIFFERENTIAL INDICATOR
PDRC	PRESSURE DIFFERENTIAL RECORDER CONTROLLER
PDSH	HIGH PRESSURE DIFFERENTIAL SWITCH
PHR	ACIDITY RECORDER
PI	PRESSURE INDICATOR
PIC	PRESSURE INDICATING CONTROLLER
PP	POWER POINT
PR	PRESSURE RECORDER
PRC	PRESSURE RECORDING CONTROLLER
PSD	RUPTURE DISC.
PSH	HIGH PRESSURE SWITCH
PSL	LOW PRESSURE SWITCH
PSLL	LOW-LOW PRESSURE SWITCH
PSV	PRESSURE SAFETY VALVE
PT	PRESSURE TANSMITTER

참고 : INSTRUMENT LETTER SYMBOLS (2-4)

SYMBOLS	IDENTIFICATION
PV	PRESSURE VALVE
PY	PRESSURE RELAY
SC	SPEED CONTROLLER
SI	SPEED INDICATOR
ST	SPEED TRANSMITTER
SV	SAFETY VALVE
SW	SPEED WELL
T	STEAM TRAP
TA	TEMPERATURE ALARM
TAH	HIGH TEMPERATURE ALARM
TC	TEMPERATURE CONTROLLER
TE	TEMPERATURE ELEMENT
TI	TEMPERATURE INDICATOR
TIC	TEMPERATURE INDICATING CONTROLLER
TIT	TEMPERATURE INDICATING TRANSMITTER
TSR	TEMPERATURE SCAN RECORDER
TR	TEMPERATURE RECORDER
TRC	TEMPERATURE RECORDING CONTROLLER
TSH	HIGH TEMPERATURE SWITCH
TSHH	HIGH-HIGH TEMPERATURE SWITCH
TT	TEMPERATURE TRANSMITTER
TW	TEMPERATURE WELL
TV	TEMPERATURE VALVE
TY	TEMPERATURE RELAY
UR	MULTIVARIABLE RECORDER
WAL	LOW WEIGHT ALARM
WC	WEIGHT CONTROLLER
WE	WEIGHT ELEMENT
WI	WEIGHT INDICATOR
WIC	WEIGHT INDICATING CONTROLLER
WQI	WEIGHT INDICATING INTEGRATOR
WT	WEIGHT TRANSMITTER
WY	WEIGHT RELAY
XA	MOTOR ALARM

참고 : INSTRUMENT LETTER SYMBOLS (2-5)

SYMBOLS	IDENTIFICATION
Y6A	BELT TRACKING ALARM
YAH	HIGH TORQUE ALARM
YS	TORQUE SWITCH
YSH	HIGH TORQUE SWITCH
ZL	LIGHT POSITION
ZS	SWITCH POSITION
FSV	FLOW RATE SAFETY VALVE
LAHH	HIGH-HIGH LEVEL ALARM
PAH	HIGH PRESSURE ALARM
TDY	PEMPERATURE DIFFERENTIAL RELAY
USH	VIBRATION SWITCH
UA	HIGH TORQUE ALARM
WSH	HIGH WEIGHT SWITCH
WAN	HIGH WEIGHT ALARM
XS	MOTOR SWITCH

4) 계기장치 제어 설계치 요약 목록표(INSTRUMENT CONTROL SETPOINT LIST)

생산공정은 자동 제어(AUTOMATIC CONTROL)에 의하여 일정 생산량을 연속적으로 안전하게 생산할 수 있게끔 설계된다.

자동제어를 위해서 기기장치의 주요기능에 제어 설계치(SET POINT)를 설정하여 CONTROL하게 되어 있는데 이들 제어 설계치를 LIST UP하여 효율적으로 사용해야 한다.

목록표를 작성하기 위해

① 계기 번호(INSTRUMENT NO.)

② 기능 SERVICE

③ 제어 설계치(SET POINT) 등을 항목별로 준비 하면 된다.

그리고 다음의 운전 기능에 SET POINT를 설정 안전조업을 시도한다.

① 경고 (ALARM) 기능

② PRESSURE RELIEF VALVES

③ PRESSURE SAFETY VALVE

④ PRESSURE, LEVEL AND FLOW SWITCHES

⑤ INDICATORS

⑥ 기록계(RECORDERS)

⑦ 주의 경고 스위치(WARNING ALARM SWITCHES)

⑧ SAFETY SHUTDOWN SWITCHES 등등

5) 시동전 점검 목록표(PRE-START UP CHECK LIST)

5-1). 회전 기계 장치류

회전 기계 장치류를 초기 운전하기 전에 다음 항목들을 점검해야 하는데, 각 회전 기계 장치별로 목록화 하여 운영한다.

여기서 점검 항목을 요약하면 다음과 같다.

① ALIGNMENT을 점검한다.

② WIRING 도면을 가지고 전동기의 모든 CONNECTIONS을 점검한다.

③ LINE CIRCUIT와 함께 전동기의 VOLTAGE, PHASE, FREQUENCY를 점검한다.

④ IMPELLER ADJUSTMENT를 점검한다.

⑤ 펌프류는 액체로 채워져 있는지를 확인한다.

⑥ 펌프류가 MECHANICAL SEAL로 조립되면 SEAL CHAMBER(STUFFING BOX)의 공기를 불어내고 회전시키기 전에 액체로 CHAMBER를 채운다.

⑦ STUFFING BOX ADJUSTMENT와 LUBRICATION을 점검한다.

⑧ 회전체가 손으로 부드럽게 움직이는지를 확인하기 위해 손으로 회전체를 돌려본다.

⑨ LUBRICATION 상태를 점검한다.

⑩ 회전 방향을 점검한다.

또한 상기 점검을 요하는 기계 장치류에는 다음과 같은 것이 있다.

-. GEAR UNIT

-. PUMPS

-. COMPRESSORS

-. ELEVATORS

-. BLOWERS

-. FANS

-. CONVEYORS 등등

5-2) 공정 운전 부문 점검 LIST(OPERATING CHECKS LIST)

생산 공정 운전 부문에 있어서는 다음 사항들을 점검 해야 한다.

① 펌프나 공정 배관 계통에서 누설이 있는지 점검한다.

② 향후 참고 자료로 활용하기위해 압력 계기의 READING을 점검하고 기록 한다.

③ VOLTAGE, AMPERE, KILOWATTS를 점검 하고 기록 한다.

④ BEARING의 LUBRICATION 상태와 온도를 점검한다.

⑤ 정확한 운전을 위해 STUFFING BOX를 점검하고 보정한다.

⑥ SEALING WATER LINES과 VALVES를 점검한다.

6) 경고 및 주의사항 항목수집 교본화(WARNING AND CAUTION ITEMS COLLECTION)

대부분의 중요기기 장치는 운전교본이나 기기장치에 잘보이는 곳에 주의를 환기 시키기 위해 CAUTION(경고 또는 주의) 이라는 경고문을 제시한다.

즉, 기기장치 제작자가 특별히 주의사항으로 제시하는 내용들을 정성껏 수집하여 교본으로 만들어야 한다.

이러한 내용들로 만들어진 교본을 가지고 운전 요원들을 철저히 교육 시켜야 하며 주기적으로 반복 교육을 시켜야 한다.

이들 내용들을 소홀히 관리했을때는 기기장치의 심한 파손이나 조업중단 또는 안전 사고로 연결되어 인명 손실까지도 동반하게 되어 기업에 막대한 손실을 끼치게 된다.

예를 들면 아래와 같은 내용이 되겠다.

CAUTION ① : 펌프의 동파 방지를 예방하기 위해 열(HEAT)을 사용할때 100°F - 150°F 이상으로 온도를 올려서는 안된다.

CAUTION ② : 발전기나 주요 전동기 일 경우 이 COVER를 해체하기전에 실내 난방기(SPACE HEATER)의 전원을 차단해야 한다.

CAUTION ③ : 공기 냉각기 일 경우 만일 기기가 운휴중에 있거나 빙점이하의 기온에 노출되어 있을때는 냉각 COIL에 수분이 응축되지 않았는지의 여부를 확인해야 한다.

CAUTION ④ : 펌프는 CASING에 표시된 회전 방향데로 가동 해야 한다.

만일 표시된 반대 방향으로 가동하면 중대한 파손이 발생한다.

CAUTION ⑤ : 전동기의 과부하로 인한 사고를 예방하기 위해 펌프를 가동 하기 전에 반드시 배출관에 있는 GATE VALVE는 잠궈야 한다.

CAUTION ⑥ : 기기 장치를 해체하여 들어 올릴때는 반드시 이곳의 네군데를 고정하여 연결하여야 한다.등등

주의 사항을 무시하고 비정상적인 곳에 연결하여 들어 올릴때는 엄청난 사고를 동반하게 되고 또한 인명피해가 발생하게 된다.

7) 윤활유 공급 목록표(LUBRICATION CHART)

시운전을 원활히 성공적으로 하기 위해 중요한것 중에 윤활유 공급을 정확히 해야 한다는 내용을 빼어놓을 수가 없다.

기계장치에 공급되는 윤활유가 비정상 공급되거나 기계 제작자가 추천한 윤활유가 잘못 선정하여 공급되었을때는 기계의 수명은 말할것도 없고 기계적인 파손이 나타나게 되어 정상적인 가동을 할수 없게 된다.

목록표를 작성할때 다음 사항들을 참고로 한다.

① 윤활유 공급 기계 장치명
② 윤활유 생산 공급 회사
③ 공급 윤활유 명칭 및 번호
④ 공급 윤활유의 주요 특성
⑤ 윤활유 취급 주의 사항 명기 등등

8) 고장의 발견수리 목록표(TROUBLE-SHOOTING CHART)

기기장치 뿐만아니라 각 생산공정에서 가끔 비정정 운전이 나타날때가 있으며 또한 예측 될 수도 있다.

생산공정 및 기기 장치에서의 모든 사고는 그 나름데로 원인이 반드시 있게 마련이다. 여기서 말하고자 하는 고장의 발견수리(TROUBLE-SHOOTING)는 비정상 현상이 나타나거나 예견될때 즉시 정상화 시키거나 사고의 예방을 위해 즉각 조치를 강구해야할 내용의 점검 항목을 가지고 목록표로 만든 것이다.

여기에 포함하여 작성해야할 내용을 보면 다음과 같다.

① 기기 장치 명칭 또는 공정 명칭
② TROUBLE 증상
③ 원인
④ 진단 및 조치 내용 등등

한가지 예를 들면 TROUBLE 원인별로 아래 사항과 같이 응용해 본다.

@ TROUBLE 증상 : 펌프의 설계 용량이 미달 되거나, 유량이 없거나 또는 압력이 비정상으로 나타난다.

@ 예견되는 원인 : -. AVAILABLE NPSH 부족
-. 성능 회전수 미달

-. 회전 방향 비정상
-. 회전체 또는 통로의 막힘 현상
-. WEAR RINGS 마모또는 회전체 파손
-. 액체 속에 공기나 기포 함유
-. 점도와 비중이 비정상 운전조건
-. 흡입관에 공기와 증기 함유
-. STUFFING BOX에서 공기 누설
-. 설계된 HEAD보다 높을때
-. HOT PUMP의 경우 LANTERN RING에 증기압이 낮은 윤활유 공급등

@ 진단 및 조치 사항 : 상기 원인들을 한가지씩 검토해 보고 해당 원인을 발견해 내기 위해 필요한 준비 조치를 취한 후 확인해 본다.

9) 연동 장치 목록표(INTERLOCK SYSTEM LIST)

연동 장치(INTERLOCK SYSTEM)는 생산공정의 안전을 위해 필수적으로 반드시 설계에 반영 운영되는 자동제어 안전 SYSTEM이다.

즉 ① 진행중인 동작이 끝날때까지 다음 동작이 개시되지 않도록 하는 안전장치

② 또는 역으로 현재 작동하는 장치가 이상이 있어 동작이 중단될때 이전 공정의 기계 장치도 동작을 중단시키도록 하는 안전을 위한 장치를 말한다.

시운전 요원들이 제일먼저 이해하고 암기해 두어야할 최우선 순위의 중요 요소인 것이다. 이 항목은 설계서에 명기되어 있으므로 해당자료를 발췌하여 정확히 이해하고 사용하도록 한다.

참고로 이해하기 쉬운 내용을 가지고 INTERLOCK LIST의 일부를 예로 들어보자.

기계 장치	기계장치 INTERLOCK은 아래 장치를 중단 시킨다.	중단 시키는 이유	기계장치는 아래장치의 INTERLOCK에 의해 중단된다.	중단시키는 이유
BALL MILL DRIVE	BALL MILL의 AIR CLUTCH를 분리시킨다	CLUTCH가 연결되어 있을때 전동기의 가동을 피하기 위해서이다	BALL MILL AIR TANK의 압력이 설계치보다 높을때 BALL MILL DRIVE는 AIR TANK HIGH PRESSURE SENSOR로 부터의 INTERLOCK에 의하여 중단된다	AIR CLUTCH의 파손을 방지하기 위해서다.

INTERLOCK SYSTEM의 중요성을 다시한번 강조하기 위해 다음의 INTERLOCK DIAGRAM SYMBOLS을 소개한다.

10) 생산 가동율표 준비(PRODUCTION RATE CHART)

안정된 운전을 통하여 가동율을 높이고 효율적인 최대의 생산량과 제품을 만들어 낼수 있다.

원료 공급과 공정에 따른 순환량을 정확히 계산하여 일정량을 연속적으로 공급해 줄때 공정은 안정되게 운전 된다.

일반적으로 원료 투입 공정은

① 주원료 외에 부산물 회수 원료가 있을 수 있고,
② 일정 순환량
③ 반응용 촉매류
④ 일부 화공약품 안정제등의 물질을 받아들이게 되고 이들 반응물의 화학적 성질, 물리적 특성 그리고 온도, 압력등에 의하여 운전조건이 수시로 변할수가 있다. 그리고 반응후 일정량을 배출 공정으로 보내주어야 하는데 이때에도 공정에 변화를 줄수 있다.

이러한 변화가 심할경우에 공정에 혼란 상태(UPSET TROUBLE)가 나타나게 되며 이로 인한 손실 및 공정 사고로 이어지는 안전 사고가 발생할 수 있다.

INTERLOCK DIAGRAM SYMBLOS

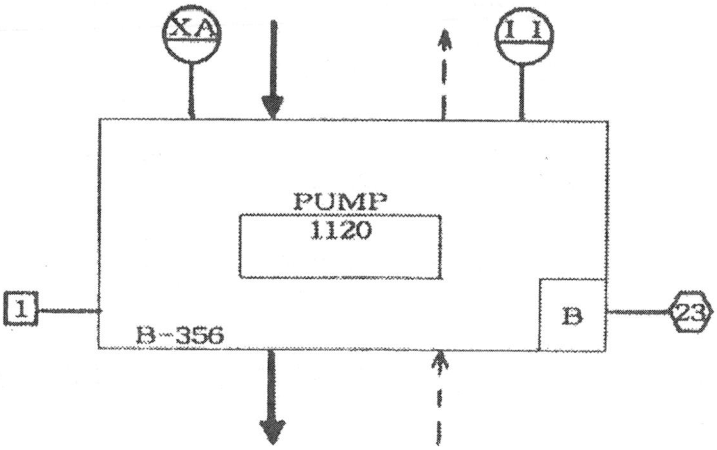

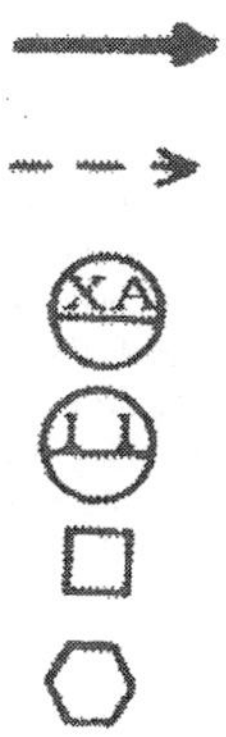

Product Flow

Direction of Interlock

Motor Off Alarm

Ammeter on Panel

Field Control Device

Panel Control Device

1	Start / Lock Stop
2	Start / Run Light
3	Stop Pushbutton
3A	Stop / Run Light
4	Stop / Selector SW
5	Selector SW. (H-O-A)
6	Up / Down Pushbutton
7	Fast / Slow
8	Open / Close
9	Selector Sw. (3 Positions-Spring Return)

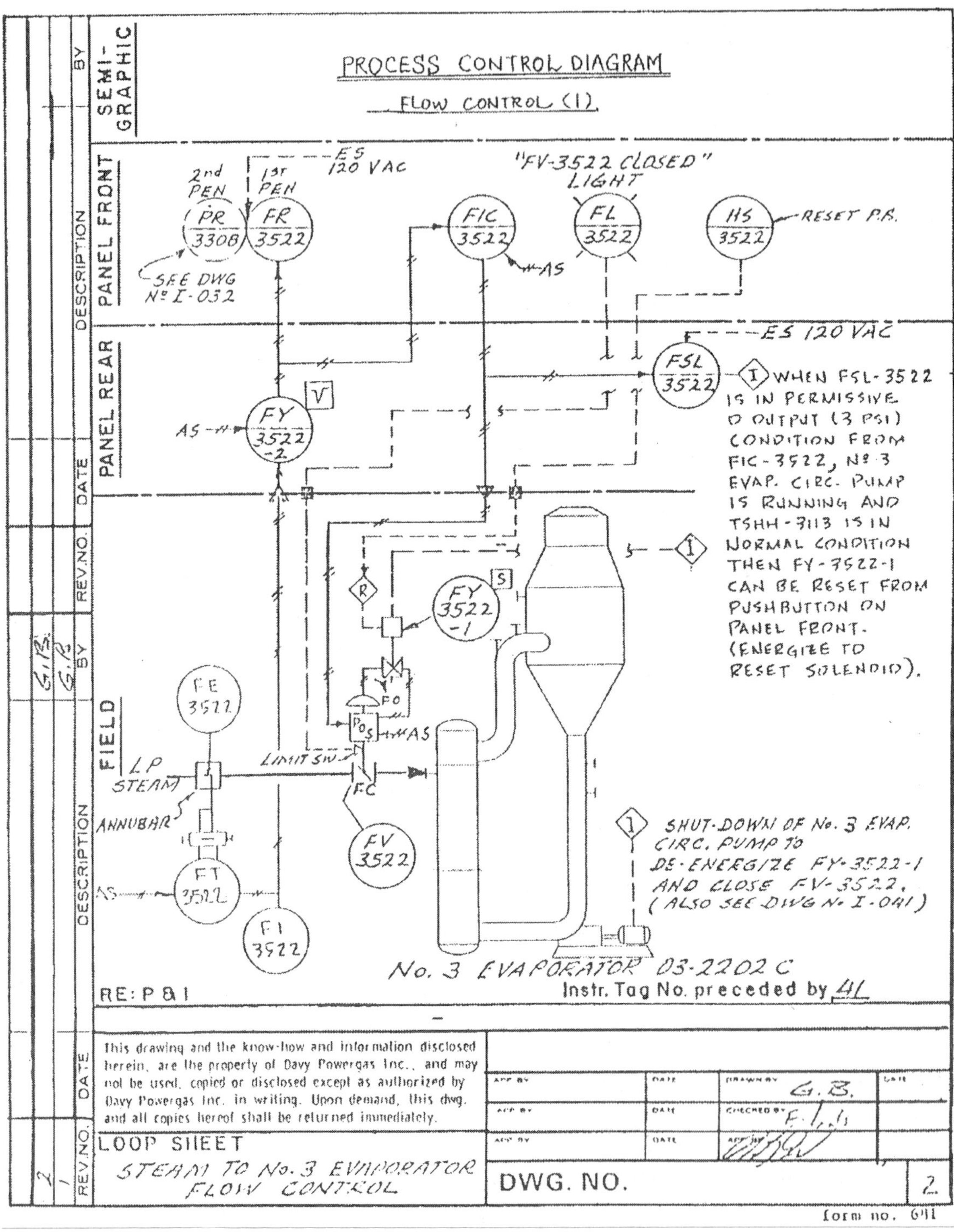
PROCESS CONTROL DIAGRAM
FLOW CONTROL (1)
SEMI-GRAPHIC
PANEL FRONT
PANEL REAR
FIELD
"FV-3522 CLOSED" LIGHT
ES 120 VAC
2nd PEN
1ST PEN
PR 3308
FR 3522
FIC 3522
FL 3522
HS 3522
RESET P.B.
SEE DWG № I-032
FSL 3522
FY 3522 -2
FY 3522 -1
WHEN FSL-3522 IS IN PERMISSIVE O OUTPUT (3 PSI) CONDITION FROM FIC-3522, № 3 EVAP. CIRC. PUMP IS RUNNING AND TSHH-3113 IS IN NORMAL CONDITION THEN FY-3522-1 CAN BE RESET FROM PUSHBUTTON ON PANEL FRONT. (ENERGIZE TO RESET SOLENOID).
FE 3522
LP STEAM
ANNUBAR
FT 3522
FI 3522
LIMIT SW.
FV 3522
SHUT-DOWN OF No. 3 EVAP. CIRC. PUMP TO DE-ENERGIZE FY-3522-1 AND CLOSE FV-3522. (ALSO SEE DWG No. I-041)
No. 3 EVAPORATOR 03-2202 C
RE: P & I
Instr. Tag No. preceded by 41
This drawing and the know-how and information disclosed herein, are the property of Davy Powergas Inc., and may not be used, copied or disclosed except as authorized by Davy Powergas Inc. in writing. Upon demand, this dwg. and all copies hereof shall be returned immediately.
LOOP SHEET
STEAM TO No. 3 EVAPORATOR FLOW CONTROL
DWG. NO.
2
G.B.
form no. 691

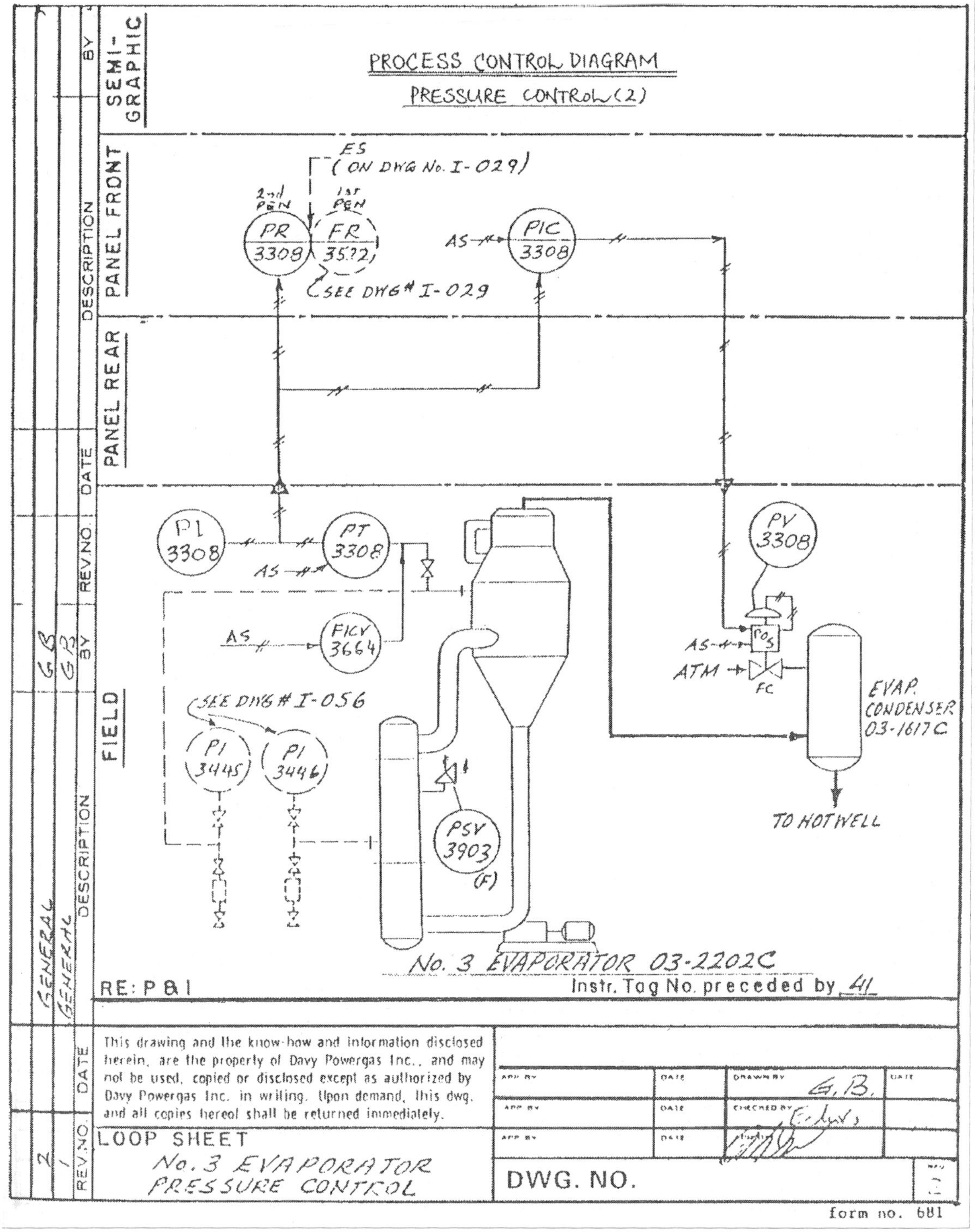
PROCESS CONTROL DIAGRAM
PRESSURE CONTROL(2)
SEMI-GRAPHIC
PANEL FRONT
PANEL REAR
FIELD
ES (ON DWG No. I-029)
2nd PEN
1st PEN
PR 3308
FR 3522
SEE DWG# I-029
AS
PIC 3308
PI 3308
PT 3308
PV 3308
FICV 3664
SEE DWG# I-056
PI 3445
PI 3446
PSV 3903 (F)
ATM
FC
EVAP. CONDENSER 03-1617C
TO HOTWELL
No. 3 EVAPORATOR 03-2202C
RE: P&I
Instr. Tag No. preceded by 41
DESCRIPTION
DATE
REV.NO.
BY
GENERAL
G.B
This drawing and the know-how and information disclosed herein, are the property of Davy Powergas Inc., and may not be used, copied or disclosed except as authorized by Davy Powergas Inc. in writing. Upon demand, this dwg. and all copies hereof shall be returned immediately.
LOOP SHEET
No. 3 EVAPORATOR PRESSURE CONTROL
DWG. NO.
form no. 681

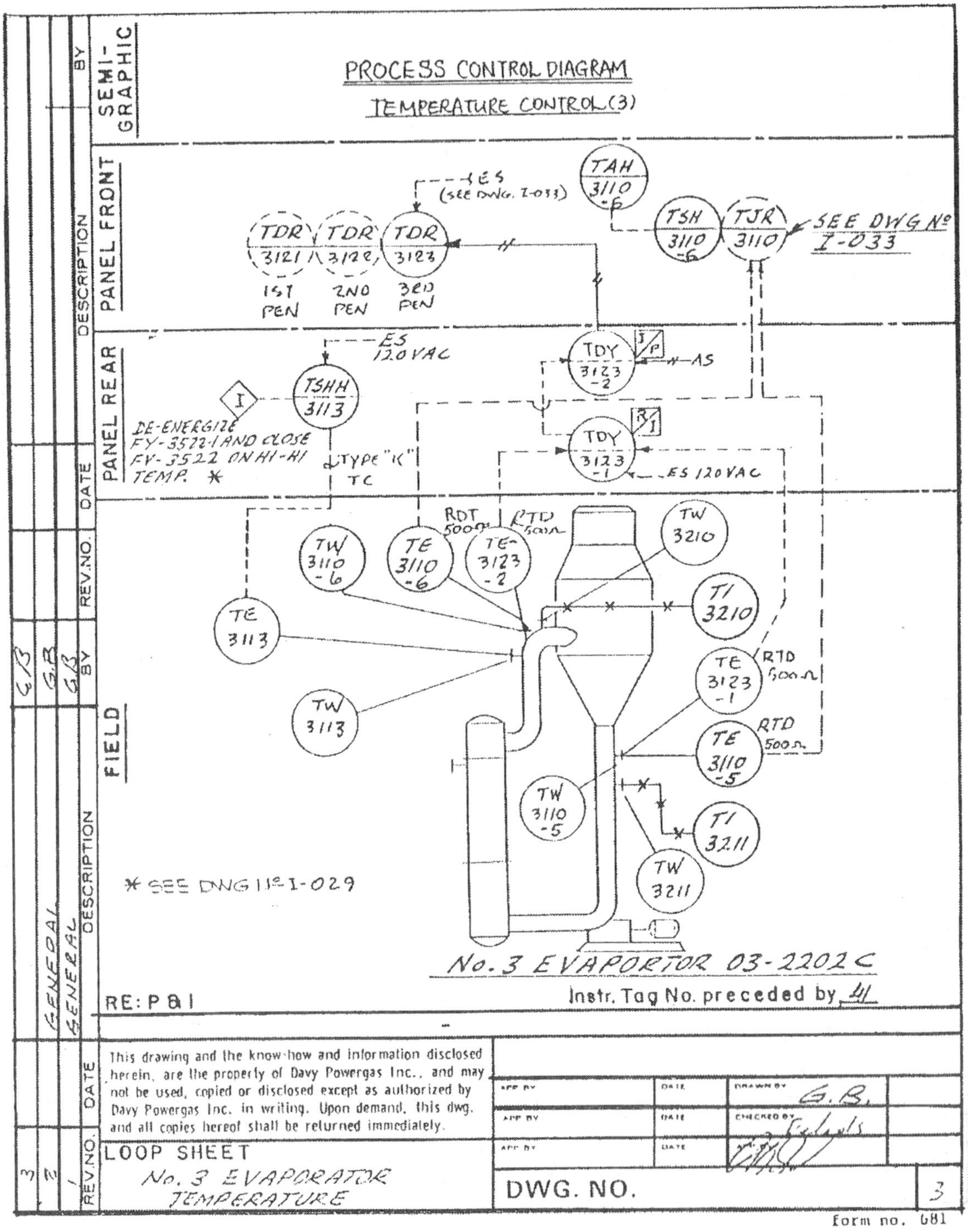
PROCESS CONTROL DIAGRAM
TEMPERATURE CONTROL (3)
SEMI-GRAPHIC
PANEL FRONT
PANEL REAR
FIELD
TAH 3110 -6
TSH 3110 -6
TJR 3110
SEE DWG No I-033
TDR 3121
TDR 3122
TDR 3123
1ST PEN
2ND PEN
3RD PEN
ES (SEE DWG. I-033)
ES 120VAC
TSHH 3113
DE-ENERGIZE FY-3522-1 AND CLOSE FY-3522 ON HI-HI TEMP. *
TYPE "K" TC
TDY 3123 -2
TDY 3123 -1
AS
ES 120VAC
RDT 500Ω
RTD 500Ω
TW 3110 -6
TE 3110 -6
TE 3123 -2
TW 3210
TI 3210
TE 3113
TW 3113
TE 3123 -1
TE 3110 -5
TW 3110 -5
TI 3211
TW 3211
* SEE DWG No I-029
No. 3 EVAPORTOR 03-2202C
RE: P&I
Instr. Tag No. preceded by 41
This drawing and the know-how and information disclosed herein, are the property of Davy Powergas Inc., and may not be used, copied or disclosed except as authorized by Davy Powergas Inc. in writing. Upon demand, this dwg. and all copies hereof shall be returned immediately.
LOOP SHEET
No. 3 EVAPORATOR TEMPERATURE
DWG. NO.
3
REV.NO.
DATE
DESCRIPTION
BY
GENERAL
G.B.
Form no. 681

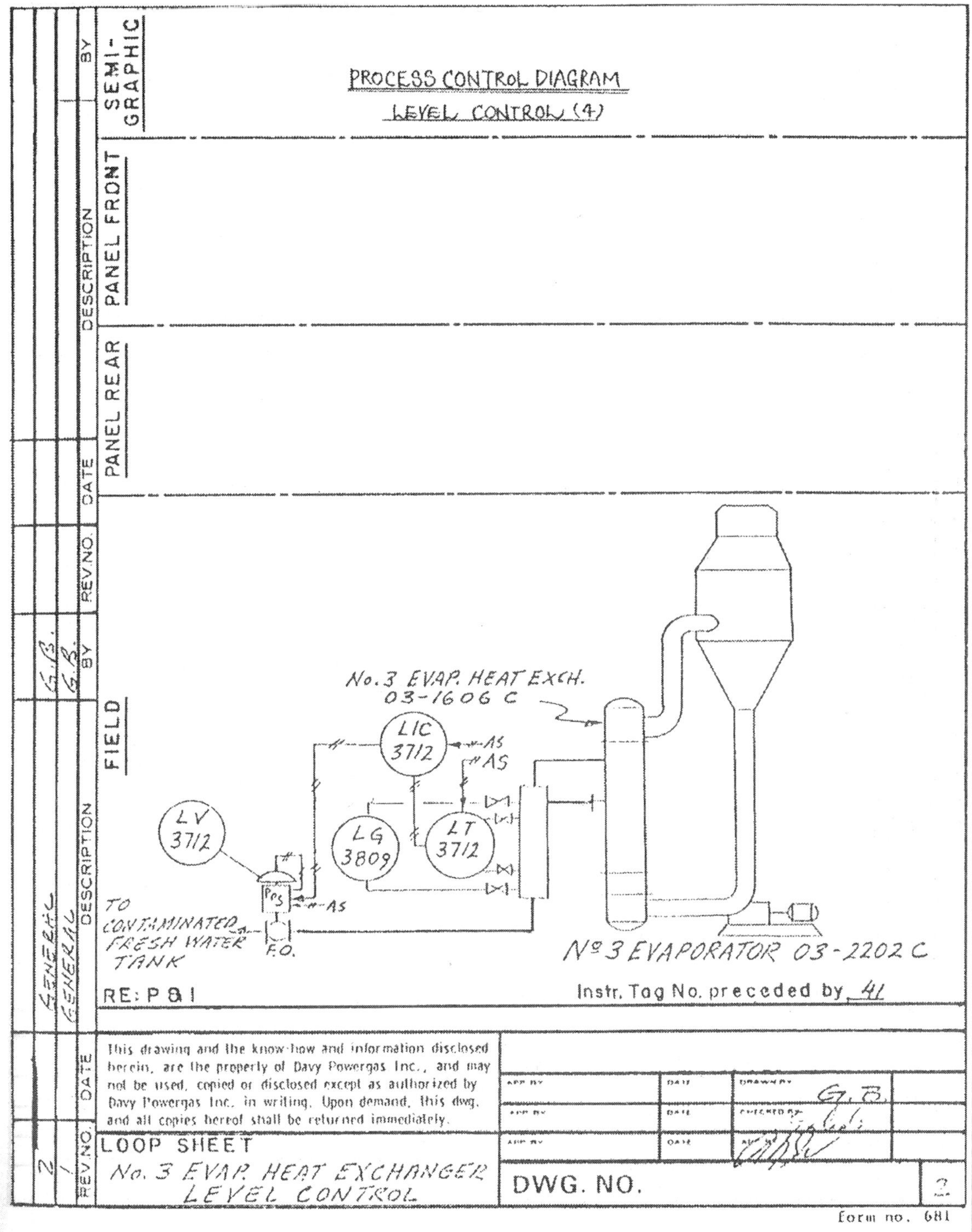
PROCESS CONTROL DIAGRAM
LEVEL CONTROL (4)
SEMI-GRAPHIC
PANEL FRONT
PANEL REAR
FIELD
BY
DESCRIPTION
DATE
REV.NO.
No. 3 EVAP. HEAT EXCH. 03-1606 C
LIC 3712
AS
LV 3712
LG 3809
LT 3712
TO CONTAMINATED FRESH WATER TANK
F.O.
Nº 3 EVAPORATOR 03-2202 C
RE: P & I
Instr. Tag No. preceded by 41
GENERAL
G.B.
This drawing and the know-how and information disclosed herein, are the property of Davy Powergas Inc., and may not be used, copied or disclosed except as authorized by Davy Powergas Inc. in writing. Upon demand, this dwg. and all copies hereof shall be returned immediately.
LOOP SHEET
No. 3 EVAP. HEAT EXCHANGER LEVEL CONTROL
DWG. NO.
Form no. 681

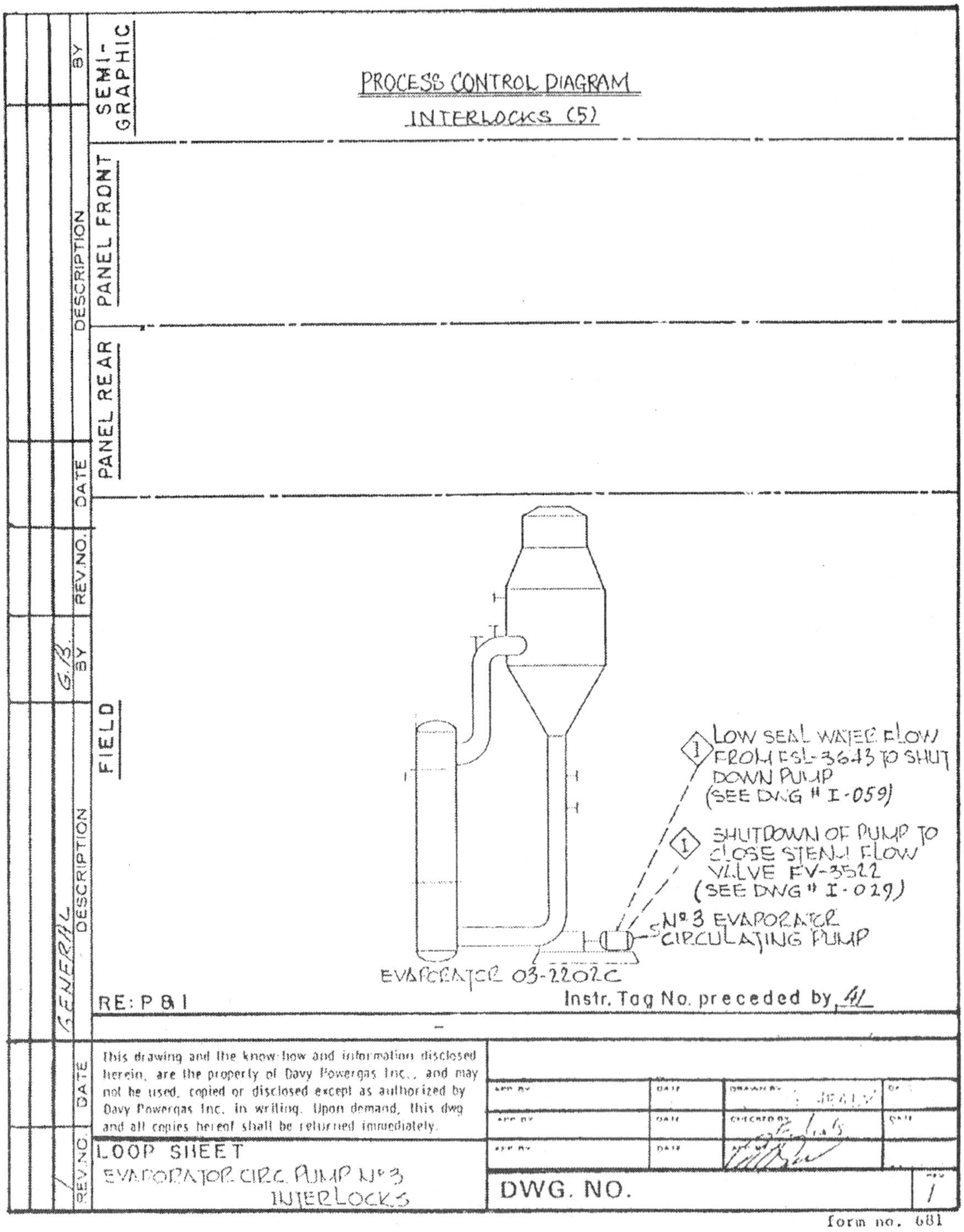
PROCESS CONTROL DIAGRAM
INTERLOCKS (5)
SEMI-GRAPHIC
PANEL FRONT
PANEL REAR
FIELD
DESCRIPTION
BY
DATE
REV.NO.
G.B.
GENERAL
LOW SEAL WATER FLOW FROM FSL-3643 TO SHUT DOWN PUMP (SEE DWG # I-059)
SHUTDOWN OF PUMP TO CLOSE STEAM FLOW VALVE FV-3522 (SEE DWG # I-029)
Nº 3 EVAPORATOR CIRCULATING PUMP
EVAPORATOR 03-2202C
RE: P & I
Instr. Tag No. preceded by, 4L
This drawing and the know-how and information disclosed herein, are the property of Davy Powergas Inc., and may not be used, copied or disclosed except as authorized by Davy Powergas Inc. in writing. Upon demand, this dwg and all copies hereof shall be returned immediately.
LOOP SHEET
EVAPORATOR CIRC. PUMP Nº3 INTERLOCKS
DWG. NO.
form no. 681

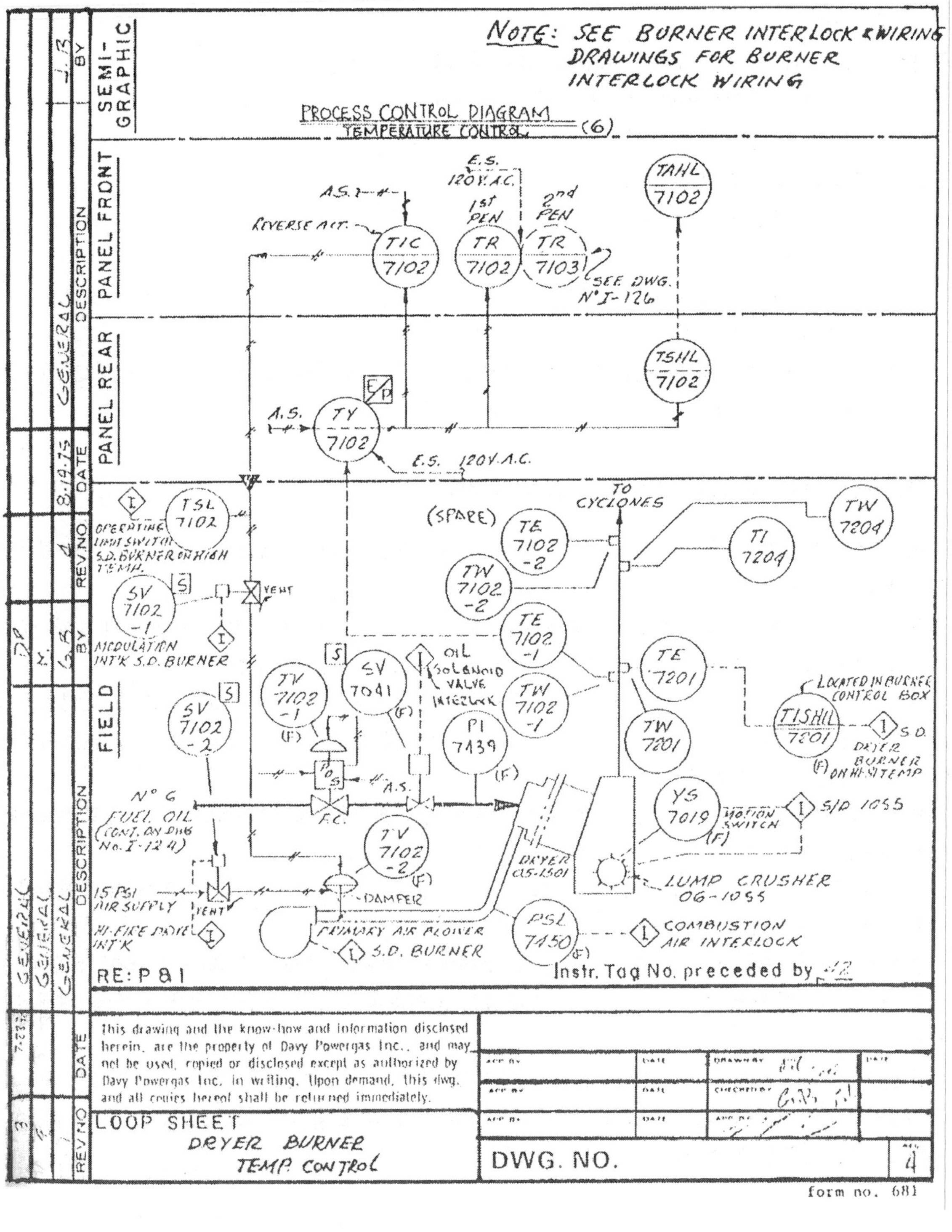
NOTE: SEE BURNER INTERLOCK & WIRING DRAWINGS FOR BURNER INTERLOCK WIRING
PROCESS CONTROL DIAGRAM
TEMPERATURE CONTROL (6)
SEMI-GRAPHIC
PANEL FRONT
PANEL REAR
FIELD
DESCRIPTION
REV. NO
DATE
BY
GENERAL
TAHL 7102
TIC 7102
TR 7102
TR 7103
REVERSE ACT.
A.S.
E.S. 120V.A.C.
1st PEN
2nd PEN
SEE DWG. N° I-126
TSHL 7102
TY 7102
E/P
TO CYCLONES
(SPARE)
TE 7102-2
TW 7102-2
TE 7102-1
TW 7102-1
TW 7204
TI 7204
TE 7201
TW 7201
TISHL 7201
LOCATED IN BURNER CONTROL BOX
S.D. DRYER BURNER ON HI. TEMP
TSL 7102
OPERATING LIMIT SWITCH S.D. BURNER ON HIGH TEMP.
SV 7102-1
VENT
MODULATION INT'K S.D. BURNER
SV 7102-2
TV 7102-1
SV 7041
OIL SOLENOID VALVE INTERLOCK
PI 7139
N° 6 FUEL OIL (CONT. ON DWG No. I-124)
F.C.
TV 7102-2
DAMPER
15 PSI AIR SUPPLY
HI-FIRE DATE INT'K
PRIMARY AIR BLOWER
S.D. BURNER
DRYER 05-1501
YS 7019
MOTION SWITCH
S/D 1055
LUMP CRUSHER 06-1055
PSL 7450
COMBUSTION AIR INTERLOCK
RE: P 81
Instr. Tag No. preceded by
This drawing and the know-how and information disclosed herein, are the property of Davy Powergas Inc., and may not be used, copied or disclosed except as authorized by Davy Powergas Inc. in writing. Upon demand, this dwg. and all copies hereof shall be returned immediately.
LOOP SHEET
DRYER BURNER TEMP. CONTROL
DWG. NO.
4
form no. 681

따라서 생산 가동율 표를 상세히 정확하게 작성해야 한다.

물론 기본 설계사에서 생산 가동율 표를 제공하는 경우가 대부분이다.
그렇지만 다시한번 생산 가동율 표를 이론적으로 계산해보고, 물질 수지를 확인해 보고 시운전에 임해야 한다.

생산 가동율 표를 작성 할때는 다음의 예를 참고로 해본다.

즉 ① 가동율 : 필요에 따라 10%씩 가동율을 구분

② 주원료 공급량(단위 명기)

③ 부원료 공급량(단위 명기)

④ 부산물 회수 원료 공급량(단위 명기)

⑤ 순환량(단위 명기)

⑥ 반응용 촉매류 공급량(단위 명기)

⑦ 일부 화공약품 안정제 공급량(단위 명기)

⑧ 반응 공정에서 다음공정으로 배출해야할 량(단위 명기) 등으로 구분하여 생산 가동율 표를 물질 수지면에서 정확히 작성해야 한다.

11) 운전 기록지 준비(OPERATING LOG SHEET)

이는 비행운전의 기록장치(BLACK BOX)와 같은 역활을 하기 때문에 기업경영의 손실관리 측면에서 제일 기초가 되는 항목이 될수 있다.

즉, 시운전과 정상 가동중에 기기 장치류와 제반 공정의 운전현황을 기록 유지하기 위해 운전 기록지(OPERATION LOG SHEET)를 필수적으로 준비하여 운영해야 한다.

특히 중요한것은 운전 기록지에 기록된 내용들은 공정에 이상 현상이나 사고가 발생했을때 앞에서 언급한 TROUBLE SHOOTING을 처리해 나갈때 뿐만아니라 사고 예방 대책을 강구해 나가는데 필수 자료가 된다.

또한 향후 공정개선 사업이나 공장 확장사업을 추진해 나갈때 기본적인 기술 정보 (BASIC TECHNICAL INFORMATION) 자료로서 제공 된다.

상기와 같은 중요한 목적이 있기때문에 기록에 필요한 중요한 사항들을 빠짐없이 정직하게 정확히 기록, 보전해 나가야 한다.

운전기록지 준비와 향후 기록 내용들은 기업경영에 중요한 역활을 한다는 점에서 정확히 충실히 이행 관리되어야 한다. 이와 같은 중대성을 고려하여 운전기록지에 대한 항목에 대해서는 상세히 다루어 보도록 한다.

운전 기록지를 효율적으로 기록, 관리해 나가기 위해서 다음과 같은 방법으로 작성해 보는것도 한가지 기법이 되겠다. 작성중에 UTILITY 공급 조건도 설계치와 함께 기록될 수 있도록 준비하는 것도 잊으면 안된다.

가) 운전 기록지를 목적에 따라 다음과 같이 구분하고

(1) 조정실(OPERATING CONTROL BOARD)용 운전 기록지

(2) 현장(OPERATIONAL FIELD)용 운전 기록지

나) 기록 해야할 내용의 분량을 검토하여 필요에 따라 다음과 같이 세분해 본다.

(1) 조정실용 기록지 제1번, 제2번 등으로 (BOARD LOG SHEET NO1, NO2.....)

(2) 현장용 기록지 제1번, 제2번, 제3번등으로 (FIELD LOG SHEET NO1, NO2, NO3....)

다) 앞에서 구분하고 세분화한 운전 기록지에 기록해야할 내용들을 BOARD와 FIELD용으로 구분하여 각 공정별로 순서화 한다.

다-1) BOARD용 운전 기록지

운전 조정판이나 표시 컨트롤 시스템의 조정 화면에 나타나는 중요한 운전 내용들을 가지고 공정 부문별로 순서화 한다.

〈참고〉 -. 운전 조정판(OPERATING CONTROL BOARD)

-. 표시 컨트롤 시스템(DISPLAY CONTROL SYSTEM : DCS)

-. 조정화면(CONTROL DISPLAY SCREEN)

-. 공정 부문별(PROCESS CONTROL SECTION)

-. 순서화(PROCESS SEQUENTIAL NUMBERING)

그리고 조정판이나 조정화면에 나타나는 계기들의 내용들을 가지고 공정 부문별로 순서화하여 양식화(FORMAT) 한다.

생산 공정의 부문별 순서화를 몇개의 공장을 예로 들어보자

(A) 암모니아 공장

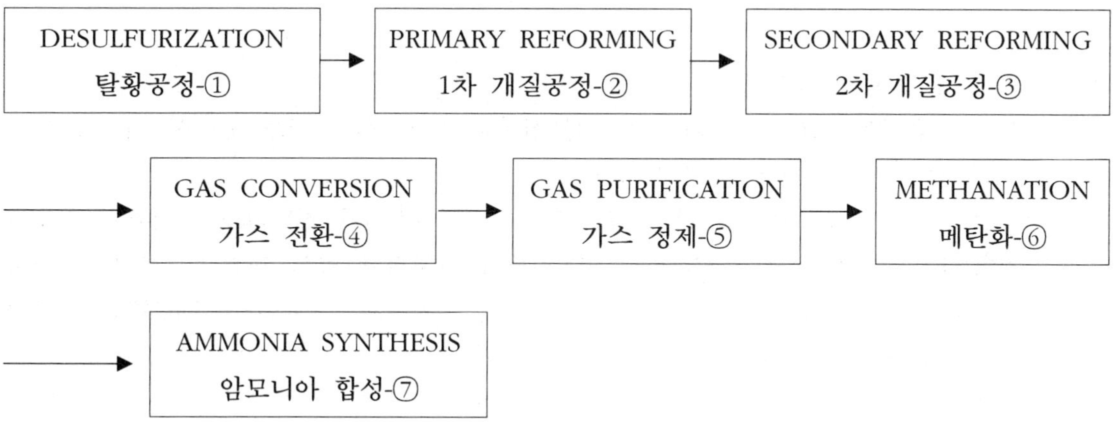

(B) 인산 공장

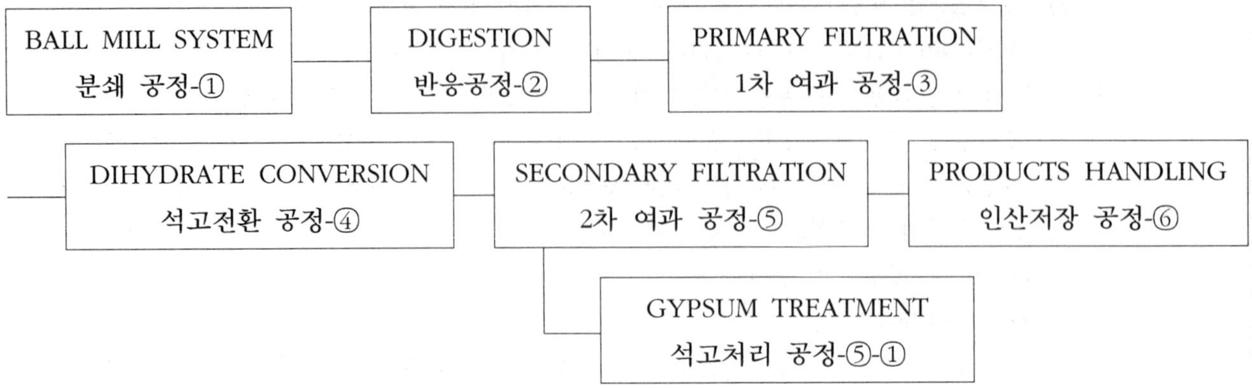

(C) DNT(DI NITRD TOLUENE)공장

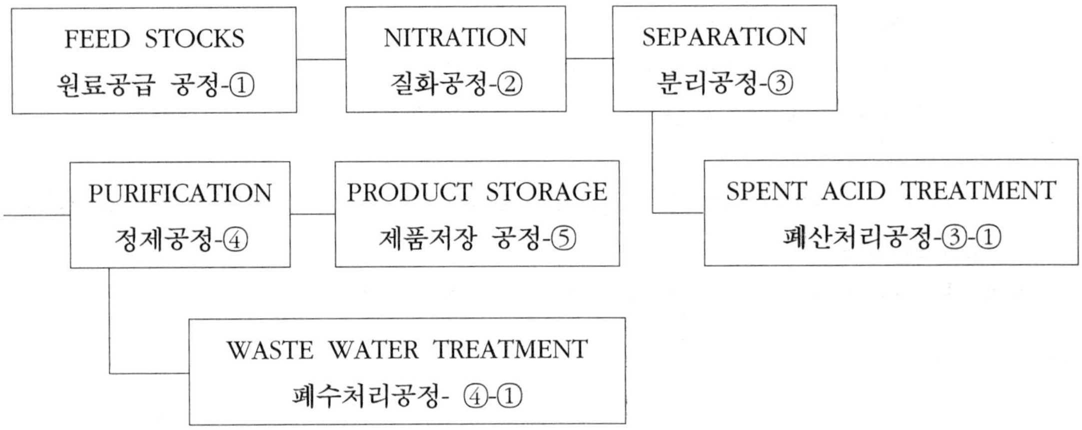

다-2) FIELD 용 운전 기록지

생산 활동을 할수 있도록 설치된 주생산 설비와 부대시설을 모두 합하여 여기서 현장(OPERATIONAL FIELD)이라고 설명한다.

현장에 설치된 모든 기기장치에는 조정판 계기 제어장치가 정밀하게 조정될수 있도록 감지기(SENSER)와 감지선(SENSING LINE)들이 설치되어 있고 또한 현장에서 적절히 운전할수 있도록 많은 기기 장치에는 각공정별로 지시계와 기록계(INDICATOR AND RECORDER)들이 설치되어 있다.

현장에 설치되어 있는 주요 계기장치들의 지시계와 기록계들을 예로들면 다음과 같다.

① 분석계(ANALIZER) ② 밀도(DENSITY) ③ 유량(FLOW) ④ LEVEL ⑤ 속도(SPEED) ⑥ 온도(TEMPERATURE) ⑦ 진동(VIBRATION) ⑧ AMPERE 등

그러면 상기에서 언급한 내용들을 가지고 현장 운전 기록지를 준비해야 하는데 기록지 작성방법은 앞에서 이미 설명한 BOARD용 운전 기록지에서와 같이 각공정 부문별로 순서화하여 운전 지시계와 기록계의 내용(DESCRIPTION)을 양식화(FORMAT) 한다.

특히 현장운전 기록지에는 환경 및 안전에 대한 주요내용에 대하여 해당사항을 포함시켜 작성해야 한다.

라) 기록 내용(DESCRIPTION) 밑에 기록계 번호 명기

효율적인 기록관리를 위해 기록계 내용(DESCRIPTION)밑에 기록계 번호를 부여한다.

마) 기록계 설계치와 단위 명기(DESIGN UNIT)

기록에 있어 설계치와 단위가 명기되지 않으면 운전 기록지의 기록내용은 무의미하게 된다. 열심히 기록되었지만 기록된 수치내용을 비교 분석, 해석할 수 없게된다. 반듯이 설계서를 찾아보고 설계치와 단위를 정확히 확인한후에 부여하도록 해야한다.

바) 기록 시간 주기(RECORDING TIME INTERVAL)

현장 운전원의 수고와 노력이 뒤따르겠지만 공정의 감도(SENSIBILTY)에 따라 기록시간 주기는 달리할 수 있다.

즉 중요 공정일 경우 1-2시간 간격으로 기록관리 될수 있고, 단순한 공정이나 참고용으로 기록할 목적이라면 3-4시간 간격으로 기록될 수 있겠으나 상기 내용의 기록 시간주기는 실행하는 과정에서 공정변화 및 기록목적에 따라 조정해 나가는것이 합리적 운영 운영방법이 되겠다.

사) 기록 내용 확인 점검

운전 기록지가 아무리 정확하고 정직하게 기록되었다 하더라도 이들 자료를 운영하는 책임자와 관리자가 무심히 지나치면 의미가 없을 뿐만아니라 기업경영에 엄청난 손실을 초래하게 된다.

즉 책임자와 관리자는 다음을 확인 점검하고 대책을 강구해야 한다.

① 기록자가 성실히 정직하게 기록해 나가는 가를 확인 점검한다.

② 기록자로 하여금 설계치와 기록치가 상이할때 지시된 조정 범위를 벗어난 기록치에 한하여 알아보기 쉽도록 표시(MARKING) 하도록 한다.

③ 설계치와 기록치의 차이 분석 및 대책 강구 즉, 설계치보다 기록치가 높게 나타났거나, 낮게 나타났을 경우의 원인 분석과 대책을 강구토록 해야 한다.

④ 운전 기록지에는 기록일자와 시간, 근무자와 기록자 성명, 담당계장 성명, 공장을 담당 책임지고 있는 과장이 확인 서명하도록 한다.

5-1-2. PRECOMMISSIONING ACTIVITIES(프리커미셔닝 활동 업무)

가. 개요

공장 시운전을 원활히 성공적으로 수행할 수 있는지의 여부는 전적으로 PRECOMMISSIONING ACTIVITIES(프리코미셔닝 활동업무)를 어느 정도 완벽하게 이행 했느냐에 달려 있다.

프리커미셔닝 활동 업무를 소홀히 했을 경우 그 결과는 시운전 하는 중에 수많은 TROUBLE을 야기시키게 되며 이로 인하여 정상 조업은 순조롭게 이룩 될 수 없게 된다.

특히 시운전을 위해 주의 깊게 다루어야 할 세부 활동 업무를 요약하면 다음과 같은데 세부적으로 목록화하여 항목 하나씩 주의 깊게 점검해 나가야 한다.

나. 프리커미셔닝 세부 실천 업무 내용 (PRECOMMISSIONING DETAILED ACTIVITIES)

1) UTILITY SYSTEM : RUNNING TEST, FLUSHING AND SERVICE
   (1) DRINKING WATER LINE : FLUSHING & SERVICE
   (2) SAFETY SHOWER & EYE WASH : FLUSHING & SERVICE
   (3) PLANT WATER LINE : FLUSHING & SERVICE
   (4) PLANT AIR LINE : FLUSHING & SERVICE
   (5) INSTRUMENT AIR LINE : FLUSHING & SERVICE
   (6) STEAM LINE : FLUSHING & SERVICE
   (7) STEAM TRACING LINE AND TRAP : FLUSHING & INSPECTION
   (8) CHECK FOR FREEZE PROTECTION : NO DEAD ENDS, NO POCKETS AND DRAIN ALL LOW POINTS

2) ELECTRICAL SYSTEM, MCC & MOTOR : ELECTRICAL POWER SHOULD BE IN SERVICE TO MCC, TO EACH MOTOR & USER.

3) CLEANING OF PROCESS EQUIPMENT :
   (1) INSIDE OF VESSEL
   (2) INSIDE OF TANK
   (3) INSIDE OF SUMP

4) GREASING, LUBRUCATING & OIL LEVEL CHECK :
   (1) PUMP
   (2) ROTATING EQUIPMENT
   (3) VALVE
   (4) ELEVATOR
   (5) CONVEYOR

5) HAND ROLLING TEST ON ROTATING EQUIPMENT
   (1) CHECK INTERNAL CONTACT AND BINDING

6) ROTATING DIRECTION CHECK : UNDER DISCONNECTION OF COUPLING
   (1) FAN
   (2) BLOWER
   (3) PUMP
   (4) AIR LOCK

(5) CONVEYOR

(6) ELEVATOR

(7) ROTATING EQUIPMENT

7) SEALING WATER RUNNING TEST : FLUSHING

(1) TO PUMP SEAL

(2) INSTRUMENT PURGE

(3) INSPECTION OF DRAIN VALVE/PLUG

8) MANUAL OPERATING VALVE : OPEN AND CLOSE CHECK

(1) BLOCK VALVE

(2) SLIDE GATE

(3) DAMPER

9) LUBRICATION SYSTEM : FLUSHING

(1) OIL RESERVOIR

(2) PUMP

(3) DRIVERS

(4) FILTERS

(5) COOLER

(6) PRESSURE REGULATORS

10) VESSELS & STORAGE TANK

(1) INSPECTION

(2) CLEANING

(3) COMPARING WITH DESIGN DATA

11) LIQUID LINES :

(1) COMPARING WITH FLOW SHEET AND PIPING ISOMETRIC

(2) INSPECTION

(3) PREPARATION FOR FLUSHING

(a) FLOW ELEMENT REMOVAL

(b) CONTROL VALVE TURNING

(c) BLIND FLANGE INSTALLATION

(d) INSTRUMENTS DISCONNECTION

(e) INSPECTION OF DRAIN VALVE / DRAIN CAP.

12) INSPECTION OF DRAIN VALVE & PLUG ON LINE & PUMP CASING

13) STEAM LINE :

(1) COMPARING WITH FLOW SHEET AND PIPING ISOMETRIC

(2) PREPARATION FOR FLUSHING

(a) FLOW ELEMENT REMOVAL

(b) CONTROL VALVE TURNING

(c) PLUG REMOVAL

(d) BLIND FLANGE INSTALLATION

(e) INSTRUMENT SENSING LINE, BLOCK VALVE CLOSE

(f) ALL EQUALIZING VALVE CLOSE

(g) VENTS AND DRAINS OPEN

(3) INSPECTION OF DRAIN VALVE / DRAIN CAP

(4) FLUSHING

14) INSTRUMENTATION

(1) INSPECTION

(a) THERMOCOUPLES

(b) PRESSURE GAUSES

(c) FLOW INDICATORS

(d) CONTROL LOOP SUCH AS TRANSMITTER

(e) FINAL CONTROL ELEMENT

(2) POWER

(a) VOLTAGE

(b) CURRENT & FREQUENCY

(3) INSTRUMENT AIR

(a) PRESSURE

(b) QUANTITY

(4) CALIBRATION

(5) SET CONTROLLER ACTION

15) ELECTRICAL, CONTROL & RELAY SYSTEM

(1) CHECK AND ADJUST ALL CONTROL, PROTECTIVE RELAYS

(2) ALARM FUNCTIONING OF THE CONTROL EQUIPMENT

16) PUMPS

(1) ALIGNMENT

(2) DIRECTION OF ROTATION

(3) PACKING AND SEAL

(4) BEARING AND COUPLING LUBRICATION

(5) ROTATION BY HAND

(6) COUPLING GUARD

(7) TEMPORARY STRAINER

(8) SEALING WATER

(9) RECORD FLOW RATE

(10) RECORD PRESSURE

(11) RECORD TEMPERATURE

(12) IMPELLER CLEARANCE

17) BLOWER AND FAN

(1) CLEAN OUT FOREIGN MATERIAL INSIDE DUCT LINE

(2) INSPECTION

(a) BEARING

(b) SHAFT ALIGNMENT

(c) DIRECTION OF ROTATION

(d) LUBRICATING & GREASING

(e) SHAFT ROLLING BY HAND

(f) INVESTIGATE ANY SIGN OF BINDING AND RUBBING

(g) REMOVE FOREIGN MATERIAL INSIDE DUCT

(h) OIL LEVEL CHECK

(i) INSPECTION OF DAMPER / SLIDE GATE

18) CONVEYOR AND ELEVATOR

(1) INSPECT CHAIN BUCKET LINK OF ELEVATOR

(2) GREASING AND OILING, OIL LEVEL CHECK

(3) RUNNING TEST

(4) RECORD AMPERE UNDER EMPTY RUN-IN

19) OPERATOR ORIENTATION AND TRAINING

20) INSPECTION OF LUBRICATING SYSTEM

21) SERVICE & INSPECTION OF SEWER / DRAINAGE

22) LIQUID LINE FLUSHING & BLOCK / CONTROL VALVE INSPECTION
(1) LEAK TEST & TIGHTENING

23) INSPECTION OF BEARING & COUPLING

24) INSPECTION OF PACKING & SEAL

25) INSPECTION OF WATER SPRAY NOZZLE

26) CHECK ACTUAL AMP, OF DRIVERS.
FLOW RATE, TEMP, PRESSURE & VACCUM PRESSURE

27) INSPECTION OF INTERLOCK & ALARM

28) INSPECTION OF AUTOMATIC MANUAL CONTROL SYSTEM, ACTION OF SET POINT

29) CALIBRATION OF INSTRUMENTATION

30) ALIGNMENT & ADJUSTMENT OF EQUIPMENT

31) INSPECTION OF STRAINER & SCREEN

32) PLACE THE UNIT INTO OPERATING CONDITION

5-1-3. COMMISSIONING ACTIVITIES (커미셔닝 활동 업무)

시운전(START-UP) 준비 단계로서 원료를 공정에 투입하기전 상태에서 수행해야할 제반 운전 조정(OPERATING ADJUSTMENT) 활동업무를 말한다.

여기서는 최종 준비 및 확인 점검을 통하여 일부 공정을 부분적으로 모의 운전(MOCK OPERATION)도 하게 된다.

모든 공정 장치들은 COMMISSIONING 하기전에 다시한번 LINE, DUCTS, VESSELS 내부를 청소하여 오물이나 SCALE등이 공정 장치내로 들어가지 않도록 해야한다.

특히 회전 기계장치와 촉매탑으로 연결되는 공정 LINE 들은 철저히 점검하여 용접봉이나 SCALE등이 장치내로 유입 되지 않도록 해야 한다.

만일 유입될시에는 지금까지 노력해온 과정들이 수포로 돌아가게 되며 이로인한 회전기계장치류의 심한 파손이나 촉매탑의 막힘 현상이나 오염등은 돌이킬수 없는 손실과 재가동 될때까지 엄청난 시간이 소모되기 때문에 경영 전반에 막대한 영향을 초래하게 된다.

따라서 다음에 요약하는 최종 준비단계를 성공적으로 수행하기 위해 점검 목록표를 작성하여 정확히 점검 확인해 나가야 한다.

특히 모든 기기 장치류는 우선 먼저 START UP 목적에 적합한 점검표(CHECK LIST)를 각각 준비하여 각 기기 장치들의 설치된 상태의 조건이 설계 도면이나 VENDOR DRAWING, 그리고 공정도와 P&ID의 설계조건과 동일한지 비교해야 한다.

1) VESSEL류 (용기류)

① 각 VESSEL의 청소 상태를 점검하고 이물질, SCALE, 녹, 수분등의 제반 외부 물질들을 제거한다.

② 내화 벽돌, 내산 벽돌, TEFLON 또는 COATING으로 내장되어 있는 VESSEL들은 손상되지 않도록 취급 주의해야 한다.

2) LIQUID LINES(액체 수송 배관)

① GASKETS, SUPPORTS, HANGERS, EXPANSION JOINTS와 같은 설치물들이 설계상의 요구 조건과 같은지를 비교 한다.

② 다음과 같이 FLUSHING 준비를 한다

-. FLOW ELEMENTS 제거

-. CONTROL VALVES 방향 전환

-. BLIND FLANGES 설치

-. INSTRUMENTS 분리

-. VENTS 할 곳을 OPEN

③ CLEANING 방법

-. 출구(OUTLETS)에는 방해물이 없도록 한다.

-. FLUSHING MEDIA(매체)의 속도가 빠를수록 CLEANING이 효과적이다.

-. FLUSHING MEDIA가 제한 받는 곳은 CIRCUIT의 크기를 감소 시킨다.

-. BY-PASS LINES은 MAIN STREAM과 교대로 FLUSHING 한다.

④ 주의 사항

-. 시운전 요원들이 특별히 주의 해야 하는 내용은 다음과 같다.

· 깨지기 쉬운 CAST IRON과 SILICON IRON(DURIRON) FITTINGS
· CHECK VALVES, VALVE BODIES에 축적된 찌꺼기

3) STEAM LINES(증기 수송관)

① FLUSHING 준비

-. FLOW ELEMENT 제거
-. CONTROL VALVE 방향 전환, PLUG 제거, BLIND FLANGE 설치
-. INSTRUMENT SENSING LINE ; BLOCK VALVES는 CLOSE함.
  EQUALIZING VALVES는 CLOSE함
-. VENTS, DRAINS은 LOW PRESSURE BLOW시에 OPEN하고 HIGH PRESSURE BLOW 시에는 CLOSE함.
-. TARGET를 준비하여 HIGH PRESSURE STEAM으로 불어낼때 설치한다.
-. 위험지역에는 ROPE나 안전 표시판을 설치한다.

② CLEANING 방법

각 LINE은 깨끗한 금속판의 TARGET에 STEAM을 BLOWING 함으로서 청소상태를 확인할 수 있다.

TARGET는 POLISHED SOFT METAL (깨끗이 닦은 연성 금속판)로서 LINE DIAMETER의 최소한 25%는 되어야 한다.

-. 작업지역이나 층계, 통로로부터 멀리떨어진 안전한 곳으로 STEAM을 VENT 시킨다.
-. FLOOR, 벽, 다른 장애물이 없는 쪽으로 STEAM BLOWING을 한다.
-. STEAM BLOWING시에 수직 90도 ELBOW를 2개 이상 설치하지않도록 한다.
-. 충분한 량의 스팀이 이용 가능해야 한다.

4) INSTRUMENTS (계기 장치)

THERMOCOUPLES, 압력계기, 유량계, CONTROL LOOP(TRANSMITTER, RECEIVER, FINAL CONTROL ELEMENT)에 대한 CHECK LIST를 준비하여 CHECK/TEST 여부를 기록한다.

-. 1차 DEVICE를 작동 시켰을때 RECEIVER의 응답 상태를 점검한다.
-. PANEL 계기를 작동 시켰을때 현장에 설치된 계기장치의 응답 상태를 점검한다.
-. PANEL에 설치된 계기의 RANGE와 현장에 설치된 TRANSMITTER의 RANGE가 같은지를 점검 한다.
-. 정확도를 위해 각 TRANSMITTER를 보정 해야 한다.
-. 모든 공정 리드(PROCESS LEADS) 계통이 열려 있고, BYPASS LEAD 계통은 잠겨있는지를 확인 점검한다.

5) ELECTRICAL (전기 장치)

기기장치를 운전하기전에 운전부서 책임자는 전기계통 책임자로부터 제반 시험과 절차가 만족스럽게 완료되었다는 것을 확인하는 확인서(WRITTEN CONFIRMATION)를 받아야 한다.

-. 전기 계통의 세부적인 CHECK LIST를 준비한다.

-. 전기 기술자의 책임하에 전반 전기계통을 점검해야 한다.

6) PUMPS

다음 사항들을 CHECK LIST에 명기하여 정밀히 점검 한다.

-. ALIGNMENT

-. 회전 방향(회전방향이 역방향일 경우 PUMP에 손상이 초래됨으로 특별히 주의해야함)

-. PACKING 및 SEAL 설치 여부

-. BEARING 및 COUPLING의 LUBRICATION 상태

-. 손으로 회전체를 돌려본다.

-. COUPLING GUARD

-. 임시 STRAINER

7) UTILITIES SERVICE (유틸리티 공급)

① 냉각수 부문

-. WASH OUT를 위해 편리하도록 LINES을 배분한다.

-. 냉각수 RETURN PUMP의 점검과 가동 준비는 되어 있는지를 확인한다.

-. WASH OUT에 필요한 다량의 물을 공급해야 한다.

② WASHING OUT (세척)

-. 냉각수 계통의 운전에 필요한 충분한 물을 공급하기 위하여 냉각수 RETURN PIT의 LEVEL CONTROLLER를 작동 시킨다.

-. 초기의 세척작업을 위해서 냉각수 공급 VALVE를 열어 공기를 제거하면서 공급 HEADER를 씻어낸다.

-. 냉각수가 HEADER에서 가장 먼곳에 있는 VENT를 통해 배출되면 LINE 상에 있는 배출구를 차례로 열어준다.

-. BEARING과 냉각기는 이물질에 의해 막히거나 파손되는 것을 예방하기 위해 JUMPER를 시킨다.

-. FLUSHING은 SAMPLE이 깨끗해 질때까지 계속한다. 이러한 방법이 저속(LOW VELOCITY) 세척 방법이며 초기세척 작업시에는 INSTRUMENT SENSING LINES은 잠그어야 한다.

-. 저속 세척 작업이 완료되면 배분 LINE상의 모든 VALVE들은 잠그고, 다시금 고속(HIGH VELOCITY) 세척 작업을 위해 배분 LINE을 하나씩 열어 FLUSHING 한다.

-. SAMPLE이 깨끗해지면 계기 LINE을 분리하고 INSTRUMENT SENSING LINE을 씻어낸 후 다시금 연결한다.

-. 만일 장기간 냉각수를 순환시키지 않으면 ALGAE(藻類)가 생긴다. 그러므로 냉각수 계통은 매 48시간에 2시간씩 가동시키거나 자동으로 가동시킨다.
-. 냉각수 RETURN PUMP를 교대로 가동하면서 각각의 성능을 점검한다.
-. FLUSHING이 완료된후 각 LINE의 압력 시험을 한다.

③ INSTRUMENT AND UTILITY AIR SYSTEMS
-. 모든 LINE들을 CLEANING하고 건조 시킨다.
-. 각 UTILITY STATION에 운전원이 사용할수 있도록 적절한 HOSE 연결부가 있는지를 확인한다.

④ BOILER FEED WATER SYSTEM
-. BATTERY LIMITS에서 STEAM DRUM 전 까지의 LINE을 FLUSHING한다.

⑤ TURBINE STEAM LINE
-. TURBINE에 STEAM을 공급하기 전에 STEAM LINE을 철저히 FLUSHING하여 PIPE LINE 상의 이물질로 인한 TURBINE의 ROTOR가 손상되지 않도록 해야한다.
-. TRIP 및 THROTTLE STEAM VALVE의 INLET FLANGE면에 BLIND를 설치한다.
-. TURBINE INLET STEAM LINE의 방향을 바꾸어 STEAM FLUSHING을 하고 필요한 경우 90도 ELBOW을 부착하여 안전장소로 STEAM을 VENT시킨다.
-. TURBINE 입구의 FLOW ELEMENT와 STRAINER를 제거한다.
-. 반시간 불어내고 다시금 VALVE를 잠근 다음 LINE을 냉각한 후 반시간 불어낸다. CLEANING이 완료 될 때까지 계속한다.
-. TARGET 면에 흠집이 나타나지 않을때까지 되풀이 한다.

8) LUBRICATION SYSTEM
-. 윤활유 계통은 저장, 수송, 조립시에 오일계통으로 유입될수 있는 먼지, 녹, SCALE, 용접 찌꺼기 등을 FLUSHING해 내야 한다.
-. SYSTEM이 조립되고 OIL PUMP가 가동 준비되면 FLUSHING을 시작한다.
-. 만일 START UP 전까지 OIL SYSTEM을 가동 중단시켜 놓았다면 가동전에 다시금 FLUSHING 해야 한다.
-. OIL SYSTEM은 가동전에 철저히 FLUSHING해 낸다.
-. OIL 여과기를 설치하고 필요한 경우에 FLUSHING SCREEN을 설치한다.
-. JOURNAL BEARING의 상반부와 THRUST BEARING의 상,하반부를 떼어 내고 세척한다.
-. OIL SUPPLY PORTS를 노출시키면서 JOURNAL BEARING LINER의 하반부를 회전시킨다.
-. 모든 LUBE OIL ORIFICE를 제거한다.

-. OIL 저장조에 FLUSHING이 가능한 최소 운전 LEVEL까지 OIL을 채운다.
-. 공기의 유입을 막기위해 여과기, 냉각기의 높은지점의 VENT VALVE를 열어 공기를 제거한다. AIR가 VENT된 후에는 VENT VALVE를 잠근다.
-. 주펌프와 보조 펌프를 가동하여 오일을 순환시킨다.
-. 윤활유 온도는 150 - 170°F까지 점차적으로 올려준다. 180°F를 초과하지 않게 한다.
-. 이물질은 처음 2-3시간 동안에 여과된다. 여과기의 압력차가 5 PSIG이상 증가되면 여과기를 세척한다.
-. 여과기 또는 SCREEN에 오염물질이 나타나지 않으면 OIL 순환을 중단하고, BEARING HOUSING 인접한곳에 있는 FLANGE에 옥양목천(MUSLIN)이나 GAUZE PADS(40 MICRON 이하)를 설치한다.
-. LUBE OIL을 재순환 한다.
-. FILTER PAD를 매시간 점검하고 연속 3번 모두 깨끗하면 세척이 완료된 것이다.
-. BLANK를 제거한 후 BLANK-OFF 설치부문을 다시금 FLUSHING 한다.
-. FLUSHING이 완료되면 냉각기 출구 온도를 120°F까지 가열하고 순환시킨다.
120°F가 되면 FLUSHING OIL을 DRAIN 시킨다.
-. 운전 준비 ; · 임시 설치한 STRAINERS, PADS, SCREEN을 제거한다.
· BEARING HOUSING, 여과기, SYSTEM의 낮은 지점에 남아있는 찌꺼기들을 제거한후 새여과기를 설치한다.
· 저장조 내부를 천으로 닦고 새 OIL을 채운다.
· ORIFICE, JOURNAL, THRUST BEARING을 다시 설치한다.
· 주 펌프와 보조 펌프를 가동하여 공기를 VENT 시킨다.
· VENT 완료후 PRESSURE CONTROL VALVE, 안전 장치들을 설치한다.

9) Piping Dynamic Analysis

Rotating Equipment, 즉 Pump나 Blower, Compressor의 Discharge Line에 설치되어 있는 Piping들은 Rotating Equipment가 시험 가동 될 시에 발생 할 수 있는 진동(Vibration)에 대비하여 설치된 각종의 Support들을 설계도면과 세밀하게 비교 검토, 검사 한 후에 시운전 절차에 따라서 시험 가동을 실시해야 한다.
이때 Vibration이 심하게 발생 할 경우에는 시험 가동을 즉시 중단하고, 전문기관으로부터 Piping Dynamic Analysis의 진단을 받은 후에 Supports설계의 보안을 해주어야 한다.
만일의 경우 Vibration이 진행되는 상태에서 Piping Dynamic Analysis를 시행하지않고 시설을종전 데로 가동 할 시에는 Vibration에 의한 Stress의 증가로 순간적인 Crack현상에 의한 기계적 사고와 함께 인명 사고를 피할 수 없게 된다.

5-1-4. MOCK OPERATIONS (모의 운전)

MOCK OPERATION과 기기장치 운전을 위한 초기점검은 동시에 수행된다.

또한 원료를 공급하는 초기 생산 가동(INITIAL PRODUCTION START UP)전에 집행되는 과정으로서 계기장치 및 공정기기 장치류의 보정(CALIBRATION)업무와 조정(ADJUSTMENTS) 업무가 수행된다.

운전 절차와 공정기기 장치들 양쪽 모두가 만족 스러워야 효율적인 생산을 얻을수 있다. 특히 모의 운전의 주요 목적은

① 공정 및 기기 장치의 COMMISSIONING과
② 시운전 요원들의 공장 운전 방법 숙달이라 하겠다.

모의 운전을하는 동안 다음 사항을 염두에 두어야 한다.

첫째. 기기 장치를 운전하는 시운전 요원의 안전
둘째. 기기 장치의 파손을 예방하기 위한 주의
셋째. 공정 운전성(PROCESS OPERABILITY)의 시범과 기기 장치 COMMISSIONING의 완결 상태를 확인해 보아야 한다.

5-1-5. INITIAL START UP PROCEDURE (시운전 절차)

지금까지 시운전 준비를 위해 PREPARATION ACTIVITIES(준비활동 업무) 단계에서부터 MOCK OPERATIONS(모의 운전) 단계까지 추진해 왔다.

모든 기기장치와 공정 계통이 완전히 시험 운전되고 모의운전(MOCK OPERATIONS)에서 공장의 운전 가능성이 입증되면 원료를 공정에 투입하여 초기 생산 가동(INITIAL PRODUCTION START UP)을 시도하게 된다.

지금까지의 COMMISSIONING 과정과 MOCK OPERATION 과정은 원료를 공정에 투입하지 않고 운전해본 것이기 때문에 실제 원료 투입의 초기생산 가동과는 현저한 차이점들이 발생하게 된다.

만일 원료를 투입하여 초기 생산하는 과정에서 기기장치나 공정에서 혼란상태(UPSET)가 발생할 경우 원인 분석 및 TROUBLE SHOOTING을 위해 투입된 원료와 일부 반응물을 모두 공정밖으로 배출시키는 조작 과정을 시도해야 하기 때문에 처리 과정에서 예기치 못한 안전사고를 당할수도 있다.

이로 인한 경영적 손실이 뒤따르기 때문에 원료를 투입하는 초기 생산 가동 이전에 시운전용 점검표(CHECK LIST)를 준비하여 최종적으로 공정을 다시한번 점검해야 한다.
그러면 여기서 최종적으로 점검해야 할 내용을 아래에 기술해 본다.

1) 시운전 목적을 위해 STEAM 공급이 이용 가능해야 한다.
2) 냉각수 또한 공급 가능해야 한다.

3) 모든 구동기는 시운전 점검 완료되어 있어야 하며 작동 시키는데 문제가 없음을 확인하고, 정상 준비상태에 있어야 한다.
4) 모든 안전 장치들은 점검 완료 되어있어야 한다.
5) 모든 공정은 누설되는 곳이 없어야 하며 설령 있다면 모두 수리 완료되어야 한다.
6) 계기 장치류는 정상 위치에 있어야 하며 점검 및 보정이 완료되어 있어야 한다.
SENSING LINE들은 열려 있어야 하며 계기용 공기는 정상 공급 가능해야 한다.
7) PLANT AIR는 정상 공급 되어 있어야 한다.
8) CONTROL VALVE류와 DAMPER류는 정상 위치에 있어야 한다.
9) 공정수(PROCESS WATER) 또한 공급 가능해야 한다.
10) 필요한 연료 가스(FUEL GAS)도 이용 가능해야 한다.
11) 보이라 공급수는 정상 공급되어야 한다.
12) 전기가 공급 가능해야 하며 모든 전기 회로는 점검 완료 되어 있어야 한다.
앞에서 언급한 최종 점검 내용들이 정상임이 확인되었으면 최초로 원료 투입을 할 수 있는 준비 단계가 완료 된 것이다.

즉 최초 생산가동을 위해 가동율을 낮은 상태에서 시작하며 이에 알맞은 운전율로 원료를 공정에 투입한다.

또는 생산공정에 따라 운전조건을 미리 적정 운전 상태로 맞추어 놓은후에 원료를 운전율에 맞도록 공정에 투입하면서 시운전에 들어간다.

5-2. 운전 교본 준비 (Preparation of Operating Manual)

운전 교본은 공장 시운전 준비단계에서 부터 최종 정상제품을 생산하여 저장할때 까지의 전반 공정을 다루어야 한다. 생산 공정은 논리적으로 흘러가는 과정을 다루는 연속적인 공정들의 집합체라고 설명할 수 있겠다.

즉, 논리적인 종합적 공정의 집합체 인점을 감안할때 개요에서 부터 각 과정을 상세히 구체적으로 설명해주는 운전 교본이 되어야 한다.

참고로 과정의 일부가 생략되었거나 누락 되었다면 운전 교본의 가치는 상실된다는 점을 염두에 두어야 한다.

그러면 여기서 운전 교본에 포함해야 할 내용들을 CAHPTER 별로 구분하고 주요 내용들을 간략히 서술해 본다.

1) 서언 (INTRODUCTION)

본문 내용을 알기쉽게 하도록 본론에 앞서 머리말을 하며 운전교본의 목적과 차례에 대하여 설명한다.

2) 성능 (PERFORMANCE)

생산능력, 공급원료, 동력부문, 원료 및 동력 소비량, 제품, 성능보장, 성능시험등에 대하여 언급한다.

3) 생산 공정(MANUFACTURING PROCESS)

생산 공정의 전반 내용을 공정부문별로 나누어 구체적으로 상세히 기술한다.

4) 기기 장치(EQUIPMENT)

기기 장치 목록표(EQUIPMENT LIST)를 포함하며, 주요기기 장치의 내용을 설명한다.

기기 장치의 기술자료 및 설계서, VENDOR의 자료를 포함한다.

5) 안전 (SAFETY)

제반 안전에 대한 예방책을 논하며, 각 원료 및 중간 제품, 완제품 등의 화학적, 물리적 성질에 대하여 설명하고 특히 화학제품에 대한 물질 안전(MSDS : MATERIAL SAFETY DATA SHEET)에 대하여 설명을 한다.

공장에서 취급하는 모든 화학제품 및 원료에 대한 안전자료를 첨부한다.

6) 시운전 준비(PREPARATION)

원료를 공정에 투입하기전에 수행해야할 시운전 준비 업무를 공정별로 설명한다.

즉 커미셔닝 절차(COMMISSIONING PROCEDURES)에 대하여 공정별로 자세히 구체적으로 기술해야 한다. 준비 단계의 각 과정을 친절히 운전원들이 이해하기 쉽게 설명해야 한다.

7) 모의 운전(MOCK OPERATIONS)

원료를 공급하는 초기생산 시운전(INITIAL PRODUCTION START UP)전에 수행하는 계기 장치류의 보정 및 공정운전의 조정업무를 실행하는 과정임으로 이때 운전원에 대한 교육 훈련과 시운전에 대한 준비 단계를 설명한다.

교육 훈련의 과정임을 고려하여 각 공정에 대하여 이해하기 쉽도록 논리적으로 친절히 기술한다. 주의 사항도 함께 기술한다.

8) 시운전(START UP)

실제 원료를 공정에 투입하는 단계에서부터 시운전 제품을 생산할때 까지의 운전 절차를 명기한다.

각 공정의 운전 설계조건을 이론적으로 설명하고, 공정상의 운전중 주의사항이 있을때는 내용을 구체적으로 자세히 기술한다.

9) 가동 중단(SHUT DOWN)

공장은 운전중에 여러가지 비정상 조건에 따라 가동 중단을 해야만 할때가 있다.
또한 때에 따라서는 비상 가동중단(EMERGENCY SHUT DOWN)을 해야만 하는 경우가 나타나게 된다. 각 조건에 따른 가동 중단절차를 운전원들이 이해하기 쉽도록 설명해야 한다.
즉 가동중단 준비, 정상가동 중단절차, 비상가동 중단절차, 년차보수를 위한 가동 중단 절차, 겨울철 가동 중단시의 예방책등에 대하여 항목별로 설명해야 한다.
공장을 비정상적으로 조업 중단하거나 비상시의 조업 중단을 잘못 처리할 경우에는 기기장치 손상은 물론 대형 안전사고로 연결될수 도 있다.
이러한 점들을 감안하여 구체적으로 자세히 기술해야 한다.

10) 운전(OPERATION)

제반 운전절차에 대하여 기술해야 하며 공정시험에 대한 분석 방법도 명기해야 한다.
또한 비정상 운전이 나타날수도 있고 예측될수도 있기 때문에 이러한 경우의 TROUBLE 조건을 항목별로 구분하고 이에따른 해결 방안을 제시해야 한다.

11) 계기 장치(INSTRUMENTATION)

생산공정의 안전에 대하여 필수적으로 갖추어야 하는 연동 장치(INTERLOCK SYSTEM)에 대하여 운전원들이 확실히 이해할 수 있도록 상세히 설명해 주어야 한다.
또한 경보장치, 압력발브와 안전발브, 압력, LEVEL, FLOW SWITCH, INDICATORS, RECORDERS, SAFETY SHUTDOWN SWITCH등의 SETPOINT를 명기해야 한다.
그리고 계기용 공기가 차단되는 비상상태에서 CONTROL VALVE의 위치가 공정안전 조건에 적합하게끔 CLOSE 또는 OPEN 되도록 설계 조건을 정확히 명기해 주어야 한다.
계기 장치 부호(SYMBOLS)와 부호 설명을 하는 목록표를 TABLE로 첨부해 준다.

12) 공정분석(PROCESS CONTROL PROGRAM)

품질관리 및 안전조업을 위해 주기적으로 공정분석을 해야한다.
각 공정별로 분석 항목을 선정하여 시간에 따른 분석주기와 분석 내용, 그리고 분석 방법 등에 대하여 자세히 TABLE로 작성 설명해야 한다.

13) 환경(ENVIRONMENT)

생산 공정에서 주위에 영향을 줄수 있는 수질, 대기, 소음, 독극물, 폐기물 분야등으로 구분하여 언급해야 하며 특히 폐수처리, 공정가스 처리, 폐기물 및 독극물처리에 있어서는 환경보전법에 의거 완벽하게 처리하는 공정을 상세히 설명해야 한다.

14) 부록(APPENDIX)

운전 및 공정 분석 방법등 생산활동에 필수 불가결한 도면이나 기술자료, 설계자료, 기기 장치 목록표, 생산공정 물질의 물리적, 화학적 성질등의 자료를 부록으로 첨부한다. 이상과 같은 제목으로 운전 교본을 정성껏 이론과 실기 그리고 경험을 살려서 작성 배부하고 교육자료로 활용한다.

5-3. 교육 훈련(EDUCATION AND INPLANT FIELD TRAINING)

공장 관리중에 제일중요시 다루어야 하는 분야이다.

운전원들의 교육훈련이 소홀히 다루어 졌을때 그 결과가 주는 문제점들은 매우 다양하며 그로인한 피해범위는 엄청난 결과를 초래하게 된다.

교육 훈련이 잘못되면 비정상 운전이 나타나게 되며 이로 인한 비효율적 운전은 엄청난 손실과 기업 경영에 보이지 않는 막대한 손실을 초래케 한다.

관리자는 직원들의 교육 훈련에 소홀해서는 안되며 제반 안전사고 예방 및 환경 문제 예방을 위해 교육 훈련을 철저히 시켜야 한다.

운전원들의 교육 훈련만 잘되어 있으면 시운전 준비단계에서 부터 생산 제품을 얻을 수 있을때 까지의 제반 공정에서 특별한 문제점들이 나타날 수 없다.

여기서 중점적으로 교육 할 내용을 다음과 같이 기술해 본다.

5-3-1. 공장 운전 교육(PLANT OPERATING EDUCATION AND TRAINING)

다음 항목들의 교육 자료를 이해하기 쉽도록 작성 준비하여 교육을 시켜야하며, 교육 방법은 이론 교육과 현장 실기교육으로 나누어 교육계획에 따라 엄격하게 집중적으로 교육을 시켜나가야 한다.

또한 교육은 주기적으로 반복 교육을 시켜서 중요한 운전 지침이나 공정상의 중요사항 그리고 안전 사항들을 잊지 않도록 해야 한다.

가. 이론 교육(CLASS THEORETICAL EDUCATION)

공정 이해의 난이도에 따라 이론 교육 강의시간은 적절히 배정하고, 공장 운전에 대한 전반 교육을 강의실에서 이론과 설계 조건등을 근간으로 하여 체계적으로 상세히 언급하며 교육시키는 것을 말한다.

즉 다음의 내용들을 가지고 적정 교육시간에 따라 집중교육을 시킨다.

1) OPERATING MANUAL(운전 교본) : 앞에서 준비된 운전 교본을 말한다.
2) VENDOR INSTRUCTION MANUAL SUMMARY(기기장치 제작자의 지시서 요약)
3) START UP PROCEDURES, NORMAL AND EMERGENCY SHUT DOWN PROCEDURES (가동 절차, 정상 및 비정상시의 조업 중단 절차)
4) ROTATING EQUIPMENT(회전 기계 장치류)
5) VESSELS AND TOWERS(용기류와 타워류)

6) EXCHANGERS AND REBOILERS(열교환기와 리보이라)
7) MAINTENANCE (기기장치류 유지 관리)
8) ELECTRICAL SYSTEM(전기 계통)
9) INSTRUMENTATION(계기 장치)
  -. INTERLOCK SYSTEM
  -. CONTROLLERS AND ALARMS
  -. LOGIC SYMBOLS, LINE NUMBERING IDENTIFICATION
  -. READY FUNCTION IDENTIFICATION
  -. CONTROL LOOPS AND SEQUENCE
  -. FLOW METER AND MEASURING MECHANISM
10) LABORATORY PROCESS ANALYSIS(공정 분석 실험)
  -. ANALYSIS
  -. SAMPLING AND FREQUENCY
  -. ANALYTICAL ITEMS
  -. ANALYTICAL METHODS
11) SAFETY(안전 전반)
12) ENVIRONMENT(환경 전반)
  -. SPENT WATER TREATMENT
  -. PROCESS GAS TREATMENT
  -. WASTES TREATMENT
  -. NOISE TREATMENT
13) TROUBLE SHOOTING AND EMERGENCY TREATMENT(사고의 발견 수리 및 비상 수습)
14) EDUCATIONAL REPORT(교육 후 보고서 제출)
15) EDUCATIONAL RESULT TEST(교육 결과 시험)

나. 현장 교육 훈련(OJT TRAINING)

앞에서 배운 이론교육의 정도를 현장에서 평가해 보고 실제로 안전한 상태의 간단한 기기장치류를 작동시켜 보면서 이론과 실기를 습득하는 교육 훈련을 말한다.

또한 모든 안전조건을 확인 점검한후에 기기장치와 공정 운전방법 그리고 공장운전 가동 순서(SEQUENCE)등을 숙달시키는 교육 과정이다.

특히 현장 기기장치를 다루는데 있어서 주의 사항들을 상세히 친절하게 가르킨다.

여기서는 다음 내용을 가지고 현장 교육을 해본다.

1) START UP SEQUENCE (가동 순서)

현장에서 기기장치의 위치와 작동상태를 확인하면서 공장운전의 가동순서를 익혀 나간다.

2) SHUT DOWN SEQUENCE (가동 정지 순서)

공장의 기기장치는 순서적으로 정지해 나가는 기술적 방법을 익히고 정지해 가는중에 공정의 내용물들을 어떻게 처리하는가를 배워 나간다.

3) EMERGENCY SHUT DOWN (비상 가동중지)

공정수, 냉각수, INSTRUMENT AIR나 전기 계통에 이상 현상이 나타날시에는 공장을 비상가동 중지해야 한다. 이상 현상별로 비상 가동중지하는 방법을 가르치고 이때의 가동중지 SEQUENCE를 현장에서 이해하도록 한다.

4) EMERGENCY GENERATOR SYSTEM (비상 발전기 계통)

비상 발전기 계통의 운전방법을 배우고, 비상시에 작동상태를 확인하는 방법을 배우며 또한 이에 대한 비상시 조치사항에 대하여 START UP SEQUENCE를 익힌다.

각 공정에 따라 비상조건을 열거하여 설명하고 비상 조건별로 수행해야할 비상 조치 순서를 가르친다.

5) PROCESS INTERLOCK SEQUENCE (공정 연동장치 작동순서)

생산 공정의 이상현상 또는 비상상태가 발생할시에 공정에 갖추어진 연동장치(INTERLOCK SYSTEM)가 어떻게 공정을 보호하는가를 연동장치를 갖춘 기기장치를 살펴보면서 익히도록 한다. 기기장치가 갖추고 있는 연동장치의 감지기(SENSOR)나 감지선(SENSING LINE)의 연결 상태를 확인시키고 평상시에도 이와 같이 정상적으로 감응기나 감응선이 최적상태로 유지 관리되고 있는가를 확인 점검하는 방법을 가르친다.

6) TROUBLE SHOOTING(고장 및 이상현상 발견과 조치)

TROUBLE SHOOTING 목록표에 기술된 내용들을 가지고 현장에서 발생될 수 있는 이상 현상 등에 대하여 각 기기장치류의 이상유무 확인방법, 현장 구조물의 상태 그리고 향후 정상 가동중에 점검할 각 공정 굴뚝(STACK) 배출구의 보이는 상태(APPEARANCE)와 폐수 집수조로 유입되는 각 공정수의 상태등등을 점검하는 방법을 교육시킨다.

7) LOG SHEET RECORDING (운전 기록지 작성)

앞에서 언급한 "시운전 준비 활동 업무" 에서 해당 운전기록지(LOG SHEET)를 이미 준비했다. 이 준비된 LOG SHEET를 가지고 현장에서 직접 각 공장 부문별로 해당 기기장치의 계기 기록계를 확인하고 현상태를 기록해 보는 훈련을 시행한다.

8) MOTOR CONTROL CENTER (MCC:전동기 조정실)

가동중인 공장을 정상 가동중지 시키거나, 비상시에공정을 조업중단 시킨후에는 현장운전은 MCC에 들어가서 안전상 필요한 기기장치에 대하여 회로 차단기(BREAKER)를 OFF상태로 조정해놓아야 한다.
공장의 정상가동을 위해 필요한 조치를 취하고 다시금 공장을 재가동 시킬때는 회로 차단기를 ON 상태로 다시금 조정해 놓아야 한다.
회로 차단기를 ON, OFF 시키고 SAFETY KEY(안전키)를 채우는 방법을 공장이 정지된 상태에서 해당되는 기기장치에 한하여 훈련해 본다.
이때 회로 차단기를 ON, OFF 시키기전에 반듯이 현장의 기기상태의 현황을 파악한 후에 이상이 없을시 훈련을 하도록 한다.
또한 회사에서 규정하여 준비해준 위험 꼬리표(DANGER TAG)를 MCC에 들어가서 해당 기기장치의 전동기의 회로 차단기에 부착하여야 한다.
위험꼬리표 부착하는 방법과 위험꼬리표에 위험내용을 기록하는 방법을 가르치도록 한다.

9) EQUIPMENT CAUTION UNDERSTANDING (기기 장치상의 경고 및 주의사항 이해)
앞의 "시운전 준비 활동 업무" 중에서 기기 장치상의 경고 및 주의사항에 대하여 교본화 하였다. 이 준비된 교본의 내용에 해당되는 기기 장치를 찾아가서 경고 및 주의 사항 내용을 확인시키고 교육시킨다.
기기장치 제작 공급자는 안전과 주의사하이 무엇보다도 중요하고 운전상 주의해야할 필수 항목이기 때문에 재강조하는 의미에서 경고나 주의 사항으로 명기해 놓는다.
운전원들이 현장에서 본 내용에 대해 이론적으로 이해하도록 잘 가르쳐야 한다.

10) SAFETY FIRST AND SAFETY DEVICE USE (안전제일 및 안전장비 활용방법)
현장에서 작업중이거나 혹은 기기장치 정비작업을 위한 준비 업무중에 제일중요한 것은 SAFETY FIRST(안전 제일)이다.
현장에 관한한 이항목에 대하여는 경영진에서 최우선 경영지표로 삼아야하며 또한 최고 경영자는 SAFETY FIRST에 대하여 깊은 경영 철학을 가지고 있어야 한다.
경영진에서 SAFETY FIRST를 등한시할 경우에 현장 근무자들은 형식적인 안전에 안주하게 되는 경향이 농후하다.
SAFETY FIRST가 경시된 공장에서의 안전사고나 화재폭발 사고는 언제, 어디서 발생될지 모르며, 이로 인한 사고는 인명피해나 대형사고로 연결되어 기업의 존망은 말할것도 없고 도덕적으로 사회에 미치는 영향때문에 기업의 이미지(IMAGE)는 땅에 떨어지게 된다.
첨단 대형화 산업시대로 돌입된 이시대의 산업현장의 사고는 규모면이나 형태면에서 그 누구도 예측하거나 상상할 수가 없는 실정이다.
기기장치의 사고 예방에 대한 설계 장치는 되있지만 사고 발생시의 피해범위는 그누구도 설계할 수 없다는 점을 밝혀둔다.
공장 현장과 연계되지 않는 기업은 지상에 존재하지 않기 때문에 기업의 최고 경영자는 반드시 SAFETY FIRST에 경영 최우선 경영지표를 두어야 하며, 기업은 산업 안전 사고에 대하여 사회로 부터 지탄을 받아서는 안된다.

SAFETY FIRST를 경영 철학에 최우선으로 두었다면 만일의 경우 사고를 당하더라도 사회는 그러한 최고 경영자를 지탄하지는 않을것이다.

SAFETY FIRST가 얼마나 중요한지는 이제 그만 강조하기로 하고 현장에서 안전사고에 대비하여 취해야할 마스크, 안전장비의 사용방법, 안전장비 비치 현황등을 직원들에게 교육시켜야 한다.

11) FIRE FIGHTING (소방 훈련)

이 항목 또한 SAFETY FIRST에 해당되기 때문에 강조할 내용에 대하여는 앞에서 언급한 내용으로 갈음한다.

불과 싸우기 위해 불을 찾아 나서야지 불을 피해서는 안된다.

현장 직원들에게 소화기, 소화전, 소방호스, 필요 소방공구나 장비 그리고 안전 용구등의 위치와 사용방법에 대하여 현장에서 실습시킨다.

화재 발생시 보고 체계도 신속정확히 할수 있도록 현장에서 훈련시켜야 한다.

12) ENVIRONMENT ACTIVITY (환경 활동 업무)

첨단 산업시대로 돌입된 이 시대에는 제반 환경문제로 국민들은 심각한 고민을 하고 있다.

동식물계는 깨끗한 공기와 물이 없으면 살아 남을수 없기때문에 환경 문제는 국민들에게 그 만큼 심각하게 대두되고 있는 것이다.

여기서도 환경문제와 연계되지 않는 기업은 지상에 존재하지 않고 특히 공기와 수질의 오염은 피해범위가 엄청나기 때문에 최고 경영자는 안전문제와 함께 환경 문제를 경영 최우선 지표로 삼아야 한다.

특히 공장에서 접하게 되는 환경 문제로는 수질, 대기, 독극물 분야등에서 발생되는 오염물질 처리가 되겠다.

소음분야 또한 관리 사항이 된다.

현장 운전원에게 공정에서의 환경 오염원이 어디인지를 정확히 인식 시키고, 평상 운전시 환경 오염원에 대한 점검 방법을 잘가르쳐 주어야 한다.

현장 운전원들은 오염원의 색깔, 냄새, 유량등을 점검하면서 이상이 발견되면 즉시 조정판 운전원에게 즉각 보고하고 조치를 취해야 한다.

5-4. INITIAL START UP(시운전)

지금까지 기기장치의 시운전 준비는 물론 시운전 요원들의 이론 교육강의와 현장 교육훈련이 만족스럽게 성취되었다고 판단되면 공정에 원료를 초기 투입하여 제품을 생산해낼 수 있는 준비단계가 된 것이다.

생산공정에 따라 시운전 방법은 다르겠지만 기본방법은 대동소이 하기때문에 여기서는 초기 생산을위한 시운전 요령, MOCK OPERATION(모의 운전) 그리고 INITIAL START UP SEQUENCE(시운전 순서)에 대하여 인산 공장을 예로 들어 설명한다.

5-4-1. INITIAL START UP PROCEDURE
(EXAMPLE:PHOSPHORIC ACID PLANT ;인산공장)

GENERAL ;

(1) TANK, SUMP, VESSEL 주위를 깨끗이 청소하여 외부물질이 들어가지 않도록 한다.

(2) MOVING EQUIPMENT는

- · GREASE/LUBRICATION 상태를 먼저 점검한다.
  (ALIGNMENT를 확인한다)
- · 회전 방향을 점검한다.
- · FOUNDATION ANCHOR BOLTS를 점검한다.
- · 가동된후 FULL RATE에서 AMP.를 CHECK한후 LOG에 기록한다.
- · VIBRATION, BEARING, TEMP. , NOISE 등을 주의깊게 관찰한다.

(3) PUMP 는

- · GREASE/LUBRICATION 상태를 먼저 점검하고
- · ALIGNMENT를 확인하고
- · V-BELT가 있을 경우 TENSION을 점검한다.
- · SEALING WATER/COOLING WATER를 공급하는 것을 잊지 않는다.
- · SUCTION이 PRIMING 되었는가를 확인하고 가동토록 한다.
- · SUCTION VALVE는 FULL로 OPEN되고 DISCHARGE VALVE는 적절히 조절되었는가를 먼저 확인 점검한다.
- · SUMP나 TANK등의 OPERATING LEVEL을 염두에 두어 PUMPING RATE를 조절한다.
- · MOTOR가 REPLACE 되었을때는 항상 회전방향을 점검한다.
- · 가동전에 HAND ROLLING을 시켜본다.
- · 가동된후 FULL RATE에서 AMP를 CHECK한후 LOG에 기록한다.
- · FOUNDATION ANCHOR BOLTS, VIBRATION, BEARING TEMP, NOISE 등을 주의깊게 관찰한다.

(4) TEMPORARY STRAINER는 필요하면 제거하고 START UP한다.

(5) 모든 LINE 및 GAUGE가 PROCESS상 제위치에 다시 RESET 되고 있는가를 점검한다.

(6) STRAINER는 모두 OPEN하여 점검하고 START UP 하는것이 좋다.

(7) WATER TEST-RUN에서 LEAK 되었던 부분을 모두 TIGHTENING 한다.

(8) ATTACK TANK, SEAL TANK, SUMP 및 일반 TANK가 LEAK되지 않는가를 항상 점검한다.

5-4-2 Sequence for Water Running Test of Phosphopic Acid Plant (예 : 인산공장) (For Mock Operations)

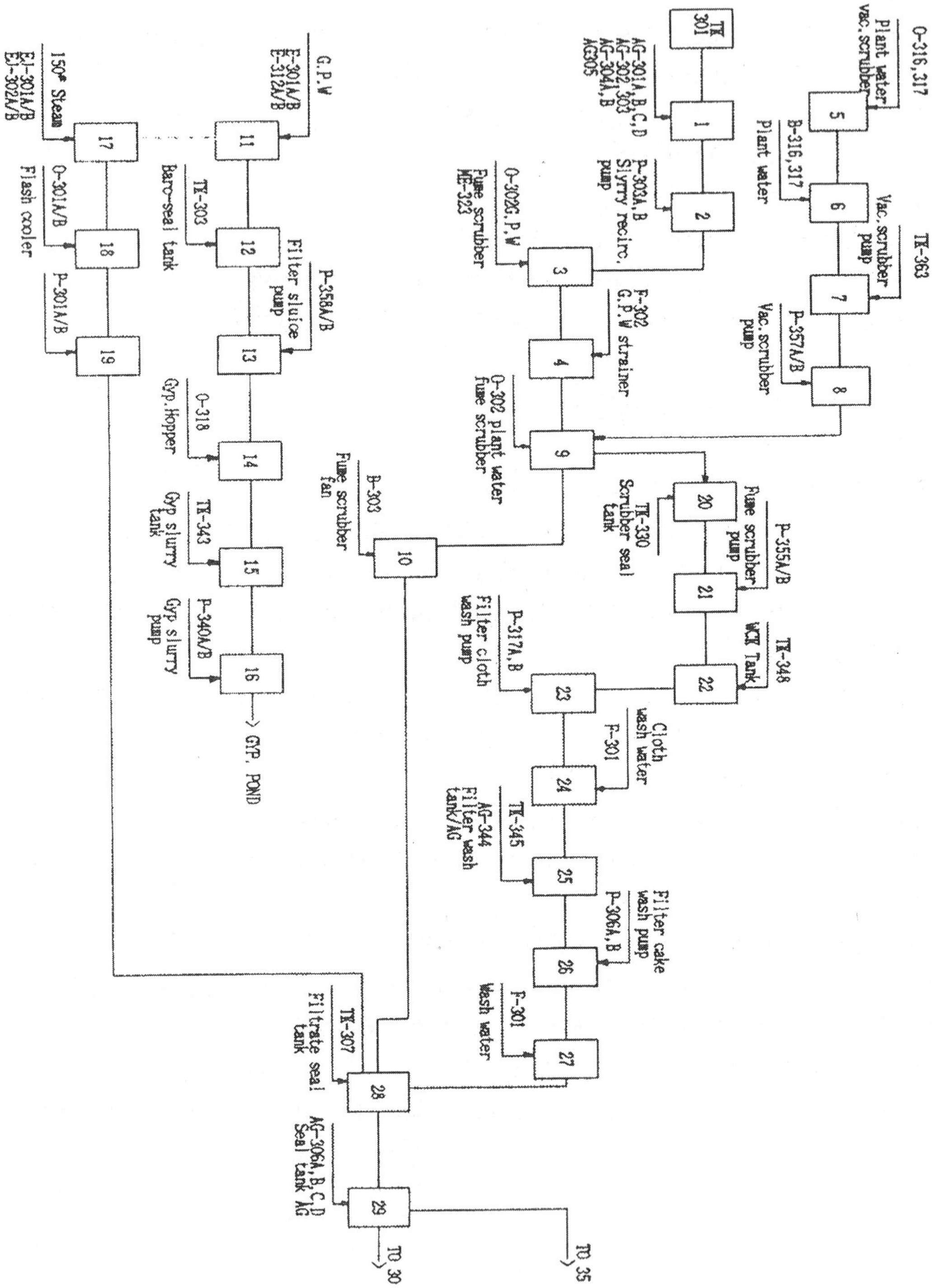

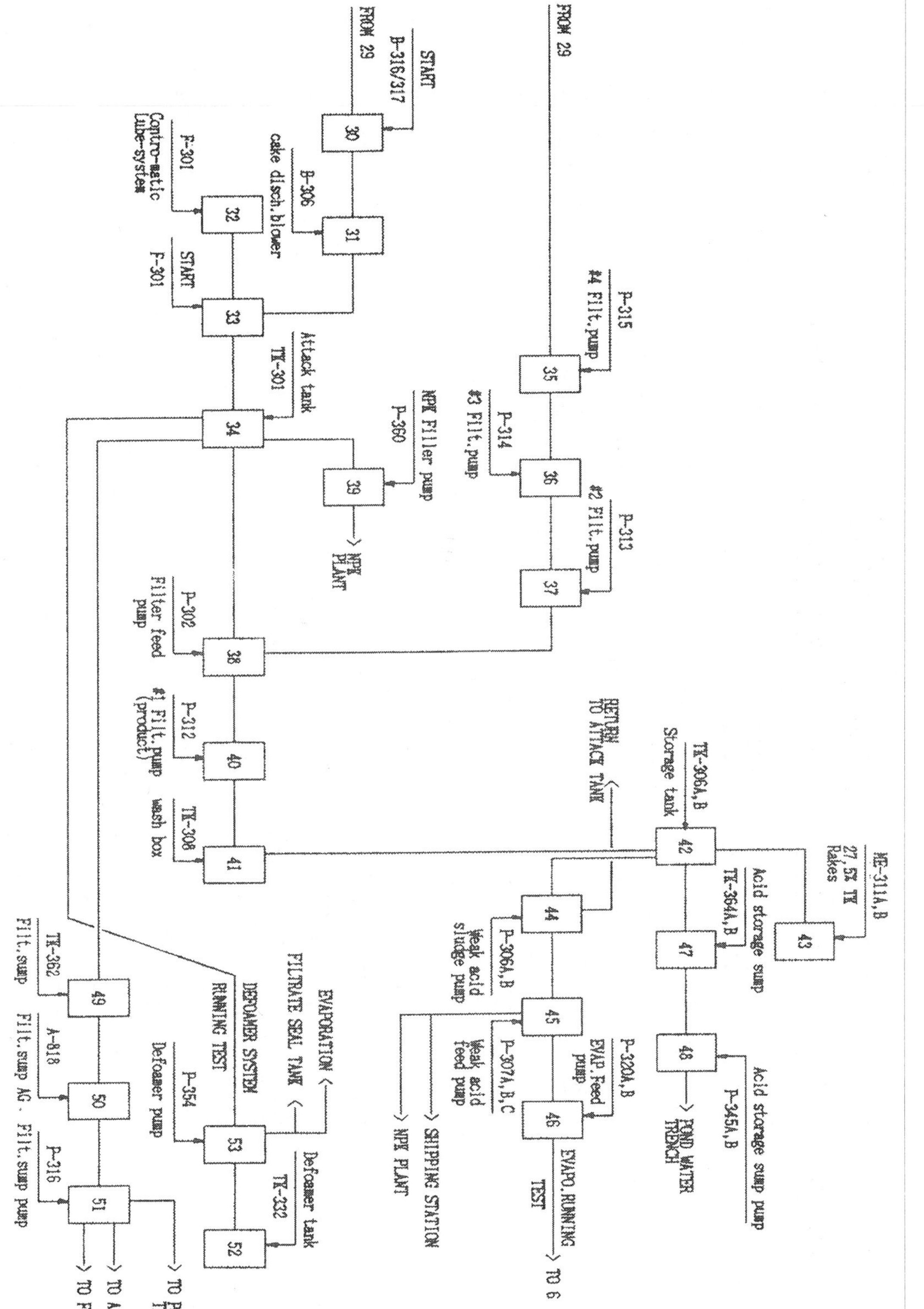
FROM 29
START
B-316/317
30
B-306
cake disch.blower
31
F-301
Contro-matic
Lube-system
32
START
F-301
33
Attack tank
TK-301
34
P-315
#4 Filt.pump
35
P-314
#3 Filt.pump
36
P-313
#2 Filt.pump
37
NPK Filler pump
P-360
39
NPK PLANT
P-302
Filter feed pump
38
P-312
#1 Filt.pump (product)
40
TK-308
wash box
41
TK-306A,B
Storage tank
RETURN TO ATTACK TANK
42
ME-311A,B
27,5& TK
Rakes
43
Acid storage sump
TK-364A,B
47
Acid storage sump pump
P-345A,B
48
POND WATER TRENCH
P-306A,B
Weak acid sludge pump
44
P-307A,B,C
Weak acid feed pump
45
P-320A,B
EVAP.Feed pump
46
EVAPO.RUNNING TEST
TO 6
SHIPPING STATION
NPK PLANT
EVAPORATION
FILTRATE SEAL TANK
DEFOAMER SYSTEM
RUNNING TEST
P-354
Defoamer pump
53
Defoamer tank
TK-332
52
TK-362
Filt.sump
49
A-818
Filt.sump AG.
50
P-316
Filt.sump pump
51
TO POND WATER TRENCH
TO ATTACK TK.
TO FILTER FEED BOX

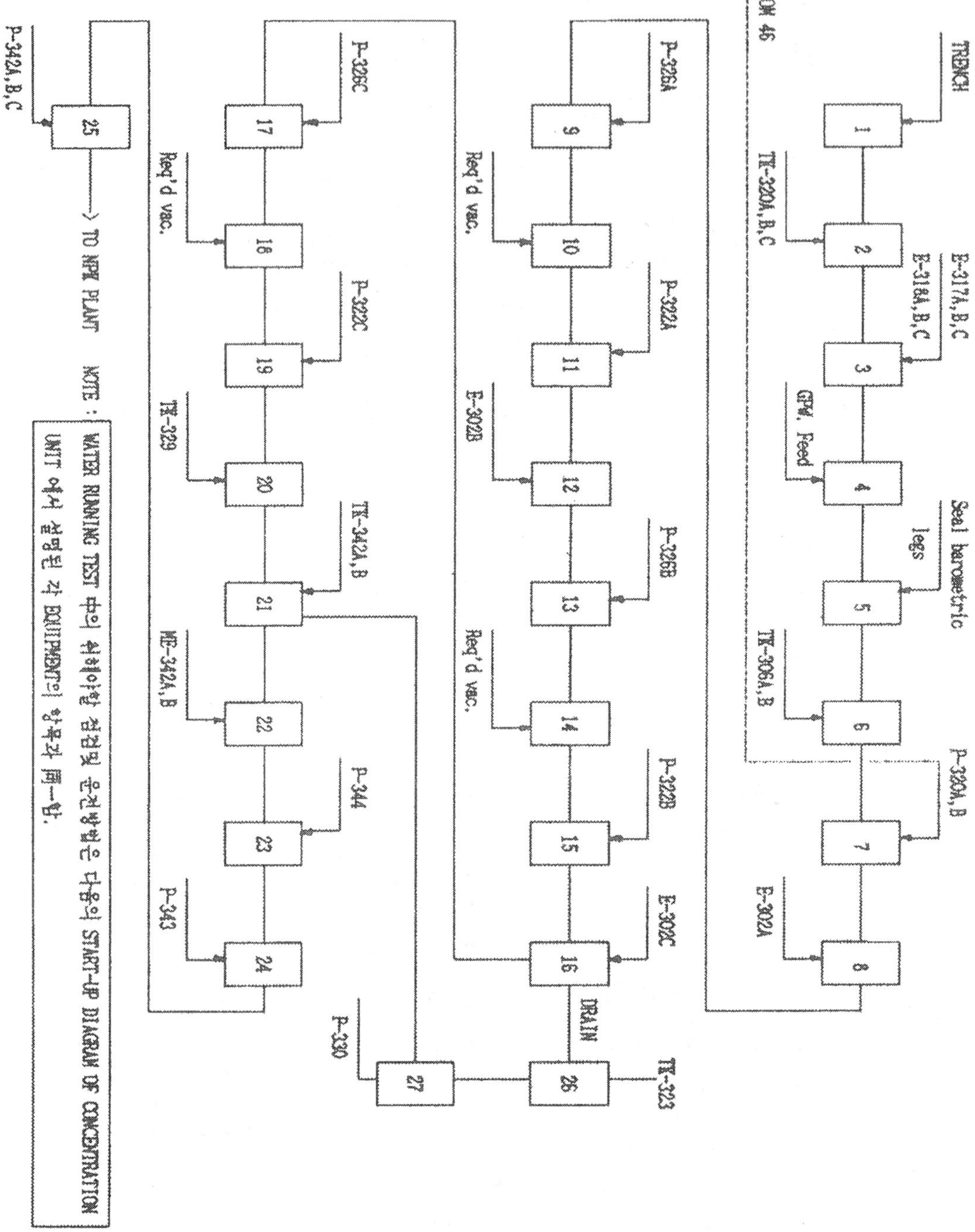
TRENCH
TK-320A,B,C
E-317A,B,C
E-318A,B,C
GPW. Feed
Seal barometric legs
TK-306A,B
P-320A,B
E-302A
FROM 46
P-326A
Req'd vac.
P-322A
E-302B
P-326B
Req'd vac.
P-322B
E-302C
DRAIN
TK-323
P-326C
Req'd vac.
P-322C
TK-329
TK-342A,B
ME-342A,B
P-344
P-343
P-330
P-342A,B,C
TO NPW PLANT
NOTE : WATER RUNNING TEST 中의 취해야할 점검및 운전방법은 다음의 START-UP DIAGRAM OF CONCENTRATION
UNIT 에서 설명된 각 EQUIPMENT의 항목과 同一함.

5-4-4 INITIAL START-UP SEQUECE AND EXPLANATION

(EXAMPLE : PHOSPHORIC ACID PLANT ; 인산공장)

Drain Water → TK - 301

1 a) ATTACK TANK (TK-301) DRAIN WORK

Keep Level → To 4.65 m (#1 ~ #6 Comp)

2 ◎ COMPARTMENT #1에서 #6 까지는 LEVEL 4.65 METER 까지 DRAIN 시킨다.

Empty → #7,8,9 Comp TK-301

3 ◎ DRAIN 시키는 물은 TK-306 A,B (27.5% ACID TANK)에 COLLECTION 했다가 EVAPORATOR WATER TEST-RUN에 사용하도록 한다. (FILTERATION 하기 전에 TK-306 A,B는 EMPTY 시켜둔다)

◎ LEVEL 4.65 METER는 각 AGITATOR의 BLADE가 물에 잠기고 SLURRY CIRCULATION PUMPS(P-303 A,B)의 CASING이 물에 잠기면 (CASING위로 약 1 FEET 물높이) 된다.

◎ COMPARTMENT #7,8,9는 EMPTY 시킨다.

(DRAIN 시키는 물은 TK-306 A,B에 COLLECTION 시킨다)

◎ 다시 한번 ATTACK TANK가 새지 않는가를 점검한다.

Inspect Submerged → AGS & Circulation pump

4 b) COMPARTMENT #1에서 #6까지의 AGITATOR의 BLADE가 물에 잠기는가를 확인한다.

c) CIRCULATION PUMPS (P-303 A,B)의 CASING이 물에 잠기는가를 확인한다.

Start → AGS #1~#6 Comp

5 d) 이상 AGITATOR와 CIRC-PUMP의 SUBMERGENCE가 확인 되면

e) AG-301 A,B,C,D AG-303을 가동한다.

Start → P-303 A,B

6 f) P-303 A,B를 가동한다.

Inspect Again → Submerged AGS & Circulation pump

a) 일단 AGITATOR와 CIRCULATION PUMP가 가동되면

7 BLADE와 CASING이 충분히 잠기는가를 다시금 점검한다.

b) AMP를 CHECK하여 DESIGN 수치와 비교하여 본다.

Feed G.P.W → O-302 Fume Scrubber #1Packing room

a) FUME SCRUBBER에 G.P.W를 공급한다.

8 (#1 PACKING ROOM)

b) #1 PACKING ROOM으로 흘러 들어가는 G.P.W가 #2 PACKING ROOM으로 OVER FLOW 하는가를 점검한다.

c) 실험과에 의뢰하여 분석하고 OVER FLOW하여 MIXING 되면 DOWN하여 적절한 조치를 취해야 한다.

Feed plant water → O-316 O-317 Vacuum Scrubber

9 〈FUME SCRUBBER의 #2 PACKING ROOM으로 PLANT WATER SERVICE 〉

a) VACUUM SCRUBBER에 PLANT WATER SERVICE

Feed plant water → B-316 B-317

10

b) VACUUM PUMP (B-316, B-317)에 PLANT WATER (SEALING WATER)를 공급한다.

Fill up → TK-363 sump

11

c) VACUUM SCRUBBER PUMP를 OPERATING LEVEL까지 채운다.

d) VACUUM SCRUBBER PUMP를 작동시켜 PLANT WATER를 O-302 #2 PACKING ROOM으로 공급란다.

Start → P-357 A,B

12

〈 NOTE 〉 #1 PACKING ROOM의 GPW가 #2 PACKING ROOM의 WEIR를 넘어 흘러 들어와서는 안된다. 자주 분석하여 점검하여야 한다.

Feed plant water → O-302 #2 Packing room

13

a) #1/#2 PACKING ROOM에 GPW/PLANT WATER가 정상적으로 공급되면

Start → B-303 Fume Scrubber Fan

14

b) FUME SCRUBBER FAN을 가동시킨다.

c) FUME SCRUBBER SYSTEM의 성능을 점검한다. (각 장치로부터 FUME이 흡입되어 오는가를 점검 PI를 READING 한다)

G.P.W feed → E-301 A,B E-302 A,B

15

a) BAROMETRIC CONDENSER와 INTER CONDENSER에 G.P.W를 공급한다.

b) G.P.W가 충분한가를 확인한다. 또 적절히 조절되었는가를 점검한다.

a) FLASH COOLER SYSTEM에 진공을 걸수 있도록 150#

Operation	Step	Description
150# Steam Preparation → EJ-301 A,B EJ-302 A,B	16	STEAM 계통을 점검해 본다.
Start → V-303 Rotary Feeder Start	17	a) V-303 ROTARY FEEDER를 가동한다. b) V-301 ROCK FEED CONVEYOR를 가동한다.
Start → V-301 Rock Feed Conveyor Start	18	a) DESIGN RATE의 50%로 인광석을 ATTACK TANK로 공급한다.
→ SC-301 Hardy Scale Rate : 50% of Design	19	
Feed 93% H2SO4 → Rate : 50% of Design	20	a) DESIGN RATE의 50%로 황산을 ATTACK TANK로 공급한다. b) ATTACK TANK의 THERMAL SHOCK를 방지하기 위하여 온도 변화에 세심한 주의를 기울인다.
If necessary Temp. Control →	21	a) ATTACK TANK의 온도는 85℃ 이상 올려서는 안된다. b) 약 80℃에 달하면 ATTACK TANK BRICK의 THERMAL SHOCK를 방지하기 위하여 MATERIAL FEED를 중단하고 온도가 떨어질때까지 COOL DOWN 한다.

c) TEMP로 인한 BRICK의 EXPANSION은 서서히 증가 시키도록 한다.

d) FUME SCRUBBER FAN (B-303)이 ATTACK COOL DOWN에 도움이 된다. FUME이 충분히 흡입되는가를 점검한다.

Raise TK-301 Level → Under Temp. Control	22	a) ATACK TANK의 온도에 주시하면서 LEVEL을 서서히올린다. b) ATTACK SLURRY의 CIRCULATION 상태를 주의깊게 관찰한다.
150# Steam Feed → EJ-301 A,B EJ-302 A,B Increase Vacuum → Degree in O-321 A System	23	a) CONDENSER에 GPW가 충분히 공급되는 것이 확인되면 b) 150# STEAM LINE 상의 CONDENSER를 DRAIN 하고 DRY STEAM을 EJECTOR에 공급한다. c) O-321 A (FLASH COOLER A SYSTEM)에 진공을 형성시킨다.
Start → P-301 A Flash Cooler pump	24	a) P-301 A SUCTION LINE을 PLANT WATER로 PRIMING 시킨다. b) FLASH COOLER의 진공을 150 mmHg 까지 형성시킨다. c) HAND ROLLING을 시켜 본다. d) SEALING WATER를 공급한다.

e) PRIMING이 확인되면 P-301 A를 가동한다.

f) FLASH COOLER A (O-321 A)가 안정되도록 한다.

g) P-301 A가 가동되면 ATTACK TANK의 LEVEL이 떨어

Inspect → Attack Level

25 지기 때문에 주의깊게 LEVEL을 관찰하고 AGITATOR와 순

환 PUMP를 점검한다.

Make Sure Submergence

h) ATTACK AGITATOR와 CIRCULATION PUMP의 SUBMERGENCE를 철저히 점검한다.

i) SLURRY의 급격한냉각을 피하기위하여 진공도를 조절한다.

a) 다시금 ATTACK LEVEL을 서서히 올린다.

b) ATTACK LEVEL을 올리면서 FILTRATION SYSTEM을

Raise Attack Level → Again

26 가동할 준비를 한다.

c) VACUUM DEGREE를 적절히 조절해 본다.

Prepare for → Filtration

27 a) ATTACK #9 COMPARTMENT의 LEVEL이 서서히 증가

하여 AG-305의 BLADE가 잠기게 되면

Start → AG-305 #9 Compartment

b) AG-305를 가동한다.

28

a) ATTACK #7 COMPARTMENT의 LEVEL이 서서히 증가

하여 AG-304 A의 BLADE가 잠기게 되면

Start → AG-304 A

b) AG-304 A를 가동한다

29

#7 Compartment

a) ATTACK #8 COMPARTMENT의 LEVEL이 증가하여 AG-304 B의 BLADE가 잠기게 되면

b) AG-304 B를 가동한다.

Start

→ 30

AG-304 B
#8 Compartment

a) FLASH COOLER A SYSTEM과 같이 B SYSTEM을 가동 시킨다.

Start

→ 31

b) "B" FLASH COOLER가 안정되면 A와 B가 평형이 되도록 한다.

O-321 B
Flash Cooler B
System

〈 GYP. SLURRY PUMP 가동절차 〉

Start P-358 A,B

→ 32

a) BAROMETRIC SEAL TANK (TK-303)가 OVER FLOW 되는가 확인하고 난후

Filter Sluice pump

O-318

→ 33

b) FILTER SLUICE (P-358 A,B)를 가동시킨다.

Gyp. Hopper

c) O-318 (GYP. HOPPER)로 GPW가 충분히 공급되는가를 점검한다. (VALVE를 적절히 조작한다)

TK-343

→ 34

Gyp. Slurry Tan

d) GYP. SLURRY TANK(TK-343)도 G.P.W가 충분히 공급되면

Start

→ 35

P-340 A,B
Gyp. Slurry pump

TK-330
→ 36
Fume Scrubber
Seal Tank

Start P-355 A,B
→ 37
Fume Scrubber pump

Fill up TK-348
→ 38
WCF Tank

Start P-317 A,B
→ 39
Filter Cloth
Wash pump

Fill up TK-345
→ 40
Filter Wash Tank

Start
→ 41
AG-344

e) GYP. SLURRY PUMP (P-240 A OR B)를 가동 시킨다.

f) GPW가 충분히 배출되는가를 점검한다.

〈 FILTRATE SEAL TANK (TK-307) FILL UP 절차 〉

a) FUME SCRUBBER SEAL TANK가 채워지면

b) FUME SCRUBBER SEAL PUMP (P-305 A,B)를 가동하여

c) CONTAMINATED FRESH WATER TANK (TK-304)로 PUMPING 한다.

d) TK-348이 채워지면 P-317 A,B를 가동하여 TK-345 (FILTER WASH TANK)를 채우고 AG-344를 가동한다.

e) 여기까지 이상이 없으면 P-306 A,B를 가동하여 FILTRATE SEAL TANK를 채운다.

f) FILTRATE SEAL TANK (TK-307)가 채워지면 P-306 A,B는 가동 중지하고

g) FILTRATION이 시작될때 다시금 P-306 A,B를 가동 시키기로 한다.

Prepare for P-306 A,B

→ 42

Filter Cake Wash pump

a) FILTRATE SEAL TANK가 OPERATING LEVEL이 되면

Fill up TK-307

b) AGITATORS를 가동한다

→ 43

Filter Seal Tank

Start

→ 44

AG-306 A,B,C,D
TK-307

a) VACUUM PUMP에서 SEALING WATER가 DRAIN되면 또한 VACUUM SCRUBBER에 PLANT WATER가 SERVICE 되고 있으면

Start

→ 45

B-301 B-317
Vacuum pump

b) B-316,317을 가동한다.

c) 이때 VACUUM 상태를 관찰한다.

Start

d) CAKE DISCHARGE BLOWER (B-316)을 가동한다.

→ 46

B-306
Cake Discharge Blower

e) F-301 LUBE OIL SYSTEM (DISTRIBUTOR MANIFOLD RELIEF SYSTEM)을 작동시킨다.

Start

〈 NOTE 〉 B-316 (PRIMARY VACUUM PUMP)로부터 10"H VACUUM이 형성되어 질때 이 DISTRIBUTOR MANIFOLD RELIEF SYSTEM의 HYDRAULIC PUMP가 작동하게 된다.

→ 47

Lube Oli System
F-301

Start

f) F-301 FILTER를 가동한다.

→ 48

F-301

여기까지 준비되면 FILTRATION 준비는 완료되는 것이다.

즉 P-302 (FILTER FEED PUMP)를 가동할 준비가 완료된 셈이다.

a) P-302 SUCTION LINE에 CONTAMINATED FRESH WATER를 공급하여 PRIMING을 한다.

Start →

P-302
Rate 50% of Design

49 b) SUCTION LINE에 진공을 형성시켜 ATTACK TANK SLURRY 가유입되도록 한다. (ATTACK SLURRY가 유입되면 PRIMING이 완료 되었는가를 점검한다)

c) SEALING WATER와 COOLING WATER를 SERVICE 시킨다.

〈 NOTE 〉 PRIMING 시키기 전에 SEALING WATER와 COOLING WATER를 공급하기로 한다.

d) PRIMING이 되었는가를 확인한다.
SOLUTION DRAIN VALVE를 CRACK OPEN 하여 ATTACK SLURRY가 나오는가를 점검하고 그 진공도에서 PRIMING이 완료되는 것으로 한다.

e) PRIMING이 완료되면 PUMP SPEED를 일정히 SET 한다.

f) GAUGE SETTING이 완료되면 PUMP를 가동한다.

g) RATE를 DESIGN CAPACITY의 50%로 FILTRATION 한다.

〈 WASHING RECYCLE & PRODUCT ACID TREATMENT 〉

Start →

50 a) 인산농도를 증가시키기 위해서 가능한 한 WASH

P-306 A,B Filter Cake Wash pump		WATER를 적게 SERVICE 한다. (P-306 A,B 가동한다)
		b) P-315를 가동한다.
Start → P-315 #4 Filt pump	51	c) P-314를 가동한다. d) P-313을 가동하여 ATTACK TANK로 RECYCLE 시킨다.
Start → P-313 #3 PUMP	52	e) P-312로 부터 배출되는 PRODUCT ACID는 TK-306 A OR B로 TRANSFER하여 다시금 ATTACK TANK로 RECYCLE 시키기로 한다.
Start → P-313 #2 Filtrate pump	53	f) TK-308 WASH WATER BOX를 CHECK하여 ACID가 TRENCH로 혹시 넘쳐 나가지 않는가 점검한다.
Start → P-312 #2 Product pump	54	g) TK-306 A OR B 에 인산을 채운다. (농도가 낮기 때문에 ATTACK으로 RECYCLE 시킬 준비를 한다)
Start → TK-306 Wash Box	55	
TK-306 A,B →	56	〈 RECYCLE & STORAGE 〉
Start P-308 A,B →		a) ATTACK TANK 반응을 증진시키기 위해서 초기에 생산되는 농도 낮은 ACID는 ATTACK TANK로 재순환 시키기로 한다.

Weak Acid Sludge pump

b) 일단 PRODUCT TANK에 COLLECT 했다가 PUMP SYSTEM을 다시금 CHECK 하면서 ATTACK으로 RECYCLE 시킨다.

Return →

57

c) 농도가 증가하여 27%선에 도달하면 STORAGE TANK에 인산을 저장한다.

(Storage)
Start →

58 d) 인산액이 증가하여 RAKE를 덮으면 ME-311을 가동한다.

ME-311 A,B
27.5% Tank Rakes

e) RAKE SYSTEM에는 HIGH TORQUE SWITCH가 장치되어 있어 ALARM이 울리게 되어 있으며 일단 ALARM이 울리면 RAKE를 올려주고 HIGH TORQUE가 울리면 다시금 RAKE를 올려주어야 한다.

〈 NOTE 〉 ① 저장조로 부터 SLUDGE는 SOLID 함량 15~20% 유지되어야한다.

② 자주 SAMPLING하여 SOLID 15~20% 선을 유지하여 필요이상의 인산이 반응조 #2로 흘러 들어가는 것을 방지한다.

③ SLUDGE중의 SOLID 함량이 20% 이상 넘어서는 안되며 20% 이상을 넘을경우에 LINE이 막히게 된다.

④ 정상 운전중에 SOLID CONTROL에 세심한 주의를 기울이도록 한다.

〈 CAUTION 〉

SOLID CONTROL에 이상이 있게되면 SOLID가 TANK내에 누적하게되며 이누적된 SOLID는 차츰 다져지고 경화되어 어느시점에 가서는 장기 SHUTDOWN에 들어가게 되는 문제가 야기된다.

5-4-5 Initial Start-up Sequence
(Example : Phosphoric Acid Plant ; 인산공장)

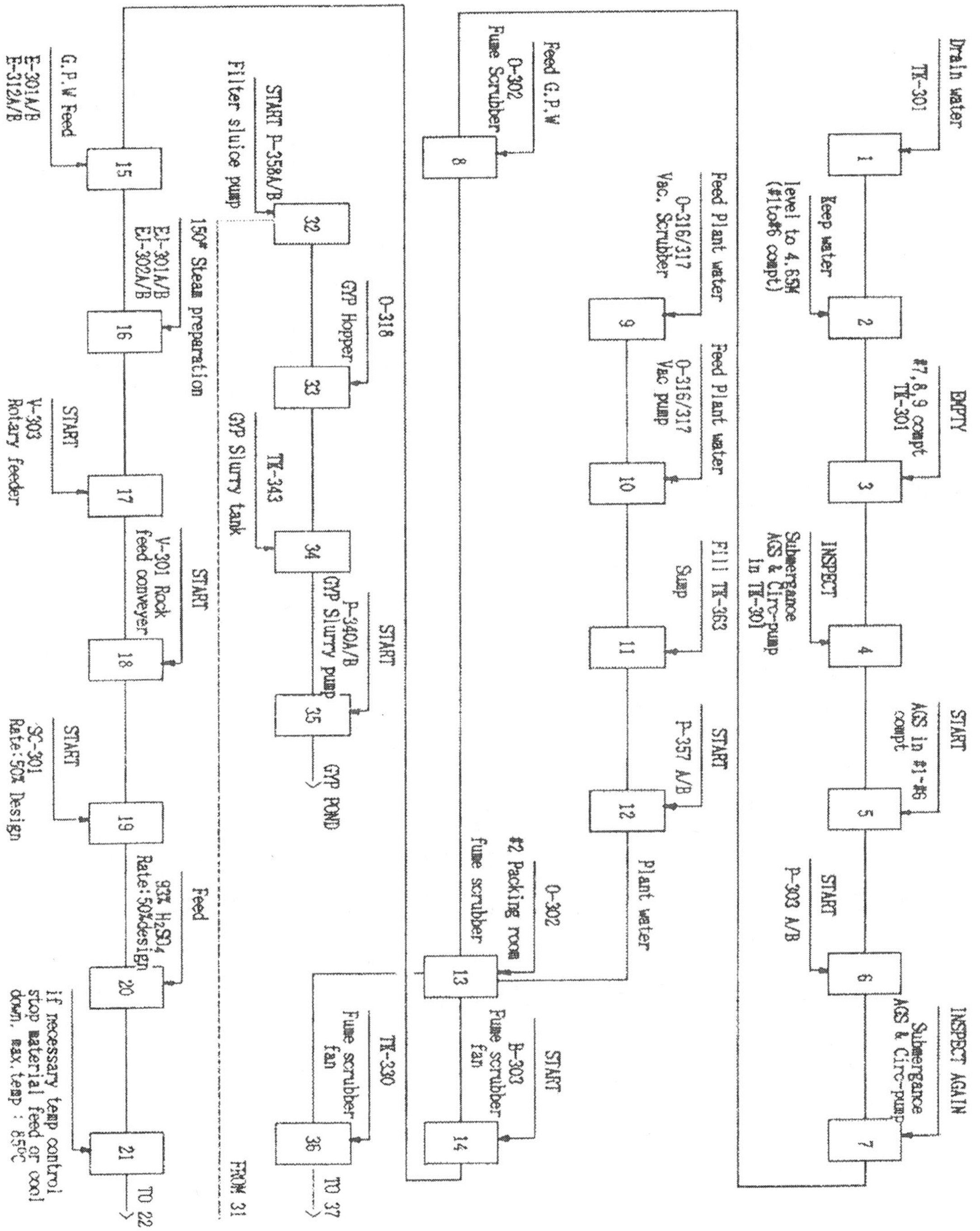

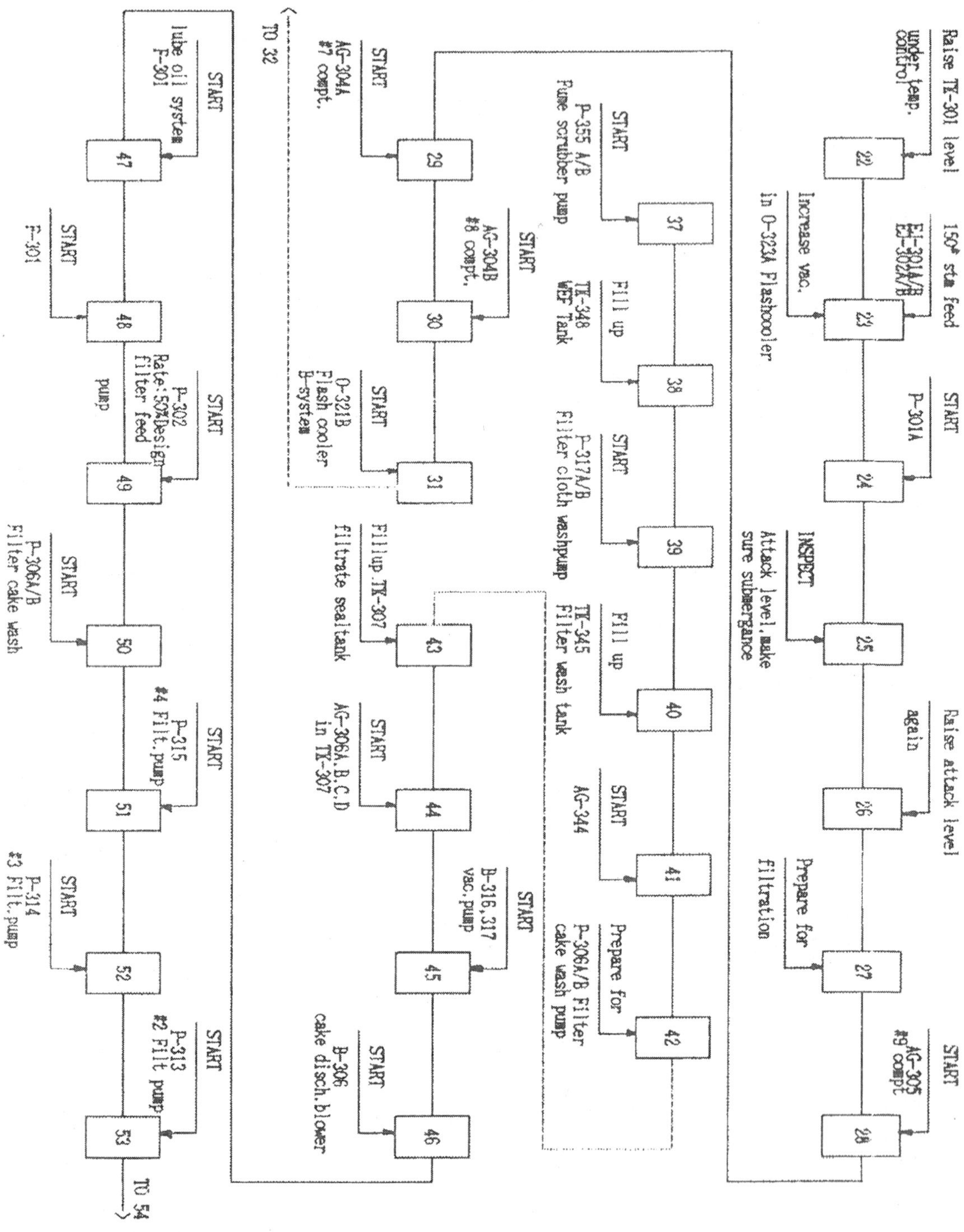
Raise TK-301 level under temp. control
22
150# stm feed EJ-301A/B EJ-302A/B
23
Increase vac. in O-323A Flashcooler
START P-301A
24
INSPECT Attack level, make sure submergance
25
Raise attack level again
26
Prepare for filtration
27
START AG-305 #9 compt
28
START P-355 A/B Fume scrubber pump
37
Fill up TK-348 WEF Tank
38
START P-317A/B Filter cloth washpump
39
Fill up TK-345 Filter wash tank
40
START AG-344
41
Prepare for P-306A/B Filter cake wash pump
42
START AG-304A #7 compt.
29
START AG-304B #8 compt.
30
START O-321B Flash cooler B-system
31
TO 32
Fill up TK-307 filtrate sealtank
43
START AG-306A,B,C,D in TK-307
44
START B-316,317 vac.pump
45
START B-306 cake disch.blower
46
START lube oil system F-301
47
START F-301
48
START P-302 Rate:50%Design filter feed pump
49
START P-306A/B Filter cake wash
50
START P-315 #4 Filt.pump
51
START P-314 #3 Filt.pump
52
START P-313 #2 Filt pump
53
TO 54

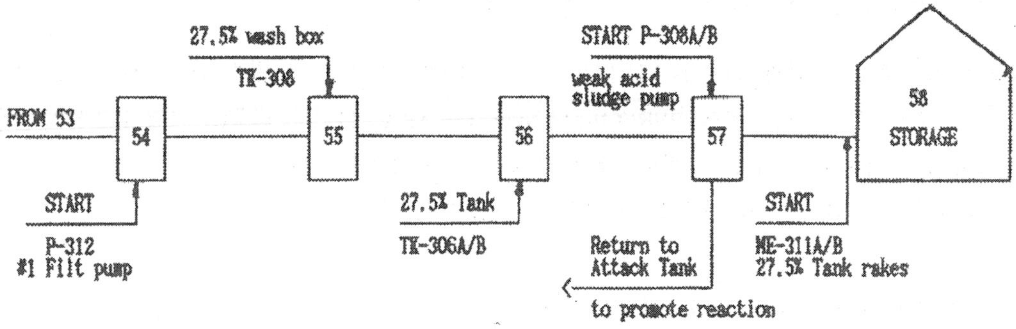

1) ATTACK TANK : CAPACITY TO BE FILLED BY RAW MATERIAL

7 & 8 : 363 M^3

9 : 25 M^3

1 ~ 6 : 82 M^3(OVERFLOW WEIR & ABOVE 465 Cm)

470 M^3

CAPACITY BY SLURRY SP.GR :1.40(ASSUMED)

685 MT(470 * 1.40)

#1~4 COMPT : 462 M^3

#5~6 " : 211 M^3

#1~6 SIDE & UNDERFLOW : 65 M^3

738 M^3

$$738 * \frac{523 - 465Cm}{523Cm} = 82\ M^3$$

2) INITIAL START-UP RATE WITH 70% H_2SO_4

P_2O_5 210 MTD RATE (32% OF RESIN)

REQ'D ROCK : 495 Kg/Min.

H_2SO_4: 585 Kg/Min.

3) FILL-UP & REACTION TIME

10 Hrs (658/1.08 = 10 Hrs 9Mins)

4) REQ'D ROCK & H_2SO_4 TO FILL UP

ROCK : 320 MT($658 * \frac{0.495}{1.08}$)

H_2SO_4: 356 MT($658 * \frac{0.585}{1.08}$)

5) REQ'D OPERATING TIME OF BALL MILL SYSTEM

94 MT/HR RAYE ——> 2HRS REQ'D

(STORAGE : 174 MT)

5-5. PRODUCT SPECIFICATION AND PERFORMANCE GUARANTEE AND TEST (제품 규격, 성능보장 및 시험)

성능보장 시험을 시작하기 전에 반드시 공정 특허 제공사 (PROCESS LICENSOR)와의 계약서를 주의 깊게 읽고 이해하여야 하며 성능보장 시험중에 주요 내용이 누락되거나 계약내용에 위배되지 않도록 해야한다.

5-5-1. 계약서에 명기되는 성능 시험 주요 내용

특히 성능보장 시험과 관련된 계약서상의 부록(APPENDIX)에 명기하는 제품규격 (PRODUCT SPECIFICATION), 성능 보장(PERFORMANCE GUARANTEE) 그리고 시험(TEST)에 대한 내용을 정확히 파악하고 시운전을 위해 해당 내용들을 준비해야 한다.

계약서에 명기되는 주요 내용을 요약하면 다음과 같다.

1) PROCEDURES(성능 보장 시험 절차)
2) READINESS DEMONSTRATION(시범 운전 준비)
3) SEVENTY-TWO(72) CONSECUTIVE HOUR SUSTAINED PERFORMANCE TESTS(연속 72시간 지속되는 성능 시험)
4) CALIBRATION(계기 보정)
5) STOPPING OF PERFORMANCE TESTS(성능 시험 중지)
6) OBLIGATION OF CONTRACTOR TO MAKE REPAIR PRIOR TO RETEST (재가동전에 수리를 위한 계약자의 의무)
7) EMERGENCY SHUTDOWN(비상 운전 정지)
8) LIQUIDATED DAMAGES(손해 배상)

여기서 특히 공정과 관련된 "연속 72시간 지속되는 성능시험" 항목에 있어서는 다음 내용들을 주로 다루게 되는데 공정에 따라 필요한 내용을 결정하여 성능시험 항목으로 확정한다.

-. 생산량
-. 종합 회수 효율
-. 생산품 품질
-. 오염 물질 종류에 따른 배출량
-. 부산물 발생량과 품질
-. 공급 원료 소비량
-. 유틸리티 소비량등

특히 중요시 다루어야할 문제로는 상기 성능시험 항목중에 "오염물질 종류에 따른 배출량"에 대하여는 명기된 오염물질 종류외에 또다른 오염물질이 누락되지 않았는지를 확인 점검하기 위하여 공정(PROCESS)을 이론적으로 세밀히 검토해야 한다.

5-5-2. 성능 시험자료 작성 요령

시범운전(DEMONSTRATIONAL OPERATION) 기간이나 성능보장 시험 기간중에는 제반 운전 상황을 정확히 기록해 나가야 한다.

이때 공정 특허 제공사(PROCESS LICENSOR)와의 계약 내용을 잘 이해하고 성능 시험을 위한 운전 기록지와 실험분석 결과 기록지등을 준비하여 기록해 나가야 한다.

그러면 여기서 성능보장 시험과 관련하여 준비해야할 자료를 다음과 같이 기술해 본다.

1) 앞에서 이미 언급한 운전 기록지(OPERATING LOG SHEET)
2) 성능 시험 결과에 영향을 미치는 계기류의 보정 서류(CALIBRATION SHEET)
3) 실험 분석 내용 기록지(LABORATORY ANALYSIS SHEET)
4) 성능 시험 데이타 요약서 (PERFORMANCE TEST DATA SUMMARY)

특히 성능시험 결과를 작성하는 과정에서 공정 특허 제공사와의 견해 차이가 발생하지 않도록 하기 위해 각 해당항목에 따른 정의(DEFINITION) 또는 계산 방법등에 대하여 계약자와 사전 협의 확정해야 한다.

즉 1) 실험 분석 항목
2) 실험 분석 방법
3) 생산량이나 소비량 계산 기준 및 방법 등

참고로 "성능시험 데이타 요약서" (PERFORMANCE TEST DATA SUMMARY)에 대하여 양식(FORMAT)을 다음과 같이 만들어 본다.

PERFORMANCE TEST DATA SUMMARY

		GUARANTEE DATA	1ST DAY (24 HRS)	2ND DAY (48 HRS)	3RD DAY (72 HRS)	AVERAGE	PERFORMANCE DATA
1	TIME OF PERFORMANCE TEST : START : FINISH :						
2	PRODUCTION (UNIT)						
3	OVERALL RECOVERY EFFICIENCY (%)						
4	QUALITY OF PRODUCT (%)						
5	STACK EFFLUENT (UNIT)						
6	BY-PRODUCT CONTENT (UNIT)						
7	RAW MATERIALS CONSUM-PTION (UNIT)						
8	UTILITY CONSUMPTION (UNIT)						
	NOTE : REQUIRED ITEMS						

DATA APPROVED ; CONTRACTORS : NAME & SIGNATURE :

OWNERS : NAME & SIGNATURE :

응용문제

1. Plant Initial Start Up을 위한 Preparation Activities(준비 활동 업무)의 주요 항목 들을 열거 하십시오.
2. Process Interlock System에 대하여 설명 하십시오.
3. Production Rate Chart 작성에 대하여 설명 하십시오.
4. Operating Log Sheet 작성에 대하여 설명하십시오.
5. Pre-commissioning Activities에 대하여 실행해야 할 내용에 대하여 설명 하십시오.
6. Commissioning Activities에 대하여 실행해야 할 내용에 대하여 설명 하십시오.

7. Mock Operation의 목적에 대하여 설명 하십시오.
8. Plant Initial Start Up을 위한 Procedure에 대하여 설명하십시오.
9. 운전 교본(Operating Manual)에 포함되어야 할 항목 들에 대하여 열거 하십시오.
10. 교육훈련(Education and In-Plant Field Training)에 대하여 실행하여야 할 내용들을 열거 하십시오.
11. Performance Guarantee Test(성능 보장 시험)과 연관하여 계약서에 명기되는 내용에 대하여 설명 하십시오.
12. 성능 보장 시험을 실행 할 때 필요한 자료 작성에 대하여 기술 하십시오.
13. Performance Test Data Summary에 대하여 예(Example)를 들어 보십시오.

공장 조직 발전 (REORGANIZATION FOR PLANT DEVELOPMENT) 6장

6-1. 개요

최소의 조직 운영으로 최대의 생산 출력을 유도해 내기 위해서는 무엇보다도 효율적인 조직 관리가 중요한 역활을 하게 된다.

각 조직의 구성 요원들이 적임자들로 구성될때 운영조직은 최소화가 될수 있으며 이때에 각 구성원들은 최대의 효율을 발휘하면서 업무 추진을 해나갈수 있게 된다.

각 조직에 있어 적임자의 선정이 적절히 이루워지지 못한결과로 발생되는 비효율적인 조직운영은 기업을 서서히 침몰시키게 된다.

이러한 운영 관리로 말미암아 기업은 눈에 보이지 않는 손실을 입어가게 될뿐만 아니라 조직 또한 비대해져 가는 현상이 나타난다.

불필요한 조직 비대 현상을 예방하기 위해 매년 인력 관리 실사(ANNUAL MANPOWER SURVEY)를 시행하여 각 조직간에 형평을 맞추어 나가야 하며 이때 불필요한 비대 조직은 찾아내서 기능이 약화된 조직을 강화하는데 활용해야 한다.

현재는 고도의 첨단 기술산업 시대이기 때문에 조직의 각 구성원들은 경험을 토대로 하여 이론과 실기를 철저하고 정확하게 이해하고 최적 여건의 조직하에서 공정 및 기기장치를 개선하여 운영해 나가야 한다.

변화되어 가고 예견 되어지는 기업환경을 세밀히 분석해 내고 변화되어갈 기업의 진로를 옳게 판단하여 여기에 대응 전략을 철저히 세워나가야 한다.

조직은 기업 환경의 예견되는 변화에 따라 최적 여건을 갖추면서 변신해 나갈때 기업은 계속 성장해 나갈수 있다.

예견되는 변화속에 조직의 최적 여건을 갈파해 내고 객관적이고 합리적이며 이론과 실기면에서 주어진 사안들을 냉철히 판단해 낼수 있는 전문팀(SPECIAL TEAM)을 구성하여 변신해야할 조직을 미리미리 설계하고 기업경영 개선 차원에서 적절히 대응해야 한다.

6-2. 조직 개편의 필요성

그러면 여기서는 공장건설을 위한 사업추진 단계에서 부터 공장 계획단계, 공장 건설단계, 시운전단계 그리고 정상 조업단계를 통하여 발전단계에 이르는 변화 과정등에서의 조직 관리에 대하여 간략히 피력해 보고자 한다. 즉, 조직의 변신이 중요하다는 것을 말한다.

1) 사업 추진 단계의 조직

사업 추진을 위한 기구, 조직이 구성되며, 사업을 전담할 기구는 사업 내용에 따라 직제가 편성되어야 한다. 사업을 추진해 나가는 과정중에 공장 입지 선정, 기술 용역 타당성 검토 조사와 공장 건설계획등의 업무를 추진하는 과정중의 업무량이나 난이도에 따라 조직의 변신을 시도해야 한다.

또한 건설 착공식과 함께 공장부지 공사가 시작되면서 공장 건설사의 선정, 필요시 외국과의 합작투자 추진 및 차관교섭, 공정선정 업무와 설계 구매 업무가 강화되는 시점에서 다시 한번 조직의 변화를 검토해야 한다.

2) 회사 창립단계의 조직

회사가 설립되면서 조직 기구가 발족하게 된다.

회사 창립 업무와 공장건설 업무를 추진하기 위한 기본 방침과 세부지침이 만들어지고 이를 수행하기 위한 조직이 편성되어야 한다.

이 시점에서는 공장건설 업무가 급증하고, 공장 현장에서의 제반 행정업무와 시설 자재관리 업무가 증가되는 반면에 건설계약 업무와 합작투자 및 차관업무등이 종결지어 지기때문에 조직의 변하는 검토해야 한다.

공장 건설 본부 형태의 기구도 검토해 볼만하다.

3) 합작 체제 단계의 조직

특히 외국과의 합작 투자 사업이거나 차관 교섭등에 관한 합작 체제의 사업일 경우 특히 고려 되어야 한다.

합작 회사와의 계약에 근거한 정관(定款)에 따라 합작 기업체제로 전환하게 되며 이때 분장 업무는 합작 계약과 정관(定款)에 따라 조정되어야 한다.

특히 합작 계약에 따라 체결되는 기술지원 계약(TECHNICAL ASSISTANT AGREEMENT)상의 인원배치 및 건설 조직의 확충과 사업진도에 따라 조직을 재 조정해야 한다.

4) 건설 업무 본격화 단계의 조직

건설 업무가 본격화되어 감에 따라 시운전 준비, 시운전 요원 교육훈련, 그리고 성능 보장 시험 운전등에 따른 제반 준비작업이 이루어져야 한다.

향후 정상 조업의 성패는 시운전 준비를 어떻게 잘 수행해내느냐에 달려 있기 때문에 이에 따른 조직 개편은 중요한 의미를 갖게 된다.

건설 공사의 진도가 후반기에 접어들게 되면 주요 기기장치의 설치, 공사 감독 업무의 강화, 그리고 시운전 준비 활동 업무등을 추진하여갈 조직이 보강되어야 한다.

5) 시운전 단계의 조직

공장 건설이 막바지에 접어들어 기계적 준공단계에 이르면 시운전과 정상 조업을 위해서 공장의 조직은 안정체제로 전면 개편되어야 한다.

정상적인 공장 조업을 위해 필요한 조직은 모두 갖추도록 해야 한다.

즉 생산 활동 분야, 정비 분야, 기자재 구매 조달 분야, 기술 지원 분야, 제품 출하 분야, 실험분석 지원 분야등의 조직을 형성하여 시운전 및 정상 운전에 대비토록 해야 한다.

6) 정상 조업 단계의 조직

시운전이 이룩되고 성능보장 시험 운전이 성공리에 완료되면 이어서 정상조업에 들어가게 된다.

정상조업이 이루어 짐에 따라 규격제품이 생산되게 되며 이에 따른 제품출하와 영업활동이 시작되게 된다.

또한 제조원가와 제품의 내수판매 및 수출 판매업무를 담당할 판매부서등도 조직에 반영되어야 한다.

7) 조직 보완 단계

정상 조업이 이루어짐에 따라 지금까지 갖추어온 조직에는 보완해야할 분야들이 많이 있다고 판단된다.

각 분야에 걸쳐 전면적으로 분장 업무 내용을 검토한후 효율적인 조직 관리가 되도록 보완 수정해야 한다.

8) 조직 발전 단계

고도의 첨단 기능 산업시대에 돌입하면서 국제 경제력을 강화하고 기업 환경 변화에 따라 예견되는 문제점들을 파악하여 대응 전략을 세워 나감으로서 조직은 계속 살아남을수 있다.

이렇게 급변하는 기업 환경에 적응하면서 새로운 사업 분야의 개척과 세계화(GLOBALIZATION)의 기업으로 성장해 나가기 위해 발전적인 조직으로 보강하는 것을 검토해야 한다.

응용문제

1. 공장 조직 (Plant Organization) 운영의 필요성에 대하여 설명 하십시오.
2. Annual Manpower Survey의 필요성은 무엇 인지를 설명 하십시오.
3. Special Team 구성이란 무엇 입니까?
4. 공장 조직 개편 (Re-Organization)의 필요성에 대하여, 사업추진 단계에서부터 시작하여 정상 조업 발전 단계까지 각 단계의 조직 개편에 대하여 설명 하십시오.

제 2 편

공장 조업 (PLANT OPERATION)

생산 관리 (MANAGEMENT OF PRODUCTION ACTIVITES) 7장

7-1. 목적 및 적용 범위

부가가치 창출을 위해 규격화된 최고급의 제품을 생산하여 이들 제품을 적기에 수요자에게 공급 판매 함으로서 기업의 경영개선 발전에 일익을 담당하는데 목적을 둔다.

생산 계획하에 목적을 달성하기 위한 주요 적용범위의 관리내용을 요약해 보면 아래와 같다.

1) 원료 조달 공급 및 품질 관리
2) 기술, 운전 교육 관리
3) 생산 공정 및 공장 운전 관리
4) 환경 관리
5) 품질 관리
6) 손실 관리
7) 안전 관리
8) 기기 장치 설비관리
9) 원가 관리
10) 자재 관리
11) 하역 및 창고 저장 관리

7-2. 생산 활동 구분 관리

CASH(현금)와 똑같은 원료 물질(RAW MATERIALS)이 흘러가는 공정 계통에서의 생산활동을 구분하여 분석 관리함으로서 공정 효율을 최대로 향상시킬수 있다고 본다.

생산활동 구분 관리는 (SECTIONAL MANAGEMENT FOR PRODUCTION ACTIVITIES) 다음과 같다.

1) 손실(LOSS)율을 최대로 줄일 수 있고
2) 각 공정 구간별 효율을 향상시키며
3) 공정 원단위 효율을 향상 시킬 수 있다.
4) 효율적 관리로 원가를 낮출 수 있으며
5) 상기와 같은 내용으로 생산 활동의 경쟁력을 강화시킬수 있어 회사 경영개선에 이바지 할 수 있다.

생산 활동 구분 관리도 (SECTIONAL DIAGRAM FOR PRODUCTION ACTIVITIES)를 다음과 같이 작성하고 각 구분간의 생산활동 내용을 기술해 본다.

7-2-1. 생산 활동 구분 관리도(SECTIONAL DIAGRAM FOR PRODUCTION ACTIVITIES)

손실(LOSS) 예방관리 및 환경 안전문제의 효율적 관리 그리고 생산 공정의 최적운전을 위하여 아래와 같이 관리도를 작성하여 운영해 본다.

각 부문별로 구체적으로 세밀하게 분석관리해 나가야 한다.

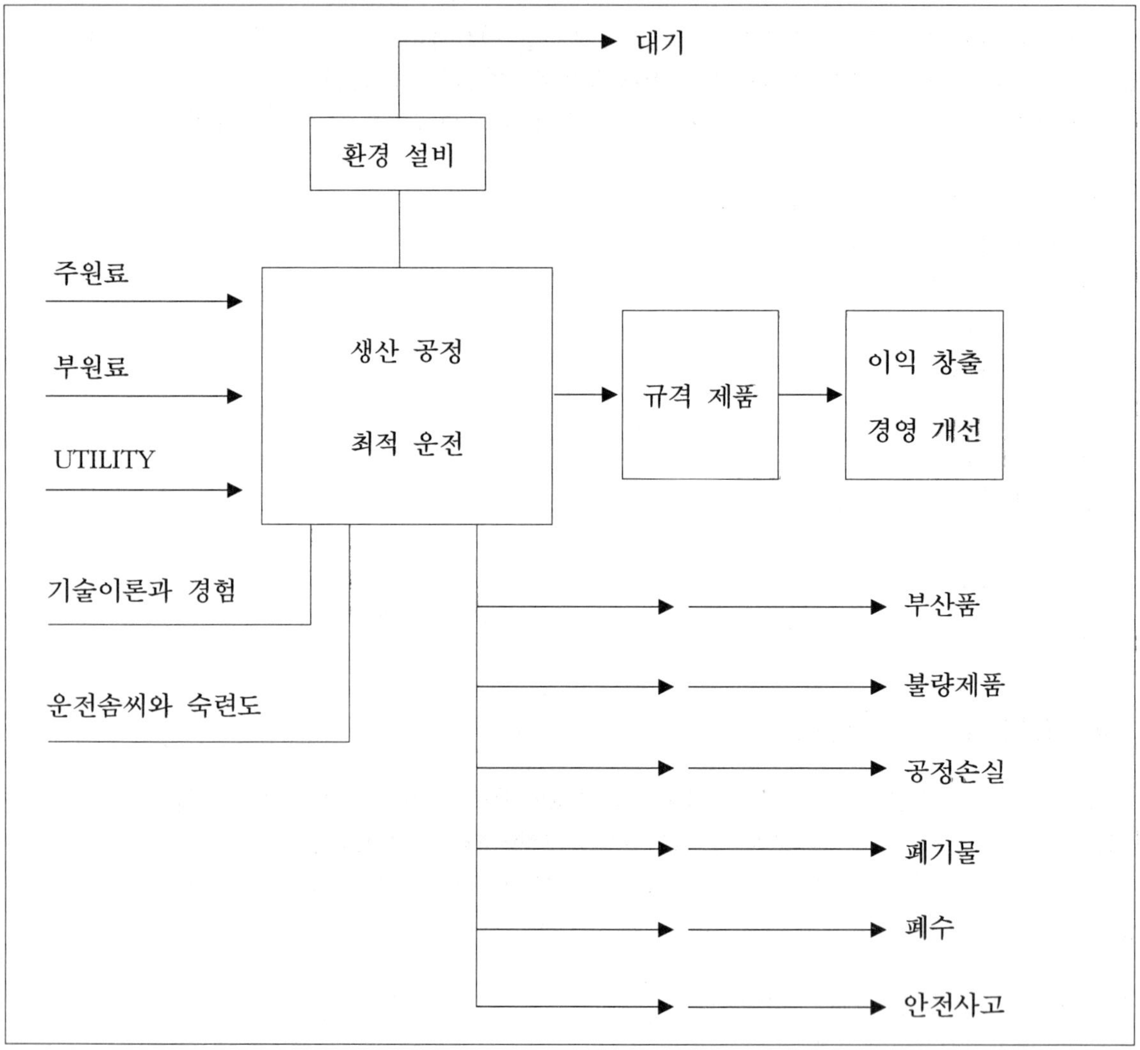

7-2-2. 생산활동 구분 관리도 운영

생산활동 구분 관리도를 운영하는데 필요한 해당 점검내용과 점검 질문사항을 아래와 같이 작성 관리해 본다.

해당 점검 내용	점검 질문 사항
1) 생산공정(최적운전)	설계조건을 기준하거나 개선된 조건으로 운전되는가?
2) 원인 분석	이상현상이나 사고의 통계와 이론의 바탕위에 과학적으로 분석하는가?
3) 효율분석	주기적으로 효율분석은 되는가?
4) 원단위 분석	일간,주간,월간으로 원단위를 분석하는가?
5) 운전 조건	주기적으로 운전 기록지를 설계조건과 비교 분석하는가?
6) 비교 분석	개선된 공정과 효율및 원단위를 비교 분석하는가?
7) 규격 분석	규격 분석의 방법은 공인된 적절한 방법인가?
8) 손실 분석	주기적으로 공정 손실 및 열손실 분석은 하는가?
9) 불완전 조건	원인 분석을 하고 대책을 강구해 나가는가?
10) 조업 중단 분석	조업 중단 원인을 분석하고 대책을 강구하는가?
11) 장기 분석	장기적인 통계 DATA는 분석되고 있는가?
12) 정비 기록 카드	정비 내용을 매일 기록하고, 사고 내용을 분석하고 통계화해 나가는가?
13) 기술 이론 정립	각 공정 개선을 위해 기술 이론과 경험을 바탕으로 정립해 나가는가?
14) 기계 설비	기계 설비는 주기적으로 예방 정비하고 있는가?
15) 제품 물량 파악	주기적으로 재고 파악을 하고 있는가?
16) 제반 문제점 해결 방안	제반 주요 문제점들이 도출될때 경영진까지 대책을 보고할 수 있는 용기와 신념을 가지고 있는가?
17) 안전 사고 예방	공정 위험 요소 분석과 대책은 끊임없이 하고 있는가? 안전 소방 훈련도 정기적으로 시행하고 있는 가?
18) 환경 문제 예방	제반 환경 문제 발생 예상 지역은 대책을 세우고 있는가?

7-3. 교육 및 훈련

공장의 정상조업을 위해서 관리자가 필수적으로 수행해야할 업무중에 부하 육성 교육이 있다. 배우기를 단념하면 20여년에 걸쳐 배운 지식이 2년내에 잊혀진다고 한다.

그리고 미경험에 도전하고 새로운 경험을 얻기위해 이론과 실기면이 뒷바침 되어야 하며 올바른 사고 방식위에 교육 훈련만 잘되어 있으면 어느곳에서나 사고는 미연에 방지 될수 있다고 본다.

특히 공장의 생산 활동에 임하다보면 언제, 어디서 치명적인 안전사고와 환경문제에 접하게 될지 모른다.

공장에 근무하는 모든 운전원들은 생산 공정을 정확히 이해하고 주위의 위험(RISK) 요소들을 제거하여 안전사고를 예방함으로서 자신은 물론 가정을 보호하고, 직장 동료들을 보호하며 더나아가서는 회사의 발전에 각자 한가닥의 빛을 더할수 있다.

7-3-1. 공장 운전 반복 교육

공장 운전교육에 있어서는 무엇보다도 공장 운전 교본(OPERATING MANUAL)의 내용들을 정확히 이해하고 공정운전에 응용할 수 있도록 교육시켜야 한다.

특히 아래의 내용들을 가지고 강의식으로 이론적인면을 반복하여 집중교육을 시켜야한다.

1) 운전 교본(OPERATING MANUAL)
   -. 공장 성능(PLANT PERFORMANCE)
   -. 생산 공정 설명(MANUFACTURING PROCESS DESCRIPTION)
   -. 기기 장치류 설명(EQUIPMENT EXPLANATION)
   -. 안전(SAFETY)
   -. 시운전(INITIAL START UP)
   -. 모의 운전(MOCK OPERATIONS)
   -. 가동(START UP)
   -. 가동 중단(SHUT DOWN)
   -. 정상 운전(NORMAL OPERATION)
   -. 계기 장치(INSTRUMENTATION)
   -. 공정 분석(PROCESS CONTROL PROGRAM)
   -. 환경(ENVIRONMENT)
   -. 비상 가동 정지(EMERGENCY SHUT DOWN)
   -. 공장 기기 장치 점검(EQUIPMENT INSPECTION)
   -. 공정 연동 장치 계통 이해(INTERLOCK SYSTEM UNDERSTANDING)
   -. 고장 및 이상 현상 발견 및 수리(TROUBLE SHOOTING)
   -. 비상 수습(EMERGENCY TREATMENT)
   -. 위험 물질 취급 방법(MATERIALS SAFETY HANDLING)
   -. 전기계통(ELECTRICAL SYSTEM) 등등

2) 운전 기록 내용 분석(OPERATING CONDITION RECORDING AND ANALYSIS)
   운전 기록 내용을 분석하고 설계치와 비교하여 정상치보다 올라갔을 경우와 내려갔을 경우에 원인을 정확히 분석해 낼수 있도록 공정부문과 기기장치류 부문의 이론 교육을 철저히 시키도록 한다.

7-3-2. 현장 교육 반복 훈련

앞에서 언급한 이론적인 교육내용을 바탕으로 하여 현장에서 실기 훈련을 반복하여 주기적으로 이행하는 교육 훈련을 의미하는데 비상시(EMERGENCY CASE)를 내비하여 실질적으로 정성을 다하여 교육을 시키고 또 받아야 한다.

다음 내용들을 가지고 주기적으로 반복하여 교육, 훈련시키는 방법도 있다.

1) 공장 가동 절차(PLANT START UP PROCEDURE)
2) 공장 가동 중지 절차(PLANT SHUT DOWN PROCEDURE)
3) 비상시 대처 방안(EMERGENCY TREATMENT)
4) 비상 발전기 계통(EMERGENCY GENERATOR SYSTEM)
5) 공정 연동 장치(PROCESS INTERLOCK SYSTEM)
6) 고장 및 이상 현상발견 및 조치(TROUBLE SHOOTING)
7) 운전 기록 요령(OPERATING LOG SHEET RECORDING)
8) 전동기 조정실 운전(MOTOR CONTROL CENTER OPERATION)
9) 기기 장치 주의 사항 이해(EQUIPMENT CAUTION UNDERSTANDING)
10) 안전 장비 활용(SAFETY DEVICE HANDLING)
11) 소방 훈련 및 대피 훈련(FIRE FIGHTING)
12) 환경 관리 업무(ENVIRONMENT ACTIVITY) 등등

7-3-3. 교육 훈련 평가

교육 훈련을 시킨후 관리자는 교육 훈련의 평가된 결과를 받아 보아야 한다.

피교육자들의 평가된 결과를 보고 어느 부문에 교육이 불충분한지를 파악하여 다시금 완전히 이해하도록 재교육을 시켜야 한다.

만일 교육평가를 확인하지 않고 방치하게 되면 피교육자가 이해하지 못한부분의 조작 실수로 공정의 손실은 물론 안전사고를 유발시키거나 공정에 따라서는 대형사고를 초래할 수도 있기 때문이다. 그러므로 교육 훈련 평가는 반드시 이루어져야 한다.

교육훈련 평가 방법은 ① 이론평가 ② 현장 실기 평가 ③ 교육 내용 REPORT 평가 등으로 나누어볼수 있는데 이들 3가지 평가가 각각 모두 우수해야 교육을 이수한것으로 판단한다.

7-4. 업무 분장과 업무 보고

관리자는 조직의 각 구성원, 예를들면 감독자, 간부사원, 운전원 등의 업무내용과 책임한계를 각각 명확히 구분 설정한후에 각 구성원들이 실수를 범하지 않도록 철저히 조직을 운영해 나가야 한다.

각 구성원의 구분된 업무 내용과 책임 한계를 명확히 함으로써 생산공정의 운전은 안정된 과정속에서 순조로이 가동될수 있으며 안전사고로 부터 해방될수 있게 된다.

7-4-1. 조직 구성원의 업무 구분과 책임

생산 공정을 정확히 이해시키고 각 구성원의 업무 내용을 구분시켜 줌으로서 공장을 안전하게 가동할 수 있다. 공장 특성에 적합하도록 각 구성원의 업무 내용을 구분 시켜주고 책임 의식을 강화하도록 한다.

예로서 분장해야할 업무 내용을 다음과 같이 요약 구분해 본다.

이러한 구분 방법으로 각 구성원의 업무 내용을 설정 구분하여 시행토록 한다.

1) 안전 조업 관리

-. 안전 장치 및 연동 장치 상태 확인, 유지 및 개선

-. 안전 장비 유지 및 관리

-. 위험 요소 도출 및 개선

-. 소방 설비 유지 및 관리

-. 안전 작업 절차와 시행

2) 시설 유지 보수 관리

-. 주요 부품 확보 및 관리

-. 예방 정비 계획 수립 및 시행

-. 고장 원인 분석 및 대책

-. 기기 장치 유지 및 관리

3) 환경 보전 관리

-. 환경 문제 도표 및 개선 대책

-. 법정 규제치 이하로 안전 운전 및 확인

4) 품질 관리

-. 각 제품 규격 생산 및 확인

-. 품질 향상을 위한 개선 대책 수립 및 시행

5) 제품 저장 및 출하 관리

-. 적정수준 설정 및 유지 관리

-. 법정 규제치에 따른 이행 여부 점검 및 확인

-. 위험물 출하 방법 개선 및 대책

6) 조업 품목 관리
-. 조업 품목 구분 및 조달
-. 부원료 재고 수준 확정 및 조정
-. 부원료 공정 투입 현황 및 확인

7) 교육 관리
-. 안전 교육 효율적 이행 여부 확인 점검
-. 안전 규정 준수 여부 확인 점검
-. 법정 안전교육 실시 여부 확인 점검
-. 교육 계획 수립 및 시행 여부 확인 점검
-. 반복 교육 실시 여부 확인 및 점검

8) 공장 유지 관리
-. 공장 기기 장치 유지 관리
-. 공장 주위 정리 정돈 상태 점검 및 개선

9) 외부인 출입 및 통제 관리
-. 출입 절차 이행 여부 확인 및 점검
-. 안전교육 이행 여부 확인 및 점검
-. 외부인 안전 규정 준수 여부 확인 및 점검
-. 외부 작업자 작업 절차 규정 준수 여부 확인 및 점검

7-4-2. 보고 업무

1) 생산 일보

생산 활동이 시작되면 운전 기록에 의하여 ① 생산량 ② 원료 및 부원료의 소비량 ③ 재고량등을 정확히 계산하여 일간, 월간, 년간으로 누계하여 생산일보를 작성 보고토록 한다.

여기서 적용해야할 각 제품의 생산량이나 소비량의 계산 방법은 해당 공장별로 계산기준과 방법을 확정하여 회사가 별도로 정하는 규정에 따르도록 한다.

그리고 생산 일보에는 공장 가동현황을 아래 내용을 가지고 기록해야 한다.

즉, ① 공장 가동 정지 현황, 정지 원인, 정지 시간
② 공장 가동율 변화시 이유, 사고 내용과 원인, 가동율 변화시간, 생산일보가 작성되면 작성자, 점검 확인자, 승인자가 서명을 한다.

여기서 가동정지 시간의 기준 설정은 다음과 같이 해본다.

생산 일보에 공장 가동 정지시간을 기록할때 공정상의 운전행위가 중단되거나, 원료 공급이 중단되었을 때를 기준하도록 설정해야 한다.

예를 들면;

① 암모니아 공장 : 합성가스 압축기와 합성 부문이 가동 정지 되었을때

② 인산 공장 : 반응조에 인광석 공급이 중단 되었을때

③ 황산 공장 : 유황 연소로에 유황 공급이 중단되었을때

④ 질산 공장 : 암모니아 연소로에 암모니아 공급이 중단되었을때

⑤ DNT 공장 : 1차 질화기에 톨루엔 공급이 중단되었을때를 기준한다.

2) 년 보(年報)

공장별로 가동정지 현황을 원인 분석하여 보고서를 작성한다.

원인 분석자료는 가동정지 내용을 개선해 나가는데 중요한 자료가 되며 이를 해결함으로서 생산성 향상을 이룩할 수 있게 된다.

3) 일일 운전 현황보고(DAILY OPERATION REPORT)

일일 업무 현황을 세밀히 검토함으로서 하루일과 중의 업무 추진 계획을 세워 나갈 수 있다.

해당 공장의 생산 형태에 따라 다음을 골자로 하여 보고서를 만들어 본다.

보고서에는 다음 내용들을 포함하도록 한다.

① 운전 현황(OPERATION STATUS)
- -. 운전 가동율(OPERATION RATE)
- -. 일일 생산량(DAILY PRODUCTION)
- -. 년간 생산 목표량(ANNUAL PRODUCTION TARGET)
- -. 오늘 현재 누계 생산량(TODAY'S PRODUCTION STATUS)

② 재고 현황(INVENTORY STATUS)
- -. 원료(RAW MATERIAL)
- -. 중간제품(INTERMEDIATE PRODUCTS)
- -. 최종제품(FINAL PRODUCTS)

③ 환경 현황(ENVIRONMENTAL STATUS)
- -. 배출구 상태(STACK)
- -. 폐수 처리(WASTE WATER TREATMENT)
- -. 유해 물질 처리(TOXIC MATERIAL TREATMENT)

④ 공정 부산물 처리 현황(BY-PRODUCT TREATMENT)
- -. 부산물 생성량(BY-PRODUCT PRODUCTION)
- -. 부산물 처리량(BY-PRODUCT TREATMENT)

⑤ 안전사항(SAFETY ACTIVITY)
⑥ 정비 사항(MAINTENANCE REQUIREMENT)
⑦ 문제점 예측 사항(POTENTIAL PROBLEMS FORECAST)
⑧ 예정 사항(PLANNING)

공장 생산 형태에 따라 상기 주요 내용들을 가지고 일일 운전 현황 보고서를 작성한다.

7-5. 공정 위험 요소 및 안전관리

공장 생산 활동에 있어 필수 관리 항목이다.

생산 공정에는 위험요소가 있게 마련인데 이미 운전교본에 위험요소가 언급된 내용이 있고 또는 언급되지 않고 공정에 위험요소가 숨어있는 경우가 있다.

이러한 공정 위험 요소들을 모두 발굴하여 생산공정의 안전운전에 주의를 환기 시켜나가야 한다.

공정 위험 요소 발굴 작업에는 공정별 화학반응, 일반 화학반응, 유기 합성 반응, 유해 물질 생성반응, 부산물 합성 반응등의 제반 화학 반응을 세밀히 검토하면서 발굴해 나가야 한다.

필요시에는 선진 외국의 기술자료를 획득하여 응용해 본다.

각 생산 공정의 위험요소 관리도를 작성하여 관리하는 방법이 가장 효율적인 방법중의 하나다.

공정 위험요소 관리도가 작성되면 공장 전 운전원과 감독자에게 세밀히 교육을 시켜야하며 공장 운전요령 및 운전지침에 반영 관리해야 한다.

무엇보다도 공정 위험요소 관리도를 가지고 실행하고 관리하는 것이 가장 중요하다.

그러면 여기서 참고로 공정 위험요소 관리도의 작성 요령에 대하여 언급해 본다.

7-5-1. 공정 위험 요소 관리도 작성

공정 위험요소 관리도 작성은 화학공정 이론에 밝고 공장 운전경험이 풍부한 화공기술자(CHEMICAL PROCESS ENGINEER)들로 구성된 TEAM에서 작성하는 것이 가장 바람직하다. 이론을 바탕으로한 경험에 비추어 다음과 같이 작성 요령을 기술해 본다.

1) 생산 공정도(PROCESS FLOW DIAGRAM)를 준비한다.
2) 생산 공정도 밑에 원료 투입 공정에서 제품 저장 공정에 이르기까지 생산공정별로 구분한다.
3) 각 공정별로 화학반응식을 명기한다.
   또한 공정별로 기기 장치내에서 부반응으로 생성될 수 있는 화학 반응식을 만들어 본다.
4) 각 공정별 화학반응식 밑에 촉매 반응을 명기하고 부반응까지 반응식을 명기한다.
5) 공정 설계 온도와 압력을 각 공정에 명기한다.
6) 각 공정에서 배출되는 유량을 명기한다.
7) 공정 사고 및 이상 현상 발생시(PROCESS UPSET)의 위험요소 내용들을 각 공정에 자세히 명기한다.
8) 위험 요소 내용들을 제거하기 위한 사전 준비 및 대응책을 각 공정에 명기한다.

7-5-2. 위험요소 관리도 (예 : 황산공장)

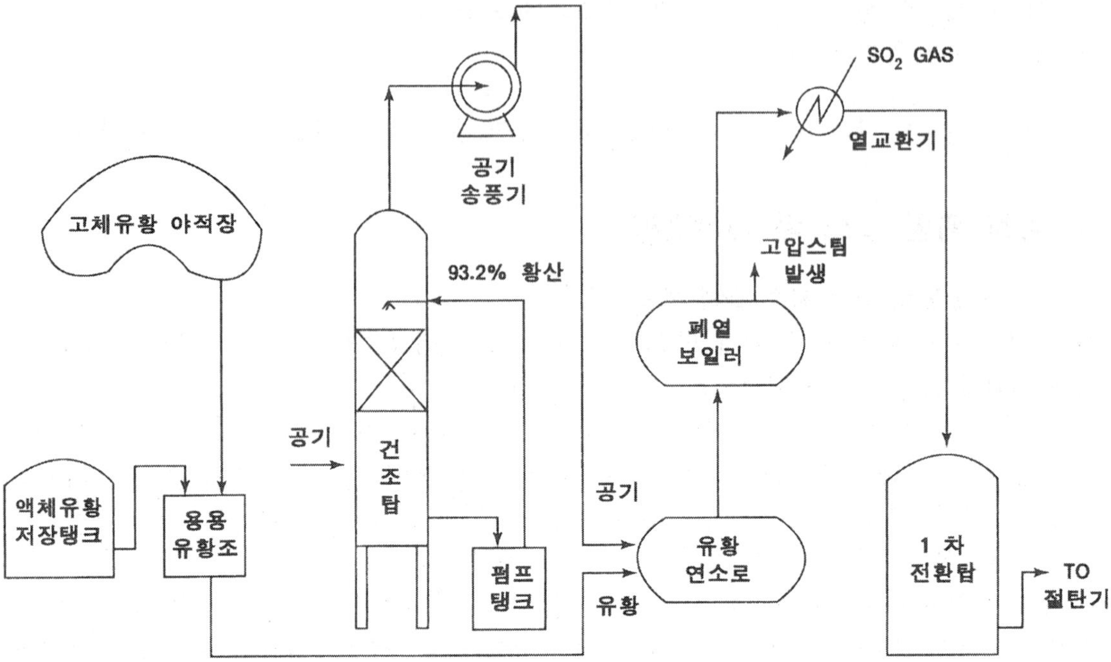

원료 항목	원료부분	건조부분	유황연소부분	1차 전환부분
반응식		H_2SO_4 + 공기중 수분 → H_2SO_4 (93.2%) (92.04%)	S + O_2 → SO_2	SO_2 + $1/2O_2$ → SO_3
촉매				V2O5 chrao 192.8KI (Ring Type)
온도(℃)	135	49	1070	425
압력 (InchH2O)	-	-12	161	91
Trouble시 위험요소	<u>화재</u> - 고체유황 야적장 : 인화성 물질 - 용융 유황조 : 화기작업중 인화 실족히 135(℃) 액체유황에 심한 화상	<u>산누출</u> - 황산라인 및 Flance에서 산누출 : 접촉시 화상	<u>유해성가스</u> - 공장 Up-Set 시 : 운전주의 공정	<u>유해성가스</u> - 년차보수 : 촉매 토출 및 선변시 분진주의 공정

사전준비 및 대응책	- 유황야적장 주변 소화전 사용하여 즉시 진화 - 화기 작업시 운전원이 소화전 준비하여 상주 - 실족 방지토록 모든부분 Covering 함 ("실족주의" 표지판 부착)	- 황산라인 주기적 점검 - Flance에 비산방지 Cover 착 - 라인 점검시 안전용구 착용	- St-U.P, Sh-Dn시 적정 Air Ratio 유지 - 공기 송풍시 Trip 시 Interlock 작동되도록 설계되어 있음	- Vacuum Cleaner 사용

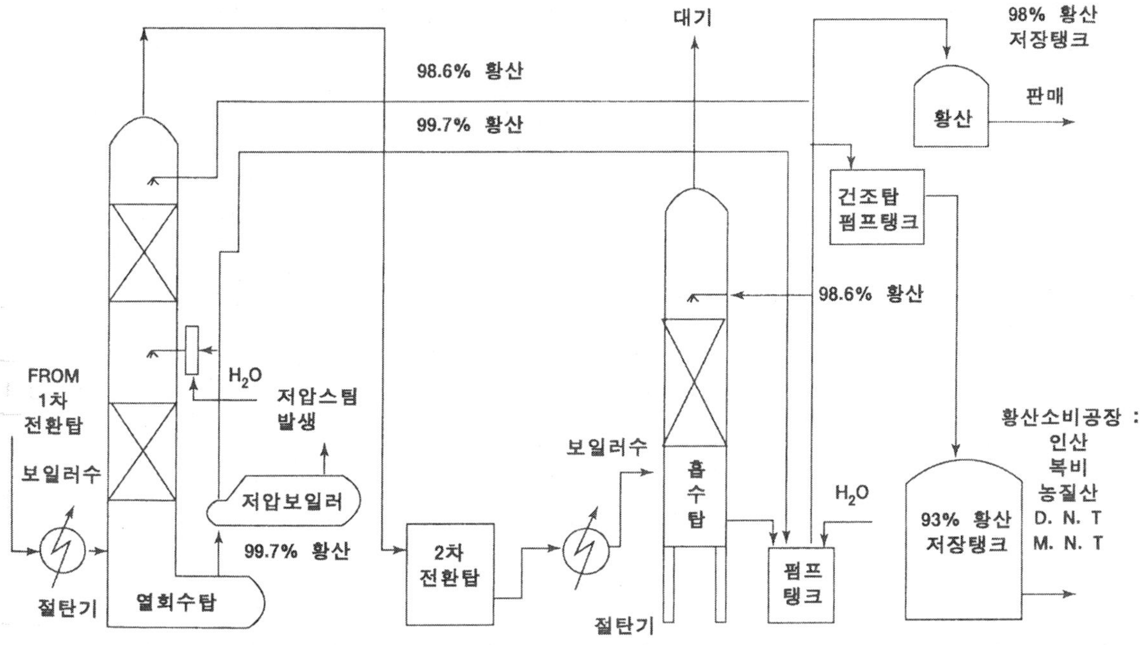

열회수부분	2차 전환부분	흡수부분	제품저장부분
	$SO_2 + 1/2O_2 \rightarrow SO_3$	$SO_3 + H_2O \rightarrow H_2SO_4$	
	V_2O_5 촉매 97 Kl (Ring Type)		
221	435	88	43
61	33	0	
Critical 운전범위 – 황산농도 하락시 (97.0% 이하시 : Corrosion 심한공정	유해성가스 – 년차보수 : 촉매 토출 및 선변시 분진 주의 공정	유해성가스 – 황산 순환펌프 Trip시 : 유해가스 주의 지역	폭발, 산누출 – 수소가스 발생지역 : (H_2SO_4 + Fe → $FeSO_4$ + H_2 ↑)
– 황산농도 설계치 유지 운전 – Interlock에 의해 공장 가동 정지되도록 설계됨	– Vacuum Cleaner 사용	– 경보음 울림 및 Interlock (Pal-301 : 0.2 기압) 작동에 의해 공장 가동정지 되도록 설계됨	– 저장탱크 화기작업시 수소 Gas Test 후 이상 없을시 작업 – 저장탱크 몸체 누설 : 매년 두께측정후 몸체부분 교체여부 결정함. – 저장탱크 바닥 누설 : 정기적으로 탱크를 비워 Inspection 함

7-5-3. 공장 START-UP 전 점검사항 (EXAMPLE : NITRIC ACID PLANT)

START-UP 전 점검사항				
구분	점 검 항 목	점검일자	점검결과	점검자
1단계 (준비)	1. COMPRESSOR DISCHARGE LINE의 CHECK VALVE 작동 상태를 점검 했는가 ? - EXIST. COMP'R : BURNER AIR LINE (1) - NEW COMP'R : DISCHARGE AIR LINE (2) - EXIST. COMP'R : BLEACH AIR LINE (2) - NEW COMP'R : BLEACH AIR LINE (1) - 32 E-106 OUTLET (1)			
	2. HEAT EXCHANGER TRAIN의 DRAIN NOZZLE 부식상태 및 막힘 상태를 점검 했는가 ?			
	3. 32 TE-1101-④,⑤,⑥및 32 E-104 BODY TI, 32 E-109B TI NOZZLE 부식 상태를 점검 했는가?			
	4. 32 E-106 TO E-107 LINE의 THICKNESS를 점검 했는가?			
	5. 32 E-106 TUBE LEAK 여부를 점검 했는가?			
	6. 32 E-111,113 TUBE LAEK 여부를 점검 했는가?			
	7. 32 N-101 DOWN COMER, TRAY BUBBLE CAP 및 COOLING COIL 손상 여부를 점검 했는가?			
	8. EXIST. & NEW AIR COMP'R INTERCOOLER 1,2단 TRAP 작동상태를 점검 했는가?			
	9. 32 E-101 TUBE LEAK 여부를 점검 했는가?			
	10. 32 E-112, 32DI E-123 TUBE LEAK 여부를 점검 했는가?			
	11. H2 IGNITON TORCH SPARK TEST를 실시 했는가?			
	12. M.O.V 작동상태를 점검 했는가?			
	13. LUBE. OIL FILTER 상태를 점검 했는가? (EXIST. & NEW COMP'R)			
	14. LUBE. OIL SPEC.을 점검 하였는가? (EXIST. & NEW COMP'R)			
	15. OIL RESERVOIR LEVEL을 점검 하였는가? (EXIST. & NEW COMP'R)			
	16. 보조 OIL PUMP의 AUTO 작동 상태를 점검하였는가? (EXIST. & NEW COMP'R)			
	17. 1회/3개월에 32 E-103 OUTLET TUBE SHEET 부식 상태 점검, 촉매 회수 및 이물질을 제거했는가?			
	18. INTERLOCK SYSTEM 작동 상태를 점검 했는가? (S/W 작동상태, SETPOINT, RELAY 접점상태, WIRING 상태) - BURNER SYSTEM - EXIST. COMP'R SYSTEM - NEW COMP'R SYSTEM - EXIST. & NEW COMP'R CONTROL OIL SYSTEM - EMERGENCY PUSH BUTTON - INTERLOCK BY-PASS SWITCH - NOX ABATOR SYSTEM			

구분	점 검 항 목	점검일자	점검결과	점검자
1단계 (준비)	19. TMS 점검 및 CALIBRATION은 했는가?			
	20. COMPRESSOR VIBRATION INTERLOCK BY-PASS S/W를 해체 했는가?			
	21. COMP'R 및 BURNER INTERLOCK BY-PASS S/W를 해체 하였는가?			
	22. 각 CONTROL VALVE의 STROKE를 점검 하였는가?			
	23. COOLING TOWER FAN의 다음 사항을 점검 하였는가? - 소음 및 진동상태 - VIBRATION INTERLOCK S/W 작동상태 - GEAR BOX OIL LEAK 여부 - GEAR BOX OIL LEVEL, PESS 및 OIL 상태			
	24. COOLING TOWER PUMP의 다음 사항을 점검 하였는가? - PSL & PSLL SET POINT - STAND-BY PUMP AUTO RUNNING 상태 및 S/W AUTO 위치. - MOTOR BEARING OIL 상태 - 51 P-401A UNIVERSAL JOINT GREASE주입 상태 - 51 P-401A GEAR BOX OIL 상태			
	25. 각 FILTER 상태 점검 및 CLEANING은 하였는가? - INTAKE AIR FILTER (EXIST. & NEW COMP'R) - COMPRESSED AIR FILTER - AMMONIA GAS FILTER			
	26. 다음 STM. TRAP 작동 상태를 점검 하였는가? - 32E-102 - 32E-111 - 32E-112 - NH3 VAPOR LINE STM. TRACING			
	27. 각 SAFETY VALVE의 BLOCK VALVE는 OPEN 되었는가?			
	28. STM. DRUM STOP CHECK 및 BLOCK VALVE는 OPEN되었는가?			
	29. CHEMICAL FEED PUMP 작동 상태는 점검 했는가? - 32 ME-103 - 32 ME-104			
	30. STM. CONDENSER EJECTOR NOZZLE 막힘 상태를 점검 했는가?			
	31. 32 P-101, 102, 103, 105, DI-103, J-122 SEAL LEAK 및 PUMPING 상태를 점검 했는가?			
	32. STM.CONDENSER VACUUM BREAKER SEALING 상태를 점검했는가?			
	33. 각 기기장치 접지상태는 양호한가 ?			
2단계 (압축기 가동전)	1. 수소 BOTTLE 및 REGULATOR는 점검하였는가?			
	2. 냉각수는 정상으로 공급되고 있는가?			
	3. PRODUCT LINE상의 VALVE는 준비되어 있는가?			
	4. 동력과 및 타 부서에 연락은 되어 있는가?			

구분	점 검 항 목	점검일자	점검결과	점검자
3단계 (FIRING전)	1. 32E-101 LEVEL은 적정한가 ?			
	2. 32E-101 LIC-1702와 SIGHT GLASS의 편차는 없는가 ?			
	3. 32E-103 LIC-1705과 SIGHT GLASS의 편차는 없는가 ?			
	4. 흡수탑 TRAY는완전히 채워져 정상적으로 BOTTOM으로 흘러내리고 있는가?			
	5. TMS는 정상인가 ?			
	6. 누설되는 곳은 없는가 ? - COMPRESSED AIR FILTER BOTTOM COVER - HEAT EXCHANGER TRAIN (DRAIN VLAVE 열어 확인) - 작업했던곳 및 기타			
	7. 압축기계 VIBRATION 및 LUBE OIL 온도는 정상인가 ?			
	8. START-UP 조건은 갖추어져 있는가?			
	9. INTERLOCK BY-PASS SWITCH는 정상 위치에 있는가?			
	10. NOX ABATOR CATALYST 온도는 최대한 올려져 있는가?			
	11. BLEACH AIR는 공급되고 있는가 ?			

조정판 운전원 : 인

교대 계장 : 인

관리 계장 : 인

과 장 : 인

7-5-4. 안전 관리

앞에서 언급한 공정 위험요소 관리는 철저히 주의깊게 관리하여 대형 사고나 산업 재해는 미리 예방하여 나가도록 한다.

생산 공정에서 다루어야할 제반 안전관리 내용은 다음과 같다.

1) 안전 교육과 훈련
2) 안전 작업 허가서 발행
3) 안전 및 소화시설 관리 요령
4) 생산공정 이해 및 교육
5) 위험요소 집중관리
6) 제반 안전 문제 등

상기 내용에 대하여는 다음에 언급된 "안전관리" 장(CHAPTER)에서 자세히 기술하기로 한다.

7-6. 가동 정지 요인 분석 관리

공장은 시운전을 거쳐 정상 가동에 들어가게 되는데 가동 시간이 흘러감에 따라 여러가지 형태의 기기장치 사고와 공정의 비정상 이상 현상이 나타나게 된다.

이들 여러가지 사고 내용(TROUBLES)들을 주의깊게 관찰하고 사고 원인별로 세분화하여 원인 분석을 함으로서 문제점들을 요인별로 근절해 나갈수 있다.

생산 공정의 사고는 기업 경영의 손실은 물론 안전사고와 환경문제를 야기시킬수 있기 때문에 조직 구성원들은 문제점들을 해결해 나가는데 최선의 노력을 경주해야 한다.

경영개선을 위해 필수적으로 관리해 나가야 할 항목이다.

7-6-1. 가동 정지 원인 주요 내용

경험에 비추어 볼때 가동정지의 원인이 되는 내용들을 요약해 보면 다음과 같다.

1) 기계적인 이상 현상 및 사고(MECHANICAL TROUBLE)
2) 계기 장치 사고(INSTRUMENT TROUBLE)
3) 전기적인 사고(ELECTRICAL TROUBLE)
4) 배관 설비 사고(PIPE LINE TROUBLE)
5) 운전 및 공정상의 이상현상(OPERATION AND PROCESS UPSET)
6) 년차 보수(PLANT ANNUAL TURNAROUND)
7) 공정 세척(PROCESS SYSTEM WASHING)
8) 재고 조절(INVENTORY CONTROL)
9) 계획 정지(SCHEDULED SHUT DOWN)
10) 공업 용수 부족(PLANT WATER SHORTAGE)
11) 타공장의 영향(OTHER PLANT TROUBLE)
12) 한국전력 전기 공급 중단(KOREAN ELECTRIC POWER TRIP)
13) 기타(OTHERS)

상기 내용과 같이 해당 공장특성에 맞도록 가동정지의 원인들을 분류하여 정리해 나간다.

상기 가동정지 원인별로 가중치(WEIGHT)와 빈도수(FREQUENCY)를 집계하여 문제 해결에 우선순위(PRIORITY)를 설정해본다.

7-6-2. 가동정지 시간 관리

상기 원인별로 대별되어 나타나는 가동정지 시간을 관리하는 방법을 아래아 같이 기술해 본다.

1) 해당 공장별로 가동정지 빈도수를 순번화(NUMBERING)한다.
2) 가동정지 내용을 명기한다.
3) 가동 정지 시간을 명기한다.
4) 가동정지 원인을 명기한다.
5) 가동정지 원인 구분은 다음과 같이 기호화 한다.

(a) : SCHEDULED SHUT DOWN
(b) M : MECHANICAL TROUBLE
(c) I : INSTRUMENT TROUBLE
(d) E : ELECTRICAL TROUBLE
(e) O : OTHER PLANT TROUBLE
(f) OP : OPERATION AND PROCESS UPSET
(g) K : KOREAN ELECTRIC POWER TRIP
(h) P : PLANT ANNUAL TURNAROUND
(i) PL : PIPE LINE TROUBLE
(j) PW : PEROCESS WASHING
(k) IC : INVENTORY CONTROL
(l) PS : PLANT WATER SHORTAGE
(m) OT : OTHERS

상기 내용들을 가지고 가동정지 원인별 시간을 집계하는 양식(FORMAT)을 다음과 같이 예를 들어 만들어 본다.

예: 암모니아 공장

AMMONIA PLANT				
NO	가동정지 내용	시간	원 인	구 분
1				
2				
3				
4				
5				
	TOTAL			

7-6-3. 가동 정지 원인 분석 보고(PLANT SHUT DOWN ANALYSIS REPORT)

가동정지 원인분석은 기업 경영개선에 중요한 자료가 되기때문에 생산담당 관리자는 가동정지 시간을 정확히 분석하여 보고해야 한다.

원인 분석 보고 내용을 아래와 같이 양식화(FORMAT)해 본다.

여기서는 아래와 같은 이유로 해서 인산 생산공장을 예로 들고자 한다.

즉 인산 생산공장은 고체와 액체를 동시에 원료로 사용하고 부산물이 생성되며 또한 기기 장치 부식(CORROSSION)이 아주 심한 공정이기 때문에 다른 생산 공정에 비하여 가동 정지 원인이 다양하고 가동정지 빈도수가 몹시 높은 공장이기 때문이다.

그러면 여기서 다음과 같이 공장 가동정지 원인분석 보고 양식(FORMAT)을 인산 공장을 예로 들어 만들어 본다.

또한 보고서는 월별로 가동정지 원인과 시간을 포함해야 한다.

PLANT SHUTDOWN ANALYSIS REPORT(공장가동 정지 원인 분석 보고)

(EXAMPLE : PHOSPHORIC ACID PLANT : 인산공장)

(단위 : 시간) ( ) : 가동정지빈도수

가동정지 원인별로 매월 정지 시간과 정지 빈도수를 분석 집계한다,

MONTH / DESC-RIPTION	JAN	FEB	MAR	APR	MAY	JUNE	JULY	AUG	SEPT	OCT	NOV	DEC	YEARLY
MECH.TROUBLE													
INST.TROUBLE													
ELEC.TROUBLE													
LINE TROUBLE													
OPER.TROUBLE													
P. T. A.													
WASHING DOWN													
INV. CONTROL													
OTHERS													
SCHEDULED SHUTDOWN													
TOTAL													

7-7. 품질 관리 (Quality Control Management)

생산 관리는 무엇보다도 양질의 품질관리를 해 내는 것이다.

최고의 품질을 자랑하는 생산 제품을 만들어 내지 못한다면 생존 경쟁에서 낙후되어 생산 활동은 할수 없게 된다.

품질관리에 있어 중요한 사항으로 공정 실험 분석(PROCESS CONTROL ANALYSIS)을 들수 있겠다.

필요한 공정 실험분석을 적기에 주기적으로 시행함으로서 양질의 제품을 얻을수 있게 된다.

그러면 여기서 품질관리를 위한 공정 실험분석에 대하여 기술해 본다.

1) 품질 관리를 위한 공정 실험 대상 항목을 각 공정별로 선택한다.
2) 실험 분석 대표치(TYPICAL VALUE)를 얻기위한 시료채취(SAMPLING) 지점을 선정한다.
3) 시료 채취를 위한 주기적인 시간(FREQUENCY OF SAMPLE)을 결정한다.
4) 공정 실험 대상 항목중에서 분석해야할 내용을 선정한다.
5) 공정 분석을 해야할 주기적인 시간을 결정한다.
6) 공장의 현장 운전원이 분석할 항목과 주실험실에서 실험 분석원이 분석할 항목을 분류한다.
7) 주실험실에서 분석할 항목의 시료채취 주기와 분석 주기를 결정한다.
8) 현장 운전원과 실험 분석원이 각각 분석해야할 내용을 항목별 시간 주기별로 SCHEDULE한다.
9) 공인된 실험 분석 방법을 선택한다.

상기내용의 공정 실험분석이 완료되어 분석 결과치를 얻게되면 즉시 생산공정 운전에 반영(FEED BACK)시킨다.

7-8. 원단위 관리(原單位 管理 : UNIT CONSUMPTION MANAGEMENT)

기업 경영에 있어 공정 손실 관리(PROCESS LOSS MANAGEMENT)는 우선순위(PRORITY)를 두어 중요시 다루어 나가야 한다.

공정 손실부문을 세분화하여 구분하고 이들 내용들을 생산 제품단위(單位 :UNIT) 당의 소비물량(CONSUMPTION VOLUME)으로 계산하여 분석 검토한다.

이론 원단위(THEORETICAL UNIT CONSUMPTION)와 성능보장 원단위(UNIT CONSUMPTION OF PERFORMANCE GUARANTEE)와 함께 비교하여 증감현상의 원인을 분석한다.

즉 증가했을때는 뚜렷한 이유가 있었는지를 검토 확인하여 손실부문을 분석해 낸다.

또한 감소하였을때는 어떻게 개선하여 향상 시켰는지를 분석한다. 뚜렷한 개선 사항이나 이유가 없을시는 감소할수 없기 때문에 정확히 요인을 분석한다.

생산활동의 주요 내용들은 숫자로 나타낼수 있는 항목에 대하여 원단위화(原單位化) 할수 있다.

즉 주원료, 부원료, 촉매류, 화공약품류, 충진물류, 유류 및 연료유, 중간제품, 스팀, 공장 운전용 공기, 공업용수, 전기등이 대상이 된다.

여기서 원단위 관리는 다음과 같이 해본다.

1) 각 제품 단위당의 이론적인 소비량을 계산하여 이론 원단위(THEORETICAL UNIT CONSUMPTION)을 산정한다.
2) 이론적인 소비량에 인정할 수 있는 손실분(RECOGNIZABLE LOSS VOLUME)을 적용하여 표준 원단위(STANDARD UNIT CONSUMPTION)를 산정한다.
3) 각 제품별 원단위를 일간, 주간, 월간, 년간 기준으로 계산하여 이론 원단위, 표준 원단위, 그리고 성능보장 원단위와 함께 비교 분석한다.
4) 원단위의 증감 내용을 검토 분석하여 손실 부문을 개선토록 한다.

7-8-1. 원단위 관리 보고서(UNIT CONSUMPTION REPORT)

그러면 여기서 암모니아 공장과 인산공장을 예로 들어서 원단위 관리표를 다음과 같이 만들어 본다.

원단위 관리 보고서(UNIT CONSUMPTION)

내용 / 제품	소비 항목	단위	UNIT CONSUMPTION			비 고
			일간	월간	년간	
AMMONIA	PROCESS BUTANE	Kg/MT				
	FUEL BUTANE	Kg/MT				
	B. C. OIL	L/MT				
	L. P. G.	Kg/MT				
	DEMIN WATER	MT/MT				
	B. F. W.	MT/MT				
	C.W.MAKE UP	MT/MT				
	1500# STEAM GENERATION	MT/MT				
	650# STEAM IMPORT	MT/MT				
	50# SREAM IMPORT	MT/MT				
	ELEC. POWER	KWH/MT				
PHOS.ACID	PHOS. ROCK	MT/MT				
	SULF. ACID	MT/MT				
	150# STEAM	MT/MT				
	50# STEAM	MT/MT				
	ELEC. POWER	KWH/MT				
	DEFOAMER	Kg/MT				
	STEEL BALL	KG/MT -ROCK				
	DIAT. EARTH	Kg/MT				

7-9. 생산 계획(PRODUCTION SCHEDULING)

생산 계획은 생산 활동(PRODUCTION ACTIVITIES)을 시작하기전에 이루어져야 하는 준비작업으로서 규격 제품(QUALITY GUARANTEED PRODUCTS)을 수요자에게 적기에 공급하기 위해 공장 제반 여건들을 고려하여 종합적인 계획을 수립하는 것을 말하며 또한 생산 계획은 최소의 경비를 들여 최대의 이익을 창출하기 위한 계획이어야 한다.

생산 계획을 작성하기전에 다음의 기본 자료를 준비해야 한다.

1) 생산 계획 작성 기준을 설정한다.
2) 각 공장의 일별 생산 가능량을 확정한다.
3) 계절에 따른 월별 운전 가능 일수를 예측한다.
4) 각 공장의 운전 가능 일수(ON-STREAM DAYS)를 예측한다.
5) 각 공장의 년차 보수 시기와 년차 보수 기간을 표시하는 년차보수 계획(ANNUAL TURN AROUND SCHEDULE)을 작성한다.
6) 각 생산 제품의 해당 항목 원단위(UNIT CONSUMPTION)를 결정한다.
7) 각 제품의 판매 계획을 확정한다.
8) 원료 수급에 대한 정확한 정보를 입수하여 수급량을 예측한다.
9) 각 제품의 저장 능력을 결정한다.

7-10. 생산 공정 에너지 관리

에너지 소비량은 대부분의 생산제품 원가에 큰비중을 차지하기 때문에 집중관리를 해야 한다.

각 공장별로 에너지 원(ENERGY SOURCE)을 분류하고 에너지 소비처(ENERGY CONSUMER)를 모두 찾아내어 분류한다.

여기서 다루어야 할 주요 에너지 원은 다음과 같다.

-. 연료유(FUEL)
-. 전기 (ELECTRICITY)
-. 증기(STEAM)
-. 공업용수(PLANT WATER)
-. 공장용 공기(PLANT AIR)

상기 내용들을 가지고 앞에서 언급한 원단위 관리(UNIT CONSUMPTION MANAGEMENT)를 해 나가면 효율적 관리가 된다.

또한 에너지 별로 일간, 월간, 년간 소비량을 집계하여 차이 분석을 한다.

그리고 에너지 소비량을 열량(HEAT VALUE)으로 집계 분석해 본다.

참고로 차량과 중장비의 에너지 사용량에 대하여도 집계 분석토록 한다.
상기 자료를 준비하여 일간, 월간, 년간 보고서를 작성한다.

7-11. 작업 요청서(명령서) 관리

생산 활동에 있어 기기장치는 가동중에 이상 현상이 나타나거나 고장이 발생된다.
앞에서 언급한바와 같이 예방정비를 우선으로 하여 정비업무를 수행해 나가야 하는데 이들 작업을 요청할때 발행하는 것을 말한다.
작업 요청서를 작업 내용에 따라 분류해보면 다음과 같다.

① 비생산 부문에서 발행하는 작업 요청서
② 생산 부문에서 발행하는 생산 부문 작업 요청서
③ 정비 부문 자체에서 발행하는 예방정비, 사내 제작, 재생 작업 명령서
④ 자산화 작업 명령서
⑤ 특별 작업 명령서
⑥ 보험 작업 명령서

참고로 작업 요청서를 다음과 같이 양식화(FORMAT) 해 본다.

7-12. 일일 수행 업무 표준화 관리(SOP MANAGEMENT) (SOP : STANDARD OPERATING PROCEDURE)

생산공장 관리업무중 잊어서는 안되는 분야가 있다.
각자가 수행해야할 업무내용을 SOP화 하여 관리하는 방법이다.
즉 각자가 출근과 함께 인수인계를 하면서 부터 시작하여 주위 정리정돈(HOUSE KEEPING)을 마지막으로 하여 업무를 종결할때 까지를 표준화 하는 관리방법이 되겠다.
각자가 수행하여야할 업무를 표준화 하였기 때문에 실수로 인한 사고나 점검 확인해야할 업무를 망각하는 일이 극소화되기 때문에 생산성 향상에 큰 도움이 된다.
생산 공장 관리중에 HOUSE KEEPING은 중요한 의미를 갖는다.
즉 어느 공장을 방문 하던지 HOUSE KEEPING이 우수하게 관리되는 공장은 이미 생산성 향상은 최고에 달해 있음을 알수가 있다.
즉 HOUSE KEEPING을 관리하는자만이 생산성 향상을 최대로 관리할수 있는 능력자라고 할수있다. 뜻있는 관리자들은 HOUSE KEEPING이 얼마나 중요한지를 마음속에 깊이 아로새겨 주기 바란다.

7-12-1. 일일 수행 업무 표준화 관리 예(EXAMPLE)

생산공장에서 응용해볼 일일 수행업무 표준화 관리의 예(EXAMPLE)를 다음과 같이 직책별로 구분하여 작성해 본다.

작 업 요 청 / 명 령 서

FORM # 761－P－01

요청부서용

작업요청/명령번호	원가중심점 □ － 일련번호 □	Page№	요 청 일 자	요 청 부 서

작업구분 :	우선순위 :	시 설 번 호 :

시 설 내 용

작 업 내 용 :

완 료 요 구 일 자	요 청 자	검 토 자	승 인 자	기술부검토 : 필요 □ 불필요 □ 안전작업 허가서 : 필요 □ 불필요 □

공 무 부 서 용

정 비 부 서 :

접수일자 : 접수일련번호 №.	작 업 계 획 일 정 시 작 : 완 료 :	시 간 외 근 무 필요 □ 불필요 □	접 수 자	검 토 자	승 인 자

소요인시

코 드	직 종 명	인 원	작업시간	코 드	직 종 명	인 원	작업시간	코 드	직 종 명	인 원	작업시간
ME	기계정비원			SM	포장기계정비원			MA	기계공작원		
PI	배 관 원			WE	용 접 원			RL	고무내장원		
BR	벽 돌 원			PA	도 장 원			SH	함 석 원		
CI	토 목 원			IS	보 온 원			CP	목 수		
SC	비 계 원			RT	보 선 원			IN	계 기 원		
EL	전 기 원			PR	전화수리원			MH	중기정비원		
MM	차량정비원			CO	크레인운전원			FO	지게차운전원		
DR	차량운전원			PO	삽차운전원			LA	노 무 원		

소요 중장비

코 드	중장비명	장비대수	작업시간	코 드	중장비명	장비대수	작업시간	코 드	중장비명	장비대수	작업시간
PL	페이로우더			FL	지 게 차			BH	굴 삭 기		
DT8	8톤덤프트럭			CT8	8톤화물트럭			CT25	25톤화물트럭		
G 9	9톤겔리온			G 15	15톤겔리온			C 45	45톤크레인		
CM	콤 푸 레 샤			C125	125톤크레인			OT	기 타		

작업 수행 일자 :	완 료 일 자 :	완 료 확 인 :

1) 고대계장 일일 업무 S.O.P. (3회/SHIFT)

인수 인계

1. 전근무자의 운전현황및 특별사항 인수인계
2. 업무일지, 분석일지와 조정판과 비교 업무 파악

여과기 AREA

1. 여과상태 파악 및 지시
2. 여과기의 SPEED 점검
3. 기기장치 정밀점검 문제점 파악
4. 현장운전원에게 제반사항 지시
5. 문제점을 상부에 보고후 지시를 받는다.

BALL MILL AREA

1. 운전상태 : 조정판과 LOG와 비교검토
2. STEEL BALL 소모량 확인
3. 현장 정밀점검 문제점 파악
4. 현장운전원에게 제반사항을 지시
5. 문제점을 파악 상부에 보고후 지시를 받는다.

인광석 창고 G.POND AREA

1. 인광석 재고상태, PILE 현황파악
2. RECLAIM 상태 확인
3. POND의 SLURRY 토출부 확인 점검
4. 현장 운전원에게 지시
5. 문제점을 상부에 보고후 지시를 받는다.

증발기 AREA

1. 조정판과 현장과의 운전상태 비교
2. RATE와 STEAM 사용량 비교검토
3. 기기장치 정밀점검 문제점 파악
4. 현장운전원에게 제반사항 지시
5. 문제점을 파악 상부에 보고후 지시를 받는다.

반응조 AREA

1. 분석일지와 현장과 비교검토
2. 반응조 온도및 분석결과 조정지시
3. 기기장치 정밀점검 문제점 파악
4. 현장운전원에게 제반사항 지시
5. 문제점을 파악 상부에 보고후 지시를 받는다

STORAGE AREA

1. 인산 LINE의 배열상태와 복비 비종과 비교 확인
2. RAKE의 TORQUE, 부식등 기기장치의 정밀점검 문제점 파악
3. 현장운전원에게 제반사항을 지시
4. 문제점을 파악 상부에 보고후 지시를 받는다
5. 인산판매 지시 및 제품관리

HOUSE KEEPING

1. 전지역 청소상태 확인, 감독
2. 청소수행 지시확인
3. 청소등의 문제점 및 현황을 상부에 보고

2) BOARD OPERATOR 일일 업무 S.O.P.

인수 인계

1. 전근무자의 운전현황및 특별사항 인수인계

여과기 상태

1. OPERATOR에게 여과기 SPEED 조절 지시
2. G.CAKE WASH WATER 등 현장 VALVE 조작 지시
3. 현장과 조정판과 운전상태 비교 조정
4. 문제점 및 현황을 상부에 보고후 지시를 받는다
5. 현장 작업사항 파악

EVAPORATOR 상 태

1. 조정판과 현장과 비교조정
2. OPERATOR에게 비중측정 지시 및 이에 의하여 STEAM 유량 조정
3. 현장 작업사항 파악
5. 문제점 및 현황을 상부에 보고후 지시를 받는다.

STORAGE 상 태

1. 인산 LINE 배열상태 복비에 유선통보
2. FILLER 요청에 의해 복비에 보내줄 것을 OPERATOR에게 지시
3. TANK LEVEL 측정지시 파악
4. 현장 작업사항 파악
5. 문제점 및 현황을 상부에 보고후 지시를 받는다.

반응조 상태

1. TESTER에게 필요시 분석지시 하여 결과에 따라 운전상태 변동
2. 소포제 주입량 결정지시
3. 현장 작업사항 파악
4. 문제점 및 현황을 상부에 보고후 지시를 받는다

ROCK GRINDING 상태

1. 반응조 운전에 따라 BALL MILL RATE 변동 지시

LOG 기록및 청소 상태

1. 조정판 운전현황 LOG
2. CONTROLL ROOM 청소
3. PANEL 뒤 청소

3) 1/2 공장 운전원 일일 업무 S.O.P (황산)

인수 인계

1. 전임자로부터 인수인계
2. TOUCH AND CALL
3. 전임자 LOG 확인
4. 인계사항 현장파악 및 계장께 보고

작업조치

1. 인계사항중 계장으로부터 지시사항 시행
2. MAINTENANCE등 작업이 진행될수 있도록 작업조치

P-103 A/B/C/D 2회/SHIFT

1. RUNNING중인 PUMP의 VIBRATION, L/O Q' STM TRAP 등 점검
2. STAND-BY PUMP HAND ROLLING
3. S-PIT LEVEL 감지
4. M-PIT 현장 파악 (순찰)

BLOWER 수시/SHIFT

1. LOCAL PANEL 점검
2. BLOWER VIBRATION L/O 순환상태 및 TI PI 점검
3. L/O RESERVOIL LEVEL 점검하고 DRAIN시켜 봄
4. STAND BY PUMP의 PUSH BUTTON 상태 점검
5. L/O DIS. PI 온도등 점검

FURNACE 수시/SHIFT

1. 유황 분무상태를 SULFUR GUN 마다 확인
2. 내부 BAFFLE의 이상 · 유무 점검
3. JACKET STEAM TRAP 에서 유황은 배출되지 않은지 점검

STM DRUM

1. 현장 압력계, LEVEL계 점검
2. SIGHT GLASS LAMP 점검
3. CHEMICAL PUMP RUN/STOP 점검

보일러/전환탑/철탄기

1. GAS SIDE DRAIN VALVE OPEN하여 WATER LEAK 점검
2. 외부에 GAS 새는곳은 없는지
3. 필요시 BLOW DOWN VALVE OPEN/CLOSE

TK-201/202

1. PUMP TANK LEVEL 확인 (필요시 DRAIN OPEN)
2. P-202/203 VIBRATION L/O, RPM, PI 점검
3. TANK에 WATER SOURCE 있으면 차단
4. M.E.C COOLER PI, TI 점검

93 % COOLER

1. WATER LEVEL, 탁도 BODY 이끼등 점검
2. 2MESH SCREEN 이끼 점검

P-305 A/B

1. STAND BY PUMP PRIMING SELECTOR SWITCH 확인
2. VIBRATION, L/O, PI, TI 점검

보고 및 LOG

1. 현장 순찰중 이상 유무를 파악하여 큰 변화가 있는 것은 계장께 보고
2. NORMAL 상태등 LOG에 기록

HOUSE KEEPING

1. 담당구역 청소
2. 기기장치 세척

4) 부대시설 운전원 일일 업무 S.O.P (황산)

인수 인계

1. 전임자로부터 인수인계
2. TOUCH AND CALL
3. 전임자 LOG 확인
4. 인계사항 현장파악 및 보고
5. MAINTENANCE등 작업이 진행될수 있도록 작업조치

PIT 5회/SHIFT

1. M-PIT #1/2/3/4 순찰 및 앞에 흘린 유황 수거
2. F/S FEED CONVEYOR 유량 조절
3. N/S-PIT LEVEL 점검 (수시)
4. P-103 A/B/C/D HAND ROLLING 및 VIBRATION L/O 등 점검
5. H-PIT 깨기

STORAGE 2회/SHIFT

1. P-105 A/B, P-106,107 A/B MOTER/PUMP 점검
2. STORAGE LEVEL 점검
3. TANK FDN, DRAINAGE 점검
4. VALVE 및 LEVEL 점검

CT-402 2회/SHIFT

1. P-402 A/B/C 점검
2. CT-402 A/B 점검
3. G-201 점검
4. 염소 주입 (필요시)
5. WATER LEVEL 탁도 점검후 조치
6. HOT BASIN 점검

부두 시설

1. 수입황산/MOLTEN SULFER 하역 SYSTEM 점검
2. P-401 A/B, P-402 A/B P-501 A/B PUMP 및 MOTER 점검, AMP.등
3. TK-401/501 LEVEL CHECK
4. 오물 수거
5. TANK FDN CHECK

보 고

1. 현장 순찰중 변화가 있는 것은 계장께 보고

HOUSE KEEPING

1. 담당 구역 청소
2. 녹슨곳은 PAINTING

7-12-2. 공장 주위 정리 정돈 표준화 관리의 예(EXAMPLE) (HOUSE KEEPING SOP MANAGEMENT)

앞에서와 같이 생산 공장에서 응용해볼 공장 주위 정리정돈 표준화관리(HOUSE KEEPING SOP MANAGEMENT)의 예를 다음과 같이 작성해 본다.

HOUSE KEEPING S.O.P.

기호	의미
□	AREA
⇒	도 로
CASE1	1시간정도 여유가 있을때
CASE2	8시간정도 여유가 있을때(CASE1포함)
CASE3	24시간정도 여유가 있을때(CASE1, 2포함)

인산공장 서쪽도로 ⇒ TR-207,208 AREA및도로 ⇒ B.O.D POND 서쪽도로 ⇒ STORAGE 남쪽도로 ⇒ EL-203및 BALL MILL앞 ⇒ CONTROL ROOM및층계

	인산공장 서쪽도로, TR-207,208 AREA및도로	B.O.D POND 서쪽도로, STORAGE 남쪽도로	EL-203및 BALL MILL앞, CONTROL ROOM및층계
CASE1:	1. 도로변 자갈정돈,인광석 및 오물제거 2. V-DITCH 포함정리 3. ST'M등 누출부위 조치	1. 도로위 자갈정리 2. 인광석,유황제거	1. 도로변 인광석 오물제거 ; 빈D/R 정돈 2. CONTROL ROOM 내부청소, 층계 주위, BOLT, NUT등 오물제거
CASE2:	1. 도로및 주변 인광석 및 제초작업 2. ST'M등 노출부위 수리 3. BOLT,NUT등 쇠붙이제거	1. 도로주변및 V-DITCH 오물 및 제초작업 2. BOLT, NUT등 쇠붙이 제거 3. OPEN TRENCH 자갈, 오물제거	1. 용접기등 도로위 정리정돈 2. BOLT,NUT등쇠붙이제거 3. DEFOAMER D/R정리, 빈D/R 정리
CASE3:	1. 녹슨부문 방청작업 2. CONVEYOR 밑의 인광석 및 제초작업	1.녹슨부문 방청작업	1. VALVE등에 방청작업 2. 기기장치 폐유청소

쓰레기장 주변 ⇒ BALL MILL AREA ⇒ EVAPORATOR AREA ⇒ STORAGE AREA ⇒ ATT, FILT AREA

	ATT, FILT AREA	STORAGE AREA	EVAPORATOR AREA	BALL MILL AREA	쓰레기장 주변
CASE1:	1. 일층오물, SCALE등 제거, 물청소 2. BOLT,NUT등 쇠붙이 제거	1. 도로및 1층 오물청소 2. BOLT, NUT등 쇠붙이제거	1. 1층의 오물제거 2. BOLT, NUT등 쇠붙이 제거	1. 1층의 인광석 빈D/R제거 2. BOLT, NUT등 쇠붙이 제거	1. 쓰레기 청소 2. 빈D/R제거
CASE2:	1. 4층부터 오물 SCALE등 제거 2. 1층 기기장치 폐유청소	1. WALK WAY AREA의 오물제거 2. 1층 기기장치 폐유청소	1. 4층부터 오물 SCALE을 제거 2. 1층 기기장치 폐유청소	1. 4층으로부터 오물, BAG, 인광석 청소	1. 바닥 물청소 SCALE을 제거 2. 쓰레기장주위 PAINTING
CASE3:	1. 전 AREA의 녹슨 부문 방청작업 2. 전 AREA기기 폐유청소	1. 전 AREA의녹슨 부문방청작업 2. 전 AREA기기 폐유청소	1. 전AREA의 VALVE등 녹슨 부문 방청작업 2. 전 AREA기기 폐유청소	1. 녹슨부분 방청	1. 기기장치 녹슨 부문 방청작업

7-13. 감독자 업무관리

생산 공정에서의 감독자 업무는 생산성 향상에 중요한 역활을 한다.

또한 업무관리를 소홀히 할경우에 나타나는 현상은 다각적으로 엄청난 손실을 초래케하며 공장 가동정지는 물론이고 안전사고와 직결되는 결과를 유발시킨다.

감독자가 처리 해야할 주요 업무 내용을 요약하면 다음과 같다.

1) 안전 조업 관리
-. INTERLOCK SYSTEM 점검 및 확인
-. SAFETY AND CHECK VALVE 주기적 점검 및 확인
-. EMERGENCY 에 대한 신속조치
-. 기기 장치류 이상 현상 발생시 처리

2) 품질관리
-. 규격제품 생산 및 품질 향상
-. 각 제품 저장량 적정선 유지
-. 생산 계획에 의한 각 제품 생산

3) 기기 장치 유지 관리
-. 예방정비 : 노후시설 파악 및 교체 작업 요청
-. 고장 수리: 원인 분석 및 대책 수립 보고
-. SPARE PART(부품) 유무 확인 및 구매요청
-. 기기 장치 운전 상태 점검
-. 시설물 수리 및 PAINTING 업무
-. 기기 장치 정비 이력서(PLANT HISTORY CARD) 정리

4) 조업상 문제점 검토 및 연구
-. 생산성 향상
-. 환경 및 안전

5) 생산 일보 작성 및 제반 운전 기록 보고

6) 공정 관리
-. 운전 기록지(LOG SHEET) 검토
-. 이상 DATA 및 문제점 시정보고

7) 안전 및 환경관리

-. 환경 규제치 이하로 운전

-. 기기 장치 이상 유무시 효과적인 대응책

-. 유해물질 누출 방지

-. 안전작업 수행절차

-. 안전 시설 및 용구 유지관리

-. 폐기물 분리수거 철저

-. 각 공장 정리정돈 상태 점검 및 조치

8) 각 공장 화공약품의 사용량 파악 및 적정 재고량 유지관리

9) 직원 교육 관리

-. 작업 안전교육 및 법정 안전 교육 일시

-. 공장 안전 교육 실시

-.안전 기구 사용방법 교육

-. 유해물질 처리방법 교육 및 환경 관리

7-13-1. 감독자 현장 점검 일지

감독자가 수행해야할 업무내용을 가지고 감독자 현장 점검일지를 만들어 본다.

감독자의 현장 점검일지 운영방법은 매우 중요한 사항임으로 공장 생산형태에 적합하도록 다음과 같이 만들어 본다.

감 독 자 현 장 점 검 일 지 (1)

교대계장	관리계장	과 장

DATE : 199 . . .

공장별 \ 구분			위험요소관리							현장관리				기기장치 관리 및 LOSS 관리		
			인화물질 방치여부	소화시설 상태 및 비치여부	가스누출 감지기	고소지역 낙하가능 물질 방치여부	ACID LINE FLANGE COVER 부착상태	기기장치 누설여부	기타시설 안전성 및 문제점	도색 상태	보온 상태	자재 정리정돈 및 청소 상태	CONTROL VALVE 및 BLOCK VALVE 관리 상태	기기장치 상태	증기 누설 부분	공업용수 누설 부분
#1 NA	EXIST COMP'R ROOM															
	NEW COMP'R ROOM															
	NA FIELD															
	LET DOWN STATION															
#1 NAC	BUILDING(1-7층)															
	MCC	8B														
		4B														
	PUMP AREA	39P-101A/B														
		33P-104A/C														
		32P-104A/C														
#2 NA	COMP'R ROOM															
	NA FIELD															
	M.C.C															
	GENERATOR ROOM															
	CONTROL ROOM															
	지하실 및 옥상															
	쓰레기장 및 OIL 저장소															
#2 NAC	BUILDING(1-8층)															
	PUMP AREA	38P-201A/C														
		38P-202A/H														
OFF SITE	#1 C.T AREA															
	#2 C.T AREA															
	STORAGE TANK	32TK-101														
		37TK-201														
		39TK-101														
		33TK-104														
		38TK-204														
		38TK-201B														
		38TK-201C														
		38TK-205														
	68% 자동화시설															

조 치사 항 :

※ 감독자 현장 점검일지 (2)

확인	고대 계장		관리 계장		과장	

날자 : 199 . . .　　　범례 ☞ 양호 : ○ , 불량 : V 내용은 기록요

공장 및 시설명	구 분	환경관리			안전관리					열관리			유지관리			
		GAS 누출 여부	DNT/질산 톨루엔 누출여부	비산방지 COVER 상 태	소화시설 관리	안전시설 관리상태	기기장치 관리상태	정전기 방지용 접지상태	전열기 관리상태	증기,물 누출상 태	보온상태	TRAP 작동상태	방청 상태	청결 및 정리정돈 상 태	조명 상태	기기장치 운활상태
공 장	CONTROLL ROOM															
	창 고															
	자체 분석실															
	MCC															
	FIELD 1층															
	" " 2층															
	DEN UNIT 3층															
	" " 4층															
	" " 5층															
	" " 6층															
	W.W SETTLING TANK															
	CARBON ADSORBER															
	NOX ABATOR															
	LPG CYLINDER 보관소															
	ACID FARM															
	S.S.A STORA' TANK															
	DNT STORAGE TANK															
조치및결과																
비 고																

7-13-2. 중견 관리자 회의록 기록 유지

중견 관리자는 담당 공장을 운영하면서 발생하는 제반 문제와 공지사항을 준비된 회의록에 기록, 유지함으로서 직원 상호간에 의사전달은 물론 교육 훈련에도 큰 도움을 줄수 있다.

특히 생산공정 및 기기 장치에서 나타나는 이상현상 및 사고의 원인을 이론적으로 규명하고, 해결책을 강구하여 기록 유지할때 본연의 목적을 달성하게 된다.

이러한 분위기 속에서 업무를 추진해 나갈때 생산 공정의 예상되는 문제점들은 하나씩 해결될 수 있다.

즉 상하 의사전달의 가치(VALUE OF COMMUNICATION)가 얼마나 중요한지를 말하고 있다.

7-14. 환경 관리

환경 보전법이 계속 강화되어감에 따라 생산공정도 이에 따라 계속하여 개선해 나가야한다.

환경 개선 사업은 기존 생산공정 시설을 개량하는 사업임을 감안할때 최적의 개량 공정(IMPROVED PROCESS)을 선정하는 것이 그리 쉬운것은 아니다.

처음 기초 설계(BASIC DESIGN) 단계에서 부터 제반 환경 안전 사항들이 고려되었으면 몰라도 현재 운영중인 공정을 개조한다는 것은 여러 공정면에서 세밀히 검토 분석한 후에 사업을 정확히 신속하게 추진해 나가야 한다.

공정개선이 이루어지기 전에는 현재 생산 공정을 운영하면서 환경 보전법의 배출 기준치 이내로 공장을 가동해야 한다.

강화된 배출 기준치 이내로 현시설을 운영한다는 것은 매우 어렵지만 단기간내에 생산 공정을 개선한다는 조건하에 다음 내용으로 환경 관리를 해보도록 한다.

그리고 각 공장 특성에 적합하도록 관리 분야를 설정토록 한다.

7-14-1. 환경 관리 내용

각 공장의 특성에 따라 관리분야와 항목을 선정키로 하고 운전 기록부에 다음 사항들을 기록한다.

1) 수질분야

① 폐수 배출구

-. 폐수 배출량(단위 명기)

-. 각 공정상의 폐수 배출 지역 명기

-. 폐수의 PH

② 우수 배출구

-. 우수 배출량(단위 명기)

-. 우수 배출 지역 각각 명기

-. 우수 배출구에서의 PH

2) 대기 분야

① TMS (TELEMETERING SYSTEM) 운영

각 공장 연돌(STACK)에서 배출되는 대기오염 물질들을 연속 자동 측정하는 최첨단 환경 관리 SYSTEM 이다.

-. 각 공장 연돌의 배출가스 오염물질(단위 명기)

3) 유독물 저장

① 화공약품 저장 탱크 분류

② 각 해당 장치에 공급되는 유독물 분류

4) 쓰레시 분리 수거 상태 점검 목록표 작성 운영

5) 기기 장치 누설 여부 점검 목록표 작성 운영

7-14-2. 환경관계 Log Sheet (Example : Nitric Acid Plant : 질산공장)

DATE : 199 . . .

DESCRIPTION		수 질 분 야															대 기 분 야				유 독 물 저 장				쓰레기분리수거상태	기기장치누설여부	확 인
		폐 수 배 출 량 (MT)										우 수 배 출 구 (PH)					TMS (PPM)				화공약품 저장 TANK						
		차 척	#1 NA BOILER BLOW DOWN	#1 NA NH3 EVAPORATOR & STRIPPER 응축수	#2 NA BOILER BLOW DOWN	#2 NA NH3 EVAPORATOR	#1 NAC PUMP SEALING WATER	C/T BLOW DOWN	STORAGE TANK DIKE 우수	PUMP AREA DRAIN & SEALING WATER	39 TK-101 PLANT WATER	#1 COOLING TOWER 옆	#2 NA 서쪽	맥지 계곡수	CULVERT(39TK-205옆)	PH METER	제 1 희질산 공장	제 1 농질산 공장	제 2 희질산 공장	제 2 희질산 공장	제 1 COOLING TOWER		제 2 COOLING TOWER				
		PH	9-10	7	9-10	14	7≥	7-8	1>	7≥	5>	7	7	7	7	7	#19	#20	#21	#26	NaOH	NaOCl	NaOH	NaOCl			
MID																											점검자:
																											교대계장:
DAY																											점검자:
																											교대계장:
EVE																											점검자:
																											교대계장
REMARKS																											관리계장 : 과 장 :

7-14-3. 우수 및 폐수 관리도 (Example : Nitric Acid Affiliated Plants : 질산계열 공장)

우수로 : - - - -
폐수로 : ------

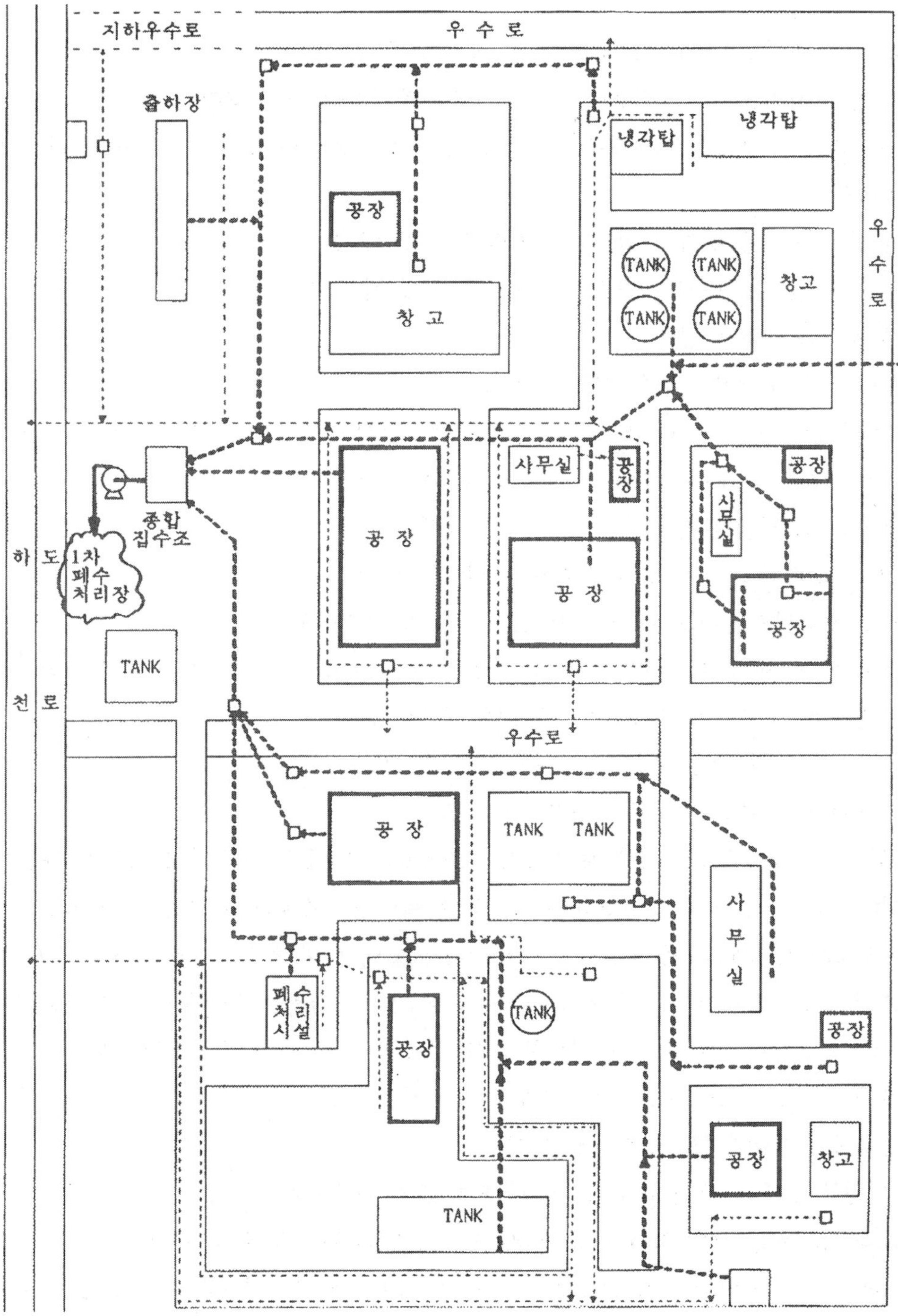

응용문제

1. 생산 관리 (Production Management)의 목적과 적용 관리 내용을 열거 하십시오.
2. 생산 활동 구분 관리 (Sectional Management for Production Activities)에 대하여 설명 하십시오.
3. 생산 활동 구분 관리도의 예(Example)를 들어 보십시오.
4. 생산 활동 구분 관리도를 운영하는데 필요한 해당 점검 내용들을 명기 하십시오.
5. 원활한 생산관리 차원에서 실행해야 할 교육 및 훈련(Education and Training)에 대하여 설명 하십시오.
6. 공장 운전 반복 교육을 위하여 필요한 사항들을 설명 하십시오.
7. 현장 교육 반복 훈련에 대하여 필요한 사항들을 설명 하십시오.
8. 교육 훈련 평가에 대하여 설명 하십시오.
9. 업무 분장과 업무 보고에 대하여 설명 하십시오.
10. 조직 구성원의 업무 구분과 책임과 관련하여 필수적인 관리 항목들을 열거 하여 설명 하십시오.
11. 보고 업무에 대하여 예(Examples)를 들어 설명 하십시오.
12. 공정 위험요소 및 안전 관리에 대하여 설명 하십시오.
13. 공정 위험 요소 관리도 작성 요령에 대하여 설명 하십시오.
14. 공정 위험요소 관리도를 예(Example)를 들어 작성해 보십시오.
15. 생산 공정에서 다루어야 할 제반 안전관리(Safety Management) 내용들을 명기 하십시오.
16. 공장 가동정지 요인 분석 관리에 대하여 설명 하십시오.
17. 공장 가동정지 원인에 대한 주요 내용들을 열거 하십시오.
18. 공장 가동정지 시간 관리에 대하여 설명 하십시오.
19. 공장 정지 원인 분석 보고를 위한 보고서 양식(Format)을 예(Example)로 작성해 보십시오.
20. 품질 관리(Quality Control Management)를 위한 실험분석에 대하여 기술해 보십시오.
21. 원단위(Unit Consumption)관리의 필요성과 관리 방법에 대하여 설명 하십시오.
22. 원단위 관리 보고서(Unit Consumption Report)를 예(Example)로 들어 작성해 보십시오.
23. 생산 계획(Production Schedule)을 작성하는데 필요한 기본 자료 들은 열거 하십시오.
24. 생산 공정의 Energy Management에 대하여 설명 하십시오.
25. 작업 요청서에는 어떠한 종류들이 있습니까?
26. 일일 수행 업무 표준화 관리의 필요성에 대하여 설명 하십시오.
27. 공장 House Keeping SOP Management의 필요성에 대하여 설명 하십시오.
28. 감독자(Supervisor, Superintendent, Manager)의 업무 관리와 연관하여 주요 업무 내용들을 열거 하여 설명 하십시오.

29. 감독자(Supervisor, Superintendent, Manager)를 위한 현장 점검 일지의 작성과 현장 점검 실행의 필요성에 대하여 설명 하십시오.
30. 중견 관리자(Supervisor)의 회의록 기록 유지의 필요성에 대하여 설명 하십시오.
31. 생산 관리와 연관된 환경 관리(Environment Management)에 대하여 설명 하십시오.
32. 환경 관리 대상에 대하여 설명 하십시오.
33. 공장 내에서의 우수 와 폐수는 왜 분리하여 관리 해야 하는 가요?

설비 보전 관리 (FACILITY MAINTAINING MANAGEMENT) 8장

설비 보전은 생산공장의 안정적 조업을 위해서 필수적으로 관리해 나가야 하는 생산 관리의 중요한 부문이다. 설비 보전 계획을 세워서 주기적으로 철저히 설비 및 기기 장치를 점검하고 예방 정비를 해나가야 한다.

이 부문의 관리를 소홀히 했을때는 공장의 조업 중단은 물론이고 대형 안전사고를 유발하게 되어 기업의 손실과 함께 사회적인 책임까지 감수해야 한다는 점을 명심해야 한다.

이 부문의 관리가 효율적으로 잘이루어지고 있는지의 여부를 설비 보전 책임자는 철저히 분석 파악하고 점검해 나가야 한다.

생산 활동부서가 공정부문에 대하여 아무리 성공적으로 잘 운영한다 할지라도 이 설비 보전 관리가 비효율적으로 이루어 진다면 사상 누각과 같은 결과를 초래하게 된다.

설비 보전관리가 "잘 되어가는 것처럼" 보여서는 안되고 잘되어야만 한다는 사고방식을 관계자 모두의 마음속에 심어야 한다.

생산 활동 부서를 최대한으로 지원하는 설비 보전 관리 부서가 되어야 한다.

무엇보다도 예방정비(PREVENTIVE MAINTENANCE : PM)가 최우선되어야 한다는 것을 명심하고 공장 보전관리에 최선의 관심을 기울여야 한다.

고장이 난후에야 비로서 보수하는 방식과 분위기는 공장 형태에 따라 대형 안전사고를 몰고 올 징조라는 것을 예측해야 한다.

대형 공장 관리에서 얻은 진리이며 철학이다.

8-1. 설비 보전 계획

다음과 같은 내용을 가지고 계획성있게 주기적으로 철저히 기기장치를 점검하고 대응책을 강구하며 예방정비(PREVENTIVE MAINTENANCE : PM)를 최우선으로 수행해 나가야 한다.

이미 기기 장치에 손상이나 사고가 발생하여 조업중단을 하기에 이르렀을때는 설비 보전 계획이나 관리가 비효율적으로 운영되고 있음을 관리자는 깊이 인식하고 다시금 겸손하게 보완책을 강구해 나가야 한다.

그러면 여기서 집중적이고 체계적으로 설비를 관리해 나가야할 내용을 기술해 본다.

1) 주기적인 점검 계획(ROUTINE INSPECTION SCHEDULE)

각 기기 장치류에 대하여 점검 주기(ROUTINE INSPECTION INTERVAL)를 설정하여 운영토록 한다.

예를 들면 각 공장의 기기 장치들을 모두 목록화(LIST UP)하여 시행한다.

2) 예방 정비 계획(PREVENTIVE MAINTENANCE SCHEDULE)

각 공장의 기기 장치류를 사고가 나기전에 미리 점검하고, 예방 정비해 나가기 위한 계획이다.

3) 정기 정비 계획(SCHEDULED MAINTENANCE SCHEDULE)

공장 특성에 따라 고장으로 조업중단이 빈번히 발생되는 경우가 있는데 이들 공장의 정비를 위해 주기적으로 시행하는 계획이다.

4) 년차 보수 계획(ANNUAL PLANT TURNAROUND : PTA)

대부분의 공장의 경우 매년 정기적으로 공장을 가동 정지하여 정비 보수해야 하는데 이때 각 기기 장치류들을 예방 정비 차원에서 분해, 검사, 수리하고 정비업무를 효율적으로 수행하기 위해 계획하는 업무이다.

8-2. 설비 보전 관리

1) 정비 내력 기록(MAINTENANCE HISTORY RECORDING)

기기 장치의 정비 내용을 일자별로 기록해 나가는 것을 말하며 예방정비(PREVENTIVE MAINTENANCE : PM) 계획을 작성하는데 기초자료가 된다.

매일 정비 내력을 기록 유지해야만 응용 가치가 있는 중요한 관리 기법이다.

정비 내력을 검토 분석한후 정비 빈도수가 높은 기기 장치류는 집중관리를 하면서 개선 또는 주기적으로 교체 대응책을 강구해 나간다.

2) 부식 관리(CORROSION MANAGEMENT)

해당 기기장치의 부식(CORROSION) 상태와 진행 상태를 주기적으로 점검 기록하고 부식의 원인을 분석하여 적절한 대응책을 강구함으로서 기기장치를 보호하고자 하는 관리 방법이다.

특히 방식기사(CORROSION ENGINEER)의 역활로서 중요시 다루어야 하는 관리부문이다.

3) 기기 장치상의 “경고문과 주의문” 관리

기기장치 제작 공급자는 장치를 설치 또는 정비할때 주의해야할 내용들을 기기장치나 정비용 교본에 “경고문 또는 주의문” 으로 명기하여 친절히 안내해준다.

이 내용들을 주의 깊게 파악하고 교육시킴으로서 사고를 예방할 수 있다.

4) 기기 장치 관리를 위한 자료 준비

기기 장치의 효율적 정비 관리를 위해서는 항상 정비 관리부서에 각각의 필요한 기술 자료들을 구분 비치하고 활용함으로서 정비 업무를 효율적으로 정확히 최적시간내에 수행할 수가 있다.

또한 작업 수행자는 이들 자료들을 익숙하고 능란하게 이용함으로서 자신의 실력배양에도 큰 도움을 주는 일석이조의 효과도 있게 된다.

갖추어야 할 자료들을 참고로 다음과 같이 소개한다.

-. 제반 설계 도면 (WHOLE DESIGNED DRAWING)
-. 공정용 운전 교본(PROCESS OPERATING MANUAL)
-. 기기 장치 정비 교본(MAINTENANCE MANUAL)
-. 정비 내력 기록 목록서(MAINTENANCE HISTORY LIST)
-. 기기 장치 경고문과 주의문 수집 책자(COLLECTION BOOK OF WARNING AND CAUTION)
-. 공정도(PROCESS FLOW DIAGRAM)
-. 기기 장치 목록서(EQUIPMENT LIST)
-. 계약서(CONTRACTS)
-. 기기 장치 제작 공급자 목록서(EQUIPMENT VENDOR LIST)
-. 부품관리 목록서(SPARE PART MANAGEMENT LIST)
-. 기기 장치 구매 발주 목록서(EQUIPMENT PURCHASING ORDER LIST)

5) 배관 설비 색깔 구분 관리(PIPING COLOUR CODING)

기기장치류의 운전 및 유지보수 그리고 환경 및 안전 관리상 배관 설비에 구분된 색깔 COLOUR)로 표시하여 관리하는 방법이다.

색깔 구분 관리 목록서(COLOUR CODING LIST)를 작성하여 각 기기장치의 배관설비 색깔을 규약하도록 한다.

6) 노후된 기기장치 폐기 처분 및 교체(USED EQUIPMENT SCRAPPING AND REPLACING)

기기장치를 효율적으로 관리하고 아무리 익숙하게 사용한다 하더라도 기계의 수명(MECHINE'S LIFE)에는 한계가 있다.

한계에 이르러 정밀도와 효율이 저하되면 고장과 사고의 빈도수가 증가하게 된다.

이로 인해 공장 가동정지가 빈번할 뿐만아니라 비상정지(EMERGENCY SHUTDOWN)로 인한 안전사고의 위험 그리고 환경 문제에도 영향을 초래하게 된다.

이러한 중요한 문제점들을 안고 있기때문에 노후되어 수명이 다된 기기 장치류는 폐기 처분하고 새로운 설비로 교체하여 생산성을 높인다.

8-3. 예방 정비관리(PREVENTIVE MAINTENANCE MANAGING)

예방 정비관리는 생산 설비의 보전(保全)을 익숙하고 바르게 수행함으로서 생산성을 향상시키는 생산관리의 일부이다.

생산 설비의 설계 조건과 운전 조건(OPERATING CONDITION) 그리고 처리되는 물질들의 안전을 다루는 기술자료(MATERIAL SAFETY DATA SHEET : MSDS)를 정확히 이해하고 응용함으로서 성공적인 기기 장치의 예방 정비관리가 이루어 진다.

과학적인 방법으로 예방정비 계획, 보전업무, 폐기처분과 교체등의 업무를 수행해 나갈때 안정된 공장 조업을 할수 있게 된다.

예방 정비 보수비(MAINTENANCE COST)를 꼭 사용해야 할때 사용하지 않고 맹목적으로 낮추는 것만이 이익개선 하는것이 아니기 때문에, 정비 보수비가 훨씬 증가되더라도 효율적인 관리를 하여 정비 필요부분을 철저히 찾아내고 완벽히 예방 정비해낼때 생산성이 향상되고, 안전사고를 예방함으로서 경영개선을 할수 있게 된다.

정비 관리자는 항상 경제성과 효율성 그리고 안전문제를 우선적으로 판단할수 있어야 하며 정비 관리의 올바른 철학관을 가질때 공장의 생산성을 일층 높일수 있는 정비 업무를 수행해 낼수 있다.

8-3-1. 정비 관리 업무 보고 내용

정비 비용은 생산공장 운영비에 큰 비중을 차지하므로 정비 부문의 비용 분석 (COST ANALYSIS)에 관심을 기울여야 한다.

그러면 여기서 정비관리 업무 보고에 포함해야할 주요 내용을 기술 해본다.

1) 각 공장별 주요 작업 사항 명기
2) 각 공장별 작업 명령서(WORK ORDER) 접수 및 작업 완료 현황
3) 각 공장별 긴급 가동 정지 시간 및 횟수를 아래 사항별로 분석
   -. 회전 기계류
   -. 배관 설비류
   -. 계기 설비류
   -. 전기 설비류
   -. 운전 이상 현상
4) 각 공장별 계획 정지 시간을 다음과 같이 분류 집계
   -. 년차보수
   -. 계획 정지
   -. 타공장에 의한 영향
5) 각 공장별 정상 운전 시간을 분석

6) 각 공장별 생산량대비 직접 수선 비용 및 작업 시간 분석

-. 공장 별로 생산량을 명기한다

-. 각 공장별로 정비 자재비를 산출한다.

-. 자재비 원단위를 산출한다(자재비/생산량)

-. 정비 작업 시간을 집계한다.

-. 작업 시간 원단위를 산출한다.(작업시간/생산량)

7) 정비 자재비 현황

8) 사내 제작 현황

9) 사내 재생 현황

10) 국산 대체 현황

응용문제

1. 화학공장 설계와 연관하여 설비 보전 관리(Facility Maintenance Management)의 필요성에 대하여 설명 하십시오.
2. 설비 보전 계획(Facility Maintenance Planning)에 대하여 집중적이고 체계적인 관리 방법을 열거하고 각각에 대하여 설명 하십시오.
3. 설비 보전 관리(Facility Maintenance Management)에 대하여 실행해야 할 내용들을 열거하고 각각에 대하여 설명 하십시오.
4. 예방 정비 관리(Preventive Maintenance Management)의 필요성에 대하여 설명 하십시오.
5. 정비 관리 업무 보고 내용에 포함 해야 할 내용 들을 열거 하십시오.

공정관리 9장
(PROCESS CONTROL MANAGEMENT)

9-1. 개 요

대부분의 생산 공장에서는 원료가 반입되어 기기장치에 투입되고 중간과정을 거쳐 제품이 생산된후 저장과정을 통하여 제품출하를 하게 된다.

이렇게 원료가 반입되는 단계에서 부터 제조과정을 거쳐 출하단계에 이르는 전과정을 공정(PROCESS)이라고 한다.

특히 원료공급 시설에서부터 제조공정을 거친후 제품 저장시설에 이르기까지의 일련의 전공정을 제조공정(MANUFACTURING PROCESS)이라고 한다.

이러한 제조공정에서의 제반 효율과 손실(OVERALL EFFICIENCY AND LOSS)을 관리함으로서 원가를 낮추고 경쟁력을 강화하여 회사 경영개선에 이바지하기 위한 생산공장에서의 총괄관리라고 할수 있겠다.

즉 아래의 내용이 공정관리 목표를 위한 도식화 표현이다.

공정관리 도식화 표현

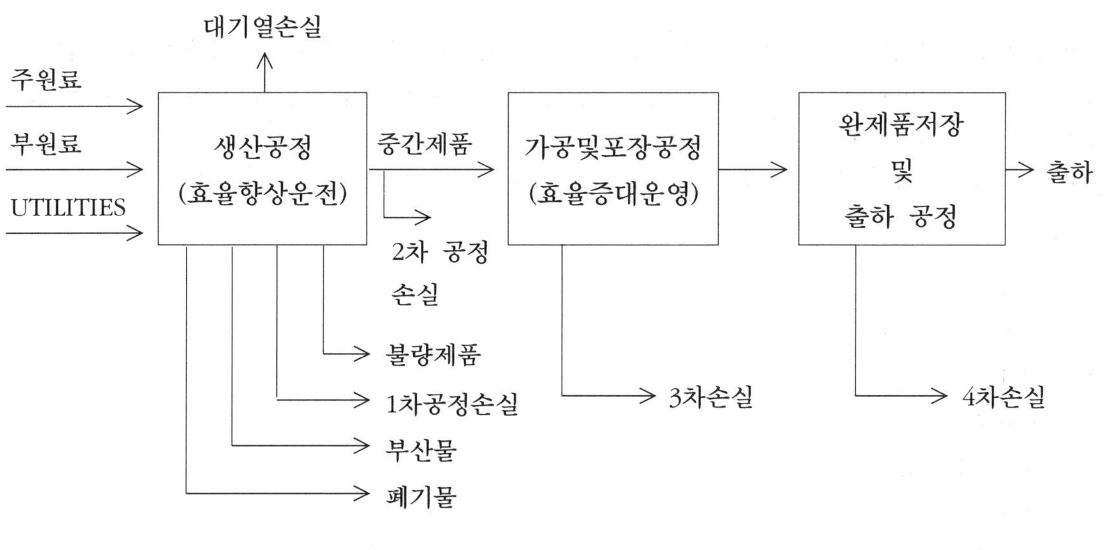

9-2. 공정 연계도(PROCESS INTERCONNECT BLOCK DIAGRAM)

각 생산 공정간의 공정관리(MANUFACTURING PROCESS CONTROL)를 위해서는 각 공장들의 상호 연계현황(INTERCONNECT STATUS)을 도식화(DIAGRAM)하여 관리함으로서 세부적으로 공정관리에 들어갔을때 각 생산부문에서의 효율을 정확히 분석해 낼수있고 또한 손실을 추적해 낼수 있다.

물자(MATERIALS) 즉 자금의 흐름(CASH FLOW)을 과학적이고 논리적으로 관리해 나가기 위한 고속도로(EXPRESS HIGHWAY)와 같은 개념이다.

9-2-1. 공정 연계도 이해(UNDERSTANDING)

각 생산공정간의 공정관리를 보다 효율적이고 구체적으로 그리고 보다 과학적이고 논리적으로 관리해 나가기 위해서는 각 공정과 함께 공정연계도를 정확히 이해하고 응용해 나가야 한다.

각 생산공장들의 상호연계 현황(INTERCONNECT STATUS)을 쉽게 이해할수 있도록 다음과 같이 여천공단에 있는 비료공장을 예로들어 다음과 같이 공정연계도 (PROCESS INTERCONNECT BLOCK DIAGRAM)를 만들어 본다.

9-2-2. 생산공장 제조 공정도(MANUFACTURING PROCESS BLOCK DIAGRAM)

생산 공장에서의 각 공정부문별로 효율을 정확히 측정해내고 손실(LOSS)을 세부적으로 정확히 분석해 내기 위해서는 각 생산공장의 제조공정도(PROCESS BLOCK DIAGRAM)를 생산 제조 측면에서 정확히 이해하고 응용해 나가야 한다. 몇개 생산공장들의 제조 공정도를 여천공단의 비료공장을 예로들어 다음과 같이 소개한다.

9-3. 표준규격화 관리(STANDARD SPECIFICATION MANAGEMENT)

공장의 안정된 운전과 효율적인 생산활동을 유지하고, 고품질의 제품을 생산하기 위해서는 공장에서 사용하고 있는 원료물질이나 또는 촉매류, 화공약품류, 제품류등의 물질들은 모두 표준규격화하여 관리 운영한다.

참고로 여기에서 다루어야할 내용들은 다음과 같다.

1) 주원료
2) 부원료
3) 촉매류
4) 화공약품류
5) 충진물류
6) 유류 및 연료유
7) 중간제품
8) 최종제품 등등

공장연계도 (PROCESS INTERCONNECT BLOCK DIAGRAM)

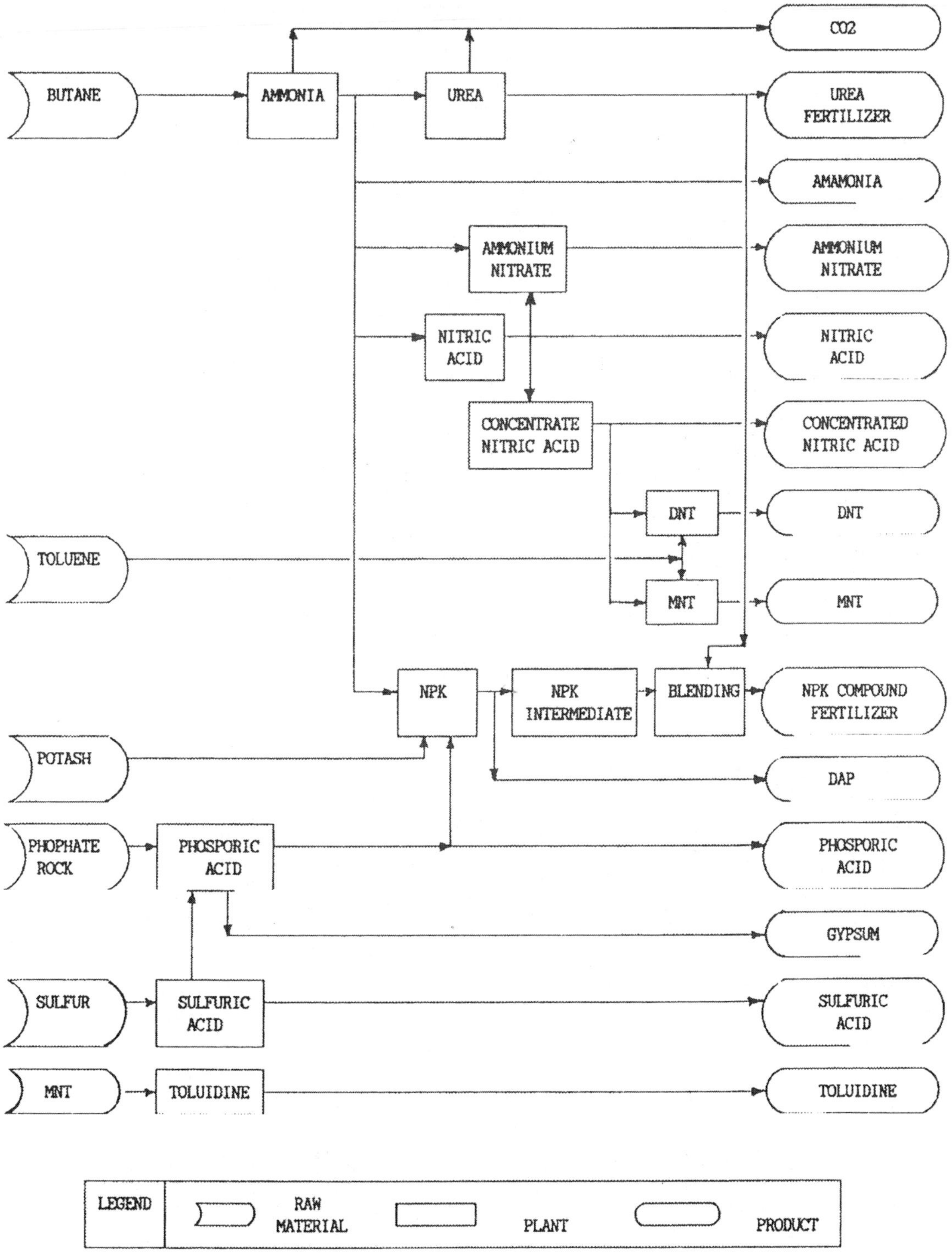

黃酸工場 工程圖

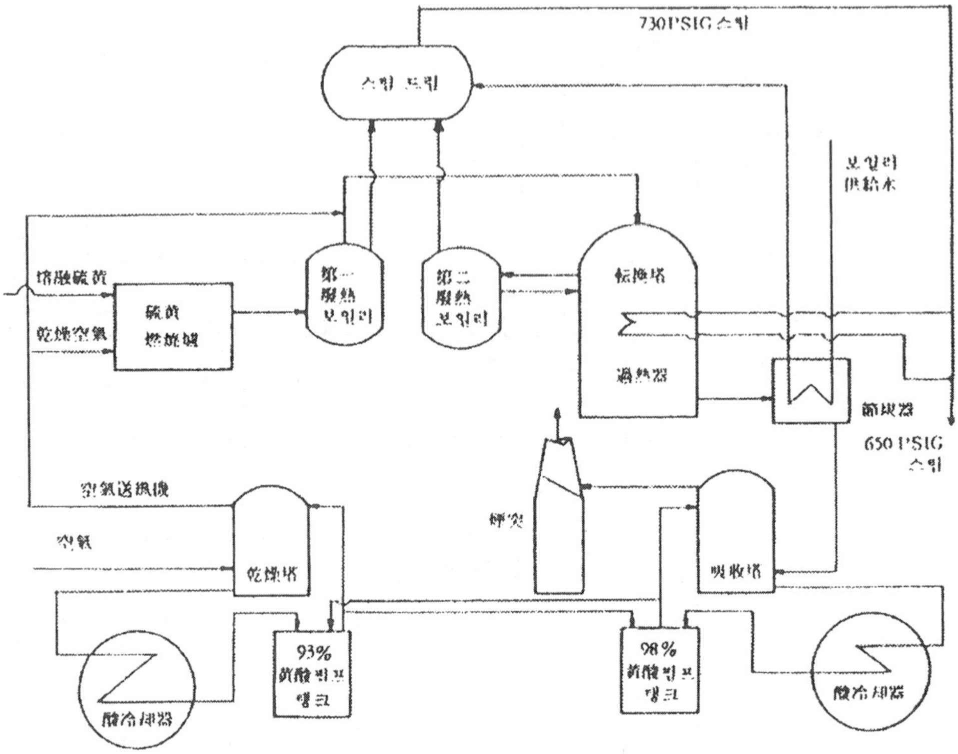

암모니아 製造 工程圖

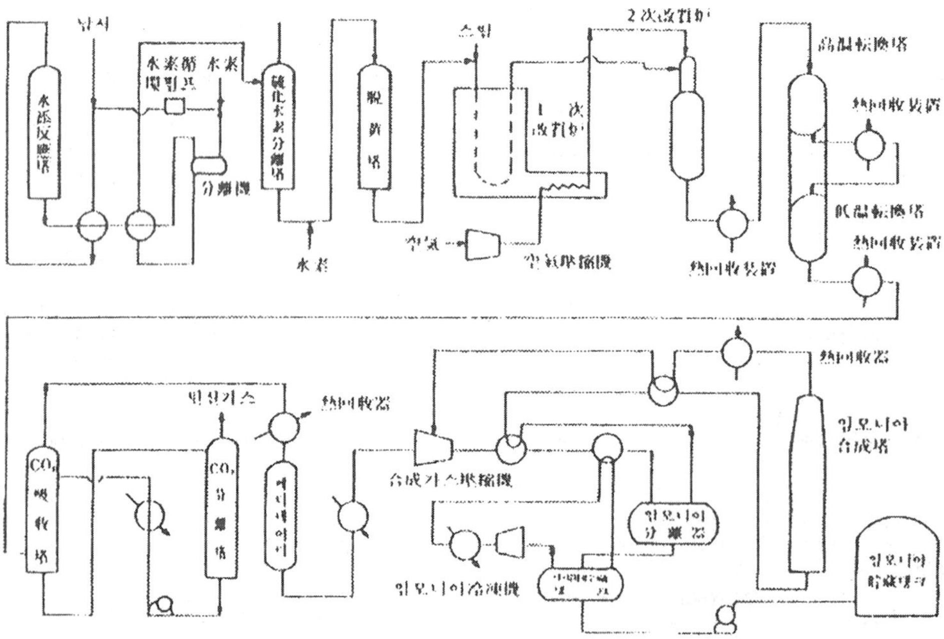

자료 : 남해화학 10년사

硝酸製造工程図

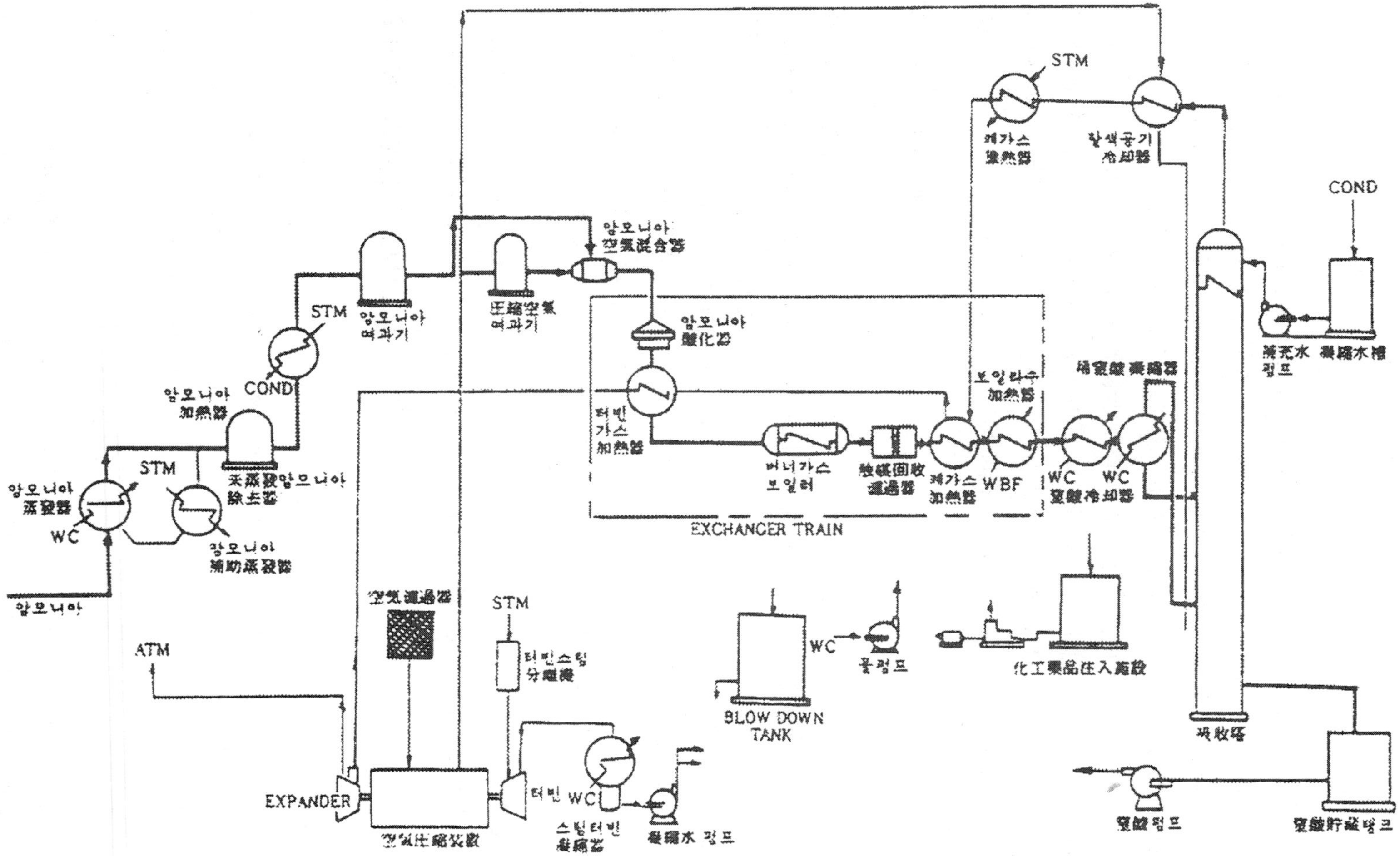

자료 : 남해화학 10년사

상기 물질들은 표준 규격화의 대상인데 표준규격화 작업은 공장특성에 따라 결정한다.

참고로 국내외의 표준규격을 응용해 보는것도 많은 도움을 주는데 이들의 규격을 보면 다음과 같다.

① KS : KOREAN (INDUSTRIAL) STANDARDS
② JIS : JAPAN INDUSTRIAL STANDARDS
③ ASTM : AMERICAN SOCIETY FOR TESTING AND MATERIALS
④ DIN : DEUTSCHE INDUSTRIE NORMEN (GERMAN INDUSTRY STANDARD)

9-4. 생산량과 소비량의 계산기준 설정

각 공장의 제품생산 및 소비물량의 정확한 산정을 위한 기준을 설정 운영함으로서 공정의 효율관리(EFFICIENT PROCESS MANAGEMENT)와 총괄 품질관리(TOTAL QUALITY CONTROL)를 실행할수 있다.

경영진에서는 생산량과 소비물량의 계산 기준을 설정하여 운영토록 해야하고 필요시에는 계산 기준을 수정보완해 나가야 한다.

특히 생산 및 소비공정(PRODUCING AND CONSUMING PROCESS)에 정확도가 높은 계기(MASS FLOW METER)를 설치하여 이를 기준하고, 물질 특성상 계기측정이 어려운 항목에 대하여는 별도로 계산기준을 설정 운영한다.

회사의 경영수지(COMPANY'S MANAGEMENT BALANCE)에 직접적인 영향을 주기때문에 관리에 최선을 다하여야 한다.

9-4-1. 계산기준 적용 원칙

계산 방법은 측정 정확도에 따라 1차 기준, 2차 기준, 3차 기준으로 분류 설정하고 정확도가 높은 계기로 측정하는 직접방법인 1차 기준을 적용함을 원칙으로 한다.

1차 기준적용이 잠시 어려울시에는 정확도가 다소 미진하지만 2차, 3차 기준을 적용하도록 하고 그사이에 1차 기준적용의 문제점을 해결하여 다시 1차 기준을 적용토록 한다.

생산공정의 특성에 따라 측정정확도에 기준하는 1차, 2차, 3차 기준을 아래와 같이 정의하도록 한다.

1차 기준은 직접해당 물질을 정확도가 높은 계기로 직접 측정하는 방법을 말하며 2차 기준은 공정에 투입되는 다른 물질을 기준하여 정확도가 높은 계기로 간접 측정하는 방법을 말한다. 3차 기준은 간접 측정방법을 동원하여 과학적으로 응용 적용하는 방법을 말한다.

9-4-2. 계산방법에 적용하는 요소(FACTOR) 변경

계산 방법을 설정함에 있어 생산공정에서 운영되는 여러가지의 요소(FACTORS)들이 응용된다. 즉 운전 실적치(ACTUAL OPERATION DATA), 공정 실험 분석치(PROCESS ANALYTICAL DATA) 그리고 공정 및 재고실사자료(PROCESS AND INVENTORY SURVEY REPORT)등을 근거로 하여 계산방법에 적용되는 요소(FACTORS)들을 변경 조정한다.

9-4-3. 측정계기 관리

1) 측정계기의 분류

제품생산 및 소비물량 계산에 사용될 측정계기의 효율적인 관리를 위해 각 측정계기를 중요도에 따라 우선순위를 결정하여 다음과 같이 분류한다.

① 1급 계기 : 1차 기준에 적용하는 계기

② 2급 계기 : 2차 기준에 적용하는 계기

③ 보조계기 : 3차 기준에 응용하는 계기

2) 측정계기의 주기적 점검

상기 측정 계기류의 정확도와 신뢰도를 높이기 위해 주기적으로 점검, 보정(CALIBRATION) 해 주어야 한다.

반드시 측정계기의 주기적 점검과 보정업무는 주의깊게 관리되어야 하며, 관리자는 점검과 보정내용을 주기적으로 보고받아 관리해 나가야 한다.

9-5. 생산활동 재고관리(INVENTORY CONTROL MANAGEMENT)

공장의 안정적인 생산 조업을 위하여 각종 물품의 재고관리(INVENTORY CONTROL MANAGEMENT)는 필수적으로 이루어져야 하며 또한 효율적으로 관리해야 한다.

9-5-1. 재고관리의 목적과 대상

1) 재고관리의 목적

-. 안정된 생산조업을 유지시키기 위함

-. 원료의 안정공급을 하기 위함

-. 판매활동을 촉진시키기 위함

-. 경제성 있는 가동율로 운전을 하기 위함

-. 생산 조업계획을 수립하기 위함

-. 조업상의 문제점 조기발견과 대책을 강구하기 위함

-. 기업의 경영개선에 이바지하기 위함 등이다.

2) 재고관리의 대상

-. 주원료
-. 부원료
-. 촉매류
-. 화공약품류
-. 충진물류(PROCESS PACKINGS)
-. 유류 및 연료유
-. 중간제품
-. 완제품

9-5-2. 재고관리 방법

재고 관리를 효율적으로 하기 위해서는 다음의 방법을 응용해 보기로 한다.

1) 상기 대상의 각 품목별로 적정재고 수준을 설정한다.
2) 생산계획에 의거하여 상기 대상의 품목중 제품류를 제외한 소비재료의 소비계획을 작성한다.
3) 매일 일정시간을 기준하여 재고를 파악하고 일일보고서에 기록한다.
4) 월말에 실제 재고(PHYSICAL INVENTORY)를 실측 조사한다.
5) 장부재고(BOOK INVENTORY)와 실제재고(PHYSICAL INVENTORY)를 비교 분석하고 차이(DIFFERENCE)를 조정한다.

9-5-3. CUT-OFF 관리

고체원료 산물(散物 : BULK)의 물량을 파악하는 한가지 기법(技法)으로서 생산공정의 원단위와 원가관리를 하는데 매우 중요한 관리 방법이다.

즉 매항차 입고량(入庫量)의 고체 원료 산물을 모두 사용했을때 창고가 바닥이 나타난 상태를 CUT-OFF라고 하며, 이때 입고량과 실제 사용량을 비교하여 과부족분의 차이발생 물량을 장부재고 숫자에 증감하여 조정 또는 정정하는 관리방법이다.

고체원료는 입고량(入庫量)과 실제 사용량과의 사이에 반드시 물량차이가 발생된다.

발생되는 이 물량 차이를 주기적으로 장부재고(BOOK INVENTORY)와 비교하여 조정해 주어야 한다. 만일 매항차마다 입고되는 물량을 실제 사용량과 비교분석하지 않고 방치할때 장부상의 재고 숫자는 더욱더 오차가 커지게 된다.

따라서 원단위 관리와 원가관리를 정확히 해낼수가 없게되어 판매 경쟁에서 뒤떨어지게 된다.

9-5-4. CUT-OFF 관리 방법

가. 고체 원료 경우

1) 흐름도 작성

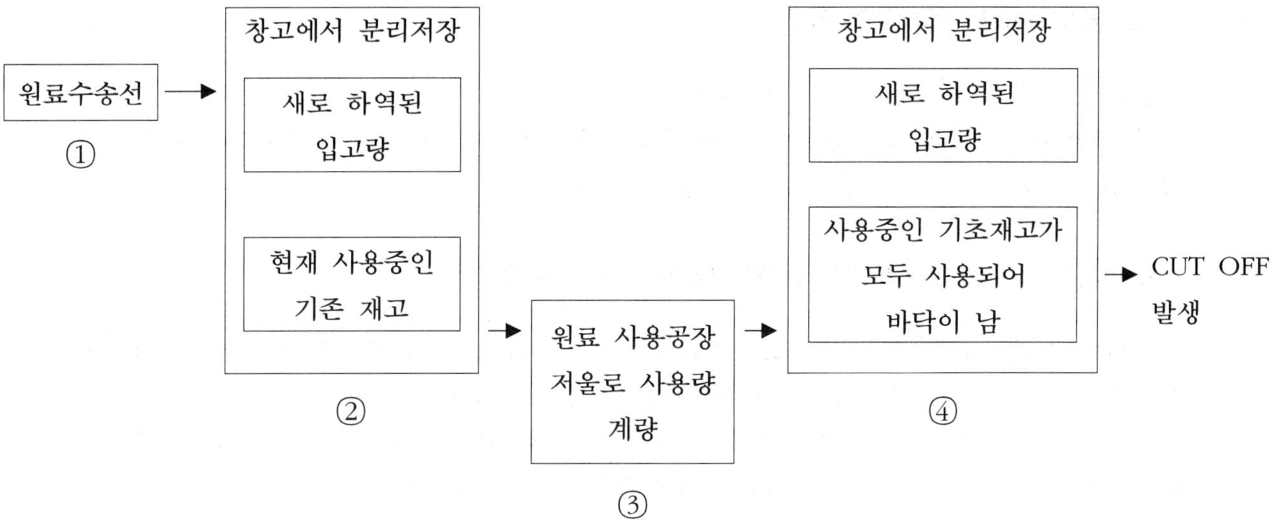

2) ㉮ 입고(入庫) : 국제 공인 기관에서 물량을 측량해서 입고량을 통보해 준다.
위그림 ②에서와 같이 산물(散物:BULK) 원자재는 창고내 또는 옥외에 항차별로 서로 섞이지 않게 분리입고(SEPARATE PILING)

㉯ 사　용 : 위그림 ④에서와 같이 한항차 입고량을 실제로 모두 사용하여 바닥이 나타났을 때 CUT-OFF 발생.
이때 손실(LOSS) 현상이나 또는 이익(GAIN) 현상이 나타나게 된다.
즉, CUT-OFF 발생 시점에서 산물(散物 : BULK)이 모자라는 현상을 손실(LOSS)이라 하고 남아있는 현상을 이익(GAIN)이라고 한다.

㉰ 입고량과 사용량 비교 : 생산 일보상의 사용량(장부상의 숫자)과 입고량을 비교 해서 과부족이 발생했을때 입고량과 사용량을 각각 집계하여 비교한다.

㉱ 차이발생량 처리 방법 : 산물을 모두 사용한후에 창고의 바닥이 난상태에서 또는 옥외 분리저장한 산물이 바닥을 나타냈을때 실재고가 없다는 명백한 사실을 근거로해서 사용량과 재고량을 조정 또는 정정해 준다.
월말에 통합해서 일괄처리해 조정한다.

㉲ 입고량과 실사용량간의 차이 발생의 주원인
-. 부두에서 하역시 미량이나마 손실될 가능성
-. 운반 과정에서 발생될수 있는 손실
-. 송장(INVOICE)에 적힌 숫자와 실제 수송된 물량과의 차이 등등

㉥ CUT-OFF 발생은 창고 운영 여건이나 옥외 저장시설 사용조건에 따라서 매항차마다 나타날수도 있고 또는 여러항차가 겹쳐서 사용된후에 나타날수도 있다.
여러 항차가 겹쳐서 사용될때에는 CUT-OFF 발생이 오랜 시간이 흐른뒤에 나타 나므로 생산 일보상의 사용량 집계를 별도의 장부에 정확히 산출해 나가야 한다.

나. 중간제품이나 완제품의 경우

앞에서 언급한 "고체원료 경우" 를 응용하여 처리한다.
즉 고체원료 경우의 흐름도에서 "원료수송선" 대신에 중간제품이나 완제품으로 바꾸어 놓고 공장 운영사정에 알맞도록 해당사항과 내용들을 응용 적용하면 된다.

다. 재고 관리 보고서(INVENTORY MANAGING REPORT)

앞에서 언급한 실제재고(PHYSICAL INVENTORY)를 실측조사한 내용과 CUT-OFF 발생시의 내용들을 정리하여 원가를 관리하는 관계부서에 보내주어야 하고 경영진에 반드시 보고하여야 한다.
그러면 여기서 재고 실측 보고서(PHYSICAL INVENTORY SURVEY REPORT)와 CUT-OFF REPORT, 그리고 CUT-OFF SUMMARY REPORT를 양식화(FORMAT)해 본다.
보고서를 작성할때의 대상에 대하여는 앞에서 언급한 "재고관리의 대상" 의 내용들이 된다.

다-1) 재고 실측 보고서(PHYSICAL INVENTORY SURVEY REPORT)

재고 실측 보고서

(PHYSICAL INVENTORY SURVEY REPORT)

수　　신 :	실측일자 :
발　　신 :	실 측 자 :
사본배부 :	확 인 자 :

내 용 / 실측대상항목	단 위	장부숫자	실제숫자	차 이	비 고

다-2) CUT-OFF REPORT

CUT-OFF REPORT

수　신 :　　　　　　　　CUT-OFF 발생일자 :

발　신 :　　　　　　　　CUT-OFF 물량 작성자 :

사본배부 :　　　　　　　　확인자 :

내 용 / 대상항목	단 위	입 고 량 (장부숫자)	실제 사용량	과부족 차이량	비 고

다-3) CUT-OFF SUMMARY REPORT

UNIT :

NO.	VOLUME		DIFFERENCE		PERIOD	CUMULATIVE TOTAL		
	REPORT	ACTUAL	GAIN/LOSS	%		REPORT	ACTUAL	GAIN/LOSS

9-5-5. 재고예측 관리(INVENTORY FORECASTING MANAGEMENT)

생산공장의 안정적 조업을 위해서 재고관리는 효율적으로 적절히 관리되어야 한다.

특히 원료, 중간제품 그리고 최종제품에 대하여 주기적으로 재고 현황과 일정기간의 예측을 해야한다.

적정수준의 재고능력과 원료 조달기간을 감안하여 예측해야할 일정기간을 결정한후 이 일정기간의 재고를 예측해보는 방법이 재고예측 관리(INVENTORY FORECAST MANAGEMENT)이다.

특히 원료, 중간제품 그리고 최종제품에 대하여 재고예측 관리를 소홀히 할경우 조업 중단은 불가피 하게 된다. 기업 경영수지에 중요한 역할을 하게되므로 관리자는 재고 예측 관리에 최선을 다해야 한다.

앞에서 설명한 일정기간의 생산계획을 작성하여 일정기간 내에서 저장능력을 초과하는 경우나 재고부족 현상이 발생하는지의 여부를 점검한다.

만일 저장능력을 초과하거나 부족현상이 발견되면 가동율을 조정해 주거나 소비물량을 조정해주는 방법을 강구하여 대응책을 강구해야 한다.

또는 원료의 경우 수급물량을 조정해 주는 방법도 대응책으로 한다.

여기서 재고예측 관리에 대하여 다음과 같이 요약해 본다.

1) 재고를 예측해야할 일정기간을 설정한다.
2) 각원료, 중간제품, 최종제품등의 관리해야할 재고 적정수준을 결정한다.
3) 각 생산공장에서 사용하는 원료의 조달기간을 확인 설정한다.
4) 일정 기간중의 생산계획을 작성하여 재고수준을 점검한다.
5) 예측해야할 일정기간중에 각 공장의 조업중단 계획이 있는지를 확인한다.
6) 일정 기간중의 각 공장별 가동율을 설정한다.
7) 적정 재고 수준을 초과하거나 부족현상이 나타나면 원료 조달방법을 조정하거나 판매계획에 따른 생산계획을 조정한다.
8) 조정된 생산계획에 따라서 각 공장의 가동율을 결정한후 생산조업 하도록 한다.
9) 상기의 조정된 생산계획에 따라 각 공장의 재고 상황과 운전 가동율등을 GRAPHING 하여 효율적으로 관리하도록 한다.

9-6. 물량차이 분석 관리

생산공정에서는 원료, 중간제품, 최종제품등이 장부숫자(BOOK VALUE)와 실제 사용되거나 이동된 물량과는(ACTUAL VALUE) 반드시 차이(DIFFERENCE)가 발생하게 된다.

공정관리(PROCESS CONTROL MANAGEMENT) 담당관리자는 이를 차이물량(DIFFERENCE VOLUME) 발생 원인분석 및 조정을 과학적이고, 합리적인 방법으로 해야 한다.

앞에서 언급한 CUT-OFF 때와 실제재고 실측때 물량차이가 발생되며 이들 물량차이 (DIFFERENCE)는 공정효율의 변화(VARIANCE OF PROCESS EFFICIENCY)에서 근원적으로 발생된다.

이들 차이는 생산공정에서 불가피하게 나타나는 효율의 변화이기 때문에 자연 과학적인 문제라고 표현할수 있겠다.

그리고 물량을 계량 측정하여 산출하기 때문에 계기 오차(ERROR OF INSTRUMENTAL MEASURING DEVICE)에 의한 것이다.

이러한 물량차이(DIFFERENCE OF MATERIALS AMOUNT)는 지구상 어느나라의 공장에서든지 흡사하게 발생되기 때문에 공정관리를 하는 사람들은 이러한 공정에서의 물량차이 발생문제를 국제적인 공정관리문제(INTERNATIONAL PROBLEMS OF PROCESS CONTROL MANAGEMENT)라고 하기도 한다.

각 공장의 특성과 관리방법에 따라 기법에는 차이가 있겠지만 일반적으로 다음과 같이 조정하는 방법이 있다. 조정하기전에 반드시 물량차이 발생 원인분석을 과학적으로 수행한후 합리적으로 조정해야 한다.

1) 단순한 제조공정(MANUFACTURING PROCESS)일 경우에는 원료나 제품의 물량 차이가 발생할 경우 장부숫자(BOOK VALUE)를 조정한다.
2) 복합적인 생산공장(COMPLEX PRODUCING PLANTS)일 경우에는 물량 차이가 발생할때 원료에서 중간제품 그리고 최종제품에 이르기까지 연계하여 과학적으로 차이 발생 원인을 분석한후에 합리적으로 각 공정구간에 걸쳐 배분하여 조정한다.
3) 각 공정의 설계효율(DESIGNED EFFICIENCY)과 성능보장치(PERFORMENCE GUARANTEE VALUE)를 근거로 하여 차이 원인을 분석해 본다.
4) 각 공정에서의 이론원단위(THEORETICAL UNIT CONSUMPTION)와 실제운전 원단위(ACTUAL OPERATING UNIT CONSUMPTION)를 기준하여 차이원인을 분석해 본다.
5) 각 공정에서 예를들면 특별정비 준비작업을 위해 불가피하게 물량처리를 하는 과정에서 공식적으로 인정할수 있는 손실물량이 있었는지를 확인하여 분석한다.
6) 각 공정에서의 운전이상 현상으로 효율이 급격히 저하 되었거나 공정손실이 나타났었는지를 확인 분석한다.
7) 복합적인 공정간에 생산된물량과 배분물량이 정확히 계산되었는지를 확인 분석한다.
8) 조정하는 과정에 효율이 100%를 초과할 경우에는 정확히 원인분석된 내용을 명백히 밝혀 둔 후에 조정 정리한다. 자연과학 측면에서 조정하는 시점에서 효율이 100%를 초과하지 않도록 수차에 걸쳐 분할 조정하는 방법도 고려해 본다.
9) 상기와 같은 내용들을 참고로 하여 생산공정에 따라 생산량과 소비량을 과학적이고 합리적으로 조정한다.

9-7. 공정 효율 관리(PROCESS EFFICIENCY MANAGEMENT)

9-7-1. 원단위 관리(UNIT CONSUMPTION MANAGEMENT)

공정 효율분석 관리에 있어 제일 기본이되는 관리 방법이다.

생산공정 관리상 매일 점검(DAILY CHECK) 해볼수 있는 장점이 있고 진폭(DIFFERENCE)이 현저할때는 그 원인을 즉각 분석해 낼수있는 관리 기법이다.

여기에 대한 기본개념은 "제 7장 생산관리 7-8 원단위 관리" 항에서 이미 언급한바 있기 때문에 참고하기 바란다.

여기서는 종합적인 효율 관리를 위해 구체적으로 관리해야할 원단위에 대하여 다음과 같이 요약해 보기로 한다.

1) 이론 원단위(THEORETICAL UNIT CONSUMPTION)
2) 표준 원단위(STANDARD UNIT CONSUMPTION)
3) 년간 실적 원단위(ANNUAL ACTUAL UNIT CONSUMPTION)

4) CUT-OFF 보정 원단위(UNIT CONSUMPTION OF CUT-OFF ADJUSTMENT)

5) 공정개선후 향상된 원단위 (IMPROVED UNIT CONSUMPTION WITH PROCESS UPGRADING)

6) 국내외의 동종업체 원단위(UNIT CONSUMPTION OF DOMESTIC/FOREIGN SAME PLANTS)

9-7-2. 공정 효율 관리

1) 원재료 효율관리(RAW MATERIALS EFFICIENCY MANAGEMENT)

생산공장에서 원가 비중을 많이 차지하는 원재료는 CASH(현금)와 같이 철저히 관리해야 한다.

각 제품의 원료 효율을 분석하고 표준치보다 상회하였거나 하향되었을시에는 원인을 분석해 낸다. 다시 원인분석에 대하여 부언해볼것 같으면,

각 공정에서의 ① 이상현상(PROCESS UPSET/TROUBLE)으로 급격한 효율변화로 발생된 손실량(LOSS VOLUME)이 있었는지의 여부, ② 특별 정비작업을 위해 공정에 머물고 있는 가공물질(PROCESSING MATERIALS) 또는 중간제품(INTERMEDIATE PRODUCTS)을 이송시키는 과정에서 발생된 손실량의 유무. ③ 여러 공장들이 유기적으로 얽힌 복합공정에서 생산된 물량과 배분물량이 개인 오차와 측정오차등의 면에서 정확히 관리 되었는지의 여부등을 재확인한다. ④ 그리고 차이분석에 대하여는 경영진에 보고될수 있도록 별도로 그 내용들을 명기하도록 한다.

2) 공정효율 주요관리 분야

생산 공정에서는 각 구간의 설계조건에 따라 효율에 차이가 있게 마련이며 100% 완벽할수는 없다.

즉 인간이 해낼수 있는 일에는 반드시 오차의 한계가 있게 마련이다.

이들 오차를 얼마나 완벽하게 극복해 나가느냐를 다루어 나가는 것이 기술적 관리방법이다. 다시 말하면 총제적으로 인간의 오차(HUMAN BEING ERROR)를 어느정도 인정할 것인가 이것이 문제다.

그러면 다시금 원론으로 돌아와서 각 생산공장에서 효율관리를 해 나가야할 분야를 언급해 본다.

원료 하역 공정에서부터 시작하여 중간의 생산공정을 거쳐 제품 출하공정에 이르는 전과정(OVERALL PROCESS)을 구분하여 효율을 관리해 나가야 한다.

그러면 전과정을 일반적으로 다음과 같이 구분해본다.

2-1) 관리를 위한 전과정 구분

① 원료 하역 공정(RAW MATERIALS UNLOADING UNIT)

② 원료 저장 공정(RAW MATERIALS STORAGE UNIT)

③ 각 생산 공정(MANUFACTURING EACH PROCESS UNIT)

④ 중간 제품 공정(INTERMEDIATE PROCESS UNIT)

⑤ 제품 저장 공정(PRODUCTS STORAGE UNIT)

⑥ 제품 출하 공정(PRODUCTS SHIPPING / LOADING UNIT)

효율관리 방법에 대하여 조금더 구체적으로 접근(APPROACH)해 보도록 한다.
앞에서 언급한 전과정으로 구분된 내용들을 가지고 다음과 같이 관리해 보도록 한다.

2-2) 관리를 위한 구체적 접근 방법

① 각 공정의 설계조건(DESIGN BASIS) 비교
 -. 실제 운전조건 : 운전온도, 압력, 물리적 성질, 화학적조성등의 운전조건을 비교해 나간다.

② 생산공정 운전현황 검토
 -. 공정 연계도(PROCESS INTERMEDIATE BLOCK DIAGRAM)상의 각 공정간 유기적 관계를 응용해 본다.
 -. 생산공정 제조공정도(MANUFACTURING PROCESS BLOCK DIAGRAM)상의 각 공정구간의 운전현황의 측정치가 정확한지 보정(CALIBRATION)한다.

③ 전과정으로 구분된 공정을 다시금 세분화하여 다음과 같은 수지(BALANCE) 내용을 가지고 정밀히 검토분석해 나간다.
 -. 물질 수지(MATERIALS BALANCE)
 -. 에너지 수지(ENERGY BALANCE)
 -. 유틸리티 수지(UTILITY BALANCE)
 -. 스팀 수지(STEAM BALANCE)
 -. 물 수지(WATER BALANCE)
 -. 전기 수지(ELECTRICITY BALANCE)

④ 생산공정의 다음과 같은 내용의 기준관리를 철저히 이행해 나간다.
 -. 가동정지 시간의 설정기준(제 7장 생산관리 "7-4-2 보고업무 1) 생산일보" 상에 언급한 내용 참조)
 -. 공장 가동정지 요인 및 정지시간
 -. 원단위 관리기준
 -. 표준규격 관리기준
 -. 생산량과 소비물량의 계산기준
 -. 생산활동 재고 관리기준
 -. 물량차이 분석 기준

⑤ 연소 효율(FUEL COMBUSTION EFFICIENCY)을 주기적으로 철저히 분석 관리한다.

9-8. 조업 예측 관리(OPERATION FORECASTING)

주요 원료수급 및 각 제품생산을 효율적으로 관리 유지하기 위해 각 생산공정의 조업을 예측관리해야 한다.

각 생산공장의 가동율(OPERATION RATE)은 다음 조건의 변화에 따라 동시에 변하기 때문에 일정한 기간을 두고 예측하며 관리해 나가야 한다.

1) 원료 수급에 따른 저장수준에 변화가 발생될때
2) 공정의 이상현상이 초래되어 가동율이 저하될때
3) 제품 저장수준이 최대에 이를때
4) 판매물량이 계획대로 출하되지 못할때
5) 유틸리티(UTILITY) 공급계통에 이상현상이 초래되었을때
6) 공정 효율(PROCESS EFFICIENCY)이 비정상적으로 하락될때
7) 공장 기기장치의 이상현상(TROUBLE)으로 갑자기 정비(MAINTENANCE) 수리가 이루어질 때 등이다.

상기 내용들의 변화는 공장조업에 있어 불가피하게 나타날수 있는 현상들이다.

이러한 변화에 따른 조업예측은 기업경영 개선에 이바지 하는 바가 크다.

즉 원료부문과 생산 제품에 대하여 적정 재고수준을 설정하고 다음 내용들을 조정(CONTROL)해 나간다.

-. 적정 저장수준을 설정하고 원료수급을 조정한다.
-. 예측관리를 위해 각 생산공정의 가동율을 적절히 조정한다.
-. 판매물량을 경제적인 수준에서 증가시켜 나간다.

이상의 중요한 내용들을 등한시하고 관리를 적절히 못하였을 경우에 기업에 미치는 손실은 대단하다.

조업 예측관리의 대상은 주원료, 부원료, 촉매류, 각 생산제품 등이며 상기조건 변화에 따라 경제적 가동율로 생산하며 각 해당부문의 재고를 점검한다.

재고수준을 상회하거나 하락될때 적절한 가동율로 경제적인 생산활동을 해야한다.

9-9. 총괄 에너지 관리 (Overall Energy Management)

생산 공정에서의 흐름은 모두 에너지(ENERGY)가 된다.

이들 흐름(FLOW)을 정확히 추적하면서 손실(LOSS) 부문을 찾아 개선해 나가야 한다.

공정 흐름 관리(PROCESS FLOW CONTROL)를 효율적으로 수행해 나갈때 손실이 차단되고 경영 개선이 성공적으로 이루어지게 된다.

총괄 에너지 관리에 대하여 다음 내용을 참고하기로 한다.

1) 각 생산공정에 투입되고, 흐르는 물질을 분류한다.
2) 분류된 물질들의 원단위(UNIT CONSUMPTION)을 산정해 낸다.
3) 분류된 물질들의 총괄 물질수지(MATERIAL BALANCE)와 열수지(ENERGY BALANCE)를 계산한다.
4) 특히 중요시 다루어야할 에너지원을 설정하고 PROCESS FLOW CHART (흐름 공정도)를 작성한다.

   예를들면 : -. 연료유 (FUEL)
   -. 전기 (ELECTRICITY)
   -. 증기 (STEAM)
   -. 공업용수 (PLANT WATER)
   -. 공업용 공기 (PLANT AIR)
5) PROCESS FLOW CHART(흐름공정도) 관리는 매우 중요함으로 효율적으로 관리하도록 한다.
6) 상기내용을 정확히 관리하면서 손실(LOSS)을 찾아 개선토록 한다.

9-10. 공정 보고서(PROCESS REPORT)

각 생산공장의 활동내용을 보고서로 작성한다.

공정보고서는 원가계산의 기본자료가 될뿐만아니라 생산성 향상을 위한 요인(FACTORS) 발전에 중요한 자료가 된다.

또한 경영개선을 위해 필수적으로 갖추어야할 보고서가 된다.

그러면 다음과 같이 보고서의 내용을 양식화(FORMAT)해 본다.

9-10-1. 공정 생산 일보(DAILY PRODUCTION REPORT)

내 용	단 위	일 간 (DAILY)	월 간 (MONTH TO DATE)	년 간 (YEAR TO DATE)
생산량 (PRODUCTION)				
원료 소비량(RAW MATERIALS CONSUMPTION) A 원료 B 원료 C 원료 . .				
유틸리티 소비량 (UTILITY CONSUMPTION) 연 료 유 냉 각 수 공업용수 스 팀 전 기				

9-10-2. 공정 월보(PROCESS MONTHLY REPORT)

공정 월보에는 다음 내용들을 포함한다.

1) 각 공장 운전현황(PLANT OPERATION STATUS)

-. 공장별로 구분한다.
-. 가동일수(OPERATION DAYS)를 산출한다.

가동일수 = 달력일수 - 가동정지일수

$$운전율(\%) = \frac{가동일수}{달력일수}$$

-. 가동율(OPERATION RATE)을 산출한다.

$$\text{가동율}\left(\frac{\text{VOLUME}}{\text{DAY}}\right) = \frac{\text{월간 생산량(MONTHLY PRODUCTION VOLUME)}}{\text{가동일수 (OPERATION DAYS)}}$$

$$\text{가동율 (\%)} = \frac{\text{OPERATION RATE (VOLUME)}}{\text{DESIGNED RATE (VOLUME)}}$$

-. 생산율(PRODUCTION RATE)을 산출한다.

$$\text{생산율}\left(\frac{\text{VOLUME}}{\text{DAY}}\right) = \frac{\text{월간 생산량(MONTHLY PRODUCTION VOLUME)}}{\text{달력일수 (CALENDAR DAYS)}}$$

$$\text{생산율 (\%)} = \frac{\text{PRODUCTION RATE (VOLUME)}}{\text{DESIGNED RATE (VOLUME)}}$$

-. 월간 집계하고 월평균치를 산출한다.

2) 각공장 생산현황(PLANT PRODUCTION STATUS)

-. 각 공장별로 계획(SCHEDULE)과 실적(ACTUAL) 물량을 산출하고 계획대비 실적율을 산출한다.

· 계획량 (SCHEDULED VOLUME)

· 실제량 (ACTUAL VOLUME)

$$\text{· 실적율} = \frac{\text{실제량(ACTUAL VOLUME)}}{\text{계획량(SCHEDULED VOLUME)}}$$

3) 각 제품별 출하현황(PRODCTS SHIPPING STATUS)

-. 각 제품별로 계획(SCHEDULE)물량과 실적(ACTUAL) 물량을 산출하고 계획대비 실적율를 산출한다.

-. 계획 출하량(SCHEDULED SHIPPING VOLUME)

-. 실제 출하량(ACTUAL SHIPPING VOLUME)

-. 실적율 = $\dfrac{\text{실제 출하량}}{\text{계획 출하량}}$

4) 화공약품 소비현황(CHEMICALS CONSUMPTION STATUS)

-. 각 공장별로 사용하는 화공약품(CHEMICALS)을 분류한다.

-. 월별로 각 공장에서 사용한 화공약품을 집계한다.

-. 월별로 집계하여 나가고 년간총량을 집계한다.

5) 촉매 현황(CATALYST STATUS)

-. 각 공장별로 사용하는 촉매(CATALYST)를 분류한다.

-. 촉매명(CATALYST BASE)과 촉매번호(CATALYST TYPE)를 명기한다.

-. 촉매의 제조회사(MAKER)를 명기한다.

-. 설계된 충진량을 명기한다.

-. 재고량(INVENTORY VOLUME)을 나타낸다.

-. 촉매의 BULK DENSITY를 명기한다.

-. 촉매의 사양(SPECIFICATION)을 명기한다.

6) 가동정지 분석현황(PLANT-SHUTDOWN ANALYSIS)

각 공장별로 가동정지 원인을 분석하여 보고서를 작성한다.

가동정지 분석은 제7장 생산관리의 "7-6-3 가동정지 원인분석보고" 를 따르도록한다.

7) 공정 효율 분석(PROCESS EFFICIENCY ANALYSIS)

DESCRIPTION	MONTH TO DATE			YEAR TO DATE		
OPERATION	OPERATING DAYS	AVG.PROD RATE	PROD/ CAPACITY	OPERATING DAYS	AVG. PROD RATE	PROD/ CAPACITY
PRODUCTION	ACTUAL	SCHEDULE	ACT/SCH.	ACTUAL	SCHEDULE	ACT/SCH.
CONSUMPTION	ACTUAL	STANDARD	YEAR AGO	ACTUAL	STANDARD	YEAR AGO
RAW MATERIALS A B C D .						
UTILITIES FUEL PLANT WATER POWER STEAM						
CHEMICALS A B C D .						

9-11. 에너지 보고서(ENERGY REPORT)

각 생산공정에 흐르는 모든 물질은 모두 에너지(ENERGY)이기 때문에 관리에 최선을 다해야 한다.
에너지 관리를 위한 보고서에는 다음 내용을 포함한다.

1) 에너지 원별로 소비 예산량과 제품 생산량을 명기하고 절감량을 산출한다.
2) 중간 제품별로 소비 예산량과 제품 생산량을 명기하고 절감량을 산출한다.
3) 원재료별로 소비예산량과 제품 생산량을 명기하고 절감량을 산출한다.
4) 각 제품별로 주요 원단위를 예산 원단위와 실적 원단위로 구분하여 계산한다.
5) 제품별 원재료 효율을 산출한다.

9-12. 공정 안전사고 보고서(PROCESS SAFETY ACCIDENT REPORT)

생산 공장에서는 뜻하지 않은 공정사고(PROCESS ACCIDENT)와 공정 기기장치 안전사고(PROCESS EQUIPMENT SAFETY ACCIDENT)에 접하게 되는 수가 있다.

공정사고의 확률이 있기 때문에 이들 사고로부터 해방되기 위해서는 공정에 대하여 각 조직 구성원들이 정확히 이해하고 응용해 나가야 한다.

공장 안전사고가 불가피하게 발생될시에는 다음 내용을 참고로 하여 보고서를 작성토록 한다.

-. 문제의식과 문제발전을 위해 5W, 2H, 2C를 염두에 두고 풀어나간다.
  즉 5W : WHO, WHAT, WHERE, WHY, WHEN
  2H : HOW MUCH, HOW TO
  2C : COST, COMMUNICATION

-. 문제점 해결방안을 위해 다음을 기본으로 해본다.
  ① 현황을 면밀히 파악
  ② 진행하여온 과정을 분석
  ③ 문제점들을 토출하고 원인을 분석
  ④ 설계조건과 운전 PARAMETER를 비교 분석
  ⑤ 원인을 분석, 규명
  ⑥ 향후 대책을 강구토록 한다.

응용문제

1. 공정 관리(Process Control)에 있어 공정(Process)을 무엇이라고 설명하는가요?
2. 공정 관리에 있어 제조공정(Manufacturing Process)을 무엇이라고 설명 하는 가요?
3. 제조원가(Manufacturing Cost)를 절감하고, 경영개선(Management Improvement)을 위해서 관리 해야 할 내용은 무엇 이겠습니까?
4. 효율적 공정관리의 도식화를 예(Example)로 나타내 보십시오.
5. 공장 연계도(Process Interconnect Block Diagram)란 무엇이며, 왜 필요한가를 설명 하십시오.
6. 생산 공장 제조 공정도(Manufacturing Process Block Diagram)의 필요성에 대하여 설명 하십시오.
7. 표준 규격화 관리(Standard Specification Management)란 무엇이며, 어떠한 내용 들을 규격화하여 관리해야 하는 가요?
8. 생산량과 소비량의 계산기준 설정(Settlement of Calculation Basis)의 필요성은 무엇입니까?
9. 계산기준 적용 원칙에 대하여 설명 하십시오.
10. 계산 방법에 적용하는 요소(Factor)변경에 대하여 설명 하십시오.
11. 측정 계기 관리(Management of Measuring Instrument)에 대하여 설명 하십시오.
12. 생산 활동 재고 관리(Inventory Control management) 란 무엇인가?
13. 재고 관리의 목적은 무엇 입니까?
14. 재고 관리의 대상은 무엇 입니까?
15. 재고 관리 방법에 대하여 설명 하십시오.
16. Cut-Off Management란 무엇 입니까?
17. Cut-Off Management방법에 대하여 설명 하십시오.
18. 재고 예측 관리(Inventory Forecasting Management)에 대하여 설명 하십시오.
19. 재고 예측 관리를 효율적으로 실행 하기 위한 관리 요령에 대하여 세부 내용 들을 설명 하십시오.
20. 재고 관리에 있어 물량 차이(Difference on Book Value and Actual Value) 분석 관리에 대하여 설명 하십시오.
21. 공정 효율 관리(Process Efficiency Management)에 대하여 설명 하십시오.
22. 종합적인 공정 효율 관리를 위해서 구체적으로 관리 해야 할 원단위(Unit Consumption)에 대하여 항목 별로 열거 하십시오.
23. 조업 예측(Operation Forecasting)관리에 대하여 설명 하십시오.
24. 총괄 에너지 관리(Overall Energy Management)에 대하여 설명 하십시오.
25. 공정 보고서(Process Management Report)의 필요성은 무엇입니까?

26. 공정 생산 일보(Daily Production Report)에 대하여 예(Example)를 들어 보십시오.
27. 공정 월보(Process Monthly Report)에 포함해야 할 내용에 대하여 설명 하십시오.
28. Energy Management Report에 포함 해야 할 내용에 대하여 설명 하십시오.
29. 공정 안전 사고 보고서(Process Safety Accident Report)의 필요성과 문제점 해결 방안을 강구하기 위해서 필요한 내용들을 명기 하십시오.

공정 품질 관리 10장
(PROCESS QUALITY CONTROL)

10-1. 개 요

품질관리는 생산공정(MANUFACTURING PROCESS)을 중요시 관리하여 나갈때 성공적으로 가능하다.

즉 최적의 품질관리는 생산공정의 운전제어 범위내에서 생산활동(PRODUCTION ACTIVITIES)을 해낼때 성취될 수 있다.

최고급 품질의 제품을 생산하기 위해서는 생산공정을 안정적으로 운전해야 한다.

이렇게 하기 위해서는 각 생산공정의 운전 내용들을 부문별로 공정 실험분석 (PROCESS CONTROL ANALYSIS)을 해야하며, 이를 분석 자료들을 가지고 공정 사양서(PROCESS CONTROL SPECIFICATION)에 나타난 설계수치나 또는 운전 지침서에 명기된 운전수치와 반드시 비교 검토해야 한다.

분석 결과치가 설계수치나 운전수치보다 높거나 낮을 경우에는 즉시 원인을 밝혀낸후에 정상화 하도록 해야한다.

만일 운전 제어범위(OPERATION CONTROL RANGE)를 벗어난 상태에서 공정운전이 계속되면 최적의 품질관리는 할수없을 뿐만아니라 공정 이상현상(PROCESS UPSET)이 초래되고 생산공정의 형태에 따라 환경오염(ENVIRONMENTAL POLLUTION)을 야기시킬수 있으며 또한 산업재해(INDUSTRIAL DISASTER)로 연결될수가 있다.

그러므로 공정 실험분석 결과치가 각공정의 제어범위(PROCESS CONTROL RANGE) 이내에서 운전될수 있도록 조정 해야하며 이때 최고급의 품질이 보장되는 제품을 생산할수가 있다.

또한 생산제품의 품질관리는 양질의 원료를 구입하는 단계에서부터 시작된다는 것을 명심해야 한다.

즉 품질관리는 원료 공급에서부터 시작하여 각 생산공정을 거쳐, 제품저장, 출하, 수송, 수요자의 제품 반입시설에 이를때까지는 총괄관리를할때 만족스러운 결과를 얻을수 있다.

따라서 최고의 품질관리는 과정을 항상 중요시 하는 분위기 속에서만 가능하다.

문제가 된다고해서 어느 국한된 한공정에만 정열을 바친다고 해서 품질관리가 되는 것은 아니다.

품질관리를 인체(人體)에 비유해서 언급해볼것 같으면 인체를 최적 조건에서 건강히 유지 시키려면 열손가락을 모두 골고루 한결같이 사랑해야 하는것과 같다.

생산공정과 비교하면 어느 손가락이 더 중요하고 안 중요하고가 있는것이 아니다.

생산공정이란 과정의 연속이기 때문에 어느 한공정도 등한시 하거나 우회(BYPASS)될수 없으며 만일 과정과 공정이 무시되어 우회되는 분위기에서는 품질관리(QUALITY CONTROL)는 성공적으로 성취될수 없다.

오직 성실한 자세와 겸손한 마음속에 주어진 설계조건이나 개선된 운전조건에서 생산활동을 추진해 나갈때 품질관리는 이루어 낼수 있다.

10-2. 각 공정 구간에서의 품질관리

품질관리는 생산공정 전구간에서 성실히 이루어져야 한다.

원료하역에서 부터 제품출하에 이르는 전 과정에서의 생산공정을 세밀히 점검하고 실험 분석해 나가야 한다.

어느 한공정도 소홀히 다루어서는 좋은 결과를 얻을수 없다.

참고로 품질관리를 해야할 전구간을 공정별로 도식화(BLOCK DIAGRAM) 해보면 다음과 같다.

다음의 도식화 ①번의 원료 구매계획 단계에서부터 ⑧번의 수요자 원료저장 공정까지를 총괄하여 품질관리를 해야한다.

품질관리를 위해서는 무엇보다도 숙련된 솜씨와 성실한태도 그리고 정성스러운 마음을 가지고 각 공정을 세심하게 점검하면서 관리하도록 한다.

10-2-1. **품질관리를 위한 공정별 도식화(PROCESSING BLOCK DIAGRAM)**

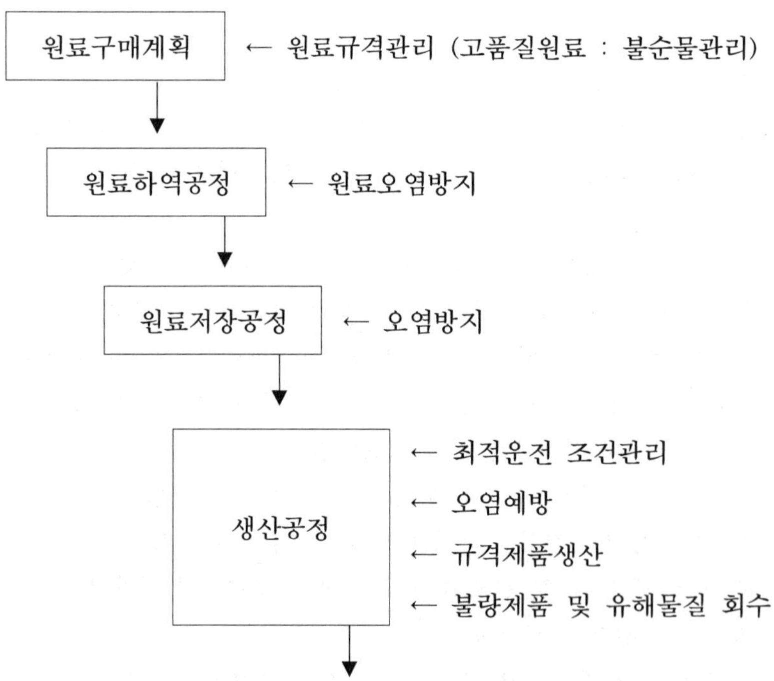

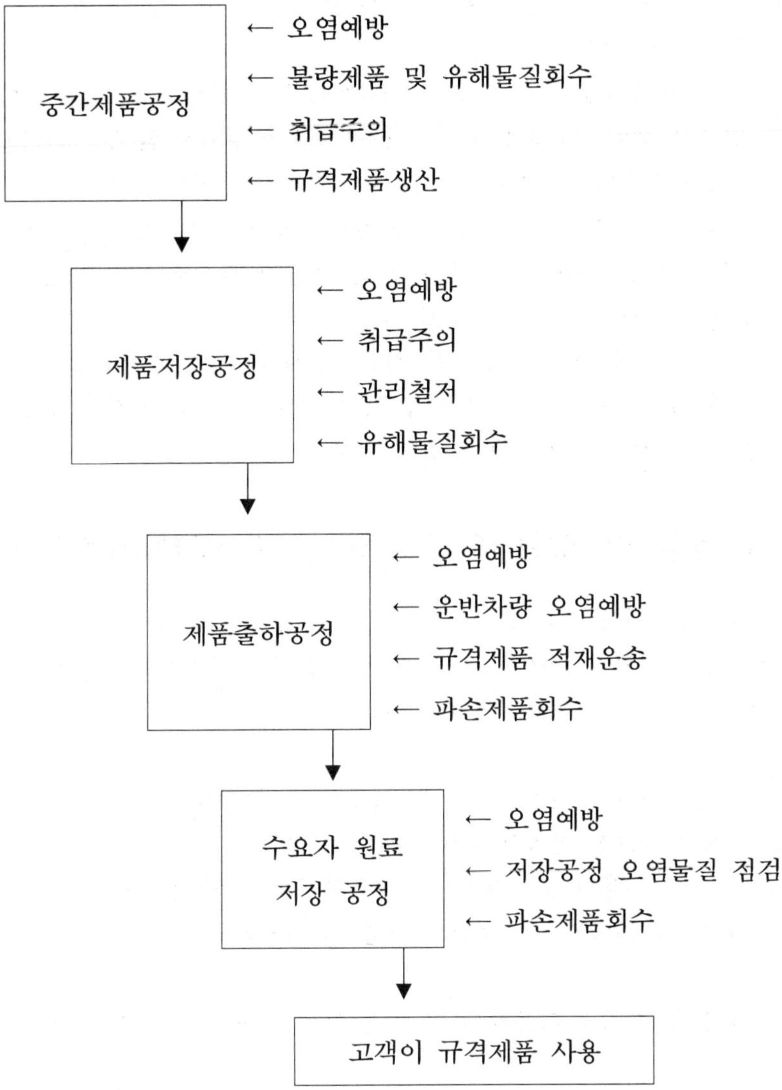

10-2-2. 각 공정에서의 품질관리 내용

각 공정에서의 품질관리 내용을 살펴보면 다음과 같다.

1) 원료 구매계획 단계에서 구입해야할 원료의 규격을 명확히 설정한후 구입토록 한다. 품질관리를 위해 원료의 불순물 항목관리로 철저히 검토되어야 한다.
2) 각공정의 오염방지를 위한 대책을 강구하고 오염원에 대하여 구체적으로 상세히 기술하여 관계자에게 교육시키고 점검 목록표를 작성하여 운영토록 한다.
3) 생산 공정에서의 최적 운전조건 관리는 공정운전 기록지를 이용하고 기록시간은 공장 여건에 따라 결정하도록 한다.

4) 각 공정에서의 불량 제품이나 유해오염 물질이 발생시에는 적절히 회수할수 있는 시설을 갖추어야 한다.

5) 각 공정에서의 주요 물질을 취급할때에는 취급 요령서를 작성하여 관계자를 교육시키고, 취급이 잘못되어 공정의 품질에 문제가 발생되지 않도록 해야한다.

6) 제품출하시 운반설비에 오염물질이 있는지의 여부를 점검한다.
오염물질이 있을경우 다음 제품 생산공정에서 품질에 이상현상이 나타나게 된다.
규격 제품을 출하시켜야 하며 또한 제품이 파손되었을시에는 회수시설을 이용 회수하고 공정에 투입되지 않도록 주의를 요한다.

7) 수요자의 저장시설도 철저히 점검된후에 하역이 되어야 한다.
오염 예방은 물론 파손된 제품 회수시설을 갖추고 적절히 운영해야 한다.
불순물들이 공정에 투입되지 않도록 관리한다

10-3. 품질관리 실험 (ANALYSIS FOR QUALITY CONTROL)

각 생산공장에서 필요로 하는 UTILITY 또는 중간제품과 최종제품을 생산할때의 각공정의 운전 내용물을 실험분석하여 결과를 공정에 반향(FEED BACK) 시켜야 한다.

실험 분석하여 품질관리 해야할 내용을 다음과 같이 기술해본다.

1) 각 공장별로 품질관리 목적을 위해 필요한 항목을 선정한다.
2) 선정된 필요한 항목의 분석내용을 분류한다.
3) 각 분석 내용의 운전기준치 (또는 설계치)를 명기해 준다.
4) 실험분석 해야할 주기적인 시간을 결정한다.

상기내용을 가지고 다음과 같이 예를 들어 응용해 보도록 한다.

가) UTILITY 경우의 보일러수 (BOILER WATER)

① 분석내용 : -. PH (25℃ 기준) : 운전기준치 ; 9.8~10.2
-. CONDUCTIVITY (MICRO mHO)
-. SiO2 (PPM) : 운전기준치 ; 2PPM MAX.
-. PO4 (PPM) : 운전기준치 ; 30~50 PPM
-. Fe (PPM)
-. SOLIDS(PPM) : 운전기준치 ; 100PPM MAX.

② 분석주기 : 8시간 마다 시료채취 (SAMPLING)하여 실험분석.

③ 상기내용을 다음과 같이 분석표로 만들어 본다.

BOILER WATER (보일러수)							
SAMPLING POINT	분석내용	PH (25℃)	CONDUCTIVITY (MICRO mHO)	SiO_2 (PPM)	PO_4(PPM)	Fe (PPM)	SOLIDS (PPM)
	기 준 치						
	시 간	9.8~10.2	-	2(MAX)	30~50	-	100(MAX)
제 1보이라	08:00						
	16:00						
	24:00						

나) 인산공장 경우의 인산제품 (PHOSPHORIC ACID PRODUCTS)

① 분석내용 : -. SPECIFIC GRAVITY : 운전기준치 ; 1.48

-. P_2O_5 : 운전기준치 ; 46% MIN.

-. CaO :

-. H_2SO_4 : 운전기준치 2.5% MAX.

-. SOLIDS : 운전기준치 0.5 ~ 1.0%

② 분석주기 : 8시간마다 시료채취하여 실험분석.

③ 상기내용을 다음과 같이 분석표로 만들어 본다.

인 산 제 품					
분석내용	SP. GR.	P_2O_5	CaO	H_2SO_4	SOLIDS
기 준 치	1.48	46% MIN	-	2.5% MAX	0.5 ~ 1.0%
시 간					
08:00					
16:00					
24:00					

10-4. 생산공정 이해와 응용(MANUFACTURING PROCESS UNDERSTANDING AND APPLICATION)

무엇보다도 품질관리를 효율적으로 하기 위해서는 모든 관계자들은 생산공정을 정확히 이해하고 운영관리해 나가야 한다. 규격제품을 얻기 위해서는 다음에 기술하는 내용들을 정확히 이해하고 응용해야 한다.

또한 운전요소(PARAMETERS)관리가 소홀할경우 공정변화(PROCESSING DIFFERENCE)의 폭이 커지기 때문에 요구되는 규격의 제품을 얻을수가 없게 된다.

즉 다음 내용에 대하여 세부적이고, 구체적으로 정확히 이해하고 응용해 나가도록 한다.

1) 공장 성능 (PLANT PERFORMANCE)

공장 운전교본에 명기되어 있는 공장성능(PERFORMANCE)에 대하여 구체적으로 이해한다.

-. 생산능력

-. 공급 원료 소비량과 원단위

-. 제품의 규격

-. 성능보장 내용

-. UTILITY 소비량과 원단위 등등

2) 생산공정 (MANUFACTURING PROCESS)

각 공장의 생산공정에 대하여 운전교본 내용을 이해한다.

화학 반응식과 온도, 압력등의 공정 운전조건을 함께 이해한다.

3) 공정운전 (PROCESSING OPERATION)

각 공장의 제반 운전조건(OVERALL OPERATING CONDITIONS)과 운전조정범위 (OPERATING CONTROL RANGE)를 정확히 이해한다.

운전조건과 조정범위의 오차가 심한 상태에서 운전될 경우에는 반드시 원인을 규명하고 정상화 시킨후 운전해야 한다.

또한 공정 안정상태(PROCESS STABLE CONDITION)와 불안정상태(UNSTABLE CONDITION)를 상호 이해하도록 한다.

상기 내용들이 정밀하지 못하고 진폭이 클 경우에 공정내에서의 품질 또한 규격에 큰 변화를 일으키게 된다.

4) 공정 실험 (PROCESS ANALYSIS)

각 생산공정간의 필요한 실험분석 내용을 이해하도록 한다.

5) 환경오염 (ENVIRONMENTAL POLLUTION)

각 생산공정 구간내에서 발생되는 유해물질 처리과정을 정확히 이해한다.

운전 설계조건 범위내에서 정밀하게 운전하여야 하며 운전범위를 벗어날 경우에는 공정을 개선하여 범위내로 운전되도록 한다.

10-5. 공정 실험분석 프로그램(ANALYTICAL PROCESS CONTROL PROGRAM)

품질관리를 위해서는 각 생산공정 구간의 필요한 운전내용을 주기적으로 분석(ANALYSIS) 해야한다고 이미 여러차례 강조하였다.

따라서 공정실험분석 프로그램(ANALYTICAL PROCESS CONTROL PROGRAM)을 얼마나 적절하게 그리고 논리적으로 작성운영 하느냐에 따라서 품질관리는 결정된다.

10-5-1. 공장내 현장 실험실 분석업무 (IN-PLANT CHEMICAL CONTROL ANALYSIS)

생산공정(MANUFACTURING PROCESS)에 따라 다르겠지만 공장의 운전요소(OPERATING PARAMETERS)에 따라 공정변화가 빈번히 움직이는 경우가 많다.

이들 공장을 정상적으로 운영하기 위해서 운전 요소들을 최적의 조건으로 조정해주어야 한다.

이렇게 빈번히 변화하는 공장을 정밀히 조정해 주기위해 공장내에서 실험분석 (IN-PLANT CHEMICAL ANALYSIS)을 즉시 수행하여 공정에 반향(FEED BACK)시켜줌으로서 공정을 안정하게 유지시킬수 있다.

공장내 실험실(IN-PLANT LABORATORY) 분석 업무는 다음을 목적으로 한다.

1) 공정 구간에서의 필요한 전 항목의 시료채취 (SAMPLING)
2) 시료채취 빈도시간 (FREQUENCY OF SAMPLE)
3) 분석해야할 내용 (DETERMINATIONS REQUIRED)
4) 분석내용 빈도시간 (FREQUENCY OF DETERMINATIONS)

10-5-2. 실험분석방법 (ANALYTICAL METHOD)

국내의 전문기관에 의하여 공인된 분석방법이나 KS, JIS, DIN, ASTM등의 표준 분석 방법을 선정하여 분석하도록 한다.

분석오차를 줄이는것도 품질관리에 도움을 준다. 그리고 특별분석에 대하여도 공인기관의 분석방법을 이용 또는 응용하기로 한다.

그리고 시료채취(SAMPLING)는 일정한 시간 간격으로 일정량의 SAMPLE을 취하여 혼합한후 시료 대표치(COMPOSITE SAMPLE)를 준비하도록 한다.

SAMPLING SCHEDULE에 대하여 다음과 같이 예(EXAMPLE)를 들어본다.

EXAMPLE(1) ; 요소 (UREA)

1) COMPOSITE SAMPLE

ANALYSIS	METHOD	FREQUENCY
SAMPLING	NPFI 3.110	1/SHIPMENT
NITROGEN	NPFI 3.200	1/SHIPMENT
BIURET	NPFI 3.410	1/SHIPMENT
MOISTURE	NPFI 4.110	1/SHIPMENT
SIEVE	NPFI 5.110	1/SHIPMENT

(NOTE : NPFI ; NATIONAL PLANT FOOD INSTITUTE
NPFI ANALYTICAL METHODS ; WASHINGTON, D.C 20006, U.S.A)

EXAMPLE(2) ; STEAM

1) SUGGESTED SAMPLING AND TESTING SCHEDULES

ANALYSIS	METHOD	FREQUENCY
SAMPLING	ASTM D 1066-59T ASTM D 1192-51T	AS REQUIRED
MOISTURE	CHLORIMETER	1/DAY
CONDUCTIVITY	ASTM D 1125 ASTM D 1069	AS REQUIRED
CO_2	ASTM D 513-57	1/DAY
O_2	ASTM D 888-49T	1/DAY

10-6. 품질 보장 규격서(QUALITY GUARANTEED SPECIFICATION)

정성스럽게 만든 제품에 대하여는 품질을 보장해야 한다.

그리고 고객(CUSTOMERS)에게 품질보장 제품(QUALITY GUARANTEED PRODUCTS)을 공급과 함께 안전제일을 위해 제품 안전취급 자료서(MATERIAL SAFETY DATA SHEET ; MSDS)를 제출해 주어야 한다.

또는 화학물질 안전취급 자료서(CHEMICAL SAFETY DATA SHEET ; CSDS)를 제출해 줌으로서 수송 과정이나 제조 공정에서의 취급상 문제가 발생시 적절한 조치를 취함으로서 안전사고나 재해를 예방 또는 피해를 극소화시킬수 있게된다.

품질보장 규격서(QUALITY GUARANTEED SPECIFICATION SHEET)를 다음과 같이 예로 들어본다.

PRILLED UREA

(LOW BIURET)

GUARANTEED SPECIFICATION

NITROGEN	46.0% MIM.
MOISTURE	0.5% MAX.
BIURET	1.0% MAX.
PRILL SIZE	-5+16 TYLER MESH 89.0% MIM.
PHYSICAL CONDITION	PRILLED, FREE-FLOWING

TYPICAL SPECIFICATION

NITROGEN	46.3%
MOISTURE	0.35%
BIURET	0.35%
PRILL SIZE	-6+16 TYLER MESH 90.0% MIM.

TYPICAL STOWAGE FACTOR

CUBIC FEET REQUIRED TO STOW ONE LONG TON OF BULK PRODUCT.

BULKER	49
TWEEN DECKER	55/60

10-7. 공정 분석 보고 (PROCESS ANALYTICAL REPORT)

총괄 품질관리(TOTAL QUALITY CONTROL)를 위한 공정분석 보고는 일간, 월간, 년간 기준으로 작성 관계부서에 배부하여 공정조정(PROCESS CONTROL)에 활용하고 또한 공정 응용에 참고 자료로 이용하도록 한다.

일간 공정분석 자료 (DAILY PROCESS ANALYSIS DATA)를 집계하여 월간과 년간 공정분석 보고서(MONTHLY AND YEARLY PROCESS ANALYSIS REPORT)를 준비한다.

참고로 공정분석 보고의 내용을 다음과 같이 양식화(FORMAT)하여 본다.

10-7-1. 일간 공정 분석 보고 (Dally Process Analytical Report)

계 장	과 장	부 장

예 : ANALYSIS REPORT FOR PHOSPHORIC ACID (H_3PO_4) PLANT 199 . . .

Time	Feed Rock							Wash Water	Return Acid				
	H_2O	P_2O_5	CaO	-12	-20	-35	-65		Sp.Gr	P_2O_5	H_2SO_4		
	2-4	31.25	45.56	100	-	-	-	%P_2O_5	1.45	37-41	3-10		
N													
D													
E													

Time	Pump Tank (R-103)				Hydration Tank (R-202)					Evaporater			
	Slurry		Filtrate		Slurry		Filtrate			Time	Item #	Sp.Gr	P_2O_5
	Sp.Gr	Solids	P_2O_5	H_2SO_4	Sp.Gr	Solids	Sp.Gr	P_2O_5	H_2SO_4				
	1.7	35	46.5	2.5	1.41-1.45	38	1.15-1.20	10-15	5-10				
N													
D													
E													

Sale P_2O_5					
Time		Sp.Gr	P_2O_5	Solids	행선지
#					
#					
#					
#					
#					
#					
#					
#					
#					
#					
#					

Time	Product (#1 Filtrate)					Hemi-Gypsum(F-101)				Di-Gypsum (F-201)					Operation Efficiency (%)				분석건수	
	Sp.Gr	P_2O_5	CaO	H_2SO_4	Solids	T-P_2O_5	WS-P_2O_5	Fr-H_2O	C-H_2O	T-P_2O_5	WS-P_2O_5	CaO	Fr-H_2O	C-H_2O	DEC	FIL	OVE	REC		
	1.48	>46	-	<2.5	0.5-1.0	3.5	2.5	30-35	6.6	0.31	<0.13	30.5	28-38	20.38	98.8	99.38	-	>98.5	N	
N																			D	
D																			E	
E																			T	

Time	TK-109 A			TK-109 B			TK-109 C			TK-109 D		
	Sp.Gr	P_2O_5	Solids	Sp.Gr	P_2O_5	Solids	Sp.Gr	P_2O_5	Solids	Sp.Gr	P_2O_5	Solids
N												
D												
E												

* *Remarks* : Unit = wt %. Sp.Gr = 25℃

GPW Treatment (F-205 . ppm)					Unloading P-rock				Spent Acid	
Time	PH	P_2O_5	F	SS	Time	P_2O_5	현재 MT	예정 MT	산지	Time	ppm HNO_3

Shift Foreman	N:	D:	E:

10-7-2. 월간공정 분석보고 (MONTHLY PROCESS ANALYTICAL REPORT)

예 : PHOS. ACID PLANT; MONTHLY REPORT FOR PROCESS ANALYSIS

SAMPLE	ITEM	DESIGN
FEED ROCK	H2O P2O5 CAO -12 -20 -35 -65	2~4 31.25 45.56 100
R-103 SLURRY	SP.GR SS	1.7 35
R-103 FILT	P2O5 H2SO4	46.5 2.5
PROD #1 FILTRATE	SP.GR P2O5 CAO H2SO4 SS	1.48 >46 <2.5 0.5~1.0
GPW F-205 OUT (PPM)	PH P2O5 F SS	5.5~8.6 <100 <15 <100
W/W	P2O5	
TK-101	SP.GR P2O5 H2SO4	1.45 37~41 3~10
EFFICIENCY	DEC FIL OVE REC	98.8 99.38 >98.5
EVAPORATOR	SP.GR P2O5	
UNLOAD ROCK	% P2O5	

SAMPLE	ITEM	DESIGN
R-202 SLURRY	SP.GR SS	1.41~1.45 38.0
R-202 FILT	SP.GR P2O5 H2SO4	1.15~1.20 10~15 5~10
TK-109 A	SP.GR P2O5 SS	
TK-109 B	SP.GR P2O5 SS	
TK-109 C	SP.GR P2O5 SS	
TK-109 D	SP.GR P2O5 SS	
HEMI GYPSUM	T-P WS-P F-H2O C-H2O	3.5 2.5 30~35 6.6
DI GYPSUM	T-P WS-P CAO F-H2O C-H2O	0.31 0.13 30.5 28~30 20.38
SALE P2O5 (46%)	SP.GR P2O5 SS	
SALE P2O5 (43%)	SP.GR P2O5 SS	

REMARKS : UNIT = %
AVG = AVERAGE
STD = STANDARD DEVIATION,
FRQ = FREQUENCY
PH, SP.GR = AT 25 DEG C,
SS = SUSPENDED SOLIDS,
DEC = DECOMPOSE,
FIL = FILTRATION.
OVE = OVERALL,
REC = RECOVERY
T.P = TOTAL P2O5
WS.P = WATER SOLUBLE P2O5,
F-H2O = FREE H2O,
C-H2O = COMBINED H2O,

10-8. 고객측 문화이해(CUSTOMER'S CULTURE UNDERSTANDING)

생산공정에서 아무리 우수한 제품을 만들었다 하더라도 제품포장 공정에서 디자인 색깔이나 내용, 크기, 표기방법 또는 상표의 상징등이 국내외 고객(DOMESTIC AND FOREIGN CUSTOMERS)의 문화와 차이가 발생할때는 제품 판매 활동의 애로점이 발생하거나 구매기피 현상이 나타나게 된다.

판매 행위가 이루어지기전에 상대방측의 문화(또는 기업문화)를 우선먼저 이해하고 대응하는 것을 잊지않도록 한다.

응용문제

1. 공정 품질 관리(Process Quality Control)에 대하여 설명 하십시오.
2. 각 공정 구간에서의 품질관리를 위한 공정별 도식화를 예(Example)로 들어 보고, 설명해 보십시오.
3. 각 공정에서의 품질 관리 내용에 대하여 세부 항목들을 설명 하십시오.
4. 품질 관리 실험(Analysis for Quality Control)의 필요성에 대하여 설명 하십시오.
5. 생산 공정 이해와 응용에 대하여 설명 하십시오.
6. 공정 실험분석 프로 그람(Analytical Process Control Program)은 왜 필요 한가요?
7. 공장 내 현장 실험실 분석 업무(In-plant Chemical Control Analysis)에 대하여 설명 하십시오.
8. 실험 분석 방법(Analytical Method)에 대하여 예(Example)를 들어 보고, 아는 바를 서술 하십시오.
9. 품질 보장 규격서(Quality Guaranteed Specification)의 활용의 필요성에 대하여 설명 하고, 예(Example)를 들어 보십시오.
10. 공정 분석 보고(Process Analytical Report)의 운영에 대하여 설명 하십시오.
11. 공정 품질 관리와 연관하여 고객측 문화 이해(Customers' culture Understanding)의 필요성은 무엇이겠습니까?

안전 관리 11장
(SAFETY MANAGEMENT)

11-1. 개요

최고 경영자가 안전제일(SAFETY FIRST)을 경영방침 최우선으로 선정하여 경영할때 종업원과 그들의 가족과 사회를 보호할 수 있는 분위기에서 안정되게 기업을 운영해 나갈수 있다.

특히 화학공장은 고도의 기술 집약적 장치 산업으로서 여러가지의 다양한 화학 물질을 사용하거나 취급한다.

이들 화학물질들은 무기화학 분야 또는 유기화학 분야의 제품들로서 사용 및 취급에 있어 안전 제일을 고려하여 전문성을 가지고 주의 깊게 다루어야 한다.

이러한 화학물질들은 원료 저장에서부터 중간 공정을 거쳐 제품 저장 부문에 이르기까지 엄청난 양이 취급되고 또한 공장내에 보유하고 있다.

복잡한 장치 산업임을 고려할때 이러한 위험 물질 들의 사용이나 취급은 엄밀한 안전 교육을 받고 처리해 나가야 한다.

철저한 교육과 전문성을 가지고 이들 화학물질들을 취급해 나갈때 안정된 조업을 유지하여 기업 발전에 기여 할 수 있게된다.

이들 위험 화학 물질들의 누출, 화재, 폭발, 환경오염 등과 같은 대형사고가 발생할 경우 공장 근로자와 가족 뿐만 아니라 공장 인근 주민과 사회 그리고 주위 환경에 엄청난 영향을 끼치게 된다.

만일 사고가 발생할 경우 공장규모와 취급물질에 따라서 그 피해 범위는 상상할수 없을 정도의 피해를 입게 된다.

따라서 이러한 위험 물질들은 원료 하역 기지에서 부터, 원료저장, 생산 공정, 제품저장, 출하취급, 운송과정, 수요자 저장에 이르는 전과정에서 최대의 관심을 가지고 효과적으로 총괄 관리될때 최대의 안전 효과를 얻을 수 있다고 본다.

어느 한 과정이 생략된 안전 관리는 있을 수 없다는 사실을 관리자들은 마음속에 깊이 아로새겨야 한다.

그러면 여기서는 생산 공장 에서의 안전관리에 대하여 겸손한 마음속에 대처해 나가야 할 내용들을 다음과 같이 피력해 본다.

11-2. 안전교육 및 훈련

1) 제반 안전 교육 실시때

-. 교육자 : 계장급 이상 관리자

-. 교육 자료 준비 : 필수적으로 교육자료 준비

-. 교육 자료 내용 : 참고 교육 자료로서 대부분의 각 회사에서 준비하고 있는 아래 책자를 이용하여 교육 내용을 요약함.

- 안전 지침
- 화학 물질의 위험 특성 DATA BOOK
- 앗차 사고 사례
- 안전 수첩

상기 자료에서 해당 사항을 발췌하여 내용을 작성한다.

-. 교육자료 준비 내용 : 관리자 결재

-. 교육 주기 및 일자 : 각 회사 규정에 의거 시행

-. 교육후 보고 : 교육 시행후 안전 교육 일지 작성하여 관리자까지 결재

2) 안전 지침 : 반드시 아래 내용을 규정에 따라 준수 한다.

① 안전 수칙

-. 일반 안전 수칙

-. 작업별 안전 수칙

② 위험 작업수행 요령

-. 유해, 위험물 취급 요령

-. 정전 작업 요령

-. 위험물, 고압가스 하역 및 출하 요령

③ 안전 작업 지침

-. 안전 일반 사항

-. 각 해당과 사항

④ 위험 꼬리표 부착

⑤ 안전 작업 허가서 발행

-. 화기 작업 허가서

-. 전기 작업 허가서

-. 용기 출입 작업 허가서

-. 특별 위험 작업 허가서

-. 일반 작업 허가서

⑥ 안전 관리 규정

⑦ 고압가스 안전 관리 규정

3) 공장 위험 요소 교육 : 관리자가 준비한 자료를 이용함.
(공장별로 위험 요소를 발굴하여 교육자료를 준비한다)

4) 생산공정(PROCESS)앞에서의 마음가짐 : 근무 3원칙
① 길이 아니면 가지를 말고, 새로운 길을 찾아 나선다.
② 원리 원칙에서 벗어나면 행하지 말고, 책임자에게 보고하고 협의 또는 지시에 따라 행한다.
③ 판단이 흐리거나 부정확 할때는 행하지 말고, 즉시 책임자에게 보고하고 대책 강구후 정상화 시킨다.

5) 업무 처리상의 주안점 :
① 내재되어 있는 문제점을 조기 발견 - 문제 의식을 갖도록 한다.
② 남들이 무심코 지나친 일중에서 새로운 문제점 찾기
③ 상호 선의의 경쟁 유도 : 각자의 팀(TEAM)에서 공동으로 해결해 보려는 노력
④ 자기 맡은 업무를 중요순(PRIORITY)으로 정리 수행토록 한다.
⑤ 업무중에 미비한점 파악 - 의문점으로 만들어 본다.
⑥ 각 기기장치의 기능과 목적을 정확히 이해하고 다루도록 한다.

6) 문제점 해결 방안 :
① 현황을 면밀히 파악.
② 진행하여온 과정을 분석.
③ 문제점을 도출하고 원인을 분석.
④ 설계 조건 및 운전 PARAMETER와 비교 분석
⑤ 원인을 분석
⑥ 향후 대책을 강구하고 책임자와 상의하여 처리토록 한다.

7) PROCESS REVISION / MODIFICATION : 즉 DESIGN 변경이 요청될때는 다음을 고려한다.
① PFD 와 P&ID를 참고하여 이론을 정립한다.
② 정립한 이론을 가지고 관계 부서와 상호 검토한 후 책임자에게 내용을 보고한다.
③ 이론을 바탕으로 한 내용을 소속 관리자에게 상세히 보고한 후, 필요시 외국 설계사에 문의하여 내용을 보완 시행한다.
④ 제반 주요 공정, 안전 및 환경에 관한 중요한 사항은 전문부서에서 재검토한후 공장장 결재후 시행한다.
⑤ 그 어떤 경우에도 PROCESS REVISION / MODIFICATION / 설계 변경은 상기 절차없이 단독으로 할 수 없다.

8) INTERLOCK SYSTEM 과 SYSTEM TRIP때 재가동

① INTERLOCK SYSTEM을 설계된대로 운전한다.

② 그 어떠한 경우에도 임의로 INTERLOCK SYSTEM을 생략하거나 BY-PASS 운전할 수 없으며 설계된 상태대로 운전, 유지 되어야 한다.

③ INTERLOCK TRIP 되었을때 원인을 정확히 규명한뒤에 MANUAL에 명기된 절차를 따른다.

-.TRIP 시에는 ; 원인이 규명되지 않은 상태에서 절대로 재가동 할수 없으며 원인 규명시에는 전문부서의 담당직원 입회하에 함께 원인규명 해야한다.

9) 안전 보호구 및 장비 : 이에 대한 사용방법을 정확히 이해하고 사용한다.
특히 안전 마스크의 수명에 대하여 확인해야 한다.

10) 인수 인계 철저 : -. LOG SHEET 기록 ; 인수 인계.
-. SHUT DOWN중, START UP 준비중, 비상 정지중, 정상 운전중의 제반 조치사항 인수 인계.
-. 현장 MAINTENANCE 사항 등등

11) 인재(人災) : 전문가 H.W. HEINRICH 원칙 : 다음에서 보는바와 같이 대형사고의 진행 과정을 이해하고 안전사고 예방에 심혈을 기울여 나가야 한다.

이상 현상(RISK)

↓

300건의 RISK가 되풀이 된 후에

↓

작은 사고 발생

↓

29건의 작은 사고가 겹친 후에

↓

대형 사고 발생

인재(人災) : 인재는 평소 사고를 방지할 수 있는 적정 수준의 시설이 있는데에다 이를 효율적으로 관리하고 관계자들이 안전 수칙을 잘지켰더라면 능히 사전에 방지 할 수 있었던 사고를 말함.

관계자들은 그 어떠한 경우에도 상기와 같은 대형 사고의 발전 과정을 차단하도록 안전 대책을 강구해 나가야 한다.

12) 제 2의 사고를 예방하기 위한 사색

-. 소잃고도 외양간은 반드시 고쳐야 한다.

-. 내일 지구의 종말이 오더라도 오늘 사랑하는 나무 한그루를 심어야 한다.

위의 뜻을 마음에 아로 새겨 제 2의 사고를 예방해야 함.

즉 소 잃고 외양간을 안고치면 제 2의 사고는 또다시 나타난다.

13) 밝고 젊게 안전 관리를 하는 마음

-. 뜻이 있는 곳에 반드시 길이 있으며

-. 두드리면 열릴 것이고

-. 하늘이 무너져도 솟아날 곳이 있으며

-. 호랑이 새끼를 얻기 위해서는 호랑이 굴에 들어가야 한다.

-. 용기와 신념 그리고 철학을 가지고 안전 관리를 해나가야 한다.

14) 안전에 대한 소망

우리 모두의 합심으로

RISK를 예방하여

처자식을 보호하고

우리를 보호하고

회사의 발전에 기여하고

사회를 보호해 나가는데

각자 한가닥의 빛이 되었으면 한다.

우리는 진정 안전제일(SAFETY FIRST)을 얼마나,어디까지 알고 대처해 나가고 있을까? 사람은 생각하는 갈대 이기 때문에 뜻이 있는 곳에 반드시 안전 사고를 예방하는 길이 있다고 본다.

11-3. 안전 작업 허가서 관리(SAFETY WORK PERMIT MANAGEMENT)

모든 직원들의 안전한 작업 환경과 최대의 운전 효율을 창출하기 위해 시설 유지보수, 검사, 시험, 토목 작업등을 다루는 일련의 규칙과 규정들을 제정할 필요가 있다.

가) 안전작업 허가절차(SAFETY PERMIT TO WORK PROCEDURE)의 주요목적은 다음과 같다. 첫째. 생산공장의 유지보수, 검사, 시험, 토목 작업 등을 행하는 외주 업자들을 포함한 모든 사람들의 안전한 작업 환경을 조성해 주기 위해서이다.

둘째, 각각의 생산공정 영역에서 담당운전 요원들이 아닌 외부 사람들의 이동을 감시 통제하기 위함이다.

셋째, 각 생산공정에서 행해지는 유지보수, 검사, 시험, 토목 작업등을 감시하기 위해서이다.

나) 안전 작업 허가(SAFETY PERMIT TO WORK)에는 다음과 같이 크게 두가지로 분류된다.

① HOT WORK PERMIT

용접, 연소, GRINDING, HOT TAPPING, CONCRETE CHIPPING 및 노출된 불꽃을 사용하거나 전기적 또는 충격에너지에 의한 SPARK 발생이 가능한 기타 작업등에 적용한다.

② COLD WORK PERMIT

노출 불꽃이나 전기 또는 충격에너지에 의한 SPARK 발생이 가능한 어떤종류의 기구나 장비 사용을 필요로 하지 않은 모든 작업, 다시 말하면 HOT WORK PERMIT 발행에 적합하지 않는 모든 작업등에 적용한다.

다) 안전 점검(SAFETY CHECKS)

안전 작업 허가서의 확인 서명전에 중견 관리자나 감독자는 작업 장소의 형태에 따라 물리적 검사와 다음 해당 사항들에 대하여 점검 확인 해야 한다.

(a) 위험지역이 아닌 다른 장소로의 작업 이동 가능성
(b) 인화성 기체, 액체, 고체 물질의 존재 가능성
(c) 가열에 의해 팽창할 수 있는 액체가 닫힌 VALVE 사이나 또는 폐쇄된 PIPE사이에 갇혀 있을 수 있는지를 점검 확인.
(d) WATER FLUSHING, AIR PURGE 또는 STEAM, 비활성 GAS등에 의해 이물질 제거는 되었는지 점검 확인.
(e) 작업 시작전 어떻게 인화성 기체, 액체, 고체 물질들이 없음을 확인 할 수 있는가 ?
(f) HOT WORK중 불꽃이 튈 가능성이 있는지를 점검 확인.
(g) 장치의 내부 구조는 DRAWING과 일치하는지 점검 되었는가?
(h) 보다 낳은 환기를 위해 열수 있는 MAN HOLE이나 덮개가 있는지 점검 확인
(j) HOT WORK 작업중에 연소성 GAS나 LIQUID 누출 가능성이 있는지를 점검 확인
(k) 모든 응급 화재 장비는 정비 작업자에게 알려져 있으며 잘 작동 하고있는지 점검 확인
(l) 장치상의 모든 DRAIN과 OPENING은 열려져 있으며 인화성 액체나 고체 또는 연소성 GAS가 없음을 확인한다.
(m) 소방수 또는 안전 관리자가 작업중 계속 대기 해야 하는가?

라) 안전 작업 허가서 발행(SAFETY WORK PERMIT)

앞에서 언급한 작업 요청서(명령서)에 따라 작업을 수행하기전에 제반 안전 사고를 예방할 목적으로 안전 작업 허가서(SAFETY WORK PERMIT)를 발행해야 한다.

안전 작업 허가서 발행은 그 어떠한 사고나 재해 그리고 대형 사고등의 인재(人災)를 예방하기 위해 수행되는 업무로서 작업 특성에 따라 주의 깊고 신중하게 작업 내용을 점검, 파악한 후에 발행해야 한다.

그 어떠한 경우에도 안전 작업 허가서는 형식적으로 발행해서는 안되며 경험과 업무의 전문성을 가지고 신중히 발행 해야 한다.

안전 작업 허가서를 발행하는 중견 관리자 자신의 펜(PEN)끝에 따라 사고가 발생할 수도있고 예방 될 수 있다는 사실을 명심하고 중견 관리자는 허가서를 신중하게 발행해야 한다.

안전 작업 허가서에는 작업 특성의 중요성에 따라 다음과 같은 범주로 구분하여 발행하고 관리하는 것이 효과적이다.

① 화기 작업 허가서
② 전기 작업 허가서
③ 용기 출입 작업 허가서
④ 특별 위험 작업 허가서
⑤ 일반 작업 허가서
⑥ 굴착 작업 허가서

특히 용기 출입과 관련된 작업은 질식사고의 위험성이 매우 높기 때문에 특별한 주의를 기해야 한다.

다음과 같이 TANK 및 VESSEL류 작업전 점검 사항을 양식화(FORMAT) 해 본다. 그리고 작업 특성에 따라 구분된 상기 내용의 안전 작업 허가서 양식을 참고로 첨부한다.

TANK 및 VESSEL 류 작업전 점검 사항

(질산,황산,톨루엔,DNT,MNT,TOLUIDINE,메탄올,암모니아,가연성 가스,N_2,CO_2 등)

점검일자 : 199 . . .   작업번호 : □□□ - □□□□□

시설명 :   기기명(ITEM) :

작업내용 :

점 검 사 항		점검결과	점검자
감독자는 안전교육을 사전 실시한다	1. 외부인 작업시는 별도 안전 교육을 실시하고 서명을 받는다. 받았는가?		
	2. 담당직원 및 작업자(공무부)에게 작업 내용과 안전교육을 실시하고 구체적으로 작업안전 조치에 대해 지시한다. 실시하였는가? - 탱크 맨홀을 개방시는 즉시 "출입금지" 표지판을 부착하고 통제한다. - 모든 검사를 실시 확인후 안전 조치가 끝났을 경우에 작업을 주관하는 계장의 허가를 받은 사람에 한해 출입할 수 있다. - 각 장치 내부 및 LINE은 완전히 세척되어야 하며 암모니아의 경우는 물을 완전히 채운 후 DRAIN하고 완전히 제거되지 않았을 경우 반복한다. - 내부 가스를 분석하기 위해 시료 채취시는 반드시 AIR MASK를 착용하고 감독자 입회하에 출입한다. - 시료 분석을 위해 SAMPLE 채취시는 입구와 내부 각 높이에 따라 시료를 채취 분석하여야 한다. - 탱크 출입시는 반드시 2인 이상 밖에서 감시인을 입회시킨다. - 통풍이 원활치 않은 곳은 AIR LINE MASK를 착용해야 한다. - 안전벨트를 로프에 담아 착용해야 한다. - 탱크 출입전에 탱크에 연결된 모든 차단 VALVE는 잠그고 위험 꼬리표를 부착한다. - 휴식또는 식사후 재작업시는 내부 가스 농도를 재측정하여 폭발성,유해성에 대비한다. - 탱크에 출입하기전에 AIR LINE MASK 연결부위가 안전한지 확인해야 한다. - AIR PACK MASK를 사용시는 사용방법을 교육받고 CYLINDER 압력을 점검한다. - 탱크 내부에서는 방폭등이나 안전등을 사용한다. - 분석을 위해 SAMPLE채취는 입구와 내부 각 높이에 따라 시료를 채취 분석하고 시료채취시는 감독자 입회하에 AIR LINE MASK를 착용후 내부에 출입한다 - 탱크 출입자는 소지품(볼펜,칼등)은 제거하고 출입한다. - 탱크 작업 완료후 나올때는 사용했던 도구가 남아있지 않도록 철저히 점검하고 청소 후 나와야 한다 - 탱크내부에서 도장 작업시는 도료와 용제는 밖에서 혼합해야 하며 반입량은 1통 이하로 한다.		

	점 검 사 항	점검결과	점검자
탱크및용기출입전과작업전확인사항	1.내용물을 완전히 VENT 및 DRAIN한다. 하였는가?		
	2.모든 DRAIN 및 VENT VALVE는 완전히 열어 놓는다. 열려있는가?		
	3.용기 및 탱크가 연결된 모든 PIPE LINE은 BLOCK VALVE를 잠그고 위험표지 TAG를 부착하고 용기측 FLANGE에 맹판을 설치한다. 설치했는가?		
	4.맨홀개방시 즉시 "출입금지" 표시판을 부착한다. 부착했는가?		
	5.가열된 용기 내부는 완전히 상온으로 냉각시킨다. 냉각되었는가?		
	6.용기 및 탱크에 접지라인이 설치되어야 한다. 설치되었는가?		
	7.내부 유해물질 및 인화성 물질을 완전히 제거한다. 제거되었는가? (NH3 취급 기기 장치 및 라인은 물을 완전히 채웠다 DRAIN한다)		
	8.공기 통풍이 잘 되도록 조치한다. 조치되었는가?		
	9.내부가스를 분석하여 안정성을 확인한다. 분석확인하였는가? (안전작업 허가서에 분석 책임자 서명을 받는다) ① 산소 농도는 얼마인가? ② 가연성 가스 농도는 얼마인가? ③ 유해성 가스 농도는 얼마인가?		
	10.화기작업시 소화기를 비치한다. 비치했는가?		
	11.작업대를 안전하게 설치한다. 안전한가?		
	12.내부 구조물은 안전한가 확인한다. 안전한가?		
	13.낙하물질이 없도록 한다. 확인하였는가?		
	14.전기시설 또는 AGITATOR와 PUMP등의 SWITCH와 BREAKER를 내리고 열쇠를 채운다. 채웠는가?		
	15.내부 유동부는 기계적으로 분리(COUPLING)한다. 분리했는가?		
	16.방폭등 및 방폭전지를 사용해야 한다. 방폭용인가?		
	17.사람이 탱크에 들어가기 전에 감독자는 직접 내부를 점검한다. 점검했는가?		
	18.비상구조 장비는 출입구에 비치한다. 비치했는가? - AIR LINE MASK,로프,안전벨트,방폭전지		
	19.안전용구 사용법을 사전 숙지시킨다. 시켰는가?		
	20.출입구에 비상대기 인원 2명을 대기시킨다. 대기시켰는가?		

작업책임자는 위 사항이 완전히 점검된 후에 안전작업 허가서를 발행한다.

-. 작업 책임자(교육자) 서명 : 인

-. 작업 조치 및 작업자(피 교육자)서명 : 인

-. 최종 확인자 서명 : 과장 인

별표#1

화 기 작 업 허 가 서

발행일 : 199 . . .   ※ 표기법 : 해당사항 o 불필요 v 발행NO.

허가부서

부 서 명 ______________ 작업번호 ☐☐☐ - ☐☐☐☐☐

시 설 명 ______________ 기기명(ITEM) ______________

작업내용 ______________________________

점 검 사 항		필 요 한 안 전 기 구	
1. 전원차단과 시건장치 및 꼬리표 부착여부?	☐		
2. 모든 연결부분의 분리 및 브라인드 설치 여부?	☐	보 안 경	☐
3. 기기내의 내용물 제거 조치 여부?	☐	보 안 면	☐
4. 배관 및 탱크내 퍼지?	☐	소음보호구	☐
5. 케이블위에서 작업시 소방담요 설치여부?	☐	가스마스크	☐
6. 작업장 주위 및 맨홀 입구등에 경계표지 및 안전표지는?	☐	분진마스크	☐
7. 작업장 주위 20m이내 인화성 및 가연성물질 제거여부?	☐	공기마스크	☐
8. 작업장 주위 하수구에 위험제거여부?	☐	고무장갑	☐
9. 물호스 또는 스팀호스 준비여부?	☐	안전벨트 또는 그네	☐
10. 불꽃 비산 방지용 소방담요 등의 설치 여부?	☐	내 산 복	☐
11. 작업장 주위 소화기 준비 여부?	☐	소 화 기	☐
12. 전기용접기의 접지는 최단거리로서 모재에 설치여부?	☐	안전로프	☐
13. 고소작업시 안전벨트 착용여부?	☐	소화담요	☐
14. 작업전 안전교육 여부?	☐	족장 또는 사다리	☐
15. 시설의 통풍상태는 양호한가?	☐	기 타	☐
16. 가스 검지 필요성은 있다 ☐, 없다 ☐			

장 소	산 소	가 연 성	점검시간	점검자 / 서명
	%	%	시 분	인
	%	%	시 분	인

※ 특별지시사항

발행자 : 인	작업시작 : 시 분		작 업 완 료 확 인
입회자 : 인	작업완료 : 시 분		인
허가시간	(1) : ~ :	(2) : ~ :	(3) : ~ :
허 가 자	인	인	인

작업부서

1.허가부서의조치 사항을 확인하였는가?			☐
2.이작업에 관한 위험 및 유의사항을 교육받았는가?			☐
작업부서 :	과 외 명	작업책임자 :	인
작업사항	완료(년 월 일) 인	미완료(년 월 일)	인

원 본 → 허가부서   사 본 → 작업부서

별표#2

전 기 작 업 허 가 서

발행일 : 199 . . .　　※ 표기법 : 해당사항 o 불필요 v 발행NO.

허가부서

부 서 명 ______________　　작업번호 ☐☐☐ - ☐☐☐☐☐

시 설 명 ______________　　기기명(ITEM) ______________

작업내용 ____

____

점 검 사 항		필요한안전기구	
1. 전원차단과 시건장치 및 꼬리표 부착여부?	☐	보 안 경	☐
2. 배전도면은 준비하였는가?	☐	보 안 면	☐
3. 작업자와 합동으로 현장 점검은 하였는가?	☐	소음보호구	☐
4. 타 설비와 연관된 경우 공정조치는 하였는가?	☐	가스마스크	☐
5. 작업내용 및 공정조치에 관한 교육을 하였는가?	☐	분진마스크	☐
6. 작업장 주위 의 물기제거는 하였는가?	☐	공기마스크	☐
7. 공정조치에 대한 꼬리표 부착은 하였는가?	☐	고무장갑	☐
- 꼬리표 부착 개소 및 수량은? 개소 장		안전벨트 또는 그네	☐
8. 기타 안전조치는 (상시기록)?		내 산 복	☐
1) S/W GEAR TAKE OUT		소 화 기	☐
2) CONTROL BREAKER OFF		안전로프	☐
3) 임시 접지 설비 준비		소화담요	☐
		족장 또는 사다리	☐
		기 타	☐
4) 기타 조치 사항		기 타	☐

장 소	산 소	가 연 성	점검시간	점검자 / 서명
	%	%	시 분	인
	%	%	시 분	인

※ 특별지시사항

발행자 : 인	작업시작 : 시 분	작 업 완 료 확 인
입회자 : 인	작업완료 : 시 분	인

허가시간	(1) : ~ :	(2) : ~ :	(3) : ~ :
허 가 자	인	인	인

작업부서

1.허가부서의조치 사항을 확인하였는가?			☐
2.이작업에 관한 위험 및 유의사항을 교육받았는가?			☐
작업부서 :	과 외 명	작업책임자 :	인
작업사항	완료(년 월 일) 인	미완료(년 월 일)	인

원 본 → 허가부서　　사 본 → 작업부서

별표#3

용기출입 작업허가서

발행일 : 199 . . . ※ 표기법 : 해당사항 o 불필요 v 발행NO.

허가부서

부 서 명 ______________ 작업번호 ☐☐☐ - ☐☐☐☐☐

시 설 명 ______________ 기기명(ITEM) ______________

작업내용 ______________________________

점 검 사 항		필요한안전기구	
		보 안 경	☐
1. 작업자에게 작업내용에 대한 설명은?	☐	보 안 면	☐
2. 연결부분의 브라인드 혹은 기계적 분리 여부?	☐	소음보호구	☐
3. 내부 유동부의 기계적전기적 분리 여부?	☐	가스마스크	☐
4. 기기내의 내용물 배출 여부?	☐	분진마스크	☐
5. 내부 구조물의 강도 점검은?	☐	공기마스크	☐
6. 통풍상태는 양호한가?	☐	고무장갑	☐
7. 호흡용 기구의 비치 및 사용법 숙지 여부?	☐	안전벨트 또는 그네	☐
8. 구명줄의 비치 및 착용 여부?	☐	내 산 복	☐
9. 위험 꼬리표 부착여부?	☐	소 화 기	☐
10. 안전작업 감시자(입회자) 신청 배치는?	☐	안전로프	☐
11. 기타 안전상 문제점은 없는가?	☐	소화담요	☐
12. 가스 점검은?	☐	족장 또는 사다리	☐
		기 타	☐

장 소	산 소	가 연 성	점검시간	점검자 / 서명
	%	%	시 분	인
	%	%	시 분	인

※ 특별지시사항

			작 업 완 료 확 인
발행자 : 인	작업시작 : 시 분		
입회자 : 인	작업완료 : 시 분		인
허가시간	(1) : ~ :	(2) : ~ :	(3) : ~ :
허 가 자	인	인	인

작업부서

1.허가부서의조치 사항을 학인하였는가? ☐

2.이작업에 관한 위험 및 유의사항을 교육받았는가? ☐

작업부서 :	과 외 명	작업책임자 : 인
작업사항	완료(년 월 일) 인	미완료(년 월 일) 인

원 본 → 허가부서 사 본 → 작업부서

별표#4

특별위험 작업허가서

발행일 : 199 . . .   ※ 표기법 : 해당사항 o 불필요 v 발행NO.

<table>
<tr><td rowspan="14">허
가
부
서</td><td colspan="6">부 서 명 ________ 작업번호 □□□ - □□□□□
시 설 명 ________ 기기명(ITEM) ________
작업내용 ________</td></tr>
<tr><td colspan="4">점 검 사 항</td><td colspan="2">필 요 한 안 전 기 구</td></tr>
<tr><td colspan="4">1. 작업자에게 작업내용에 대한 설명은? □
2. 연결부분의 브라인드 혹은 기계적 분리 여부? □
3. 내부 유동부의 기계적전기적 분리 여부? □
4. 저장탱크내의내의 내용물 배출 여부? □
5. 내부 구조물의 강도 점검은? □
6. 통풍상태는 양호한가? □
7. 호흡용 기구의 비치 및 사용법 숙지 여부? □
8. 구명줄의 비치 및 착용 여부? □
9. 위험 꼬리표 부착여부? □
10. 안전작업 감시자(입회자) 신청 배치는? □
11. 작업장 주위 가연물질 또는 위험물 잔류 제거상태는? □
12. 기타 안전상 문제점은 없는가? □
13. 가스 점검은? □</td><td colspan="2">보 안 경 □
보 안 면 □
소음보호구 □
가스마스크 □
분진마스크 □
공기마스크 □
고무장갑 □
안전벨트 또는 그네 □
내 산 복 □
소 화 기 □
안전로프 □
소화담요 □
족장 또는 사다리 □
기 타 □</td></tr>
<tr><td colspan="2">장 소</td><td>산 소</td><td>가 연 성</td><td>점검시간</td><td>점검자 / 서명</td></tr>
<tr><td colspan="2"></td><td>%</td><td>%</td><td>시 분</td><td>인</td></tr>
<tr><td colspan="2"></td><td>%</td><td>%</td><td>시 분</td><td>인</td></tr>
<tr><td colspan="6">※ 특별지시사항</td></tr>
<tr><td colspan="4">발행자 : 인 작업시작 : 시 분</td><td colspan="2">작 업 완 료 확 인</td></tr>
<tr><td colspan="4">입회자 : 인 작업완료 : 시 분</td><td colspan="2">인</td></tr>
<tr><td>허가시간</td><td>(1) : ~ :</td><td colspan="2">(2) : ~ :</td><td colspan="2">(3) : ~ :</td></tr>
<tr><td>허 가 자</td><td>인</td><td colspan="2">인</td><td colspan="2">인</td></tr>
<tr><td rowspan="4">작
업
부
서</td><td colspan="6">1.허가부서의조치 사항을 확인하였는가? □</td></tr>
<tr><td colspan="6">2.이작업에 관한 위험 및 유의사항을 교육받았는가? □</td></tr>
<tr><td colspan="3">작업부서 : 과 외 명</td><td colspan="3">작업책임자 : 인</td></tr>
<tr><td>작업사항</td><td colspan="2">완료(년 월 일) 인</td><td colspan="3">미완료(년 월 일) 인</td></tr>
<tr><td colspan="7">원 본 → 허가부서   사 본 → 작업부서</td></tr>
</table>

별표#5

일 반 작 업 허 가 서

발행일 : 199 . . . ※ 표기법 : 해당사항 o 불필요 v 발행NO.

허가부서

부 서 명 ____________________ 작업번호 □□□ - □□□□□

시 설 명 ____________________ 기기명(ITEM) ____________________

작업내용 ____

____

점 검 사 항		필요한안전기구	
1. 전원차단과 시건장치 및 꼬리표 부착여부?	□		
2. 연결라인의 발브차단여부 및 위험꼬리표부착은 되어있는가?	□	보 안 경	□
3. 기기내의 내용물 제거 배출 여부?	□	보 안 면	□
4. 기기내의 청소 여부?	□	소음보호구	□
5. 모든 연결부분의 분리 및 브라인드 설치는?	□	가스마스크	□
6. 퍼지 또는 환기의 필요성은?	□	분진마스크	□
7. 퍼지여부?	□	공기마스크	□
8. 안전 표지판의 설치 필요성은?	□	고무장갑	□
9. 정비작업 절차의 검토는?	□	안전벨트 또는 그네	□
10. 부근의 세안 장치 및 소방시설 위치확인?	□	내 산 복	□
11. 작업장에 소화시설 준비는?	□	소 화 기	□
12. 고소 작업시 안전벨트 착용 및 안전망 설치는?	□	안전로프	□
13. 이 작업과 관련된 인터록 장치는?	□	소화담요	□
14. 용접기, 중장비, 차량등 출입 여건은?	□	족장 또는 사다리	□
15. 주위여건상 작업에 지장을 줄수있는 특별한 문제는 없는가?	□	기 타	□
16. 가스 검지 필요성은 있다 □, 없다 □	□		

장 소	산 소	가 연 성	점검시간	점검자 / 서명
	%	%	시 분	인
	%	%	시 분	인

※ 특별지시사항

발행자 : 인	작업시작 : 시 분	작 업 완 료 확 인
입회자 : 인	작업완료 : 시 분	인

허가시간	(1) : ~ :	(2) : ~ :	(3) : ~ :
허 가 자	인	인	인

작업부서

1.허가부서의조치 사항을 학인하였는가?

2.이작업에 관한 위험 및 유의사항을 교육받았는가?

작업부서 : 과 외 명		작업책임자 : 인
작업사항	완료(년 월 일) 인	미완료(년 월 일) 인

원 본 → 허가부서 사 본 → 작업부서

별표#5

굴 착 작 업 허 가 서
(EXCAVATION PERMIT)

발행일 : 199 . . .

이직업허가서와 관련된 일반 안전직업서가 발행되어야 한다.
(SAFE WORK PERMIT IS REQUIRED TO BE COMPLETE IN CONJUCTION WITH THIS PERMIT)

굴착 작업자 (EXCAVATION TO BE CARRIED OUT BY)	
굴착 작업장소 (LOCATION OF EXCAVATION)	
굴착 작업목적 (PURPOSE OF EXCAVATION)	
제한사항 (LIMITATIONS)	

도면 번호 (DRAWING NO.)		또는 이면약도 (AND/OR SKETCH REVERSE SIDE)	
작업허가시간 (PERMIT VALID)	FROM : 199 . . . HOURS ~ TO : 199 . . . HOURS		
작업 요청번호 (W/O NO.)		발행자 (ISSUED BY)	

점 검 사 항 (CHECK ITEM)							
토 목 (CIVIL)					전 기 (ELECTRICAL)		
지하배관 또는 기기 (UNDERGROUND PIPE/EQUIPMENT)					지하전선 또는 기기 (UNDERGROUND CABLES/EQUIP'T)		
TYPE	YES/NO	규격 (SIZE)	물질명 (FLUID)	깊이 (DEPTH)	TYPE	YES/NO	깊이 (DEPTH)
소방 용수관 (FIRE MAIN)					특고압 전류 (HIGH VOLTAGE)		
하수관 (DOM. WASTE)					고압 전류 (MED VOLTAGE)		
배수관 (DRAINAGE)					저압 전류 (LOW VOLTAGE)		
공정 배관 (PROCESS)					접지 시설 (EARTHING)		
공장 폐수관 (WASTE WATER)					전화선 (TELEPHONE)		
기기 장치 (EQUIPMENT)					계기선 (INSTRUMENT)		
참조 도면 (REFERANCE)					기기 장치 (EQUIPMENT)		
기타 (ETC.)					참조 도면 (REFERANCE)		
폭파 작업의 필요성은 ? (BLASTING REQUIREMENTS)					폭파 작업의 필요성은 ? (BLASTING REQUIREMENTS)		
특별 지시사항 (SPECIAL COMMENT)							

* 작업책임자는 상기 작업에 관한 안전및 유의사항을 교육 받았는가 ? : YES / NO			
작업 책임자	(인)		
작업개시 (WORK STARTED)	:	작업 종료 (WORK COMPLETED)	:
작업 승인자 (APPROVED BY)	과장	(인)	

11-4. 안전 및 소화 시설관리

생산활동(PRODUCTION ACTIVITIES)을 하는 과정중에 평소 특별 관리를 해야하는 업무가 있다.

즉, 안전 시설, 소화시설 그리고 안전 기구의 현황파악과 관리상태를 점검하고 항상 비상시에 활용할 수 있도록 만반의 준비를 갖추어 놓아야 한다.

여기서 관리 해야 할 사항으로는 다음과 같다.

1) 소화기

각 공장의 위치별로 ① 소화기 종류 ② 납봉상태(SEAL CONDITION) ③ 외관 상태(APPEARANCE) ④ MOVING 여부 ⑤ 점검자 확인 서명 상태등을 점검 확인 한다.

2) 소화전과 소화 호스 함(HOSE BOX)

각 공장 위치별로 ① 상태 ② HOSE 보관 숫자 ③ NOZZLE 숫자 ④ VALVE WRENCH 유무 ⑤ HOSE WRENCH 유무 ⑥ 점검자 확인 서명 상태등을 점검 확인 한다.

3) SAFETY SHOWER

각 공장의 위치별로 ① SHOWER 상태 ② EYE SHOWER 상태 ③ WATER 공급 상태 ④ WATER SAFETY DRUM 상태 ⑤ 점검자 확인 서명등을 점검 확인 한다.

4) HOSE MASK

각 공장 위치별로 ① HOSE 상태 ② MASK 상태 ③ HOSE CANISTER 상태 ④ 점검자 확인 서명 상태등을 점검 확인 한다.

5) CHEMICAL CLOTHES

비치전 ① 위치 ② GLASS 상태 ③ 외관 상태 ④ 점검자 확인 서명 상태등을 점검 확인한다.

6) GAS MASK

공장 위치별로 ① 종류 ② MASK 상태 ③ CANISTER 상태 ④ 점검자 확인 서명 상태등을 점검 확인 한다.

7) AIR PACK MASK

공장 위치별로 ① AIR 압력 ② MASK 상태 ③ BELT 상태 ④ 점검자 확인 서명 상태등을 점검 확인 한다.

안전 시설 및 안전 기구 점검

(점검일 : EVENING SHIFT) 199 . . .

결재	교대계장	관리계장	과 장

소 화 기

공 장	위 치	종 류	압 력 상 태	외 관 상 태	MOVING 여 부	점검자
#1NA조정실	PANEL열					
#1NA 압축기 I	1층남쪽					
	1층북쪽					
	2층남쪽					
	BURNER열					
#1NA 압축기 II	1층					
	2층					
#1NA FIELD	서쪽					
	남쪽					
3B	입구					
#1NAC	1층					
	3층					
	6층					
4B	입구					
STORAGE TANK	대형 I					
	대형 II					
	33TK-104					
C.T	CT-401					
#2 조정실	PANEL열					
#2NA 압축기	1층 북쪽					
	2층 입구					
	BURNER열					
#2NA FIELD	H_2 저장소					
	GENERATOR					
#2NAC	1층					
	2층					
	3층					
	4층					
	5층					
	6층					
	7층					
	8층					
EMERGENCY 등	#1NA					
	#2 조정실					
	#2NA					
	#1NAC					

소화전 및 HOSE BOX

공 장	위 치	상 태	HOSE EA	NOZZLE EA	VALVE WRENCH	HOSE WRENCH	점검자
#1NA	북쪽(1)						
#1 압축기	서쪽(3)						
#2 NA	N-201옆(3)						
	서쪽(4)						
	동쪽(2)						
#2 NAC	남쪽(5)						
OFF-SITE	4B 앞(6)						
	CT-401(7)						
	CT-406(9)						
	39TK-101						

SAFETY SHOWER

공 장	위 치	SHOWER 상 태	EYE SHOWER 상 태	WATER 공 급 상 태	WATER DRUM 상 태	점 검 자
#1 NA	흡수탑 옆					
#1NAC	1층					
	2층					
	3층					
	4층					
	5층					
	6층					
	7층					
#2 NA	흡수탑 남쪽					
	흡수탑 북쪽					
#2 NAC	1층					
	2층					
	3층					
	4층					
	5층					
	6층					
	7층					
	8층					
OFF-SITE	PUMP AREA					
	CT-401					
	38P-602					
	39TK-101					
	68%출전시설					

HOSE MASK

공 장	위 치	HOSE 상 태	MASK 상 태	HOSE CANISTER	점검자
#1NA					
#1 NAC	3층				
	5층				
	6층				
	7층				
#2 NA	FIELD				
OFF-SITE	33TK-101옆				

안 전 시 설

안 전 시 설	위 치	작 동 상 태	점검자	비 고
68% CONVEYOR	68% 창고			
HOIST SAFETY S/W	#1 NAC			
	#2 NA			
	#2 NAC			
화재감지기	#2NAC각층			

GAS MASK

공 장	위 치	종 류	MASK 상 태	CANISTER 상 태	점검자
#1NA 압축기	대기실	NH_3용			
#2 NA	조정실	AIR SERVICE			

AIR PACK MASK

공 장	위 치	AIR 압력	MASK 상 태	BELT 상 태	점 검 자
#1 NA	조정실				
#2 NA	조정실				
#2 NAC	1층				
	2층				
	3층				
	4층				
	5층				
	6층				
	7층				

11-4-1. 안전 시설 및 안전 기구 점검

상기 안전 시설 및 기구는 비상시를 대비하여 주기적으로 철저히 점검 확인한다.

비상시에 준비되어 있지않아 사용할 수 없다면 이로 인한 안전 사고나 인명피해 그리고 조업 중단 사태가 불가피하게 된다. 이러한 문제점의 예방을 위해 다음과 같이 점검일지를 작성하여 운영해보는 방법도 좋겠다.

11-5. 생산공정 이해 및 교육 (MANUFACTURING PROCESS UNDERSTANDING AND EDUCATION)

해당 공장에서 취급하는 모든 물질의 안전취급 방법을 운전원들은 숙지하고 있어야 하고, 이들을 사용하는 생산공정(MANUFACTURING PROCESS)을 정확히 이해하고 기기장치들을 운전해야 한다.

대체적으로 공장에서 사용하는 이들 위험물질들을 다루는 방법과 생산공정을 정확히 이해하지 못하고 운전에 임할때는 안전사고는 물론 대형 인재(人災)사고를 면할수가 없게된다. 관리자는 위험물질 취급 방법과 생산공정을 정확히 이해하도록 운전원들을 철저히 교육시켜야 한다.

생산공정은 주로 운전 교본(OPERATING MANUAL)을 사용하여 교육시키고 이해의 폭을 확인한다.

또한 취급하는 위험물질에 대하여는 ①물질 안전 취급서(MATERIAL SAFETY DATA SHEET : MSDS)와 ② 화학 물질 안전 취급서(CHEMICAL SAFETY DATA SHEET : CSDS) 상의 주요 내용들을 요약하여 운전원들을 집중 교육 시킨다.

공정이해와 위험물질 취급방법이 소홀히 다루어 졌을때는 안전사고 및 산업재해는 불가피하게 주위에서 발생된다는 사실을 관리자는 마음속에 깊이 아로새겨야 한다.

특히 인화성 물질, 폭발성 물질, 자연 발화성 물질, 독극물 취급에 MSDS와 CSDS등을 응용하도록 한다.

11-6. 위험 요소 집중 관리 및 대책 회의

생산공장 전반에 응용해야할 안전관리 기법이다.

일반적으로 생산공장은 원료수송, 하역에서 부터 시작하여 원료저장 시설을 거쳐 생산공정에서 처리된 후에 제품을 생산하게된다. 생산된 제품을 다시금 제품저장 시설로 이송된후 출하공정을 거쳐서 수요자의 공정까지 이르는 전과정에 숨어있는 위험요소를 찾아내어 적절한 안전대책을 강구해 나가는 안전사고 예방단계의 필수적인 기술적 관리 방법이다.

11-6-1. 유해물질 수송관 식별관리 (COLOUR CODING ON THE PIPE LINE FOR THE FLOW OF DANGEROUS MATERIALS)

생산 공장에서는 여러가지 유해성 물질을 다량으로 생산하고 있다. 이들 물질들은 생산하는 과정에 기기 장치의 사고가 발생하거나 수송관에 이상이 발생시에 유해성 물질이 누출될 수 있다. 유해성 물질 수송관의 고장 발생 부위를 멀리서 빨리 식별 할 수 있도록 수송관에 색깔을 중간 중간에 표시를 해 둔다.

유해물질 수송관의 종류에 따라 표시 색깔을 구분하도록 한다.

11-6-2. 위험물 저장 시설관리

위험물 저장시설은 항상 위험물질을 저장하고 있기 때문에 만일의 경우를 대비하여 주의깊게 관리되어야 한다.

특히 부식(CORROSION) 여부를 관찰하고, 일정한 주기로 부식 상태를 파악하기 위해 두께(THICKNESS) 측정을 하도록 한다. 필요에 따라 FOAM, 스팀, 물등의 소화 설비를 갖추어 놓도록 한다. 그리고 주기적으로 저장 시설을 점검하고 필요에 따라 예방 정비를 하도록 한다. 사람의 눈에 잘띄는 저장시설 주위에 취급요령 안내문을 게시한다. 저장 시설이 규격대로 접지(EARTHING) 되어 있는가를 확인 한다.

11-6-3. 공장 위험물 수송관 관리

생산 공정에 따라 위험물 수송관은 거미줄처럼 공장 주위를 지나가게 된다.

공장 주위의 공장 도로나 사람이 다니는 길가 또는 하천위를 지나가는 위험물 수송관은 주의깊게 검검하고 예방정비를 철저히 해야 한다.

배관설비 도면을 준비하여 여기에 ①SPOOL의 크기별로 숫자명기 ②FLANGE의 크기별로 숫자명기를 하여 관리하도록 한다.

즉 SPOOL의 부식 상태, 과거에 교체한 시기, 앞으로 교체할 시기 그리고 FLANGE COVER가 씌워져 있는지의 여부를 점검한다.

FLANGE COVER도 주기적으로 교체하여 주고 FLANGE COVER는 크기별로 숫자 명기하여 재고 관리하도록 한다.

정비 이력 카드를 비치하고 예방 정비를 주기적으로 ROUTINE화 한다.

11-6-4. 지하 배수관 관리

지하에도 PROCESS(공정)가 있기 때문에 지하 설계 도면(UNDERGROUND DESIGNED DRAWING) 관리를 과학적으로 수행하고, 지하 설계작업을 이행할시에는 지하설계 도면을 가지고 공학적인 작업을 하도록 한다.

지하 배수관은 접근하기가 어렵고 또한 점검하기가 어렵기 때문에 사람의 눈길이 뜸한 곳이다.

그렇기 때문에 관리를 소홀히할 경우 예방정비할 시간없이 공장이 조업중단되는 경우가 있다. 또한 지하에는 동력선과 유류, 폭발성 개스관이 얽혀 있으므로 지하설계 도면에의거 설계하고 지하작업을 수행하도록 해야 한다.

지하 배수관에 이상이 발생시 발견될때까지 오랜 시간이 걸릴 가능성이 높기 때문에 주위에 엄청난 환경오염 뿐만아니라 폭발성 개스관일 경우 피해범위는 상상을 초월하게 된다.

이를 예방하기 위해 주기적으로 점검하고 예방정비 해나가야 한다.

이상 현상이 발생할때까지 등한시 하거나 계획된 예방정비를 하지않을 경우에 발생되는 피해범위는 위험물질에 따라 매우 심각하고 엄청나기 때문에 주의깊은 관리가 필요하게 된다.

독극물 및 폭발성 개스관일 경우에 관리소홀은 그 피해범위를 상상할수 없을정도가 된다는 점을 마음속에 깊이 아로새기고 지하설계 도면을 가지고 도덕적으로 철저히 관리하도록 하고 지하배수관 안전 작업 허가서 발행시 상기 내용들을 주의깊게 명기하고 감독하도록 한다.

11-6-5. 자연 발화성 물질 관리(PYROPHORIC HAZARDOUS MATERIALS MANAGEMENT)

자연 발화 물질은 특별 관리해야 한다.

각 공장에서 취급하는 물질들의 물리적 성질과 화학적 성질을 정확히 검토하여 자연 발화 물질들이 있으면 취급요령을 작성하여 교육시키고 취급지역에 취급요령 안내문을 게시하도록 한다.

자연 발화 물질의 취급요령에 대하여는 물질 안전 취급서(MATERIAL SAFETY DATA SHEET : MSDS)와 화학물질 안전취급서(CHEMICAL SAFETY DATA SHEET : CSDS)를 참고한다.

11-6-6. 정기적 안전회의 개최(ROUTINE SAFETY MEETING)

각 생산공장의 책임자들은 정기적으로 안전회의를 소집하여 각 해당부문의 안전 문제에 대하여 협의하고 대책을 강구하도록 한다.

각 해당부문의 관계자들은 회의에 참석하기전에 미리 회의자료를 준비해 감으로서 효율적인 회의를 진행시킬수 있다.

안전회의는 실질적인 문제점 위주로 진행되어야 하며, 형식적이거나 상사의 눈치를 보는 회의는 시간 낭비일 뿐임을 상호 명심하도록 한다.

용기와 신념을 가진 자만이 안전을 다룰수 있다는 철학을 가지고 안전사고 예방에 진정한 마음을 바쳐야 한다.

또한 이범주에서 함께 다루어야 할 ① 인화성 물질 ② 폭발성 물질 ③ 독극물 ④ 기타 유해물질 등에 대하여도 취급에 특별한 주의를 요한다.

11-7. 정전기 관리(STATIC ELECTRICITY MANAGEMENT)

11-7-1. 정전기 생성(FORMATION OF STATIC CHARGES)

다른 성질을 가진 두물질이 접촉하고 있을때 전자는 항상 한물체에서 다른 물체로 이동 함에 따라 한쪽 물체는 - 전하(NEGATIVE CHARGES)가 다른 한쪽은 + 전하(POSITIVE CHARGES)가 과도하게 존재하게 된다.

두 물체가 각자의 과도전하를 가지고 분리될때 정전기가 형성된다.

11-7-2. 정전기 방전의 위험성(HAZARD OF ELECTROSTATIC DISCHARGES)

정전기 방전은 방전된 에너지가 존재하는 연소성 물체의 최소 발화 에너지 이상일때 발화원이 될수 있다.

11-7-3. 정전기 방지법(PROTECTION RULES)

1) 모든 도체(CONDUCTORS)를 접지할 것

-. 기계류 접지

-. 건물 구조물 접지

-. 격리된 금속부문 접지(예 : PLASTIC PIPE에 연결된 FLANGE)

-. 금속 용기는 도체인 땅바닥에 놓는다.

2) 사람의 접지(EARTHING OF THE MAN)

정전기적인 측면에서 도체인 인체도 전하를 이송할 수 있다.

-. 도체인 바닥을 깔것

-. 도체인 신발을 신을 것(정전화 : CONDUCTING SHOES)

3) 전도성 물질을 사용하여 충전을 피하거나 최소화 한다.

-. 가능한한 차단성 용기나 PLASTIC BAGS 사용을 금한다.

-. 전도성 BELT 전동 장치 사용(USE CONDUCTING BELT TRANSMISSIONS)

-. 전도성 PIPE 사용(USE CONDUCTING PIPES)

4) 이송 속도를 낮게 유지 한다.

-. 연무질(AEROSOLS) 또는 먼지입자를 가진 액체 또는 기체의 순환속도를 제한한다.

-. 자체 충전하는 액체의 요동을 방지한다.

5) 폭발성 혼합물과 연무질(AEROSOLS)을 피한다.
-. GAS, 증기, 먼지등의 SOURCE를 흡출해 낸다.
-. 인화성 액체는 그 인화점보다 최소 10℃ 낮은 온도에서 취급한다.
-. 가연성 액체는 진공을 사용하여 흡출하고 질소로 밀어낸다.
-. 방어성 GAS(PROTECTION GAS)하에서 가연성 액체를 취급한다.

11-7-4. 산업 분야에서의 전형적인 전하형성(CHARGES FORMATION)

1) 비전도성 액체가 금속관에서 흘러 나올때(분리효과) 액체가 충전된다.
관속의 과도전하는 접지를 통해 빠져 나간다.

2) PLASTIC BAG에서 가루가 흘러 나올대(분리효과) 가루와 BAG뿐만아니라 먼지도 충전된다.
전하(CHARGES)가 빠져나갈수 없다.

3) 비전도성 액체(NON-CONDUCTOR LIQUID) 또는 가루가 PLASTIC GLASS TUBE를 통해 순환할때 (TUBE벽에서 분리효과) TUBE와 FLANGE, TUBE 내용물들은 충전된다.
전하는 빠져나갈수 없다.

4) PLASTIC 판이나 종이를 풀때(분리효과) 풀린 SHEET나 ROLLER는 충전된다.
전하가 빠져나갈수 없다.

5) 액체가 금속 노즐(METALIC NOZZLE)을 통해 분산될때(분리효과) 액체 입자들과 TUBE는 충전된다.
금속 TUBE의 과전하는 접지를 통해 빠져나간다.

6) 비전도성 액체를 반응기 내에서 교반할때 (벽에서 분리효과) 액체와 반응기가 충전된다.
반응기의 전하는 접지를 통하여 빠져나간다.

7) 비전도성 신발을 신고 나일론 카페트나 플라스틱화한 바닥(PLASTIFIED SOIL)을 걸을때 (발바닥과 바닥 사이에 분리효과) 사람이 충전되며 전하는 빠져나갈수 없다.

11-7-5. 정전기의 위험성과 주의 사항

1) 통이나 다른 용기의 수작업에 의한 FILLING 또는 EMPTYING.
① 위험성
작업에 영향을 주는 유체, 용기, 사람이 충전된다.
SPARK는 금속 부분들 사이에서 예로 CAN과 깔데기(FUNNEL) 사이등에서 발생할 수 있다.

② 주의 사항

-. FILLING TUBE, PIPE, 깔데기등은 바닥 근처까지 연장되어야 하며 이는 재분사나 분무화를 막기위한 것이다.

-. 전도성 TANK나 깔데기, PIPE, TUBE는 전도성 방법으로 연결되어야 하며 접지 시켜야 한다.

-. 사람은 정전화 착용으로 접지 시켜야 한다.

-. 5 LITER 이상의 용량을 가진 금속 CAN은 FILLING시 접지시켜야 한다.

2) BARREL PUMP에 의한 이송

① 위험성

PIPE-LINE과 PIPE 재료 뿐만아니라 액체는 PIPE내에서의 순환과 PUMP에서의 큰 난류로 인하여 충전된다.

방전 SPARK는 금속 부분들, 예로 BARREL PUMP와 용기 사이에서 특히 PUMP를 주입하거나 뺄때 일어날수 있다.

② 주의 사항

-. BARREL PUMP는 모든 것이 접지되어 있는 FILLING 용기 및 EMPTYING 용기에 연결되어야 한다.

3) 차량의 FILLING 및 EMPTYING

① 위험성

순환에 의해 액체는 충전되며 따라서 차량도 충전된다.

운전 기사는 차량을 떠나면 충전될 수 있다.

방전 SPARK는 전도성 물질들, 예로 PIPE 보강재와 차량사이 또는 운전기사와 TANK 또는 차량사이에 발생할 수 있다.

② 주의 사항

-. 전도성 방법으로 차량과 TANK를 연결하여 접지한다.

-. SCRAPING CHAIN 만으로 충분하지 않다.

-. 전도성 물질의 PIPE를 사용한다.

-. 정전화를 신는다.

11-8. 공정 위험요소 관리(PROCESS RISK MANAGEMENT)

공장의 안정적 조업을 위해서 필수적으로 관리해 나가야 하는 안전관리 기법이다.

생산 공정에서의 위험 요소(RISK)를 성공적으로 다루어 나가지 못하면 공장 형태에 따라 산업재해는 물론 대형 안전사고까지 유발시키게 되어 기업의 생존에 위협을 주게 된다.

안전을 관리해 나가는 분야중에서 최우선 순위(PRIORITY)에 "공정위험 요소관리" 분야를 배정하고 만반의 준비를 해나가야 한다.

이 "공정위험 요소관리" 에 대한 자세한 내용은 제 7장 생산관리의 "7-5. 공정 위험 요소 및 안전관리" 부문에서 이미 언급하였는바 다시한번 응용하기 바란다.

11-9. 공장주위 정리정돈(HOUSEKEEPING MANAGEMENT)

생산 공장은 장치 산업으로서 다양하고 복잡한 기기장치들로 구성되어 있기 때문에 평소에 주위환경을 깨끗이 정리 정돈하고 유지시켜 나가야 한다.

특히 정비작업이 완료된후 끝마무리를 잘하여 주위가 산만하지 않도록 해야 한다.

공장의 정리정돈을 만족스럽게 관리해 나가는 관리자는 성공적인 수준에서 생산성을 이루어 나가고 있다고 보아도 된다.

그만큼 공장주위 정리정돈은 관리하기 어려운 분야이다. 산만하고 복잡하게 흐트러진 생산 공정에서는 항상 안전사고의 위험이 높다는 점을 명심하고 철저히 관리해 나가야한다.

여기에 대하여는 제 7장 생산관리의 "7-12. 일일수행 업무 표준화 관리" 에서 이미 언급되었는바 다시 한번 검토하고 응용해 나가기 바란다.

응용문제

1. 화학공장의 안전 관리(Safety Management)에 대하여 아는 바를 설명 하십시오.
2. 안전 교육 및 훈련(Safety Education and Training)에 대하여 세부 항목 별로 설명 하십시오.
3. 안전 사고의 진행 과정에 있어서의 H. W. Heinrich 원칙이란 무엇 인가요?
4. 제 2의 사고를 예방하기 위한 사색이란 무엇 일까요?
5. 밝고 젊게 안전 관리를 하는 마음 이란 무엇을 말하는 것일 까요?
6. 안전에 대한 소망이란 무엇을 말하는 것일까요?
7. 안전 작업 허가서(Safety Work Permit) 관리에 대하여 설명 하십시오.
8. 안전 작업 허가서(Safety Work Permit) 에는 어떤 종류가 있을까요?
9. 안전 및 소화 시설 관리에 대하여 설명 하십시오.
10. 안전 시설 및 안전 기구 점검에 대하여 설명 하십시오.
11. 생산 공정 이해 및 교육에 대하여 설명 하십시오.
12. MSDS와 CSDS는 무엇을 말하며, 화학공정 설계 시에 이들 내용 중에서 무엇을 응용해야 하는 지를 설명 하십시오.
13. 위험 요소 집중 관리 및 대책 회의에 대하여 설명 하십시오.
14. 유해 물질 수송관 식별관리에 대하여 설명 하십시오.

15. 위험물 저장 시설 관리에 대하여 설명 하십시오.
16. 공장 위험물 수송관 관리에 대하여 설명 하십시오.
17. 지하 배수관 관리에 대하여 설명 하십시오.
18. 자연 발화성 물질(Pyrophoric Hazardous Materials) 관리에 대하여 설명 하십시오.
19. 정기적 안전 회의 개최의 중요성에 대하여 설명 하십시오.
20. 정전기 관리(Static Electricity Management)는 왜 필요 한가요?
21. 정전기 생성(Formation of Static Charges)에 대하여 설명 하십시오.
22. 정전기 방전의 위험성(Hazard of Electrostatic Discharges)에 대하여 설명 하십시오.
23. 정전기 방지법에 대하여 세부 항목 들을 설명 하십시오.
24. 산업 현장에서 전형적인 전하형성에 대하여 설명 하십시오.
25. 정전기의 위험성과 주의 사항에 대하여 설명 하십시오.
26. 공정 위험 요소 관리(Process Risk Management)에 대하여 설명 하십시오.
27. Housekeeping Management에 대하여 설명 하십시오.

기술 관리 12장
(ENGINEERING MANAGEMENT)

12-1. 개 요

공장의 생산활동(PRODUCING ACTIVITIES)을 영위해 나가는중에 각 공정의 개선이나 개량발전을위해 생산공정을 일부 또는 전부를 개조하거나 노후 생산시설을 개보수 해야한다.

경영개선을 위해 생산공정은 계속하여 최신식으로 개량발전(UPGRADING)시켜 나가야한다.

이러한 과정을 지원하고 추진해야할 업무 관리를 기술관리라 한다.

또한 기술관리를 전담하는 조직을 기술관리 조직이라하며 이들 조직은 공정 개량 발전을 위해 설계관리, 도면관리, 자산화 사업관리, 보험부보 관리등의 업무를 추진한다.

12-2. 설계관리 (DESIGN MANAGEMENT)

각 생산공장의 공정개선이나 개량발전을 위해 생산공정을 일부 또는 전부를 개조 해야하는데, 이들 개조 내용을 실행 가능하도록 설계로 옮겨야 한다.

설계기준에 따라서 신공정이나 기기장치가 성능보장될수 있도록 설계되어야 한다.

설계가 완료되면 설계된 내용이 공정에 적합하게 응용될수 있는지를 점검 확인하기 위해 각 생산공정 부문의 구성원과 함께 세밀히 검토하는 단계를 밟는다.

또한 설계관리에 있어서는 기초설계(BASIC DESIGN)를 담당할 전문 구성원과 상세설계(DETAILED DESIGN)를 담당할 전문 구성원을 갖추어야 한다.

그리고 설계에 참여할 여러분야의 전문 구성원이 팀을 이루어 설계업무를 실행해 나가야 한다.

12-3. 도면관리 (DRAWINGS MANAGEMENT)

효율적으로 생산공정을 관리해 나가는 방법중의 도면관리 계통을 빼어놓을수 있다.

생산공정의 개선이나 개량발전을 위해 공정을 검토할 필요성이 있을때 우선먼저 도상(圖上) 검토(REVIEW ON THE DRAWINGS)를 시행해야 한다.

도면을 통하여 개선하거나 개량발전 해야할 내용들을 가장 구체적으로 완벽하게 윤곽을 잡을수 있다.

그렇기 때문에 생산성 향상을 위해서 도면관리(DRAWINGS MANAGEMENT)는 엄격히 효율적으로 수행해야하며 상세한 도면 시스템을 갖추어 나가야 한다.

전체의 윤곽을 파악하기 위해 마스터 도면(MASTER DRAWINGS)을 갖추어야 하며 각 공정 부문을 섬세하고 정확히 읽어내기 위해서 상세도면(DETAILED DRAWINGS)이 준비되어야한다.

도면(DRAWINGS)에는 부품명세서(BILL OF MATERIALS) 내용이 명기되어 있으므로 부품(SPARE PARTS)의 입.출고 내용을 정확히 관리할수 있다.

이러한 중요성을 감안할때 도면관리는 철저히 이룩되어야 하며 다음 내용이 관리되어야한다.

1) 도면은 세부적으로 정확해야 하며 이를 응용하는데 난해함이 없어야 한다.
   즉 부품관리에 문제점이 없고 다른 부품과의 호환성을 검토할때 도움을 줄수 있는 도면이어야 한다.
2) 도면은 필요시 공식적인 규정에 의거 변경(REVISION)할수 있도록 하고 자의적으로 변경하지 않도록 한다.
3) 도면은 사용하는데 쉽고 편리해야 하며 기술적으로 정확해야 한다.
4) 도면은 공정에 변경이 있을시 즉시 수정되어야 하며 최근의 도면을 비치해야 한다.
   수정되지 않을경우 구도면(OLD DRAWINGS)을 이용해야 하는데 이때는 생산공정 및 시설개선에 문제를 야기시키게 되며 아울러 안전유지에도 악 영향을 미치게 된다.
5) 도면을 가지고 도상검토(REVIEW ON THE DRAWINGS)를 할때에는 본도면이 최종도면(AS BUILT DRAWINGS) 인가를 반드시 확인한다.

12-4. 자산화 사업관리 (CAPITALIZATION PROJECT MANAGEMENT)

기술관리 업무중에 생산과 직접적인 관계가 있는 생산 공정의 개선이나 개량발전 그리고 노후 공정의 개보수와 설비 증설등이 필수적으로 발생된다.

이와같이 발생되는 개선내용의 일들을 자산화사업 처리해야 한다

각 기업형태에 따라 다르겠지만 참고로 자산화 사업추진 업무의 흐름(WORKS FLOW)을 다음과 같이 기술해 본다.

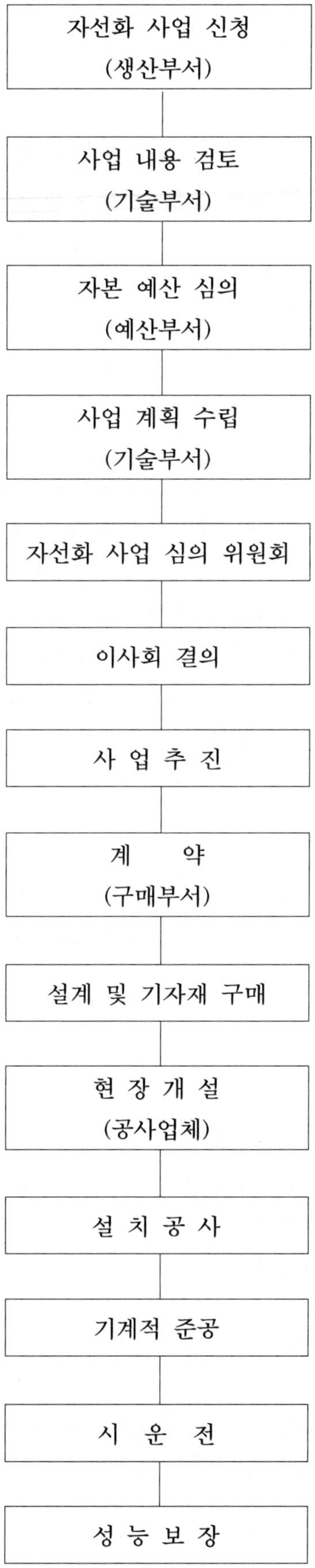
자선화 사업 신청
(생산부서)
사업 내용 검토
(기술부서)
자본 예산 심의
(예산부서)
사업 계획 수립
(기술부서)
자선화 사업 심의 위원회
이사회 결의
사 업 추 진
계 약
(구매부서)
설계 및 기자재 구매
현 장 개 설
(공사업체)
설 치 공 사
기계적 준공
시 운 전
성 능 보 장

12-5. 보험 부보 관리

대단위 생산공장들은 예기치 못한 사고에 의하여 막대한 자산 및 인명 피해의 위험성을 안고있다. 자산손실에 따른 피해를 보상받기 위해 공장기기장치 및 시설물에 대하여 보험부보한다. 보험부보 내역을 보면 다음과 같다.

1) 기관, 기계보험
   각종 기기장치 및 장비의 파손, 소손, 물리적인 원인으로 인한 폭발등의 사고로 피해를 입은 자산 손실.
2) 화재보험
   자산의 화재로 인한 손실과 원자재 유류 제품등의 화재로 인한 재고품의 손실
3) 기업휴지 보험(BUSINESS INTERRUPTION INSURANCE)
   화재로 인하여 완제품을 제외한 부동산이나 동산의 손실 또는 파손으로 인한 불가피한 기업휴지로 말미암아 직접적으로 초래된 손해.
4) 일반 배상 책임보험(COMPREHENSIVE GENERAL LIABILITY)
   사고와 제품의 훼손으로 제 3자에게 피해를 주었을때 또는 돌발적인 사고로 인한 공해 및 오염으로 제 3자에게 피해를 주었을경우 보상목적.

12-6. 기술관리 보고서 작성

생산공정의 생산성을 향상시킬 목적으로 지원하는 주업무중에 기술관리 업무를 중요시 다루었다. 기술관리 업무를 추진하는 과정중에 중요 사항들을 보고서로 정확히 작성해야한다.

다음 사항들을 고려해본다.

1) 결론을 명확히 언급한다.
2) 결론을 유도하기 위한 참고자료를 첨부한다.
3) PILOT PLANT 또는 실험 공정실에서 얻은 실험공정 데이타를 명시한다.
4) 전체내용을 일목 요연하게 요약한다.
5) 전체흐름의 목차를 간결히 밝힌다.
6) 주제와 부제를 적절히 나타낸다.
7) 본문의 내용에 참고가 되는 그림, DRAWINGS, TABLE, CHART등을 삽입한다.
8) 부록으로서 보충자료를 첨부한다.
9) 전체 내용중에 주요부문을 간략하게 참고사항은 폭넓게 첨부한다.
10) 문장은 간결하고 직접적으로 쓴다.

응용문제

1. 기술 관리(Engineering Management)의 개요에 대하여 설명 하십시오.
2. 설계 관리(Design Management)에 대하여 설명 하십시오.
3. 도면 관리(Engineering Drawing Management)에 대하여 설명 하십시오.
4. 자산화 사업 관리(Capitalization Project Management)에 대하여 설명 하십시오.
5. 보험 부보 관리에 대하여 항목 별로 설명 하십시오.
6. 기술 관리 보고서 작성에 대하여 서술 하십시오.

환경보전 13장
(ENVIRONMENTAL CONSERVATION)

13-1. 환경관리 목적

공장 시설로부터 대기, 수질, 토양을 오염시킬수 있는 유해물질과 소음, 진동, 악취등의 오염원(POLLUTANT SOURCE)을 관계법령이 정하는 배출허용기준 이하로 효율적으로 유지 관리해 나감으로서 주변환경을 적정하게 보전하여 국민생활에 쾌적한 주위환경을 조성 제공해 주는데 목적을 둔다.

13-2. 공장에서의 환경관리 대상

13-2-1. 환경관리 대상분야

생산 활동중에 있는 모든 공정은 주위 환경에 영향을 미칠수 있는 물질들을 다루어 나가 면서 목적하는 생산품을 제조하게 된다.

이러한 활동중에 살아움직이는 모든 공정은 환경관리의 대상이 되며, 관리를 소홀히 했을때는 오염물질이 주위에 배출될수 있기 때문에 철저히 효율적으로 관리해 나가야한다.

환경관리는 생산공정 전구간에서 도덕적으로 성실히 세심하게 점검하고 분석해 나갈 때 이루어질수 있다.

공장에서 관리해 나가야할 환경영향 분야를 다음과 같이 기술해 본다.

1) 원료 하역 공정(RAW MATERIALS UNLOADING UNIT)
2) 원료 저장 공정(RAW MATERIALS STORAGE UNIT)
3) 생산 공정(MANUFACTURING PROCESS UNIT)
4) 중간제품 공정(INTERMEDIATE PROCESS UNIT)
5) 제품 저장 공정(PRODUCTS STORAGE UNIT)
6) 제품 출하 공정(PRODUCTS SHIPPING AND LOADING UNIT)
7) 우.폐수 관로 공정(SURFACE AND SPENT WATER TREATING UNIT)
8) 지하 배관 공정(UNDERGROUND SEWAGE UNIT) ETC.

13-2-2. 환경관리 업무내용

앞에서 언급한 환경관리 목적을 달성해 나가기 위해서는 환경관리 대상분야에서 다음 내용들을 세밀히 관리해 나가야 한다.

1) 수질분야 (WASTE WATER TREATMENT AREA)
   ① 폐수 배출구에서의 배출수준이 설계치 이내로 유지되고, 또한 법규제치 이내로 되는지를 점검 확인한다.
   ② 우수 배출구에서의 배출수준이 법이 정하는 규제치 이내인지를 점검 확인한다.
2) 대기분야 (EMISSION CONTROL AREA)
   TMS(TELEMETERING SYSTEM) 운영
   각 공장 연돌에서 배출되는 가스가 법규제치 이내로 운영되는지를 점검 확인한다.
3) 유독물 저장 및 처리
4) 토양 오염
5) 악취 제거
6) 소음과 진동
7) 쓰레기 분리수거 및 재사용

13-3. 환경관리 조직 및 체제

13-3-1. 환경관리 조직

공장의 환경관리 업무를 효율적으로 수행하기 위하여 환경관리 조직을 편성 운영한다.
다음과 같이 환경관리 조직을 운영해 보는 방법도 있다.

환경 관리 조직

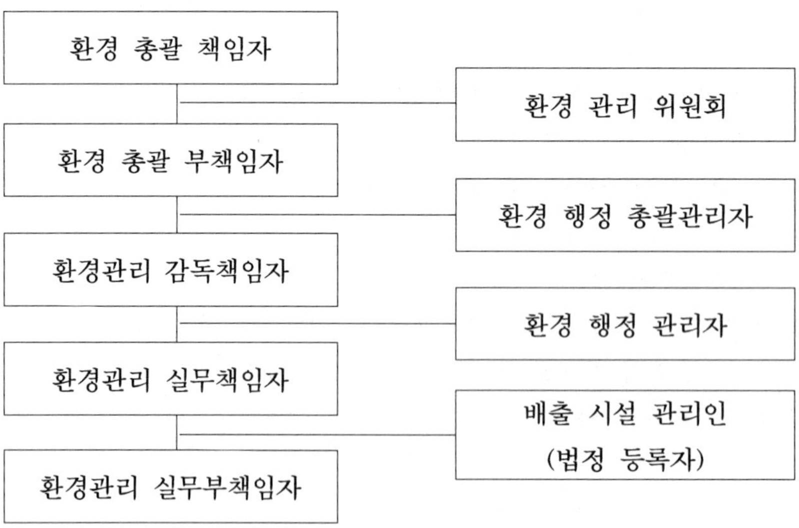

13-3-2. 직무

1) 최고 경영자는 회사의 직제를 통하여 환경관리에 대한 지휘권을 갖는다.
2) 환경총괄 책임자 즉 공장장은 공장 선체적인 환경관리 업무를 총괄한다.
3) 환경총괄 부책임자를 선정하여 환경총괄 책임자가 부재시 업무를 대행하며, 평상시에는 환경기술분야에 대한 총괄관리업무 및 대외업무를 담당토록 한다.
4) 환경행정 총괄관리자는 환경기술에 대한 행정관리 업무를 총괄토록한다.
5) 환경관리 감독 책임자는 담당부서의 환경관리 감독자로서 다음의 업무를 총괄 관장토록 한다.
 -. 환경 오염방지 지침에 관한사항
 -. 배출시설 및 방지시설의 정상가동에 관한사항
 -. 오염물질 배출방지에 관한사항
 -. 폐기물 처리규정에 대한 적법한 조치 여부관리
 -. 환경관리 시정지시에 대한 대책
 -. 환경오염 개선 및 대책강구
 -. 환경관리에 관한 개선업무
 -. 기타 환경관리 보완업무
6) 환경관리 실무책임자는 담당공장의 배출시설과 방지시설 및 인원에 대한 환경관리의 모든 책임을 지며 다음 업무를 수행토록 한다.
 -. 배출시설 및 방지시설의 정상가동으로 오염물질 배출의 법정기준치 이하운전유지
 -. 환경오염 방지를 위한 세부대책 수립 및 시행
 -. 오염물질 배출의 예방 및 방제
 -. 폐기물 처리규정에 의한 폐기물 적정처리
 -. 일상점검 및 이상배출 상태의 보고
 -. 환경오염 사고보고 및 대책수립 시행
 -. 시정지시에 대한 조치 결과보고
 -. 자체 환경오염 방지를 위한 교육실시
 -. 기타 환경보전에 대한 실시업무
 -. 환경관리 실적보고
7) 환경관리 실무 부책임자는 소관 배출시설 및 방지시설의 운전 및 인원에 대해 환경 관리의 책임을 지며 다음업무를 수행토록 한다.
 -. 배출시설 및 방지시설의 정상가동으로 오염물질 배출의 법정기준치 이하 운전유지
 -. 배출시설 및 방지시설 가동일지 작성
 -. 환경오염 요인 제거
 -. 환경오염 사고의 신속한 보고 및 응급조치
 -. 시설의 오염물질 배출상태 점검
 -. 환경관리 일지 작성
 -. 배출시설 및 방지시설의 이상 가동상태 보고 등등

8) 환경 행정 관리자(환경담당)은 다음 업무를 수행토록 한다.
- -. 환경보전을 위한 기획, 감독, 조정 및 정책
- -. 환경 보전법의 이행 여부
- -. 환경오염 사고의 원인조사 및 예방책 강구 및 보고
- -. 환경관리에 관계된 기록유지 및 통계
- -. 오염물질의 예방 및 방제에 관한 기준설정
- -. 배출시설 및 방지시설 운영에 대한 시정보고 및 지도
- -. 공해오염도 조사 및 정기측정
- -. 환경관리에 대한 대관청 업무 등등

9) 배출시설 관리인(법정등록자)은 다음 업무를 수행토록한다.
- -. 배출시설 및 방지시설의 관리와 개선에 관한사항
- -. 방지시설의 운영에 대한 기록 보전에 관한사항
- -. 자가측정 및 자가측정 기록부 보전에 관한사항
- -. 기타 환경오염 방지를 위하여 시장.도지사 또는 환경지청장이 지시하는 사항

13-3-3. 환경관리 위원회 운영

생산공장의 주요 환경관리 업무를 심의, 결정하기 위하여 환경관리 위원회를 운영한다. 위원회의 구성 및 활동 사항에 대하여 다음과 같이 기술해본다.

1) 구 성

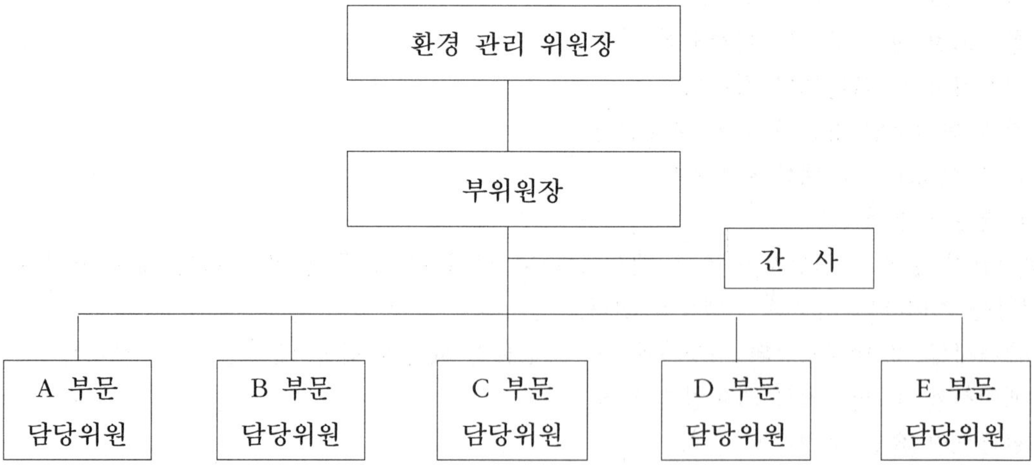

2) 활 동

환경관리 위원회는 다음 사항들을 심의, 결정토록 한다.

-. 환경오염에 대한 현안 문제
-. 오염물질 배출방지에 관한사항
-. 배출시설 및 방지시설의 정상가동에 관한사항
-. 오염물질 배출방지에 관한사항
-. 오염물질 배출시설에 관한사항
-. 배출사고 원인조사 및 대책수립에 관한사항
-. 폐기물의 적법처리에 관한사항등

3) 운 영

각 부문별 담당위원 밑에 환경관리인, 환경관리 실무책임자를 두어 효율적으로 운영토록 한다.

13-4. 생산공정 이해와 응용 (MANUFACTURING PROCESS UNDERSTANDING AND APPLICATION)

환경관리를 위해 아무리 훌륭한 조직체제를 가졌다 하더라도 운영 관리하는 구성원들이 생산공정(MANUFACTURING PROCESS)을 정확히 이해하지 못한 상태에서는 환경관리는 성공할수 없다. 환경관리 구성원들은 생산공정에서 일하는 구성원보다 더세밀히 정확하게 공정(PROCESS)을 이해하고 있어야 한다.

앞에서 언급했듯이 환경관리는 생산공정 전구간에서 도덕적으로 성실히 세심하게 이루어져야 한다는 것을 다시한번 강조한다.

즉 환경관리는 원료하역 공정에서부터 생산공정을 거쳐 제품출하에 이르는 전 과정에서 성실히 이루어질때 가능하며, 환경관리를 성공적으로 이룩해 나갈때 기업은 사회로부터

사랑을 받게되며 계속 성장발전해 나갈수 있게 된다.

환경관리 구성원들에게 생산공정을 정확히 이해시킬수 있고 응용해 나갈수 있는 조직이 되어야 하며 또한 교육훈련을 강화시키도록 한다.

13-5. 환경오염 예방

13-5-1.배출시설 및 방지시설의 정상가동

1) 각 생산공정 부문의 운영부서는 배출시설 및 방지시설을 정상으로 가동하여 오염 물질등의 배출이 배출허용 기준에 적합하도록 한다.

2) 방지시설은 임의로 가동중지 할수없으며 다만 기기장치 보수를 위해서 방지시설을 일부 가동중지 하고자 할 경우에는 정해진 절차에 따라 중지하고 오염물질이 확산되지 않도록 사전조치를 취한다.
3) 배출시설의 자가측정을 환경보전법에 명시된대로 수행한다.
4) 배출시설 및 방지시설을 변경 또는 신설하고자 할경우에는 계획단계에서 부터 사전검토를 충실히 해야하며 다음 사항들을 준비한다.
   -. 배출시설 및 방지시설의 설계도면
   -. 사양(SPECIFICATION) 및 투자비
   -. 기타 설명자료

13-5-2. 폐기물 처리

1) 배출시설 또는 기기설비등에서 배출되는 폐기물을 지정장소, 지정용기류에 환경보전법이 규정한대로 적절하게 보관 및 운반 처리한다.
2) 폐기물 외주처리는 관계법령에 의거 폐기물처리업 면허를 취득한 업체이어야 한다.

13-5-3. 환경관리 실적보고

배출시설 및 기기설비등의 가동실적, 측정결과 및 공해방지를 위한 활동내용을 기재한환경관리 실적보고서를 작성한다.

13-5-4. 현장 점검

방지시설 및 배출시설의 이상현상 유무를 확인하기 위해 정기적으로 현장을 점검하고 그 결과를 기록 유지한다.

13-5-5. 환경관리 교육

다음 내용을 가지고 환경관리 교육을 강화해 나간다.

1) 환경오염 방지의 필요성
2) 생산활동과 관련된 환경오염 방지의 구체적 방법
3) 불가피하게 이상현상이 발생되어 오염물질이 배출시 예상되는 분쟁, 피해보상 및 벌측에 관한사항 등등

13-6. 환경사고 보고 및 책임

오염물질이 유출되거나 주위환경에 영향을 초래하였을 경우 현장조사를 실시하고 피해 상황을 즉각 보고토록 한다.

사고조사 및 점검결과 다음 사유에 해당될 경우에는 적절한 책임을 져야한다.

1) 오염물질의 대량 유출사고(대외문제유발 및 법기준 초과)
2) 시정지시 불이행 및 허위보고
3) 폐기물 처리규정 위반시
4) 직무소홀로 인한 공해사고 유발 등

13-7. 폐기물 분리수거 관리

13-7-1. 폐기물 분류

각 생산공정에서 발생되는 폐기물을 종류별로 분류하여 관리하도록 한다. 다음과 같이 예를 들어본다.

가. 산업 폐기물
1) 특정 산업 폐기물
① 특정 유해산업 폐기물
-. 폐촉매류
-. 폐액류
-. 각종폐산, 폐알카리류
-. 기타 중금속이 함유된 폐화공약품
② 폐 유
-. 기기장치등의 폐윤활유
③ 폐합성수지계
-. 폐포대류
-. 각종비닐류
-. 폐고무류
2) 일반산업 폐기물
-. 오니류(폐수처리장 SLUDGE 등)
-. 연소재

나. 일반 폐기물
상기의 산업폐기물에 해당되지 않는 폐기물은 여기에 속한다.

13-7-2. 폐기물 관리

폐기물 관리는 다음 내용을 골자로하여 추진해본다.

가. 폐기물 관리 기본방침을 수립 운영한다.

-. 폐기물중 재이용 가능한것은 최대한 회수 재이용한다.

-. 폐기물은 종류별로 수집, 운반, 보관 처리한다.

-. 폐기물 관련법규를 철저히 준수한다.

나. 폐기물 분리 수집계획을 수립 운영한다.

1) 폐기물 분리 수집

-. 가연성 물질

-. 비가연성 물질

-. 폐합성 수지류

-. 기름 걸레

-. 폐유

-. 폐촉매류등

2) 폐기물 분리 보관

-. 폐기물 종류별로 적당한 크기의 수집통(수집장) 준비

-. 종류별로 표시

-. 분리 수거 교육

다. 폐기물분리 운반계획을 수립 운영한다.

1) 종류별로 운반

2) 운반시 준수사항

-. 종류별로 운반

-. 혼적금지, 과적금지

라. 폐기물 분리 보관계획을 수립 운영한다.

마. 폐기물 처분계획을 수립 운영한다.

-. 폐기물 발생 지역별

-. 폐기물 종류별

바. 각 발생 지역별로 다음과 같이 구분하여 철저히 실행해 나간다.

1) 일반 쓰레기
   -. 가연성
   -. 비가연성
   -. 잡쓰레기
   -. 고철류
2) 산업 폐기물
   -. 특정 유해
   -. 폐유
   -. 기름걸레
   -. 합성수지

13-8. 유독물 안전교육 및 점검내용

13-8-1. 유독물 안전교육

유독물 안전교육은 주기적으로 반복하여 철저히 시켜나가야 한다.

유독물은 환경오염에 심각한 영향을 초래할 뿐만아니라, 오염될 경우에는 돌이킬수 없는 처참한 상태에 놓이게 된다.

교육에 있어서는 ① 물질 안전 취급서(MATERIAL SAFETY DATA SHEET : MSDS)와 ② 화학물질 안전 취급서(CHEMICAL SAFETY DATA SHEET : CSDS)의 해당 내용들을 발췌 요약하여 교육자료로 이용토록 해본다.

또한 운전교본(OPERATING MANUAL)상의 명기된 유독물 안전내용을 세밀하게 가르치도록 한다.

앞에서도 언급한 바와 같이 생산공정을 정확히 이해시키는 것을 잊어서는 안된다.

즉 전과정의 생산공정을 정확히 이해하고 응용이 가능할때 유독물 안전 교육은 성공적으로 이룩될수가 있다.

13-8-2. 유독물 점검 내용

1) 각 공장별로 취급하는 유독물을 종류별로 구분한다.
2) 취급하는 유독물의 저장방법과 저장용기 명칭을 구분한다.
3) 상기에서 언급한 MSDS와 CSDS의 해당 내용들을 철저히 따르도록 한다.
4) 점검 내용은 다음과 같은 사항을 주안점으로 한다.
   -. 소화기는 지정된 장소에 비취되어 있는지의 여부 점검확인
   -. 방독면은 지정된 장소에 비취여부 점검확인 (또는 착용여부 확인)
   -. 보호용 작업복, 보호장갑, 보호안경의 착용여부 점검확인
   -. 유독물을 중화흡착 또는 희석할수 있는 방제약품의 비치여부 점검확인
   -. 유독물의 외부 유출여부 점검확인

-. 유독물 지하로 유출여부 점검확인
-. 유독물 저장탱크 잠금장치 이상유무 점검확인
-. 유독물 저장탱크 안전설비 설치유무 점검확인
-. 유독물 저장시설의 표시판 ; 규정에 의한 설치유무 점검확인 등등

13-9. 환경관리 중장기계획 수립 운영

13-9-1. 개요

첨단 산업분야와 정밀화학 공업이 폭넓게 정착되고 끊임없이 발전되어 가고 있을뿐만 아니라 대.소형 공장들이 계속 건설가동중에 있기때문에 이를 산업분야에서의 유해물질

배출허용 기준치도 더욱 강화되어가고 있다.

국민건강 보호를 위해 산업체에서의 환경관리는 실질적으로 성실히 이루어져야 하며 현재 수준에 만족하지 말고 환경개선에 끊임없이 심혈을 기울여 나가야 한다.

환경문제와 관련하여 사회로부터 지탄받는 기업이 되지않도록 꾸준히 환경개선에 앞장서 나가야 한다.

기업의 경영발전을 위해 환경관리 대상분야에서의 중장기 계획 수립운영은 경영에 있어 필수적인 관리 분야이다.

13-9-2. 중장기 계획 수립

중장기 계획 수립을 위해 다음 내용들을 참고로 해본다.

1) 배출수준 강화에 따른 목표를 설정한다.
2) 관리해 나갈 중장기 기간을 설정한다.
3) 환경개선이 요구되는 분야를 각 생산공장별로 다음과 같이 구분하고 공정개선 내용과 시설 내역을 명기한다.
   -. 환경개선 종합 분야
     · 환경 영향 평가
     · 인허가 누락사항 점검 및 허가증 정비
   -. 대기 분야
   -. 악취 분야
   -. 수질 분야
   -. 소음 분야
   -. 진동 분야
   -. 폐기물 분야

4) 중장기 기간중의 사업추진 투자비용을 년도별로 산출한다.
5) 환경개선 사업별로 공정을 선정하고 추진 일정을 계획한다.
6) 각 생산공장별로 오염물질을 구분하고 개선효과 측정을 위해 투자 전.후의 배출수준을 예측한다.
7) 사업별로 개선효과를 예측한다.
8) 현안 문제점을 명기한다.

상기 내용들을 참고로하여 각 공정별로 문제점을 도출하고 대책을 강구하여 다음과 같이 종합 기본계획 (MASTER PLAN)을 수립해 본다.
상기 내용들을 참고로하여 각 공장별로 문제점을 도출하고 대책을 강구하여 중장기 종합기본계획(MASTER PLAN)을 수립해 본다.
참고로 종합기본 계획을 위한 양식(FORMAT)을 다음과 같이 작성해 본다.

환경무문 시설개선 중장기 계획
(MASTER PLAN)

1. 목 적
2. 오염물질 배출기준치 강화 및 배출수준

공 장 별	시설구분	오염물질 항 목	법규제치 (PPM, MG/SM3)			배출수준	비 고
			현 행	규 제			
				1차 년도	2차 년도		

3. 공장별, 사업별 MASTER PLAN

공장별	시설명	오 염 물 질 항 목	현 황 및 문제점	대 책	예 상 투 자 비						비 고
					1 차 년도	2 차 년도	3 차 년도	4 차 년도	5 차 년도	계	

응용문제

1. 환경 관리의 목적은 무엇 입니까?
2. 환경 관리의 대상 분야에 대하여 항목 별로 열거 하십시오.
3. 환경 관리 업무 내용에 대하여 설명 하십시오.
4. 환경 관리 조직에 대하여 예(Example)를 들어 보십시오.
5. 환경 관리를 위한 직무에 대하여 각 책임자의 분장 업무를 서술 하십시오.
6. 환경 관리 위원회의 운영에 대하여 설명 하십시오.
7. 환경 보전과 생산공정 이해와 응용은 어떠한 관계가 있는 가요?
8. 환경 오염 예방에 대하여 항목 별로 설명 하십시오.
9. 배출 시설 및 방지 시설의 정상 가동에 대하여 설명 하십시오.
10. 폐기물 처리에 대하여 설명 하십시오.
11. 환경 관리 실적 보고에 대하여 설명 하십시오.
12. 현장 점검에 대하여 설명 하십시오.
13. 환경 관리 교육에 대하여 설명 하십시오.
14. 환경 사고 보고 및 책임에 대하여 설명 하십시오.
15. 폐기물을 분류해 보십시오.
16. 폐기물 관리에 대하여 서술해 보십시오.
17. 유독 물 안전 교육에 대하여 설명 하십시오.
18. 유독 물 점검 내용에 대하여 설명 하십시오.
19. 환경 관리 중장기 계획 수립 운영에 대하여 설명 하십시오.
20. 환경 부문 시설 개선 중장기 계획의 Master Plan을 예(Example)로 Format를 만들어 보십시오.

제 3 편

공장 개량 (工程 改良)과 연구발전

(PROCESS INPROVEMENT AND STUDY DEVELOPMENT)

공정 개선 14장
(PROCESS INPROVEMENT AND MODIRICATION)

14-1. 개선의 목적

각 생산공장이 그들의 신공정을 도입하여 공장을 건설하고, 생산을 시작할 즈음에는 어느새 2-3년이 흐르게 되고, 이때쯤에는 신공정이 다시금 개발되어 효율이 그만큼 향상된 신제품의 공정이 등장하게 된다.

이러한 급변화속에 옛공정(OLD PROCESS) 유지에 안주하고 생산관리 및 경영관리를 우물안 개구리처럼 하여 가다가는 기업은 어느새 석양빛을 보게 된다.

기업은 피눈물나는 경쟁속에서 유유히 살아남아야 하기 때문에 한시라도 한눈을 파서는 않된다.

각 생산공장의 기본설계와 건설이 아무리 성공적으로 잘되었다 하더라도 가동율을 증대하고 가동 일수를 연장시켜 효율적인 조업으로 고품질의 생산품을 증산시키기 위해서는 필요한 부분을 찾아서 공정을 개선해 나가야 한다.

생산공정 뿐만아니라 기업전반에 걸쳐서 개선(OVERALL PROCESS AND SYSTEM IMPROVEMENT)이 시간을 놓지지 말고 적기에 이루어져 나가야 한다.

또한 공정개선은 원료 부문에서 부터 제품포장 및 출하에 이르기까지 생산공장의 전분야에서 이루어질수 있으며 개선을 위한 특정부분이 따로 있는것은 아니다.

부분개선(PARTIAL SYSTEM UPGRADING AND MODIFICATION)도 효율적인 생산성 향상에 큰 도움을 주게 된다.

이러한 분위기속에 공정을 개선하여 기업의 이윤을 극대화 함으로서 세계화속의 경쟁속에서 윤택하게 살아남기 위한데 그 목적을 둔다.

14-2. 복합 개선의 주안점

앞에서도 이미 언급한바 있지만 공장의 성립(成立)되는 과정을 공장계획, 설계, 건설, 조업 연구발전의 단계로 구분 설명할 수 있다.

그렇지만 기업경영에 있어 공장건설, 조업만으로는 끊임없는 기업 이윤 발생에 만족할 수 없게 된다.

안일한 공장조업의 운영속에 현상유지의 답보상태에 있게 되면 공장은 어느새 구식화(OLD-FASHIONED PROCESS)가 되어 세계속의 변화와 경쟁속에서 영원히 사라져 버리게 된다.

최고 경영자는 공장의 성립(成立)을 위해 그간 공장이 건설되고 정상조업에 돌입되면 그간 노고를 아끼지 않고 기업발전을 위해 최선을 다해준 종업원들을 위해 물심 양면으로 인색치않게 치하해주고, 곧이어 개선(改善) 사업에 착수하여, 기업 이익 개선을 위해 공장을 최신식화(NEW-FASHIONED PROCESS)해 나가야만이 기업은 주위 변화와 경쟁에서 살아남을수 있게 된다.

여기서 추진해 나가야할 개선사업의 참고 내용을 요약해 보면 다음과 같다.

1) 기기장치와 공정의 수정 및 변경 (SYSTEM MODIFICATION AND REVISION)
2) 공정의 병목현상 해소 및 완화 (PROCESS DEBOTTLENECKING)
3) 복합적 기기장치의 개량과 개장 (SYSTEM RETROFITING)
4) 시설개선 및 품질의 고급화 (SYSTEM AND PROCESS UPGRADING)
5) 전계통의 복합적 개선 및 개량 (SYSTEM IMPROVEMENT)
6) 공정 및 복합 기기장치의 자동화 (SYSTEM AUTOMATION) 등

14-3. 주요 대상분야

공정 개선은 생산 공정의 전분야에 촛점(FOCUS)을 맞추어 개선해 보려는 마음이 우선해야 한다. 그러면 공정 개선을 집중적으로 해나가야할 분야를 요약해보면 다음과 같다.

14-3-1. 공정 부문

-. 전공정 및 부분공정 부문
-. 원료 부문
-. 에너지 부문(연료유, 전기, 증기, 공업용수, 공정용 공기부문등)
-. 공정 규격 (SPECIFICATION) 부문
-. 공정 효율관리 부문
-. 원료 하역 부문
-. 공정 자동화 부문
-. 원료 저장 부문
-. 생산 공정 부문
-. 제품 저장 부문
-. 제품 출하 부문
-. 제품 설계 부문
-. 제품 포장 부문
-. START-UP 과정 부문
-. SHUT DOWN 과정 부문
-. 공정 연동장치 (PROCESS INTERLOCK SEQUENCE) 부문
-. EMERGENCY SHUT DOWN 부문

14-3-2. 시설 부문

-. 회전기계 장치 부문
-. VESSEL 및 TOWER 부문
-. 열교환기와 리보이라 부문
-. 계기 계통 부문
-. 전기 계통 부문
-. 예방 정비 부문
-. 년차 보수 부문
-. 기기장치 보관유지 부문
- .기기장치 부품 저장부문
-. 설비 보전 관리 부문

14-3-3. 안전 부문

-. 안전 수칙 부문
-. 위험작업 취급 요령 부문
-. 안전작업 지침부문
-. 안전작업 허가서 발행부문
-. 안전관리 규정 부문
-. 고압가스 안전관리 부문
-. 안전보호구 및 장비부분
-. 안전작업 허가 절차부문
-. 안전 점검 부문
-. 안전 및 소화시설 관리부문
-. 보험부보 관리부분

14-3-4. 환경 부문

-. 수질 관리 부문
-. 대기 관리 부문
-. 유독물 관리 부문
-. 소음과 진동관리 부문
-. 우. 폐수 관리 부문
-. 지하 배관 부문
-. 악취 제거 부문
-. 환경관리 규정 부문
-. 폐기물 처리 부문

14-3-5. 품질 부문

-. 품질관리 실험 부문
-. 품질보장 규격 부문
-. 공정 실험분석 프로그람 부문
-. 고객측 문화 부문

14-3-6. 조직 부문

-. 개선사업 추진 조직 강화

14-4. 공정개선의 접근 방법

다음 내용을 깊이 생각해 보고 마음을 가다듬은 후에 공정개선에 임하도록 한다.

공정개선은 단순한 아이디어(IDEA)를 현실화 시키는것이 아니기 때문에 깊이있게 이론을 정립한 후에 만일의 경우를 대비하여 후유증으로 나타날수 있는 문제점들은 무엇이 있을수 있는지를 모두 검토해 내야 한다.

이론이 완벽히 정립된후에 공정개선은 가능하며 이론점검이 미비할시에는 공정개선은 절대 금해야 한다.

무지의 용기를 발휘하여 공정개선을 시행했을 경우 공정에 따라 발생될수 있는 상상하기 어려운 후유증은 그 누가 책임지기에는 너무 피해범위가 넓고 또한 때가 이미 늦게된다.

여기서 강조하고 싶은 내용은 빨간색을 띄고 있다고 반드시 피는 아니며 인간의 피가 깨끗하다고 해서 그 어느 동물에도 수혈할수는 없는 것이다.

다른 피를 수혈했을때 그 동물은 생명을 잃게 되는 것이다.

공정개선에 앞서서 이론정립은 피를 구분하는 것과 같은 것이다.

그러면 개선을 위한 주요 접근방법과 검토해야할 내용들을 다음과 같이 기술해 본다.

1) 전 과정에 걸쳐서 다음 내용을 정밀히 검토한다.
   -. 물질 수지
   -. 에너지 수지
   -. 유틸리티 수지
   -. 스팀 수지
   -. 물 수지
   -. 전기 수지
   -. 공정내에서 이상물질 재합성의 가능성
   -. 이상물질 합성시 공정에 미치는 영향

-. 공정에서의 후유증 발생가능성 여부 및 대책방법
-. INTERLOCK SYSTEM의 변경 여부
-. 공정내에서의 물리적, 화학적 변화 가능성
-. 안전상 대비해야할 내용
-. 환경에 영향을 미칠수 있는 제반사항
-. 불순물에 의한 공정내에서의 이상현상 발생 가능성

2) 특히 주요공정 개선 내용은 국.내의 설계사에 문의하여 내용을 재검토 보완한다.
3) 공정개선에 대한 전반 사항들을 이론적으로 완벽히 정립한후에 시행한다.
4) 공정개선 이론정립에 OPENED-MIND를 갖는다.
5) 합리적이고, 논리적이며 이론을 근거로 하는 마음을 갖는 TEAM으로 하여금 공정개선 사업을 수행토록 한다.
6) 기술 집착 고집형이거나 자기만이 제일이라고 하는 교만 아집형의 소유자는 공정개선 사업에 투입해서는 안된다.
   이들은 대형 사고를 유발시키는 경우가 종종 있다.
7) 자연과학 측면에 철학을 가지는 소유자들로 구성된 TEAM에게 공정개선 사업은 맡겨져야한다.
8) 외국 선진국의 운영상황을 면밀히 검토하고 필요시에는 선진기업을 반드시 방문하여 상호 기술협의를 거치도록 한다.
   특히 주요 공정개선에 있어서는 미처 생각치 못한 내용들이 많이 발생되기 때문에 예상치 못한 후유증으로 기업은 엄청난 손실을 보게된다는 사실을 마음속에 꼭 명심해야 한다.
9) 해외 SEMINAR, SYMPOSIUM에 적극 참여하여 외국 선진국의 기술동향, 최신공정, 개발 응용 현황 기술정보 입수에 경영 우선을 두도록 한다.
10) 모든 자료가 입수되어 이론이 정립되면 주요 공정 개선일 경우 PILOT TEST와 PILOT PLANT에서 SIMULATION을 거쳐 수행토록 하는것이 바람직하다.
11) 특히 개선이 된후에 안전, 환경 측면에서 문제점이 발생되어서는 안되며 그 대비책이 반드시 강구되어진 후에 조업 시작을 이행토록 한다.

응용문제

1. 공정 개선(Process Improvement)의 목적은 무엇 입니까?
2. 복합 개선의 주안점에 대하여 설명 하십시오.
3. 공정 개선 사업을 추진해야 할 분야를 요약해 보십시오.
4. 공정 개선을 위한 주요 대상 분야를 부문 별로 나누어 설명 하십시오.
5. 공정 개선의 접근 방법에 대하여 설명 하십시오.

15장 신기술 도입 (INTRODUCTION OF NEW TECHNOLOGY)

15-1. 개 요

기업 형태에 따라 최첨단 산업일 경우 연구, 기술 개발에 대한 종합 연구소를 설립하여 최고급 두뇌를 채용 운영할 것인지 아니면 기업의 신제품 생산이 신기술 도입만으로도 충분한지를 최고 경영자는 우선 결정하고 기업전략을 세워야 한다.

최고 경영자가 기업 형태에 따른 신제품 개발을 위해 종합 연구소를 설립 운영해야 하는지 또는 신기술 도입을 해야 할것인가를 잘못 판단하여 의사결정을 하였을때 기업에 미치는 손실은 엄청나게 된다.

우선 최고 경영자는 경영 방침으로 기업의 신제품을 어느 종류로 선정할 것인가를 명백히 제시해야 한다.

제시된 제품종류에 따라서 종합 연구소를 운영할것인지 아니면 최신 첨단 기술 도입만으로도 충분한지를 판단해야 한다.

다른 기업이 연구 기술 개발을 위한 종합 연구소를 운영한다고 해서 최고 경영자가 기업 형태를 오판하여 다른 기업의 형태를 그대로 따라 가다가는 결실없는 투자만 하게 된다.

최고 경영자는 심사숙고하여 이를 명백히 구분하여 실리있는 기업전략을 세워나가야 한다.

여기서는 최첨단 산업의 특별한 종합 연구소 기능을 제외하고 일반적으로 기업의 신제품 생산이 신기술 도입만으로도 충분한 경우에 대하여 피력하기로 한다.

15-2. 신기술 도입 추진

신기술 도입을 추진할 경우에 다음 내용들은 충분히 검토해야 한다.

우선 선진국들의 신기술 운영현황을 면밀히 검토해야 한다.

그리고 신기술 응용결과는 실제운영에서 어떻게 나타나고 있는지를 검토하고 또한 성능보장(PERFORMANCE GUARANTEE)은 성공적으로 되었는지를 살펴보고, 조업생산이 CONVENTIONAL한 상태에서 문제점 없이 정상가동이 되고 있는지를 판단해낸다.

신기술에 대한 LICENSOR를 모두 찾아내어 각 신기술상의 장단점들을 기술적으로 EVALUATION하여 선정토록 하는데 반드시 ① 생산공정측면, ② 안전측면, ③ 환경유해측면에서 성능이 완벽한가를 주의깊게 확인해야 한다.

성능 확인 방법은 LICENSE를 도입하여 생산 운영하고 있는 국. 내외의 공장에 문의 또는 방문하여 성능에 관하여 자세히 파악하도록 하고 문제점을 보완하도록 한다.

또한 신기술 도입에 관한한 국. 내외의 기술이 입증된 LICENSOR와 ENGINEERING사로 부터 PROPOSAL을 받아 TECHNICAL EVALUATION을 주의깊게 하도록 한다.

선진국에서 발행하는 월간 기술 잡지를 구독하여 최신정보를 항시 접하도록 하여 신기술 도입시 응용토록 한다.

그리고 선진국에서 발행하는 CONSULTANT GUIDE도 구입하여 신기술에 관하여 문의한후 PROPOSAL을 받아 TECHNICAL EVALUATION을 하도록 한다.

그리고 선진국에서 주최하는 기술 SEMINAR와 SYMPOSIUM에서 발표한 최신 기술 내용을 입수하여 면밀히 검토하고 응용토록 하는것도 잊어서는 안된다.

아울러 해외정보 DATA-BASE도 충분히 이용하여 기술적 참고 자료를 빠짐없이 얻어내도록 한다. 결론적으로 신기술의 성능이 입증되고 실제 운전상에 문제점이 없는 고급의 LICENSOR를 선정하는 것이 기업의 장기적인 이익 발생은 물론 미래 지향적으로 공정을 개선해 나갈수 있어 일거 양득의 경영효과를 얻게된다는 사실을 마음속에 아로새겨야 한다.

15-3. 신기술 도입시 유의사항

신기술 도입시 충분한 TECHNICAL EVALUATION이 이루어지지 못하면 사업은 실패하기 마련이다.

공정, 안전, 환경등의 측면에서 세밀히 검토되어야 하며 만일 검토 사항에서 누락되었거나 기술 검토상의 능력 부족으로 인하여 이론적으로 정립해 내지 못할경우에 신기술 도입은 실패한 결과로 나타나며 정상화 시킬때까지 시간과 노력면에서 어려운 시련을 겪게 되며 또한 기업손실은 말할것도 없게 된다.

따라서 다음 내용들을 주의깊게 다루도록 한다.

15-3-1. 공정측면 (PROCESS)

공정상의 세부사항등을 검토하고 고온, 고압 공정일 경우에는 안전 및 예방정비 측면에서 저온, 저압 공정이 있는지를 검토한다.

그리고 특히 독극물 생산공정일 경우에는 세계적으로 CONVENTIONAL 하게 운전되고 있는 안전 공정을 도입해야 한다. 그리고 독극물의 폐기물이 발생되는 공정일 경우에는 폐기물을 자체의 DOWNSTREAM 공정에서 완전 처리토록 사업추진하는것이 바람직하며, 만일 외부 용역업체에게 폐기물 처리토록 사업추진할때에는 환경영향의 문제점을 야기시키게 된다는 점을 고려해야 한다. 이러한 독극물 생산공정을 모험적으로 도입하여 건설 생산했다가는 미처생각치 못한 문제점과 후유증으로 인하여 운전요원의 치명적인 상해뿐만 아니라 사회에 미치는 영향 때문에 기업은 끝내 침몰 하기에 이른다는 명확한 사실을 염두에 두어야 한다.

모험도 모험 나름이다 라는 말을 경영염두에 두는것이 최고 경영자로서 취해야할 도리이다.

자연과학 분야에 다수결에 의한 선택과 모험을 무릅쓴 무지의 의사 결정은 신(神)이 아닌 이상 실행할수 없다는 사실을 겸손하게 생각해 보아야 한다.

또한 공정 반응에서 유독물 형성 유무도 정확히 이론 정립해내고 미비할시에는 기술도입선에 자료를 요청하여 더욱 세심히 검토하도록 한다.

LICENSE를 여러 군데 신청하여 모두함께 PROPOSAL을 받아 TECHNICAL EVALUATION을 비교 검토하며는 공정상의 위험한 누락 내용은 예방될 수 있다.

15-3-2. 환경 및 안전측면

신기술 도입시 환경 및 안전측면에서 완벽하지 못한 공정을 선정할시에는 피해범위가 크기 때문에 공장건설과 함께 시운전 단계에서 부터 조업을 계속할 수 없게 된다.

계속조업을 시도하고 싶어도 이들 환경 및 안전측면에서의 문제점으로 인하여 시운전 요원과 국민의 보건 및 안전을 위해 더이상 조업을 추진할 수 없게 된다.

이제는 산업의 첨단화와 정밀화학 분야의 맹독성인 유독물 생산 제품등으로 인하여 공정이완벽하지 못하면 주위에 미치는 치명적인 영향때문에 생산을 중단할수 밖에 없게 된다.

이로 인한 기업의 손실은 말할것도 없고 재가동을 위해 시설보완을 하기 위해서는 막대한 재투자와 시간을 잃게 되는 결과를 초래하게 된다.

국.내외의 유명한 LICENSOR가 개발하여 오랜 세월속에 조업 운영중인 CONVENTIONAL한 공정을 선정하는것이 최상의 방법이다.

맹독성의 생산제품을 생산할 경우의 공장들은 환경에 영향을 미치지 않고 자생력있는 광할한 대지위에 건설하는 것이 타당시되며 비좁은 공간에 이러한 맹독성의 생산제품 공장을 건설하는 것은 재삼 고려해야 한다.

맹독성 제품 생산 공장들은 사고가 발생할시 그 피해 범위는 상상을 초월하기 때문에 순간적인 이익만을 위하여 건설되어서는 안되며 최고 경영자는 사회적인 도덕관과 올바른 철학관을 가지고 현명히 판단하여 의사 결정해야 한다.

그렇지만 최고 경영자의 의지에 따라 꼭 이러한 공장들을 건설하여 이익을 내고 싶다면 광활한 땅을 가지고있는 나라를 선택하여 그곳에 환경에 영향을 주지않는 최적공정을 선정하여 공장을 건설하고 이익을 발생시키는 방법을 채택하는것이 사회적으로 영원히 존경받는 최고 경영자가 될수 있는 것이다.

단순하고 단기적인 이익만을 눈앞에 생각하고 종업원과 국민의 건강을 위협하는 맹독성의 제품을 생산하는 공장을 비좁은 국토위에 건설하려고 하는 기업은 더이상 국내에 출현되어서는 안되며, 앞에서 언급한 영향들을 고려하여 기업의 참모진들은 최고 경영자가 눈을 흐리지 않도록 도덕성과 올바른 철학관을 가지고 최고 경영자를 혼신을 다하여 보살펴줄때 기업은 봄의 새싹처럼 무한히 성장 발전할수 있게된다는 사실을 마음에 깊이 새겨야한다.

응용문제

1. 신기술 도입의 개요에 대하여 설명 하십시오.
2. 신기술 도입 추진에 대하여 설명 하십시오.
3. 신기술 도입 시 유의사항에 대하여 공정, 환경 및 안전 측면에서 설명 하십시오.

연구 기술 개발 (R & D) 16장

16-1. 개 요

지구촌 경쟁시대에 어깨를 나란히 하며 성장 발전하고 있는 현대 기업들은 세계적인 정치, 경제, 사회, 문화의 급변하는 복잡다양한 환경속에서 변화와 경쟁을 맞이하여 기업전략과 전술에 혼신을 다하고 있다.

세계적인 무한 경쟁시대에 노출되어 살아남으려고 하는 기업들은 변화와 변신 그리고 경쟁의 물질을 민감하게 받아들이고 대응해 나가야 한다.

이러한 변화에 기업이 적극적으로 대응하고 도전할때 변화는 기업에 발전을 안겨 주게되며 기업은 찬란히 성장 발전하게 된다.

기존의 구태 의연한 사고 방식이나 경영관리 방법은 이미 빛을 잃어 더이상 쓸모가 없게 되었다.

기업환경 및 경영전략에 PARADIGM (패러다임)의 전환이 있어야 발전을 기약할수 있게된다.

즉 우리가 사물과 세상을 보는 방법과 시각, 신념과 가치관, 기업경영관리와 전략을 보는 시각들을 바꾸어 나가야 한다.

현실세계에서 부딪치는 어떤 국면을 바라볼때 시각적인 감각에서가 아니라 이해하고, 지각하고, 해석하는 관점에서 이 세상을 보는 패러다임(PARADIGM)을 바꾸어 나가야 한다.

렇지만 자연법칙은 바꿀수 없다는것을 잊어서는 안된다.

이렇게 함으로서 연구 기술 개발에 새로운 변환을 전개시켜 나갈수 있고 이단계에서 무릇 연구 개발은 소기의 목적을 달성할 수 있게 된다.

16-2. 공학(工學)의 기능과 실행

공학은 기술을 체계적으로 연구하고 인간의 욕구를 만족시키기 위해 그 기술을 응용하고 발전시켜 나가는 학문이라 말할수 있다.

기술을 응용 발전 연구해 나감으로서 인간의 생활을 풍족하고 윤택하게 이끌어 나갈수 있다.

또한 공학은 과학과 기술사이에서 성장 발전해 나갈수 있기 때문에 기초과학과 응용기술이 함께 공존하며 발전해 나가야만이 연구기술 개발은 그 꽃을 피울수 있게 된다.

공학의 연구개발을 위한 기본 개념으로는 다음 내용을 중요시 할수 있겠다.

1) 연구개발 및 기본구상을 위해 과학적 접근방법(APPROACH)을 중요시 해야 하며
2) 공통된 기술을 상호 최대로 응용 활용하고
3) 기기장치 설비의 합리적 운영을 실행하고
4) 장치설계의 목표로는 최적의 재료선택, 공정의 효율증대 및 수율증진을 추구해나가야 하며
5) 여러 관계 분야의 기초과학 및 응용기술의 지식등을 총동원하여 응용 활용하고 향상시켜 나가야 하며
6) 이론정립에 있어서는 산학 협동 체제의 기능을 최대로 활용하고
7) 설계단계에 있어서는 SPECIFICATION을 정확히 설정해주는 분위기를 조성해 주어야한다.

또한 공학을 실행 발전시켜 나가는 과정을 다음과 같이 요약해 본다.

1) 응용 분야의 아이디어를 무한히 창출해 내고
2) 전문가가 기획한 실험 계획하에 아이디어를 시험(PILOT TEST) 한다.
3) 아이디어를 시험한 결과 성공했을때 제품 설계 및 도면을 작성한다.
4) 제품설계 및 도면에 따라 제품을 시험 제조한다.
   이때 제품 생산의 난이도에 따라 필요시에는 PILOT PLANT(시험공장)를 건설하여 제품을 시험 생산한다.
5) 생산된 제품의 성능을 시험한다.
6) 성능시험에 합격한 제품을 계속하여 연구 발전시켜 나간다.

16-3. 연구 기술 개발의 기본구상

기업이 추진하는 사업의 성공여부는 추진팀들이 시장조사와 기술조사에 따른 사전조사를 어느정도 정확하고 정밀하게 해내느냐에 따라 결정된다.

기획 단계에서 국내외의 기술수준과 연구동향, 신제품 개발의 기술적 가능성, 특허권 저촉 여부, 신제품의 LIFE CYCLE 예측, 시장성, 투자비 회수율, 수요와 공급, 환경에 미치는 치명적 영향여부, 안전사고 발생시 피해범위, 문화적인 측면에서의 신제품 설계내용의 수용성 등등을 정확히 검토하여 계획을 세우도록 해야한다.

또한 다음 사항들을 추가하여 검토한다.

-. 신제품의 종류, 품질 및 규격, 생산규모등
-. 공급 원료 규격
-. 기기장치 및 재료
-. 공장 입지
-. PILOT PLANT 운영 여부등

16-4. 연구 기술 개발 추진방향

연구실에서 창출해낸 실현가능한 아이디어는 기업의 핵(NUCLEUS)이 되어 새로운 공장을 건설하게 된다.

이러한 핵이 계속 형성되어 공장군(工場群)을 이루고 UPSTREAM 에서 DOWNSTREAM 까지의 공장이 이루어지게 된다.

연구 기술 개발은 상당수준의 연구시설과 고급기초 과학자와 고급 기술자가 삼위일체를 이루어 나갈때 가능하게 된다.

또한 국내외의 학계와 산업계와도 긴밀한 접촉을 갖도록 하고 그들이 발표하는 SEMINAR와 SYMPOSIUM에도 적극 참여하여 기술 정보와 진보된 기술 습득 응용에 열의를 다해야 한다.

이렇게 할때 연구 개발 기술도 확대해 나갈수 있게되고 기술의 특성 발전 결과로 세계화와 국제화를 충족시킬수 있게 되어 기업은 더욱 발전해 나갈수 있게 된다.

참고로 연구면에서 추진해 나가야할 분야를 첨언해 보면

-. 원료, 재료, 기기장치, 제품의 규격시험 분석을 통한 과학적 관리방법 연구

-. 제반 공정개선을 위한 응용시험 연구

특정 공정의 이상현상발견, 고장 및 부식(CORROSION)등의 원인을 연구하여 대책을 강구하고 개선방법을 연구하여 공정의 효율을 극대화 함으로서 기업의 발전을 기할수 있게 된다.

-. 신제품 개발을 위한 연구

소비자의 욕구충족을 위해 꾸준히 신제품을 개발해 내고 품질을 고급화 시켜 나간다.

-. 제품의 효율가치 창출을 위한 연구

소비자의 만족을위해 제품의 질을 향상시키고 신용도를 높여 수요량을 확대해 나간다.

연구 기술 개발 분야에 있어 무엇보다 중요한것은 연구. 기술 개발 분야에 투입할 비용과 인력을 어떻게 관리하고 운용해 나가야 효과적인 가를 판단해 내는 일이다.

즉 -. 연구, 기술자의 고용방법과 처우방법

-. 연구, 기술직의 업적 평가방법

-. 연구, 개발 기술자의 육성방법

-. 연구, 개발 인력의 활용방법

-. 연구 개발 인력의 업무 관리방법

-. 연구 개발 비용의 관리방법

-. 연구 개발비의 사용 계획안

-. 연구 개발비의 사용효과 분석과 측정

-. 연구 개발 사업(PROJECT) 선정

-. 신제품 개발 사업 추진 계획안 등

연구 기술 개발분야도 비용과 인력이 투입되는한 기업은 반드시 투자액에 대한 회수율을 분석 평가해 나가야 한다.

연구 개발 분야라고 해서 막연한 관리를 해서는 기업의 목적에 위배되어 기업은 엄청난 비용만 소비하게 되는 결과를 초래하게 된다.

기업에서는 응용과학적 연구와 과학적 연구를 혼동해서는 안된다.

즉 응용 공학적 연구는 무엇을 배워나갈때 반드시 실행하여 인간의 욕구를 효과적으로 충족시켜 주기위해 기술을 응용발전 이행시키는 연구이며, 과학적 연구는 우리에게 새로운것을 발견해 내는데 많은 아이디어를 제공하지만 단지 배우기 위함이 연구 목적이 된다.

이러한 점에서 기업의 R & D는 과학적 연구와 구분하여 관리해야 한다.

16-5. 최신 기술정보 수집과 대응

국내외의 최신 기술정보 수집에 어두울것 같으면 이미 개발되었거나 개발중에 있는 기술을 다시금 개발해 내는데 엄청난 시간과 비용과 에너지를 낭비하게 된다.

연구 기술 개발자는 이러한 오류를 범하여 기업의 손실을 끼치지 않도록 해야하며 국내외의 최신 기술정보를 얻기 위해 자료수집과 문헌조사에 최선을 다해야 한다.

물론 R & D는 이미 알려진 최신기술을 뛰어넘을 단계의 분야에서 연구개발을 시도해야 한다.

즉 무엇을 개발할려고 시도하기 전에 최신 기술정보 탐색을 철저히 해야 하며 아울러 기초이론 정립을 튼튼히 하도록 해야 한다.

기술정보 수집에 다음 내용을 참고로 할수 있겠다.

1) 연구실과 생산 공장간의 PROCESS MONITORING SYSTEM을 설치 운영한다.
   즉 PROCESS IMPROVEMENT를 위해 저렴하고 정확한 기술정보 수집으로 SIMULATION을 하기 위함이다.
2) PILOT PROGRAMME (PLANT, TEST)을 개발하여 운영한다.
3) 고도의 기술과 경험을 가진 여러분야의 CONSULTING ENGINEER를 고용하여 IDEA를 최대한 활용토록 운영한다.
4) 실질적으로 응용공학적 연구를 수행해 낼수 있는 인력구성이 이루어진 연구소를 운영한다.
5) 국내외의 최신기술에 대한 SEMINAR와 SYMPOSIUM에 관계자를 참석시켜 정보를 입수 응용토록 한다.
6) 국내외 최고수준의 학계와 연구기관 또는 최신공장과 교류를 갖도록 한다.
7) 최근의 전문잡지를 구독하여 기술정보를 습득하고 국내외의 학술회의를 통하여 정보를 얻도록 한다.
8) 해외정보 DATA BASE를 최대한 활용토록 한다.
9) 국내외의 첨단 기술 연구소에 신제품 개발품목을 용역 의뢰한다.
10) 해외 CONSULTANT GUIDE를 입수하여 해당분야의 연구개발에 응용한다.

응용문제

1. 연구 기술 개발(R & D)의 개요에 대하여 설명 하십시오.
2. 공학의 기능과 실행에 대하여 설명 하십시오.
3. 연구 기술 개발의 기본 구상에 대하여 설명 하십시오.
4. 연구 기술 개발 추진 방향에 대하여 설명 하십시오.
5. 최신 기술 정보 수집과 대응에 대하여 설명 하십시오.

제 4 편

공장 경영 (PLANT MANAGING)

대화있는 경영발전 (MANAGING DEVELOPMENT IN UNDERSTANDING)

17장

17-1. 개 요

본장의 내용은 25년째의 직장 생활중에 수많은 사람들과 함께 일해오는 과정에서 배워 익히며 응용하고 경험한 내용들을 경영적인 측면에서 정리 요약한 것이다.

로마로 향하는 길에는 이러한 경영방법도 있음을 경험했기에 요약해 보기로 한다.

특히 직장 생활에 있어 인화협동, 창의약진, 책임완수의 내용들을 알뜰히 실천에 옮겨갈때 생산공장의 경영은 주위에 그윽한 향기를 발할수 있게 되며 또한 꽃을 피워 결실을 맺게된다.

기업의 각 구성원들이 자유로운 분위기속에서 최고 경영자의 경영철학과 구체화시킨 경영 전략을 즐거운 마음속에 깊이 새겨나갈때 경영목표는 성공리에 현실화 할수 있다.

최고 경영자가 입체적인 사고의 눈으로 안과 밖을 동시에 보며 구성원들과 주위 상황을 정확히 판단해 낼때 기업의 조직 구성원들이 최고 경영자에게 믿음을 갖게되며 또한 자기 맡은 업무에 심혈을 기울이며 열중해 나갈수 있기때문에 기업은 발전해 나갈수 있게 되는것이다.

현대 기업은 기술, 구성원, 경영의 세가지 요소를 입체적으로 공동 발전시켜 나갈때 새로운 변화를 기업에 꾸준히 접촉시켜 나갈수 있게 된다.

이 세가지 삼위일체를 기업의 초석으로 하고 최고 경영자는 경영전략에 변화있는 발전을 유도해 주어야 한다.

17-2. 인화 협동

조직 운영에 있어 인화협동은 가정의 화목한 분위기를 이끌어내어 온가족이 함께 발전해 나갈수 있는 여건을 만들어 주는 중추적인 정신 지주와도 같다.

조직 생활에 인화협동을 위해서는

(1) 부드러움속에 강함이 있고
(2) SIMPLE한 분위기속에 그윽한 아름다움이 있으며
(3) 겸허한 자기자신은 주위에 밝은빛을 준다는 사실을 인지해야 한다.

1) TEAM WORK / TEAM PLAY

① 한사람의 머리보다는 두사람이 낫고, 두사람 보다는 세사람이 낫다는 생각을 가지고 업무를 처리한다.

② 공동과제를 부여하여 새로운 업무에 대한 도전 및 새로운 업무에 적응시킨다.

③ 개성이 있고, 창의성이 있는 TEAM이 되도록 유도해준다.

2) 개인보다 GROUP을 중요시하며 명랑한 직장 분위기를 조성하여 준다.

① 성실한 관심을 베풀어준다.

② 잘해냈을때는 진심으로 칭찬해준다.

③ GROUP과 접할때는 항상 직원의 이름을 불러준다.

④ GROUP의 힘에서 잠재력과 창의성이 나올수 있다는 것을 일깨워준다.

3) 취미활동으로 상호 협동 및 이해를 증진시켜 나간다.

취미야말로 우리 일상 생활에서 심전 경작할수 있는 좋은 소재이다.

① 취미활동 상호 이해 : 靜(정)적인 취미

각 구성원의 폭넓은 융화와 협동을 모색해 나간다.

(예 ; 서예, 미술, 사진, 분재, 수석등)

② 특히 등산, 낚시, 수영등 : 動(동)적인 취미

각 구성원의 상호 협동심을 발현시켜 나간다.

(각 구성원의 친화성 강화 - 극기훈련의 기회 : 자기 자신과의 싸움이 얼마나 중요한 것인가를 인식시켜 나간다.)

③ 부서별 운동경기 장려 : 족구, SOFTBALL, 배구, TENNIS등 ; 체력 단련을 통한 친밀감을 조성시켜 나간다.

④ 팔방미인 : 무엇이든지 해내겠다고 하는 의지의 정신.

⑤ SYMPHONY ORCHESTRA의 조화

4) 대화의 광장을 조성해 나간다 ; 애로사항, 요망사항, 건의사항, 개선사항등을 대화로 승화시켜 나간다.

① 각 구성원과의 대화 : 하의상달, 상의하달 목적으로 자연스럽게 수시로한다.

· 직원 상호간의 이해증진
· 공감대 영역 넓히기
· 생산성 향상등의 대화

② 개인 면담을 필요에 따라 자연스러운 분위기에서 응해준다.

5) 일상 생활

① 일간신문 사설 및 컬럼 읽고 SCRAP하기 : 우리주변의 일들을 객관적이고, 합리적으로 사고판단(편협한 사고방식 배제) 하도록 분위기를 조성해 나간다.

② 명화(영화) 감상 : 종합예술을 통한 미적감각 익히기를 강화하여 주위를 밝게보는 눈을 갖도록 한다.
가치관 확립 및 기기장치 보전, 환경미화에 도움을 줄수 있다.
입체적 사고판단에도 도움을 줄수있다.

6) 평가 및 인사고과

평가전에 공정하고, 객관적으로 될수있도록 자기 자신과의 냉철한 대화를 하고 난후에 평가하도록 한다.

7) 교양 및 예의

① 서로 밝은 예의바른 인사를 하도록 한다. 인사는 인간관계의 윤활유이다.

② 상호간에 기분좋게 일할수 있는 분위기를 조성해 준다.
밝은 표정과 목소리로 서로 대해주는 분위기를 조성해 나간다.

③ 밝은 인사는 하면 할수록 좋은 유대를 갖는다.

④ 고운 말씨는 상호 인격의 그윽한 향기를 만들어준다.

⑤ 상사는 구성원들과 일과후에 모임이나 회식을 갖고저 할때는 구성원들의 선약을 고려하여 사전에 미리 약속시간을 예약해 주어야 한다.
즉 구성원들의 일과후의 시간을 상사가 독선적으로 이끌때 조직의 화목한 분위기는 깨지게 된다.

8) 구성원의 육성 및 대화교육

① 주요내용
· 주요업무 및 향후 추진 계획내용
· 공장운전 및 안전관리
· 교양 및 예의
· 상호발전을 위한 자세 등

② 특별한 과제를 주어 잘해냈을때 칭찬을 하여 의욕과 성취감과 자신감을 갖도록 유도해 준다.

③ 구성원들과 대화시 어두운면을 발견시에는 원인을 분석, 해결에 도움을 준다.

④ 실책에 대하여는 엄격하되, 솔직히 잘못을 인정할때는 관용을 베풀고 때에 따라서는 잘못을 인정할줄 아는 자신의 용기를 칭찬해 준다.
- 잘못을 하고도 입을 다물고 숨기는것을 예방 - 반복사고 발생을 예방한다.

⑤ 공과 사를 구별하여 업무를 추진시킨다 : 업무 향상 발전에 도움을 준다.

⑥ 직원 자신의 장점, 아름다운점, 가능성을 적극적으로 인정해주고 칭찬 격려해 준다.
직원의 잠재능력을 끌어내도록 유도해 준다.

⑦ 사유서나 경위서 처리 : 일정기간후(매년말)에 본인에게 돌려주고, 두번다시 이런류의 일이 없도록 의욕고취 시켜준다.
상사와의 적대감 해소 방안에 도움을 준다.
⑧ "선비는 자기를 알아주는 자를 위해서 죽는다" 고 했다.
⑨ 직원을 편애하는 것은 금물이다. 화합의 장으로 종합 발전시켜 나가도록 한다.
⑩ 고정 관념 배제 : 융통성 있는 생활태도를 형성시켜 준다.

9) 상조회 운영
① 운영이 잘되도록 보살펴 주고, 자문해 준다.

10) 애경사 발생시
① 최선을 다하여 빠짐없이 참석하고, 미비한점을 보완토록 유도해준다.
· 애사 : 도와줄것이 무엇인가 찾아보고 적극 도와준다.
슬픔을 같이 나누어주고 위로해 준다.
인간이 살아생전에 가장 외로울때 임을 충분히 감안해야 한다.
· 경사 : 기쁨을 같이 나눈다.

11) 등산 및 체육대회 적극장려 추진
① 조직의 운동경기 시합 및 등산 실시 : 춘계, 추계로 나누어 실시해 준다.
② 가족 체육대회를 적극 장려시켜 나간다.

17-3. 창의 약진

기업 발전에 중요한 요소가 되는 창의약진은 조직 구성원들이 창의력을 발휘하여 새로운 변화에 적응하고 도전해 나가는데 원동력을 제공해 준다.
또한 창의약진은 기업이 발전단계에 돌입될때 새로운 아이디어를 창출해내고, 창의성을 창조해 낼수 있는 계기를 만들어 주게 된다.
창의약진을 잉태하기 위해서는

(1) 객관적이고 과학적인 사고의 눈으로 사물을 대하고
(2) 합리적이고 OVERALL한 사고의 눈으로 사물을 관찰하고
(3) 입체적인 사고로 안과 밖을 동시에 볼수있는 눈을 가지도록 하며
(4) MICRO와 MACRO의 눈으로 생물체와 무생물체를 관찰할때 가능하게 된다.

1) 최고 경영자의 VISION을 제시하여 준다.
① 최고 경영자의 경영방침, 경영철학, 중장기 계획을 간결하고, 구체적인 표현으로 명시하여 전직원에게 알려준다. 대내외로 공언, 공약한 내용등도 포함시킨다.

2) 교육 및 자기 개발

① SEMINAR 및 SYMPOSIUM 자료와 주요 기술자료를 입수시 구성원의 발전을 위해 관계직원에게 검토, 요약 보고토록 유도한다.

② 최근 외국 발간 잡지를 구독하여 검토 요약 보고토록 유도한다.

③ 최근 선진국의 기술수준과 기술동향 파악을 위해 주요외국어 교육에 전력을 기울인다.

3) IDEA BANK와 BRAIN STORMING을 위한 IDEA 기록부를 각사무실에 비치하여 운영토록 한다.

① 창의적인 IDEA, 제안을 자유자재로 기록할수 있도록 유도해준다.

② IDEA의 양을 늘려나가다 보면 질이 좋아진다.

③ 고정관념을 배제하고 융통성 있는 생활태도를 가지도록 유도해준다.

④ IDEA 기록부 : · 각 사무실에 비치 활용토록 한다.
· 주기적으로 검토하고 결과를 경영에 반영한다.
· 창의력을 발휘하는 직원을 발굴하고 창의성 있는 분위기속에 업무 발전할수 있도록 유도해준다.

4) 새로운 변화에 접근

① 평소에 정보축적으로 좋은 IDEA를 생각해 낼수있는 기회를 부여해준다.

② 새로운 기술 습득 및 폭넓은 시야로 새로운 업무에 도전할수 있도록 분위기를 조성해 준다. (고정관념을 배제하기 위함이다)

③ 새로운 것에 접할수 있는 계기를 마련해준다.
새로운 자료를 계속 입수하여 응용할수 있는 기회를 만들어준다.
예) · 국내외 SEMINAR에 적극 참여시켜 주요 최근자료를 입수 검토시켜 업무에 응용토록 하여준다.
· 각종 주요제품 전시회에 적극 참여시킨다.
- 기술 정보수집 및 신개발품에 접할기회를 부여하여 업무개선을 유도시켜 준다.
· 국내외 관계기관 연구소를 방문시킨다.
- 새로운 연구부문 자료 입수 및 기술동향을 검토하여 응용해 나간다.
· 전문인 초빙 강의 의뢰하여 새로움에 접합 기회를 제공한다.

5) BEST EMPLOYEE를 선발 (대상이 있을때)하여 시상한다.

① 의욕을 더욱 올려주고 일해나가는 분위기를 조성해 준다.

② 잘해낸 사람을 알아주고 권장하는 분위기를 조성시킨다.

③ 태만한 사람에게는 자극을 주는 기회를 부여한다.

④ 자신의 잠재능력을 발휘할수 있는 기회를 최대한 부여한다.

6) 새로운 업무에 접했을때

① SOP, CPM, PERT 작업을 한다. - 주위의 많은자료를 입수 반영한다.
- 세부 내용까지 파악 정리토록 한다.
- 예기치 않은 문제점 발생을 최대로 억제한다.
- 신속 정확한 업무처리를 하도록 한다.

7) 충분한 휴식(REST)과 원기회복 수단의 오락(RECREATION)

· 충분한 휴식과 오락이 있은뒤에 머리가 FRESH 해지고 새로운 IDEA 및 창의력이 나올수 있는 계기가 마련되기 때문에 이러한 분위기를 조성시켜 준다.

8) 경쟁 의식 부여

· 문제 해결을 위해 주위에 많은 자료를 활용한다.
TEAM WORK와 TEAM PLAY를 하여 REPORT를 공동으로 작성케 하고 문제점 해결에 접근시키고 새로운 IDEA를 창출토록 유도시킨다.

9) 문제의식 및 문제발견

· 5W, 2H, 2C 즉 5W : WHO, WHAT, WHERE, WHY, WHEN
2H : HOW MUCH, HOW TO
2C : COST, COMMUNICATION를 최대한 활용토록 한다.

17-4. 책임 완수

조직 운영관리에 있어 책임완수 내용을 필수적으로 다루어 나가야 기업은 성장 발전해 나갈 수 있다.

조직 구성원들은 맡은바 책임이 얼마나 중요하고, 각자의 책임이 기업에 얼마나 막대한 영향을 미치게 되는가를 구성원 모두에게 인식시켜야 한다.

책임에 대한 개념이 기업에서 무시되고, 무분별한 동정만을 가지고 기업을 운영할때 기업은 마치 하늘을 치솟을 듯한 마천루의 지반을 빼내는 결과를 초래하게 된다.

책임완수를 위해 다음 내용을 염두에 두도록 해본다.

(1) 항상 배우고 공부하는 자세로 신선함과 젊음을 유지해 나가며
(2) 겸손하고 자유로운 분위기속에 대화를 자유자재로 해나가도록 하며
(3) 자연과학과 사회과학을 바탕으로한 이론을 구분하여 정립하면서 생활을 해나갈때 결실을 얻을수 있다고 본다.

1) 발전을 위한 사고 판단기준 :

· PHILOSOPHY를 마음의 BASE에 둔다.

· 자연과학 측면의 의사결정은 다수결로 판단하거나 결정할수 없는 사항임을 인지시켜야 한다. 한사람이 옳아도 즉 1%가 옳아도 99%는 1%의 옳은 방법과 사람을 따라야 한다.

· 사회과학 측면의 의사결정은 과반수 이상이 찬성하면 그것을 따라야 한다. 즉 사회과학 측면과 자연과학 측면중 어느쪽에 비중이 더 큰지를 파악하고 업무 분석후에 처리토록 한다.

2) OJT 교육 : 현장지식 및 책임의식 부여

① 구성원 POSITION 변경시에는 소정의 교육 이수를 평가해야 한다.

· 교육 평가 - 현장실기 평가(100점), 이론평가(100점), REPORT(100점)

· 각 평가 공히 60점 이상 필한자에게 업무를 부여하고 만족할때까지 재교육을 시킨다.

② 신입직원에게는 안전제일이 체질화 되도록 초기에 철저히 교육시킨다.

3) 교 육

① 안전교육 : 현장 및 조정실에서 SPOT 교육을 정기적으로 실시한다.

② 공정관리 교육 및 정신교육 : 교안작성하여 일정주기로 반복 교육시킨다.

4) 확인, 점검

① 주요 확인 점검내용은 다음과 같다.

· 기기장치 예방 정비부문

· 안전 관리 부문

· 공장 주위 정리정돈 부문

② 확인 점검 방법 : 매월말 또는 매월초 현장 답사 점검하고 미비점을 LISTUP 하여 보완조치 하도록 한다.

③ 확인 점검자를 선정하여 월 1회 이상 실시하도록 한다.

5) 보고 및 회의

① 매일 오전 책임자는 현장을 방문한다. (약 30분 정도)

② 매일 오후 책임자 회의 (주요사항 : 의사결정 및 현안문제 대책회의를 한다)

③ 자기맡은 업무 : PRIORITY 순으로 정리 처리토록 유도해준다.

6) PROCESS 앞에서의 마음가짐 : SAFETY를 감안할때의 근무 3원칙

① PROCESS상의 길이 아니면 가지를 말고, 새로운 길을 찾아 나선다.

② PROCESS상의 원리, 원칙에서 벗어나면 행하지를 말고, 상위자에게 보고하고 협의 또는 지시에 따라 행한다.

PROCESS상의 원리, 원칙을 무시하고 단독으로 의사 결정하여 시행할때 대형 안전사고를 피할길이 없다는 사실을 명심해야 한다.

③ 판단이 흐리거나, 부정확 할때는 행하지 말고, 즉시 보고하고 대책강구후 정상화 시킨다.

7) 기기장치 점검시 자세

① 정확히 보기 위해서 - FLASH LIGHT를 몸에 지닌다.
② 초기에 막기 위해서 - 최적의 공구를 몸에 지닌다.
③ 정확히 기억키 위해서 - 각자 수첩을 몸에 지니도록 한다.

8) 업무 처리상의 주안점

① 내재되어 있는 문제점을 조기 발견하여 문제의식을 갖도록 한다.
② 남들이 무심코 지나친 일중에서 새로운 문제점을 찾도록 한다.
③ 상호 선의의 경쟁을 유도하여 각 조직에서 공동으로 해결해 보려고 노력한다.
④ 자기 맡은 업무를 중요순(PRIORITY)으로 정리 수행토록 한다.
⑤ 많은 업무중에 미비한 점을 파악하여 의문점으로 만들어 본다.
⑥ 각 기기장치의 기능과 목적을 정확히 이해하고 다루도록 한다.

9) 업무 지시할때

① 상호 MEMO 할것을 준비한다. (자기의 머리를 자만해서는 큰실수를 범할때가 있다)
② 지시하는 일의 목적을 명확하게, 간결히 주요 요점을 전한다.
③ 추진할때 주의 해야할 내용을 가르치도록 한다.
④ 중간보고, 최종보고 일자를 정한다.
⑤ 불확실한점은 질문시키고, 이해 정도를 확인한다.
⑥ 궤도 수정은 필요시 즉시해야 한다.
(용기 있는자는 아집을 버리고 적절히 궤도를 수정하는 융통성을 가진다)

10) 문제점 해결 방안

① 현황을 면밀히 파악한다.
② 진행하여온 과정을 분석한다.
③ 문제점들을 도출하고 원인을 분석한다.
④ 설계조건과 운전 PARAMETER를 비교 분석한다.
⑤ 원인을 규명한다.
⑥ 향후 대책을 강구하여 상위자와 협의한후 처리토록 한다.

11) 목표 관리

① 사전계획을 치밀하게 세우도록 한다.

② 모든 장애 요인에 대비토록 한다.
(최악의 경우에 대비하여 요인을 분석하고 대책을 강구토록 한다)

③ 보고는 신속히 하도록 하고, 여건에 따라 중간보고를 틈틈히 하도록 한다.

④ 현재 진행시키고 있는 방법중의 결함을 찾아서 개선(궤도수정) 한다.

⑤ 방침, 계획, 진행관리, 작업방법등에 대하여 의사소통이 충분히 이루어 지도록 한다.

12) 신상필벌

① 책임소재를 명확히 구분 처리토록 한다.

② 똑같은 잘못이나 실수가 발생되지 않도록 방안을 강구한다.

③ 솔직하지 못한 행위는 제 2의 사고를 유발시킬수 있다는 점을 일깨워 준다.

13) PROCESS REVISION과 MODIFICATION : 즉 DESIGN 변경이 요청될때 응용하도록 한다.

① PFD와 P & ID를 참고하여 이론을 정립한다.

② 정립된 이론을 가지고 관계부서와 상호 검토한후 상위자에게 내용을 보고한다.

③ 이론을 바탕으로한 내용을 소속 상위자에게 상세히 보고한후, 필요시 외국설계사에 문의하여 내용을 보완 시행한다.

④ 제반 주요공정, 안전 및 환경에 관한 피해 영향범위에 대한 중요한 사항은 해당 관계부서의 책임자들과 재검토 한후 시행한다.

⑤ 그 어떤 경우에도 PROCESS REVISION / MODIFICATION / 설계변경은 상기 절차없이 단독적으로 의사결정 할수 없다는 내용을 주지시킨다.

14) INTERLOCK SYSTEM 및 SYSTEM TRIP때 시운전 : 대형 PROCESS 사고를 예방하여야 한다.

① INTERLOCK SYSTEM을 설계된대로 운전한다.

② 그 어떠한 경우에도 임의로 생략하거나 BY-PASS 운전할수 없으며 설계된 상태대로 운전, 유지되어야 한다.

③ INTERLOCK TRIP 되었을때 원인을 확실히 규명한 뒤에 MANUAL에 명기된 절차를 따른다.

· TRIP 시에는 : 원인이 규명되지 않은 상태에서 절대로 재가동 할수 없으며 원인 규명시에는 계기, 전기담당, 공무부문 담당기술자 입회하에 함께 원인 규명해야 한다.

17-5. 현장 철학

현장 생활의 빛과 향기를 여기서는 현장 철학이라 말하도록 한다.

① 자기 자신과의 싸움에서 이길 자신감이 있어야 하며
② 사물을 대할때 냉정한 마음을 잃으면 주관적 사고로 흐르게 되어 위험성이 뒤따르게 된다는 사실을 인식해야 한다.
③ 현장에서 첫 사고가 유발될시 원인이 발견되지 않거나, 은폐될때 더 큰 피해가 제 2의 인재사고로 나타난다는 현장진리를 마음에 깊이 새겨야 하며,
④ 과정을 일부 생략하면 생략된 부분은 다른 과정에 편중되고, 이 편중된 과정은 과부하 현상이 초래되어 끝내 지속성을 상실하게 되며 시간이 흐른뒤 대형사고를 유발 시킨다는 또 하나의 현장 진리를 마음에 깊이 아로 새겨야 하며,
⑤ 구성원들에게 과정를 중요시하는 분위기가 조성되어야 하며,
⑥ 보이는 시계바늘 3개와 뒷면의 안보이는 수많은 톱니바퀴들을 화합의 장으로 함께 볼수 있는 눈을 가질때 빛과 향기가 주위를 밝게 한다.
⑦ 현장 생활에서의 각구성원의 건전한 마음가짐이 가정을 밝게하고 그 밝은 가정의 빛은 회사의 생활을 더욱 밝게 한다는 사실을 재인식 해야 한다.

17-6. 긴급사고 예방을 위한 주안점

목표를 향하는 길목에는 비상사태라고 하는 긴급상황이 나타날수가 있다. 이때 당황하지 않고 차분히 긴급상황을 해결해 내기 위해서는 평소 현장을 보는 시각을 충실히 해야 한다고 본다. 기계장치 운전에 다음 사항들을 가지고 충분히 검토해 보는것도 도움이 되리라고 생각된다.

1) 기기장치의 운전교본은 사전 입수되어 정확히 번역되었으며, 혹시 번역 과정에서 원문의 이해곤란으로 삭제된 부분은 없는지글 확인해야 한다.
2) 각 기기장치에 명기된 주의사항은 충분히 이해되고 교육되었는지를 확인해야 한다.
3) 생산공정과 기기장치에 대하여 이론적으로 충분히 교육되어야 하며, 팀 플레이를 할 직원간에 상호 이해가 되어 있어야 한다.
4) 현장에 설치되어 있는 공정장치 및 기기장치가 세부 설계내용과 다른 기기장치로 잘못 설치되어 있는지를 점검한다.
5) 현장에 설치되어 있는 안전 장치들이 긴급사고에 대비하여 충분한 기능을 할수 있도록 설계대로 갖추고 있는지 확인한다.
6) 각 공정에 설치되어 있는 작동장치, 제어장치, 안전장치등의 설치목적과 그 기능에 대하여 충분히 교육되어야 한다.
7) 각 기계장치의 정상조건과 비교하여 비정상조건의 원인은 어떤 조건에서 발생되는지를 충분히 교육시켜야 한다.
8) 현장에서 모의운전을 통하여 전 공정을 완전히 익힐수 있도록 해야한다.
9) 전 공정의 가동순서와 정지순서는 왜 지시된 순서대로 해야 하는지를 교육시키고 이해시켜야 한다.
10) 긴급시의 안전제어 내용과 실제 제어관계는 사전에 점검되어야 한다.

11) 전 관계직원들의 정신적인 자세와 심적 분위기는 안정되어 있는지 확인하고, 잘 살펴주어야 한다.

17-7. 능력 개발 및 배양

비오는날 운동장에 빈병과 물컵을 세워 놓았을때 뚜껑이 열려있으면 그 병과 컵속에는 물이 고이게 된다.

병과 컵속에 고인 물만큼 발전이 있게 된다.

1) 배우기를 단념하면 20년에 걸쳐 배운 지식이 2년내에 잊혀진다고 한다.
2) 미 경험에 도전하고, 새로운 경험을 얻기위해 이론과 지식이 뒷받침되어야 한다.
3) 올바른 사고 방식위에 교육만 잘되어 있으면 어느곳에서나 재출발이 가능하다고 본다.
4) IDEA를 취사 선택하여 현실화 시키기 위해서는 교육은 꼭 필요하다.
5) 교 육
   -. 전문 교육 :
      · 담당 업무에서 당면하는 문제점 해결을 위해 계속해야함.
      · 외국 최근 발간잡지를 접할수 있도록 노력
      · SEMINAR 및 SYMPOSIUM 자료등을 입수 응용토록 노력
   -. 외국어 교육 :
      · 선진 기술 습득 및 정보를 얻기위해 필수적임.
      · 영어, 일본어, 중국어 등
   -. 국어 교육 :
      · 객관적, 논리적, 합리적 사고 판단위해 그리고 편협한 사고방식 배제위해 주로 일간신문 사설과 컬럼을 꼭 읽을 필요가 있다.
   -. 종합예술교육 :
      · 음악감상, 명화, 미술감상, 연극관람 종합예술을 통한 미적감각 익히기 - 예술민족은 끊임 없이 발전하여 영원히 살아남는다.
6) 자기자신 개발에 투자없이 성장했을때 그릇된 사고 방식속에 성장되어 비효율적, 그릇된 판단을 시행하여 눈에 보이지 않는 막대한 손실을 초래케 된다.
7) 양보다 질, SOFTWARE, 입체적 사고를 중시하여 사고 판단하는 분위기속에 회사생활을 해 나가는 것이 바람직하다.
8) · 주관적인 사람의 눈과 객관적인 카메라의 눈으로 사물을 보고 관찰한다.
   · MICRO 눈과 MACRO 눈으로 동시에 사물을 보고 판단한다.
   · 입체적 사고를 바탕으로 사물을 옳게 보는 눈을 갖도록 한다.
   · 이론적 바탕을 중요시 하는 눈을 가지고 업무에 임한다.
9) 월급을 타면 새로운 정보를 얻기위해 서울, 부산등의 대도시에 있는 대학주위의 서점이나 공공 기관을 찾아갈수 있는 자세와 분위기가 되어야 한다.

10) 직장의 20대 후반은 ACTIVITY가 가장 높을때이다.
현장에서 이론과 실기를 균형있게 발전시켜 나갈수 있는 최대의 기회이다.
11) 적막이 흐르는 새벽 2시의 고요함이 낭만적으로 느껴질때까지 자기 개발을 위해 투자 할때가 바로 지금 부터이다.

17-8. 그윽한 향기속에 업무 처리

1) 항상 자기 직책 한단계 위에서 생각하고, 이해하고, 판단한다.
2) 항상 배운다는 입장에서 업무에 임한다.
3) 폭넓은 대화를 유도해 나간다.
4) 밝은 얼굴과 태도를 유지하도록 한다.
5) 보고 및 설명
숫자 또는 구체적인 방법으로 요점만 간단명료하게 하도록 평소에 훈련을 쌓아야한다.
6) 매사 업무 처리는 TIMING을 중요시 하고 IDEA를 최대한 동원한다.
7) 객관적이고 합리적이고 논리적인 사고 판단을 하도록 한다.
8) 어느 직책에서든 부하 구성원의 자질이 향상되도록 관심을 유도한다.
9) 문제 해결의 APPROACH :
현황파악 ⟶ 진행하여온 과정 분석 ⟶ 원인분석
문제점 도출 ⟶ 향후 대책 강구 ⟶ 해결
10) 보고서 작성 :
보고서는 항상 보고 받는 사람을 위해서 작성된다는 것을 염두해 두고, 친절히 내용을 작성하여 5W 2H 2C에 입각하여 작성한다.

17-9. 상호 발전을 위한 대화

1) 일의 욧점 CATCH의 중요성
항상 머리속에 5W 2H 2C를 기억시키고 업무에 응용토록 할때 큰 도움을 주게된다.
2) 2R을 일상업무와 연계 활용
· 업무 효율을 올릴수 있는 계기
-. REST (충분한 휴식) ; BLUE MONDAY는 생산성 저하일 이기때문에 이날은 안전사고 예방에 최선을 다하도록 한다.
-. RECREATION (원기 회복 수단의 오락)
3) TEAM PLAY / WORK의 가치
· 새로운 JOB에 대한 도전
· 무한한 잠재 능력을 끄집어 낼수 있는 기회
· 상호 개발의 기회
· 공동 목표 선정 및 추진의 기회

· 창조성을 탄생시킬수 있는 계기
· PROFESSIONAL이 되는 지름길
· 대화를 깊게 할수 있는 기회
· 상호 이해의 광장을 조성하는 계기

4) 항상 "회전하는 머리를"
· 개선의 시점을 찾아나가는 회전하는 두뇌를
· "모든일이 문제없이 순조롭게 진행되고 있다" 라고 막연히 느낄때는 위험신호
  - 이럴때일수록 더욱 긴장하여 업무를 처리토록 한다.
· 항상 회전하는 머리를 가질때 두뇌는 더욱더 FRESH 해진다.
· 새로운 활력소를 위해 변화있는 분위기를 만들어 나간다.

5) 교양과 예의
· 업무 수행에 원활유다.
· 서로 밝은 예의바른 인사 - 인간 관계의 윤활유 - 하면 할수록 좋은 유대를 갖는다.
· 밝은 표정과 목소리 : 서로 기분좋게 일할수 있는 분위기 조성 - 업무 효율 향상
· 말씨 - 상호 인격의 그윽한 향기를 풍겨준다.

6) 계약의 중요한 의미
계약 당사자인 갑과 을이 공존 공생하면서 함께 발전해 나가야한다는 깊은 의미속에서 계약 내용은 작성되어야 한다.

7) 웃음꽃이 피는 하루일과와 GROUP이 되기를,
· 서로를 이해하고, 위하는 인간 관계
· 서로 존중해줄수 있는 분위기
· 자기의 책임을 다하는 자세
· 포용하는 마음의 자세
· 있는 그대로 자기자신을 피력하는 마음자세
· COMMUNICATION이 항상 샘솟도록 노력하는 분위기
· 서로 협조하고 존중하는 분위기등

17-10. 밝고 젊게 사는 비결

항상 새로운 변화에 적극적으로 적응, 도전하며 새로움을 배워 나가는데 있다고 본다.
즉, 항상 배운다는 자세에서 공부해 나가면 그것이 바로 젊음인 것이다.

- 뜻이 있는곳에는 반드시 길이 있으며
- 두드리면 열릴 것이고
- 하늘이 무너져도 솟아날 곳이 있으며
- 호랑이 새끼를 얻기 위해서는 호랑이 굴에 들어가야 한다.
- 용기와 신념 그리고 철학을 .....

새로운 변화를 추구하는 사람과의 만남은 FRESH하고, 순수하며, 청순하고 밝은면을 느낄수 있어 좋습니다.

응용문제

1. 대화 있는 경영 발전의 개요에 대하여 설명 하십시오
2. 인화 협동에 대하여 서술 하십시오.
3. 창의 약진에 대하여 서술 하십시오.
4. 책임 완수에 대하여 서술 하십시오.
5. 현장 철학에 대하여 서술 하십시오.
6. 긴급사고 예방을 위한 주안점에 대하여 설명 하십시오.
7. 능력 개발 및 배양에 대하여 서술 하십시오.
8. 그윽한 향기 속에 업무 처리란 어떠한 것 일까요?
9. 상호 발전을 위한 대화에 대하여 서술 하십시오.
10. 밝고 젊게 살아 가는 비결에 대하여 서술 하십시오.

손실 관리 18장
(LOSS CONTROL)

18-1. 개 요

일반 공장은 일정한 부지위에 기기장치류와 창고, 그리고 부대시설로 크게 대별하여 구성된다.

이들 공장들은 수많은 기기장치들과 부품들이 복합적으로 구성된 상태에서 물리적, 화학적 조건속에 유체와 함께 연속적으로 가동되기 때문에 기기장치류의 마모(EROSION)와 부식(CORROSION)이 일어나게 된다.

그리고 시간이 흐름에 따라 노후화(老朽化) 현상으로 인하여 공정형태에 따라 화재, 폭발, 독극물확산, 환경에 치명적오염, 인재등과 같은 위험요소가 공정 곳곳에서 발생할 가능성이 높아지게 된다.

공장 여건에 따라서 이러한 위험 요소들은 주위에 상상을 초월하는 인명피해와 자산손실을 유발시키게 되므로 사려깊은 설계, 적절한 손실관리와 안전관리 제도운영 그리고 우수한 위험요소 제거관리 방법등을 동원하여 손실의 가능성과 결과를 최소화 시켜 나가야 한다.

경영진에서는 항상 심사숙고하여 이러한 내용들을 경영 차원에서 관리해 나갈수 있도록 조직과 구성원을 최대로 가동해야 하며 상기와 같은 내용의 누수현상이 발생되어 기업의 흥망이 좌우될때 최고 경영자는 사회에 도덕적 책임을 져야하는 눈물겨운 고통이 따르게 된다는 사실을 항상 염두에 두어야 한다.

공장이 설립되어 정상가동이 되어지는 과정 즉 공장계획, 공장설계, 공장건설, 시운전 및 정상조업, 연구발전의 단계에서 특히 다음 내용들을 집중 경영관리해 나가야 한다.

18-2. 공장 위치와 배치

18-2-1. 공장 위치

공장 건설을 하기 위해 상세설계를 할때 다음의 주요 내용들을 고려해야 한다.

1) 토질의 안전성과 PH, 그리고 토질이 오염될때의 토질의 양상
2) 자연적 재해여건 즉 홍수, 대폭풍, 지진의 잠재성등
3) 긴급 상황시에 대응하기 위한 접근방법의 용이성

4) 외부로 부터의 긴급상황이 공장에 영향을 줄 가능성
5) 공장에서의 긴급상황이 외부지역에 영향을 미칠 가능성등

18-2-2. 공장 배치

가연성 및 유해성 물질을 흘릴 가능성이 빈번한 지역이나 위험성 개스(증기)가 자욱히 발생될 수 있는 지역에서는 공장 기기장치나 시설물 배치에 최대의 관심을 기울여야 한다.
특히 다음 시설물들 사이의 분리와 격리는 최대의 관심을 가지고 검토해야 한다.

1) 공정시설, 조정실 건물, 사무실, 저장탱크와 건물, 보조건물들 (예를들면 사무실, 정비용 건물 등) 사이의 분리와 격리.
2) 공정시설 사이의 공간은 위험수준 (HAZARD LEVEL), 토지이용의 가능성, 공정상 특별히 고려해야할 사항등에 따라 결정된다.
   구체적인 분리와 격리 방법에 대하여는 관계법을 준수하도록 한다.
3) 필수공급 수송관의 PIPE RACK은 가능하면 위험성이 높은지역을 통과하지 않도록 한다.
   공정용 펌프와 다른 기기장치들은 PIPE RACK 밑에 설치하지 않도록 한다.
4) 시설격리가 불가능할 경우에는 화재예방 방벽 설치(FIRE BARRIERS AND FIRE WALLS), 발화성 물질의 소재지, 긴급 상황시에 대응하기 위한 접근방법, 적절한 유출로 (SPILL DRAINAGE)등에 대하여 특별한 관심을 가지고 검토해야 한다.

18-3. 건 설

1) 인화성 증기가 축적될수 있는 곳에서는 일반적으로 밀폐된 공정건물 보다 측면이 개방된 건물이 선호된다. 밀폐된 건물이 요구되는 특정 제조 공정의 건물일 경우에는 안전을 고려한 적절한 환기 시설을 설치해야 한다.
   실내 환기 시설은 물론 벽과 천장에 대한 폭발성 환기문제도 고려해야 한다.
2) 자동으로 물을 분사하는 시설(AUTOMATIC WATER SPRAY)이나 또는 자동살수장치(AUTOMATIC SPRINKLER PROTECTION)가 화재예방에 최일선의 방어선이 되지만 공정이나 저장 구조물의 경우에는 내화성 (FIRE-PROOFING)의 철구조물이 구조적 원상 상태 보전을 유지하는데 수동적인 방법이긴 하나 최선의 방법이 된다.
3) 우수한 소화전 시설과 화재 감지시설을 결합한 최적의 내화성 방어시설이 개방공정 구조물(OPEN PROCESS STRUCTURES)을 위해 선택될수 있다.
4) 폭발에 노출된 조정실(CONTROL ROOMS)은 폭풍에 견딜수있는 (BLAST RESISTANT) 건축물이 되어야 한다.
5) 인황성 증기 방출(FLAMMABLE VAPOUR RELEASE)에 노출되는 조정실은 양압(PRESSURIZE) 되어야 한다.

공기 흡입 시설에는 인화성 개스 탐지기(FLAMMABLE GAS DETECTION)를 설치하여, 경보가 울리도록 하고 송풍기(FANS)가 SHUT-DOWN 되도록 INTERLOCK을 두어야 한다.
양압 시설에 LOW PRESSURE ALARMS (저압경보) 장치를 갖추도록 한다.

6) 공정 지역이나 또는 저장 지역에는 가연성 구조물이 있어서는 안되며 이러한 구조물은 다른 지역으로 옮겨야 한다.

18-4. 업질러진 공정 유해물질 관리와 배수시설

1) 인화성 및 가연성 액체가 업질러지거나 흘러나올때 발생되는 화재는 기업에 엄청난 손실과 인명 피해를 초래하게 된다.
공정 지역이나 탱크 지역에서의 누출과 배수시설에 대한 우수한 관리방법은 잠재되어있는 재해 손실을 감소시켜 나가는데 도움을 주게된다.
2) 배수시설 계통은 예상되는 최대의 공정 누출량과 소방수, 그리고 우수등을 안전한 지역까지 이송시킬수 있도록 배수관로를 설계해야 한다.
3) 화학물질을 처리하는 지역에서의 배출물(DRAINS)은 적절한 유출관로 계통 (EFFLUENT SYSTEM)으로 흐르도록 한다.
4) 유출물은 바닥을 경사지게 하여 유출물이 주요공정 장치로부터 멀어지는 쪽으로 흐르도록 유도한다.
그리고 유출물이 다른 공정 지역으로 흘러 들어가지 않도록 우회시켜야 한다.
5) 지상 TANK 지역에는 제방둑(BUND WALLS / DIKES)을 설치해야 한다.
제방둑의 크기는 관계법에 따르도록 한다.
이들 제방둑의 우수는 주기적으로 배수해 주도록 하지만 탱크지역의 누출물을 가두어 두기 위해 배수구는 평상시 잠그어둔다.

18-5. 공정 위험요소 평가

공정 위험 요소평가는 다음 부문에 대하여 응용한다.

-. 새로운 공정의 모든 공장
-. 기존공장에 특별한 공정을 수정할때
-. 공정계통의 안전이 의심 스러울때

소규모의 위험요소 평가는 안전 감독자나 위험요소 평가 관리자의 검토 정도가 적정하나 중요한 사업의 경우에는 여러 관계분야의 팀으로 구성된 사업추진 조정 GROUP을 편성하여 검토해야 한다.

몇가지 잘알려진 위험도 연구기술은 다음과 같다.

-. HAZARD AND OPERABILITY STUDIES (HAZOPS)
-. QUANTIFIED RISK ASSESSMENT (QRA)
-. FAULT TREE AND EVENT TREE ANALYSIS
-. FAULT MODE AND EFFECT ANALYSIS
-. DOW AND MOND INDEXES
-. RAPID RANKING

18-6. 공정 제어

1) 공정 장치들은 액체 누출과 개스배출을 최소화 하도록 설계되어야 한다.
2) CONTROL VALVES와 다른 제어계통의 장치들은 항상 "FAIL SAFE"가 되어야 한다.
3) 고장시 위험한 상태가 대두될 가능성이 있는 중요한 SYSTEM들은 비교측정기(COMPARATOR)와 같은 적절한 수준의 복수 장치를 사용해야 한다.

18-7. 유해성 물질

1) 유해성 물질들은 적절한 통제하에 취급해야 한다.
새로운 물질에 대한 경험과 전문성 부족, 오용, 잘알려진 물질에 대한 방심등은 재해나 손실을 초래케 한다.
2) 현장에서 사용 취급하는 모든 화공물질들의 성질을 잘알고 있어야 하며 서류화하여 관리 해야 한다. 이를 위해 믿을수 있는 공급자의 TEST DATA나 독립적인 실험실 TEST DATA를 얻어 활용하도록 한다.
3) 화공 물질의 인화성, PH, 독성, 반응성, 방사성 시험등을 위한 현장 PROGRAMME이 개발되어야 한다.
4) 원료와 중간제품, 그리고 완제품의 성질을 점검하기 위해 Q.C. PROGRAMME이 개발되어야 한다.
5) 위험 DATA SHEET는 모든 관계 직원에게 배포해야 하며, 운전지역에 있는 모든 화공물질의 성질을 정확히 알고 있어야 한다.
6) 모든 BULK 저장 탱크에는 내용물의 이름과 위험특성을 표시하는 LABEL을 부착해야 한다.
7) 화공물질을 수송하는 배관에도 물질 이름이나 COLOUR CODE를 분류하여 LABEL을 부착해야 한다.

18-8. 화재 예방

1) 전공장 PROCESS 지역에는 소화전을 설치해야 하며 보통 100M 이내의 간격을 두어 설치한다. 고정 MONITOR NOZZLE은 효과적인 WATER STREAM이 형성되도록 해야 한다.

2) 조정 가능한 SPRAY NOZZLE과 PORTABLE 소화기등에 사용할수 있는 적절한 소방호수 보조물을 갖추어야 한다.
3) 인화성, 가연성 액체의 누출 화재시 효과적인 "KNOCK DOWN"을 위해 FOAM WATER FIRE STREAM을 사용한다. 적절한 FOAM 재고를 현장에 유지해야 한다.
4) 인화성, 가연성의 물질을 다루는 공정이나 구조물 및 건물에는 AUTOMATIC DELUGE와 SPRINKLER SYSTEM이 가장 효과적이다.
5) 개방 공정 구조물에는 AUTOMATIC WATER나 또는 FOAM WATER DELUGE (SPRAY) SYSTEM이 최선의 보호 방법이다.
6) FOAM WATER SPRAY SYSTEM은 특히 누출물 배수에 한계가 있을때 유용하다.
7) 밀폐된 건물의 경우에는 자동 WET 또는 DRY/ALTERNATE SPRINKLER 방어시설이 적합하다.
8) 화학공장지역에서의 DELUGE (범람하는 살수시설)나 SPRINKELER SYSTEM에 대하여는 다음 사항들을 고려하여 신중하게 설계에 반영해야 한다.
   -. CONTROL VALVES의 접근 용이성
   -. 내(耐) 부식성 (CORROSION RESISTANCE)
   -. 내(耐) 폭발성 (EXPLOSION RESISTANCE)
9) 위험성 개스가 발생하는 지역에서는 증기 감지시설을 해야 한다.
   개스 안개의 확산을 막기위해서 증기 감지시설은 AUTOMATIC WATER SPRAY와 연동(INTERLOCK)이 되게 한다.

18-9. 시설보안 및 보호

1) 공장 경계선은 적당한 울타리(FENCES)를 설치하여 보호해야 한다.
   CHAIN LINK WIRE FENCES는 현장에 접근하는 사람들을 관측할수 있다.
   추가적인 주변 경계선은 CIRCUIT TV SYSTEM이나 접근감지 전파(BEAM) 장치를 설치한다.
2) 화학공장 주위에는 보통 24시간 사람들이 상주하나 사람이 없는 지역에는 보안요원이 자주 둘러보도록 해야 한다.
3) 보완요원은 이들 무인지역을 매 1~2시간 마다 둘러보아야 한다.
   보완 순찰 내용은 보완요원의 시계나 다른 SYSTEM을 이용하여 기록해두어야 한다.
4) 밀페된 건물의 보완 순찰은 전자식 접근 감지장치로 대신할수 있다.

18-10.

긴급 상황시의 대응

1) 공장의 비상 긴급 상황에 대비하기 위하여 예비계획과 대응절차를 미리 준비하여 응용하며는 그러한 비상 상황 발생시 충격을 최소화 하는데 도움이 된다.

2) 우발적으로 나타날수 있는 사건들로는 다음을 예로들수 있다.

-. 화 재

-. 폭 발

-. 손상 및 피해

-. 대폭풍

-. 홍 수

-. 공공 유틸리티 차단

-. 겨울철 동결

-. 폭 풍

-. 폭격 위협

-. 붕 괴

-. 화학물질 노출

-. 지 진

-. 상기 사건들 외에 특정 지역이나 공정에서 나타날수 있는 긴급 가능 상황들도 고려해야 한다.

3) 모든 화학 공정 지역에서는 비상 긴급상황 대응팀(EMERGENCY RESPONSE TEAM : ERT)을 운영해야 한다.
긴급상황 대응팀(ERT)의 운영조직과 임무는 공장규모와 복잡성 그리고 특정 현장에 따라 적절히 운영하도록 한다.

4) 대규모 종합 화학 공장들은 24시간 운영하는 PLANT PROTECTION DEPARTMENT (PPD)를 설치 운영해야 한다.
이들 PPD는 매일매일의 검사, 시험, 소방장비 및 안전장비들에 대하여 책임을 져야 하며 또한 비상 긴급상황에 대비해야 한다.

5) 화학 공장의 비상 긴급상황 대응팀은 공공 소방서와 같은 수준의 전문성을 갖도록 교육되어야 한다.

6) 응급 조치 교육도 선발된 직원에게 필수적으로 교육시켜야 하며 적절한 장비를 갖춘 의료시설이 현장에 있어야 한다.

7) 언제, 누구에게, 어떤 교육을 완료 시켰는지를 자세히 기록한 "TRAINING LOGS"를 갖추어 놓는다.

18-11. 유틸리티

1) 적정 규격의 전력, 물, STEAM, 압축공기, 비활성 개스 및 다른 필수 공급원들은 화학공장을 연속적으로 안전하게 조업 운영하는데 필수적 요소가 된다.

2) 복합형 유틸리티 공급 시설들은 단일체로 분리하여 운영함으로 화재, 폭발, 기타 다른 사고가 발생할때 이들 유틸리티가 완전히 차단되는 것을 예방할수 있다.

예를 들면 ; -. MULTIPLE COOLING TOWERS,

-. BOILERS

-. FURNACES

-. OIL HEATERS

-. COMPRESSORS등이 되겠다.

3) 전기장치는 사용하고 있는 환경에 적합해야하며, 인화성 개스의 노출과 부식등을 특별히 고려해야 한다.

4) 적절한 낙뢰시설을 갖추어야 한다.

5) 계기용공기, 비활성개스, 냉각수 공급시설은 비정상 조건에서 공정을 안전하게 유지시키기 위해 적절한 수준의 여유분을 갖는 시설을 갖추어야 한다.

18-12. 손실관리 프로그람

1) 화학공정의 공장들은 종합적인 안전 작업허가(PERMIT TO WORK) 발행 규정을 운영해야 한다.

2) 안전작업 허가 발행은 다음과 같은 내용들을 가지고 구체적으로 구분하여 운영한다.

-. HOT WORK

-. COLD WORK

-. 전기 장치 작업 (WORK ON ELECTRICAL EQUIPMENT)

-. VESSEL 출입 작업 (VESSEL ENTRY)

-. 굴착 작업 (EXCAVATION WORK)

3) 다음의 특별작업 허가 발행 규정도 운영한다.

-. 방사선 배출장치의 작업

-. 고공작업

-. 위험 지역으로의 차량 출입 허가

4) 안전작업 허가서에는 다음 내용들을 포함한다.

-. 시 간

-. 작업 수행 시간

-. 위 치

-. 필요작업의 세부 내용

-. 작업 방법

-. 안정 규정

5) 안전작업 허가서에는 발행 책임자와 수령 책임자가 서명을 해야 한다.

6) 가연성 액체, 인화성 액체 및 개스, 상당한 양의 일반 가연성 물질이 존재하는 모든 지역에서의 흡연은 금지해야 한다.

7) 정기적인 손실방지 검사와 안전검사 (SAFETY AUDITS)가 자격을 갖춘 사람에 의해 수행되어야 하며 서면 보고서는 상급 관리자가 검토해야 한다.

8) 소방 및 안전장치는 정기적으로 검사, 시험해야 하며 이들 계통의 손상을 기록 통제하는 PROGRAMME을 실행해야 한다.
9) 공정 및 유틸리티 장치들의 종합적인 검사와 정비업무 절차는 공장 안전조업에 필수적인 요소가 된다.
10) 예방정비와 예측정비를 위한 SYSTEM을 갖추어 운영해야 한다.
11) 적절한 수준의 SPARE PARTS 확보가 안전조업을 위해 필수적인 요소가 된다.

응용문제

1. 손실 관리(Loss Control)의 개요에 대하여 설명 하십시오.
2. 손실 관리에 대하여 공장 위치와 공장 배치 측면에서 설명 하십시오.
3. 손실 관리에 대하여 건설 측면에서 설명 하십시오.
4. 손실 관리에 대하여 업 지러진 공정 유해 물질 관리와 배수시설 측면에서 설명 하십시오.
5. 공정 위험 요소 평가에 대하여 설명 하십시오.
6. 손실 관리에 대하여 공정제어 측면에서 설명 하십시오.
7. 손실 관리에 대하여 유해성 물질에 대하여 설명 하십시오.
8. 화재 예방에 대하여 설명 하십시오.
9. 손실 관리에 대하여 시설 보안 및 보호에 대하여 설명 하십시오.
10. 긴급 상황시의 대응에 대하여 설명 하십시오.
11. 손실 관리에 대하여 유틸리티(Utility)측면에서 설명 하십시오.
12. 손실 관리 프로그람에 대하여 항목 별로 언급 하십시오.

변화 예측 관리 19장
(FORECASTING MANAGEMENT OF CHANGE SITUATION)

19-1. 개 요

생산 목표를 달성하기 위한 조업과정 중에는 내외부로 부터 무수한 영향과 변화를 맞이하게 되며 이를 위한 기본 및 세부계획은 반드시 기준이 설정되어 있어야 하며 그 기준 위에서 계획을 추진해 나가야 한다.

계획을 추진해 나가는중에 밀려오는 수많은 영향과 변화를 조직 구성원들이 예측을 소홀히 하거나 슬기롭게 대응하지 못할때 기업경영에 미치는 손실은 이루 말할수 없게되며 때늦은 후회만이 남게된다.

기업의 중간관리자 이상급에서는 이러한 변화와 영향으로 부터 기업을 보호하기 위해 변화 예측관리에 최대의 관심을 가져야 하며 실무중에 예리한 통찰력을 길러나가야 한다.

변화 예측관리란 보는 시각에 따라 다루기 힘든분야라고 말할수도 있지만 구성원들의 예측 소홀로 인한 손실에 대하여 동정론을 펴면서 잘못을 합리화 시켜나가는 경우를 종종 볼수있는데 이와 같은 처리과정은 시정해 나가야 한다.

이때 경영진에서는 이들 손실 내용에 대하여 예리하게 분석 판단해야 한다.

경영진마저 이를 소홀히 판단하여 가볍게 지나칠 경우에 조직 구성원들은 예리함을 잃게되고 제 2, 제 3의 손실이 발생되어 기업을 난항에 빠뜨리게 된다.

각 구성원들이 맡은 분야에서 변화 예측관리를 효율적으로 수행하여 줄때 기업은 손실을 최대로 예방할수 있게 되며 기업에 있어서 이들 분야의 손실을 예방하기 위함이 본장의 목적이 된다.

19-2. 변화 예측을 위한 주요대상 부문

생산 공장에서 관심을 가지고 주의깊게 변화예측 관리를 추진해 나가야할 부문을 다음과 같이 요약해 볼수 있겠다.

생산 공장 형태에 따라 적합하게 변화 예측 부문을 선별하여 운영관리할때 손실을 최대로 억제할수 있고 이들 예측 분야를 세밀히 관리해 나갈때 기업은 꾸준히 성장 발전해 나갈수 있게된다.

주요 대상 부문은 ;

1) 원료 공급 부문
2) 원료 수송 부문
3) 자재 조달 부문
4) 생산 계획 부문
5) 판매 계획 부문
6) 규격 (SPECIFICATION) 부문
7) 재고 수준 부문
8) 저장 능력 부문
9) 유틸리티 부문
10) 공정 위험 요소 부문
11) 공정 제어 조업 부문
12) 년차보수 계획 부문
13) 기기 장치 운영 부문
14) 건설 공사 부문
15) 인허가 부문
16) 설비 보전 부문
17) 안전 및 법규 관리 부문
18) 환경 및 법규 관리 부문

19-3. 생산 계획 부문

생산계획을 초기 작성한뒤 기업여건의 변화에 따라 생산 계획은 계속 수정해 나가야 한다.

이 수정된 계획에 따라 공장 가동계획과 판매전략은 신속히 수립되고 적절히 운영되어야 한다. 특히 다음의 주요 내용들이 변화할때 변화 예측관리는 적기에 이루어져야 하며 여기서 발생되는 문제점들을 도출하여 대응전략을 세워나가야 한다.

대응 전략으로서 생산계획은 즉각 수정되어야 하며 이 수정된 계획에 따라 기업 전략의 궤도를 수정해 나가야만이 기업손실을 최대로 예방할수 있게 된다.

그러면 변화될수 있는 주요 내용들을 아래에 피력해 본다.

즉 (1) 원료 및 자재공급에 이상(異狀) 변화가 나타날때
(2) 원료 및 자재 수송부문에 문제가 발생될때
(3) 생산 공정 부문에 심한 장애현상이 나타나거나 예상될때
(4) 판매계획의 변화가 예상될때
(5) 기기장치 부문의 사고가 장기화 될때
(6) 원료 및 제품의 재고가 적정 관리 수준을 장기적으로 초과할때
(7) 저장 능력이 부족할때

(8) 년차보수 계획에 따른 준비물 확보에 중대한 차질이 발생할때
(9) UTILITY 공급 부문의 문제점이 장기화될때
(10) 안전사고와 환경오염 사고가 발생하여 문제 해결이 장기화할때
(11) 주요 자재가 적기에 조달되지 못할때 등

19-4. 판매 계획 부문

판매계획은 기업환경 및 공장조업의 이상 여건 변화에 따라 신속히 조정되어야 하며 여건 변화의 형태에 따라서 판매전략을 지혜롭게 대처해 나가야 한다.

시간(TIME)은 돈(MONEY)이기 때문에 의사결정에 있어 적기에 순발력을 발휘하여 판매전략을 신속히 세워 나가야 한다.

판매계획 부문에 영향을 미칠 변화 내용으로는 앞에서 언급한 19-3. 생산계획 부문의 변화예측 내용과 19-2. 변화 예측을 위한 주요대상 부문의 내용이 변화할때 즉각 판매계획 부문을 수정 조정하고 판매 대응 전략을 적절히 세워나가야 한다.

변화될수 있는 내용들을 주의깊게 예측, 파악하고 있어야 하며 구성원들이 이들 변화예측 관리업무를 소홀히 취급할 경우에 발생되는 기업손실은 예측 미비정도에 따라 이루 말할수 없게 나타난다.

19-5. 공정 위험요소 부문

생산계획 부문과 판매계획 부문을 최대로 지원하기 위해서는 다른분야의 예측관리도 중요하지만 특히 공정 위험요소 부문의 변화예측을 관리 우선순위 제 1번(MANAGING PRIORITY NO.1)에 두어야 한다.

그 어려운 진통을 잘 참아내고 모성애와 함께 탄생된 사랑과 애정속의 아기는 축복속에 성장하게 되며, 이러한 분위기 속에서 성장한 아기는 선과 악을 구별하며 교육되어 장차 성공인이 될수 있는것과 같다.

즉 어렵게 부지조성을 하고 그곳에 그토록 시련을 겪어가며 건설한 공장이 여러 관계자들의 축복속에 시운전과 성능보장을 성공적으로 이룩한 뒤에는 한시도 소홀해서는 안되는 공정 위험요소 부문을 현명하게 관리해 나가야 한다.

앞에서 언급한 공정 위험요소 관리를 하는데 있어 기술적으로 미약하거나 등한시할 경우에 필연적으로 나타나는 현상은 그 누구도 그 피해 범위를 예측할수 없으며 오직 가공할만한 결과에 대하여 잃어진 삶의 후회만이 남게 된다는 사실을 마음속에 깊이 깊이 아로 새겨야 한다.

이 공정 위험요소 부문의 변화 예측 관리를 기술적으로 철저히 추진해낼때 그 결과는 빛을 발하여 생산계획 부문과 판매계획 부문을 최대로 지원할수 있게 되어 기업은 순조롭게 성장발전해 나갈수 있게 된다.

다시한번 강조하지만 앞에서 언급한 제 7장의 7-5, "공정 위험요소 및 안전관리" 와 제 11장의 "안전관리" 내용에 대하여 최대의 관심을 가져주기 바란다.

또한 설계된 기기장치의 세부 내용까지 점검 목록표에 의거 계획성있게 주기적으로 변화 예측 관리를 철저히 이행해 나가야 한다.

변화 예측관리 측면에서 기기장치를 검사하고 결함이 발견시에는 즉시 설계된 원 상태대로 정비해야 한다.

여기서 주목해야할 사항이 있는데 장기간 오랜 세월동안 가동되어온 주요 노후시설에 대하여는 전문 용역 기간에 의뢰하여 변화예측에 따른 정밀검사를 받아야 하며 그 결과에 따라 대책을 강구해 나가야 한다.

경영관리 측면에서 정밀 검사는 소홀히 다룰수 없는 사항이므로 최고 경영진에서는 주의 깊은 관심을 배려해야 한다.

모든 결함과 사고에는 반듯이 원인이 있기때문에 이들 원인을 반드시 규명하여 제 2, 제 3의 사고를 예방해야 하며 이들 원인이 감추어지지 않도록 개방된 마음(OPEN-MINDED)으로 경영관리를 수행해 나가야 한다.

만일 최고 경영진에서 공정 위험요소 변화 예측관리 업무에 방관하거나 경영관리에 모순점이 있어 앞에서 언급한 원인들이 감추어 진다면 위험 요소들은 면역이 되고, 증폭이 되어 제 2, 제 3의 눈물어린 사고를 불러오게 된다.

이미 때늦은 후회만이 최고 경영자의 마음속에 가슴아픈 추억을 만들어 주게 된다.

내용을 모르거나 노력하지 않을때 두려움과 무서움이 엄습해 오기 마련이며, 알고있거나 노력하며 추구할때는 위험 요소를 제거해 낼수있기 때문에 두려울것도 없고 무서울것도 없다는 현장경험 철학을 마음속에 아로새기며 관리를 해나가야 한다.

19-6. 유틸리티 (UTILITY) 공급 부문

생산 공장에 필요한 유틸리티(UTILITY)로는 공업용수, 전력, 증기(스팀), 압축공기(계기용 공기 포함), 공정용 질소가스 등을 말한다.

이들 유틸리티는 우리 인체에 비유할시 호흡 계통과 혈액과도 같은 것이다.

인체에 있어 피의 흐름과 호흡이 원활치 못할때 그 사람은 빈혈로 맥없이 쓰러지게 되며, 빈혈의 원인을 찾아 정상화 시키는 데에는 상식적으로 생각해볼때 오랜시간이 걸리게 마련이다.

인체의 피와 호흡 계통과 마찬가지로 공장의 각 유틸리티도 정상 공급조건이 있다.

즉 정상공급 규격(SPECIFICATION) 이라고도 말할수 있는데 UTILITY 품질면에서 양질(良質 : SUPERIOR QUALITY)의 유틸리티를 만들어 공급해 주어야 한다.

이들 각 UTILITY의 유량(FLOW RATE) 이나 품질(QUALITY) 면에서 정상공급 규격치보다 미달 될 경우에 공장은 생산활동을 할수 없게 된다.

특히 품질면에서 비정상적인 원인이 나타날때는 기기장치에 치명적인 손상을 입히게 되며 이로 인한 사고의 범위는 엄청난 결과를 초래하게 된다.

또한 사고 원인 분석에도 오랜 시간이 흐르고 원상회복이 장기화 되기때문에 생산활동과 판매활동에 비상전략 태세가 뒤따르게 된다.

따라서 유틸리티 공급부문의 변화예측을 철저하고 정밀하게 관리하여야 한다.

19-7. 법규 및 규제 부문

기업이 지구촌의 일원으로 활약하면서 세계화의 물결속에 경쟁력을 강화해 나가기 위해서는 국내외의 해당 관계법규와 규제 그리고 적용규격에 관심을 기울여 나가야 하며 또한 이들 운영에 변화가 예측될시에는 적기에 대응태세를 갖추어 나가야 한다.

각 구성원이 변화 예측관리에 무관심 하거나 무능력하여 변화의 물결에 대응을 적절히 하지 못하였을때 나타나는 현상은 기업경영에 즉각적인 손실을 초래하게 된다.

국내외의 법규와 규제 그리고 규격의 적용 대상은 일순간에 바로 대처할수 있는 사항들이 아니고 중장기적인 준비 기간이 필요한 사업성을 띄고 있는 난해한 개선 사업들이 대부분이다.

해(SUN)가 있을때 건초를 말려야 하듯이 시기를 놓지지 말고 적기에 변화를 예측하고 대응해 나가야 한다.

예를 들어 볼것 같으면 다음과 같다.

1) 산업 안전 법규 부문
(PROCESS SAFETY MANAGEMENT ; HAZARD AND OPERABILITY STUDIES)
2) 환경 법규 규제강화 부문
3) 지하수 관리 법규 부문
4) 국제 표준화 기구 (ISO : INTERNATIONAL ORGANIZATION FOR STANDARDIZATION) ;
-. 품질 보증 체제 인증제도 (ISO 9000 : QUALITY MANAGEMENT SYSTEM ; QMS)
-. 환경 경영 인증제도 (ISO 14000 : ENVIRONMENTAL MANAGEMENT SYSTEM ; EMS)
5) 국내외 정상급 모임의 주요회의 안건이 기업에 미치는 영향 예측 분석
6) 국제 환경오염 규제 강화부문이 기업에 미치는 영향 예측분석
7) 국제 환경 협약이 기업에 미치는 영향 예측분석
8) 기타 기업에 영향을 미칠수 있는 해당 법규와 규제 그리고 협약부문 예측분석등

응용문제

1. 변화 예측 관리란 무엇 인가?
2. 변화 예측을 위한 주요 대상 부문을 열거 하십시오.
3. 생선 계획 부문의 변화 예측에 대하여 설명 하십시오.
4. 판매 계획 부문의 변화 예측에 대하여 설명 하십시오.
5. 공정 위함 요소 부문의 변화 예측에 대하여 설명 하십시오.
6. 유틸리티 공급 무문의 변화 예측에 대하여 설명 하십시오.
7. 법규 및 규제 부문의 변화 예측에 대하여 설명 하십시오.

공해(公害)와 기업 (ENVIRONMENTAL POLLUTION AND ENTERPRISES)

20장

20-1. 개 요

환경문제를 소홀히 다루은 기업은 더이상 국제규모의 기업으로 성장발전 하기에는 규제의 장벽이 너무 두터우며 아울러 생산활동을 계속할수가 없는 현실에 놓이게 되었다.

또한 첨단 정밀산업이 고도로 발달 되어감에 따라 여기에 연관되는 원료, 중간 공정제품, 완제품, 부산물, 폐기물등의 물질들은 다른 산업에 비하여 대부분 소량을 취급하기는 하지만 그들 특성의 맹독성을 가지고 있기때문에 과학적으로 섬세하고 주의깊게 다루어 나가야 한다.

그리고 일반 산업 분야에서 발생되는 물질들도 생태계를 파괴하는 독성을 가진 물질들이 대부분이다.

이러한 환경오염 물질들이 주위에 유출되거나 확산되어 나갈때 생태계의 파괴는 물론 수많은 인명 피해와 재산손실을 입히게 된다.

기업이 환경오염 문제에 대하여 최대의 관심을 기울이지 않거나, 또는 아주 미비하게나마 방치할 경우 이제는 더이상 기업성장은 기대할수 없을 뿐만아니라 계속 강화되어 가고 있는 환경오염 규제에 따라 심각한 타격을 받고 기업은 종말을 고하게 되는 결과에 이르게 된다.

급속도로 매우 다양하게 변해가는 환경오염 규제 강화에 대하여 장단기적 계획을 세워 적절히 대응해 나가야 한다.

또한 기업은 환경오염 규제 강화에 대비하여 기업의 성장발전과 환경보전을 어떻게 조화있게 이끌어 가야만이 세계화의 경쟁에서 살아남을수 있는가를 최고 경영자는 기업 차원에서 심사숙고하여 추진해 나가야 한다.

브라질의 리우데 자네이루에서 개최한 리우 UN 환경 개발회의를 시점으로 하여 국제적인 환경오염 규제는 더욱더 강화되어 나갈것으로 예상된다.

세계화를 부르짖고 있는 지금 기업은 변화속에 살아남기 위해 국내외에서 대폭적으로 강화해 나가고 있는 환경오염 규제에 대하여 적기에 적절한 대응전략을 강구해 나가야 한다.

그리고 선진화 되어가는 이때에 최고 경영자는 경제적으로나 도덕적인 측면에서 조명해 볼때 국민보건과 생태계의 보호를 고려한 신제품을 개발하고 이 목적에 합당한 최신공정을 선정 또는 도입토록 깊은 경영 철학속에서 의사결정을 해나가야 한다.

20-2. 환경오염 물질 현상파악과 대응

기업에서는 현재 발생되고 있는 환경오염 물질에 대하여 정확하고 세밀하게 현상을 분석해 내고 아울러 환경오염 규제강화 내용을 정확히 이해하도록 해야 한다.

그리고 계속 강화되어 가고 있는 환경오염 규제에 적합한 공정개선과 시설 개량등의 보완 사업을 적기에 추진해 나가도록 계획을 세우고 착실히 개선해 나가도록 추진해야 한다.

즉 공해오염 물질과 규제 항목들을 세분화하여 분석하고 현안 문제점을 도출하여 대응전략을 기획하고 성실히 자기일처럼 정성을 다하여 해결해 나가도록 자기 자신과의 싸움이 있어야 한다.

여기서 다루어야할 분야를 다음과 같이 기술한다.

1) 대기오염 규제 분야
2) 수질 오염 규제 분야
3) 폐기물 배출 규제 분야
4) 악취 배출 규제 분야
5) 소음, 진동 규제 분야
6) 유해물질 관리 분야
7) 범지구적 환경오염 규제 분야등

20-3. 국내와 선진국의 환경법 이해와 응용

환경오염 규제가 계속 강화되어 감에 따라 국내외의 환경법을 세밀히 검토하고 분석함으로서 해당 기업의 현재의 입장과 수준을 정확히 파악해야 한다.

현재로 닥쳐올 미래의 규제강화 내용파악에 기업 조직이 소홀히 대응한 결과 적기에 생산 활동을 개시하지 못하는 예가 종종 있다.

경영개선 이바지 목적을 실현하는데 얼마나 안타까운 일인지 모른다.

최고 경영자는 조직 운영이 효율적으로 원활히 이루어져 조직 구석구석까지 경영의 영혼불멸의 정신이 깃들도록 하여 애석한 이러한 일들이 발생되지 않도록 총지휘에 관심을 기울여 나가야 한다.

이러한 사고가 발생할시 불가항력적 이라고 가볍게 판단하여 지나치지 말고 바로 시정될수 있도록 관심있는 조치를 취해나가야 한다.

국내환경법 즉 환경 정책 기본법, 대기환경 보전접, 수질환경 보전법, 소음진동 규제법, 유해화학물질 관리법, 폐기물 관리법등을 세밀히 검토하여 기업경영에 도움을 주도록 해야 한다.

또한 미국, 일본, 독일, 영국, 프랑스등의 선진국의 환경법을 입수하여 검토 분석하고 이해함으로서 기업에 응용이 가능하게 되고, 선진국의 환경정책과 환경오염 규제 동향을 파악할수 있게 된다.

이들 내용들을 기업에 응용 발전시켜 나가고 적극적인 대응 전략을 모색하여 나감으로서 기업은 국제적인 경쟁력을 더욱 갖추어 나갈수 있게 된다.

20-4. 환경오염 규제강화에 따른 기업의 대응전략

앞에서 언급한 기업의 환경오염 현상파악이 완료되어 현안 문제점들이 도출되었으면 이에 대한 전략을 세워나가야 한다.

우선 공정과 시설별로 발생되는 공해오염 물질과 규제 항목의 적용기준을 명확히 파악하고 적용기간에 따른 배출허용 기준을 정확히 파악하도록 한다.

기업의 대응 전략을 위해 다음 내용을 참고로 한다.

1) 현재 가동중인 생산공장의 모든 공정이 설계 조건에서 운전되는지를 확인하기 위해 운전 PARAMETER를 점검 조정하고 이들 기준위에서 공정개선(PROCESS UPGRADE) 해야할 내용을 찾아낸다.
2) 정상 운전시의 해당공장의 환경관리 목표와 환경기준을 설정 운영한다.
3) 환경오염 규제 강화에 따른 적용 기간중의 규제 강화내용과 정상시의 환경조건을 비교하여 해당공장의 공정개선과 시설개량의 방안을 강구한다.
4) 공정개선과 시설개량에 대하여 선진기술 도입이 불가피할 경우에는 환경기술 선진국인 미국, 일본등에서 기술을 도입하는것이 효율적인 성능면을 고려할시에는 총체적으로 경제적일 수가 있다.
5) 적용 기간별로 해당 생산공장 및 시설에 대하여 환경개선 중장기 계획을 수립하여 추진토록 한다.
6) 환경개선 내용이 기술적으로 난해한 분야에 대하여는 국내외의 전문용역 기관이나 업체로부터 현장검사 (SITE SURVEY)를 받아 대책을 세우도록 한다.
7) 환경개선 공정을 선정시에는 특히 상업적으로 성능이 보장되고 현재 가동중인 최신 공정을 선정토록 한다.
8) 개선 내용이 광범위하고 난해한 환경문제에 대하여는 전문기관에 기술용역을 의뢰하고 필요시에는 환경 영향 평가를 받아서 추진계획을 수립토록 한다.

20-5. 환경보호 전략에서의 유독물 제품 운송

생산공장 내에서의 환경보전 관리에 대하여는 제 13장에서 이미 언급한바 있다.

유독물 제품을 생산공장에서 상차 출하했을때 장거리 목적지까지는 운송과정을 거쳐야 한다.

움직이는 유독물 제품을 관리하는 것이 한자리에 고정된 상태에서의 유독물 제품을 관리하는 것보다 몇배나 훨씬 어려움이 있다는것을 우리는 매스컴을 통하여 선진국 사례를 많이 보아 왔다.

지역 환경 오염방지와 생태계 보호 그리고 수많은 인명피해와 재산손실을 예방하고 최소화하기 위해서 이들 유독물 제품의 운송과정을 면밀히 점검하고, 비상사태 발생시를 대비하여 안전수송지침과 대책을 수립 운영해야 한다.

각 해당 기업에서는 운송 과정에서의 이와 같은 대형사고를 미연에 방지하기 위해 유독물 제품 운송에 대한 환경보호 전략을 과학적으로 현실에 부합되도록 계획을 세워야 한다.

기업이 유독물 제품 운송에 대한 환경보호 전략 즉 안전수송 대책을 수립 운영하지 않은 상태에서 사고가 발생할시에는 피할수 없는 그 엄청난 피해에 대해 막중한 사회적 책임이 기업에 뒤따르게 된다.

이와같이 사회적 물의를 일으킬수 있는 유독물 제품 수송시의 비상사태에 대비하기 위해 다음 사항들을 참고하기로 한다.

1) 비상사태시 기업이 즉각적이고 효율적으로 대응할수 있는 "비상 조치 요령" 을 수립하여 운영토록 한다.
2) 비상사태를 신속하고 정확히 수습하기 위해 조직을 구성하고 각 담당자에게는 비상시의 임무를 부여한다.
3) 비상 사태시의 즉각적으로 대응하기 위해 "비상 연락 계통도" 를 작성하여 운영토록 한다.
4) 비상 사태시에 정확한 정보 제공으로 최우선의 대응조치를 강구하기 위해 "현황 보고 요령" 을 구체화하여 작성 운영한다.
5) 유독물 수송차량 운송시에 사고 발생때 현장에서 긴급 조치해야할 "현장 긴급 조치 요령" 을 작성하여 운영토록 한다.
6) 유독물 취급에 안전수칙과 취급요령 그리고 구급법에 대하여 정확히 기술한 "유독물 취급요령" 을 작성하여 운영토록 한다.

20-6. 공해성 신규사업 추진시의 유의사항

신규사업을 추진할때 환경오염 측면에서 도입할 공정(PROCESS)에 대하여 기술적으로 정확히 분석 검토해야 한다.

또한 검토 과정에서 공정상의 오염원을 누락시키지 않도록 정밀하게 공정을 검토하고 미비하거나 누락된 공정이 있는지를 정확히 확인해야 한다.

공정상의 오염원이 누락된 상태에서 공정이 선정되어 도입될 경우에는 공장이 건설됨과 동시에 시운전을 거쳐 성능 보장하는 과정에서 문제가 대두되는 경우가 있다.

이런 상황이 전개될시에는 성능 보장은 말할것도 없고 환경 인허가와 연관되어 공장을 장기간 가동할수 없게될 뿐만아니라 경영손실과 함께 계획에 큰 차질을 초래하게 된다.

또한 공정 제품에 따라서 유해 물질의 맹독성은 다르겠지만 대부분의 화학 물질들은 환경오염에 심각한 영향을 초래하게 된다.

따라서 이들 물질들로 환경이 오염될 경우에는 그 피해정도에 따라 돌이킬수 없는 비참한 상태에 빠지게 될뿐만 아니라 생태계는 파괴되어 재생이 어렵게 되고 결국에는 인류에 피해를 입히게 되는 결과를 낳게 된다.

그러면 여기서 신규사업 추진시의 고려해야할 사항에 대하여 다음과 같이 요약해 본다.

1) 신규 사업과 관련된 공정을 도입시에는 한.두사람이 단독적으로 결정하지 말고 경험있는 전문가들로 구성된 팀에서 심사숙고 하여 공정을 심사한후에 선정토록 한다.
2) 공정상의 오염원 누락을 예방하기 위해 LICENSOR의 PROPOSAL을 여러군데서 제출받아 공정을 상호 비교 분석하고, 공정상의 장단점을 세밀히 기술검토 (TECHNICAL EVALUATION) 해야 한다.
3) 첨단 정밀산업의 신규 사업일수록 상업생산이 되고 있는 성능보장된 효율적인 공정을 도입해야 하며 사업추진 비용이 싸다고하여 개발중의 시험 생산하는 공정을 도입하게 되는 경우에는 기업뿐만 아니라 사회에 피해를 주게되는 결과를 초래할 때가 있게 된다.
   이러한 판단은 공정상의 시행착오를 겪게하고 이로인한 결과로 안전사고는 물론 인명 피해까지도 입히게 되는 결과를 낳게 할수도 있다는 점을 깊이 인식해야 한다.
4) 신규사업 공정상의 맹독성 유해물질 생성여부를 정확히 검토 분석해 내야하며, 부산물로도 이러한 유해물질이 생성 되는지를 정확히 찾아내야 한다.
5) 공정상의 유독물질 처리공정이 완벽한지의 여부를 기술적으로 정확하게 판단해 내야하며 이들 독극물의 오염원이 공정밖으로 유출될 가능성에 대해 세밀히 검토하고 완벽한 회수공정을 갖추도록 설계 보완한후에 정상적인 생산조업에 들어가야 한다.
6) 첨단 생산 제품일 경우에는 MSDS (MATERIAL SAFETY DATA SHEET)와 CSDS (CHEMICAL SAFETY DATA SHEET)를 제공받아 제품의 화학적, 물리적, 독성(TOXIC), 안전성, 처리 방법등을 정확히 이해하고 생산공정에 반영해야하며 정상 조업시에는 안전 및 환경 측면에서 철저히 관리해 나가도록 해야 한다.
7) 성능보장 시험 항목중에 누락된 항목이 있는지의 여부를 점검하고 맹독성 물질을 처리하는 공정일때는 정상적인 생산 활동중에 관리를 철저히 해나가기 위해서 성능보장 시험 항목을 누락시키지 말고 정확하고 세밀하게 작성해야 한다.
8) 신규사업 공정에서 배출되는 유해 물질을 외부의 환경 전문용역 업체로 하여금 처리 가능한지의 여부도 미리 검토하고 유해 물질을 가장 완벽하게 처리할수 있는 방법과 공정을 사전에 선정토록 한다.
9) 공해성 신규사업 추진시에는 정부에서 고시한 환경오염 규제치 이내로 공정을 운영키위해 효율적인 면에서 우수한 공정을 선정하고 이에 알맞는 내부환경 기준치를 설정 운영토록 한다.
10) 신규사업 추진을 위해서 공정설계를 할때 정부의 환경오염 규제치보다 효율적으로 여유있는 내부 환경 기준치를 반영하는 것이 장기적인 전략 측면에서 볼때 경제적이기 때문에 사업추진시 다각적으로 검토 응용하도록 한다.
11) 신규공해성 사업이나 공해방지 사업을 추진할때에는 공정에서 배출되는 물질의 유독성 (TOXICITY)에 대하여 정확히 세밀하게 검토해야 하며, 이들 유독성 물질이 주위 환경에 노출되었을때 어떠한 영향을 미칠수 있는지에 대해서도 정확히 환경 영향 평가를 검토한후에 공정도입을 결정토록 해야한다.
    주위 환경에 악영향을 미칠때에는 조업은 더이상 지속할수 없는 결과를 초래하기 때문이다.

12) 신규 공해방지 사업을 추진할때 발생되는 부산물 (BY-PRODUCT)을 외부업체에 공급하고자 사업추진 할때에는 사전에 부산물 공급규격(SPECIFICATION)이 외부업체 사용에 문제점이 있는지의 여부를 상호 검토한후 사업추진을 해야 한다.

응용문제

1. 공해와 기업의 개요에 대하여 언급 하십시오.
2. 환경 오염 물질 현상 파악과 대응에 대하여 설명 하십시오.
3. 국내와 선진국의 환경 법 이해와 응용에 대하여 아는 바를 언급 하십시오.
4. 환경 오염 규제 강화에 따른 기업의 대응 전략에 대하여 언급 하십시오.
5. 환경 보호 전략에서의 유독 물 제품 운송에 대하여 설명 하십시오.
6. 공해성 신규 사업 추진시의 유의 사항에 대하여 설명 하십시오.

화학공장 설계 응용 (APPLIED DESIGN OF CHEMICAL PLANTS) 21장

21-1. 개 요

화학 공장은 최적의 운전조건에서 최대의 효율을 높일수 있는 개량된 공정(PROCESS)을 선정하여 경제적인 최적 설계를 할때 경영상의 이익을 개선해 줄수있게 된다.

즉 경제적인 최적 설계로 품질좋은 양질의 제품을 생산 판매함으로서 이익을 최대로 높이는데 화학공장의 설계목적이 있다고 하겠다.

이러한 주요 목적을 달성하기 위해 지금까지 공장설계에 응용해야할 내용들을 가지고 이론과 경험을 바탕으로 하여 논하게 된것이다.

특히 앞에서 언급한 내용중에 공장 건설부문, 공장 조업부문, 공장개량과 연구 발전부문, 손실 관리부분, 변화예측 관리부분 그리고 공해와 기업부문등은 화학공정 설계 응용에 중요한 자료가 된다.

화학공장 설계 프로젝트는 다음 단계를 거쳐 완성되게 된다.

-. 기본 아이디어의 착상
-. 경제적인 측면과 시장성 측면에서의 예비조사 및 검토
-. 최종 설계를 위해 필요한 자료의 개발
-. 최종적인 경제적 평가
-. 세부적인 공학설계
-. 구매
-. 건설
-. 시운전 및 모의운전
-. 생산 개시

그리고 폭넓은 여러종류의 기능과 기술이 상기 프로젝트를 수행해 내는데 필요하게 된다.

또한 연구조사, 시장분석, 각 기기장치의 설계, 비용추산, 공장위치 선정조사등도 상기 단계에 포함되어 추진하게 된다

21-2. 화학공정 설계

화학공장의 설계, 건설, 운전은 화학공학 기술자들이 책임지고 수행해내야 한다.

또한 이들 분야에 도움이 될수있는 기술정보의 끊임없는 연구조사가 이루어져야 한다.

이러한 기술정보는 최근에 발간되는 출판물, 현재 가동중인 공장의 운전자료, 실험 연구실 자료 그리고 시험공장 자료 (PILOT-PLANT DATA)등을 통하여 응용할수 있다.

21-2-1. 공정설계 프로젝트 절차

설계 프로젝트의 개발은 초기 아이디어(IDEA)나 또는 계획에서 부터 시작되며, 초기 착상은 프로젝트의 범위를 명백히 밝히기 위해 가능한한 분명하고 간결하게 명시해야 한다.

초기 착상은 일반적인 규격(SPECIFICATIONS)과 적절한 실험실 자료 또는 화학공학 자료들을 제공해 주어야 한다.

1. 설계 형식 (TYPES OF DESIGNS)

설계 프로젝트를 수행하는 방법은 요구되는 정확도나 상세도에 따라 다음과 같이 분류 된다.

가. 예비설계 또는 간략 견적 설계
(PRELIMINARY OR QUICK - ESTIMATE DESIGNS)

나. 상세 견적 설계
(DETAILED - ESTIMATE DESIGNS)

다. 확정 공정 설계
(FIRM PROCESS DESIGNS)

예비 설계는 기획하고 있는 공정을 사업 추진할 것인가를 결정키 위한 기초자료로 보통 활용되며, 설계는 개략적인 공정에 기준하여 수행되며 개략적인 비용견적을 준비하게 된다.

예비 설계결과 사업추진이 타당시되면 상세 견적설계가 진행된다.

상세 견적 설계결과 제안된 프로젝트가 상업성이 있게되면 최종 단계로서 확정 공정 설계를 준비하게 된다.

공장 생산설비에 대한 완성된 규격 명세서 (COMPLETE SPECIFICATIONS)와 정확한 비용견적서가 준비되어야 한다.

2. 타당성 조사 (FEASIBILITY SURVEY)

상세 설계 작업을 하기전에 제안된 공정의 기술적인 요소와 경제적인 요소들을 검토해야 한다. 특별한 제품에 대하여는 여러가지 종류의 화학반응과 물리적인 작용이 고려되어야 하며 또한 현재와 장래의 시장성에 대하여도 특별히 고려해야 한다.

타당성 조사 (FEASIBILITY SURVEY)를 할때 고려해야할 내용들은 다음과 같다.

1) 원론 부문 (활용가능성, 양, 품질, 가격)
2) 해당되는 열역학 및 반응공학 (평형, 수율, 속도, 최적조건)
3) 현재 이용 가능한 시설과 장비
4) 구매해야할 시설과 장비
5) 제조비 (PRODUCTION COSTS)와 총투자비의 추산 (ESTIMATION)
6) 수익성 (생산품 단위당의 예상되는 최적 수익성, 년간수익성)
7) 투자비 회수율 (RETURN ON INVESTMENT : ROI)
8) 건설 자재 및 재료의 안정성 (MATERIALS OF CONSTRUCTION)
9) 공장의 안정성 고려 (SAFETY CONSIDERATIONS OF PLANT)
10) 시장성 검토 (MARKETS)
 -. 현재와 미래의 수요 및 공급
 -. 현재의 용도와 새로운 용도
 -. 현재 수요자의 구매 습관
 -. 생산품과 부산물의 가격 변동
 -. 특성 (CHARACTER)
 -. 위치 (LOCATION)
 -. 이용가능한 고객의 수
11) 경쟁관계 (COMPETITION)
 -. 총괄 생산통계 (OVERALL PRODUCTION STATISTICS)
 -. 여러종류의 생산공정의 비교
 -. 경쟁회사의 생산품 규격 (PRODUCT SPECIFICATION)
12) 생산품의 특성 (PROPERTIES OF PRODUCTS)
 -. 물리 화학적 성질 (CHEMICAL AND PHYSICAL PROPERTIES)
 -. 규격 명세서
 -. 불순물 관계 (IMPURITIES)
 -. 저장성 관계 (EFFECTS OF STORAGE)
13) 판매 활동과 애프터 서비스 (AFTER SALES SERVICE)
 -. 판매 방법
 -. 유통 방법 (METHOD OF DISTRIBUTING)
 -. 광고 활동
 -. 기술 서비스
14) 하역 제한과 컨테이나 사용 여부
15) 공장 위치 (PLANT LOCATION)
16) 특허 운영상태와 법적제한 등

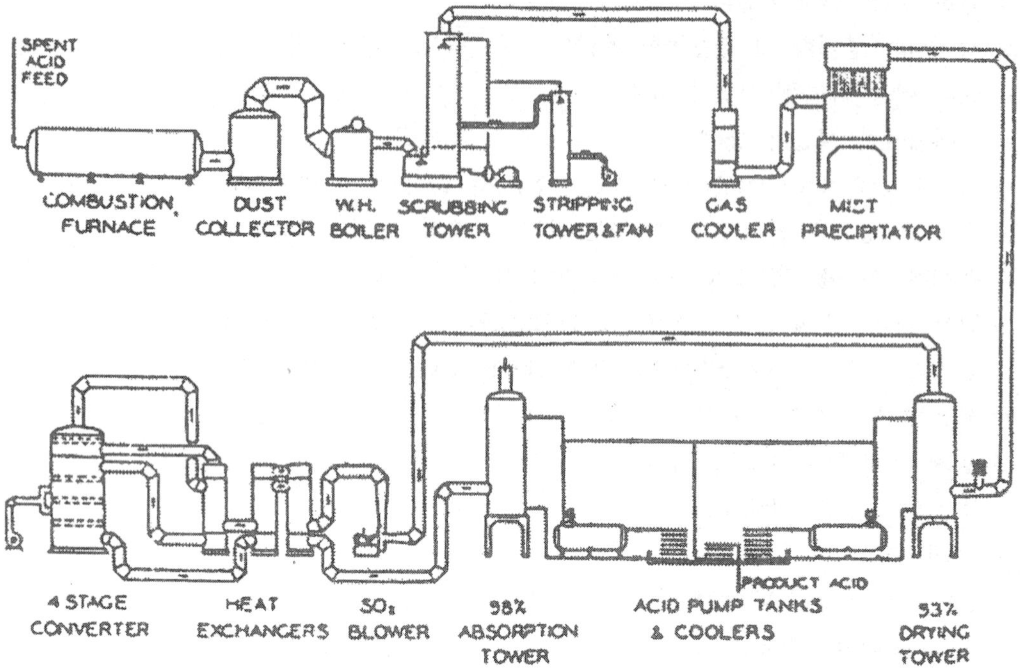

Flow diagram of a Chemico typical wet-gas contact plant.

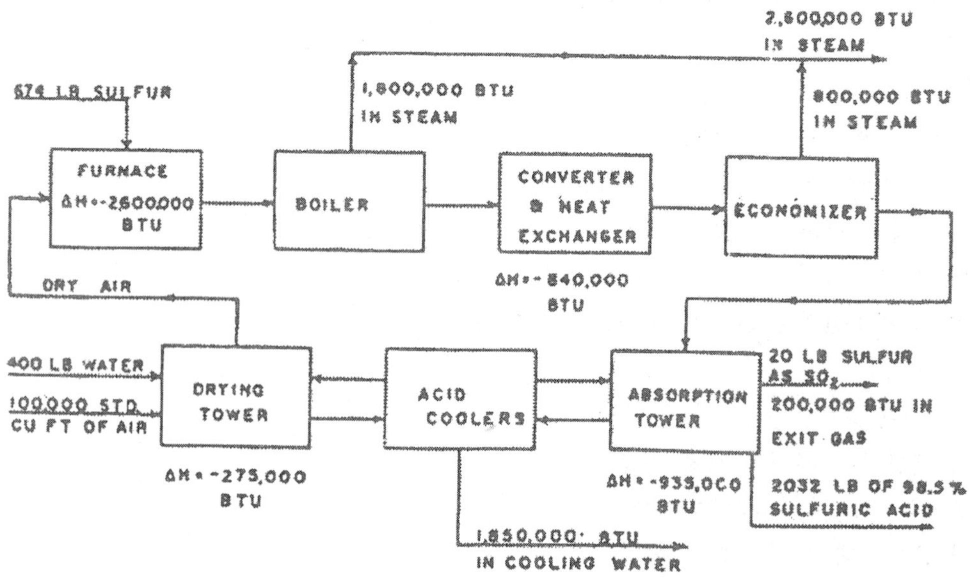

Typical heat and materials balance for a sulfur-burning contact sulfuric acid plant. (*Courtesy of Titlestad Corporation.*)

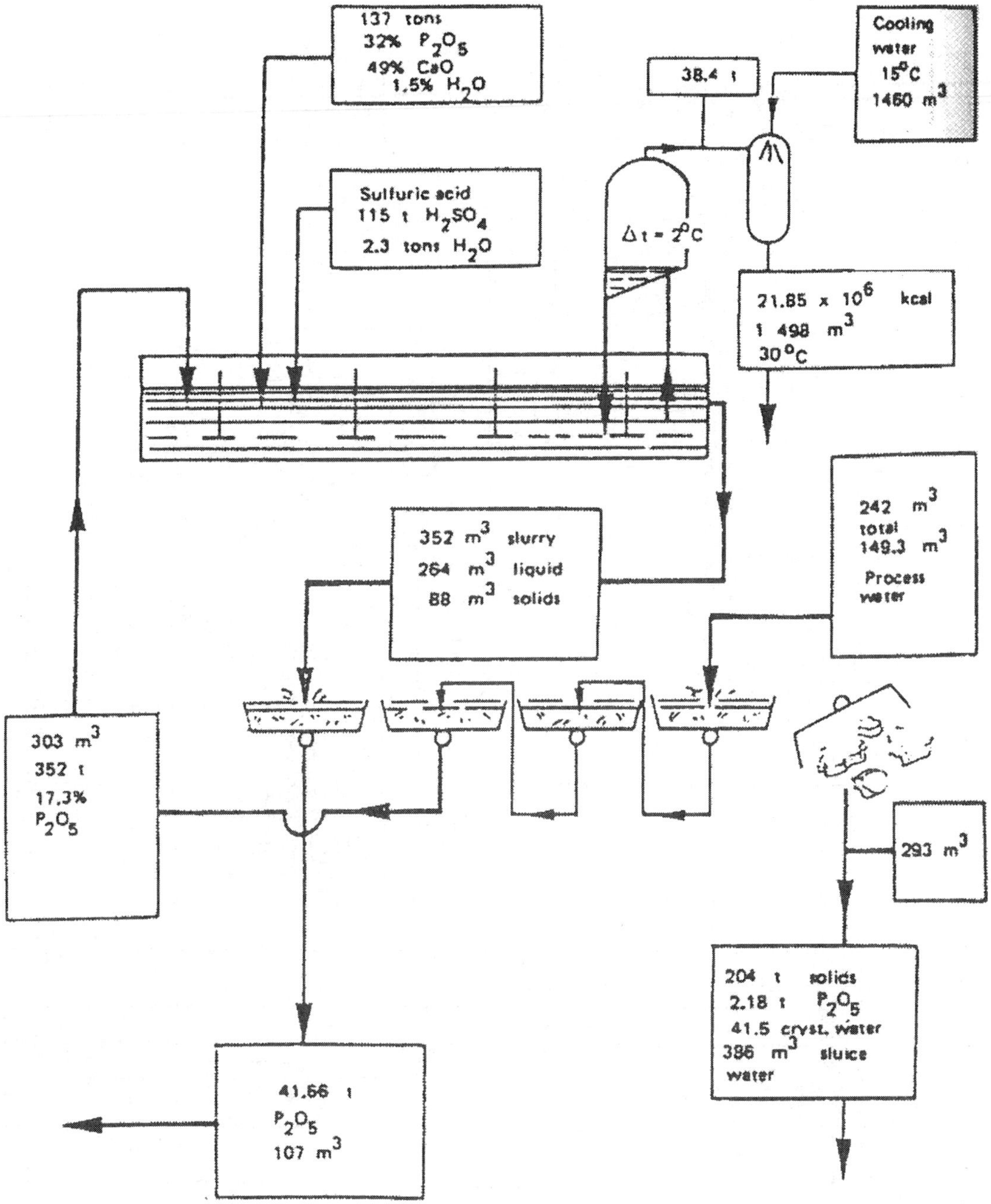

Material balance in tons and cubic meters per hour for a 1000-ton/day P_2O_5 unit (41.66 tons/hr) with a yield of recovery of 95% using phosphate rock from Florida with 32% P_2O_5.

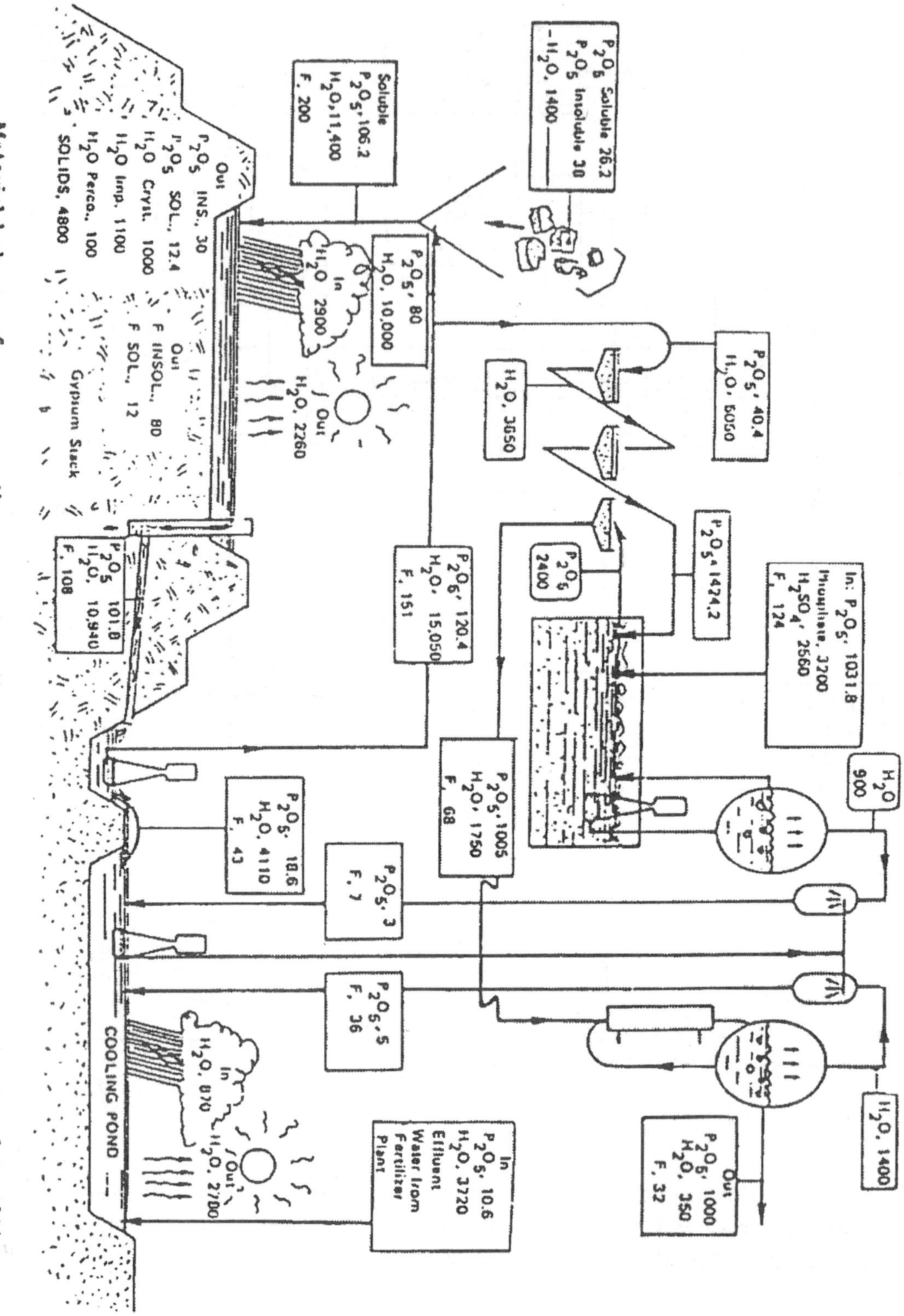

Material balance of a gypsum disposal and cooling pond system (in kilograms; related to 1000 kg P_2O_5 produced as concentrated acid).

3. 공정 개발 (PROCESS DEVELOPMENT)

예비적인 타당성 조사는 다음 내용들을 필요로 한다.

-. 추가적인 연구 개발
-. 실험실 데이타
-. 시험 생산공장의 데이타 (PILOT - PLANT DATA)
-. 정보를 얻기위한 프로그람

공정 개발을 위한 정확한 설계 데이타를 얻기 위해서는 시험 생산공장 (PILOT-PLANT)이나 또는 중간 규모공장 (SEMIWORKS SCALE)의 운영이 바람직하다.

상기 규모의 공장 운영으로 물질 및 에너지 수지 (MATERIAL AND ENERGY BALANCES)에 관계되는 중요한 자료들을 얻을수 있으며, 아래의 공정 조건들 (PROCESS CONDITIONS)의 데이타를 보완하기 위해 시험 운전할수 있다.

-. 온도와 압력 변화 추이
-. 수율 (YIELDS)
-. 가동율 (RATES)
-. 원료와 제품의 등급 (GRADES OF RAW MATERIALS AND PRODUCTS)
-. 간헐적 운전대 연속운전 (BATCH VERSUS CONTINUOUS OPERATION)
-. 공장 건설 재료의 물질
-. 운전의 특성
-. 기타 적합한 설계상의 변화추이

4. 설 계 (DESIGN)

충분한 기술정보가 이용 가능하게 되면 예비설계 (PRELIMIWARY DESIGN)는 기초 타당성 조사와 연관하여 시작된다.

예비설계를 시작할때 요구되는 규격의 제품을 생산하기 위한 제조공정을 선정해야 한다.

같은 제품을 생산하는데 이용가능한 생산공정과 방법은 여러가지가 있다.

예비설계를 준비하는 첫번째 단계로서 설계의 기준 (BASES FOR DESIGN)을 설정해야 한다.

다음의 항목들이 설계에 반영되어야 한다.

-. 제품의 규격
-. 원료의 이용가능성
-. 년간 운전 가능일수 (EXPECTED ANNUAL OPERATING DAYS)

-. 냉각수의 온도
-. 이용가능한 스팀 압력
-. 사용 연료
-. 부산물의 재이용등

다음 단계에서는 단순화된 물질흐름 공정 (SIMPLIFIED FLOW DIAGRAM)과 단위공정(UNIT OPERATIONS)를 결정하고 또한 예비 물질수지 (PRELIMINARY MATERIAL BALANCE)를 준비해야 한다.

다음 내용들을 검토하여 유체의 흐름과 흐름공정의 조건을 결정해야 한다.

-. 완성된 물질수지 (COMPLETE MATERIAL BALANCES)
-. 에너지 수지 (ENERGY BALANCES)
-. 원료에 대한 지식 (KNOWLEDGE OF RAW MATERIAL)
-. 제품의 규격 (PRODUCT SPECIFICATIONS)
-. 제품의 수율 (YIELDS)
-. 반응율 (REACTION RATES)
-. 시간 주기 (TIME CYCLES)

또한 각 공정 단계에서의 온도, 압력, 물질조성이 결정되어야 하며 각 공정 단계에서의 엔탈피(ENTHALPIES), PERCENT VAPOR, 액체, 고체, 열량등도 나타내 주어야 한다.

기계 장치의 규격 (EQUIPMENT SPECIFICATIONS)은 TABLES 형태로 요약해야 하며 최종 설계 보고서 (FINAL DESIGN REPORT)에 포함시켜 주어야 한다.

이를 TABLE에 포함해햐 하는 기계 장치류는 다음과 같다.

-. COLUMNS ;
  PLATES수, 운전조건 (OPERATING CONDITIONS), COLUMN DIAMETER, 기계장치의 재질, PLATE LAYOUT 등의 규격이 명시되어야 한다.
-. VESSELS ;
  SIZE, HOLDUP TIME, 기계장치의 재질, PACKING과 BAFFLING의 규격을 명시해 주어야한다.
-. REACTORS ;
  촉매 TYPE과 크기, BED DIAMETER와 THICKNESS, HEAT-INTERCHANGE 설비, CYCLES AND REGENERATION ARRANGEMENTS, 기기장치의 재질등의 규격이 명시되어야 한다.
-. HEAT EXCHANGERS AND FURNACES (열교환기와 연소로)
  DUTY, CORRECTED LOG MEAN-TEMPERATURE DIFFERENCE, PERCENT VAPORIZED, PRESSURE DROP, 기기장치의 재질등을 나타내 주어야 한다.

-. PUMPS AND COMPRESSORS ;

TYPE, POWER REQUIREMENT, PRESSURE DIFFERENCE, GRAVITIES, VISCOSITIES, WORKING PRESSURE등의 규격이 명기되어야 한다.

-. INSTRUMENTS ;

계기류 기능과 특별 요구사항을 명기해 준다.

-. SPECIAL EQUIPMENT ;

MECHANICAL SEPARATORS, MIXERS, DRIERS 등의 규격을 명기해야 한다.

마지막 단계에서는 전형적인 공정설계를 준비하는 것이 중요하다.

최종적으로 예비설계는 타당성 조사 또는 공정설계 단계에서 얻은 충분한 DATA가 이용 가능할때 수행 가능하게 된다.

상세 설계는 예비 설계와 공정개발 내용을 가지고 할수있게 된다.

다음 내용들은 상세설계를 하기전에 정확히 규정해야 한다.

-. 제조공정 (MANUFACTURING PROCESS)
-. 물질 및 에너지 수지 (MATERIAL AND ENERGY BALANCES)
-. 온도 및 압력범위 (TEMPERATURE AND PRESSURE RANGES)
-. 원료 및 제품의 규격 (RAW-MATERIAL AND PRODUCT SPECIFICATIONS)
-. 회수율, 반응율 및 시간 싸이클 (YIELDS, REACTION RATES, AND TIME CYCLES)
-. 기기장치 건설의 자재 (MATERIALS OF CONSTRUCTION)
-. 유틸리티 요구량 (UTILITIES REQUIREMENTS)
-. 공장 입지 (PLANT SITE)

또한 고려해야할 사항들을 다음과 같이 요약한다.

-. 빌딩의 타입 (TYPES OF BUILDINGS)
-. 난방 (HEATING)
-. 배기 환풍 (VENTILATING)
-. 조명 (LIGHTING)
-. 전력공급 (POWER)
-. 배수 (DRAINAGE)
-. 폐기물 처리 (WASTE DISPOSAL)
-. 안전 설비 (SAFETY FACILITIES)
-. 계기 장치 (INSTRUMENTATION) 등

RAW MATERIALS, UTILITIES AND RINISHED PRODUCT SPECIFICATIONS

RAW MATERIALS & UTILITIES

Toluene

Physicals and chemicals properties

Formula	:	$C_6H_5CH_3$
Molecular weight	:	92.14
Solidification point	:	-95℃
Boiling point	:	110.6℃
Specific gravity	:	0.8669 (20℃/4℃)(See diagram n° 1)
Viscosity	:	0.74 cP at 20℃ (See diagram n° 2)
Specific heat	:	0.364 kcal/kg℃
Refraction index (nd)	:	1.49625 at 20℃
Heat of combustion	:	934.5 kcal/mole
Solubility in 100 gr water	:	0.5 gr a 16℃
MAC	:	380 mg/m^3
Termal conductivity	:	0.128 kcal/m.h.℃

Spicifications

Type used	:	nitration grade (ASTM D 841-77)
Specific gravity	:	0.869-0.873 (15.56/15.56℃)
Boiling point	:	110.6 ± 0.1℃
Distillation range	:	1℃ incl temp. of 110.6 ± 0.1℃
Toluene	:	99.8% (wt.) min.
Paraffin	:	0.2% (wt.) max.
Benzene	:	0.1% (st.) max.
Thiophen	:	None
Acidity	:	None
Sulphur	:	None
Phenols	:	None
Colour	:	Max. 5 (ASTM D-1209)

Nitric Acid

Physicals and chemicals properties

Formula	:	HNO_3
Molecular weight	:	63.01
Melting point	:	-42℃
Boiling point	:	84.0℃
Azeotrope with water	:	BP.121.7℃ – 68% HNO_3 (st.)
Density	:	1.521 kg/dm^3 at 15℃
		(See table I. for diluted acid)
Viscosity	:	1.1 cP at 10℃
		0.9 dP at 20℃
		0.7 cP at 40℃
Specific heat	:	0.42 kcal/kg at 20℃
Heat of vaporization	:	115.1 kcal/kg
Retraction index	:	1.397 at 16.4℃
MAC	:	25 mg/m^3
Thermal conductivity	:	0.25 kcal/m.h.℃ for 98% HNO_3
		0.33 kcal/m.h.℃ for 90% HNO_3

Specifications

Concentration used	:	98% HNO_3 by weight, min.
- HNO_2 (as N_2O_4)	:	0.3% (wt.) max.
- Chlorides (as c1)	:	0.01% (wt.) max.
- Iron	:	6 ppm max.

Sulphuric Acid

Physicals and Chemicals Properties

Formula	:	H_2SO_4
Molecular weight	:	98.08
Melting point	:	10.4℃
		(See diagram 3 for aqueous acid)
Boiling point	:	338℃
Density	:	1.836 kg/dm^3 at 15℃
		(See table II. for aqueous acid)
Viscosity	:	24.2 cP at 25℃
		(See diagram 4 for aqueous acid)
Specific heat	:	0.335 kcal/kg℃ at 18℃
Heat of vaporization	:	122.1 kcal/kg
Thermal conductivity	:	0.312 kcal/m.h.℃ for 90% H_2SO_4
		0.372 kcal/m.h.℃ for 60% H_2SO_4

Specifications

Concentration used	:	93% by weight, min
Free SO2	:	0.01% (st.) max.
Fe	:	0.01% (st.) max.
Chloride	:	0.01% (st.) max.

Spent Acid from existing DNT Plant

Composition :

- Sulphuric acid	:	68% wt. min.
- DNT	:	1300 ppm max.
- MNT	:	5 ppm max.
- Nitrocresols	:	100 ppm max.
- Total organics	:	1400 ppm max.
- HNO3	:	100 ppm max.
- HNO2	:	300 ppm max.
- Temperature	:	56...60℃

Urea

Physicals and Chemials Properties

Formula	:	H_2NCONH_2
Molecular weight	:	60.06
Melting point	:	135℃
Boiling point	:	decomposes
Specific gravity	:	1.323 (20℃/4℃)
Refraction index	:	1.484
Solubility in 100 br water	:	78 br at 5℃
		100 gr at 17℃
		119 gr at 24℃
Heat of dissolution	:	-58.1 kcal/kg urea (endothermic)

Specifications

Type	:	Prilled urea
- Nitrogen	:	46.0% (st.) min.
- Moisture	:	0.5% (st.) max.
- Biuret	:	0.5% (st.) max.
- Iron	:	1 ppm max.
Form used in the process	:	aqueous solution of 40% wt.
Specific gravity	:	1.11 (20℃/4℃)

Activated Carbon

Type	:	extruded carbon "Sorbonorit" form NORIT
Appearance	:	high strength pellets
Pellets diameter	:	3 or 4 mm
Apparent bulk density (dry basis)	:	410 g/1
Total internal surface area (B.E.T.)	:	1200...1300 m^2/g

Neutralizing Agent

Ammonia solution, technical grade

Concentration	:	20 - 25% NH_3

Paraffin Oil

Characteristics	:	oily liquid, colourless, almost without smell or taste
Solubility	:	insoluble in sater and glycerine, soluble in ether, chloroform, carbon bisulphide
Viscosity	:	form 3 to 7 degrees Engler at 20℃
Density	:	0.84 to 0.88 (15℃/15℃)

Process Water

a. Plant Water

	Average	Max.
pH	7.1	7.1
Turbidity, ppm	1.5	1.8
Total bardness, ppm	22	33
Ca Hardness, ppm	17	26
SiO2, ppm	4.9	7
Chloride, ppm	5.7	9
Fe, ppm	0.16	0.3
Pressure	1.8 bar	
Temperature	20	

b. Demineralised Water

	Average
pH	8.4
SiO2, ppm	0.002
Conductivity, pmho	0.5
Pressure	1.8 bar
Temperature	20℃

Cooling Water

Temperature	30℃
Delivery pressure	4.2 bar
Return pressure	1.5 bar

Chilled Water

Temperature	5℃
Pressure drop through battery limit	1 bar min

Heating Water

Temperature	75℃
Delivery pressure	1.2 bar max.
Return pressure	0.5 bar max.

Steam

Saturated steam	
Pressure	3...3.5 bar

Nitrogen

Pressure	7 bar

Instrument Air

Pressure	5.6 bar
Dew point	-40℃
Purity	Free from oil and dust

Power

Motors	3 x 480V, 60 Hz
Others	120V, 60 Hz

FINISHED PRODUCT

The following quality of DNT is expected :

Solidification point	:	54℃		
2,4 + 2,6 Isomers	:	96.0% (st.) min.		
Isomer Ratio 2,4:2,5	:	80 ± 1 : 20 ± 1		
m-isomers (3- or 5-)	:	4.0 %	(wt.)	max.
MNT	:	0.1 %	(wt.)	max.
TNT	:	0.05 %	(wt.)	max.
Nitrocresols/phenols	:	0.015%	(wt.)	max.
Moisture	:	1.0 %	(wt.)	max.
Acidity	:	0.004%	(wt.)	max.
Alkalinity	:	0.004%	(wt.)	max.

: PROCESS EQIUPMENT SYMBOLS

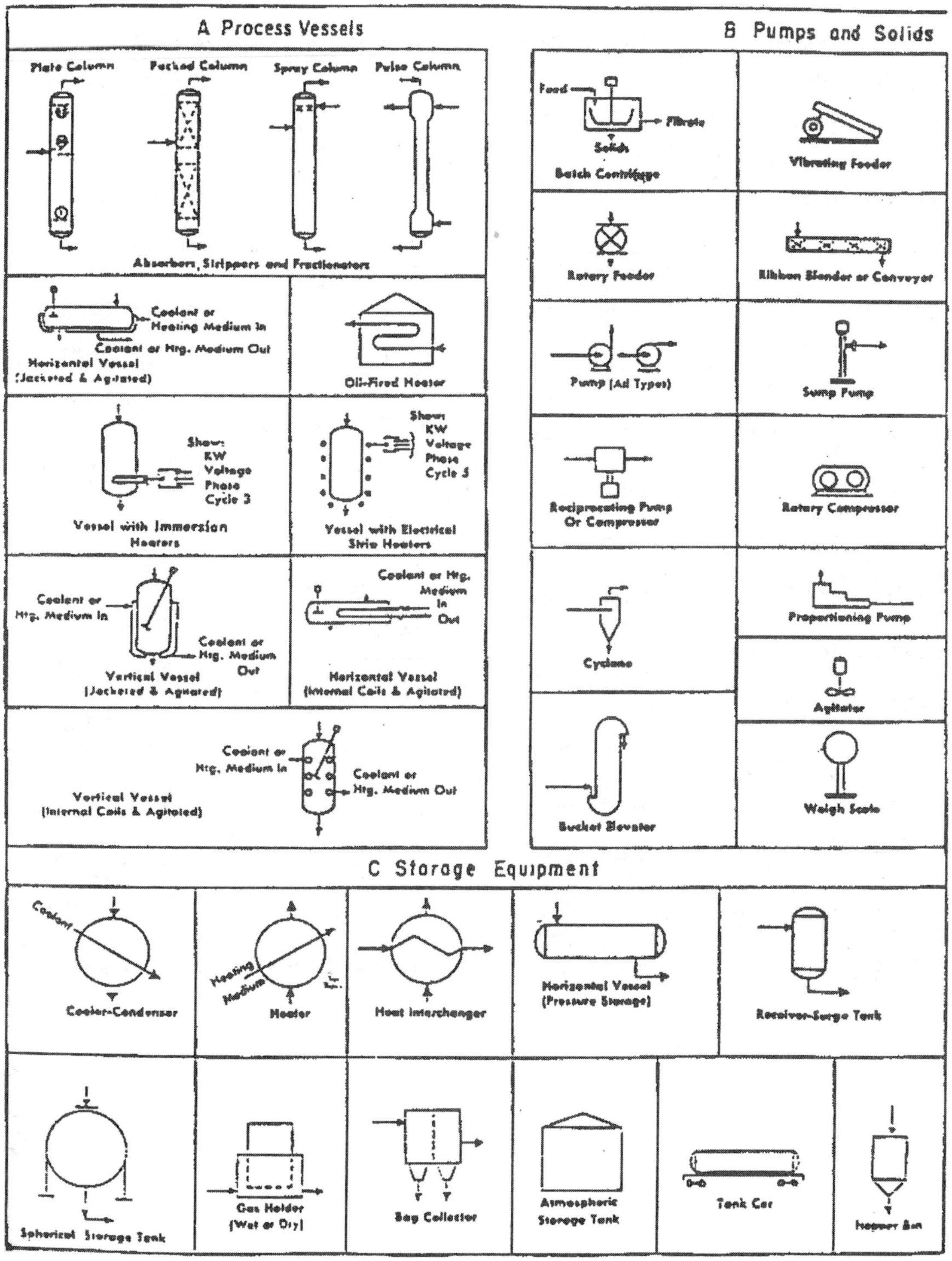

: FLOW DIAGRAM SYMBOLS : VALVES, FITTINGS AND MISCELLANEOUS PIPING

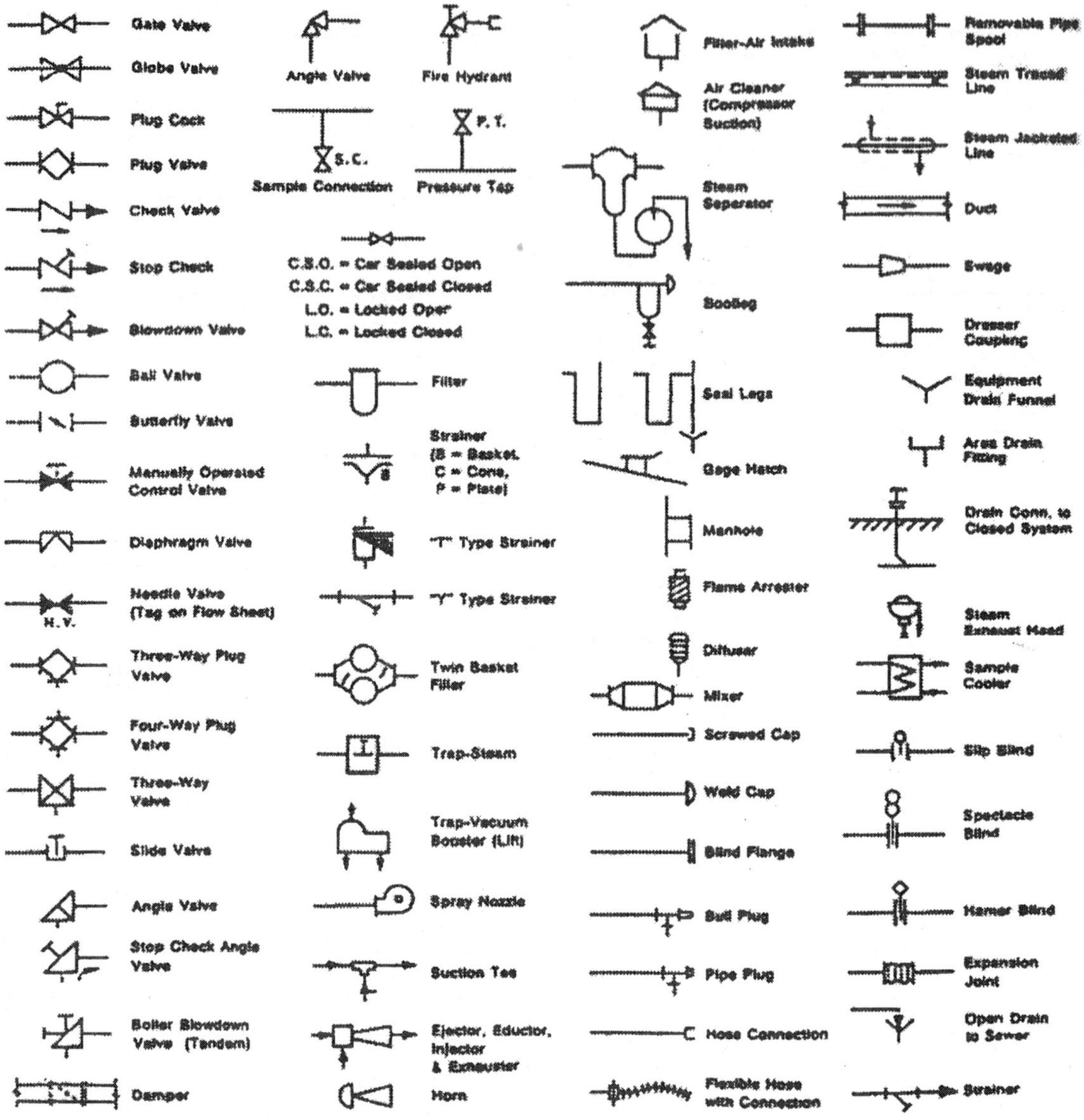

: SPECIAL TYPES OF DESCRIPTIVE FLOW SHEET SYMBOLS

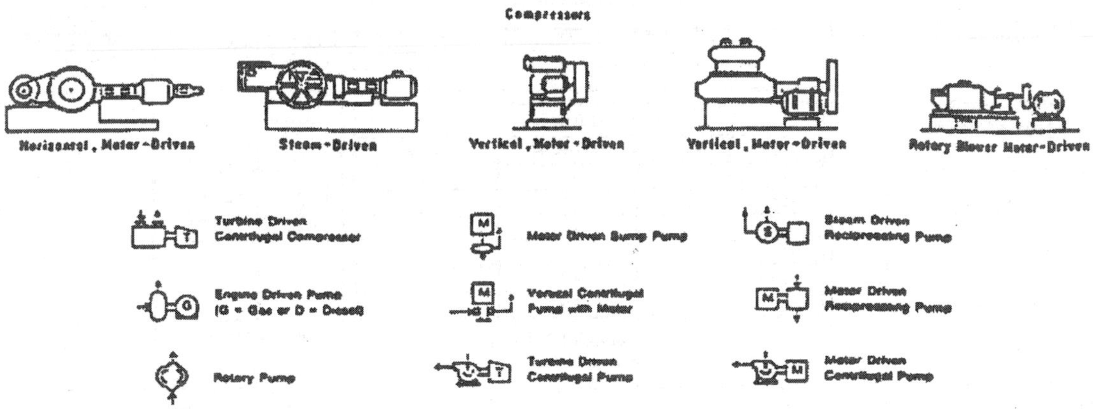

COMMONLY USED INSTRUMENTS FOR PROCESS AND INSTRUMENTATION FLOW SHEETS

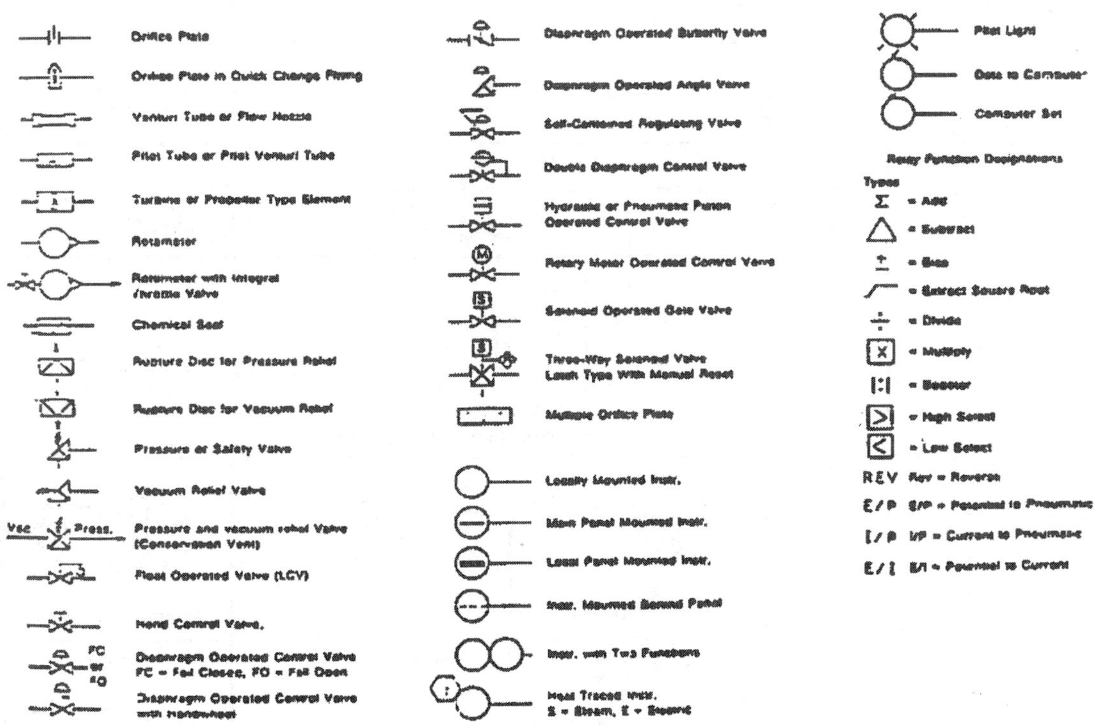

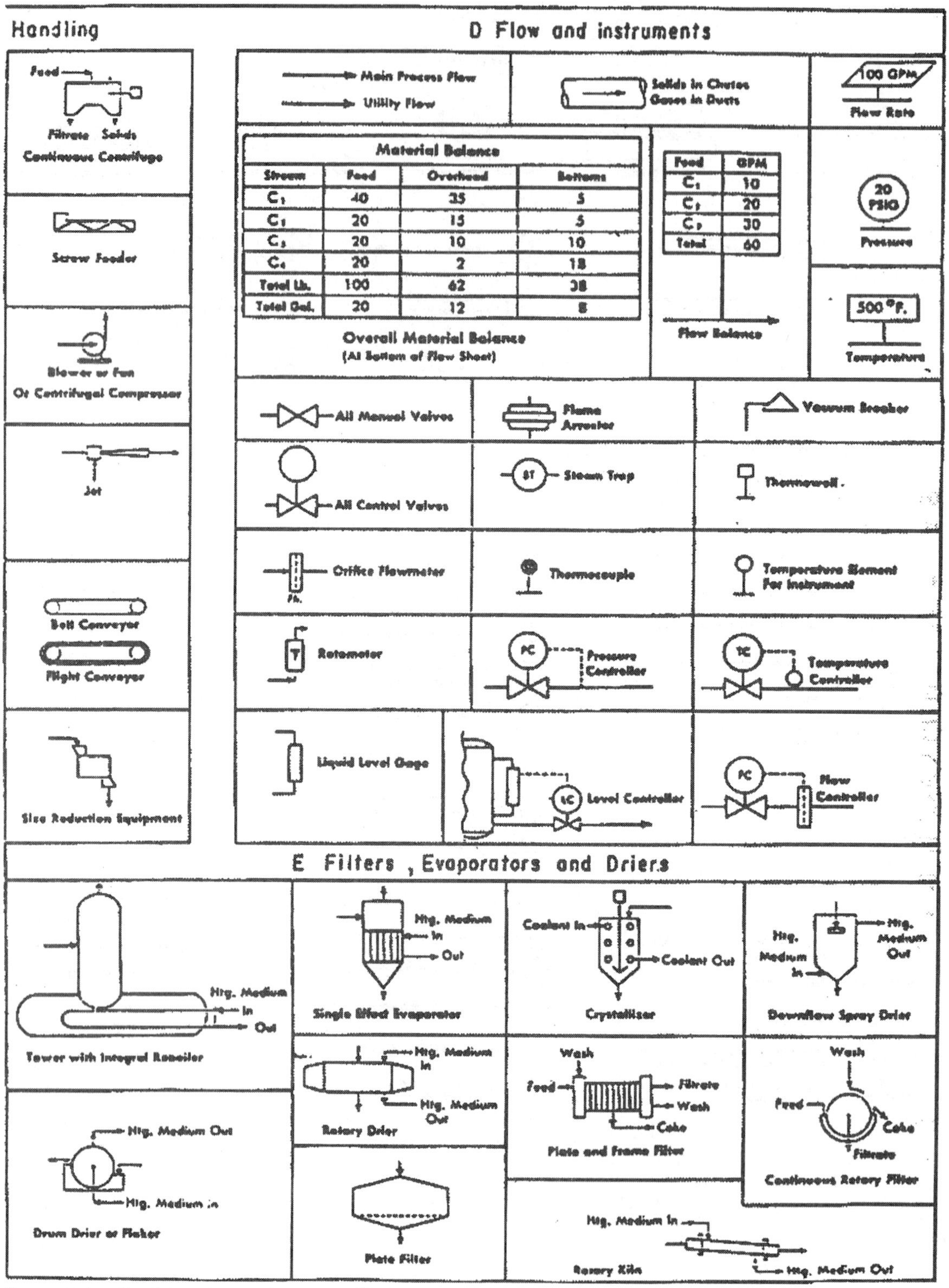

By permission, D.J. Oriolo, *Oil and Gas Journal*, 56, Nov. 17, 1958, pp. 152-3.

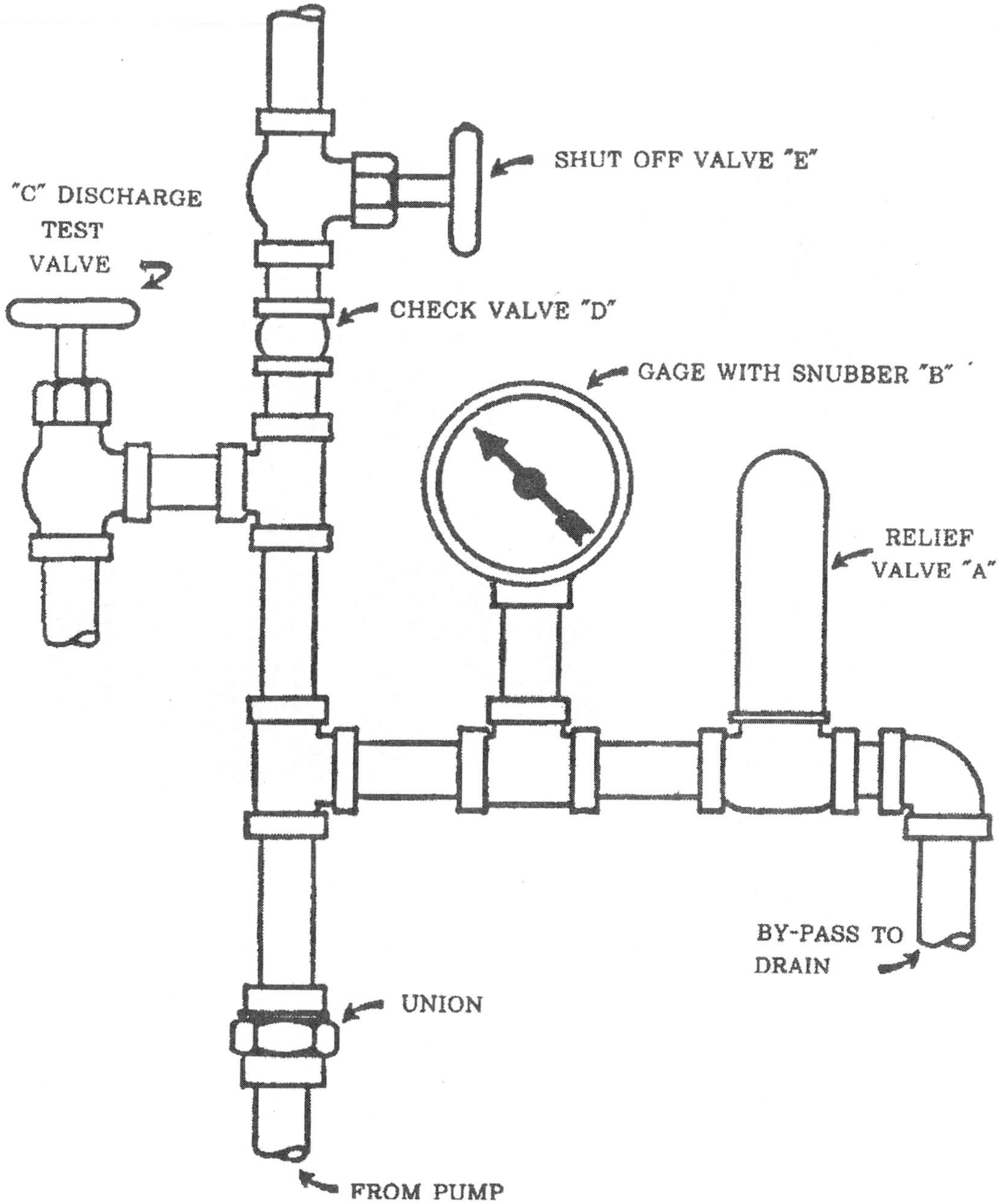

TYPICAL DISCHARGE PIPING WHERE PIPE SIZE LARGER THAN DISCHARGE CONNECTION ON PUMP IS USED.

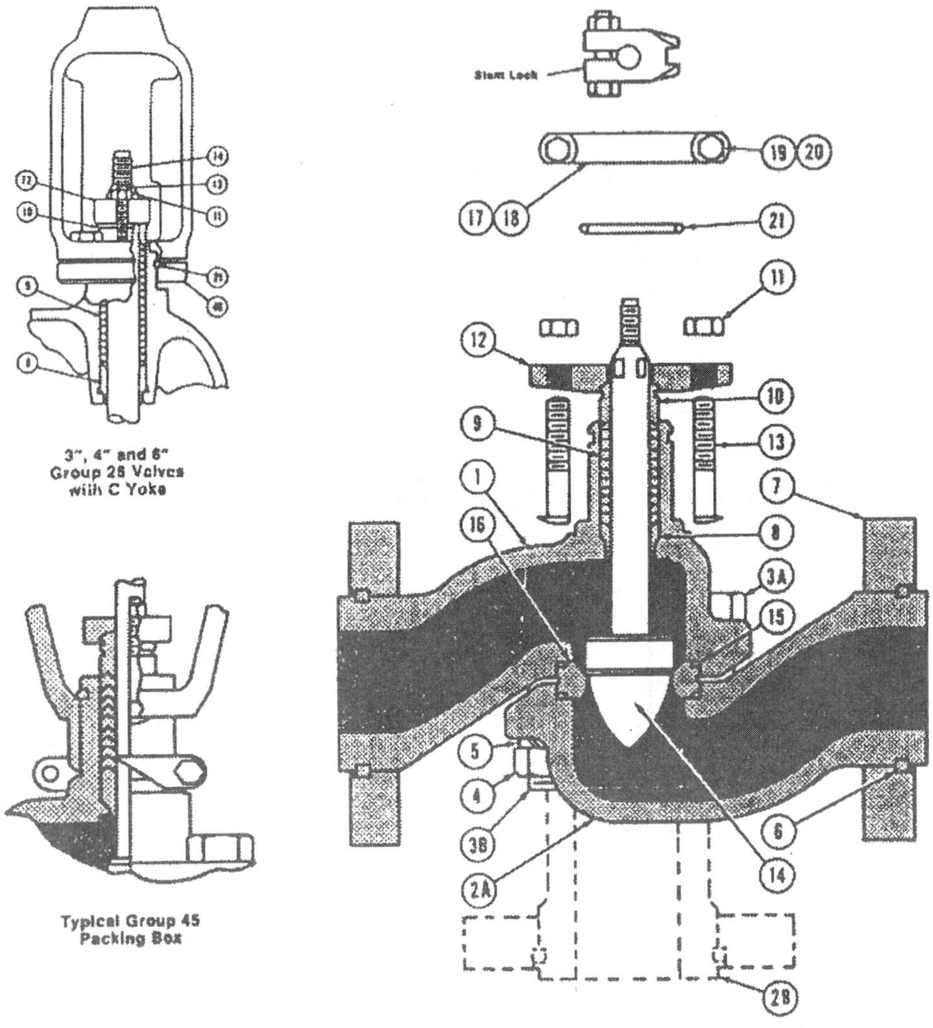

Fig. 4 Globe and Angle Valves

PARTS REFERENCE

Ref. No.	Part Name	Ref. No.	Part Name	Ref. No.	Part Name
1	Valve Body	* 8	Stem Guide	17	Yoke Clamp (plain)
2A	Globe Adapter	* 9	Packing	18	Yoke Clamp (threaded)
2B	Angle Adapter	10	Packing Gland	19	Cap Screw
3A	Cap Screw (body)	11	Gland Flange Nut	20	Lock Washer
3B	Stud (body)	12	Gland Flange	21	Half Ring (yoke)
4	Nut (body)	13	Gland Flange Bolt	22	Flow Arrow Plate
5	Lock Washer (body)	*14	Plug and Stem Assembly	23	Drive Screw
6	Half Ring (end flange)	*15	Seal Ring Gasket	46	Mounting Flange (Series C yoke only)
7	End Flange (separable)	*16	Seat Ring		

*Recommended spare part

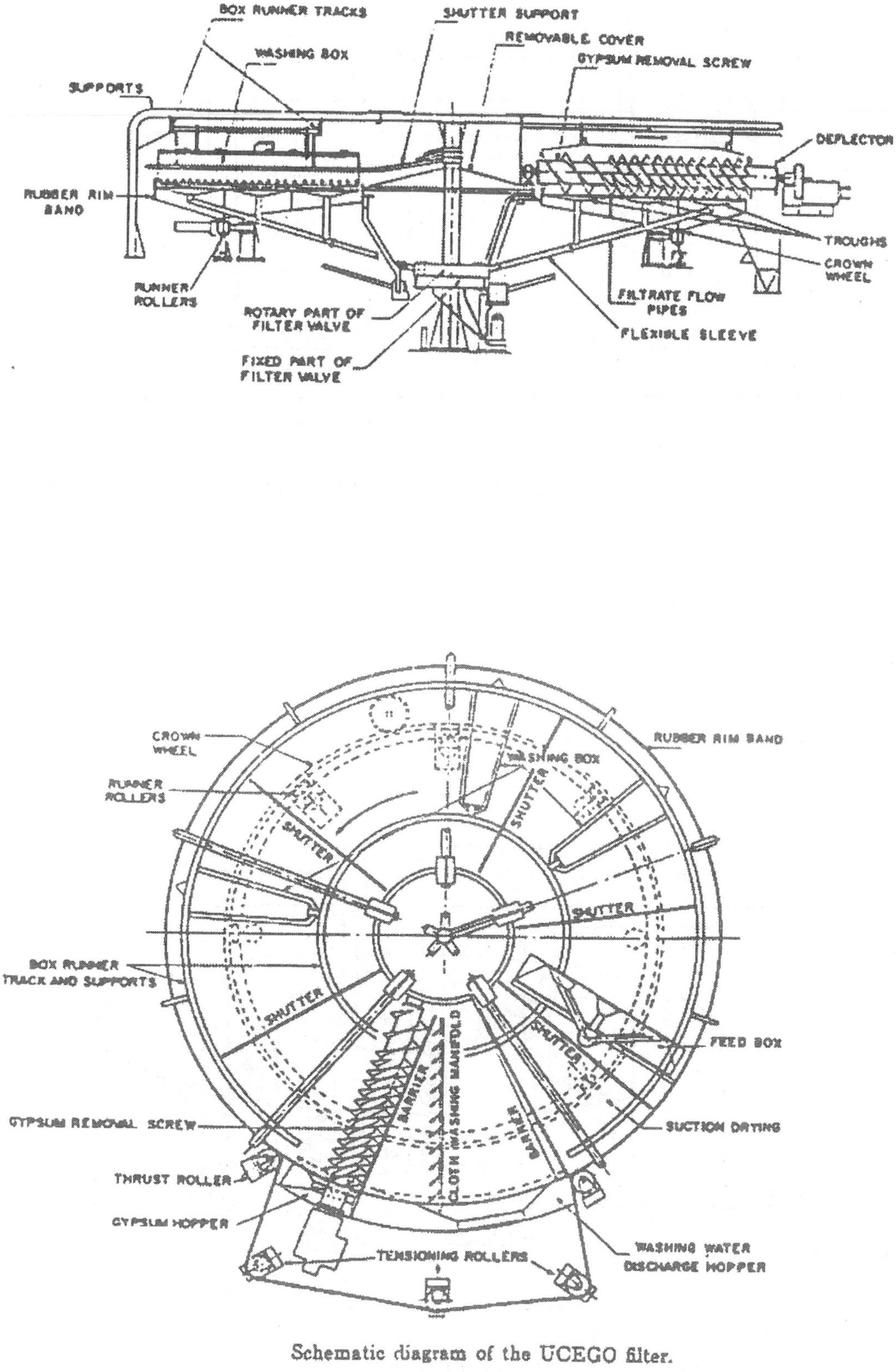

Schematic diagram of the UCEGO filter.

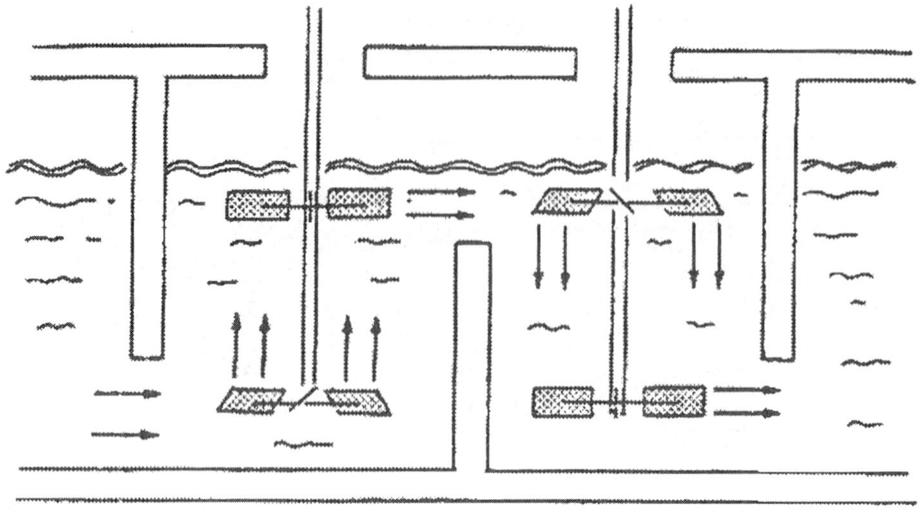

Agitation flow induced by alternative radial and axial impeller arrangements.

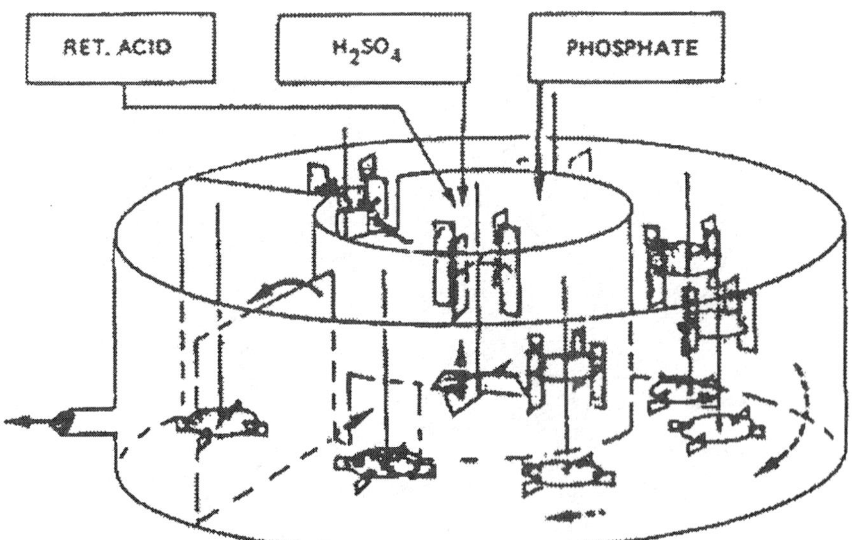

SIAPE reactor. (From Ref. 7.)

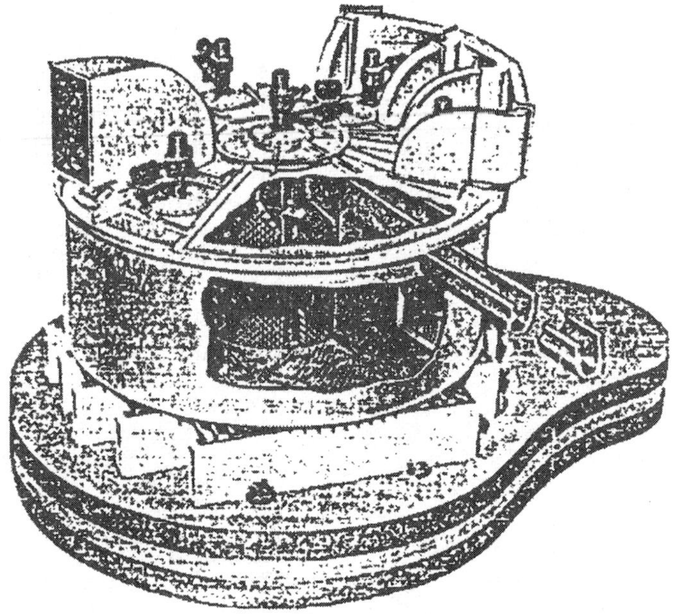

Dorr-Oliver single-tank reactor.

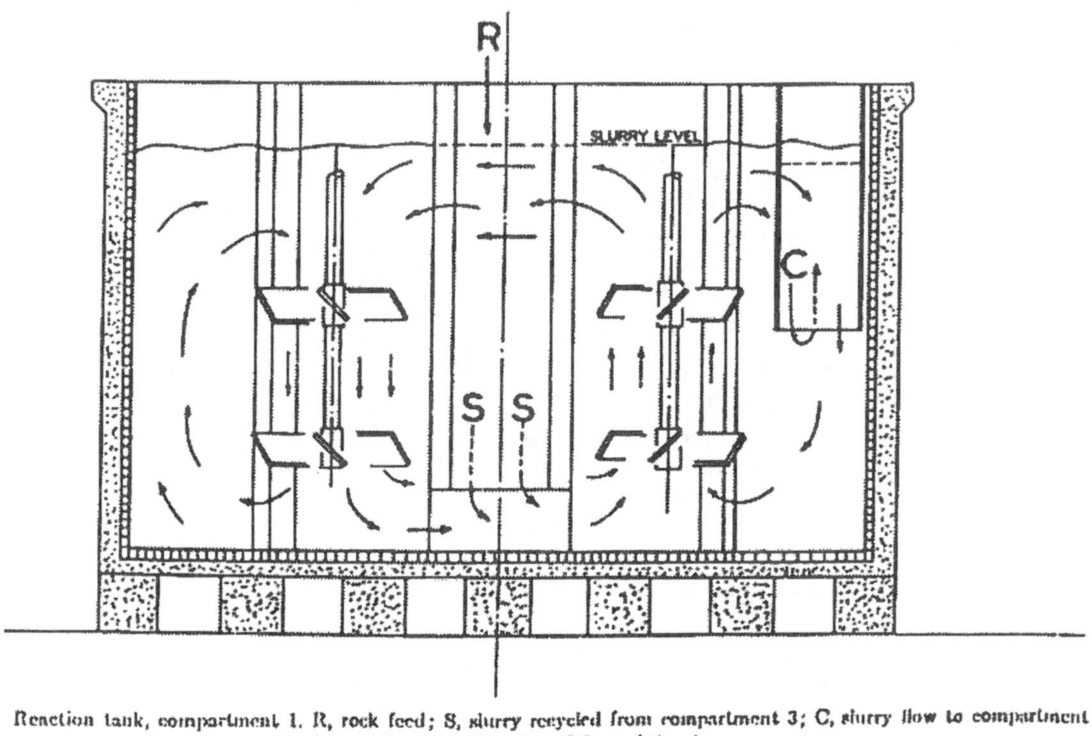

Reaction tank, compartment 1. R, rock feed; S, slurry recycled from compartment 3; C, slurry flow to compartment 2. Arrows show the direction of flow of the slurry.

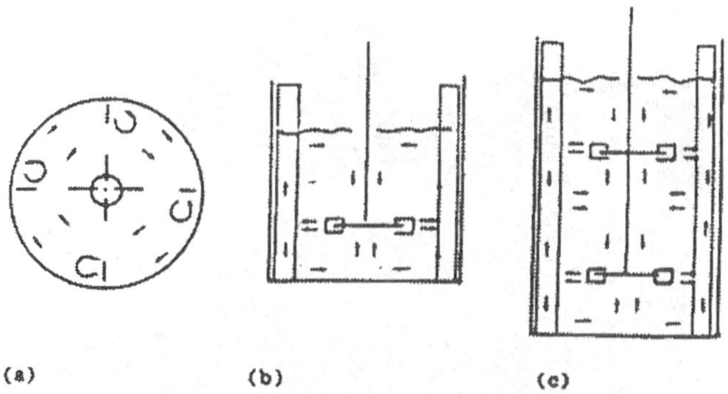

Agitation flow with disk-mounted vertical blades.

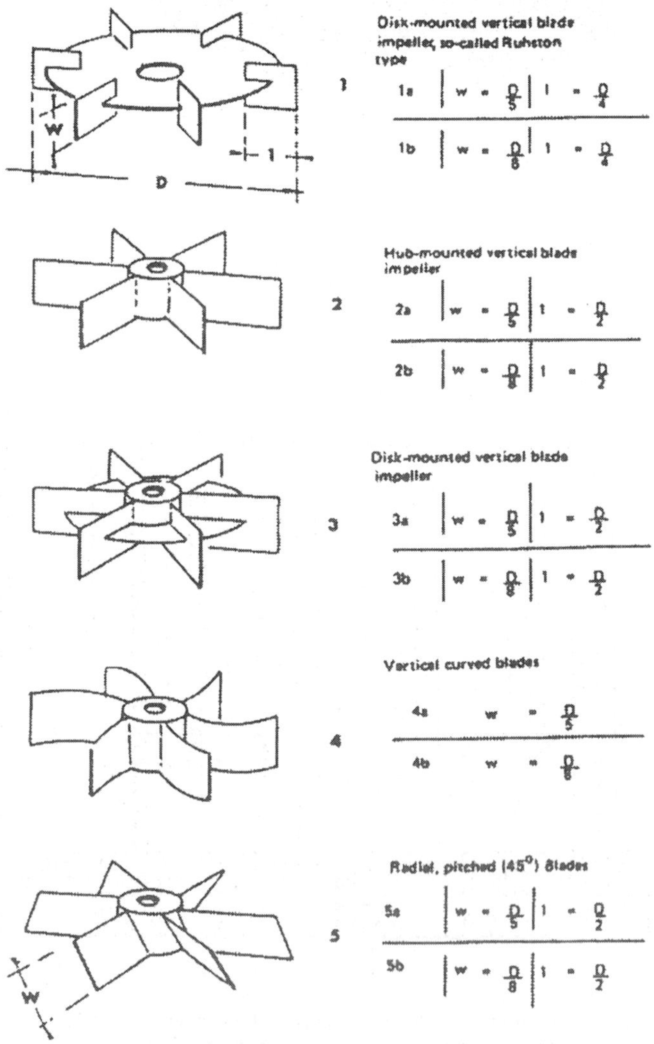

Impeller types.

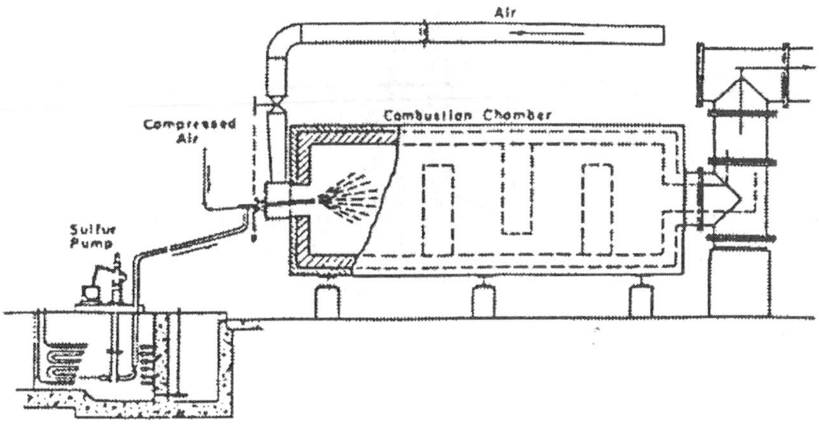

"Tegul" spray-type sulfur burner.

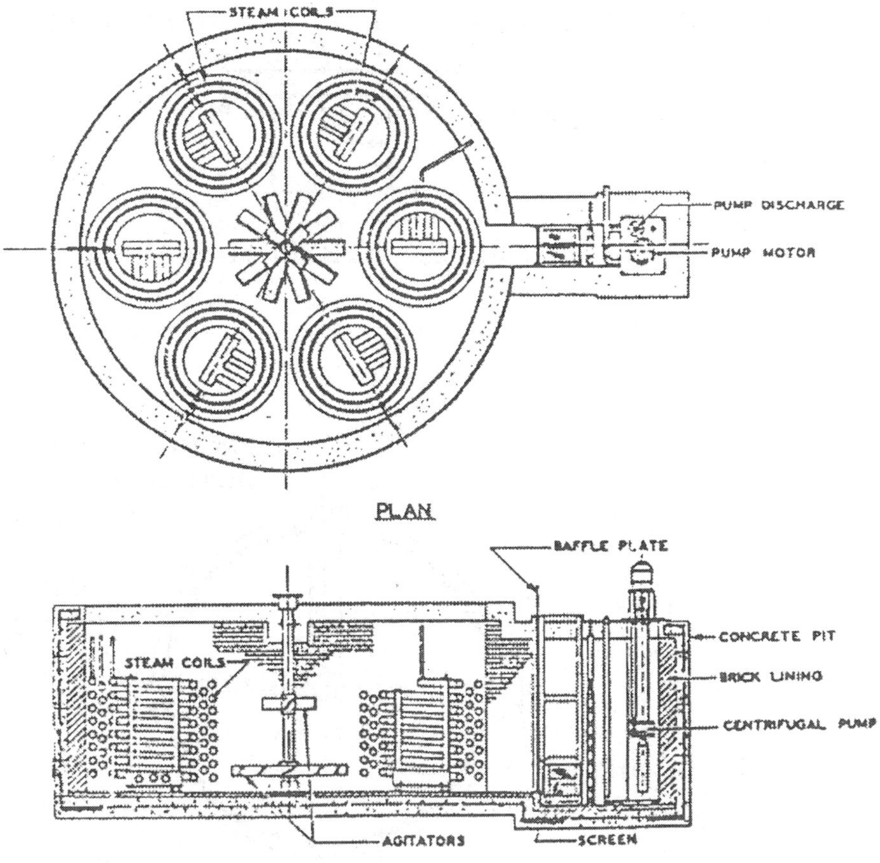

Freeport high-rate sulfur melter. (*Courtesy of Freeport Sulphur Co.*)

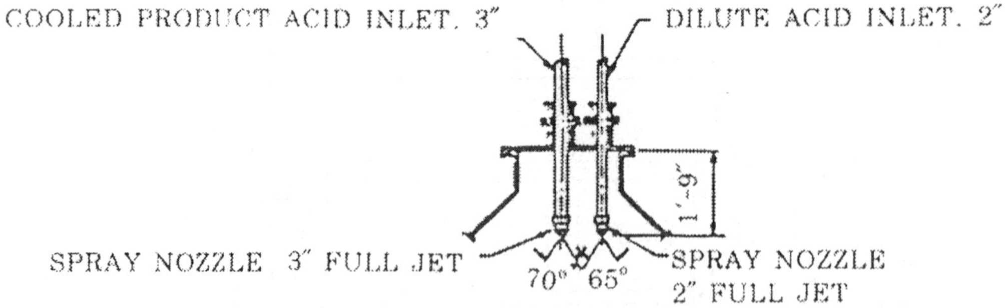

DETAIL A
ACID INLETS TO TOP SPRAYS

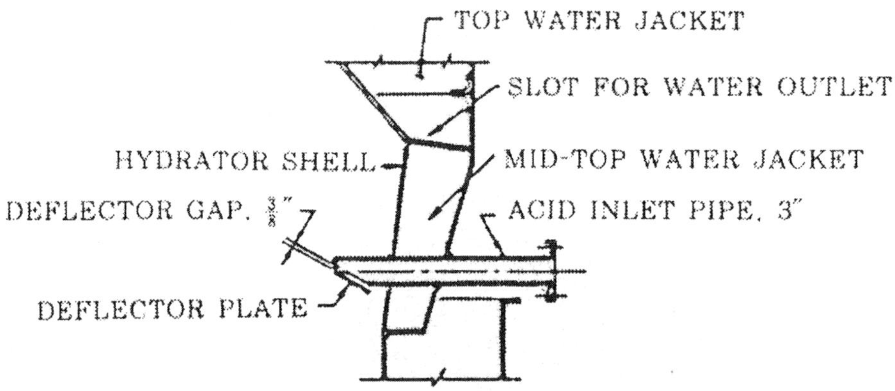

NOZZLE FOR ACID TO HYDRATOR SHELL

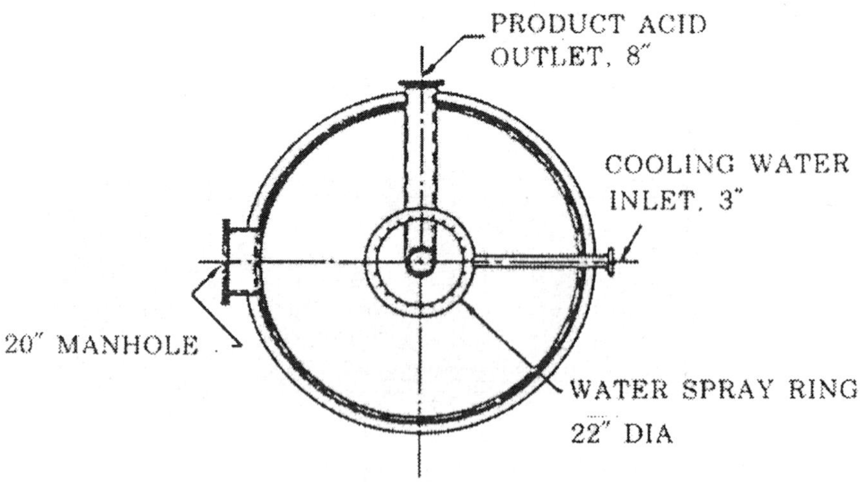

SECTION A-A

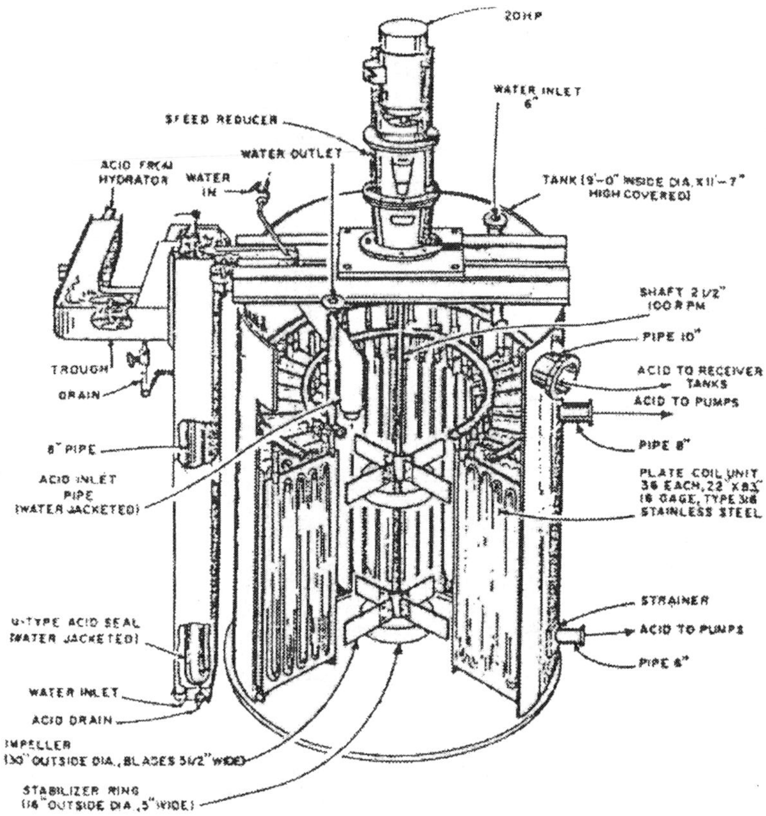

Acid cooler.

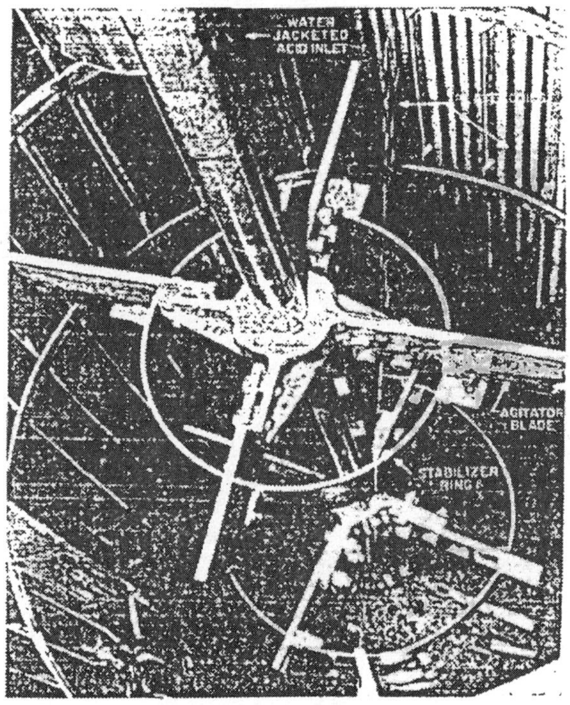

Product acid cooler tank with agitator in place.

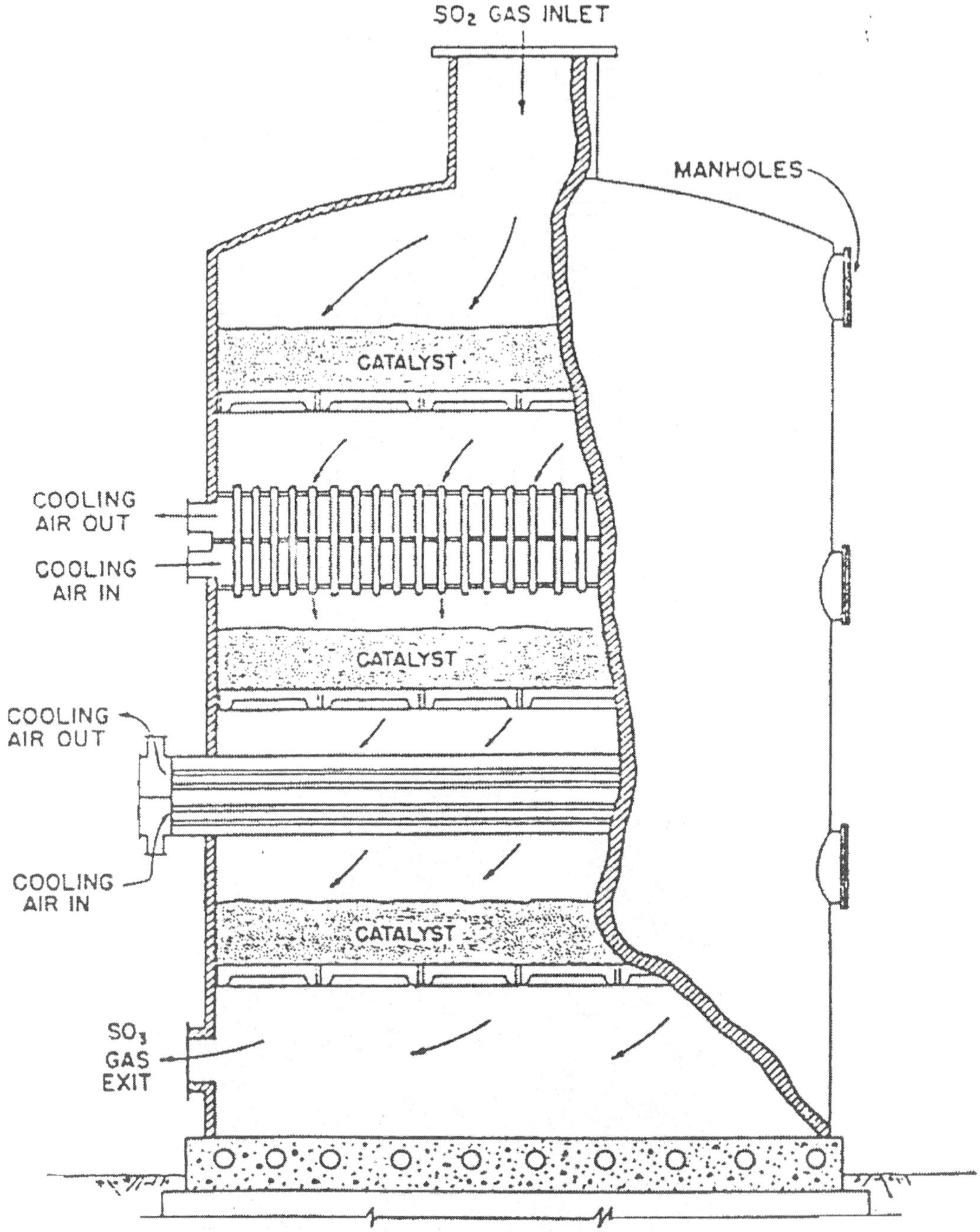

Schematic drawing of a converter with gas cooling by internal heat exchangers. (*Courtesy of Titlestad Corporation.*)

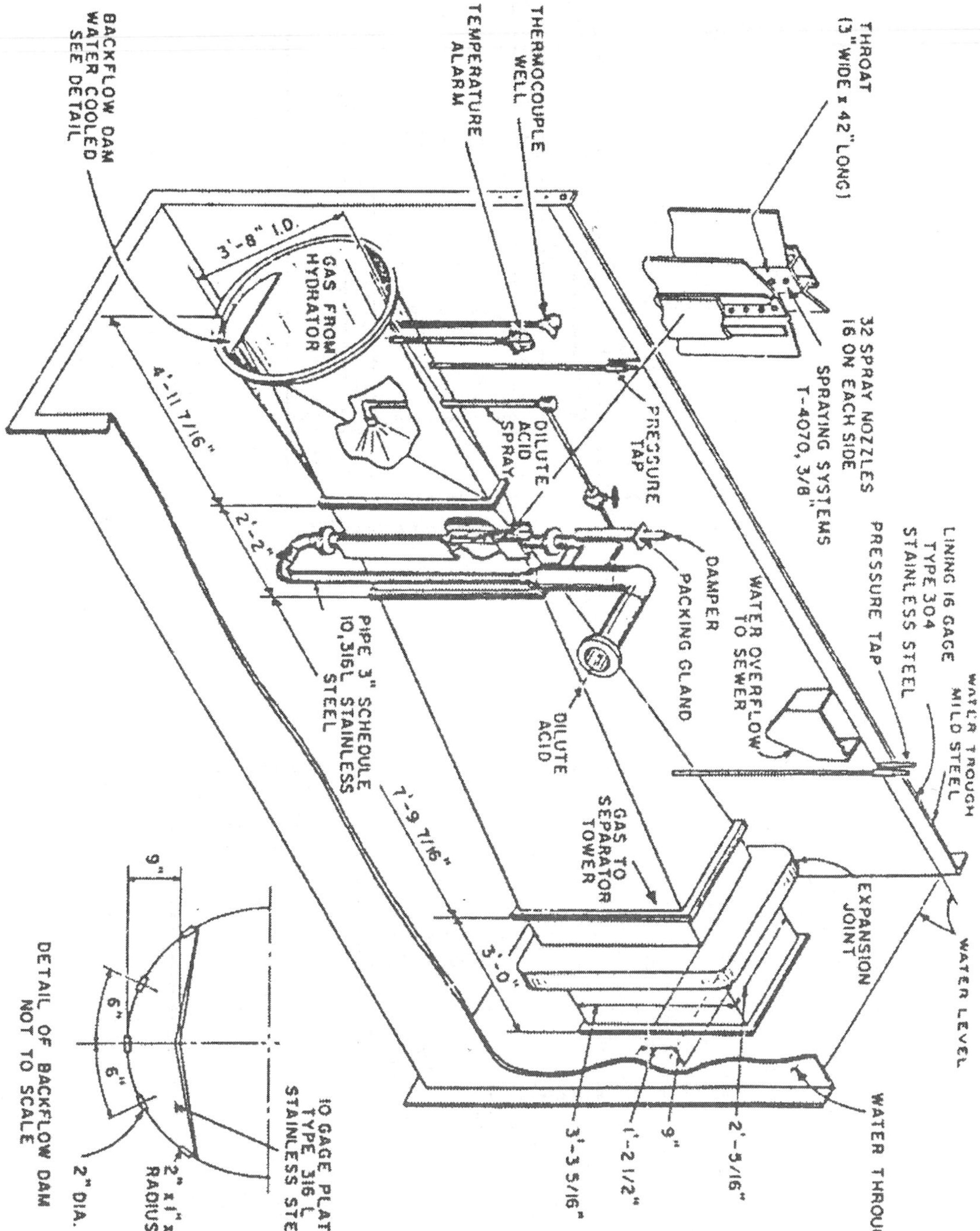

Venturi scrubber.

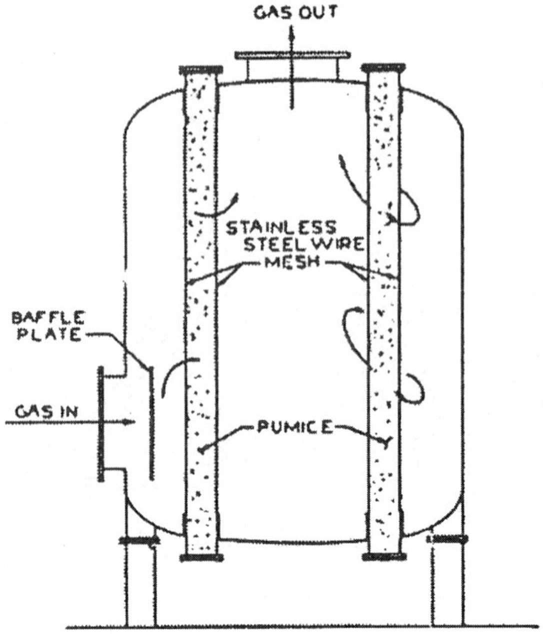

Chemico hot-gas filter.

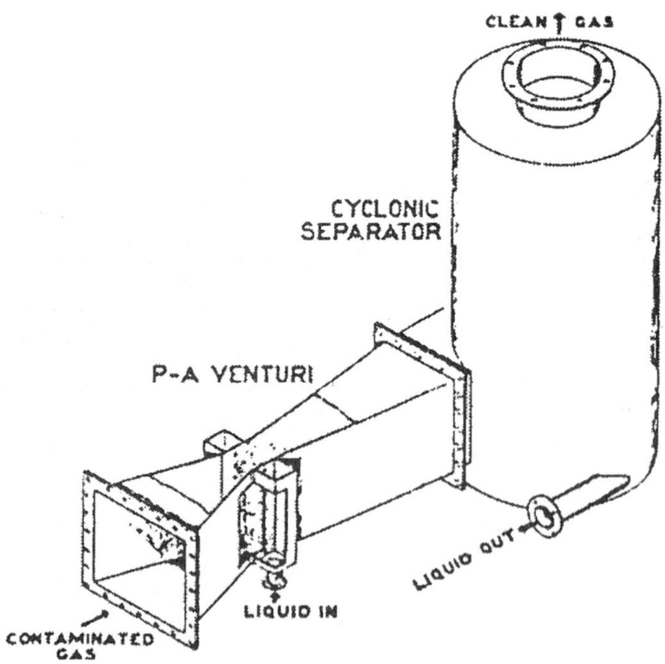

Pease-Anthony Venturi scrubber.

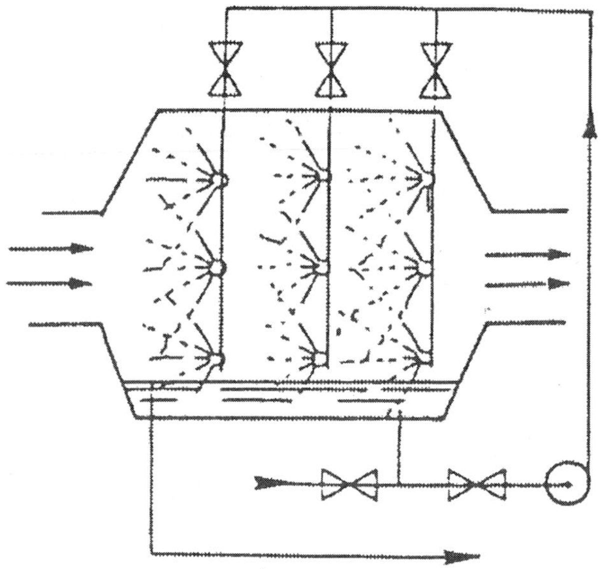

Cross-flow spray scrubber.

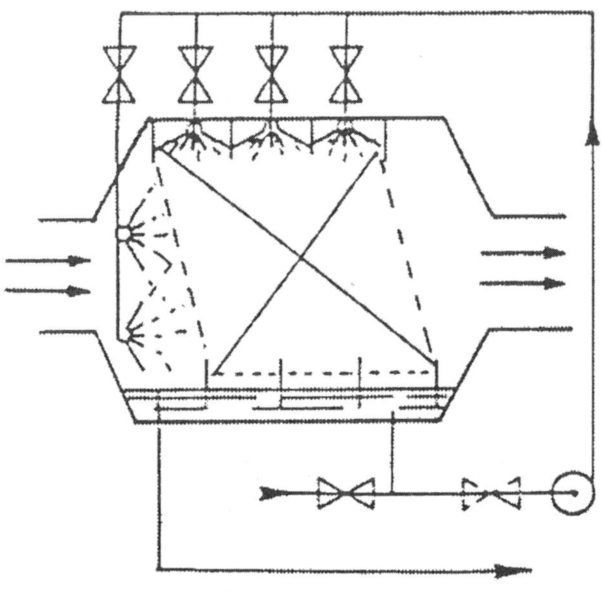

Packed cross-spray scrubber.

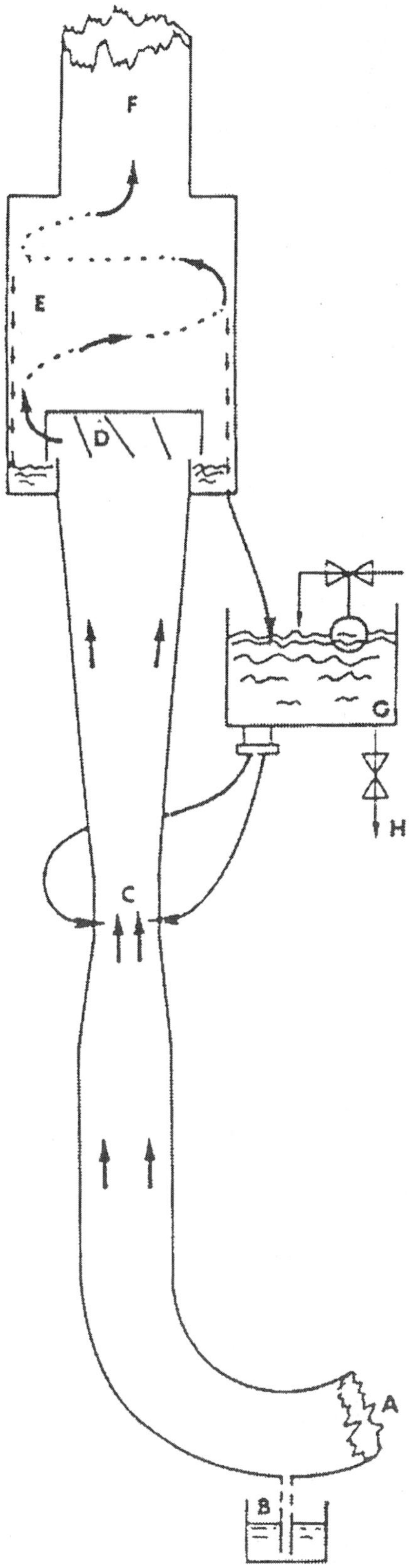

Vertical venturi scrubber combined with a cyclonic liquid separation device. A, Gas inlet; B, liquid seal; C, venturi section; D, spin section; E, liquid separation section F, gas outlet; G, liquid head tank with supply control; H, wash liquor outlet.

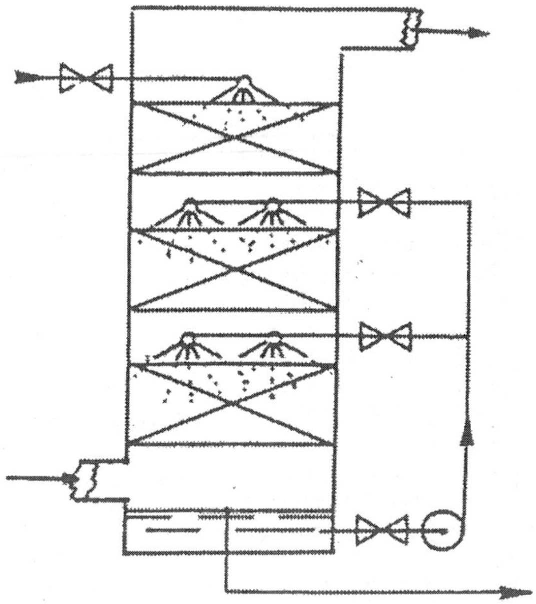

Packed spray tower.

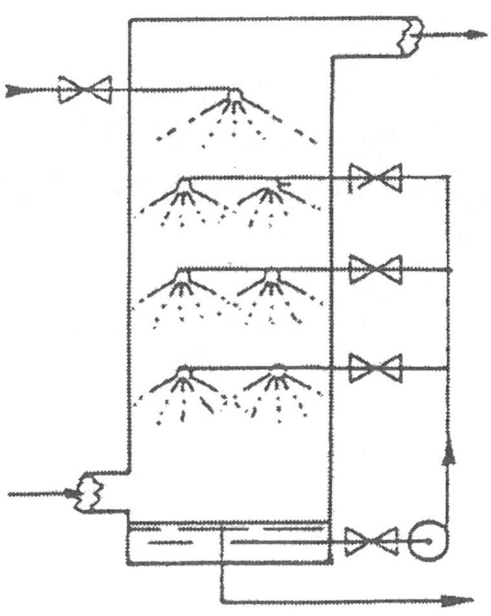

Spray tower.

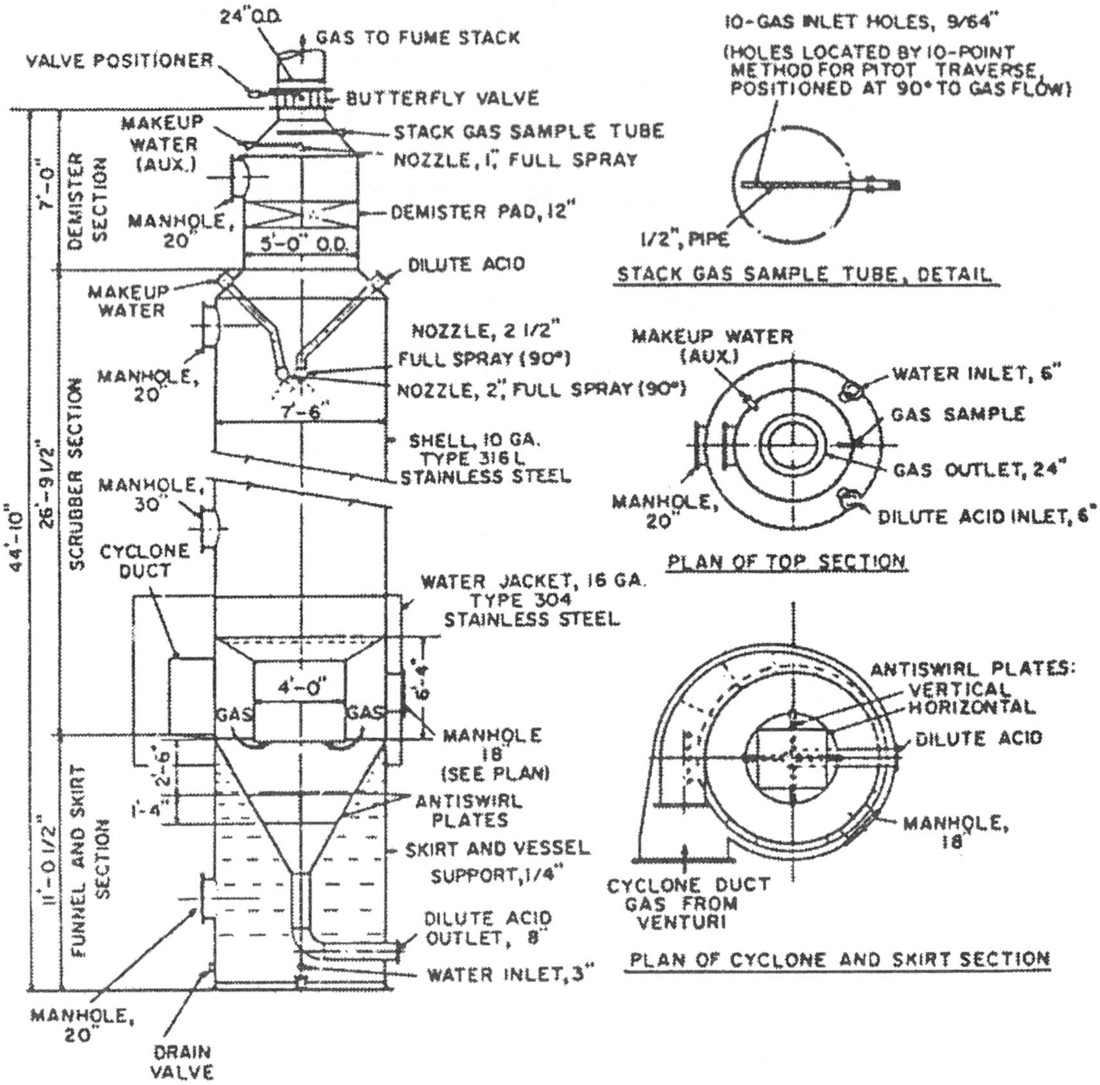

Separator tower.

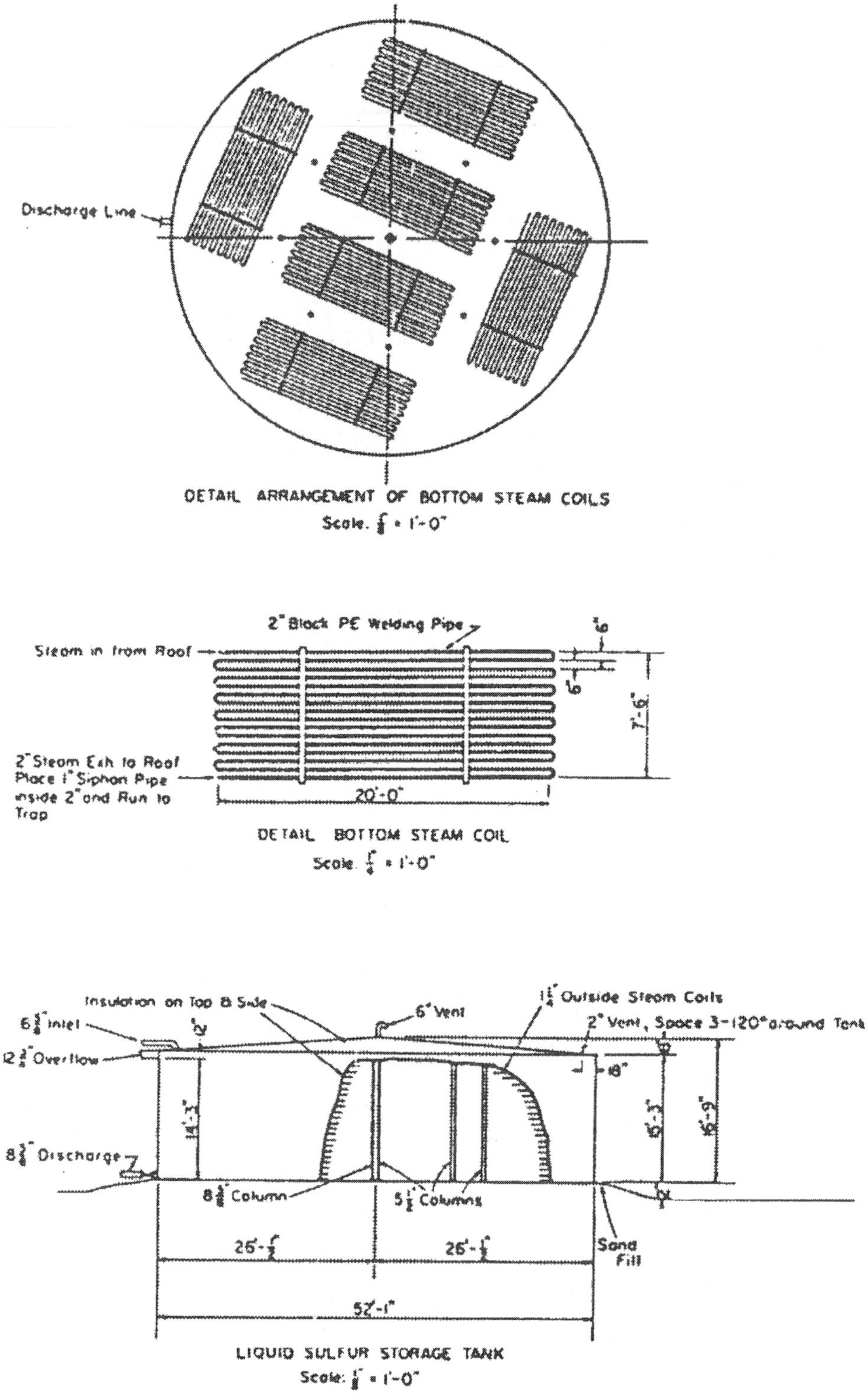

Molten-sulfur storage tank.

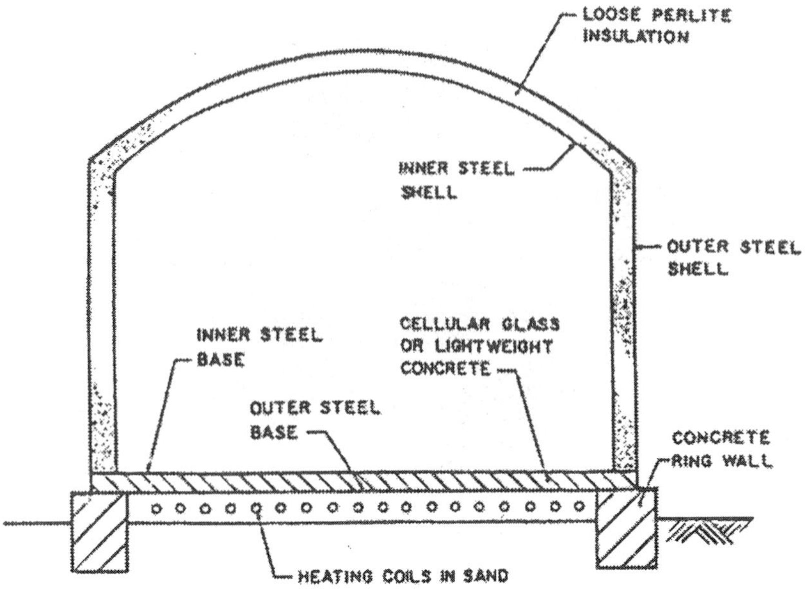

Double-wall tank.

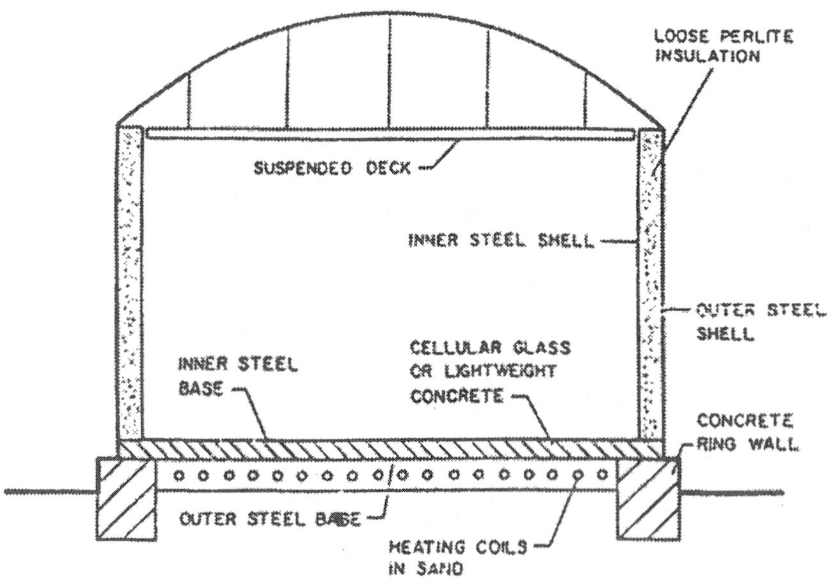

Double-wall tank with suspended deck.

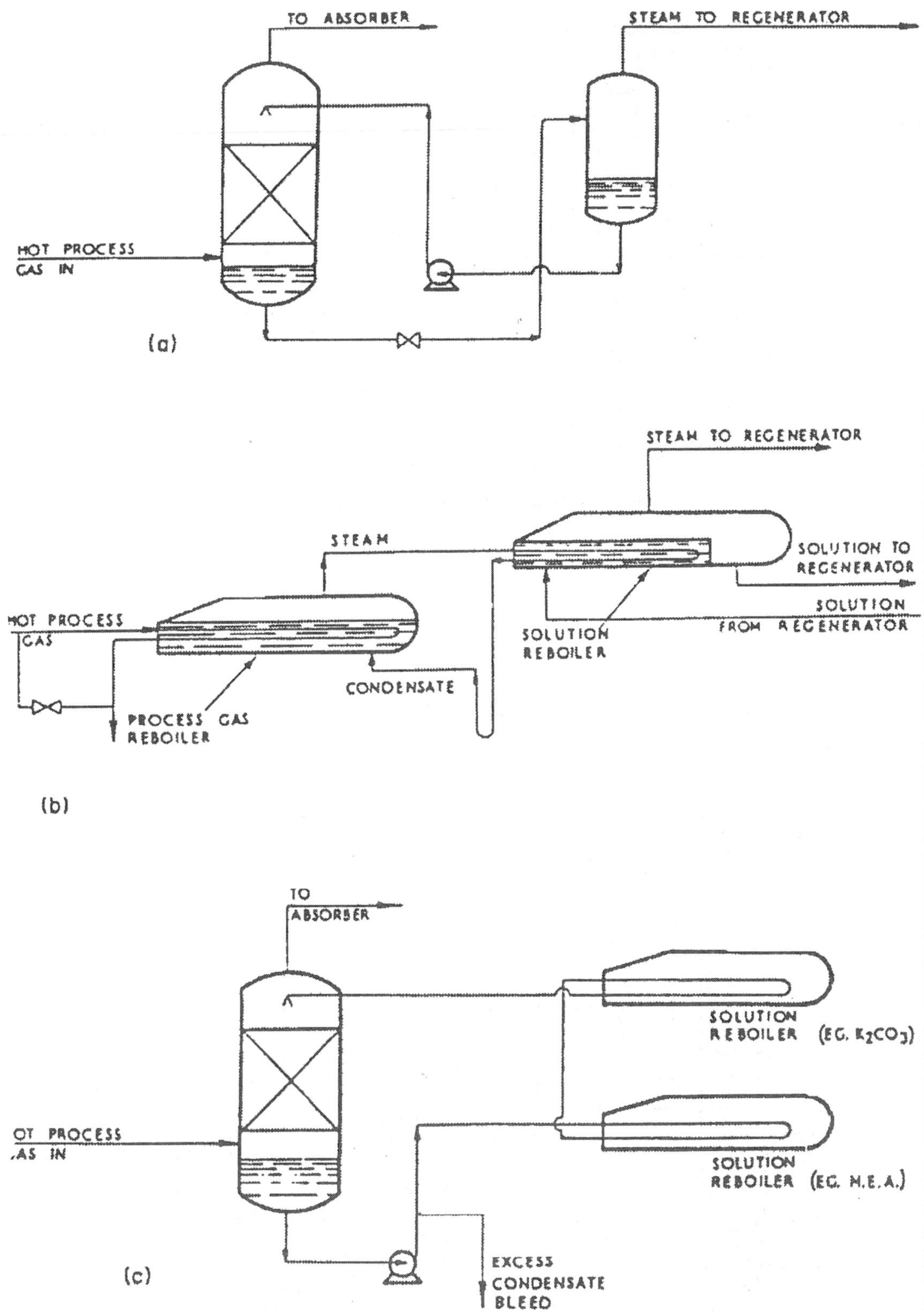

Heat recovery arrangements.

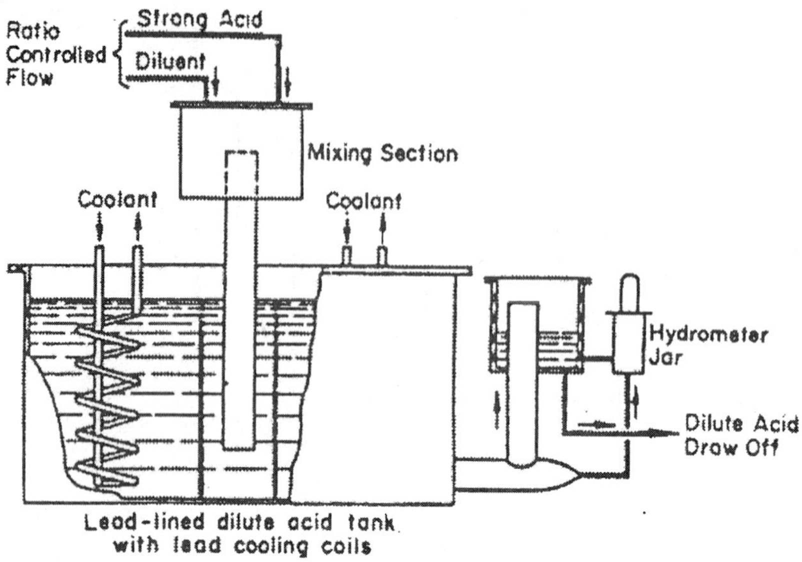

Equipment for the continuous dilution of sulfuric acid.

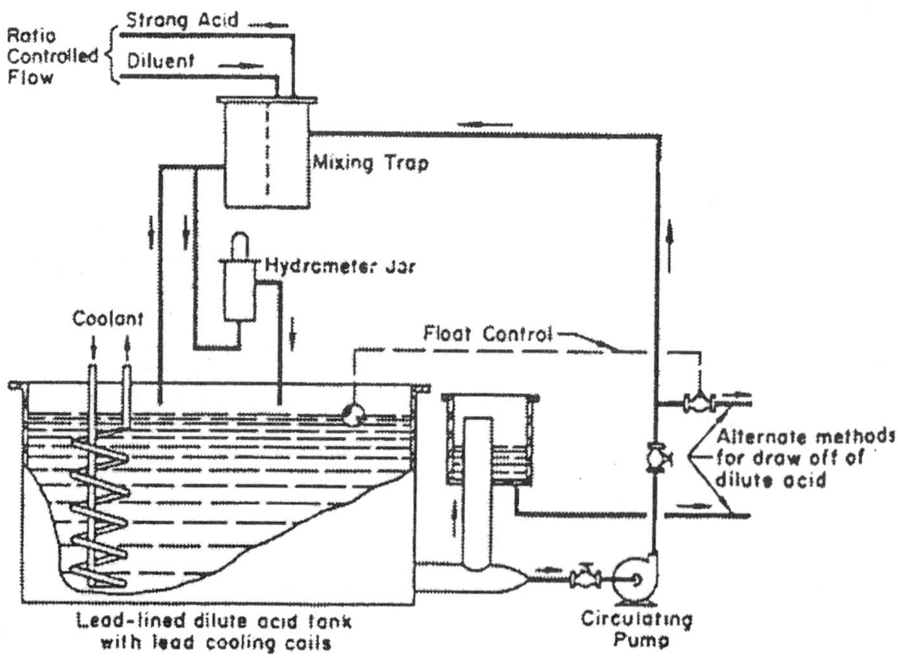

Continuous dilution of sulfuric acid with recirculation.

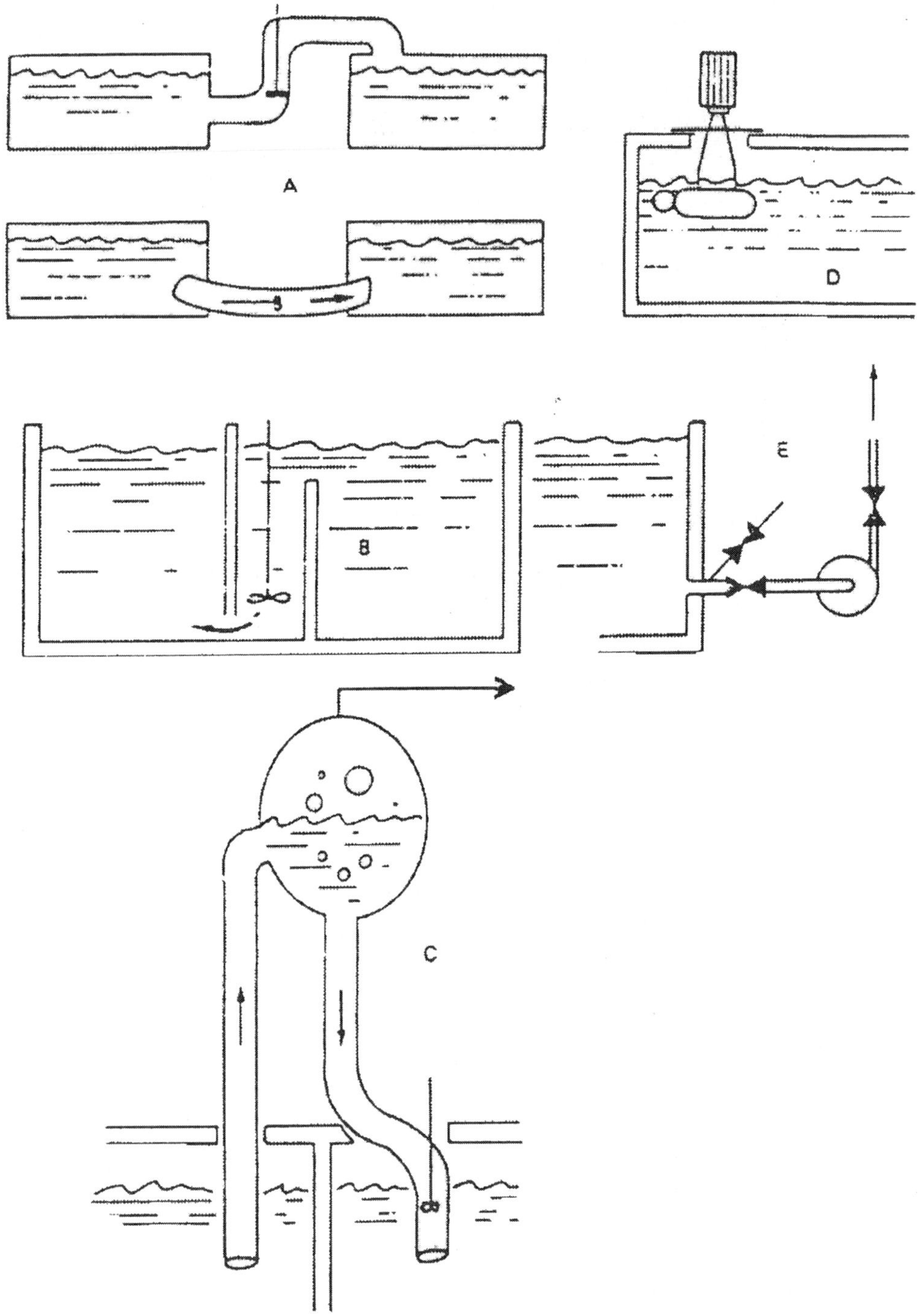

Slurry pumping systems. A, Traditional propeller pump; B, reactor-integrated propeller pump; C, flooded cooler with integrated pump; D, vertical submerged centrifugal pump; E, external horizontal centrifugal pump. [Compiled from Ref. 9 and S. M. Janikowski, in *Phosphoric Acid* (A. V. Slack, Ed.), Marcel Dekker, New York, 1968.]

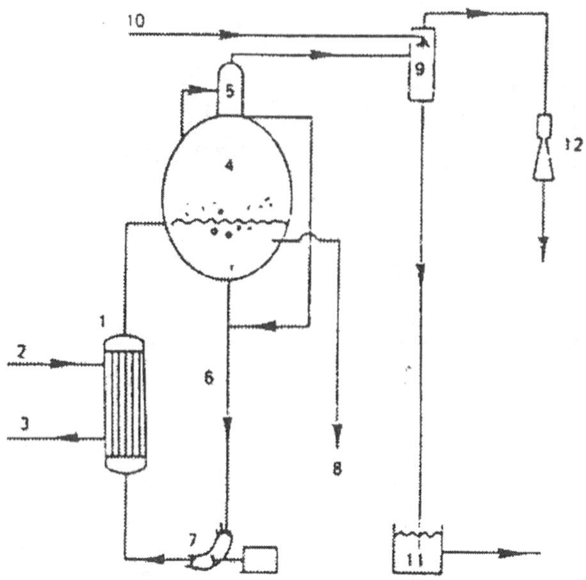

Phosphoric acid concentration system with shell-and-tube heat exchanger. 1, Heat exchanger; 2, steam inlet; 3, condensed; water outlet; 4, vapor body; 5, demister; 6, acid cycle; 7, pump; 8, finished product; 9, condenser; 10, condenser water; 11, barometric seal; 12, steam ejector or vacuum pump.

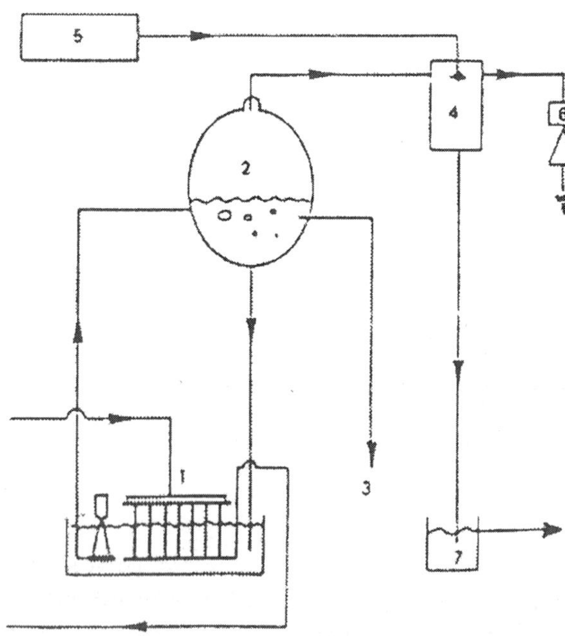

Phosphoric acid concentration, Prayon system. 1, Open pit heat exchanger with flow pump; 2, vapor body; 3, finished product; 4, condenser; 5, condenser water; 6, steam ejector or vacuum pump.

확정 공정 설계(FIRM PROCESS DESIGN)는 상세견적 설계로부터 구매와 건설을 위해 준비된다. 상세 설계도면 (DETAILED DRAWINGS)은 특별 기계장치의 조립을 위해 만들어지며, 규격명세서는 기계장치와 자재구매를 위해 준비된다.

공장배치 (PLANT LAYOUT)가 작성되고, 건설에 대한 청사진과 지시내용이 진전되는데 여기에는 배관도면과 건설에 대한 상세내용이 포함된다.

또한 다음 시설에 대한 상세 명세서가 준비된다.

-. 창　고 (WAREHOUSES)
-. 실험실 (LABORATORIES)
-. 경비실 (GUARD-HOUSES)
-. 외곽 울타리 시설 (FANCING)
-. 탈의실 (CHANGE HOUSES)
-. 수송시설 (TANSPORTATION FACILITIES)

5. 건설과 운전 (CONSTRUCTION AND OPERATION)

공장건설에 있어 시간(TIMING)은 매우 중요하다.

자재 조달기간이 오래걸리는 주요기기 장치류들은 미리미리 발주를 해야한다.

공사진행 관리를 위해서는 PERT (PROJECT EVALUATION AND REVIEW TECHNIQUE) 또는 CPM (CRITICAL PATH METHOD)을 응용하도록 한다.

공장건설은 최종설계가 100% 완료되기전에 시작된다.

정확한 설계는 건설지연을 예방하는데 필수적인 요소가 된다.

공장의 시운전 단계와 운전 초기 단계에서는 기술자(ENGINEER)가 대기상태에 있어야 하며 설계팀, 건설팀 그리고 운전팀들이 상호 협조하에 문제점들을 해결해 나가야 한다.

21-2-2. 설계 정보를 위한 문헌조사

설계정보를 위한 문헌조사는 일반정보와 설계 프로젝트의 상세한 데이타를 얻는데 중요한 역할을 하게 된다.

특히 최근에 발행된 문헌을 이용하여 참고자료를 얻도록 한다.

여기서 참고 문헌들을 아래에 소개한다.

-. CHEMICAL ABSTRACTS
-. THE CHEMICAL ENGINEERS' HANDBOOK
-. CHEMICAL ENGINEERING
-. AMERICAN INSTITUTE OF CHEMICAL ENGINEERS' JOURNAL

-. CHEMICAL ENGINEERING PROGRESS
-. CHEMICAL AND ENGINEERING NEWS
-. CHEMICAL WEEK
-. CHEMICAL ENGINEERING SCIENCE
-. INDUSTRIAL AND ENGINEERING CHEMISTRY FUNDAMENTALS
-. INDUSTRIAL AND ENGINEERING CHEMISTRY PROCESS DESIGN AND DEVELOPMENT
-. JOURNAL OF THE AMERICAN CHEMICAL SOCIETY
-. JOURNAL OF PHYSICAL CHEMISTRY
-. HYDROCARBON PROCESSING
-. ENGINEERING NEWS-RECORD
-. OIL AND GAS JOURNAL
-. CANADIAN JOURNAL OF CHEMICAL ENGINEERING

또한 정규적으로 발행되는 다음 자료들을 참고해 보기로 한다.

-. TRADE BULLETINS
-. UNIVERSITY BULLETINS
-. GOVERNMENT REPORTS
-. CHEMICAL ENGINEERING CATALOG

이러한 자료를 이용함으로서 물리적 특성을 예측 판단하는데 손쉬운 방법을 강구할수 있고 또한 설계 계산을 하는데 많은 도움을 얻을수 있다.

또한 개인의 경험을 들어보기 위해 접촉해 보는 방법과 기술 학회모임에 참석 그리고 산업 박람회등에 참석하여 자료를 얻는것도 성공적인 설계를 하는데 큰 도움을 주게된다.

21-2-3. 공정도 (FLOW DIAGRAMS)

화공 기술자는 다음 내용들을 보기위해 공정도를 사용한다.

-. 기계장치의 설치 순서
-. 전 생산공정에서의 각 단위공정
-. 제조과정을 시각적으로 쉽게 보기위함
-. 물질과 에너지 흐름양

이들 공정도는 일반적으로 다음과 같이 구분된다.

-. 정성적인 공정도 (QUALITATIVE FLOW DIAGRAMS)
-. 정량적인 공정도 (QUANTITATIVE FLOW DIAGRAMS)
-. 정성적인것과 정량적인것이 복합된 공정도(COMBINED - DETAIL FLOW DIAGRAMS)

여기서 정성적인 공정도는 물질의 흐름, 단위공정, 필요한 기계장치, 운전온도와 압력에 대한 특별한 정보등을 나타낸다.

그리고 정량적인 공정도는 공정운전에 필요한 물질의 양 (QUANTITIES OF MATERIALS)을 보여주며, 예비 공정도는 설계 프로젝트의 초기단계에서 만들어진다.

결과적으로 복합된 공정도는 설계가 완료되는 단계에서 유량과 기계장치의 규격명세서에 대한 세부적인 정보자료가 이용 가능할때 만들어진다.

또한 복합된 공정도는 공정도한장에 정성적인 공정도와 정량적인 공정도가 결합된것이다.

전형적인 복합 공정도는 온도계, 압력조절기, 지시계의 위치를 보여주며, 아주 중요한 CONTROL VALVES와 특별한 계기 장치류의 위치등도 보여준다.

뿐만아니라 각 기계장치가 보여지며 규정된 코드번호를 명기하게 된다.

또한 아래와 같은 실질적인 정보를 주게된다.

-. 구매에 대한 규격명세서
-. 건설을 위한 규격명세서
-. 조립의 형식
-. 화공약품의 양과 타입 (TYPES)
-. 계산의 예

기계장치와 공정도면의 설계기호 (SYMBOLS)는 정확히 이해해야 한다.

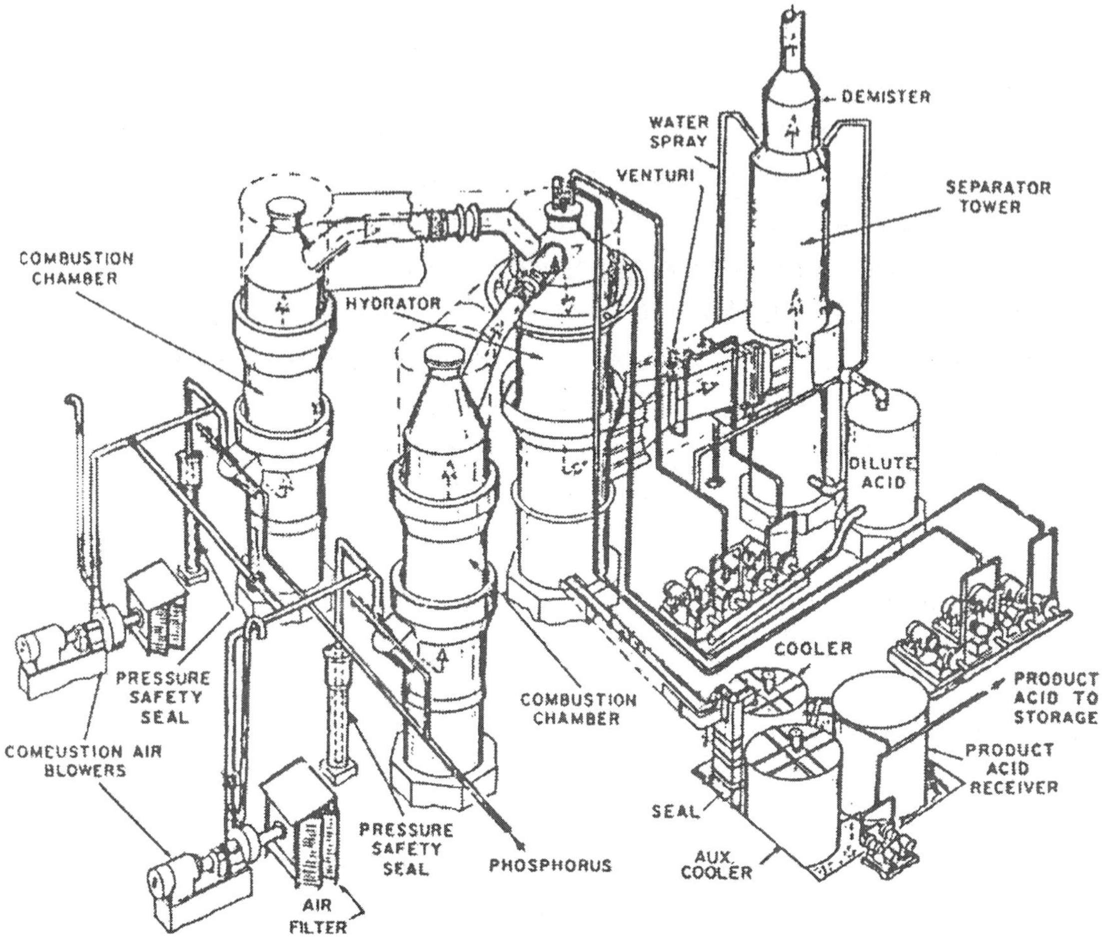

Unlined stainless steel superphosphoric acid plant built by TVA.

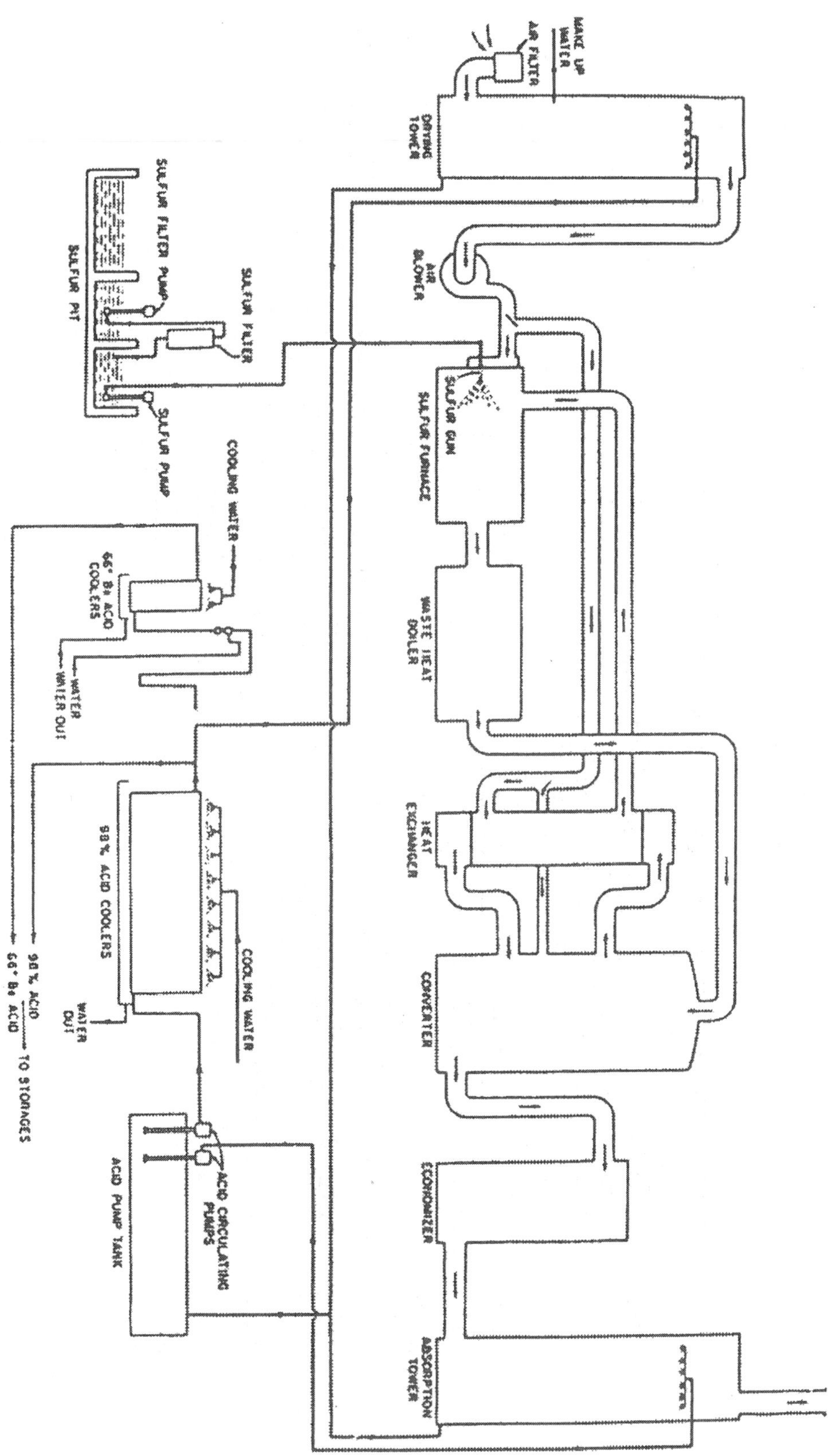

Simplified flow diagram of a sulfur-burning, dry-process, Titlestad contact plant.

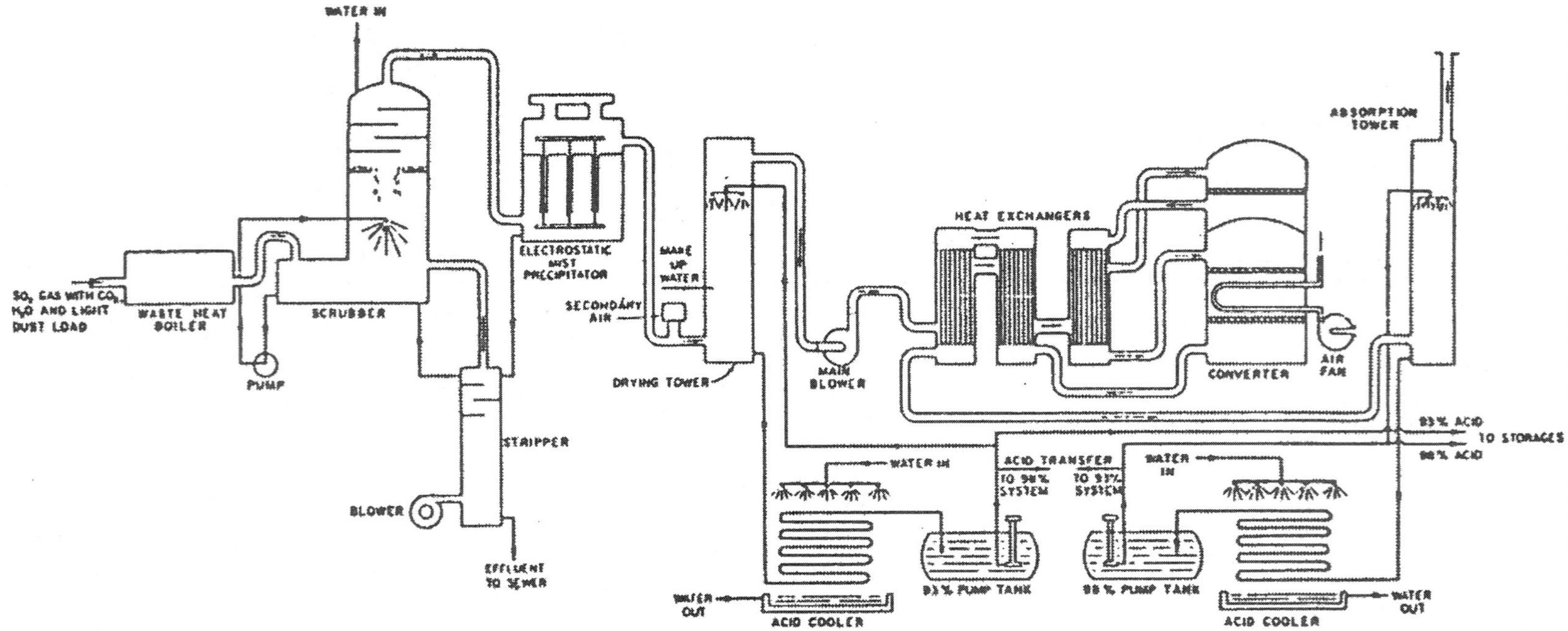

Simplified flow diagram of a sulfur dioxide recovery, wet-process, Titlestad contact plant.

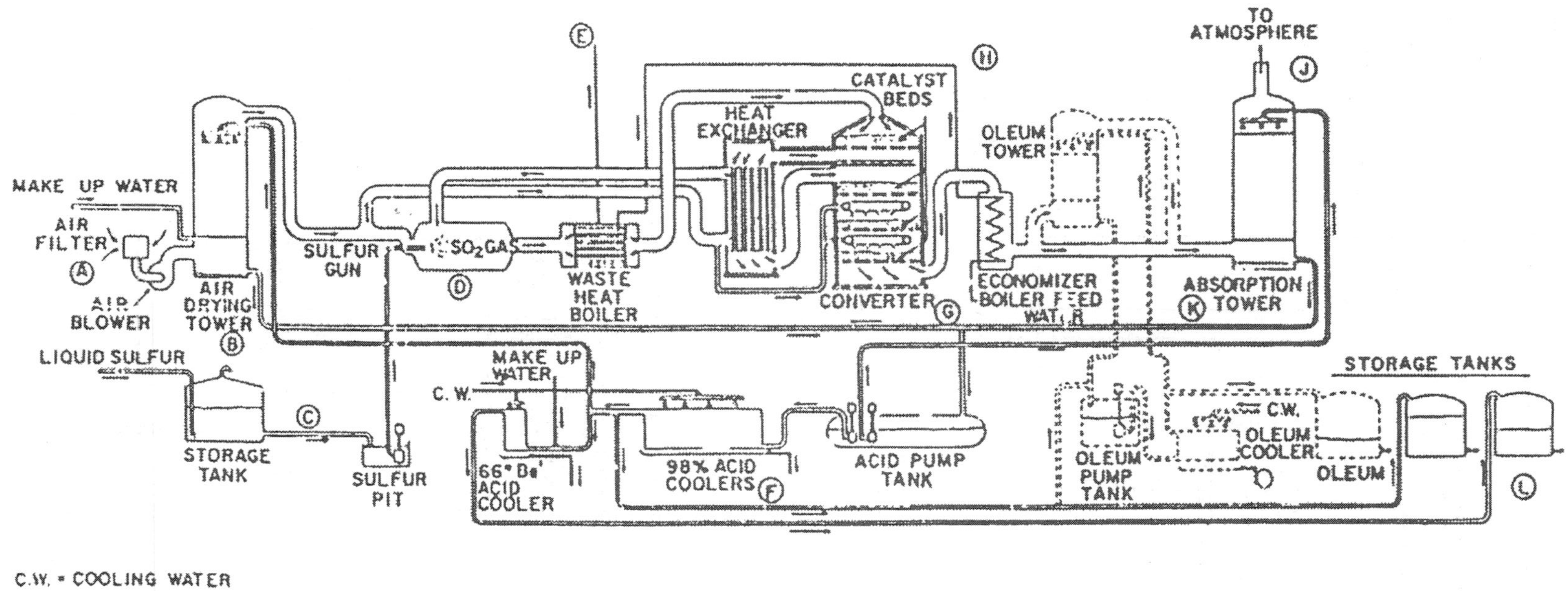

Contact process for sulfuric acid. (Courtesy of Texas Gulf Sulphur Co.)

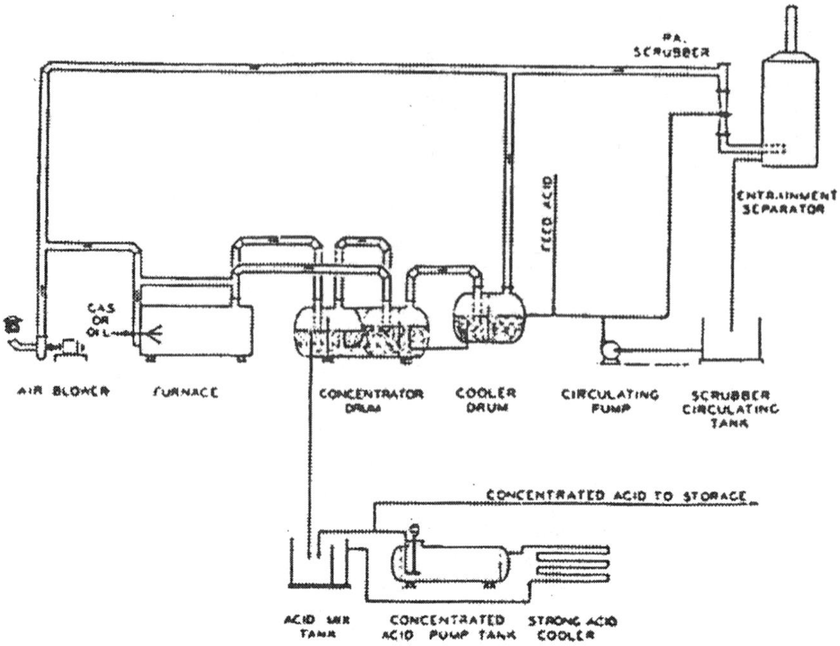

Flow diagram of a Chemico drum concentrator.

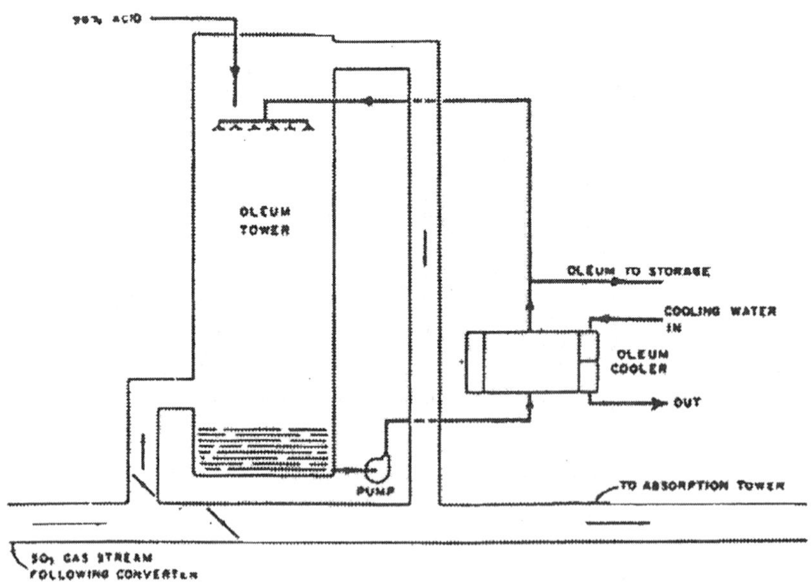

Simplified flow diagram of a sulfur trioxide direct-absorption Titlestad oleum unit.

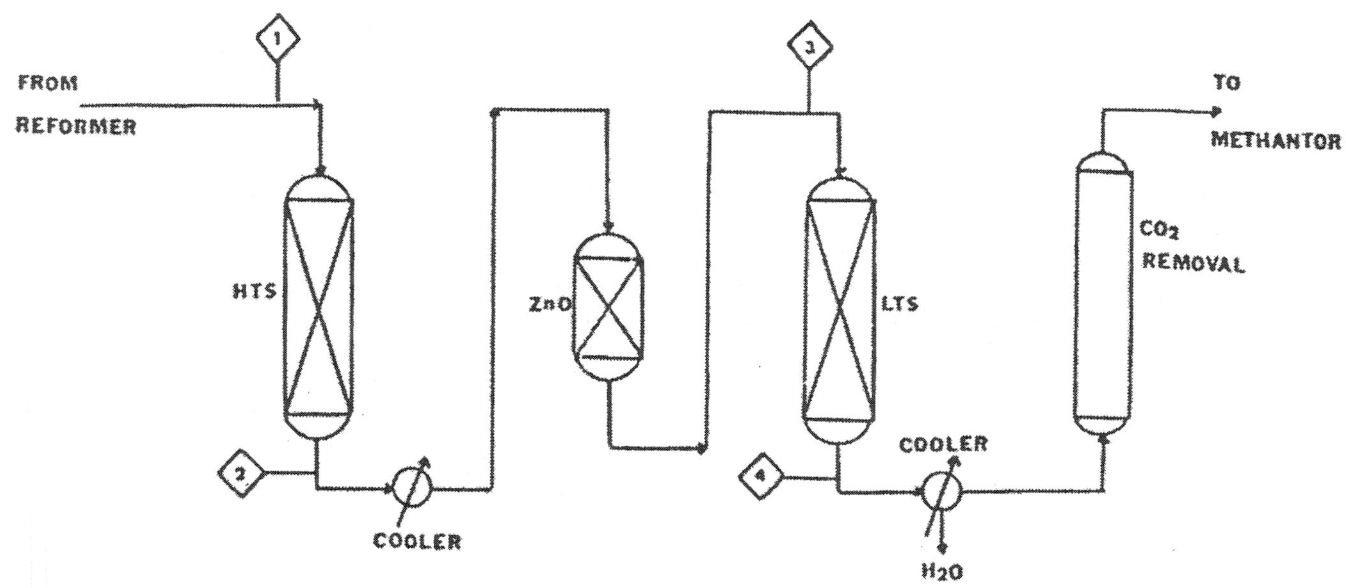

Typical Operating Conditions	1	2	3	4
DryGas Comp–Mole %				
H_2	55 – 57	60 – 62	60 – 62	60 – 62
CO	11.5 – 13.5	2.1 – 2.8	2.1 – 2.8	0.2 – 0.5
CO_2	7.5 – 8.6	16.0 – 16.6	16.0 – 16.6	18.0 – 18.4
N_2, AR, CH_4	BAL.	BAL.	BAL.	BAL.
H_2O/ Dry Gas Ratio	0.6 – 1.0	0.45 – 0.81	0.46 – 0.81	0.42 – 0.78
Temperature, °F	650 – 700	765 – 810	420 – 465	450 – 500
Pressure, PSIG	200 – 400	200 – 400	200 – 400	200 – 400

Schematic flow diagram. CO conversion system employing one bed of HTS catalyst and one bed of LTS catalyst with cooling only between beds.

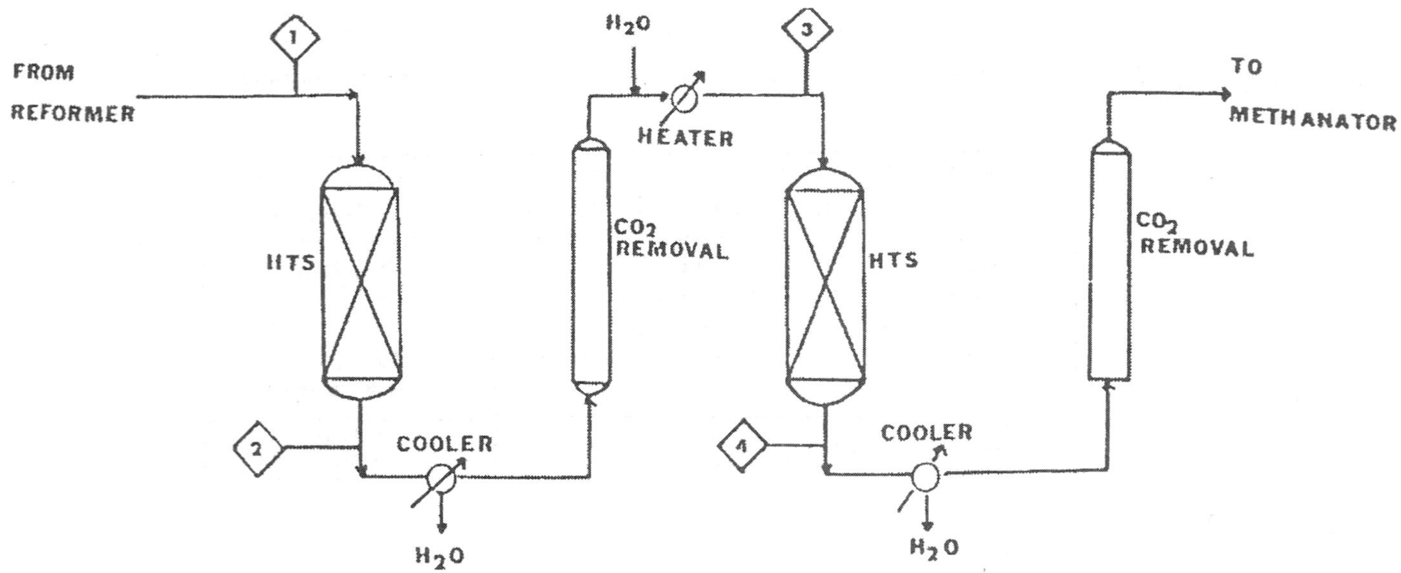

Typical Operating Conditions	1	2	3	4
Dry Gas Comp - Mole %				
H_2	56–58	60–62	71–73	73–74
CO	11–13	1.6–2.5	1.9–3.0	0.15–0.30
CO_2	9–11	17–18	0.1–0.5	0.25–0.8
N_2, AR, CH_4	BAL.	BAL.	BAL.	BAL.
H_2O/Dry Gas Ratio	0.6–1.2	–	0.3–0.8	–
Temperature, °F	650–750	750–800	620–680	650–700
Pressure, PSIG	10–400	10–400	10–400	10–400

Schematic flow diagram. CO conversion system employing two beds of HTS catalyst with CO_2 removal between beds.

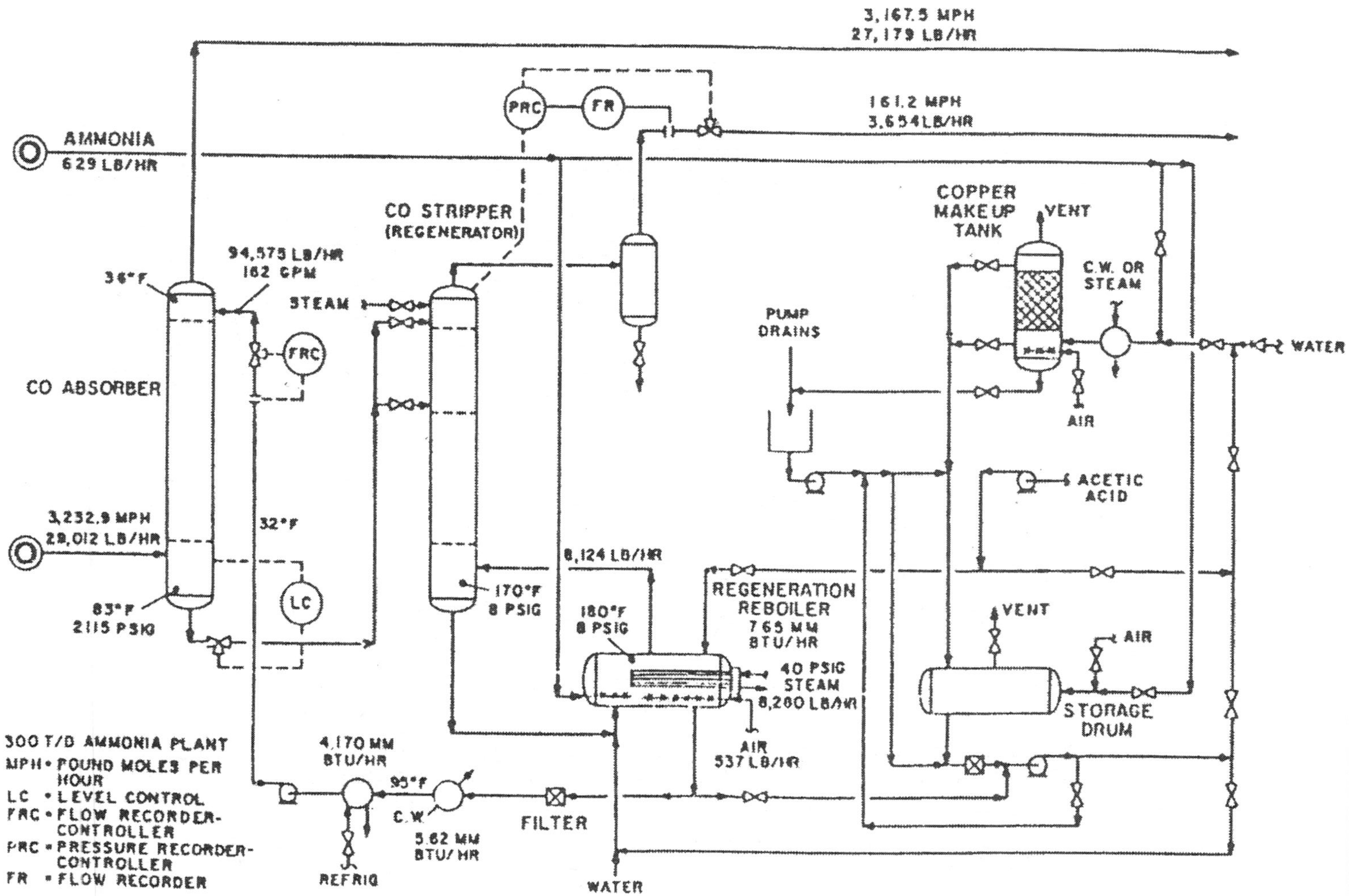

Kellogg design for copper liquor system.

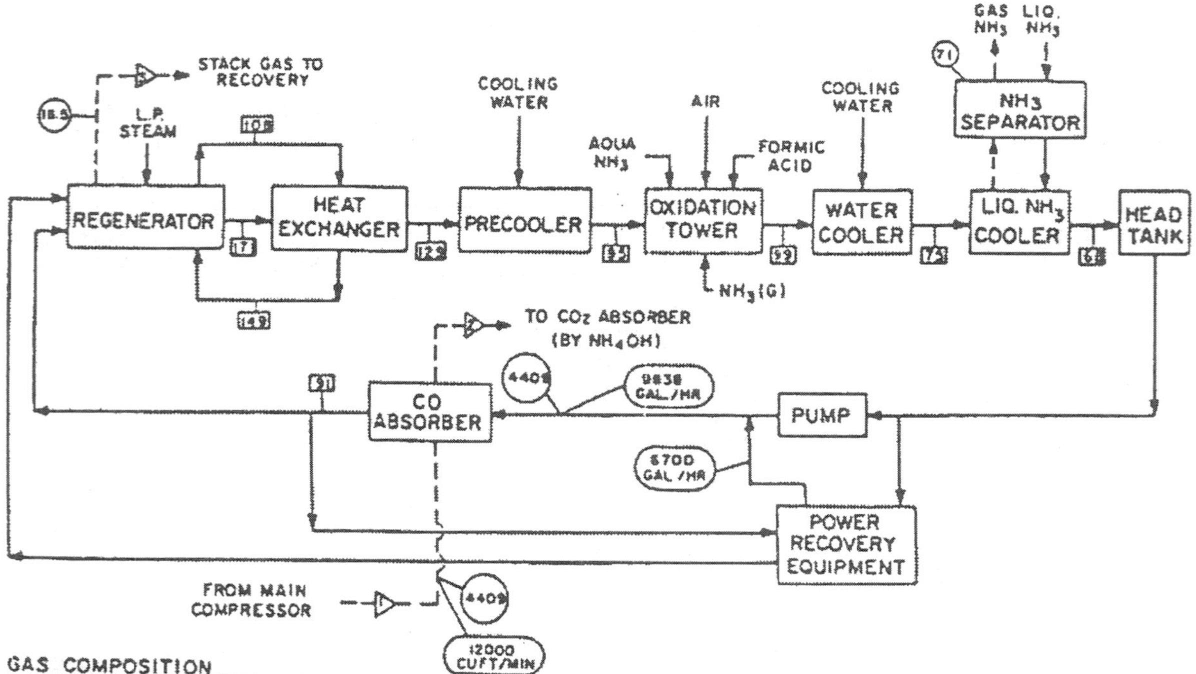

GAS COMPOSITION

COMPONENT \ STREAM NO	1	2	3
H_2	70.3%	73.8%	14%
N_2	23.4%	24.6%	
CH_4	1.2%	1.2%	
A	0.4%	0.4%	
NH_3	—	—	3.0%
CO	3.5%	(5 ~ 15 PPM)	60.0%
CO_2	1.2%	(100~200PPM)	23.0%

COMPOSITION OF FRESH SOLUTION

COMPONENT	MOL/L
Cu^{+}	1.4 ~ 1.65
Cu^{++}	0.35 ~ 0.40
TOTAL Cu	1.80 ~ 2.00
CO_2	3.0 ~ 3.5
NH_3	7.5 ~ 8.5
HCOOH	0.15 ~ 0.20

▷ STREAM NUMBER

○ PRESSURE, PSIG

▭ TEMPERATURE, °F

Flow diagram for Mitsubishi Chemical Industries copper liquor system.

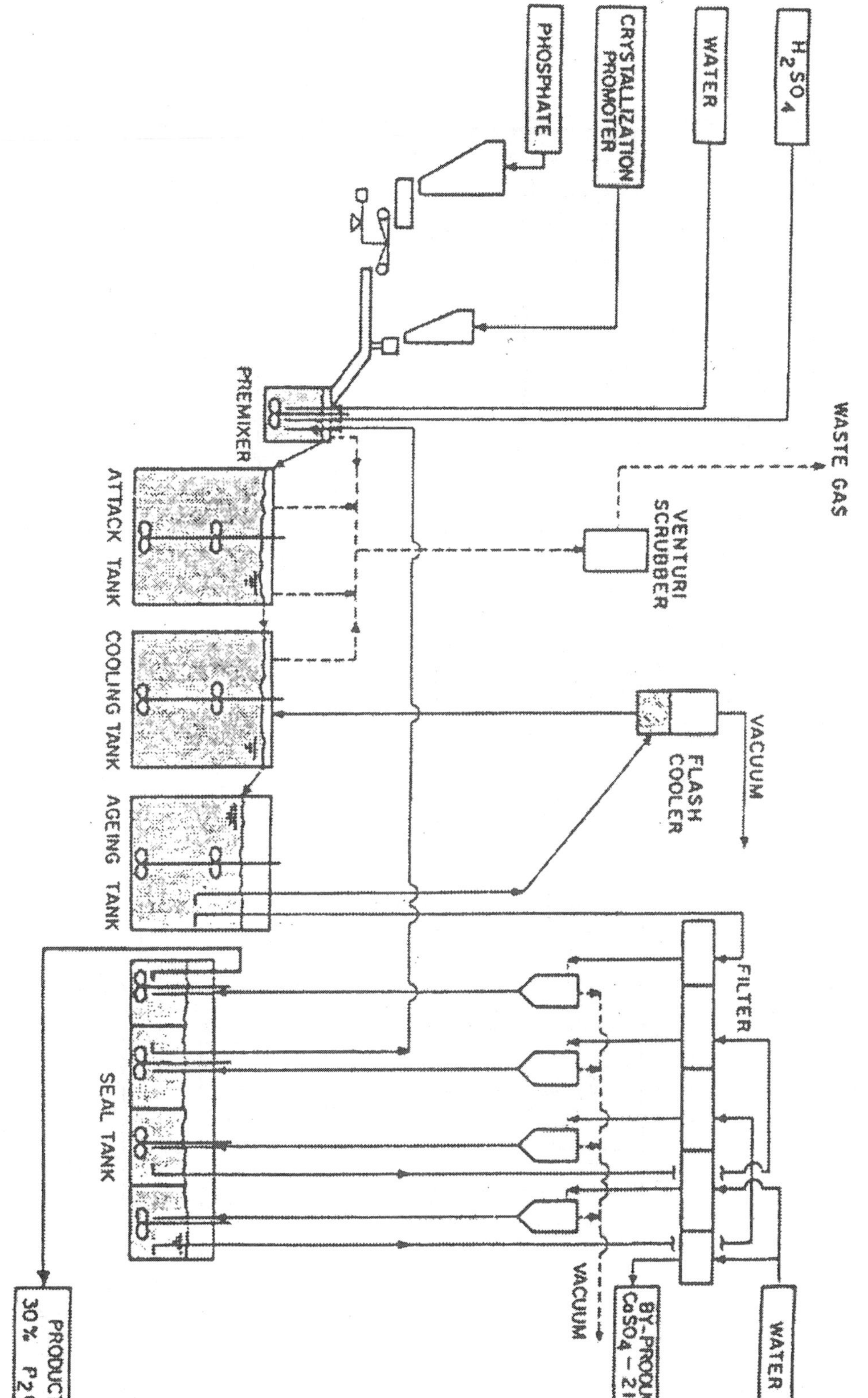

Mitsubishi process.

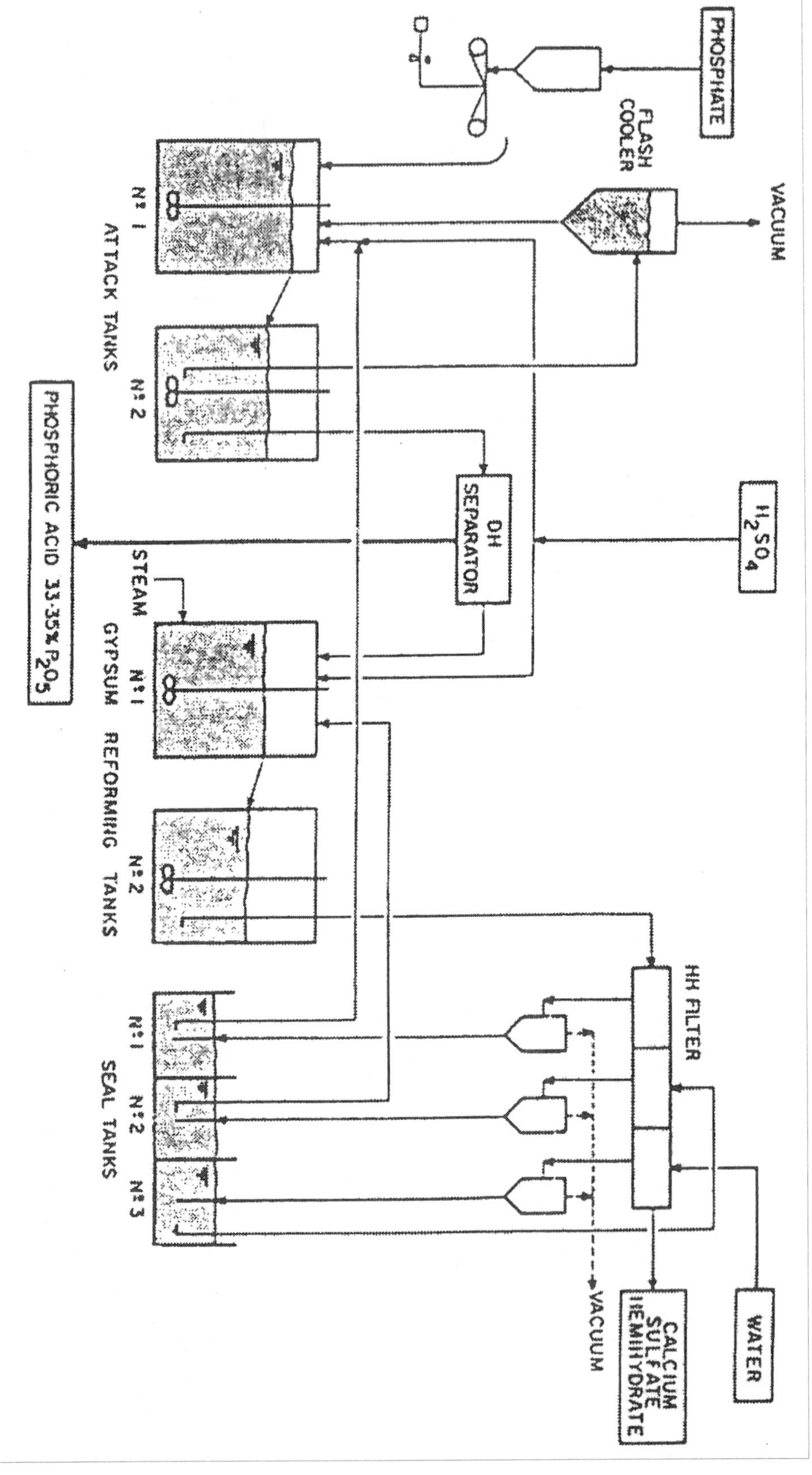

Central Prayon process.

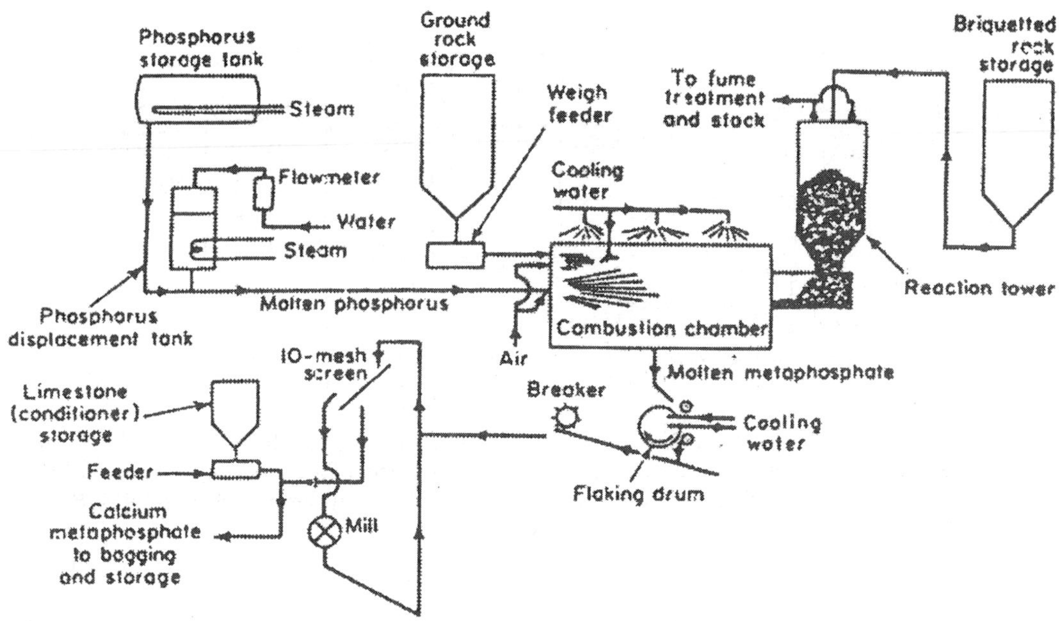

Process for manufacture of calcium metaphosphate. To produce 1 ton of calcium metaphosphate containing 61.3% available P_2O_5 and 62.0% total P_2O_5 requires approximately 397 lb. elemental phosphorus (99.9% P), 945 lb. ground rock (32.0% P_2O_5), 140 lb. briquetted rock (25.7% P_2O_5), and 60 lb. limestone conditioner.

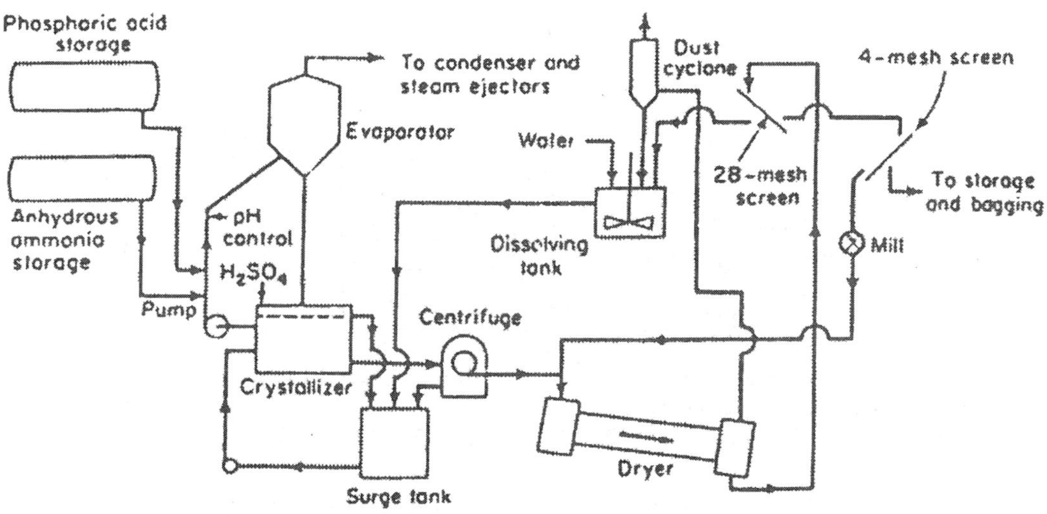

Diammonium phosphate by vacuum crystallization process. To make 1 ton of diammonium phosphate containing 20.7% N and 53.7% P_2O_5 requires 1900 lb. 78% phosphoric acid (56.5% P_2O_5), 530 lb. anhydrous ammonia (82.2% N), 716 lb. make-up water, and 8 lb. sulfuric acid.

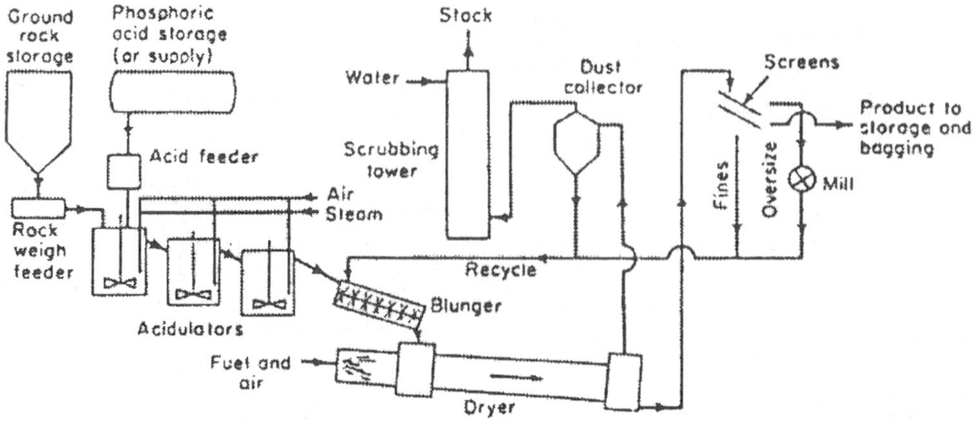

Process for manufacture of granular triple superphosphate. To make 1 ton of triple superphosphate containing 46% available P_2O_5 and 3% water requires about 920 lb. phosphate rock, 33.5% P_2O_5 (73.2% BPL), 1676 lb. phosphoric acid, and 39% P_2O_5 (53.7% H_3PO_4).

Typical analysis, wt. %

Total P_2O_5	48.1
Citrate-insoluble P_2O_5	1.8
Available P_2O_5	46.3
Water-soluble P_2O_5	43.0
CaO	20.8
Sulfates	2.8
Moisture	3.2
Free acid	5.6
Fluorine	2.3

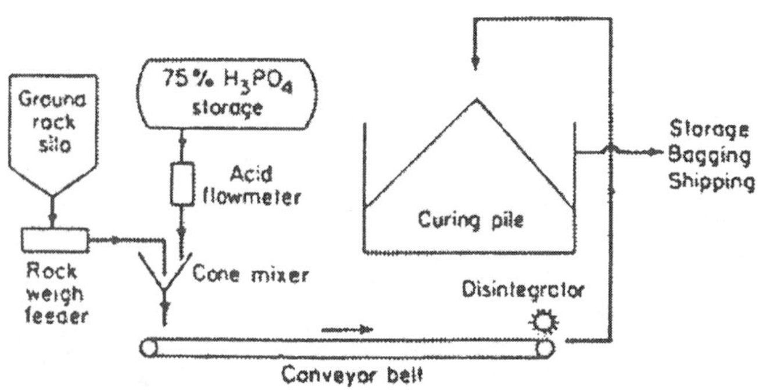

Triple superphosphate manufactured by strong acid process. To make 1 ton of triple superphosphate containing 47% P_2O_5 and 5% water requires about 933 lb. phosphate rock, 31.1% P_2O_5 (68% BPL), and 1234 lb. 75% phosphoric acid (54.3% P_2O_5).

Typical analysis of product after 17 weeks' curing, wt. %

Total P_2O_5	48.0
Available P_2O_5	47.1
Free acid	1.9
Moisture	4.4
CaO	19.7

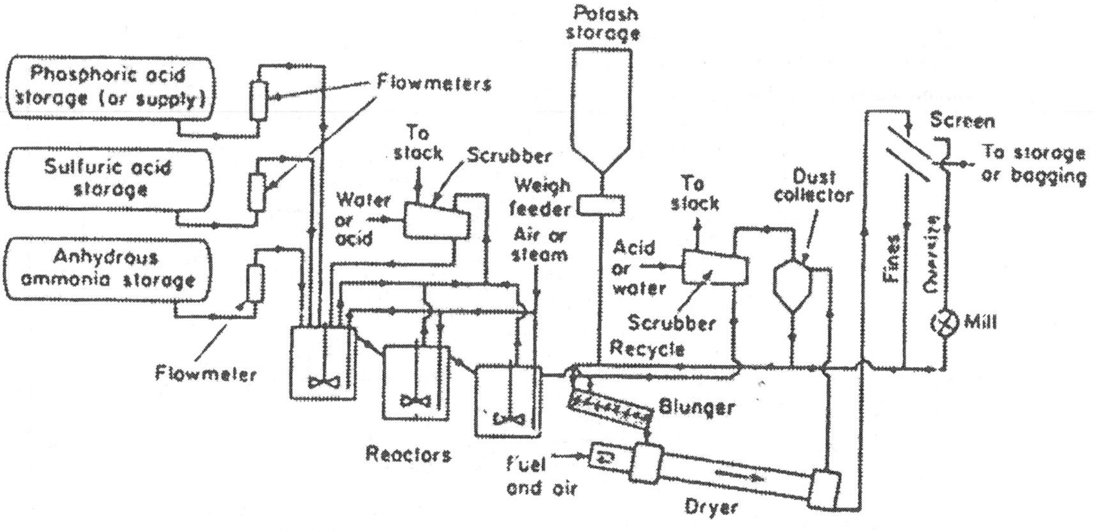

Manufacture of ammonium phosphate-based fertilizer.

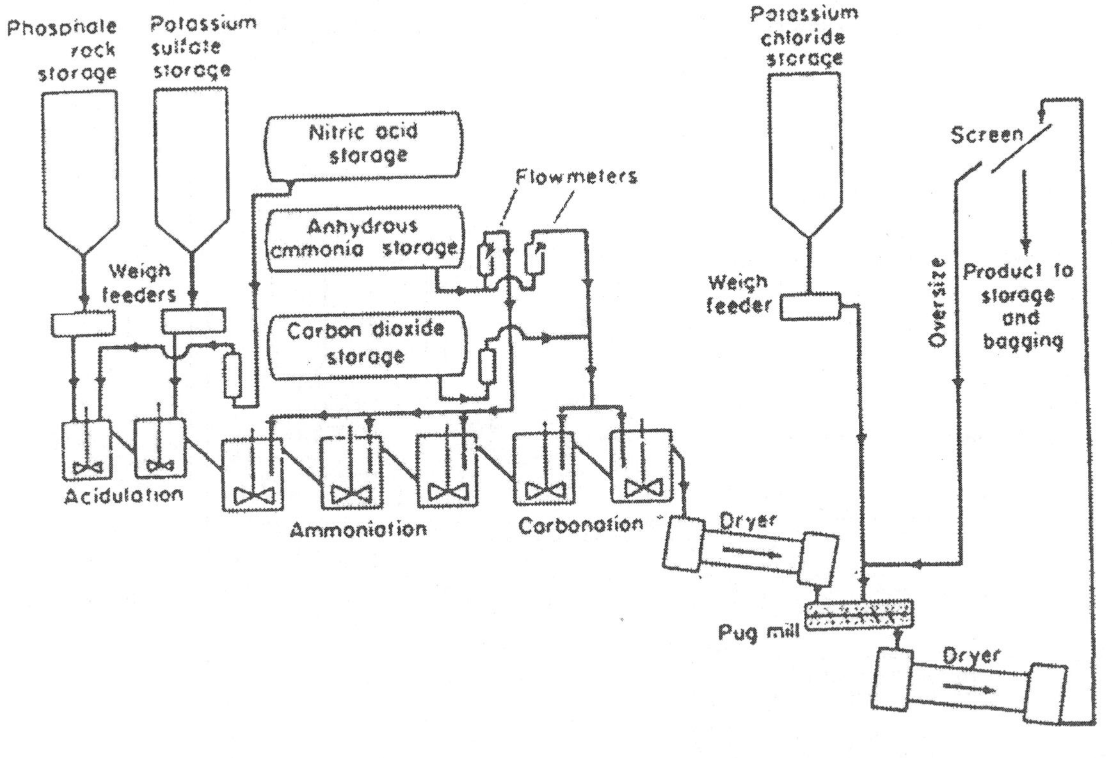

Nitric phosphate process.

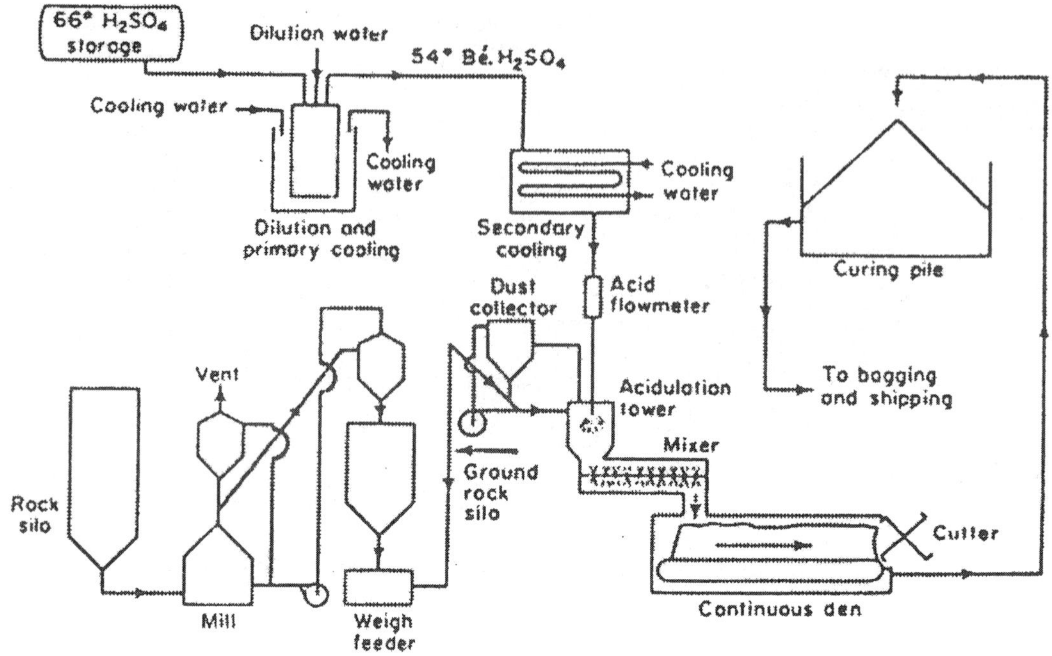

Continuous superphosphate manufacture. To make 1 ton of superphosphate containing 20% available P_2O_5 and 7% water requires about 1188 lb. phosphate rock, 34.3% P_2O_5 (75% BPL), 751 lb. 93.2% H_2SO_4 (66°Bé.), and 300 lb. dilution water.

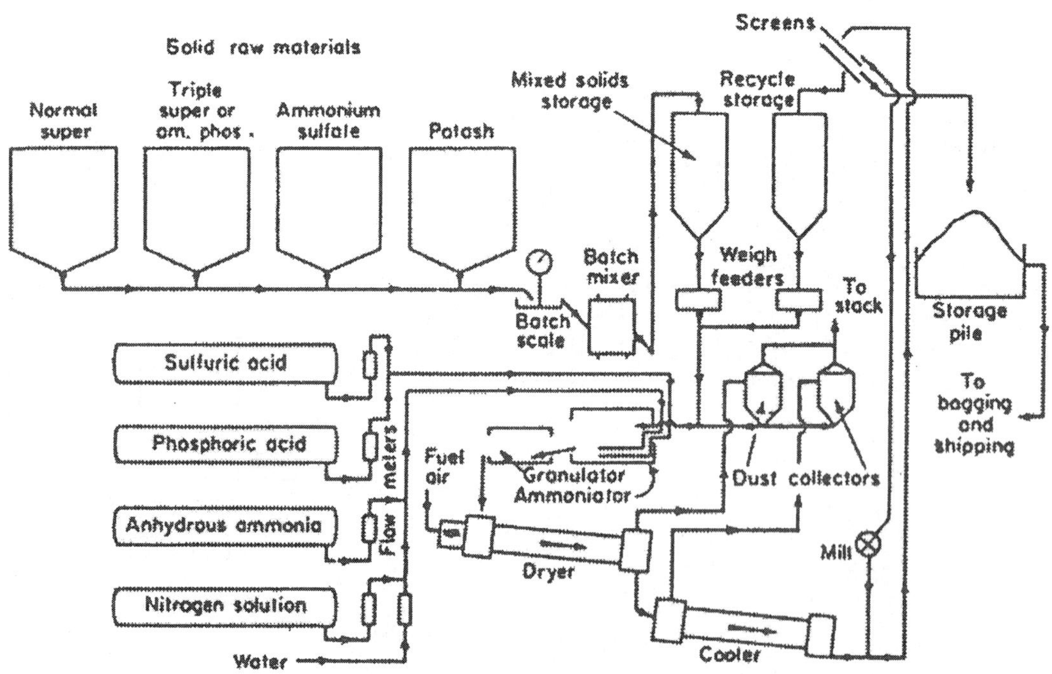

Granular fertilizer manufacture.

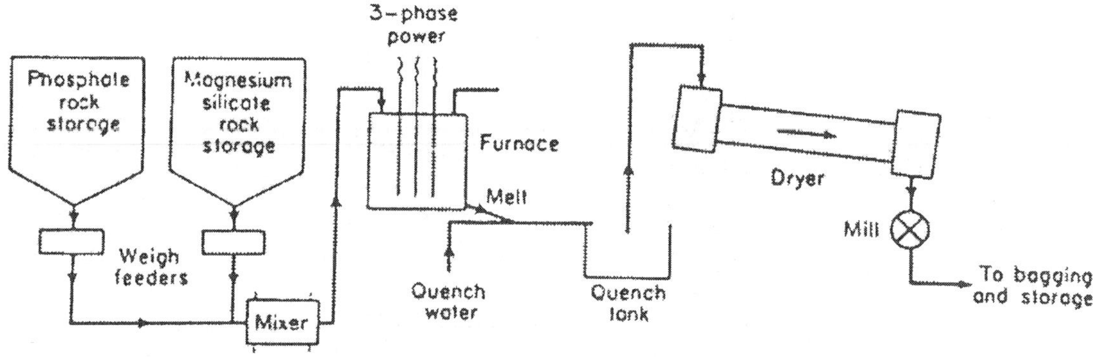

Process for calcium magnesium silicate phosphate glass. To make 1 ton of phosphate fertilizer containing 22.5% total P_2O_5 and 19.0% available P_2O_5 requires approximately 1450 lb. phosphate rock, 31.6% P_2O_5 (69% BPL), 700 lb. magnesium silicate (45% MgO, 44% SiO_2), a 15-lb. electrode, and 850 kw.-hr. power.

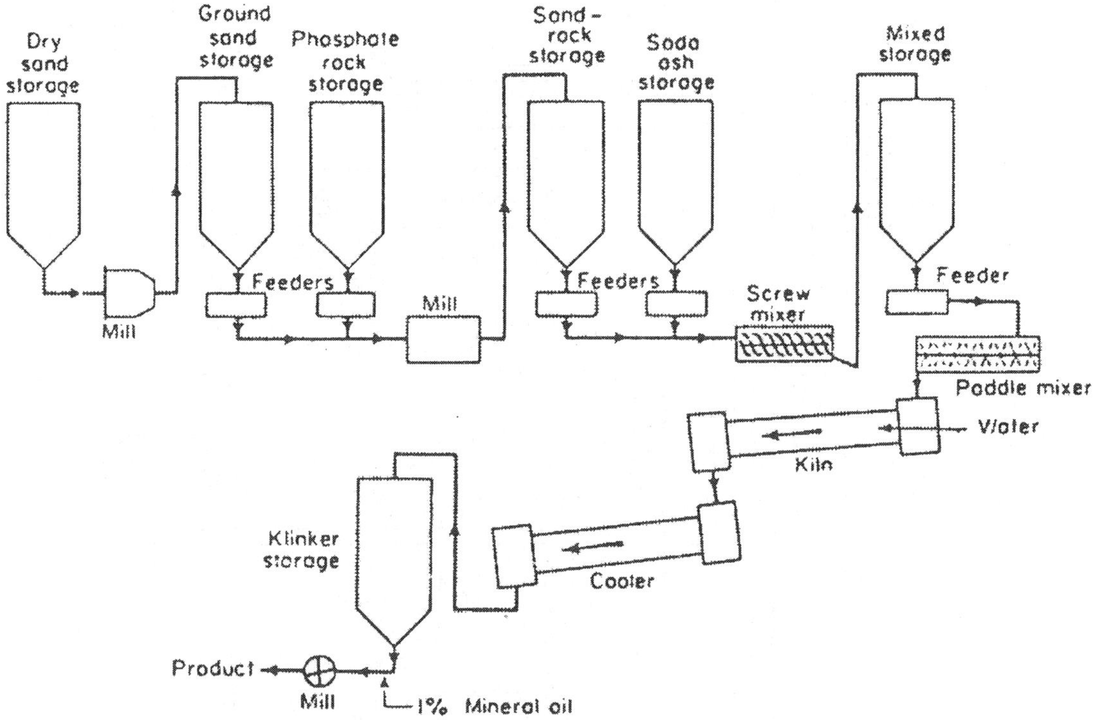

Rhenania phosphate process. To make 1 ton of Rhenania phosphate containing 23.4% available phosphate, 24.7% total phosphate, 12.4% SiO_2, 42.1% CaO, 2.4% F, and 12.6% Na_2O, it is estimated that the following raw materials would be required: 1570 lb. phosphate rock, 31.6% P_2O_5 (69% BPL), 180 lb. sand, 432 lb. soda ash, and 200 lb. water.

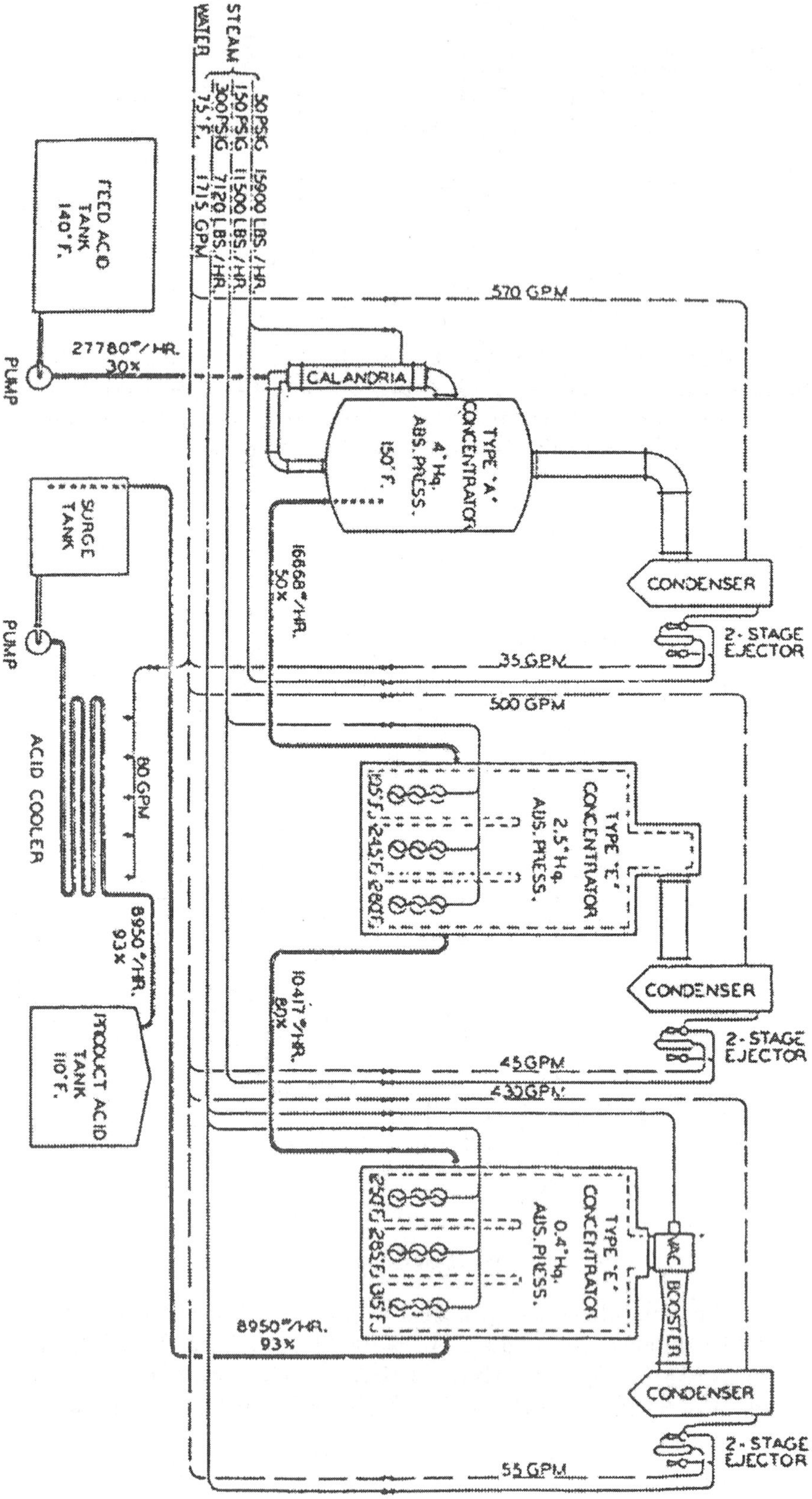

Flow diagram of a three-stage vacuum process for concentrating 100 ton/day H_2SO_4 from 30 to 93 per cent acidity.

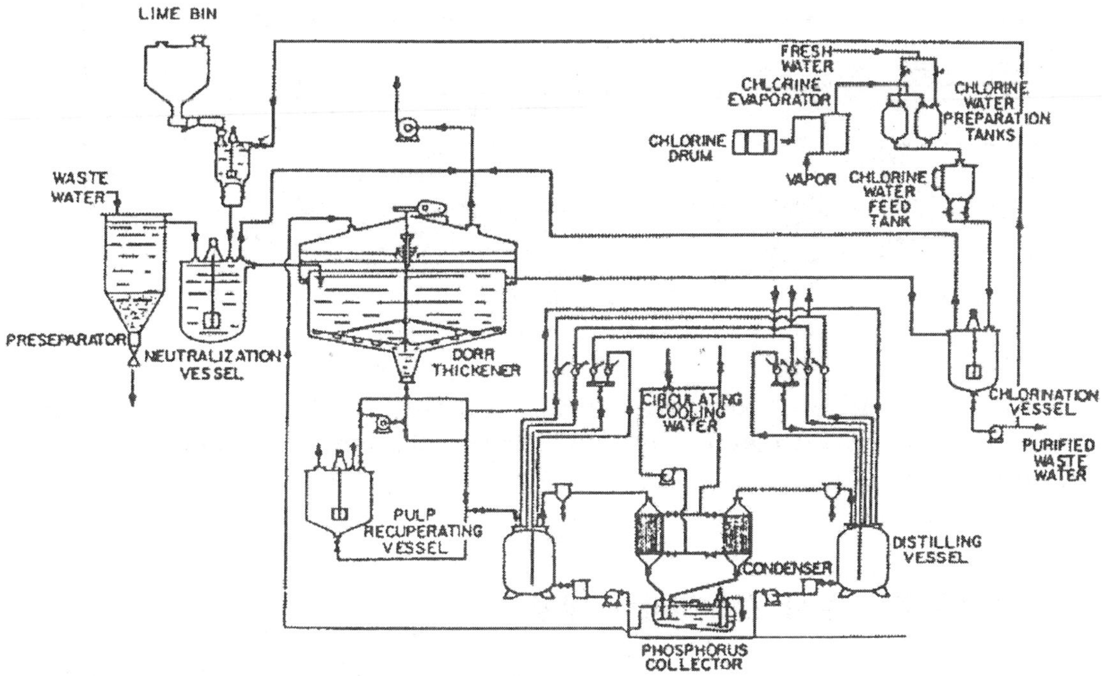

Waste water treatment system.

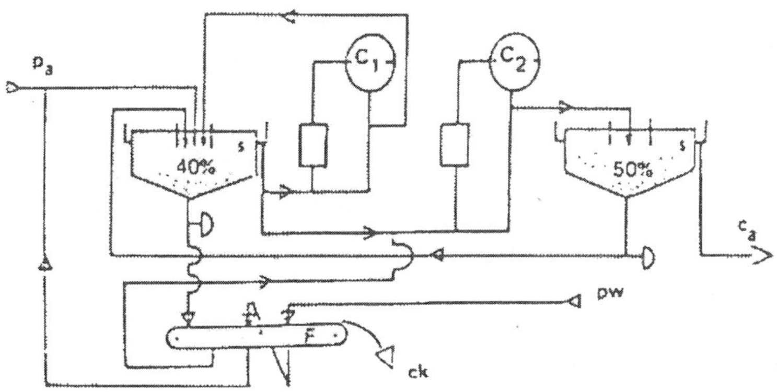

Intermediate settling with coupled filtration.

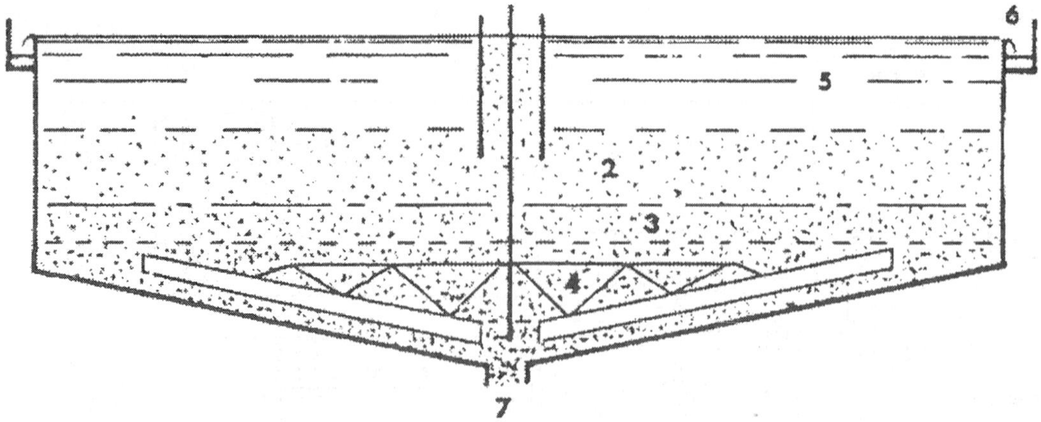

Traditional settling tank. 1, Feed; 2, feed zone; 3, transition zone; 4, compression zone; 5, clear solution; 6, overflow; 7, underflow.

21-3. 생산공정 선정시 검토해야할 내용

프로젝트 설계 과정에서 요구되는 제품을 생산하기 위해 가장 적합한 생산공정을 결정한다는 것은 중요한 의미를 갖는다.

같은 제품을 생산하기 위한 공정은 여러가지 방법이 있다.

가장 적합한 공정을 선정하기 위하여 여러가지 공정을 비교 검토해야 한다.

공정 선정을 위해 검토해야할 내용을 다음과 같이 요약한다.

1. 기술적인 요소
   -. 공정상의 유연성
   -. 연속적인 운전
   -. 특별한 공정 제어부문
   -. 상업성의 수율
   -. 기술상의 난이도
   -. 전력 소모량
   -. 특별한 보조시설
   -. 미래의 개발 가능성
   -. 보건 안전상의 유해물질

2. 원 료
   -. 현재와 미래의 이용가능성
   -. 요구되는 처리공정

-. 저장성 요구사항
-. 원료 취급상의 문제점

3. 폐기물과 부산물
-. 생산량
-. 가 치
-. 잠재적인 시장과 용도
-. 폐기 방법
-. 환경상의 양상과 견해

4. 기계 장치
-. 유효성
-. 구성품의 재질
-. 초기 비용
-. 정비비용과 설치비용
-. 교체 요구량
-. 특수 설계

5. 공장 위치
-. 요구되는 부지면적
-. 수송시설
-. 시장까지의 거리와 원료 공급원의 거리
-. 써비스의 이용가능성과 전력 공급시설
-. 노동력의 이용가능성
-. 기후 조건
-. 법적제한 및 세금

6. 비 용
-. 원 료
-. 에너지
-. 감가상각
-. 기타 고정요금
-. 제조과정과 제경비
-. 특별 노동력의 요구량
-. 부동산
-. 특허권
-. 환경상의 공정제어

7. 시간적인 요소
  -. 프로젝트 완료 최종기한
  -. 공정개발
  -. 시장의 적기공급
  -. 통화 가치

8. 공정상의 고려사항
  -. 기술 이용가능성
  -. 다른 공정간의 원료사용 공유성
  -. 제품의 일관성

21-4. 기기장치 설계와 설계 규격명세서

기기장치 설계는 필수적으로 공장설계의 일부분이 된다.

각 기기장치의 규격명세서를 준비하는 것은 공장설계를 위해서 매우 중요한 요소가 된다. 또한 기계장치 설계에 있어 기계장치 구성품의 적절한 자재 (MATERIALS OF CONSTRUCTION)를 선택하는것도 공장설계의 중요한 역할을 하게된다.

설계자료 (DESIGN DATA)는 다음 내용들을 명시해야 한다.

  -. SIZES
  -. 운전조건
  -. 개방된 구멍의 수와 위치
  -. FLANGE와 HEAD의 형식
  -. CODES
  -. 변화의 허용치
  -. 기타 자료

SPECIFICATION WORK SHEET FOR LOW PRESSURE TANK VENTING

This questionnaire-work sheet has been prepared as a guide to help quickly determine and list the information necessary to select the proper types and sizes of storage tank safety equipment. Use it within your own organization to help determine equipment needs — or use it to obtain recommendations and price estimates from the Protectoseal Company.

OPERATING VENTS

FILL IN THIS INFORMATION FOR NEW VENT INSTALLATIONS:

1. Type of Liquid__________
   Specific Gravity__________ Flash Point__________°F.
2. Tank Capacity in Gallons__________
3. Tank is Above Ground ☐ or Below Ground ☐
4. Tank is Vertical ☐ or Horizontal ☐ Tank Dia.__________ft.
5. Rate of Filling (G.P.M.)__________Size Line__________
6. Rate of Emptying (G.P.M.)__________Size Line__________
7. Approximate operating pressure of tank__________
8. Approximate pressure tank will withstand__________
9. Approximate vacuum tank will withstand__________
10. Is tank inerted?__________If yes, approximate blanketing pressure__________

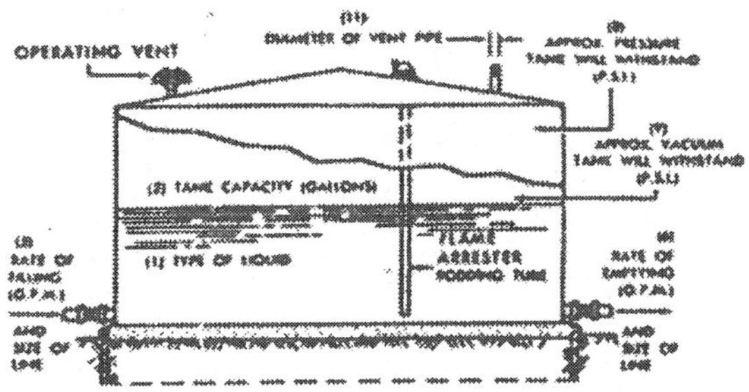

ADD THIS INFORMATION FOR REPLACEMENT VENT INSTALLATIONS:

11. Diameter of Vent Pipe or Flange Dimensions*__________
    __________N.P.T.

It is recommended that 6" and 8" vent sizes have flanged connections to support the heavier weights. Protectoseal 6" and 8" vent sizes are furnished with standard 125# A.S.A. flanges.

EMERGENCY VENTS

FILL IN THIS INFORMATION FOR NEW VENT INSTALLATION:

1. Type of Liquid__________
   Specific Gravity__________ Flash Point__________°F
   Molecular Weight__________ Latent Heat of
   L$\sqrt{M}$ Value__________ Vaporization__________BTU/lb.
2. Tank Capacity in: Gallons__________or Barrels__________
3. Tank is Above Ground ☐ or Below Ground ☐
4. Tank is Vertical ☐ or Horizontal ☐
   Tank Diameter__________Height__________or Length__________
5. Approximate operating pressure of tank__________
6. Valve setting on Operating vent__________
7. Approximate pressure tank will withstand__________
8. Approximate vacuum tank will withstand__________
9. Is tank inerted?__________If yes, what is approximate blanketing pressure?__________

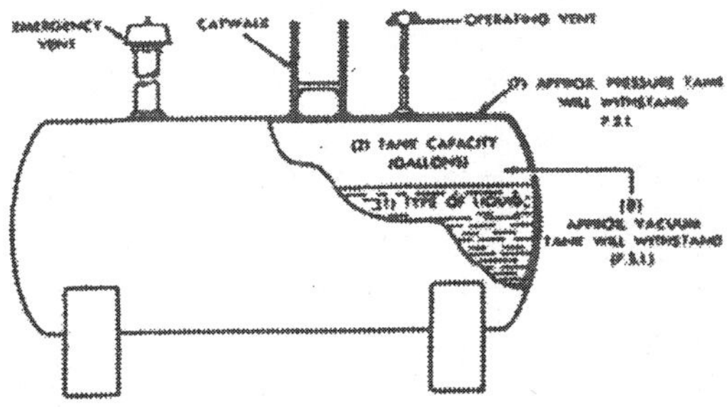

ADD THIS INFORMATION FOR REPLACEMENT VENT INSTALLATIONS:

10. Diameter of manhole or other flanged openings on tank top.
    ____

Storage and process tank specifications work sheet. (By permission, The Protectoseal Co., Bensenville, Ill.)

SPEC. DWG. NO. A-1

Page 1 of 2 Pages

Unit Price

No. Units 1

Item No. T-63

Job No. ______

B/M No. ______

TOWER SPECIFICATIONS

Service: Ammonia Absorber — Size: 10" Sch. 40 Pipe x Approx. 30'

No. Trays ______ Type ______ Caps ______ Feet Packing: 15 — Size: 1" Berl — Spray'd ______

Tower Internals Spec. Dwg. No. 2

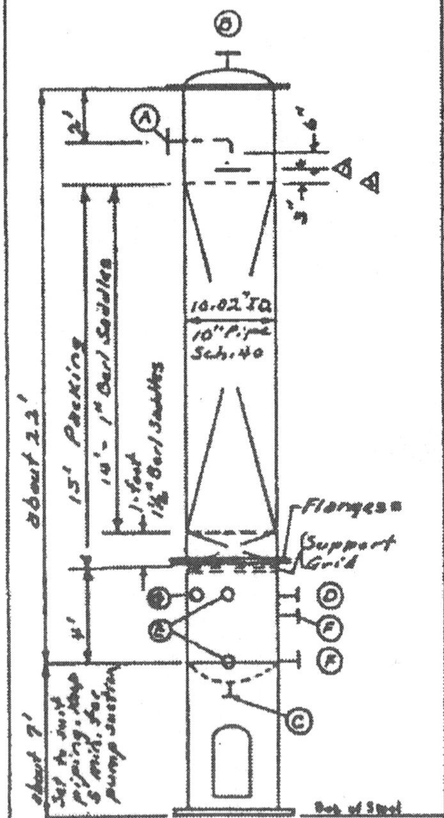

OPERATING AND MECHANICAL CONDITIONS

Oper. Press. 150 PSIG. — Oper. Temp. 90 to 162 °F

Des. Press. 175 PSIG. — Des. Temp. 200 °F

Code ASME Stamp. Req'd. Yes — Density of Contents 62~64 lbs./cu. ft.

Lethal Construction No — Self Supporting Yes

Materials: Shell Steel — Heads Steel — Skirt Steel

Lining: Metal None — Rubber or Plastic ______

Brick ______ Cement ______

Internal Corrosion Allowance 1/16" max.

Insulation? ☐ Yes ☒ No — Class ______

NOZZLES

SERVICE	NO. REQ'D.	SIZE	PRESS. CL.	FACING	MARK NO.
Feed* (Water)	1		150	Raised	A
Reflux					
Vapor Out	1		150	Raised	B
Liquid Out	1		150	"	C
▬▬ Vapor	1		150	"	D
Reboiler Liquid					
Drain					
Safety Valve					
Manhole					
Gage Glass	2	3/4	6000	Coupling	E
Level Control	2	1½	150	Raised	F
Thermowell Pts.					
Pressure Taps	1	3/4	6000	Coupling	G

* Feed Points to be located in: ☒ Vapor Space ☐ Downcomer

REMARKS

1. TW Points in Vapor Located-
2. TW Points in Liquid Located-
3. Sample Points in Vapor Located-
4. Sample Points in Liquid Located-
5. Pressure Taps Located in Vapor Space as Follows:

◁ 4" Dia. Splash Plate ◁ Packing Hold-down Plate.

Note: *Flanges are necessary for removal of packing, or provide 10" handhole at this level.

By.	Chk'd.	App.	Rev.	Rev.	Rev.
Date					

P.O. To: ______

Tower specifications.

Job No.

B/M No.

TOWER SPECIFICATIONS

Page ___ of ___ Pages

No. Units: one

Item No. T-3

Service: Methanol Finishing — Size: 4'-0" I.D. x 45 Trays

No. Trays: 45 — Type: Bubble — Caps: 4" Pressed Stl — Packing: — Size: — Sprays:

Tower Internals Spec. Dwg. No.: A

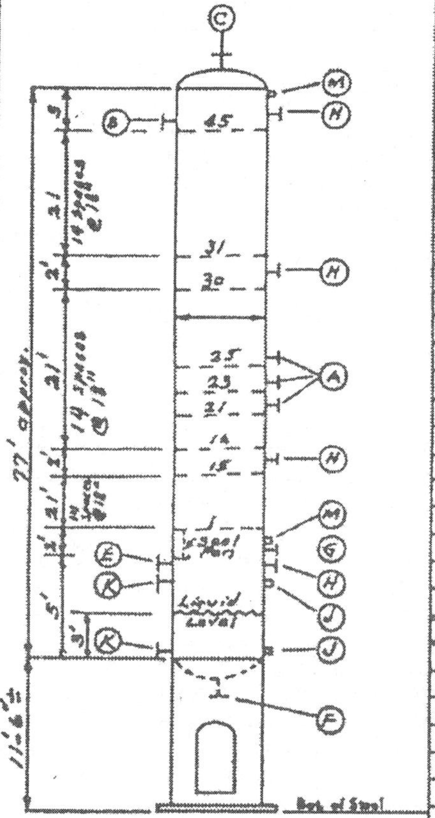

OPERATING AND MECHANICAL CONDITIONS

Oper. Press.: 1.0 to 5.0 PSIG. — Oper. Temp.: 220 °F

Des. Press.: 30.0 PSIG. — Des. Temp.: 350 °F

Code: ASME — Stamp. Req'd.: Yes — Density of Contents: 47 lbs./cu. ft.

Lashel Construction: No — Self Supporting: Yes

Materials: Shell: Carbon Steel — Heads: C.S. — Skirt: C.S.

Lining: Metal: None — Rubber or Plastic: None

Brick: None — Cement: None

Internal Corrosion Allowance: 1/32" to 1/16" max.

Insulation? ☑ Yes ☐ No — Class: Standard to 200°F

NOZZLES

SERVICE	NO. REQ'D.	SIZE	PRESS. CL.	FACING	MARK NO.
Feed*	3	2"	150	Raised F.	A
Reflux	1	2"	150	RF	B
Vapor Out	1	6"	150	RF	C
Liquid Out	1	2"	150	RF	D
Reboiler Vapor	1	6"	150	RF	E
Reboiler Liquid	1	3"	150	RF	F
Drain	on piping				
Safety Valve	1	4"	150	R.F.	G
Manhole	4	18"	150	R.F.	H
Gage Glass	2	3/4"	6000#	Coupling	J
Level Control	2	2"	150	RF	K
Thermowell Pts.	9	1"	6000#	Coupling	L
Pressure Taps	2	3/4"	6000#	Coupling	M
Sample Conn.	4	3/4"	6000#	Coupling	N

* Feed Points to be located in: ☐ Vapor Space ☑ Downcomer to tray

REMARKS

1. TW Points in Vapor Located: Tray #1, 21, 23, 26, 27, 44
2. TW Points in Liquid Located: Tray #1, 21, 44
3. Sample Points in Vapor Located:
4. Sample Points in Liquid Located: Tray #20, 22, 24, 44
5. Pressure Taps Located in Vapor Space as Follows: Below tray #1, above tray #45

Locate nozzle Ⓔ 3' below tray #1.
Seal pan for tray #1 to be 2' high downcomer with 1" extra seal depth over normal.

By.	Chk'd.	App.	Rev.	Rev.	Rev.
Date					

P.O. To:

Tower specifications form.

Job No. ______

B/M No. ______

Page	of	Pages
No. Units	one	
Item No.	T-3	

TOWER INTERNALS SPECIFICATIONS
TRAY TYPE COLUMNS

Contacting Device - - Bubble Cap, Sieve, Duelflow *Bubble Cap*

No. of Trays *45* Type: Fixed, ~~Removable~~ (From Top, Bottom) *Welded* (Bolted, Clamped)

Tray Spacing *18" except as noted.* Manway (Yes, ~~No~~) (Removable from Top, ~~Bottom~~)

Bubble Cap: Number/Tray *51* , Size *3 7/8" E.D. ~~~~*., *6 Δ* Spacing *5 1/4* C to C. Gauge *14*

Riser: Diameter *2 3/4 O.D.* . Gauge *16* .

Holes: Number ______ , Size ______ Diam., Spacing ______ C to C

Clearance Between Holes and Tower Wall ______

Clearance Between Holes and Weirs ______

Tray Thickness (Not Required for Bubble Caps) ______

Type of Flow: Split, Cross ✓

Inlet Weirs: (Yes ✓, No): Height Above Tray Floor *3 1/2* Inches

Outlet Weirs: Length *2'-9 1/8"*

(a). Fixed Weir Height Above Tray Floor *2 1/2* Inches

(b). Weir Adjustable From *2 1/2* To *4* Inches Above Tray Floor

(c). Weir Set *3* Inches Above Tray Floor; Weir Slots Covered (Yes,) (No) ✓

Downcomer: (Yes ✓, No) Type: ______ Pipe, Segmental (Straight, Tapered ✓)

Downcomers (Fixed ✓, Removable): Clearance Above Tray Floor *2 3/4* Inches

Seal Pan Distance Below Bottom Tray *24"* . Seal *4 1/2* Inches

Weep Holes: No./Tray *4* Size *3/8"*

Hydraulic Gradient Provision: *None required, all caps same height above tray*

Standards:

(a). Bubble Cap *Drawing No. A-XYZ*

(b). Tray Layout *Drawing No. B-XYZ*

(c). Tower Tolerances *Drawing No. C-XYZ*

MATERIALS OF CONSTRUCTION

Bubble Cap and Riser: *Carbon steel* Gaskets: *asbestos*

(a). Bolts, Nuts and Washers: *carbon steel*

Trays: *Carbon steel* Gaskets *asbestos* Bolting: *carbon steel*

Tray Supports, Downcomers and Seal Pan: *carbon steel*

REMARKS

Trays to be standard design and layout with removable center section for access through tower from above. Caps to be assembled and mounted on trays in fabricator's shop.

By	Chk'd	App.	Rev.	Rev.	Rev.
Date					

P.O. To: ______

DWG. NO. A ______

Item No. ______

Job No. ______

Charge No. ______

EXCHANGER RATING

By ______

Date: 1-9-59

Apparatus: Intercooler for Compressor C-59 Plant ______

Min. Req. Eff. O. S. Area Exposed in Shell, Sq. Ft. ______ Outside 1003 Inside: —

Number of Units: Operating One Spares None

DESIGN DATA PER Unit		
UNIT DATA	SHELL SIDE	TUBE SIDE
Fluid	Air with water vapor	Brackish bay water
Fluid Flow Lbs./Hr.	36,000	118,000 (236 gpm)
Temperature In °F.	290	90
Temperature Out °F.	110	105
Operating Pressure PSIG	180	50
Density at 200°F Lbs./CF	0.785	62.3
Specific Heat Btu/Lb./°F.	0.25	1.0
Latent Heat Btu/Lb.		
Therm. Cond. Btu/Hr./Sq. Ft./°F./Ft.	0.0183	
Viscosity Centipoise	0.021	
Molecular Weight	28.8	
No. of Passes	1	4
Pressure Drop PSI	Calc: 2.53 Used: 3.0	Calc: 8.19 Used: 9.0
Fouling Factor	0.001	0.0015

Heat Transferred - BTU/Hr: 1,771,000

LMTD 69.1 °F. Overall U: Calc. 26.4 Used 25.5

CONSTRUCTION		
Max. Oper. Pressure	250 PSI	65 PSI
Max. Oper. Temperature	315 °F.	120 °F.

Type of Unit Fixed Tube Sheet Tube Pitch 1" Joint Roll and Flare

*Tubes - Material: 90-10 Cupro-Nickel No. (Approx.) 264 O.D. 3/4" BWG 16 Length 8'-0"

Shell - Material: Steel Diameter (Approx.): 21.25"

Channel Material: Steel, monel clad Supports Material: Admiralty or Brass

Tube Sheet Material: Monel-clad steel, 1/4" Min. clad Baffle Material: Admiralty or Brass

Corrosion Allowance - Shell Side 1/16 Tube Side 1/16" on any exposed steel

Connections - Shell In: 10" Out 10" Flange 300# ASA Raised Face

Channel In: 4" Out 4" Flange 150# ASA Raised Face

Others Vents and drains Size 3/4" Flange 3000# Coupling

Bolts: Alloy steel Gaskets: Impregnated asbestos

Code TEMA - Class C Stamp Yes X-Ray — SR —

Insulation Personnel protection Class PP Cathodic Protection Yes, in ends

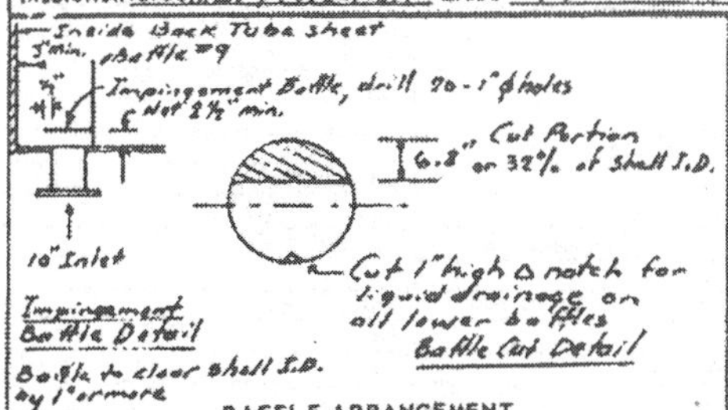

BAFFLE ARRANGEMENT

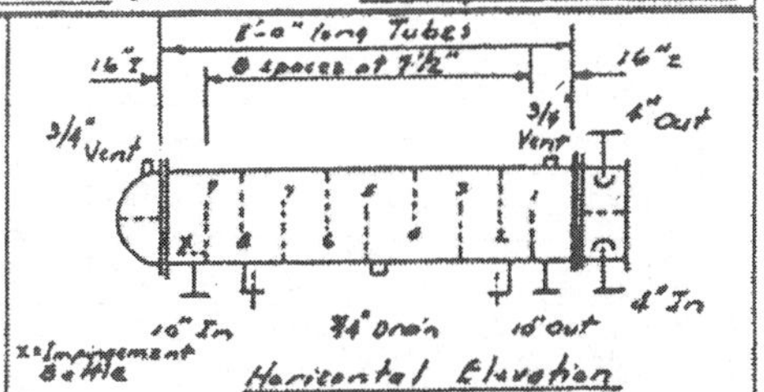

NOZZLE ARRANGEMENT

Remarks: * Low fin tubes, 19 fins/inch.

Checked ______ Date ______ Approved ______ Date ______

Rev. ______ By ______ Date ______ B/M No. ______

Exchanger rating for intercooler using fin tubes. Note: Specifications here for illustration of presentation. Design as developed represents more conservative surface area than substantiated by current data.

Revision No.	Date

AIR COOLED EXCHANGER SPECIFICATION SHEET

		Item No.
Customer		Date
Address	Plant Location	Proposal No.
		Cust. Ref. No.
Service O.H. CONDENSER		Sheet 1 of 1
Size 12-244 Type 2NPVS	Induced XXXXX Draft	No. of Units 2
Surface/Item — — — — — — External 48,376	Bare Tube 2,872	Sq. Ft.
Heat Exchange — — — — — BTU/Hr 5,205,000		Effective MTD 35.3 °F
Transfer Rate — — — External Surface 3.03	Bare Tube Surface — Service 51.3 — Clean	54.5 BTU/Hr. Sq. Ft °F

PERFORMANCE DATA		
TUBE SIDE		
Fluid Circulated	Hydrocarbons + Air	Temperature In °F 147
Total Fluid Entering Lbs/Hr	32,185	Temperature Out °F 130
Vapor	32,150	Inlet Pressure PSIG 200 mm Hg
Liquid		Gravity—Liquid .833 @ 130°F
Steam		Viscosity .44 cp @ 130°F
Non-Condensables	35 (Air)	Viscosity @ °F
Vapor Condensed	29,353	Molecular Weight
Steam Condensed		Specific Heat BTU/Lb °F
Density Vapor Lbs/Cu. Ft.	0.504	Latent Heat BTU/Lb 171.7
Conductivity BTU Ft/Hr. Sq. Ft. °F		Allowable Press. Drop PSI 15 mm Hg
Fouling Resistance I.S. Hr. Sq. Ft. °F/BTU	0.001	Design Pressure Drop PSI 15 mm Hg
AIR SIDE		
Air Quantity/Item SCFM	345,600 | Face Velocity 600 SFM	Temperature In °F 95
Air Quantity/Fan ACFM	92,875	Temperature Out °F 109.2
Actual Static Pressure In. Water	0.427	Altitude Ft. Sea Level

CONSTRUCTION		
Design Pressure 30 & Full Vac. PSI	Test Pressure 45 PSI	Design Temperature 250 °F
SECTION	HEADER	TUBE**
Size 6 Ft. 0 In. x 24 Ft. x 4 Rows	Type Fabricated Box	Material Steel SEAMLESS WELDED
No./Unit XXX 2	Material Carbon Steel	OD 1 In. 14 BWG. Avg. Min. Wall
Arrangement:	No. Passes 1 | Slope 1/4 In./Ft.	No./Section 114
Sections in Parallel 2 in Series —	Plug — Design Shoulder Material CS	Length 24 Ft.
Units in Parallel 2 in Series —	Gasket Material Soft Iron	Pitch 2-3/8 In. △
Section Side Frames Galv. Steel	Corrosion Allowance 1/8 In.	FIN**
MISC.	Size Inlet Nozzle 12 In.	Material Aluminum
Structure Galv Stl | Ladder —	Size Outlet Nozzle 10 In.	OD 2-1/4 In.
Hood Galv Stl | Walkway —	Rating 150 RF	No./In. 8
Shutters No MANUAL AUTO | Vibration Switch No	Code — ASME — Stamp	Type Extruded

MECHANICAL EQUIPMENT		
FAN**	DRIVER	SPEED REDUCER
Mfr.	Type Electric Motor	Type V-belt
No./Unit 2 | HP/Fan 11.8	No./Unit 2 | HP/Driver 15	No./Unit 2
Diameter 10 Ft. | RPM 382	RPM 1750	Model —
No. Blades 4 | Pitch ADJUSTABLE XXXXXXXX	Enclosure Cl.I Gr.D Exp. Proof	AGMA HP Rating —
Blade Material Plastic	Specials —	Ratio 4.58/1 /1
Hub Material Cast Iron	Mfr. Optional	Mfr. —

NOTES: The following Items are Located in One Common Structure.

Plot Area	Proposal Drawing No.	Shipping Weight Lbs.

Specification sheet for air-cooled exchangers. (By permission, Air-Cooled Exchangers Mfg. Assoc., New York, and Hudson Engineering Corp.)

SPEC. DWG. NO.

A-

Page	of	Pages
Unit Price		
No. Units		
Item No.		

Job No. ____________

B/M No. ____________

MECHANICAL REFRIGERATION SPECIFICATIONS

SERVICE CONDITIONS

Capacity ______ Tons. Refrigerant ______ . Process Fluid ______ .

Manufacturer ______ . Model ______ . RPM ______

Compressor Suction ______ PSIG. @ ______ °F. Discharge ______ PSIG. @ ______ °F

Condenser Refeigerant ______ Lb/Hr. ______ °F Exit

Cooling Water Supply (Sea Water) (River Water) ______ °F @ ______ PSIG.

Cooling Water Requirement ______ Gpm @ ______ °F Exit

Evaporator Refrigerant ______ °F @ ______ PSIG. - Lb/Hr ______

Evaporator Process Fluid ______ Lb/Hr ______ °F Inlet, ______ °F Outlet ______ PSIG.

Compressor Driver By (Vendor) (Owner) HP ______ RPM ______ Type ______

SPECIFICATIONS

Temperature Control (Manual) (Automatic). Instruments & Controls (Weather Protected) (Explosion Proof)

Level Controls - To Be Connections To Be

Pressure Gauges - To Be Safety B.O. Disc., 4½" Dial, ½" Conn.

Condenser Cooling Water: Connection ______ Inlet ______ Outlet Flange ______ Rating ______ Face

Refrigerant to Evaporator: Connection ______ Inlet ______ Outlet Flange ______ Rating ______ Face

Suction Cross Exchanger: Connection ______ Inlet ______ Outlet Flange ______ Rating ______ Face

Compressor Suction: Connection ______ Inlet Flange ______ Rating ______ Face

Compressor Discharge: Connection ______ Outlet Flange ______ Rating ______ Face

Steam Supply: ______ PSIG @ ______ °F

Driver Power Supply: ______ Volt ______ Phase ______ Cycle

Instrument Power Supply: ______ Volt ______ Phase ______ Cycle

Fouling Factors: ______ Cooling Water ______ Process Fluid

Compressor, Driver and Speed Gears: See Specification Sheet ______

Condenser Tube Water Velocity Limits. ______ Ft/Sec. to ______ Ft/Sec.

Refrigerant Charge ______ Lbs.

MATERIALS OF CONSTRUCTION

Condenser: - Tubes ______ O.D. ______ , BWG ______ , Length ______ Ft. Pitch ______ , No. ______

Tube Sheet ______ Channel ______

Evaporator: By (Owner) (Vendor)

Tubes ______ O.D. ______ , BWG ______ , Length ______ Ft. Pitch ______ , No. ______

Tube Sheet ______ Channel ______

REMARKS

Vendor is to Specify:

1. Make and Model for Flow, Temperature and Pressure Control Valves, Hand Valves, Thermometers and Steam Traps, Electrical Components and Miscellaneous Equipment.

PURCHASE ORDER NUMBER

By	Chk'd.	App.	Rev.	Rev.	Rev.
Date					

P.O. to: ______

Mechanical refrigeration specifications.

	SPEC. DWG. NO.
Job No. ____	A-
____	Page ____ of ____ Pages
B/M No. ____	Unit Price
	No. Units
	Item No.

COMPRESSOR DRIVE SPECIFICATIONS
GAS ENGINE

Make ____ Model ____ Type ____

No. Power Cylinders ____ No. Cycle ____ (Supercharged) (Turboflow) (____)

(Direct) (Belt) (Gear) Drive to Compressor Cylinders) Altitude ____ Ft.

Rated BHP at Sea Level ____ @ ____ °F: ____ RPM. Speed Range ____ Max. ____ Min.

Diameter of Power Cyl. ____ Inches. Length of Stroke ____ Inches.

Fuel Consumption @ Full Load Torque ____ , ¾ Load ____ ½ Load ____ BTU/BHP. Hr.

Brake MEP of Power Cyl. @ Full Load Torque ____

Fuel Gas: Press. ____ PSIG. Volume of Tank ____ cu. Ft. (By Purchaser)

Starting Air: Press ____ PSIG. Cu. ft. Free Air/Start ____ Based on ____ Rev.

Tank Capacity, Cu. ft./one Start ____ .

Lubricating Oil System: Sump Capacity ____ Gal. Pump Capacity ____ GPM at Rated Speed.

Oil Outlet Temp. ____ °F. Oil Pressure ____ PSI. Heat Rejected to Oil ____ BTU/BHP/Hr.

Cooling System: Capacity of Engine Jackets ____ Total Gals.

Heat Rejected to Engine Jackets ____ BTU/BHP/Hr.

ΔP Engine Jackets: GPM ____ ____ ____ ____ ____ ____ ____ ____

ΔP, Ft. Water ____ ____ ____ ____ ____ ____ ____ ____

Rec. Inlet Temp. to Jackets ____ °F. Max. ΔT Across Jackets ____ °F.

ACCESSORIES

Lube Oil Cooler ____ Lube Oil Pump ____ Oil Cooled Power Pistons ____

Full-Force Feed Lubrication to Power and Compressor Cyl. ____ Governor ____

Full-Flow Lube Oil Filter and Strainer ____ Ignition Wiring ____

Ignition Type ____

Automatic Air Starting Valves and Quick Opening Main Air Valve ____

Automatic Fuel Gas Shutdown for (a) High Jacket Water Temp. ____

(b) Low Lube Oil Press. ____ (c) Overspeed ____

Pyrometer and Individual Cyl. Thermocouples ____ Fuel Gas Throttle Valve ____

Hand Operated Barring Over Device ____ Fuel Gas Shut-Off Valve ____

Diaphragm Operated Governor ____ Tachometer (Electrical, Mechanical) with Clutch ____

Flywheel Guard ____ Lubricating Oil Priming Pump ____

Alarm for High Jacket Water Temp. and Low Lube Oil Press. ____

Special Piston Rings ____

Exhaust Silencers: Make ____ Model ____ Size ____

Oil Bath Air Filter: Make ____ Model ____ Size ____

Backfire Relief Valve ____ Size ____

Gauge Board ____ Access Stairs, Platforms etc. to Engine ____

Pipe Connections, (Diameter Inches): Starting Air ____ Exhaust ____

Fuel Gas ____ Lube Oil Inlet ____ Lube Oil Outlet ____

Water Inlet ____ Water Outlet ____ Scavenging Air Inlet ____

REMARKS

Furnish Make, Model, Size, Type, Materials of Construction, etc. on all Vendor Furnished Equipment.

By	Chk'd.	App.	Rev.	Rev.	Rev.
Date					

P.O. To: ____

Compressor drive specifications—gas engine.

SPEC. DWG. NO.
A-

Page	of	Pages
Unit Price		
No. Units		
Item No.		

Job No. ______________________

____

B/M No. ______________________

CENTRIFUGAL COMPRESSOR SPECIFICATIONS

Service ______ Manufacturer ______
Type ______ Model ______ Size ______
No. Impellers ______ BHP ______ RPM ______ Speed Range ______ RPM

OPERATING CONDITIONS PER ______

Gas (Dry) ______ Sat'd. with ______ Avg. Mol. Wt. ______ "K" Value ______
Suction: Pres. PSIA. Normal ______ Guarantee ______ Max. ______
Temp. °F. Normal ______ Guarantee ______ Max. ______
Discharge: Press. PSIA Normal ______ Guarantee ______ Max. ______
Temp. °F. Normal ______ Guarantee ______ Max. ______
Sidestream: Press. PSIA Normal ______ Guarantee ______ Max. ______
Temp. °F. Normal ______ Guarantee ______ Max. ______
C.F.M. @ Suction Conditions ______ Wt. Flow ______ Lbs./Hr.
C.F.M. @ Sidestream Conditions ______ Wt. Flow ______ Lbs./Hr.
Compressibility Factors Suction ______ Discharge ______
Surge ______ % Capacity Surge Pt. ______ First Critical RPM ______
ΔP Intercoolers ______ PSI

COMPRESSOR DETAILS

Type Impeller ______ Overspeed ______ RPM Rated ______ RPM
Intake Flange Size ______ ASA ______ Lbs. Facing ______ Disch. Flg. Size ______ ASA ______ Facing ______
Sidestream Flange Size ______ ASA Rating ______ Lbs. Facing ______ Casing Test Pressure ______ PSIG
Bearings: Journal - Babbited Sleeve ______ Thrust ______ Make ______
Coupling: Make ______ Class ______ Type ______ Intercooler By ______
Water Temp. ______ °F. Type ______ Tubes Mat'l. ______ Size ______

COMPRESSOR DRIVER

Horsepower ______ Type ______ Class ______ Volts ______ Phase ______ Cycles ______
Steam in ______ PSIA ______ Temp. ______ °F. Stm. Nozzle Control ______ °F. No. Hand Valves ______
Exhaust ______ PSIA ______ Temp. ______ °F. Condensing ______
Driver Spec. Sheet No. ______ Gear: Make ______ Rated BHP ______ Model ______ Red'n Ratio ______

COMPRESSOR MATERIAL

Case: ______ Shaft: ______ Sleeves: ______
Impellers: Hub & Cover ______ Blades ______ Diaphragms ______ Labyrinths ______

LUBRICATION SYSTEM

Main Oil Pump Driver ______ With Piping
Aux. Oil Pump Driver ______ Class ______ Volts ______ Phase ______ Cycles ______
Twin Oil Coolers ______ Twin Oil Filters ______ Bearing Temp. Ind. ______ Tube Mat'l. ______
Cooling Water: ______ @ ______ °F. & ______ PSIG. GPM Req'd. ______

SEALING SYSTEM

Type of Seals ______

REMARKS

By	Chk'd.	App.	Rev.	Rev.	Rev.
Date					

P.O. To: ______

Centrifugal compressor specifications.

SPEC. DWG. NO.

A -

Page	of	Pages
Unit Price		
No. Units		
Item No.		

Job No. ____________

B/M No. ____________

RECIPROCATING COMPRESSOR SPECIFICATIONS

Service ____________ Manufacturer ____________ Model ____________

Type ____________ BHP ____________ Fluid ____________ Sat'd. with: ____________

Avg. Mol. Wt. (Dry) ____________ Design Speed ____________ RPM. Speed Range ____________ RPM

DATA per ______ NORMAL CONDITIONS

Stage					
Class or Type					
Cylinders: Diameter (Bore), Inches					
Stroke, Inches					
Piston Displacement: Cubic Ft. per					
Action of Cyl. Single or Double					
Actual Intake. CFM					
Delivery in Lbs./Hr. (Dry Basis)					
Intake Press. PSIA					
Intake Temp. °F					
Disch. Press. PSIA					
Disch. Temp. °F					
Ratio of Compression					
Compressibility Factor @ ____ PSIG & ____ °F.					
Ratio of Specific Heats, Cp/Cv					
Specific Volume @ Intake Conditions					
Volumetric Efficiency @ Suct., %					
Normal Clearance, %					
Cyl. Test Press. PSIG					
Press. Drop Allowed Between Stages					
Suction Nozzle Size					
Suction Nozzle Rating & Facing					
Disch. Nozzle Size					
Disch. Nozzle Rating & Facing					
Material: Cylinder					
Liner					
Heads					

Unloading Facilities (Pockets, Valve Lifters) ____________

Weights and Unbalanced Forces ____________

Driver: Type ____________ Mfgr. ____________ H.P. ____________ RPM ____________

Volts ________ Phase ________ Cycle ________ Frame ____________

Steam: Inlet ________ PSIA @ ________ °F. Exhaust ________ PSIA @ ________ °F. Steam Rate ____________ Lbs./Hr.

Fuel: ____________ Heat Value ________ BTU. Full Load Consumption ____________ BTU/BHP. Hr.

Heat Rejection: Cooling Water Available @ ________ °F and ________ PSIG. Type ____________

Comp. Cyl. Jacket: ____________ BTU/Hr. Temp. In ________ °F. Temp. Out ________ °F. Water Req'd. ____ GPM. Δp ____ PSI

Lube Oil Cooler: ____________ BTU/Hr. Temp. In ________ °F. Temp. Out ________ °F. Water Req'd. ____ GPM. Δp ____ PSI

REMARKS

By	Chk'd.	App.	Rev.	Rev.	Rev.
Date					

P.O. To: ____________

PURCHASE ORDER NUMBER

SPEC. DWG. NO.

A-

Page of Pages
Unit Price
No. Units
Item No.

Job No. ______

______

S/M No. ______

MECHANICAL DRIVE TURBINE SPECIFICATIONS

Make ______ Type ______

H.P. Rating ______ At ______ RPM. ______

OPERATING CONDITIONS

	Guarantee	Alternate
Speed, RPM		
Steam Rate, Lbs/Hp-Hr.		
Hand Valve(s) Position		
Steam Press. @ Throttle, PSIG		
Total Temp. @ Throttle, °F.		
Exhaust Steam Press. (PSIA) (Inches Hg Abs.)		
Extraction Steam Press, PSIG		
Extraction Steam Quantity, Lbs/Hr.		

Overspeed Test (No Load) ______ RPM. Max. Allowable Continuous Operating Speed ______ RPM

First Critical RPM ______ . No. Stages ______ .

Flange Size & Rating: Inlet ______ Exhaust ______

MATERIAL

Casing: Steam Chest ______ Exhaust End ______

Shaft ______ Wheels ______ Rotor Blades ______

Diaphragm Blade ______ Diaphragm ______ Nozzle ______

...al Bearing Type ______ Thrust Bearing Type ______

Packing: Shaft ______ Shaft Sleeve ______

AUXILIARY EQUIPMENT

Trip Throttle Valve: Rating ______ Make ______ Material ______

Governor: NEMA Class ______ Variable Speed ______ Oil Relay ______ Hydraulic Orifice ______

Constant Speed ______ Direct Acting ______ Mechanical ______

Speed Changer: Range ______ Manual ______

Air Diaphragm Motor ______ Hydraulic ______

Hand Nozzle Valve(s). Number ______ (Total). Overload ______ Partial Load ______

Steam Admission Valve(s) Governor Controlled: Single ______ Multiple ______

Emergency Trip Valve: Combined with Throttle Valve ______ Separate ______

Emergency Overspeed Governor: Independent ______ . Set at ______ RPM. Non Sparking ______

Tachometer: Electric ______ Vibrating Reed ______

Casing Relief Valve: Set ______ PSIG. Sentinel Warning ______ Full Relief ______

Steam Strainer: Integral ______ Separate ______ "Y" Type ______

Vacuum Breaker ______ Steam Seal Piping ______

Steam Gage(s): Steam Chest ______ Each Nozzle Chamber ______ Exhaust ______

Panel Mounted ______ Mounted on Turbine ______

Insulation & Lagging: Complete Casing ______ Down to Exhaust End ______

Steel Base for: Turbine Only ______ Turbine & (Pump) (compressor) ______

Sole Plate Mounting on Purchasers Foundation ______

By	Chk'd.	App.	Rev.	Rev.	Rev.
Date					

P.O. To: ______

Mechanical drive turbine specifications.

	SPEC. DWG. NO.
	A-
Job No. ____	Page ____ of ____ Pages
____	Unit Price
B/M No. ____	No. Units
	Item No.

COOLING TOWER SPECIFICATIONS

PERFORMANCE

Water Circulating Rate: ____ gpm. Temp. In: ____ °F Temp. Out: ____ °F

Cooling Duty ____ Btu/Hr.; Perform. Test Code* ____

*At Option of Owner

SELECTION

Manufacturer: ____ Model: ____

Type: ____ No. of Cells: ____

DESIGN

Wet Bulb Temp: ____ °F; Static Pumping Hd. ____ Ft. Eff. Cool. Vol. ____ Cu. Ft.

Fill Wetted Surf. ____ Sq. Ft; Total Wetted Surf. ____ Sq. Ft; Eff. Splash Surf; ____ Cu. Ft.

No. of Fans Req'd. ____ Cfm/Fan ____ ; Static Press ____ In. H2O; Normal BHP/Fan ____

Evaporation Loss, Max. % ____ Spray Loss, Max. % ____

MATERIALS OF CONSTRUCTION

Framework ____ Casing ____ Fill ____

Fan Cylinder ____ Stairway ____

Bolts Nuts, Misc. Hardware ____ Nails ____

Water Inlet Hdrs. ____ Nozzles ____ Basin ____

Fan Blade ____ Fan Hub ____ Fan Shaft. ____

Code for Lumber Grades ____ Code for Lumber Struct. Design ____

**Exception: Wind Loading, See Inquiry or P.O.

AUXILIARY EQUIPMENT

Fan	Manufacturer ____ Type ____
	Diameter ____ Ft.; Speed ____ RPM; Tip Speed ____ fpm.
Gear	Manufacturer ____ Type ____ Size ____
	Reduction Ratio ____ Rated Cap. ____ BHP; Mechanical Eff. ____ %
Driver	Manufacturer ____ Type ____ Speed ____ RPM
	Electric Power ____ BHP ____ Service Factor ____ Frame ____

REMARKS

By	Chk'd.	App.	Rev.	Rev.	Rev.
Date					

P.O. To: ____

Cooling tower specifications form.

Spec. Dwg. No.

Job No. ____________________

B/M No. ____________________

A.	
Page 1 of 1 Pages	
Unit Price	
No. Units	1
Item No.	SV - 3

SAFETY VALVE SPECIFICATIONS

DESCRIPTION

Make ( ) Model ______ Type-Back Press. (Standard) Standard

Size (Inlet x Orifice No. x Outlet) 1½ x D x 2 Phase Liquid

Set Press.[1] 157 psig (PSIG) @ 100 °F Full Flow Back Press. 0 PSIG

Req'd Orifice Area 0.0894 Sq. In.; Selected Orifice Area 0.110 Sq. In.

Accessories[2] No Lift Gear, No Finned Bonnet, No Test Gag.

Inlet Nozzle: Press. Class 1½", 150# Facing Raised Face

Outlet Nozzle: Press. Class 2", 150# Facing Raised Face

Mfg's. Rating 230 PSIG (Max) @ 100 °F; 160 PSIG (Min) @ 450 °F

[1] Refers to Initial Vessel relief pressure. [2] Refers to cap type, lifting gear, gag, etc.

MATERIALS

Body and Bonnet Cast Carbon Steel Trim Stainless Steel

Nozzle and Disc Forged Stainless Steel Bellows None

Spring Carbon Steel

REMARKS

Use three-way valve (Yes) (No)

Plant standards do not accept 1" flanged connections, therefore 1½" used.

PROCESS RATING DATA

Location Shell Side of heater

Fluid 95% Aqua Ammonia Flow Based On Tube Failure and pump capacity Set pressure Based On Max. Working Press

System Oper. Press. 30(shell) PSIG @ 275 °F; MW* 17

Req'd Cap. 40 gpm Lbs/Hr. @ 100 °F* Phase: Liquid Liquid Dens.* 36.0 Lbs/Cu. Ft.

Liq. Viscosity* 0.05 cp Accumulation overpressure 25 %; Back Press. Corr. Factor None

* Refers to properties at Set Pressure

CALCULATIONS

Max. Working Press. (Shell Side) = 210 psig

For 25% accumulation, set press. = (0.75)(210) = 157 psig

For liquid relief:

$$GPM = 27.2\ A\ K_p\ (\Delta P/Sp.Gr.)^{1/2}$$

$$K_p = 1.0 \text{ for 25\% accumulation}$$

$$\Delta P = 157 \text{ psig} - 0 \text{ psig} = 157 \text{ psi}$$

$$Sp.\ Gr. = 36/62.3 = 0.578$$

$$40 = 27.2\ A\ (1)\ (157/0.578)^{1/2}$$

$$A = 0.0894 \text{ sq.in.}$$

Very little vapor will be formed because steam cannot enter shell at 157 psig set pressure.

By	Chk'd	App.	Rev.	Rev.	Rev.
Date					

P.O. To: ____________________

Safety-relief valve specification for liquid overpressure example.

STANDARD CENTRIFUGAL PUMPS

CLIENT	SERVICE H_2SO_4 TRANSFER PUMPS	JOB NO. 2001J
LOCATION	ITEM NO. 01-J-107A & B	REQUISITION 2001-33 Req.#2001 - 33 Issue: Chg. 1 Sheet: 3
SECTION	NO. UNITS REQUIRED TWO (2)	

No.		
1	OPERATING CONDITIONS (EACH PUMP)	PUMP PERFORMANCE
2	LIQUID 75% H_2SO_4	MANUFACTURER
3	FLOW TEMPERATURE 5 TO 110 °F	TYPE/SIZE 1x1½ - 8
4	SP. GR. AT FLOW TEMP. 85 1.8	SPEED 3500 RPM, NO. STAGES 1
5	VISCOSITY AT FLOW TEMP. 8 TO 12 CP	EFF. AT RATED CAPACITY (18) 30 %
6	VAPOR PRESS. AT FLOW TEMP. NEG'L PSIA	BHP AT RATED CAPACITY (14.7) [illegible]
7	PERCENT/SIZE SOLIDS NONE	BHP MAXIMUM (22.5) 13.5
8		NPSH REQUIRED 4 FEET
9	CAPACITY, RATED (41) 35 GPM	SHUTOFF HEAD 160 FEET
10	NORMAL 32 GPM	MIN. FLOW REQUIRED 5 GPM
11	DISCH. PRESSURE 120 PSIG	IMPELLER DIA. RATED 5 7/8 INCHES
12	SUCTION PRESSURE FLOODED PSIG	MAX. 8 MIN. 5 INCHES
13	DIFF. PRESSURE 120 PSI	PERFORMANCE CURVE NO. 2100
14	DIFF. HEAD 154 FEET	MAX. ALLOW. CASING PRESS. 225 PSIG
15	NPSH AVAILABLE FEET	MAX. ALLOW. CASING TEMP. 250 °F
16	(NPSH MEASURED AT SUCTION CONN.)	HYDROSTATIC TEST PRESS. 412 PSIG
17		
18	CONSTRUCTION	CONNECTIONS / SUCTION / DISCHARGE
19	CASING TYPE ☒ AXIAL SPLIT ☐ RADIAL SPLIT	SIZE, INCHES / 1½ / 1
20	☐ SGL. VOLUTE ☐ DBL. VOLUTE ☐ DIFFUSER	RATING/FACING / 150 FF / 150 FF
21	CASING SUPPORT ☐ FOOT ☐ CENTERLINE	ORIENTATION / END / TOP
22	☐ VERTICAL INLINE ☐ BRACKET	DRIVER
23	IMPELLER MOUNTING ☐ OVERHUNG	FURNISHED BY ☒ MFGR ☐ PURCHASER
24	☐ BETWEEN BRGS.	MOUNTED BY ☒ MFGR ☐ PURCHASER
25	ROTATION FACING COUPLING ☐ CW ☐ CCW	☒ MOTOR DRIVE
26	BEARINGS	HP 20 RPM 3500 SF 1.15
27	TYPE/SIZE RADIAL BALL	MFGR. U.S. FRAME
28	THRUST BALL	☐ TURBINE DRIVE
29	LUBRICATION ☐ RING OIL ☐ FLINGER	HP RPM
30	☐ FORCE FEED ☐ GREASE	MFGR. MODEL
31	SEAL TYPE ☐ PACKED ☐ MECH. SEAL	(FURNISH DRIVERS IN ACCORDANCE WITH
32	MFGR/TYPE DURAMETALLIC PTO	ATTACHED DATA SHEETS & SPECIFICATIONS)
33	CODE/SIZE K(K5)SC(F/V)VV	
34		EACH PUMP SHALL BE SUPPLIED WITH:
35		COUPLING: MFGR FALK
36	WATER COOLING REQUIRED FOR:	TYPE/SIZE SPACER
37	☐ BEARINGS ☐ STUFFING BOX JACKET	COUPLING GUARD
38	☐ GLAND ☐ PEDESTALS	BASEPLATE ☒ EXTENDED FOR DRIVER
39	TOTAL WATER REQUIRED GPM	☐ DRIP RIM CONSTRUCTION
40		
41	MATERIALS / MATERIAL CODE	AND WITH FOLLOWING ITEMS CHECKED
42	CASING A / I-IRON S-STEEL	(1) ☒ SEAL FLUSH PIPING ALLOY 20
43	IMPELLER A / B-BRZ. D-DUCT. IRON	☐ COOLING WATER/OIL PIPING HARNESS
44	SHAFT S / C-CHR. STEEL %	☐ MINIMUM FLOW ORIFICE
45	SLEEVE A / SS-STAINLESS STEEL	☐ CASING DRAIN CONN. (THREADED)
46	WEAR RINGS A / TYPE	☒ SS DRIP PAN UNDER PUMP
47	INNER CASE PARTS A / A-ALLOY TYPE 20	☒ DRIP CUP UNDER GLAND
48	GLAND A	☐ STEAM JACKETING
49	(H) HARDENED (F) FACED	
50	REMARKS: CORRECTION FACTORS FOR	TESTS ☒ STD. SHOP TEST ☐ NPSH TEST
51	VISCOSITY Ce-.60 Cq .85 CH-1.0	☐ PERFORMANCE ☐ WITNESSED
52	ITEMS IN PARENTHESIS SHOW	
53	CORRECTION FOR [illegible] VISCOSITY	WEIGHT PUMP LBS
54		DRIVER LBS

04-5082

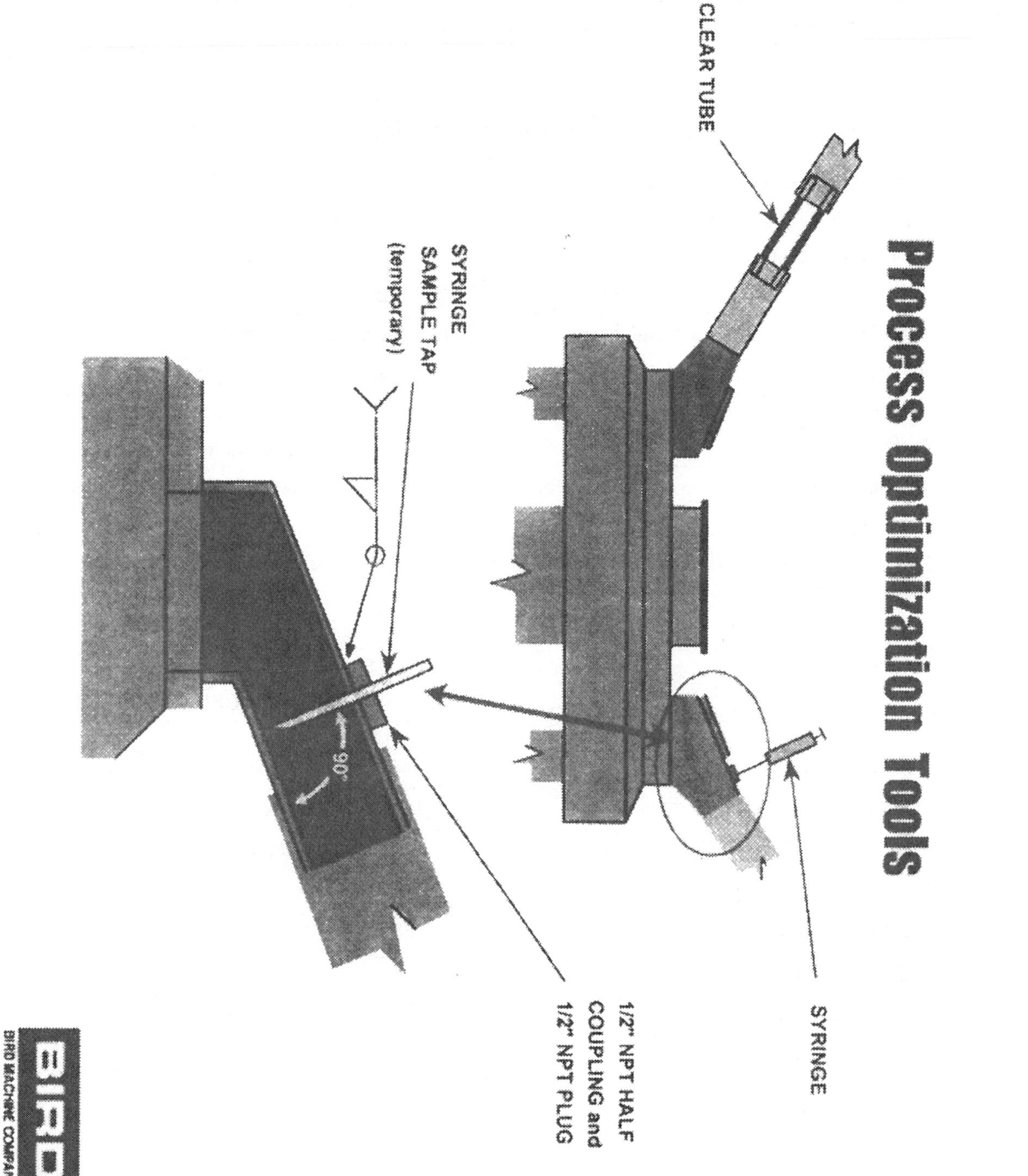
Process Optimization Tools
CLEAR TUBE
SYRINGE
1/2" NPT HALF
COUPLING and
1/2" NPT PLUG
SYRINGE
SAMPLE TAP
(temporary)
90°
BIRD
BIRD MACHINE COMPANY

FILTER ORIENTATION

According to degree locations found on the foundation plan drawing:

The outside radius of the level track = ______ ▯ one degree on perimeter = ________ mm

One cell vessel = ________ degrees, or ______ mm on perimeter Cells are level? Y / N

Feed box ______°, ______° 1st wash ______° 2nd wash ______° 3rd wash ________°

The outside radius of the wear plate = ______ ▯ one degree on perimeter = ________ mm

Vacuum on ______° Cloudy port ______° Product ______° Recycle ________°

Interim wash ______° Weak wash ______° Cake dry Vacuum off ________°

Cell inverting pocket ______° Cell return pocket ______° Start level control track ________°

Total filter area ________ M^2 Active area ______ M^2 Cake discharge? **wet / dry**

Comment :

Starting at the end of the level track, and again at each wash box, mark a reference for each successive surface dry cell.

← START ACTIVITY				← ___ →			
1 DRY 1	2 2	3 3	4 4	5 5	6 6	7 7	8 8
CELL	CELL	CELL	CELL	CELL	CELL	CELL	CELL

REFERENCE DRAWINGS Date: ________________ Model: ________________

Foundation Plan ________________ Ser. No. ________________

General Assembly ________________ Customer reference.

Control Track Assembly ________________ No. ________________

Level Control Track ________________

Distributor Assembly ________________

Wear Plate, Crown ________________

Seal Ring, Manifold ________________

Cell Vessel Assembly ________________

Timing crown

Actual Inspection?

< or >

Outside reference?

1. SCALE-UP 설계

문헌에서 정확한 DATA를 얻지 못하거나 과거의 경험이 적절한 설계기준에 이용할수 없을때는 효율적인 기계장치의 설계를 위하여 시험공장 (PILOT-PLANT) TEST를 시도해볼 필요가 있다.

이들 시험결과를 가지고 공장 규모 크기까지 일정비율 증가방법 (SCALE-UP METHODS)을 적용하여 설계를 보완해야 한다.

그렇지만 일정비율 증가방법은 기기장치 형태에 따라 적용에 제한을 받게되며, 실질적인 설계 변화량을 얼마나 적용시킬 것인가를 잘 알아야 한다.

특히 열교환기 (HEAT EXCHANGERS), 증류탑 (DISTILLATION COLUMNS), 펌프 그리고 보통 일반적인 기기장치들은 시험공장 자료없이 적절히 설계한다.

참고로 기기장치 SCALE-UP과 설계에 있어 반영해야 하는 내용의 요소들은 기기장치 유형 (TYPE OF EQUIPMENT)에 따라 다음과 같이 검토한다.

즉 기기장치의 유형 (TYPE OF EQUIPMENT) 별로

-. 시험공장의 운전자료가 필요한지의 여부
-. 운전 설계상의 주요 변화부문 (예, 용해온도, 반응율, 평행상태, 공기습도 온도, 입자크기, 증발잠열, 온도, 유량, 열교환 면적등)
-. 최대 SCALE-UP 비율
-. 안전율과 초과설계율 (SAFETY FACTOR AND OVER DESIGN FACTOR)

2. 설계상의 안전율 (SAFETY FACTORS)

안전율은 시간이 경과됨에 따라 운전상의 성능이 저하될수 있기때문에 이를 보정하기 위해 초과설계(OVERDESIGN)를 할때 적용하는 것이다.

그렇지만 무분별한 안전율의 과도한 적용은 설계에 많은 부담을 주어 손해를 입힐수도 있다는 점을 고려해야 한다.

각 기기장치는 필요한 기능을 다할수 있도록 설계해야 하며 불확실한 경우에는 알맞는 안전율을 적용하도록 한다.

운전중에 기기장치는 오염 (FOULING)되는 수가 있는데 이때는 효율이 떨어질수 있기 때문에 설계에 있어 안전율을 고려해야 한다.

일반적인 설계 작업에 있어 안전율을 얼마나 적용할 것인가는 다음 여건을 고려하여 결정한다.

-. 경제적인 사정
-. 시장의 여건
-. 설계 데이타와 계산의 정확도
-. 운전 성능상에 잠재적인 변화의 가능성

-. 전체 공정에서의 이용가능한 경험적인 정보
-. 각 구성요소를 설계할때 적용한 안전 제일주의를 고려한 안전율의 총합계

각각의 안전율은 현재의 조건을 기준하여 선택해야 하며, 고려해야할 항목들이 정확하다면 안전율은 ZERO 값을 적용할수도 있다.

3. 설계 규격명세서

기기장치 제작자(MANUFACTURER)와 접촉하기전에 기기장치의 예비 설계명세서를 준비해야 한다. 이 예비 설계명세서는 최종설계 명세서를 준비하는데 기초가 된다.

예비 설계명세서는 설계제안과 제작할때의 요구사항을 위해서 제작자에게 보내진다.

예비 설계명세서는 다음 내용을 주요 내용으로 하여 작성한다.

-. 기기장치의 명칭
-. 기능 설명
-. 운전 내용
-. 취급 물질
-. 기본설계 자료
-. 필수적인 공정제어 기능
-. 보온 필요 여부
-. 허용 오차
-. 특별히 요구하는 사항 (예 ; 구성품의 재질, GASKETS의 재질, 설치내용, 자재납품 필요일자, SUPPORTS, 특수한 설계내용, 특별한 의견이나 설명내용)

특히 설계명세서 작성에 있어서는 불필요한 제한이 너무 많지 않도록 주의해야 한다.

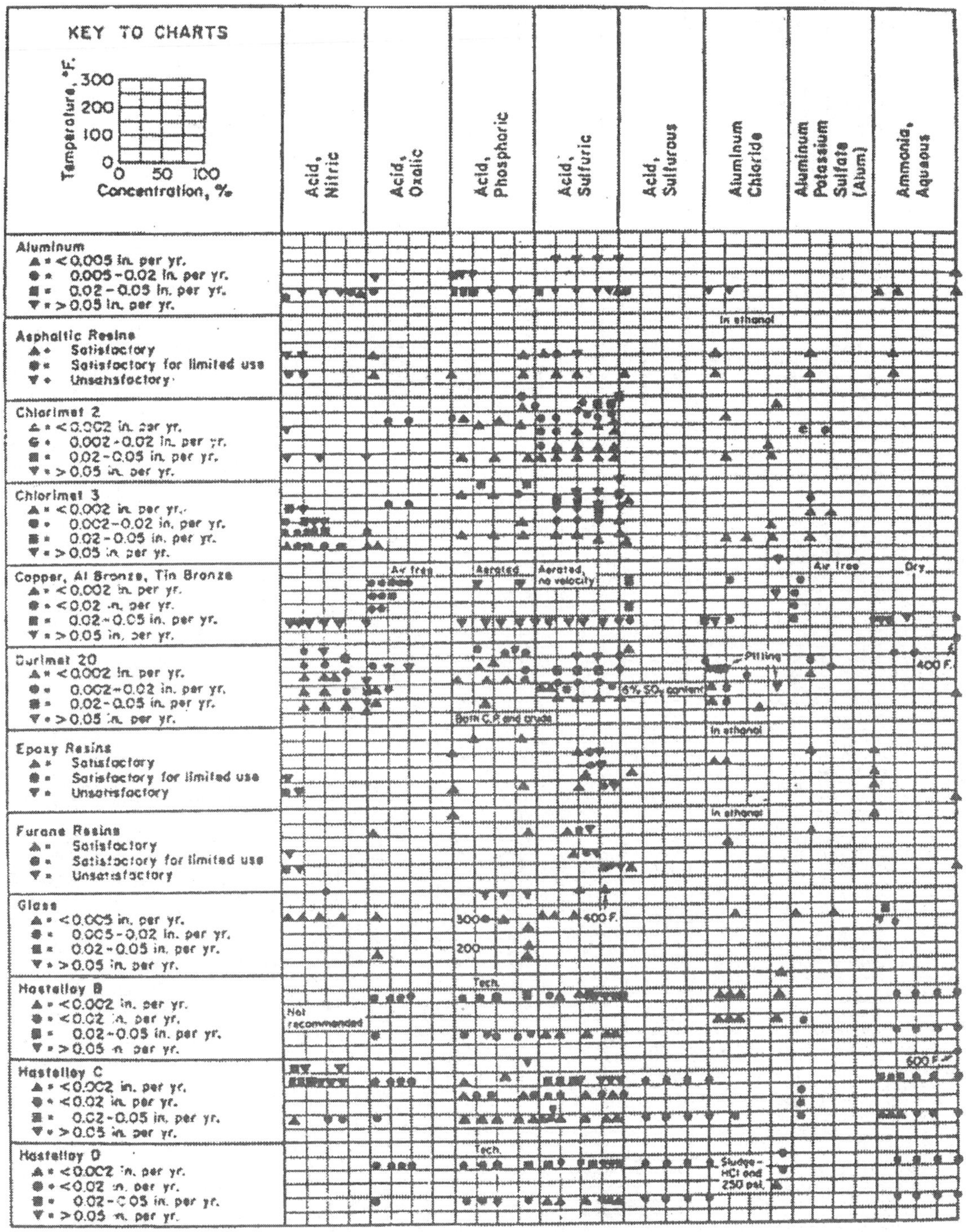

.—Corrosion resistance of materials of construction. (*From 16th Biennial Materials of Construction Report, Chem. Eng., November, 1954.*)

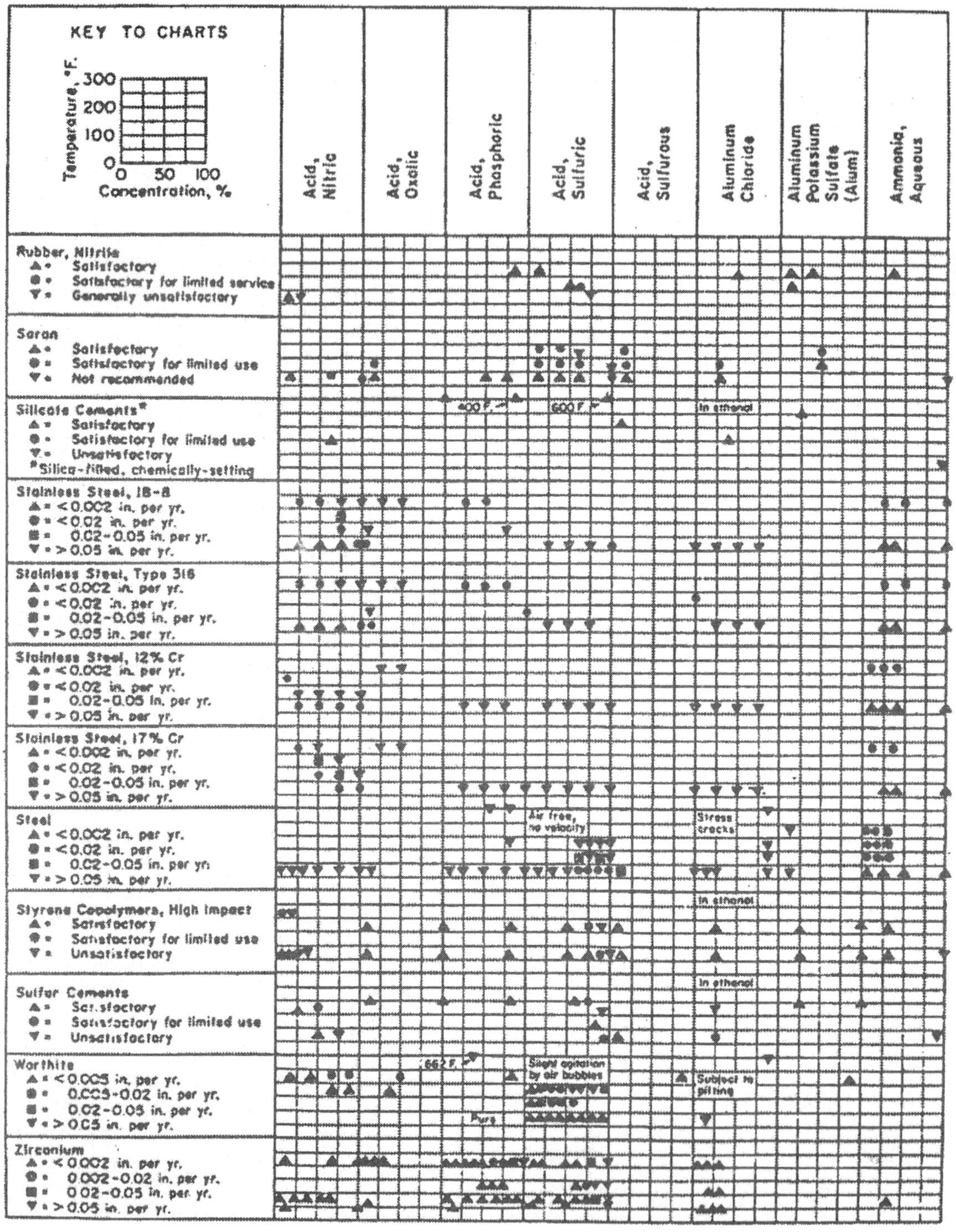

—Corrosion resistance of materials of construction. (*From 16th Biennial Materials of Construction Report, Chem. Eng., November*, 1954.)

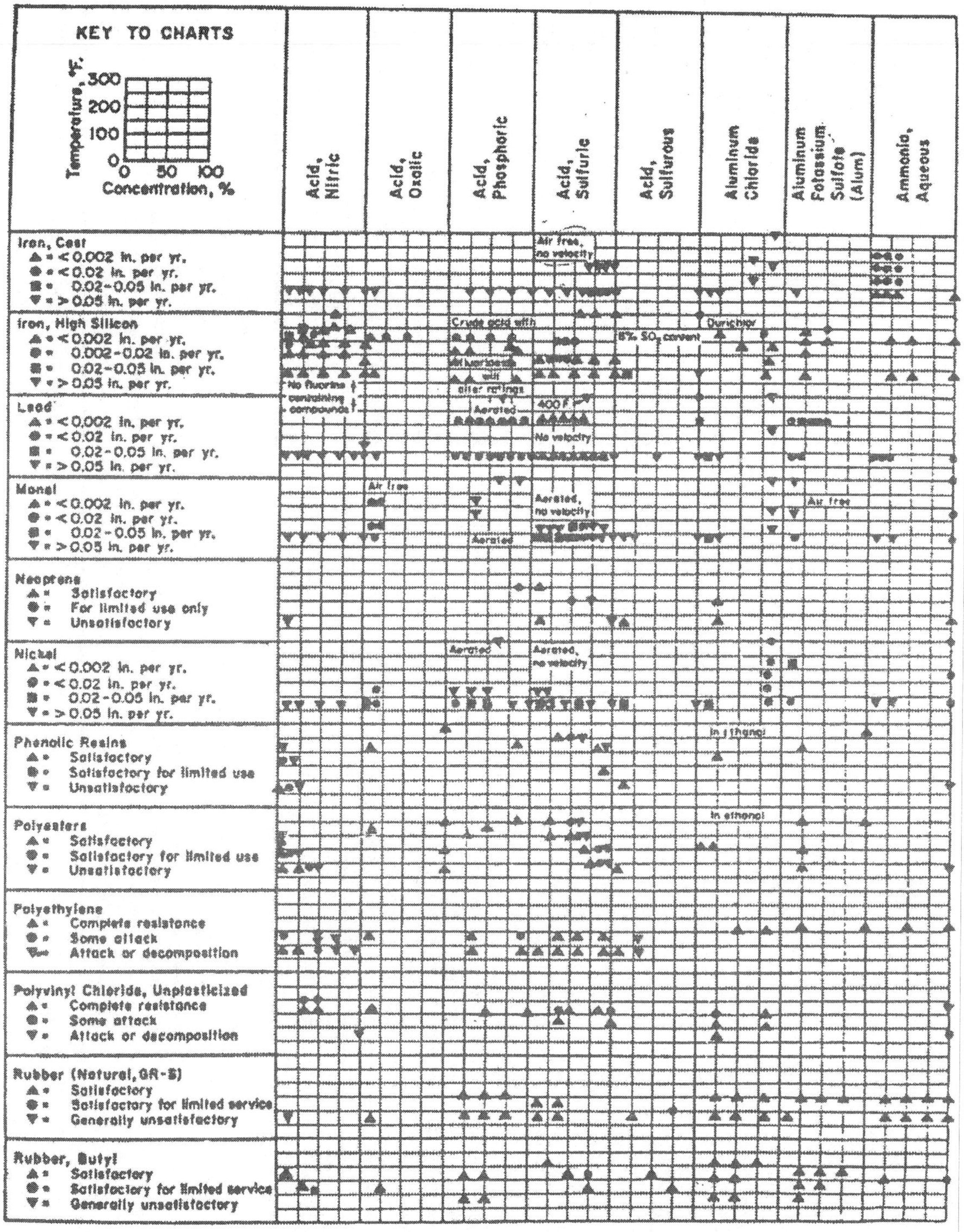

—Corrosion resistance of materials of construction. (*From 16th Biennial Materials of Construction Report, Chem. Eng., November, 1954.*)

Corrosion resistance of constructional materials†

Code designation for corrosion resistance	*Code designation for gasket materials*
A = acceptable, can be used successfully	a = asbestos, white (compressed or woven)
C = caution, resistance varies widely depending on conditions; used when some corrosion is permissible	b = asbestos, blue (compressed or woven)
X = unsuitable	c = asbestos (compressed and rubber-bonded)
Blank = information lacking	d = asbestos (woven and rubber-frictioned)
	e = GR-S or natural rubber
	f = Teflon

Chemical	Metals								Nonmetals					Acceptable nonmetallic gasket materials
	Iron and steel	Cast iron (Ni-resist)	Stainless steel		Nickel	Monel	Red brass	Aluminum	Industrial glass	Carbon (Karbate)	Phenolic resins (Haveg)	Acrylic resins (Lucite)	Vinylidene chloride (Saran)	
			18-8	18-8 Mo										
Acetic acid, crude	C	C	C	C	C	C	C	A	A	A	A	A	C	b, c, d, f
Acetic acid, pure	X	X	C	A	C	A	X	A	A	A	A	X	X	b, c, d, f
Acetic anhydride	C	C	A	A	A	A	X	A	A	A	A	X	C	b, c, d, f
Acetone	A	A	A	A	A	A	A	A	A	A	C	X	C	a, e, f
Aluminum chloride	X	C	X	X	C	C	A	A	A	A	A	...	A	a, c, e, f
Aluminum sulfate	X	C	C	A	C	C	X	A	A	A	A	A	A	a, c, d, e, f
Alums	X	C	C	A	C	A	X	A	A	A	A	A	A	a, c, d, e, f
Ammonia (gas)	A	A	C	A	A	A	X	C	A	...	A	...	C	a, f
Ammonium chloride	C	A	C	C	A	A	C	C	A	A	A	A	A	b, c, d, e, f
Ammonium hydroxide	A	A	A	A	C	C	X	C	A	...	A	A	C	a, c, d, f
Ammonium phosphate (monobasic)	X	C	A	A	...	C	X	X	A	A	A	...	...	b, c, d, e, f
Ammonium phosphate (dibasic)	C	A	A	A	...	A	C	C	A	A	A	...	...	a, c, d, e, f
Ammonium phosphate (tribasic)	A	A	A	A	A	A	X	C	A	A	A	...	...	a, c, d, e, f
Ammonium sulfate	C	A	C	C	A	A	C	A	A	A	A	A	A	b, c, d, e, f
Aniline	A	A	A	A	...	A	X	...	A	A	C	...	C	a, f

Benzene, benzol	A	A	A	A	A	A	A	A	A	A	A	...	C	a, f
Boric acid	X	C	A	A	A	A	C	A	A	A	A	...	A	a, c, d, e, f
Bromine	X	C	C	C	C	C	C	...	A	C	X	...	X	b, f
Calcium chloride	C	A	C	C	A	A	C	C	A	A	A	A	A	b, c, d, e, f
Calcium hydroxide	A	A	A	A	...	A	C	...	...	...	...	...	...	a, c, d, e, f
Calcium hypochlorite	X	C	C	A	C	C	C	C	A	A	C	...	C	b, c, d, f
Carbon tetrachloride	C	C	C	A	A	A	C	C	A	A	A	A	C	a, f
Carbonic acid	C	C	A	A	A	A	C	A	A	A	A	A	A	a, e, f
Chloracetic acid	X	...	X	X	C	C	X	C	A	...	A	...	...	b, f
Chlorine, dry	A	A	C	A	A	A	A	A	A	A	A	...	X	b, e, f
Chlorine, wet	X	X	X	X	X	X	X	X	A	C	A	...	X	b, e, f
Chromic acid	C	C	C	C	C	C	X	C	A	X	X	X	A	b, f
Citric acid	X	C	C	A	C	A	C	A	A	A	A	A	A	b, c, d, e, f
Copper sulfate	X	C	A	A	C	C	X	X	A	A	A	X	...	b, c, d, e, f
Ethanol	A	A	A	A	A	A	A	A	A	A	A	...	A	a, c, e, f
Ethylene glycol	A	A	A	A	A	A	A	A	A	A	A	A	C	a, c, e, f
Fatty acids	C	C	A	A	A	A	C	A	A	A	A	...	A	a, e, f
Ferric chloride	X	X	X	C	X	X	X	X	A	C	A	...	A	b, e, f
Ferric sulfate	X	X	C	A	C	C	X	C	A	C	A	...	A	b, c, e, f
Ferrous sulfate	C	A	A	A	A	A	C	C	A	A	A	...	C	
Formaldehyde	C	C	A	A	A	A	C	A	A	A	A	...	A	a, c, e, f
Formic acid	X	...	C	C	C	C	X	X	A	A	A	...	A	b, c, e, f
Glycerol	A	A	...	A	A	A	A	A	A	A	C	A	C	a, c, e, f
Hydrocarbons (aliphatic)	A	A	A	A	A	A	A	A	A	A	A	A	C	a, c, d, f
Hydrochloric acid	X	X	X	X	C	C	X	X	A	A	A	A	C	b, c, d, f
Hydrofluoric acid	C	X	X	X	C	C	X	X	X	A	C	...	C	b, f
Hydrogen peroxide	C	...	C	C	C	C	C	A	A	A	A	A	C	a, e, f
Lactic acid	X	C	C	A	C	C	A	C	A	A	A	...	...	a, b, c, d, e, f
Magnesium chloride	C	C	C	C	A	A	C	C	A	A	A	...	A	b, c, e, f
Magnesium sulfate	A	A	A	A	A	A	A	A	A	...	A	...	A	b, c, e, f
Methanol	A	A	A	A	A	A	A	A	A	A	A	...	A	a, c, e, f
Nitric acid	X	C	C	C	X	X	X	C	A	C	C	...	C	b, f
Oleic acid	C	C	A	A	A	A	C	A	A	A	A	...	A	a, e, f
Oxalic acid	C	C	C	C	C	A	C	C	A	A	A	...	...	b, c, d, e, f
Phenol (carbolic acid)	C	A	C	A	A	A	C	A	A	A	C	A	C	a, f
Phosphoric acid	C	C	C	A	C	C	X	X	C	A	A	...	A	b, c, f
Potassium hydroxide	C	C	A	A	A	A	X	X	...	...	...	...	C	a, e, f
Sodium bisulfate	X	C	A	A	A	A	C	C	A	A	A	...	A	b, c, d, e, f

†From miscellaneous sources. For additional details, see "Chemical Engineers' Handbook," 6th ed., McGraw-Hill Book Company, New York, 1984.

(Continued)

Corrosion resistance of constructional materials† (*Continued*)

Chemical	Metals								Nonmetals					Acceptable nonmetallic gasket materials
	Iron and steel	Cast iron (Ni-resist)	Stainless steel 18-8	Stainless steel 18-8 Mo	Nickel	Monel	Red brass	Aluminum	Industrial glass	Carbon (Karbate)	Phenolic resins (Haveg)	Acrylic resins (Lucite)	Vinylidene chloride (Saran)	
Sodium carbonate	A	A	A	A	A	A	C	C	C	A	A	X	...	a, c, d, e, f
Sodium chloride	A	A	C	C	A	A	C	C	A	A	A	...	...	a, c, d, e, f
Sodium hydroxide	A	A	A	A	A	A	C	X	C	A	A	A	C	a, c, d, f
Sodium hypochlorite	X	C	C	A	C	C	C	X	A	C	X	...	A	b, c, d, f
Sodium nitrate	A	A	A	A	A	A	C	A	A	A	A	...	...	b, c, d, e, f
Sodium sulfate	A	A	A	C	A	A	A	A	A	A	A	...	A	a, c, d, e, f
Sodium sulfide	A	A	C	A	A	A	X	X	C	A	A	...	...	a, e, f
Sodium sulfite	A	A	A	A	A	A	C	C	A	A	A			
Sodium thiosulfate	C	...	A	A	A	A	C	C	A	A	A	...	A	a, c, d, e, f
Stearic acid	C	A	A	A	A	A	C	A	A	A	A	...	...	a, e, f
Sulfur	A	C	C	C	C	C	C	C	A	A	A	...	...	a, e, f
Sulfur dioxide	C	C	C	C	C	C	C	A	A	A	A	...	A	a, f
Sulfuric acid (98 % to fuming)	A	C	X	C	X	X	X	C	A	X	X	X	C	b, f
Sulfuric acid (75–95 %)	A	C	X	X	X	C	X	X	A	C	X	X	C	b, f
Sulfuric acid (10–75 %)	X	C	X	X	C	C	X	X	A	A	C	C	A	b, f
Sulfuric acid (<10 %)	X	C	X	C	C	C	C	C	A	A	C	A	A	a, b, c, e, f
Sulfurous acid	X	...	C	A	X	X	C	C	A	A	A	...	C	b, c, d, e, f
Trichloroethylene	C	A	C	A	A	A	C	C	A	A	A	...	C	a, f
Zinc chloride	C	C	C	X	A	A	X	C	...	...	A	A	...	b, c, d, e, f
Zinc sulfate	C	A	A	A	A	A	C	C	...	...	...	...	...	b, c, d, e, f

†From miscellaneous sources. For additional details, see "Chemical Engineers' Handbook," 6th ed., McGraw-Hill Book Company, New York, 1984.

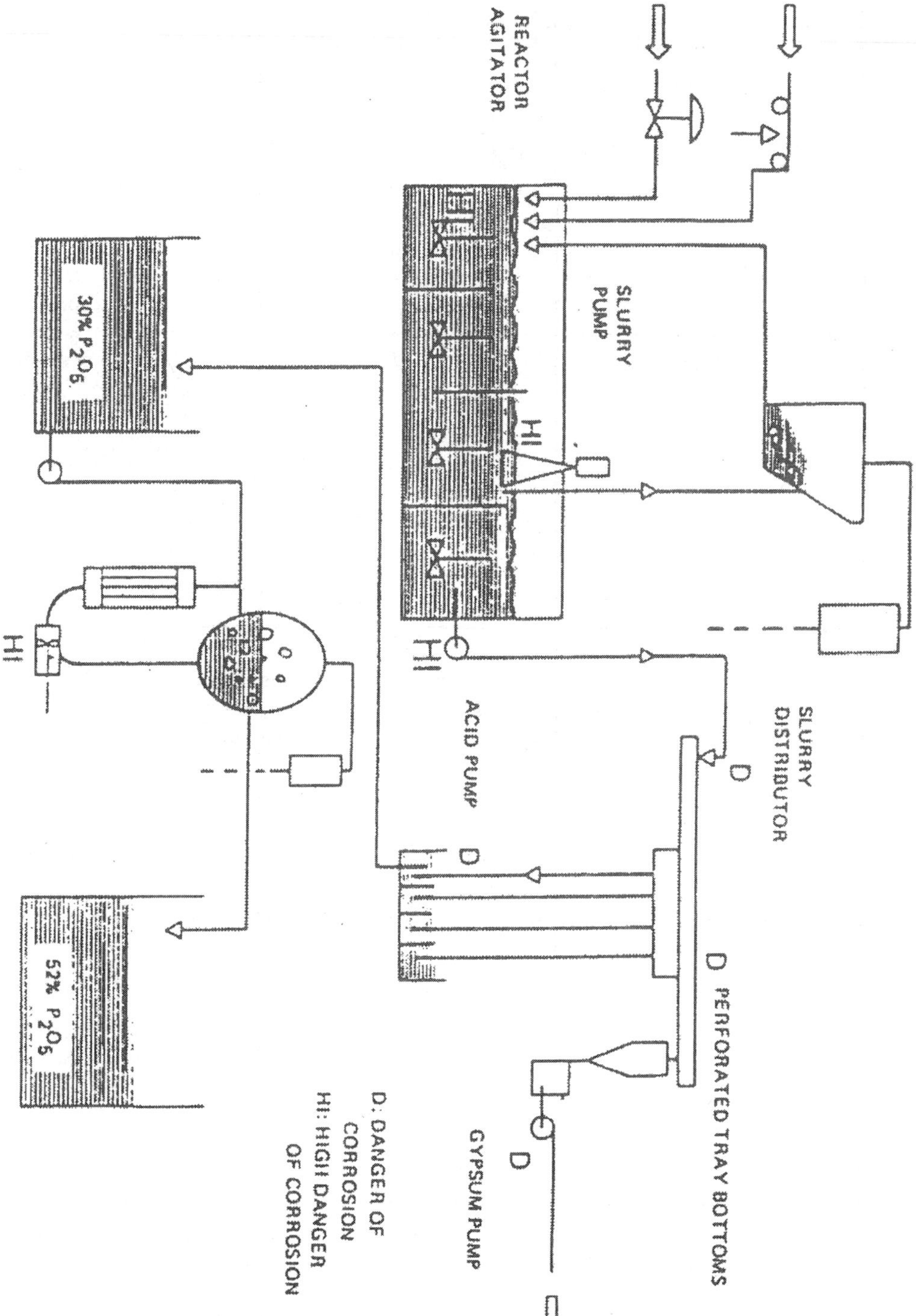

Simplified diagram for phosphoric acid dihydrate system corrosion spot.

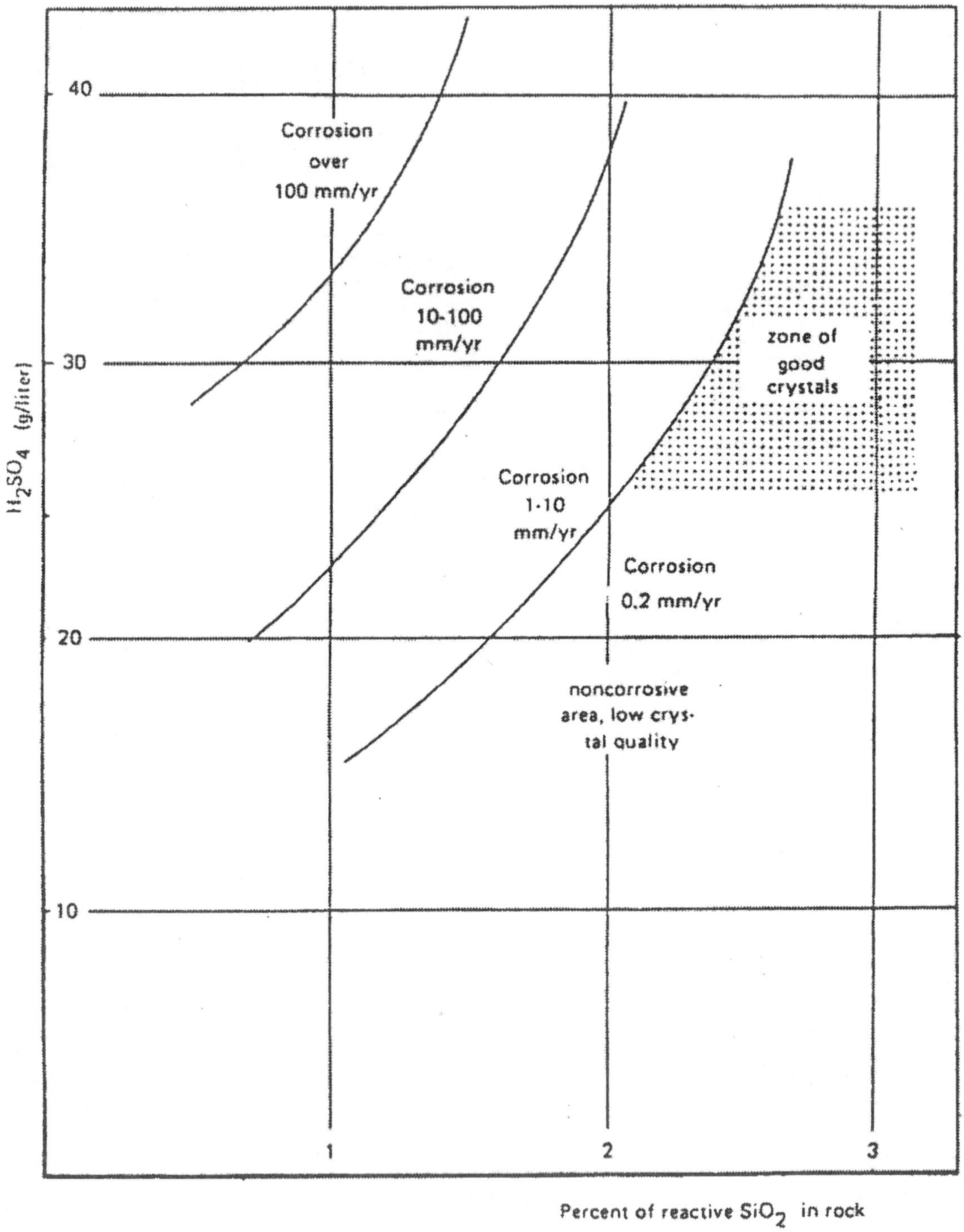

Combined effect of H_2SO_4-F and SiO_2 on abrasion corrosion in millimeters per year with a rock with a high F/SiO_2 ratio. 316L stainless steel. Peripheral speed 140 m/min. (From Ref. 2.)

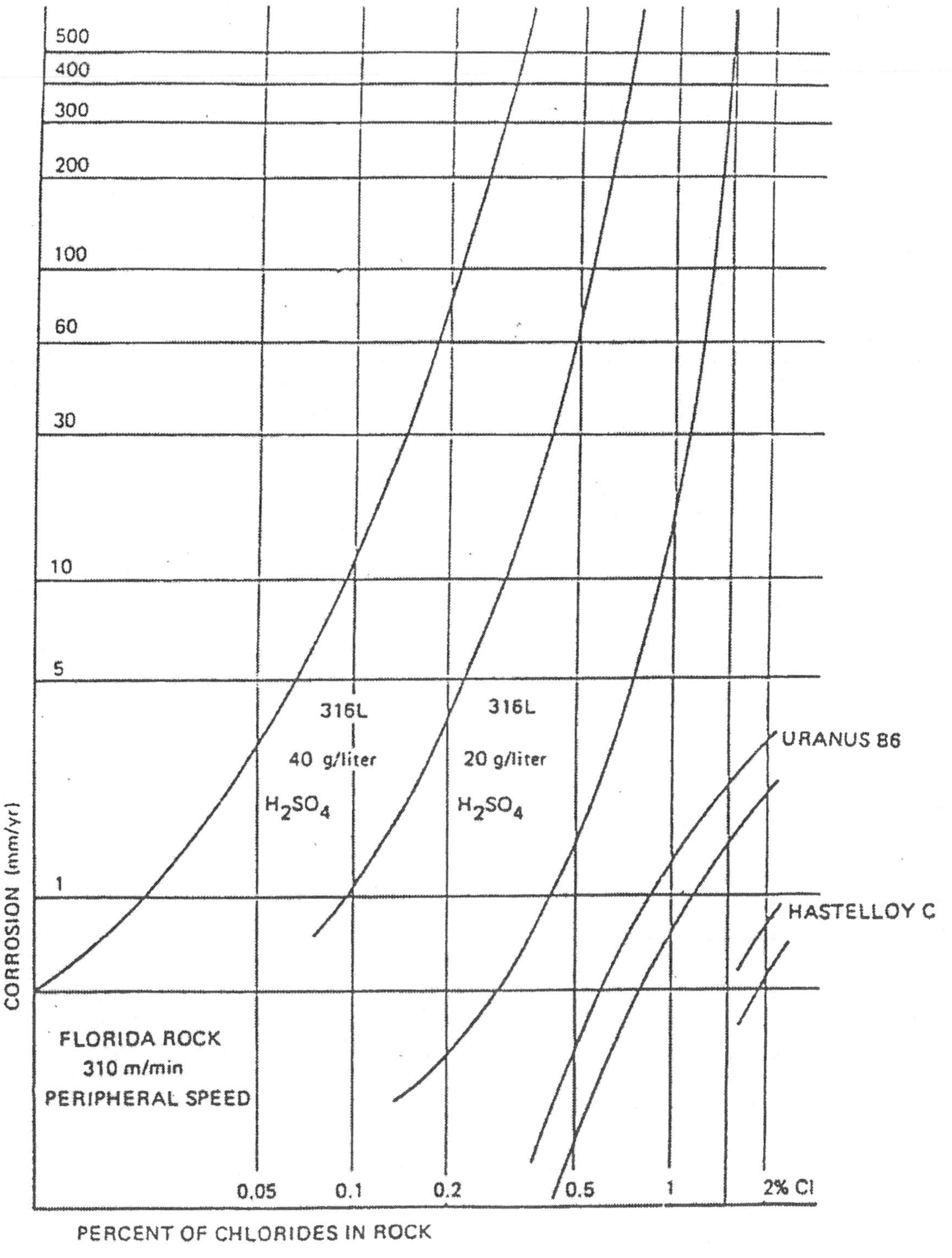

Effect of chlorides on corrosion.

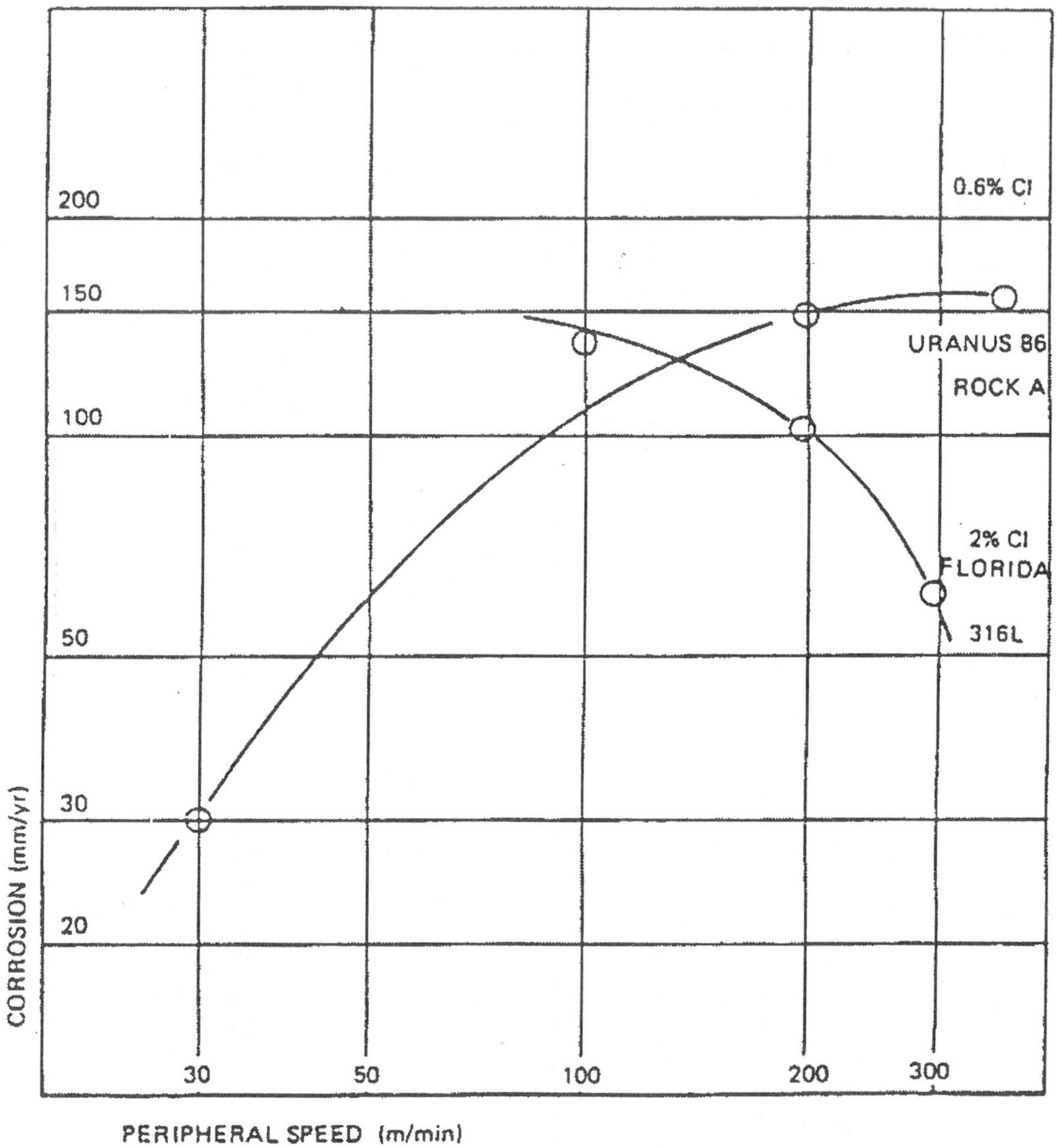

Effect of speed in chloride corrosion pitting.

4. 구조물의 재질 (MATERIALS OF CONSTRUCTION)

설계할때 기기장치나 구조물의 부식과 마모 (CORROSION AND EROSION)에 대하여 주의 깊게 고려해야 한다.

구조물 재질의 화학적인 내성 (CHEMICAL RESISTANCE)과 물리적인 성질은 기기장치 선택과 설계에 중요한 요소가 된다.

구조물의 재질은 어떠한 화학물질의 부식 반응에도 내성(耐性)을 가져야만 한다.

또한 화학 물질에는 내성(耐性)이 있다 할지라도 물질흐름에 따라 마모(EROSION) 현상이 나타날수 있기때문에 부식(CORROSION)과 마모(EROSION) 현상을 동시에 검토해야한다.

구조물 재질의 최종선택은 다음 내용들을 검토하여 결정하도록 한다.

-. 구조물의 강도

-. 물리적인 저항

-. 열적 충격 (THERMAL SHOCK)

-. 비용

-. 제작상의 용이성

-. 정비의 필요성

-. 운전온도와 압력등

적정한 재질 선택에 의문이 있을때는 문헌을 참고로 하거나 운전조건에 맞는 실험실적 시험을 하여 자료를 얻도록 한다.

또한 시험 공장규모의 시험운전을 하여 부식율과 마모율을 측정할수 있고 아울러 기타 운전요소의 영향등도 예측할수 있다.

21-5. 설계시의 응용 대상 (Applied Parameters in Plant Design)

첨단산업이 계속 다양화 되어감에 따라 화학공장도 아울러 생산제품이 정밀화되고 복잡 다양화 되어가는 추세에 있다.

과거 공장 건설과는 달리 현재와 미래의 공장건설에 있어서는 특히 국민보건(Health), 환경(Environment), 안전(Safety) ; 즉 HES 부문에 영향, 피해정도를 명확히 규명하지 않고서는 공장을 건설할수 없는 단계에 와있다.

무엇보다도 안전에 있어 고온 고압의 화학 반응시설, 독극물, 위험물의 대량 생산 시설과 저장 시설등의 관리의 난이도와 기술의 취약성등으로 사고 발생시의 피해범위는 가공할만한 상태에 이르게 되었다.

또한 독극물이 환경영향에 얼마나 치명적인 피해를 줄가능성이 있겠는지를 과학적인 이론을 바탕으로 하여 면밀히 검토한 후에 사업성과 프로젝트 추진여부를 결정해야 한다.

최고 경영자는 사업 추진팀에서 상기 내용들을 가지고 충분히 검토한후에 사업 추진할수 있도록 철저히 경영 관리해야 한다.

위험도와 난이도에 의한 고부가 가치는 생각하지 않고 단순한 고부가 가치만 믿고 사업추진의 의사결정을 하였다가는 그 후유증으로 사회에 많은피해를 주게된다는 사실을 깊이 생각해야 한다.

21-5-1. 보건과 안전의 위험 요소 (HEALTH-SAFETY HAZARD CONTROL)

사업 추진시에는 공급원료, 중간 공정제품, 완제품등에 대하여 독극물성 여부를 세심히 검토해 내야하고, 이들 물질에 대한 처리공정 시설이 완벽할수 있는지의 여부를 면밀히 검토 파악한 후에 사업 추진을 결정해야 한다.

또한 생산 공정에서 독극물이 부반응으로 생성될수 있는지의 여부도 이론적으로 주의깊게 생산공정을 검토해야 한다.

생산 공정에서의 부반응에 대하여는 참고 문헌을 찾아보도록 하고 여기에 응용할수 있는 자료로는 MSDS (MATERIAL SAFETY DATA SHEET)와 CSDS (CHEMICAL SAFETY DATA SHEET)가 있는데 이들 자료를 찾아 제품의 화학적, 물리적, 독성(TOXIC), 안전성, 처리 취급 방법등을 정확히 이해하고 설계에 반영해야 한다.

물질의 고유의 독성(TOXICITY)은 동물 실험으로 측정되는데 다음과 같이 표시된다.

설계시에는 해당 물질의 독성이 얼마나 강한지를 다음에 정의된 내용의 값을 찾아보고 판단해야 한다.

참고로 인간에 대한 독성치는 동물 실험으로부터 얻은 수치를 가지고 외삽추정(EXTRAPOLATION)한 것이다.

1) LD 50 (LETHEL DOSE FIFTY) ; 실험 동물에 화학물질, 약품등을 투여 하였을때 실험 동물의 50%가 사망한 약품 투여량.

2) LC 50 (LETHEL CONCENTRATION FIFTY) ; 실험동물에 화학물질, 약품등을 일정시간 흡입 시켰을때 실험동물의 50%가 사망한 약품 농도 (PPM, MG/M3)

3) 허용 농도

허용 농도는 주로 일본 산업위생 학회의 추천에 의한것을 (일본)이라고 표기하고 미국산업 위생학회의 추천에 의한것을 (TWA) 또는 (STEL)로 주로 기재하며 그 개요는 다음과 같다.

-. 일본 산업 위생 학회 ; 근로자가 유해물질에 연일 폭로된 때에 해당 유해 물질의 공기중 농도가 이 수치 이하이면 대부분 전체 근로자에 악영향을 미치지 않는 농도이다.
하수 노동시간은 통산 노동시간으로 하고 육체적으로 심하지않는 노동에 종사할때 하루의 실노동 시간에 대한 평균 농도이다.

-. 미국 산업 위생 학회

가) TLV : TWA (THRESHOLD LIMIT VALUE - TIME WEIGHTED AVERAGE)
시간하중 평균치로 대부분 전체 근로자가 하는 8시간 또는 주 40시간의 평상 작업에 있어서 매일같이 반복 피폭되어도 악영향을 받지 않을것으로 생각되어지는 농도로 시간에 중점을 둔 유해물질의 평균 농도이다.

나) TLV : STEL (THRESHOLD LIMIT VALUE - SHORT TIME EXPOSURE LIMIT)
단시간의 피폭한 계치로 근로자가 15분간 연속 피폭하여도 자극 만성적인 조직 변화, 작업능률의 실질적 저하등을 가져오는 정도의 마취 상태등을 일으키는 일이 없는 유해물질의 최고농도를 말한다.
이같은 유해물질의 최대허용 농도이며, 15분 동안 그 농도를 절대로 넘어서는 안되는 한계치이다.

참고로 TLV 값은 다음 자료에서 얻을수 있다.

-. OSHA (OCCUPATIONAL SAFETY AND HEALTH ACT)
-. ACGIH (THE AMERICAN CONFERENCE OF GOVERNMENTAL INDUSTRIAL HYGIENISTS)
-. AIHA (THE AMERICAN INDUSTRIAL HYGIENE ASSOCIATION)
-. NIOSH (THE NATIONAL INSTITUTE FOR OCCUPATIONAL SAFETY AND HEALTH)
-. HSE (THE UNITED KINGDOM HEALTH AND SAFETY EXECUTIVE)

또한 신규사업 추진시 화학공장 설계를 위해 생산공정을 검토할때에는 독성문제에 대하여 다음 내용을 철저히 파악하도록 한다.

-. 독극물이 노출될수 있는 근원지 (SOURCES OF EXPOSURE)
-. 독극물 노출에 대한 평가검토 (EXPOSURE EVALUATION)
-. 독극물 노출의 억제제어 (EXPOSURE - HAZARD CONTROL)

최고 경영자는 화학공장 설계에 있어 독극물 억제제어 방법을 명확히 파악해야 하며 사업추진이 결정되면 최대한의 사업비를 독극물 억제제어 시설에 투자해야 한다.

21-5-2. **화재와 폭발성의 위험요소** (FIRE AND EXPLOSION HAZARDS)

화학공장 설계에 있어 독성물질 방출외에 화재와 폭발 가능성의 문제는 철저히 다루어 억제제어 할수있는 방법을 설계에 반영시켜야 한다.

화학공장 건설 사업추진시 설계 단계에서 이들 위험요소 억제제어를 위한 방법을 외국 선진국의 관리규정을 참고하여 최대한의 사업비를 투자하도록 한다.

기업뿐만 아니라 사회에 미치는 영향을 무시할수 없기 때문이다.

산업재해 예방과 안전에 관한한 기술자는 철학을 가지고 자연과학을 바탕으로 하여 사업추진과 설계에 임해야 한다.

설계는 다음에 소개하는 인정된 기관의 규격과 규정에 충족되도록 해야 한다.

-. THE AMERICAN STANDARDS ASSOCIATION
-. AMERICAN PETROLEUM INSTITUTE
-. AMERICAN SOCIETY FOR TESTING MATERIALS
-. FACTORY MUTUAL LABORATORIES
-. NATIONAL FIRE PROTECTION ASSOCIATION
-. UNDERWRITERS' LABORATORIES

또한 압력용기와 저장탱크의 설계와 건설은 API와 ASME 규정을 충족토록 하고 용기는 설계압력의 1.5~2배 또는 그 이상에서 시험해야 한다.

그리고 적절한 배출구(VENTING)가 필요하며, SPRING-LOADED VALVES와 RUPTURE DISKS를 설치하여 용기와 저장탱크를 보호하도록 설계를 하여야 한다.

참고로 화제 예방을 위해서는 화재에 원인이 되는 다음의 불필요한 모든 점화원을 제거해야 한다.

-. 화염 (FLAMES)
-. 불꽃, 불똥 (SPARKS)
-. 가열물질

또한 잠재력이 있는 다음의 모든 점화원들은 화재 예방관리에 최대의 관심을 기울여 교육시키고 관리해 나가야 한다.

-. 성 냥
-. 담배불
-. 용접과 절단작업
-. 정전기
-. 자연 발화 연소
-. 비방폭형 전기장치나 기구 등

21-5-3. 직원에 대한 안전시설 배려

설계 시작 단계에서 공장 직원의 보건안전에 대한 보호를 위해 일체화된 시설을 설치토록 배려해야 하며 또한 보호 대책에 최대 관심을 쏟아야 한다.

즉 다음의 시설은 합리적인 방법으로 설계하여 운전하기 용이하도록 설치해 주어야한다.

-. PROTECTED WALKWAY
-. PLATFORMS
-. STAIRS
-. WORK AREAS

설치를 할때 물리적인 위험성을 배제할수 없을 경우에는 안전 경제표시를 명확히 해주어야 한다.

이러한 위험성이 있는 지역에는 탈출 수단이나 탈출구를 틀림없이 설치해 주어야 한다.

또한 모든 기계장치는 안전설비 장치로 보호해야 한다.

그리고 의무실 시설과 응급처치 능력을 갖추어 모든 직원들을 돌볼수 있도록 설계 시작단계에서 부터 최대의 관심을 배려해주도록 해야 한다.

21-5-4. 안전 규정 (SAFETY REGULATIONS)

앞에서 언급한 OSHA (THE OCCUPATIONAL SAFETY AND HEALTH ADMINISTRATION) 규정은 모든 작업자의 안전 작업조건과 인적자원 보호를 위해 제정 되었는데 이들 자료를 안전설계에 참고하도록 한다.

또한 설계에 반영할 수 있는 보건안전에 대한 표준 (STANDARDS)으로서는 다음을 참고할수 있다.

-. TOXIC HAZARDOUS SUBSTANCES
-. OCCUPATIONAL NOISE EXPOSURE

상기 자료에는 설계에 반영할 다음 내용들이 포함된다.

-. 독성과 발암성 물질 (VAPORS, FUMES, DUST FIBERS 기타 매개체의 물질 등으로부터 원인이 되는 발암성 물질)
-. NOISE-LEVEL CRITERIA

그리고 다음 자료들을 상세 설계에 응용하도록 한다

-. THE NATIONAL ELECTRIC CODE
-. MACHINERY AND MACHINERY GUARDING
-. ASME
-. ASNI

또한 설계에 응용할 내용중 환경과 안전에 대해서는 다음의 규정을 참고하도록 한다.

-. FEDERAL REGISTER (FR)
-. FR INDEX
-. CODE OF FEDERAL REGULATIONS (CFR)
-. CFR GENERAL INDEX
-. CUMULATIVE LIST OF CFR SECTIONS AEFECTED

21-6. 공정 안전 관리 (PROCESS SAFETY MANAGEMENT)

1. 개 요

화학공장은 고도의 기술집약적 장치 산업이며 또한 첨단의 정밀화학 제품 생산공장이다.

이들 공장들은 생산 활동을 하는 과정에 독성물질과 인화성 물질 그리고 폭발성 물질등 다양한 화학 물질들을 다루게 된다.

화학공장은 제품 생산 형태에 따라 이를 위험 물질들을 다량 보유 저장하거나, 공정에서 가동처리 하는 과정중에 위험물의 누출, 화재 또는 폭발과 같은 대형사고를 일으킬 잠재성을 항상 내포하게 된다.

대형사고 발생시에는 공정지역에 종사하는 직원은 물론 인근의 주민까지 인명 피해를 입게되는 것은 말할것도 없고 기업과 사회의 막대한 재산손실을 안겨주게 된다.

또한 이들 사고로부터 발생되는 환경 및 생태계 변화에 대하여는 인간으로서 복구하기 힘든 결과를 낳게 된다.

이러한 화학 공장의 대형사고를 예방하기 위하여 세계 각국에서는 그간 적절한 관리기술시스템을 연구하여 왔다.

특히 미국에서는 이러한 종합 기술관리 시스템을 공정안전관리 (PROCESS SAFETY MANAGEMENT ; PSM)라고 명칭하고 의회에서 연방법으로 공정안전관리(PSM) 제도를 도입하고 또한 국제 노동기구(ILO)에서도 총회에서 국제 협약으로 채택하게 되었다.

2. 공정안전 관리의 목적

화학공장 설계에 있어 위험 요소들을 원초적으로 제거하기 위해 고도의 기술을 도입하여 설계하고 최대한의 관심을 유도해야 한다.

중요한 목적에 대하여는 다음과 같이 요약한다.

-. 독극물로 인한 중대 산업재해의 예방
-. 독극물로 인한 사고의 잠재 위험요소를 최소화
-. 사고 발생시의 인명피해와 재산손실을 최소화
-. 환경과 생태계에 미치는 악영향을 최소화
-. 생산 가동율의 제고
-. 시설물 수명의 극대화

공정안전관리 (PSM)에 대하여 다시금 요약해보면 화학제품의 공정 위험요소는 독성, 화재, 폭발로 구분될수 있으며 이들 화학물질이 누출되거나 취급 부주으로 사고와 연결될때에는 작업장의 직원과 인근 주민들에게 엄청난 피해를 입히게 된다.

따라서 이러한 위험요소의 화학 물질들을 취급하는 공정에서 일어날수 있는 중대 피해를 예방하기 위한 안전관리 시스템을 공정안전관리 (PROCESS SAFETY MANAGEMENT ; PSM)라고 한다.

3. HAZOPS STUDY

HAZOPS STUDY는 모든 공장이나 기기장치의 위험요소 또는 운전상의 문제점들을 정상조건과 비교확인 하기 위한 체계적으로 접근하는 기술 (SYSTEMATIC TECHNIQUE) 이다.

즉 HAZARD AND OPERABILITY STUDY를 HAZOPS STUDY라고 한다.

공정이나 기기장치의 각 구간에 설치된 배관시설과 각 기기장치, 그리고 계기장치등을 주의깊게 검사하고, 모든 정상운전 조건에서 벗어난 현상 (DEVIATIONS)이 있는지의 여부를 확인하고 검사하는 것이다.

즉 생산공정을 SECTION별, LINE별 그리고 ITEM별로 구분하여 검토하고, 정상운전 조건에서 벗어난 현상(DEVIATIONS)이 발생할수 있는 원인을 찾고 또한 이러한 현상에 의하여 일어날수 있는 결과를 예측하는 것이다.

공정상에서 이상 현상의 원인이 발견되면 그 원인을 제거하도록 모든 대책을 강구해야한다.

상기와 같이 공정을 관리하면서 정상운전 조건에서 벗어난 현상의 문제점을 발견하고 원인제거에 대한 해결책을 제안하는 것이 HAZOPS STUDY 이다.

HAZOPS STUDY에서 응용 검토해야 할 부분은 다음과 같다.

-. 유체의 흐름 (NOFLOW, BACKFLOW)
-. 온도의 변화 (증가 또는 감소)
-. 압력의 변화 (감소 또는 증가)
-. 불순물의 증가
-. 부적당한 잘못된 물질의 흐름
-. LEVEL의 변화 (증가 또는 감소)
-. 조성의 변화
-. 공정상의 영향을 줄수있는 불순물의 유입 또는 다른 요소등

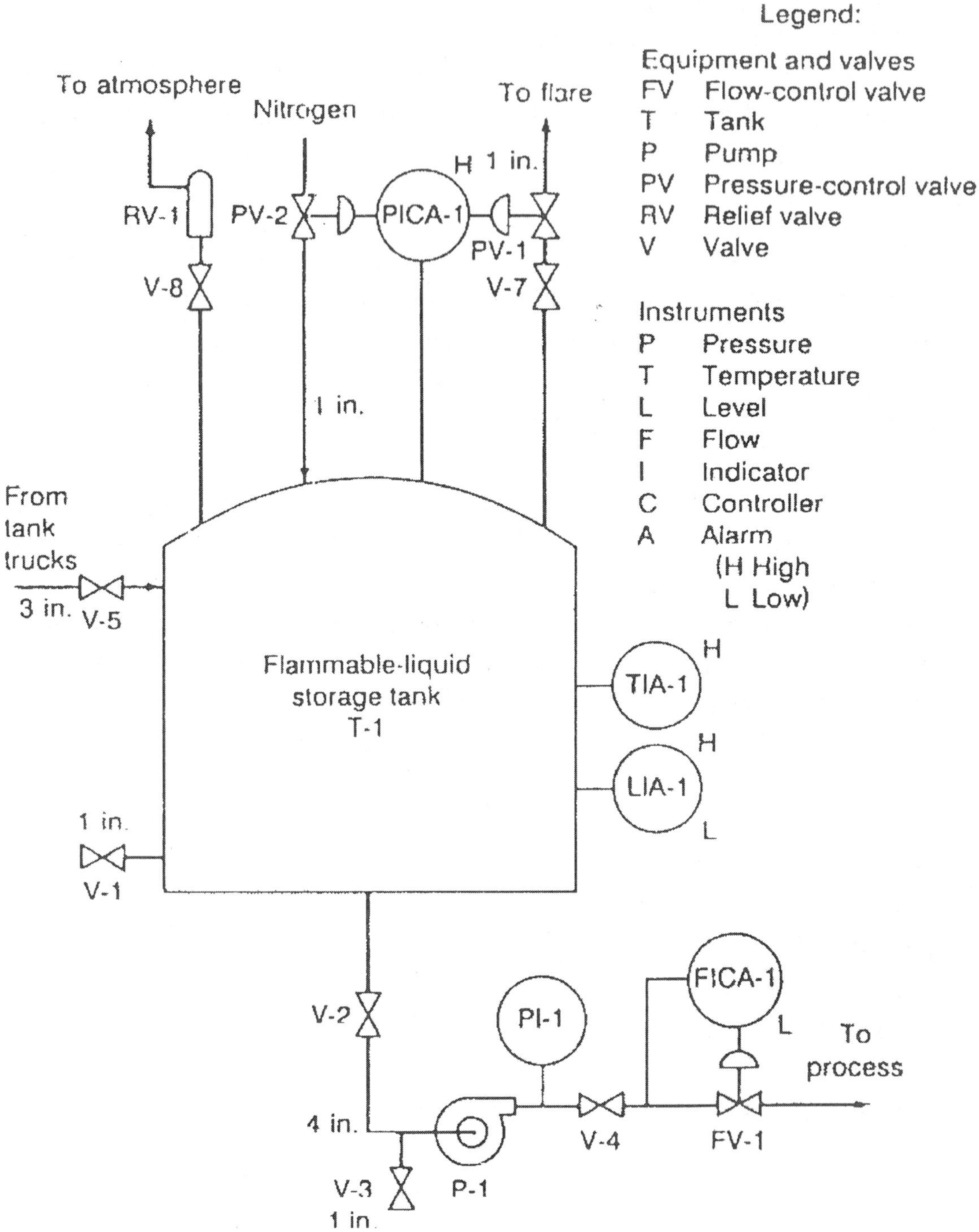

Piging and instrumcntation diagram used in HAZOP example.

HAZOP STUDY는 다음 내용을 가지고 접근해 나간다.

-. 기기장치의 운전조건
-. 운전 조건에서의 벗어난 현상 (DEVIATIONS)
-. 이와같은 DEVIATION은 어떤 사고를 유발 하겠는가 ?
-. 고려중에 있는 기기장치의 DEVIATIONS 의 결과는 어떤 현상을 초래 하겠는가 ?
-. 이들 결과에 대한 추가로 예상되는 영향
-. 공정상의 지시계 (INDICATIONS)
-. 공정상의 참고사항과 질문사항

HAZOP STUDY의 효과는 다음과 같다.
-. 공장 건설시 안전하고 경제적인 공장설계
-. 운전교본 작성과 운전원의 교육
-. 신공정 도입시 신공정의 안전과 운전 방법상의 체계적 검토
-. 기존공정의 운전방법 개선과 품질향상
-. 설계시 장치의 재질, RELIEF 장치, 계기등의 적절성 검토
-. 법정 요구조건 인허가 충족등

HAZOPS STUDY에 있어 위험요소 평가 (HAZARD ASSESSMENT)는 시설이 최종적으로 수명을 나할때까지 손실을 예방 (LOSS PREVENTION) 하는데 아주 중요한 역할을 한다.
위험요소 평가는 다음의 과정에서 수행하도록 한다.

-. 초기 설계 단계
-. 최종 설계 단계
-. 시운전 시작전
-. 공장이 최대로 가동되는 단계

주요 위험요소 (HAZARDS)는 다음과 같다.

-. 독　성
-. 화　재
-. 폭　발
-. 복사열
-. 소　음
-. 질　식
-. 여러가지 환경문제

새로운 시설의 최종설계 단계에서의 철저한 위험요소 (HAZARD AND RISK) 평가는 필수적이며, 이단계에서 다음의 내용들은 최종적으로 승인된다.

-. PIPING AND INSTRUMENT DIAGRAMS
-. EQUIPMENT DETAILS
-. MAINTENANCE PROCEDURES

21-7. 환경 문제

신규 사업추진을 위해 설계시에는 환경문제를 완벽히 처리할수 있도록 설계해야 한다.

앞에서도 여러차례 강조했지만 신규 사업의 공정을 검토할때 안전문제 뿐만아니라 환경 문제도 철처히 검토 분석한후 환경폐기물 처리에 완벽한 공정이 도입되었을때 사업추진은 가능하게 된다.

환경 폐기물과 독성물질 처리가 미흡한 공정을 도입할시에는 시운전과 동시에 공장은 더이상 가동할수 없게 된다는점을 명심해야 한다.

이를 독극물에 노출 피폭될때 그 증상은 바로 치명적으로 나타나기 때문에 계속 운전을 할수 없는 단계에 이르게 된다.

다음의 주요 내용들을 면밀히 파악하여 해당 내용들을 완벽히 설계에 반영하도록 한다.

-. 환경 규정
-. 오염 제어 시스템
-. 공기오염 제거
-. 분진제거
-. NOX 개스 제거
-. 수질 오염 제거
-. 물리적인 처리
-. 화학적인 처리
-. 생물학적 처리
-. 고형 폐기물 처리
-. 폐기물 재이용과 화학적인 전환
-. 소 각
-. 열분해
-. 쓰레기 매립 처리
-. 열오염 공해 제어
-. 소음 제어 등

21-8. 공장 위치 선정

공장의 지리적인 위치선정은 사업추진 성패의 아주중요한 역할을 하게된다.

장부지 선정을 위해 여러가지 주요한 요소들을 주의깊게 검토해야 한다.

공장위치는 생산원가가 저렴하고 판매유통이 용이한 지역으로 선정해야 한다.

또한 공장확장부지, 공장 조업을 위한 안전한 생활상태 그리고 주변의 지역사회등도 고려해야 할 중요한 요소가 된다.

공장위치에 대한 일반적인 의견의 일치는 상세 견적단계 이전인 설계 프로젝트 단계에서 이루어져야 한다.

최종 위치 선정은 상세견적 설계가 완료되는 단계에서 확정되야 한다.

최종적인 부지선정은 지역의 여러가지 지리적인 장.단점과 이용가능한 부동산의 장.단점 등을 완전히 조사한후에 결정해야 한다.

공장부지 선정에 있어 검토해야할 다음의 내용을 참고하기로 한다.

-. 원료의 이용가능성
-. 시장성
-. 에너지 이용가능성
-. 기후여건
-. 수송시설
-. 공업용수 공급여건
-. 폐기물 처리관계
-. 노동력 공급여건
-. 과세 (TAXATION) 관계와 법적 제한여부
-. 부지의 특성
-. 홍수와 화재에 대한 안전보호
-. 지역사회 여건등

상기 검토내용에 대하여는 "제 3장 공정 건설 계획의 3-1 공장입지" 에서 이미 설명한바 있기 때문에 참고하기로 한다.

21-9. 공장 배치 설계 (PLANT LAYOUT DESIGN)

PROCESS FLOW DIAGRAMS이 완성되고 상세 배관설계와 구조설계 그리고 전기 설계를 시작하기 전에 공장의 단위 공정과 기기장치의 배치설계를 계획해야 한다.

공장배치 설계는 건설비와 제조비를 결정하는데 중요한 역할을 하게되며 향후에 문제점을 일으킬 염려가 있기때문에 주의를 기울여야 한다.

여기서 고려해야할 내용들을 다음과 같이 요약한다.

-. 새로운 부지의 개발 또는 미리 개발된 지역의 확장부분
-. 생산할 제품의 형태와 수량
-. 운전상의 편리성과 이용가능성
-. 유틸리티와 써비스의 경제적 배분
-. 빌딩 타입과 건축법규 필요조건
-. 보건 및 안전에 고려해야할 사항
-. 폐기물 처리 필요조건
-. 보조 기기장치
-. 이용가능한 공간과 필요로 하는 공간
-. 도로와 철도
-. 미래에 확장 가능성

배치설계에 있어 기기장치나 시설의 최적위치를 결정하는데 SCALE DRAWINGS을 이용한다.
처음에 기본 배치설계 (ELEMENTARY LAYOUTS)를 준비해야 하며, 이들 기들 기본배치 설계는 저장부문의 공간과 운전용 기기장치 공간사이의 중요한 관계를 보여주게 된다.
다음 단계에서는 안전한 운전의 연속성을 고려해야 하며 다음의 내용을 기초로한 일차적인 배치설계가 준비되어야 한다.

-. 물질의 흐름
-. 단위 공정
-. 저장
-. 장래의 확장

공장배치의 모든 요소들을 분석함으로서 상세한 권고 사항이 제공되며, 배관계통의 ISOMETRIC DRAWINGS (등거리도법)이 포함되는 위치도면이 준비된다.
공장배치 모델(MODELS)은 공장을 건설하는 동안 매우 유용하며 공장이 완성된후 교육 훈련과 신입직원의 오리엔테이션 목적을 위해 매우 중요하게 사용될수 있다.

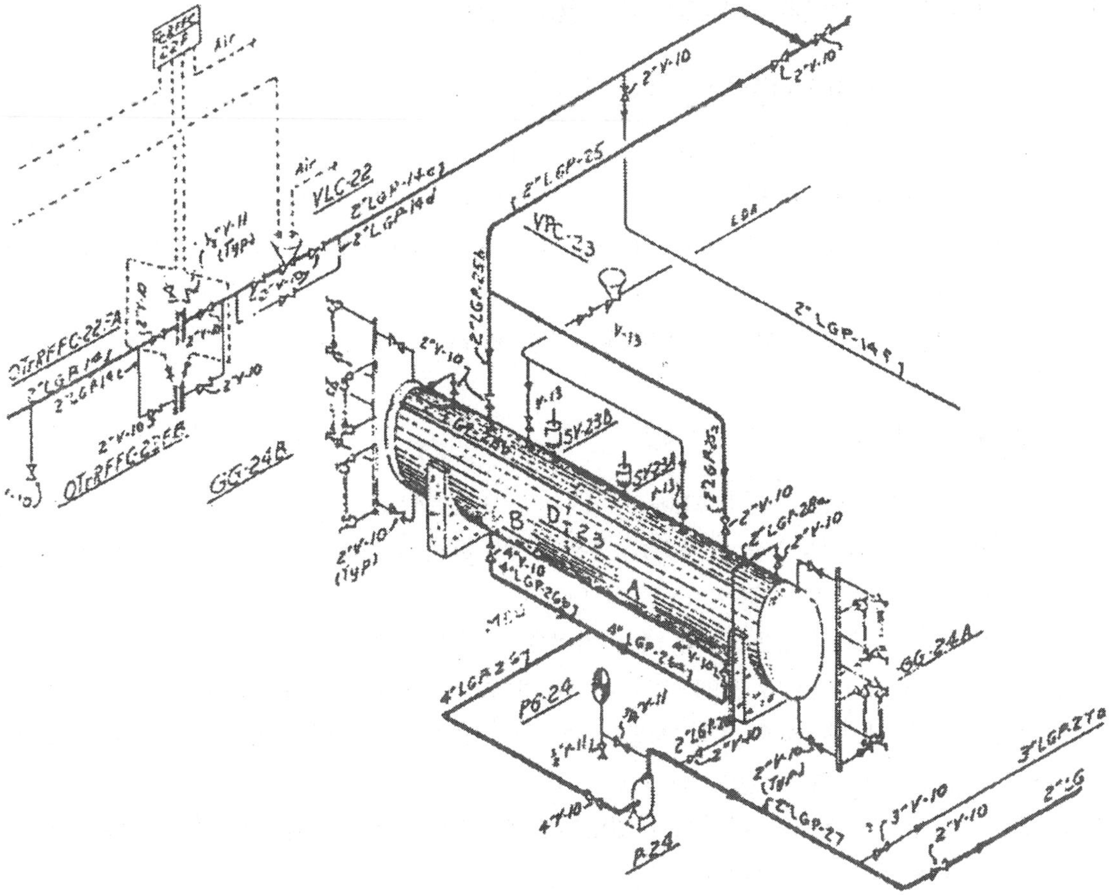

Piging detail Isometric flow diagram.

21-10. 설계를 위한 기타 응용사항

공장 설계를 위해 추가하여 검토해야할 중요 항목은 다음과 같다.

-. 공장 운전과 제어 (계기 장치부문과 정비부문)
-. 유틸리티
-. 구조설계
-. 저장부문
-. 물질취급

21-11. COST ESTIMATION과 제조원가 구성

21-11-1. COST ESTIMATION (비용 추산)

공장 설계와 건설에 있어 비용추산의 기술은 신규 사업추진을 위한 경제성 검토에 중요한 요소가 되며, 이에 의한 의사결정은 사업추진 결정에 최종적인 결정을 하게된다.

비용 추산의 기술이 낙후되어 정확도가 떨어지게 되면 비용추산은 오차의 범위가 크게 되어 경제성 검토에 막대한 차질을 자져오게 된다.

그러면 여기서는 중요한 사항에 대하여 몇가지만 요약하기로 한다.

1. 비용 추산의 유형

-. ORDER OF MAGNITUDE ESTIMATE (RATIO ESTIMATE)
개략추산 ; 선행된 비용추산에 비슷한 경우에 기준하여 오차범위는 ±30% 이상이됨.

-. STUDY ESTIMATE (FACTORED ESTIMATE)
검토조사 추산 ; 중요 기기장치에 대한 지식에 근거하여 오차범위는 ±30% 이내임.

-. PRELIMINARY ESTIMATE (BUDGET AUTHORIZATION ESTIMATE : SCOPE ESTIMATE)
예비추산 ; 예산에 반영할수 있는 정도로 충분한 자료에 근거하여 오차범위는 ±20% 이내임.

-. DEFINITIVE ESTIMATE (PROJECT CONTROL ESTIMATE)
확정추산 ; 도면과 규격이 완성되기 전이기는 하지만 거의 완전한 자료에 근거하여 오차범위는 ±10% 이내임.

-. DETAILED ESTIMATE (CONTRACTOR'S ESTIMATE)
상세추산 ; 완성된 기술도면, 규격명세서, 현장 답사를 근거로 오차범위는 ±5% 이내임.

2. COST INDEXES (비용 지수)

예비적이거나 설계전 추산에 즉시 사용하는데 이용가능한 대부분의 비용 데이타는 때때로 과거의 상태에 근거한다.

비용은 경제 상황변화에 따라 시간과 함께 현저히 변하게 된다.

과거의 비용 자료를 시간의 변화에 따라 현재의 비용으로 환산하는 방법이 비용지수(COST INDEXES)를 이용하는 방법인데 적용공식은 다음과 같다.

$$\text{현재비용} = \text{원래의 비용}\left(\frac{\text{현재의 비용지수 값}}{\text{원래의 비용이 얻어진 시간에서의 비용지수값}}\right)$$

비용지수 (COST INDEXES)는 다음의 자료에서 참고할수 있다.

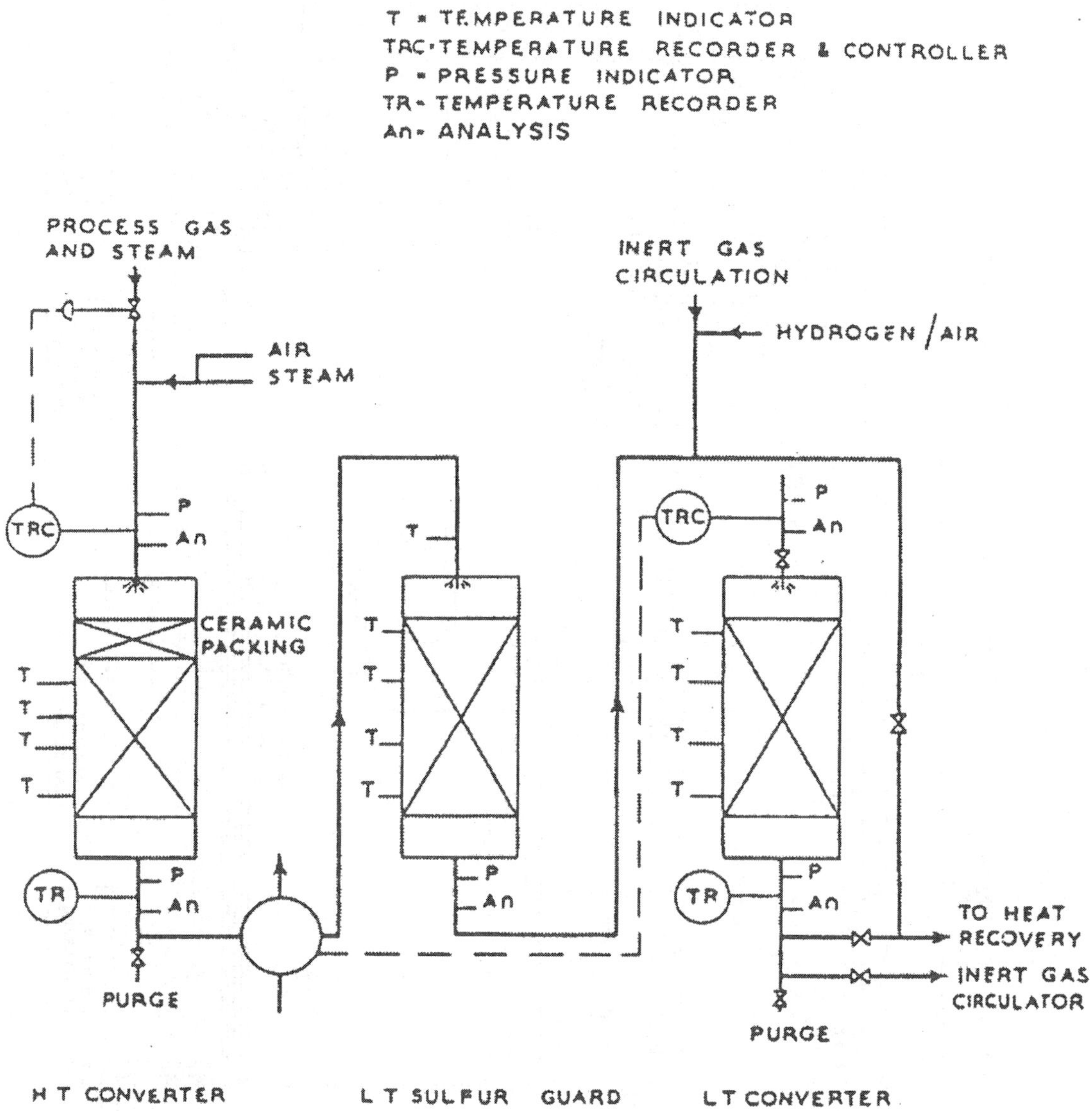

Control diagram for CO conversion plant.

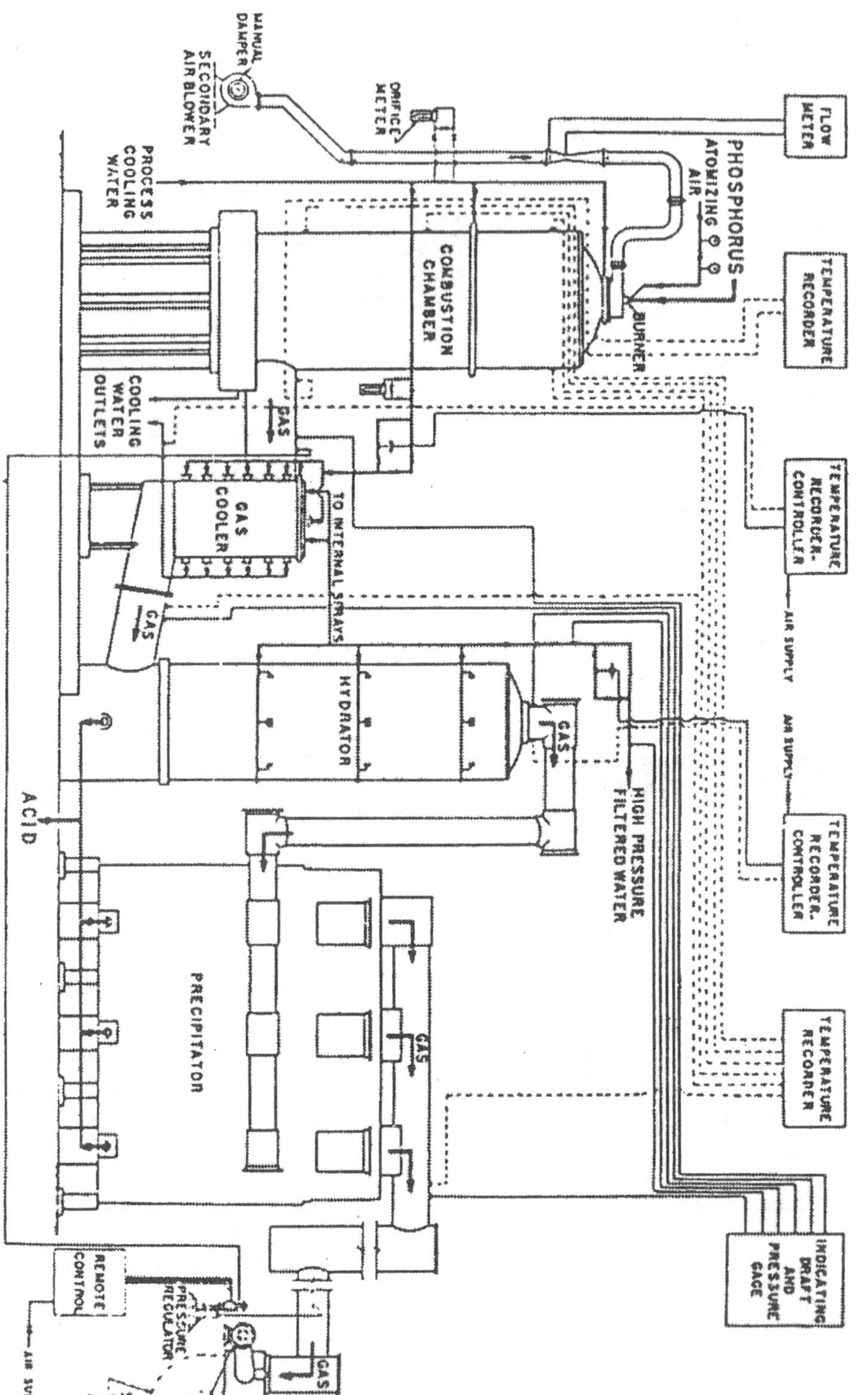

General arrangement and instrumentation of acid plant No. 2M. (Courtesy TVA.)

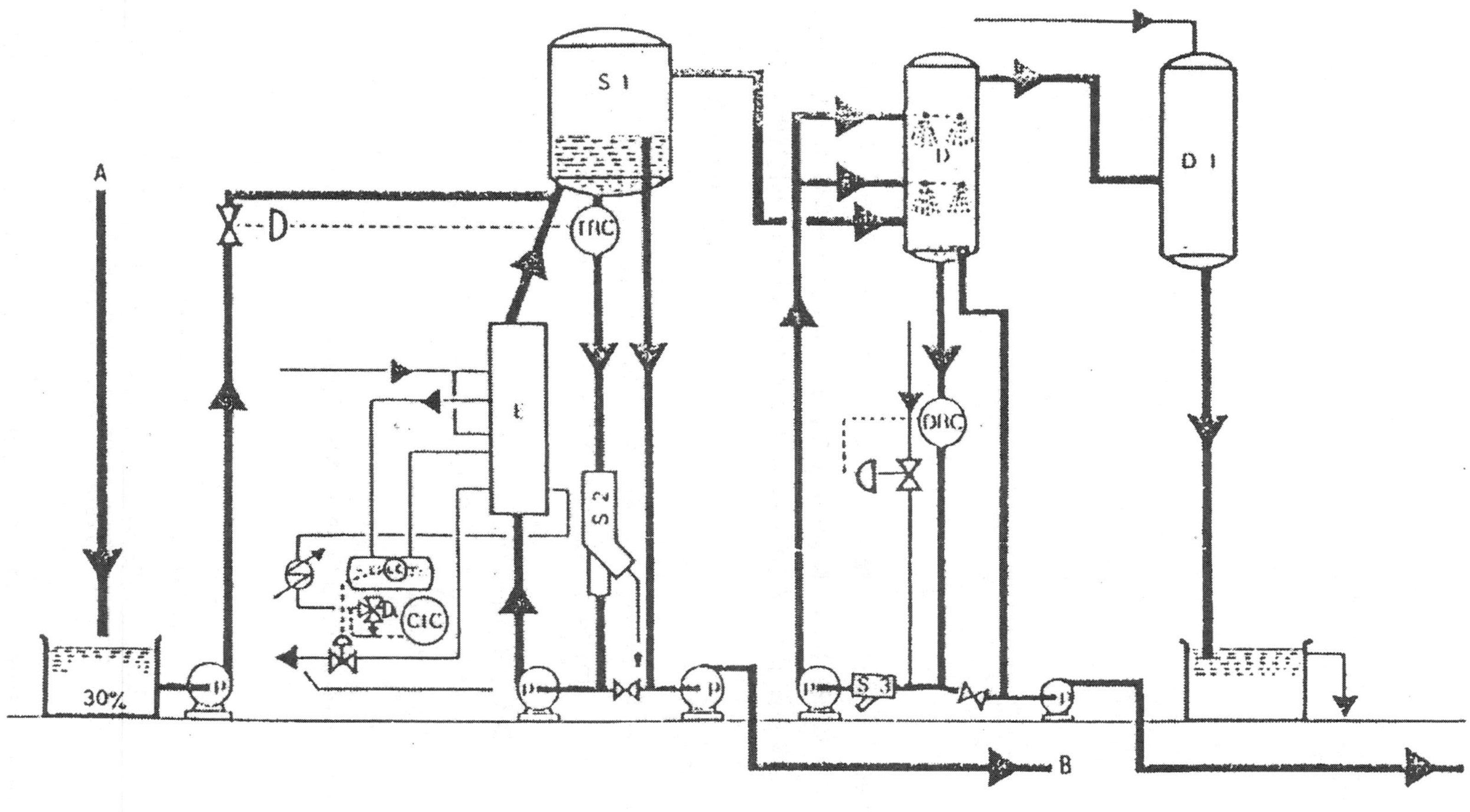

Rhône-Poulenc phosphoric acid concentration system without vacuum pump or steam ejector. A, 30% P_2O_5 acid feed; B, 50-54% P_2O_5 acid outlet; F, hydrofluosilicic acid outlet; S_1, boiler chamber or vapor body; E, heat exchanger; S_2S_3, circulation pump; D, H_2SiF_6 absorber; D_1, condenser and noncondensable gas evacuator; P, pump.

-. THE MARSHALL AND SWIFT ALL-INDUSTRY AND PROCESS-INDUSTRY EQUIPMENT INDEXES
-. THE ENGINEERING NEWS-RECORD CONSTRUCTION INDEX
-. THE NELSON-FARRAR REFINERY CONSTRUCTION INDEX
-. THE CHEMICAL ENGINEERING PLANT COST INDEX

3. 기기 장치비의 추산

기기 장치비에 적용할수 있는 추산방법은 SIX-TENTHS-FACTOR RULE 이라고 알려진 다음 방법을 적용할수 있다.

$$\text{A 장치비용} = \text{B 장치비용} \left(\frac{\text{장치 A의 용량}}{\text{장치 B의 용량}} \right)^{0.6}$$

장치비에 대한 전형적인 지수(TYPICAL EXPONENTS)에 대하여는 문헌을 참고하도록 하는데 대체적으로 장치에 따른 전형적인 지수는 0.2 이하에서 부터 1.0 이상까지 변하게 된다.

21-11-2. 제조원가 구성

공장 건설이 완료되고 시운전과 성능보장이 성공적으로 수행되면 정상조업이 이루어지게 된다. 이때 각 부문에서 발생하는 비용을 집중적으로 분석하여 원가를 관리해 나가야 한다.
그러면 참고로 관리해야할 총제조 원가의 구성 요소들을 다음과 같이 요약한다.

Economic Indicators

2002 2003

CURRENT BUSINESS INDICATORS

	LATEST		PREVIOUS				YEAR AGO	
CPI output index (1997 = 100)*	Dec. '03	= 101.6	Nov. '03	= 101.1	Oct. '03	= 100.0	Dec. '02	= 99.9
CPI value of output, $ billions	Nov. '03	= 1,131.1	Oct. '03	= 1,136.1	Sep. '03	= 1,126.0	Nov. '02	= 1,066.8
CPI operating rate, %	Dec. '03	= 78.9	Nov. '03	= 78.5	Oct. '03	= 77.7	Dec. '02	= 77.4
Construction cost index (1967 = 100)	Jan. '04	= 635.4	Dec. '03	= 631.3	Nov. '03	= 632.5	Jan. '03	= 612.6
Producer prices, industrial chemicals (1982 = 100)	Dec. '03	= 143.4	Nov. '03	= 140.7	Oct. '03	= 140.8	Dec. '02	= 132.4
Index of industrial activity (1992 = 100)	Dec. 27, '03	= 212.6	Dec. 20, '03	= 211.0	Dec. 13, '03	= 211.4	Dec. 28, '02	= 193.0
Hourly earnings index, chemical & allied products (1992 = 100)	Dec. '03	= 137.5	Nov. '03	= 137.5	Oct. '03	= 136.4	Dec. '02	= 133.9
Productivity index, chemicals & allied products (1992 = 100)	Dec. '03	= 124.7	Nov. '03	= 123.4	Oct. '03	= 122.7	Dec. '02	= 118.4

CPI OUTPUT INDEX (1997 = 100)

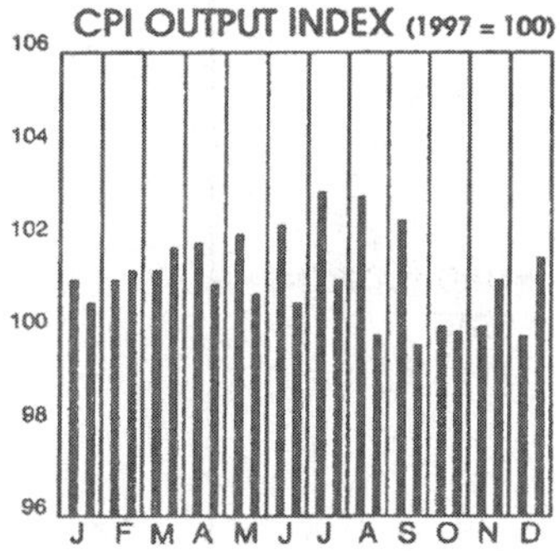

CPI OUTPUT VALUE ($ Billions)

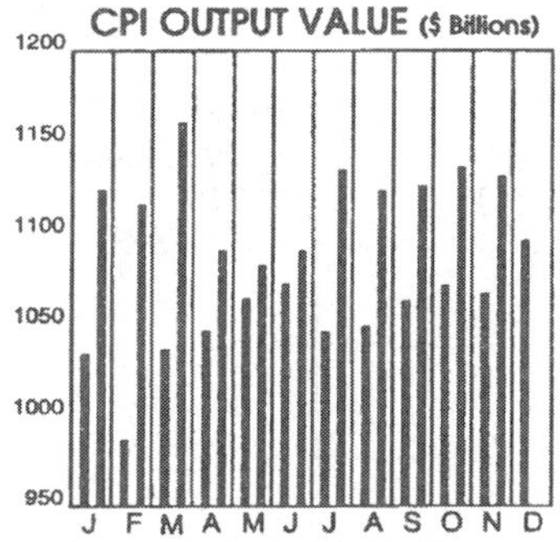

CPI OPERATING RATE (%)

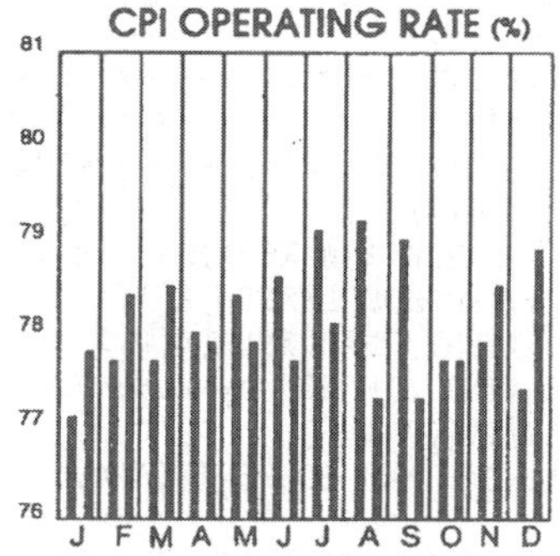

*To convert to 1992, multiply by 1.1514684. To convert to 1987, multiply by 1.2495478. For an explanation and additional information, call 212-621-4612. Current business indicators provided by DRI-WEFA, Lexington, Mass.

CHEMICAL ENGINEERING PLANT COST INDEX

(1957-59 = 100)

	Nov. '03 Prelim.	Oct. '03 Final	Nov. '02 Final
***CE* INDEX**	407.2	405.9	398.7
Equipment	452.1	449.8	441.8
Heat exchangers & tanks	372.5	369.4	360.8
Process machinery	455.7	454.7	450.8
Pipe, valves & fittings	576.7	573.5	564.3
Process instruments	366.1	365.7	366.8
Pumps & compressors	708.6	708.3	699.9
Electrical equipment	342.5	341.8	340.7
Structural supports & misc	441.3	437.9	418.3
Construction labor	311.1	312.7	307.1
Buildings	408.9	407.5	391.9
Engineering & supervision	346.0	346.6	344.6

Annual Index

1996 = 381.7
1997 = 386.5
1998 = 389.5
1999 = 390.6
2000 = 394.1
2001 = 394.3
2002 = 395.6

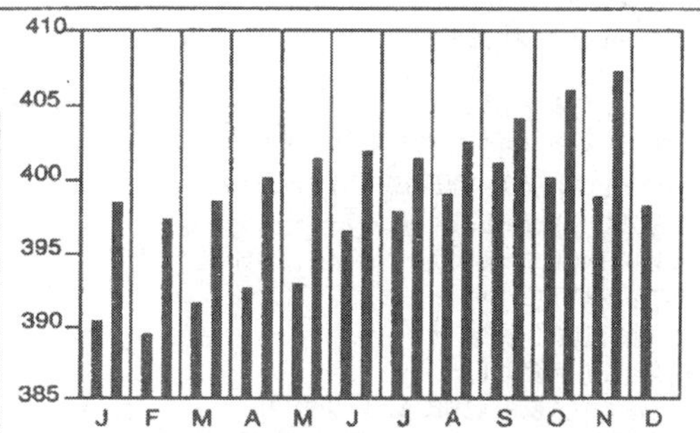

A full explanation of this index can be found in *Chem. Eng.*, January 2002, pp. 62–70

Look for the *CE* Plant Cost Index and other economic data at www.che.com/ei

VATAVUK AIR POLLUTION CONTROL COST INDEXES (VAPCCI)

(1st Quarter 1994 = 100.0)

CONTROL DEVICE	2000 Avg.	2001 Avg.	2002 Avg.	1st Q 2003	2nd Q 2003	3rd Q 2003[1]
Carbon adsorbers	108.0	105.9	106.8	109.9	113.3	113.8
Catalytic incinerators	114.3	112.9	114.5	122.1	121.0	124.1
Electrostatic precipitators	101.1	98.5	101.7	103.0	102.8	102.0
Fabric filters[2]	113.0	NA	NA	NA	NA	NA
Flares	104.3	100.8	101.7	104.0	104.9	105.3
Gas absorbers	112.9	114.4	115.6	116.9	117.8	117.9
Mechanical collectors[2]	121.8	NA	NA	NA	NA	NA
Refrigeration systems	106.1	105.8	106.6	108.0	108.8	108.9
Regenerative thermal oxidizers	109.0	110.7	111.9	113.3	113.7	113.4
Thermal incinerators	107.9	107.9	108.6	109.6	110.0	109.9
Wet scrubbers	113.8	111.8	113.2	117.8	119.4	120.6

1. All third quarter 2003 indexes are **preliminary**.
2. Effective second quarter 2001, the Bureau of Labor Statistics abolished the Producer Price Indexes (PPI's) for fabric filters and mechanical collectors. As the VAPCCI's for these two control devices were, essentially, their PPI's, the VAPCCI's can no longer be reported.

MARSHALL & SWIFT EQUIPMENT COST INDEX

(1926 = 100)

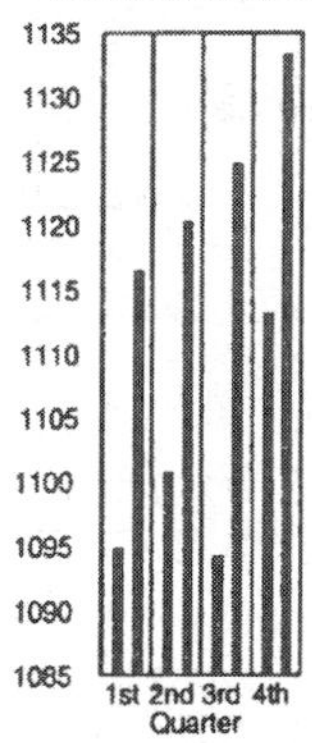

	4th Q 2003	3rd Q 2003	4th Q* 2002
M & S INDEX	1,133.2	1,124.7	1,113.1
Process industries, average	1,153.6	1,145.1	1,132.1
Cement	1,144.8	1,132.9	1,120.6
Chemicals	1,132.8	1,125.0	1,113.8
Clay products	1,141.0	1,130.9	1,117.3
Glass	1,060.6	1,051.5	1,039.0
Paint	1,158.0	1,148.8	1,135.3
Paper	1,103.1	1,092.8	1,081.9
Petroleum products	1,207.6	1,199.9	1,184.3
Rubber	1,230.1	1,220.3	1,200.2
Related industries			
Electrical power	1,018.5	1,009.1	997.8
Mining, milling	1,178.3	1,169.2	1,156.7
Refrigeration	1,362.7	1,351.7	1,335.5
Steam power	1,101.3	1,094.2	1,081.8

Annual index	**1998 = 1,069.9**	**2001 = 1,093.9**
	1999 = 1,068.3	**2002 = 1,104.2**
	2000 = 1,089.0	**2003 = 1,123.6**

* In the December 2003 and January 2004 issues, these quarterly data were in error. The data have beed corrected here.

COST ESTIMATION

COSTS INVOLVED IN TOTAL PRODUCT COST FOR A TYPICAL CHEMICAL PROCESS PLANT

- TOTAL PRODUCT COST (총제조원가)
  - MANUFACTURING COSTS (제조원가)
    - DIRECT PRODUCTION COSTS (직접생산비)
      - RAW MATERIALS (원재료)
      - OPERATING LABOR (운전원)
      - OPERATING SUPERVISION(관리감독)
      - POWER AND UTILITIES (전력&동력)
        - STEAM(증기)
        - ELECTRICITY(전기)
        - FUEL(연료)
        - REFRIGERATION(냉동)
        - WATER(용수)
      - MAINTENANCE AND REPAIRS(수선유지)
      - OPERATING SUPPLIES(운전비)
      - LABORATORY CHARGES(분석비)
      - ROYALTIES (IF NOT ON LUMP-SUM BASIS) (특허권)
      - CATALYSTS AND SOLVENTS(촉매&용매)
    - FIXED CHARGES (고정비)
      - DEPRECIATION(감가상각)
      - TAXES (PROPERTY)(세금)
      - INSURANCE(보험료)
      - RENT(지급임차료)
    - PLANT ONERHEAD COSTS(간접비)
      - MEDICAL(의료비)
      - SAFETY AND PROTECTION(안전비)
      - GENERAL PLANT OVERHEAD(사무비)
      - PAYROLL OVERHEAD(급료)
      - PACKAGING(포장비)
      - RESTAURANT(식비)
      - RECREATION(후생비)
      - SALVAGE(구조비)
      - CONTROL LABORATORIES(실험비)
      - PLANT SUPERINTENDENCE(공장관리비)
      - STORAGE FACILITIES(저장시설비)
  - GENERAL EXPENSES (일반비용)
    - ADMINISTRATIVE EXPENSES (행정부문비)
      - EXECUTIVE SALARIES(행정급료)
      - CLERICAL WAGES(변호사비)
      - ENGINEERING AND LEGAL COSTS(공학&소송비)
      - OFFICE MAINTENANCE(사무수선비)
      - COMMMUNICATIONS(정보비)
    - DISTRIBUTION AND MARKETING EXPENSES (영업판촉비)
      - SALES OFFICES(영업비)
      - SALESMEN EXPENSIVES(판공비)
      - SHIPPING(운송비)
      - ADVERTISING(광고비)
      - TECHANICAL SALES SERVICE(기술영업비)
    - RESEARCH AND DEVELOPMENT(연구개발비)
    - FINANCING(INTEREST)(금융비) (OPEN CONSIDERED A FIXED CHEARGE)
    - GROSS-EARNINGS EXPENSE(총수입비)

응용문제

1. 화학 공장 설계 응용의 개요에 대하여 언급 하십시오.
2. 공정 설계 프로젝트 절차에 대하여 언급해 보십시오.
3. 화학 공정 설계 프로젝트 절차에 있어 설계 형식(Types of Designs)대하여 설명 하십시오.
4. 화학 공정 설계 프로젝트 절차에 있어 타당성 조사(Feasibility Survey)에 대하여 설명 하십시오.
5. 화학 공정 설계 프로젝트 절차에 있어 공정 개발(Process Development)부문에 필요한 기본 요소들은 무엇 입니까?
6. 설계(Design) 부문에 있어 설계에 기준이 되는 요소들은 무엇 입니까?
7. 단위 공정(Unit Operation)과 예비 물질 수지(Preliminary Material Balance) 준비 과정에서 기본이 되는 요소들은 무엇 입니까?
8. 기계 장치의 규격(Equipment Specification)을 Tables형태로 요약하여 최종 설계 보고서(Final Design Report)에 포함 시켜야 할 기계 장치들 에는 어떠한 것 들이 있을 까요?
9. 상세 설계(Detail Design)를 하기 전에 정확히 규정해야 하는 항목 들은 무엇 들 입니까?
10. 설계 단계에서 반영 해야 할 부속 시설 에는 어떠한 것 들이 있을 가요?
11. Specification이란 무엇 인지 예(Example)를 들어 설명 해 보십시오.
12. 건설과 운전(Construction and Operation)에 대하여 사전에 취해야 할 내용에 대하여 언급 하십시오.
13. 설계 정보를 위한 문헌 조사에 대하여 아는 바를 언급 하십시오.
14. 공정도(Process Flow Diagram)에 포함되는 내용과 응용에 대하여 설명 하십시오.
15. 생산 공정 선정 시 검토해야 할 내용에 대하여 항목별로 열거 해 보십시오.
16. 기기 장치 설계 자료에 명시 해야 할 내용들에는 어떠한 것들이 있을 까요?
17. Scale-Up 설계 란 무엇 입니까?
18. 설계 상의 안전율(Safety Factor)이란 무엇 입니까?
19. 설계 규격 명세서(Design Specification)에 명기 되어야 하는 내용에 대하여 설명 하십시오.
20. 공장 설계와 연관하여 구조물의 재질(Materials of Construction)에 대하여 설명 하십시오.
21. 설계시의 응용 대상에 대하여 설명 하십시오.
22. 보건과 안전의 위험 요소(Health-Safety Hazard Control)에 대하여 아는 바를 설명 하십시오.
23. 화재와 폭발성의 위험 요소(Fire and Explosion Hazards)에 대하여 설명 하십시오.
24. 공장 운전 및 관리에 연관 된 직원 들을 위해서 안전 시설에 배려 할 사항들은 무엇 입니까?
25. 화학공정 설계에 안전 규정(Safety Regulations)을 어떻게 응용해야 하는 지를 설명 하십시오.
26. 공정 안전 관리(Process Safety Management: PSM)에 대하여 아는 바를 설명 하십시오.
27. 공정 안전 관리(Process Safety Management: PSM)의 목적에 대하여 설명 하십시오.
28. 화학공정 설계에 있어 HAZOPS Study의 필요성에 대하여 설명 하십시오.

29. 화학공정 설계에 있어 HAZOPS Study에서 응용 검토 해야 할 부문에 대하여 열거 하십시오.
30. 화학공정 설계에 있어 HAZOPS Study를 위해서 접근해 나가야 할 내용에 대하여 언급 하십시오.
31. 화학공정 설계에 있어 HAZOPS Study를 응용하고 설계 보완 했을 때의 제반 효과에 대하여 설명 하십시오.
32. 화학공정 설계에 있어 HAZOPS Study는 어느 과정에서 수행 해야 설계에 완벽을 기할 수 있고 효율적이 될까요?
33. 화학공정 설계에 있어 HAZARDS의 주요 위험 요소에는 어떠한 것들이 있을까요?
34. 화학공정 설계에 있어 환경 문제를 해결하기 위해 설계에 반영 시켜야 할 내용 들은 무엇입니까?
35. 화학공정 설계에 있어 공장 위치 선정에 대하여 설명 하십시오.
36. 화학공정 설계에 있어 공장 배치 설계(Plant Layout Design)에 대하여 설명 하십시오.
37. 화학공장 설계를 위한 기타 응용 사항을 열거 하십시오.
38. 공장 설계와 건설에 있어 Cost Estimation에 대하여 아는 바를 언급 하십시오.
39. 공장 설계와 건설 비용 추산에 활용 되는 Cost Indexes의 응용에 대하여 설명 하십시오.
40. 공장 설계와 건설 비용 추산에 있어 기기 장치 비용의 추산에 대하여 설명 하십시오.
41. 제조 원가(Total Product Cost)산정에 있어 Cost Estimation 구성에 대하여 예(Example)를 들어 보십시오.

공정 시스템 설계와 기업 22장

(DESIGN OF CHEMICAL PROCESS SYSTEMS AND ENTERPRISES)

22-1. 개 요

여기서 논하는 내용들은 산업현장에서 화학공정 설계와 공장운전을 수행하는 과정중에 배워 익힌 내용들중 관계되는 여러 분야에서 조금더 보완 해 나갔으면 하는 내용들을 요약한 것이다.

공정 시스템은 광범위한 파라미터(parameter)를 가지고 전 과정에 걸쳐 세밀하게 응용 설계할 때 결함에 의한 인재와 산업재해를 예방할수 있고 기업화하여 사회에 공헌할수 있게된다. 공정시스템과 기업은 세계화로의 경쟁체제 측면에서 불가분의 관계를 맺고 있기때문에 여기서는 공정시스템을 산.학 협동 차원에 촛점을 맞추어 논하기로 한다.

기업은 경제성이 감안된 공학을 바탕으로 신제품을 끊임없이 연구 개발하고, 이들 신제품 생산을 위해 최적 조건으로 설계한 공정 시스템을 선택운영 할 때 기업은 경쟁 체제를 구축해 나갈 수 있다.공정 시스템의 최적 설계가 기업경영 발전에 일익을 담당할때 기업은 생명력이 있는 꽃을 피울 수 있게 된다.

화학공장들은 수 많은 기기 장치들과 부품들이 복합적으로 구성된 상태에서 물리적, 화학적 조건속에 유체와 함께 연속적으로 가동되기 때문에 공정 기기장치류의 풀림현상과 마모 그리고 부식 현상이 일어나게 된다.

그리고 시간이 흐름에 따라 노후화 현상으로 인하여 공정 형태에 따라 화재, 폭발, 독극물 확산, 환경오염, 인재등과 같은 위험요소가 공정 곳곳에서 발생할 가능성이 높아지게 된다.

이제 공정시스템의 범위는 제품원료 생산에서부터 제조과정, 제품저장, 제품수송 그리고 부산물 생산과 폐기물처리부문까지의 전 과정을 종합과정 싸이클(overall life cycle)의 개념으로 정립하여 응용설계를 해 나갈때 기업과 사회는 산업재해로 부터 보호를 받을 수 있게 되고 기업은 경쟁 체제를 갖추어 국제 사회에 공헌할 수 있게 된다.

22-2. 공정시스템 설계와 기업

1) 현대의 화학산업 ; 기술 집약적 거대한 장치 산업으로서 첨단 정밀화가 되어있는 반면 고도의 복잡성과 대형화를 이루고 있다. 아울러 화학물질들은 다양하고 대량으로 사용 되고 있으며 이들 물질들은 거의 대부분 맹독성과 폭발성 그리고 위험성이 높은 물질들로서 철학이 결여된 총괄적인 관리소홀이 있을시에는 생태계 파괴등의 재해유발을 일으킬수 있는 종합체의 산업이라 말할 수 있다.

2) 기업은 ; 환경 및 안전문제가 완벽히 보완된 최적조건에서 응용설계된 공정 시스템을 선택 운영할 때 정상조업이 가능케 되어 경쟁체제를 구축해 나갈수 있고 생명력이 있는 기업의 꽃을 피울수 있게 된다.

3) 기술인의 의무와 책임 : 화학산업의 생산공정 및 취급부문 ⟶ 공학의 지식과 산업현장의 경험을 총동원 ⟶ 응용설계 ⟶ 재해및사고 예방 ⟶ 기업육성 발전에 기여 ⟶ 사회에 공헌 하게 된다.

22-2-1. 화학 산업의 공정시스템 설계의 체계적 접근

화학산업을 이루는 공정시스템의 설계는 구성요소들을 아래에 명기한 바와 같이 전과정을 총체적으로 세분화 시킨 후 각 세분화된 공정을 체계적으로 검토 분석하여 해당 파라미터(Parameter)들을 응용하여 적용시켜 나가야 한다.

◎ 일출에서 다음 일출까지
◎ Alpha 에서 Omega 까지
⟶ 전과정, 총체적, 세분화 관리

◎ 생산기획단계 ⟶ 최종제품 출하단계 ⟶ 고객사용단계

모든공정을 총망라 ; 총괄 체계적 관리

1) 공장 건설시의 체계적 접근

공장계획 단계 ⟶ 건설계획 단계 ⟶ 건설공사 단계 ⟶ 시운전및 성능보장 단계 ⟶ 공장조직 발전단계 ⟶ 공장조업 정상단계 ⟶ 공정개량및 연구발전 단계 ⟶ 발전된 조업 단계

2) 공장생산 조업시의 체계적 접근

원료구매계획 단계 ⟶ 원료하역공정 ⟶ 원료저장공정 ⟶

생산공정 ⟶ 중간제품공정 ⟶ 제품저장공정 ⟶ 제품풀하공정 ⟶ 고객원료 저장공정 ⟶ 고객 사용단계

⟶ 부산물 처리공정 ⟶ 최종 처리단계

⟶ 폐기물 처리공정 ⟶ 자체 처리공정 ⟶ 폐기물 최종처리

⟶ 외주업체 수송 ⟶ 외주업체 처리공정 ⟶ 외주업체 폐기물 최종처리 단계

22-2-2. 인적자원 육성시의 체계적 교육과정

다음 내용은 학계 및 산업분야에서 도입해볼만한 가치있는 기초교육 과정이 될수 있겠다.

Engineering Philosophy → On the job Philosophy → 자연과학과 사회과학 → Human eye and Camera eye →

Micro eye and Macro eye → 교육훈련 → 반복교육 → 교육훈련평가 → 재교육 → 교육훈련 내용보완 (→ 교육훈련)

22-3. 공정시스템 설계에 관한 전략적 관리

화학 공정시스템을 응용설계 할 때는 다음 내용들을 면밀히 검토하여 누락되는 항목이 없도록하여야 하며 누락시에는 정상가동에 들어가기 전에 결함에 의한 후유증으로 조업을 할 수 없기 때문에 기업에 막대한 경영손실을 초래케 되므로 아래 내용들을 가지고 전략적 관리방법을 모색해내야 한다.

22-3-1. 공정 시스템 설계시 주요 파라미터 연구응용

1) 파라미터 적용을위한 주요사업내용

① 제품생산공정(manufacturing process)과 공장건설(plant construction)
② 기기장치와 공정의 수정 및 변경(system modification and revision)
③ 공정의 병목현상 해소 및 완화(process debottlenecking)
④ 복합적 기기장치의 개량과 개장 (system retrofitting)
⑤ 시설개선 및 품질의 고급화 (system and process upgrading)
⑥ 전 계통의 복합적 개선 및 개량 (system improvement)
⑦ 공정 및 복합기기장치의 자동화 (system automation)

2) 주요 응용 파라미터(parameter)

(1) physical and chemical properties
(2) toxicological info.
(3) stability and reactivity
(4) impurities
(5) technical info. of MSDS and CSDS
(6) static electricity
(7) corrosion resistance / allowance
(8) safety allowance
(9) on-stream factor of process plants
(10) hazards identification
(11) side reaction and by-products
(12) ecological information
(13) thermal decomposition
(14) waste disposal
(15) technical info. for transportation
(16) regulatory information
(17) erosion resistance/allowance

22-3-2. Standard specification 설정운영

화학산업의 환경및 안전문제 제어는 안정된 조업, 효율적인 운전이 이루어질때 가능하게 된다. 표준 규격화 설정 대상은 다음과 같다.

- 주원료 - 부원료 - 촉매류 - 화공약품류 - 충진물류
- 유류및 연료유 - 중간제품 - 최종제품 - 각 기기장치의 부품류등

22-4. MSDS와 CSDS 의 자료를 이용한 응용설계 (MSDS : Material Safety Data Sheet CSDS : Chemical Safety Data Sheet)

화학산업의 공장에서 생산, 취급하는 물질들은 MSDS와 CSDS의 아래 자료들을 응용하여 설계에 반영해야 한다.

독성, 안정성, 처리방법등을 정확히 이해하고 응용하여 설계에 반영토록 한다.

(인화성 물질, 폭발성 물질, 자연발화성 물질, 독극성 물질등)

-. chemical products & company identification
-. composition/information on ingredients
-. first aid measures
-. accidental release measure
-. exposure controls/personal protection
-. physical & chemical properties
-. stability and reactivity
-. transportation information
-. other information
-.hazards identification
-.fire fighting measures
-.handling and storage
-.toxicology information
-.ecological information
-.disposal information
-.regulatory information

22-4-1. SRI (Stanford Research Institute)자료를 이용한 응용설계

SRI의 자료에는 새로운 화학제품과 이를 생산하기 위한 화학공정(Chemical Process)전반에 대한 제반설명과 다양한 자료가 아래의 분야에 자세히 기술되어 있으며, 또한 SRI 자료는 계속 Up-to-date하여 발간된다.

그리고 기업에서 새로운 화학공정을 도입하거나, R & D 분야의 업무를 추진하는 과정 중에 대두되는 타당성검토 (Feasibility Study)와 Licensor선정의 평가 (Process Evaluation for Licensor Selection)를 위해 필요한 자료들을 찾아 볼 수 있다.

또한 경제성검토(Economics Study)를 위해 필수적으로 요구되는 원 단위 (原 單位; Unit Consumption of Materials and Utilities)와 원가분석(原價分析; Cost Analysis)에 필요한 자료등이 자세히 제시되어 있다.

따라서 하기의 내용들을 자세히 검토 분석하여 화학공장 설계 및 타당성 검토에 응용하도록 한다.

SRI : Stanford Research Institute

-. CEH : The Chemical Economics Handbook
-. PEP : The Process Economics Program
-. WP : World Petrochemicals
-. DCP : The Directories of Chemical Producers
-. SCUP : Specialty Chemicals Update Program
-. CO/M : Chemical Origins and Markets
-. CCF/Y : Chemical Conversion Factors and Yields
-. Specific-Product Data Services
-. Chemical Industries Division News Letter

Raw Materials (Example : phosphoric acid plant)

Phoshate Rock Data Sheets

DATA SHEET 10B United States: Florida 68-70 BPL

Country:	United States	Rock name:	Florida 68-70 BPL
Source of information:	Amax	Mining location:	Central Florida, Manates County
		Type of mining:	Open
		Beneficiation:	Flotation mixing with pebble 18%
		Primary ore:	
		Concentrate:	31-32% P_2O_5 to be onstream in 1983
		Tons/year produced:	4 million tons

Screen Analysis of Commercial Rock (Cumulative):

Over 500 μm	21%
200 μm	83%
147 μm	91%

Main Use of Rock:

	Local	Exported
Phos. acid	Not yet commercialized	
TSP		
DAP/MAP		
Other		

Typical Characteristics:

Grinding factor[a]		1.0
H_2SO_4/ton P_2O_5[a]	Pilot	2.695
	Calc.	2.699
Filtration capacity[a] [tons P_2O_5/(day)(m^2)]	8-9 (4-min)	
	9-10 (3-min)	

Chemical Data:

	Rock	30% acid	Conc. acid
H_2O	0.0		
P_2O_5	31.3	27.4	50.3
SO_3	1.5	1.7	
F	3.6	2.2	0.9
SiO_2	5.6		
CO_2	4.5		
Cl	0.02		
CaO	46.8	0.36	
Al_2O_3	1.3	0.94	1.8
Fe_2O_3	1.6	1.14	2.2
MgO	0.5	0.45	
Na_2O	0.8		
K_2O	0.14		
MnO			
TiO_2			
U_3O_8 (ppm)	140	110	170
Cd (ppm)			
Organics as C	0.4		
Sp. gravity or bulk density	1.44-1.60	1.335	1.655
Expected sludges, kg/ton P_2O_5			100

[a]Refer to Section A.1.2.

Raw Materials : Chemical valuation

(Ex : phosphate Rock)

1) CaO : P_2O_5 ratio
   - Determines the amount of H_2SO_4
   - Major factor in the production cost

2) Fluorine (F)
   - Increases plant and equipment corrosion

3) Iron (Fe_2O_3) and aluminum (Al_2O_3)
   - Formation of insoluble and unavailable phosphates
   - Loss of products

4) Carbonates
   - Causes foaming during acidulation

5) Silica (AlO_2)
   - Fine SiO_2 particles : reduces the filtration rates
   - Lack of reactive silica : increases corrosion ; much shorter life for the alloy equipment
   - Formation of scale

6) Magnesuim (MgO)
   - Affects the viscosity of the final product acid
   - Sludge formation
   - causes poor grades of fertilizer

7) Chloride (Cl)
   - Increases corrosion of alloy-steel equipment

8) Organic matter
   - Promotes foaming
   - Reduces filtration rates

9) Sodium (Na_2O) and potassium (K_2O) conpounds
   - Forms hard scale

Chemical Reactions

(Ex : phosphoric acid plant)

1) $Ca_3(PO_4)_2 + 3H_2SO_4 + 2H_2O \longrightarrow 3CaSO_4 \cdot 2H_2O + 2H_3PO_4$

This reaction takes place in two steps :

2) $Ca_3(PO_4)_2 + 4H_3PO_4 \longrightarrow 3Ca(H_2PO_4)_2$

3) $3Ca(H_2PO_4)_2 + 3H_2SO_4 + 6H_2O \longrightarrow 3CaSO_4 \cdot 2H_2O + 6H_3PO_4$

In addition to this magor reaction, there are a number of minor reactions occuring, the most important of which are shown below :

4) $CaF_2 + H_2SO_4 \longrightarrow CaSO_4 + 2HF$

5) $6HF + SIO_2 \longrightarrow H_2SiF_6 + 2H_2O$

6) $3SiF_4 + 2H_2O \longrightarrow 2H_2SiF_6 + SiO_2$

7) $CaCO_3 + H_2SO_4 \longrightarrow CaSO_4 + CO_2 + H_2O$

8) $Fe_2O_3(orAl_2O_3) + 2H3PO_4 \longrightarrow 2FePO_4$ (or $AlPO_4$) $+ 3H_2O$

9) $H_2SiF_6 \xrightarrow[\text{Heat + } H_2SO_4]{} SiF_4 + 2HF$

10) Na_2O(or K_2O) $+ H_2SiF_6 \longrightarrow Na_2SiF_6$(or K_2SiF_6) $+ H_2O$

Most common gypsum crystal shapes

(Example : phosphoric acid plant)

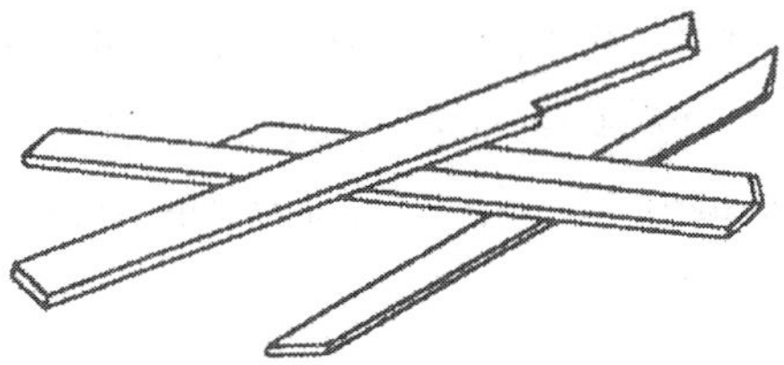

Needle-type crystals
Igneous rock or low content of aluminum
(Zin rock, Israel;Arachat, Brazil, tapira, Brazil)

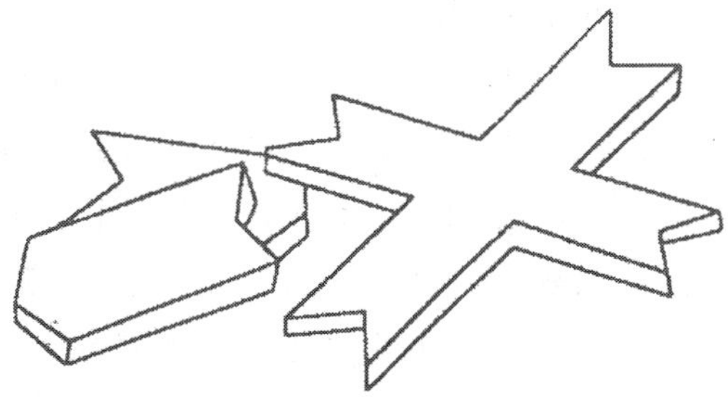

Rhombic and X-shaped swallowtail twins
(Morocco)

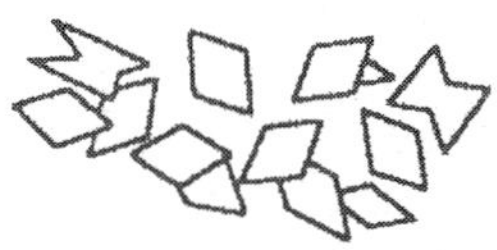

Small thin lozenges-slurry with
high Ca^{2+}/SO_4^{2-} ratio

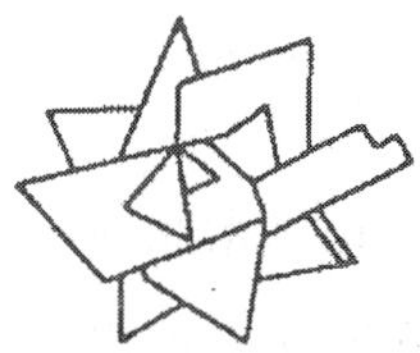

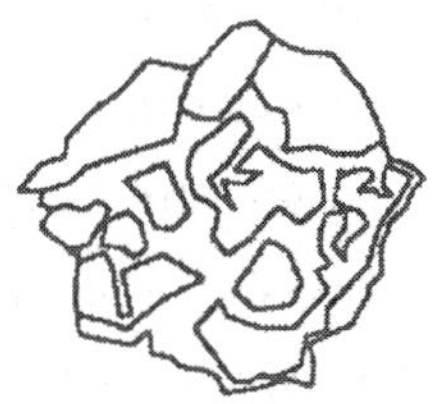

Clusters (Florida) or
other rock with addition of Al^{3+} and
active silica

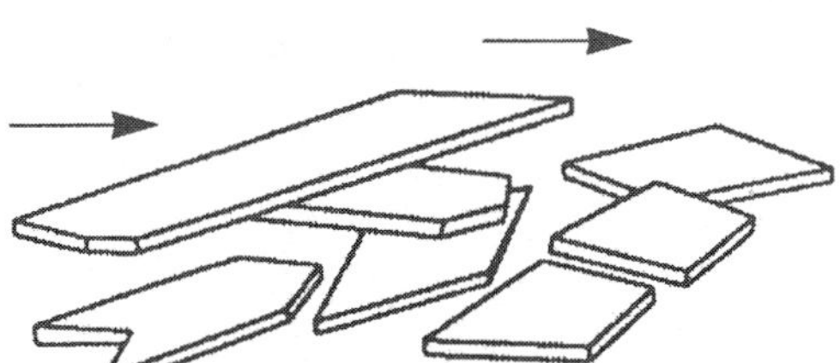

Flat table-like (Tunisia)

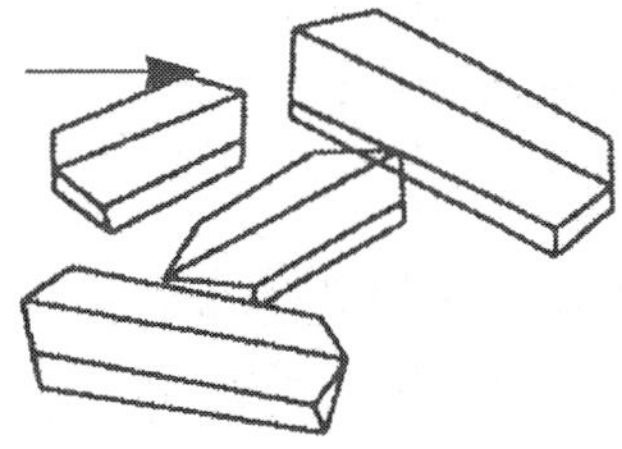

Thick rhombic type (Florida)

22-5. 공정 위험요소 평가에 대한 시스템의 안전설계 (System Safety Design By Process Hazard Assessment)

공정의 주요 위험요소에는 독성, 화재, 폭발, 복사열, 소음, 유해개스질식, 기타 여러형태의 환경 문제등이 있다.

다음 부문의 공정 설계를 한 후에는 반드시 공정 위험요소 평가(Process hazard assessment)를 하여 설계의 미비한 점들을 모두 보완하는 단계를 거치도록 하고 공정안전관리(process safety management : PSM) 내용상의 항목들을 공정 시스템 설계에 반영하도록 한다.

공정 위험요소 발굴　　　　　공정 설계에 반영　　　　　공정위험 요소평가 작업

미비점 발견 설계보완

1) 주요공정 위험요소 평가 ;

① 새로운 공정의 모든 공장

② 기존 공장의 공정 수정

③ 공정 계통의 안전과 환경오염이 예상될때 ;

-. process dead zone

-. system mothballing

-. process system cleaning ; waste handling/treatment/recovery

④ Parameter 적용을 위한 주요사업을 추진할 때

2) 공정 위험요소 발굴작업의 주요 검토내용;

- 공정별 화학반응
- 유해물질 생성반응
- 일반 화학반응
- 부산물 합성반응
- 유기합성 반응
- 기기장치 설치내용
- specification
- PFD, P&ID
- 설계조건 등

3) 위험요소 평가관리 방법

위험요소 평가관리 방법 요약 :

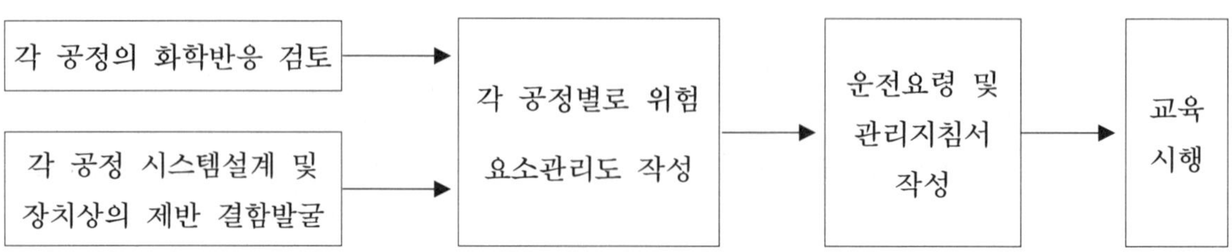

- 생산공정도 준비
- 공정부문 세분화
- 모든 화학반응식 명기
- 운전 parameter 명기
- emergency시의 변화
현상 명기
- 위험요소 제거 :
사전준비 및
대응책 명기등

22-5-1.화학설비의 life cycle 관리

화학공장의 제반 설비들은 아래 내용들을 참고로 하여 집중적으로 응용 권리해 나가야 한다.

- 기기장치및 설비 : 부식, 마모, 풀림현상 ──▶ 수명의 한계 도달 ──▶ 고장과 사고의 빈도수 증가 ──▶ Emergency로 발전 ──▶ 사고발생 가능성이 상승

- life cycle 계속 점검 : 설비운영에 반영

응용부문 : 예

1) facility maintaining plan (설비보전계획)
   - routine inspection schedule
   - preventive maintenance schedule
   - annual plant turnaround

2) facility naintaining management (설비보전관리)
   - maintenance history recording
   - corrosion/erosion management
   - 기기장치 관리자료 준비 응용
   - 노후 기기장치 폐기처분 및 교체관리

3) preventive maintenance managing (예방정비 관리)
   - 생산설비의 설계조건/운전조건 이해 응용
   - MSDS/CSDS 이해 응용

22-5-2. 생산활동의 변화예측 관리

생산활동을 위한 조업과정 중에는 내외부로 부터 수많은 영향과 변화가 나타나게 되는데 이때 변화에 따른 공정시스템의 운전기준을 설정하고 그 기준위에 최적의 설계를 해야한다.

● 생산 활동중 조업상의 변화 발생부문

- 원료공급부문	- 원료수송부문	- 생산계획부문	- 규격부문
- 재고수준부문	- 저장능력부문	- 유틸리티부문	- 공정요소부문
- 기기장치부문	- 인허가 부문	- 설비보전부문	

● 변화 발생시 응용 :

- 공정 시스템의 기준설정
- 설정된 기준위에 해당 Parameter를 적용 최적설계.
- Standard Operating Procedure (SOP) ; 준비적용

22-6. 유독물 제품수송에 따른 운송수단의 설계

화학공장의 생산품들은 대부분 유독물질로서 수송과정중에 사고가 발생할 때 주위에 환경오염, 생태계 파괴, 인명피해, 자산손실등의 엄청난 피해를 입히게 되고 사회에 물의를 일으키게 된다.
이와 같은 사고로 부토 피해를 최소화하기 위해 수송수단의 설계는 다음의 주요 파라미터를 응용하여 설계한다.

● 유독물질 수송과정중 사고 발생시 - 주위에 환경오염 유발
- 생태계 파괴
- 자산손실 초래
- 인명및 사회에 피해유발 등

● 피해 최소화를 위한 수송수단의 설계 ; - 주요 Parameter : 응용설계
- 선진국의 설계 CODE 참고 응용

● 주요 설계응용 Parameter;

-. physical and chemical properties
-. toxicological information
-. shock proof
-. MSDS/CSDS 상의 참고자료
-. stability and reactivity
-. static electricity
-. manhole/drain hole;bolting and sealing

22-7. 손실 예방을 위한 공정 시스템의 설계 영역

공정시스템의 위험요소들은 앞에서 언급한 공정설계 파라미터(Parameter of process design)와 설계고려사항(Design considerations)등을 광범위하고 세부적으로 검토하지 못하고 지나칠때 공정의 폭발, 환경오염 그리고 인명피해와 자산손실등을 유발시키게 된다.
이와 같은 손실들을 예방하기 위해서는 다음에 언급하는 분야에 설계 파라미터와 설계고려 사항등을 적용하여 응용설계 해 나가야 한다.

● 공정 시스템의 위험요소 제거 목적 ;
- 공정설계 파라미터 (Parameter of process design) ; 총망라 하여 광범위 하고 세부적으로 검토반영
- 설계 고려사항 (Design consideration) ; 폭넓고 깊이있게 검토반영

1) 공장위치와 배치
- 토질의 안정성과 PH, 토질이 오염될때의 토질의 양상
- 긴급상황시에 대응하기위한 접근 방법의 용이성
- 외부로 부터의 긴급상황이 공장에 영향을 줄 가능성
- 공장에서의 긴급상황이 외부지역에 영향을 미칠 가능성

2) 건설
- 인화성 증기의 축적 가능성이 있는 곳 : 측면 개방, 적절한 환기시설
- 내화성 (fire-proofing)의 철 구조물
- automatic sprinkler protection
- 폭발에 노출된 조정실(control rooms) : blast resistant structure
- 인화성 증기방출에 노출되는 조정실 : 양압시설,low pressure alarms 설치
- 공기흡입시설 : 인화성 개스 탐지기(flammable gas detection) 설치
  ; 경보가 울리도록 하고 송풍기가 shut-down 되도록 interlock 장치 설치

3) 공정 유해물질
- 배수및 배출시설 계통 : 공정 누출량과 소방수,우수등을 안전지역까지 이송할수 있도록 배수관로 설계
- 유출물 : 유출물이 주요 공정 장치로 부터 멀어지는 쪽으로 우회 설계
- tank 지역 : 제방둑을 설치, 배수구는 평상시에 잠글수 있도록 설계

4) 공정제어
- 공정 장치 : 액체 누출과 개스 배출을 최소화 하도록 설계
- control valve 와 제어계통의 장치 : fail safe가 되도록 설계

- 고장시 위험한 상태가 대두될 가능성이 있는 중요 system : 비교측정기 (comparator)와 같은 적절한 수준의 복수장치를 사용할 수 있도록 설계

5) 유해성 물질

● 취급화공 물질 : - MSDS와 CSDS 자료를 근거로 응용설계
- 주요 Parameter를 응용설계에 반영

6) 화재예방

- 전 공장 process 지역 : 소화전 설치의 dead zone이 없도록 최적 배치 설계
- 인화성, 가연성 액체의 누출화재 예방 : foam water fire stream을 사용
- 개방공정 구조물 : automatic water, foam water spray system
- 화학공장 지역에서의 살수 시설이나 sprinkler system의 설계 고려사항
-. control valves의 접근 용이성
-. 내부식성 (corrosion resistance)
-. 내폭발성 (explosion resistance)
- 위험성 개스 발생 지역 : 증기 감지시설은 automatic water spray와 interlock이 되도록 설계

7) 유틸리티

- 적정 규격설계 : 전력, 물, steam, 압축공기, 비활성 개스
- 복합형 유틸리티 공급시설 : 단일체로 분리운영 ; 화재, 폭발, 기타 사고발생시 유틸리티가 완전히 차단되는 것을 예방할수 있도록 설계
  예 ; cooling towers, boilers, furnaces, oil heaters, compressors등.
- 전기 장치 : 인화성 개스의 노출과 부식등을 특별히 고려하여 설계
- 적절한 낙뢰대비시설이 설치될수 있도록 설계
- 계기계통, 비활성 개스, 냉각수 공급시설 : 비정상 위험및 비상 조건에서 공정을 안전하게 유지시키기 위해 적절한 수준의 여유량이 있도록 설계

8) 손실관리 프로그램

- 예방정비와 예측 정비: 중장비가 공정내에 들어갈수 있도록 layout 설계
- 적절한 수준의 spare part가 확보될수 있도록 설계
- 공정 및 유틸리티 장치 : 종합적으로 정기적 검사와 정비가 가능토록 설계

22-8. 공정시스템 설계와 철학적(philosophy) 개념 도입

모든 학문이 그렇듯이 우리는 교육을 통하여 학문에 돌입하게 된다

학문을 하는 과정중에 우리는 철학(Philosophy)이라고 하는 마음의 경작지에 이르게 된다.

이러한 마음의 경작지에 뿌리 있는 기술과 공학을 가꾸어 나가야 하며 철학을 바탕으로 키워내야 한다. 여기서는 앞에서 다루었던 모든 장 (Chapter)의 내용들을 25년간의 현장에서 배워익힌 철학의 개념을 가지고 언급하고자 한다.

특히 현재 지상에서 나타나고 있는 여러종류의 대형사고나 재해들은 각층의 의사결정권자의 철학이 결여된데에 기인되고 있다는 사실을 명심하고 우리모두는 화학산업을 영위해나가는중에 심혈을 기울여 철학적 의사결정을 해나가야 한다.

다음의 내용들이 이들 분야에 빛을 더해 주었으면 한다.

- 철학 개념을 System 응용설계와 화학산업에 반영
- 산업부문의 사고 유형분석 ; - 대부분 관계자와 의사결정권자의 철학이 결여된데에 기인
- Engineering Philosophy를 도입 : 사고 방식의 전환을 유도

1) 철학의 위상과 역할

화학 산업을 안전하게 발전시켜 나가고 세계화의 경쟁속에서 학계와 산업계가 공동으로 더욱 발전 해 나가기 위해서는 철학의 위상과 역할을 이해해 보는것도 한 방법이 된다.

다음 그림의 내용을 이해하고 응용해 보는 것이 도움을 줄 수 있다.

화학 산업을 구(球:Sphere)로 비유 했을때 그 중심부에 철학(Philosophy)의 구심점이 있게되고 그 외부로 가장 안전하게 존립할 수 있는 3개의 영역 즉 경영철학(magaging philosophy), 공학철학(engineering philosophy), 그리고 현장철학(on the job philosophy)이 자리를 잡게된다.

전 구성원들로 하여금 각자 자기의 현 위치를 파악케 한 다음 조직의 올바른 인적자원 육성을 위해 철학적 눈(philosophic eye)을 가지고 조직의 구성원들을 재조명해 줄때 힘의 구심점이 형성 되면서 성장 발전이 있게 된다.

이때 각 구성원들은 누구나 말할것 없이 자연과학과 사회과학의 범주(category)를 구분지어 응용하고 올바르게 의사결정 해 낼수 있는 능력을 배양하게 된다.

이렇게 구성원들이 능력을 배양 했을 때 여러 산업분야에서 파생될 수 있는 환경문제 및 재해를 예방할 수 있게 되어 기업과 사회에 공헌할 수 있게 된다고 말할 수 있다.

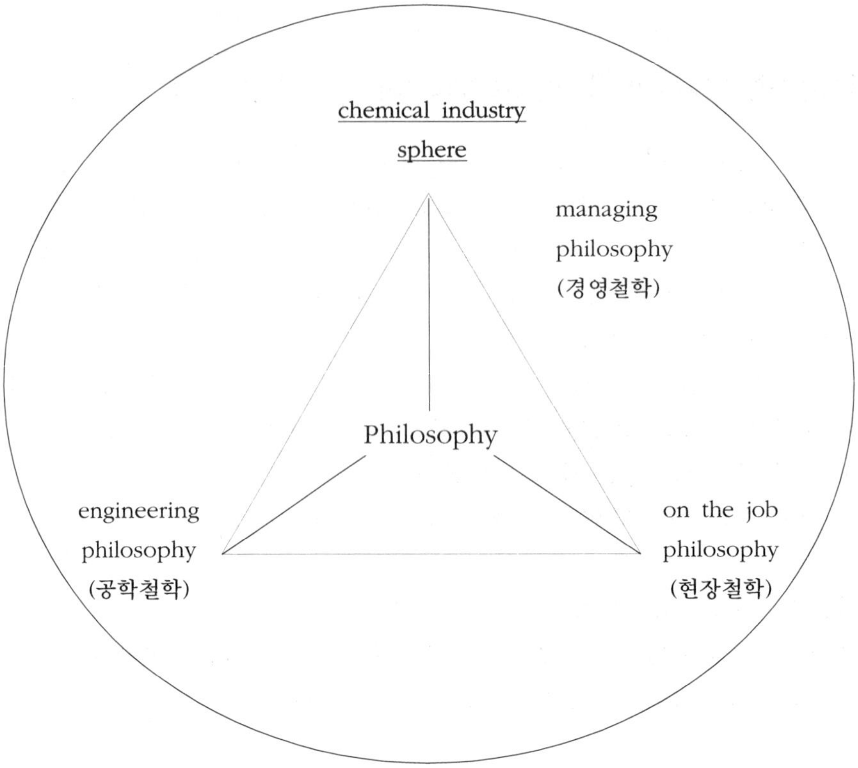

2) 공정시스템의 응용설계와 화학산업 운영의 기본철학 개념

- 마음의 base에 Philosophy를...
- 철학적 의사결정 ; · 자연과학 측면 : 1%가 옳아도 그것을 따라야 한다.
  · 사회과학 측면 : 과반수 이상이 찬성하면 그것을 따른다.

- Philosophic eye ; · Human eye (주관적인사람의 눈) and Camera eye (객관적인 기계의눈)
  Micro eye and Macro eye

  · 객관적이고 과학적인 사고의 눈
  · 합리적이고 Overall한 사고의 눈
  · 입체적이고 복합적인 사고의 눈

3) 현장철학 개념

- 자기자신과의 싸움 : 이길수 있어야 한다.
- 냉정한 마음 : 주관적 사고 배제
- 첫번째 사고 : 원인분석 대책 강구 : 제2의 사고 예방
- 과정을 중요시 : 과정 일부 생략 ⟶ 다른과정에 과부하 현상 초래 ⟶ 지속성 상실 ⟶ 시간의 흐름 ⟶ 대형사고 유발
- 보이는 시계바늘 3개와 뒷면의 수많은 톱니바퀴를 함께 볼수 있는 눈

SULFURIC ACID PLANT :

HEAT RECOVERY SUSTEM DILUTER MODIFICATION

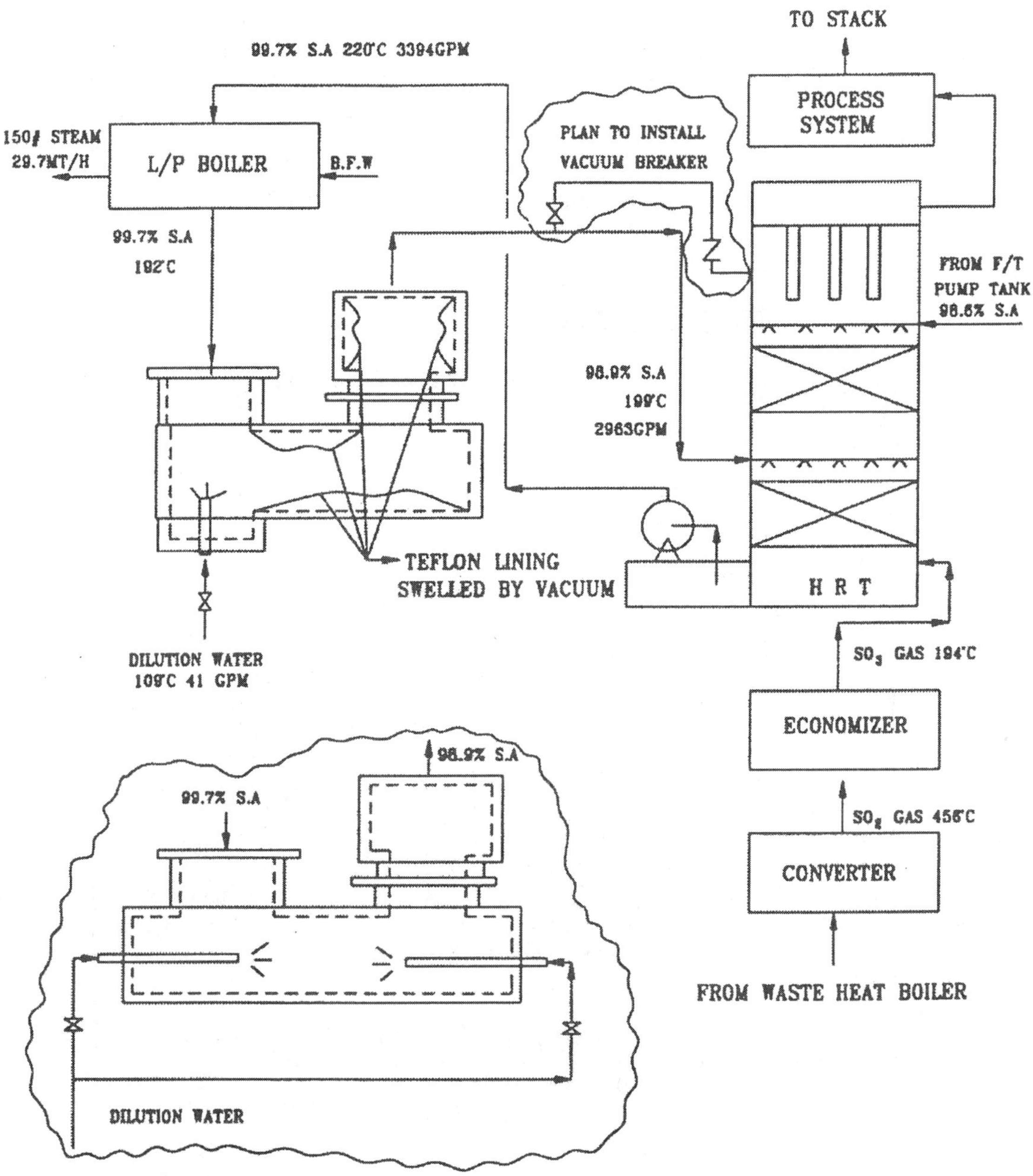

HRS DILUTER MODIFICATION

SULFURIC ACID PLANT PROCESS REVISION

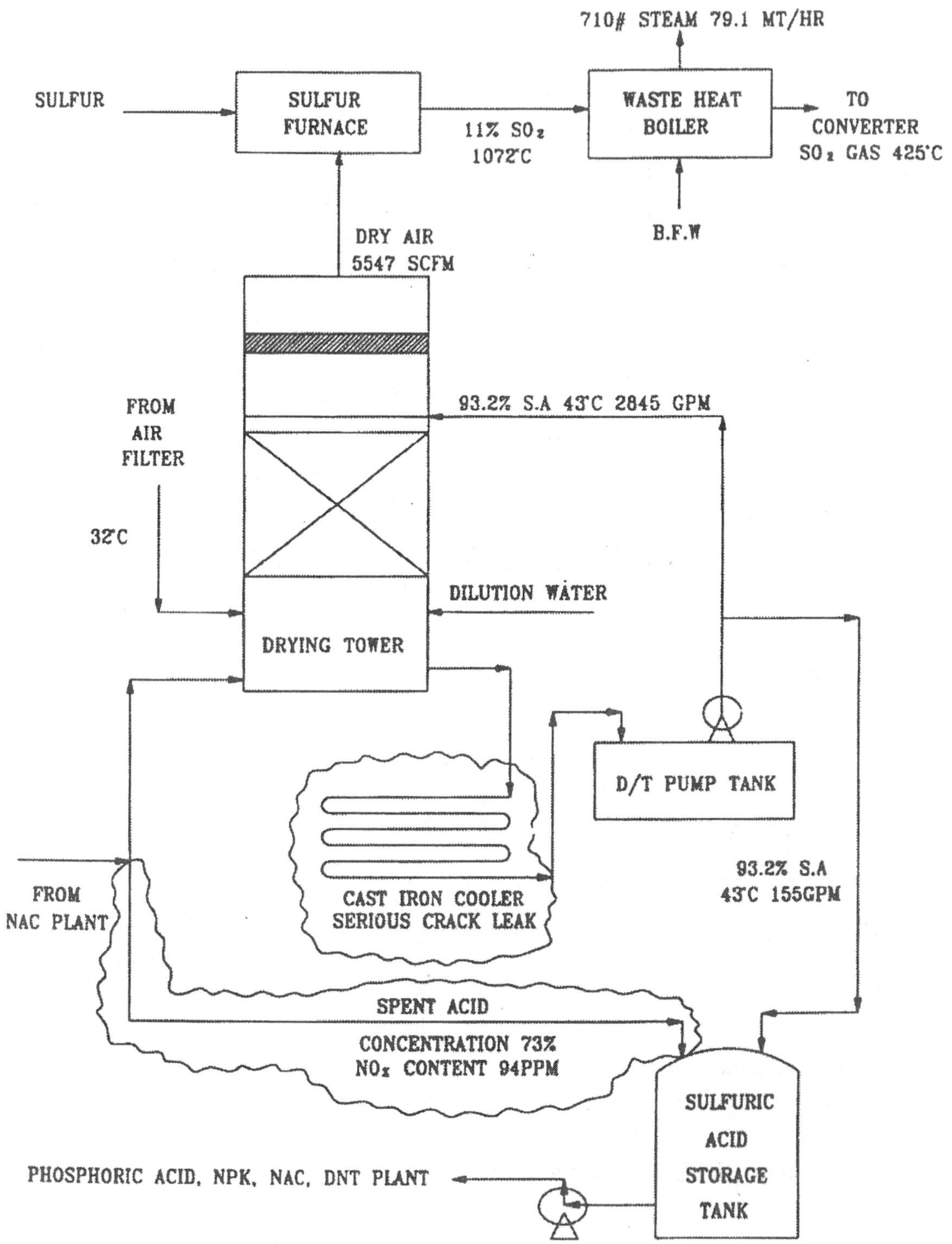

SULFURIC ACID PLANT : GAS STREAM REVISION

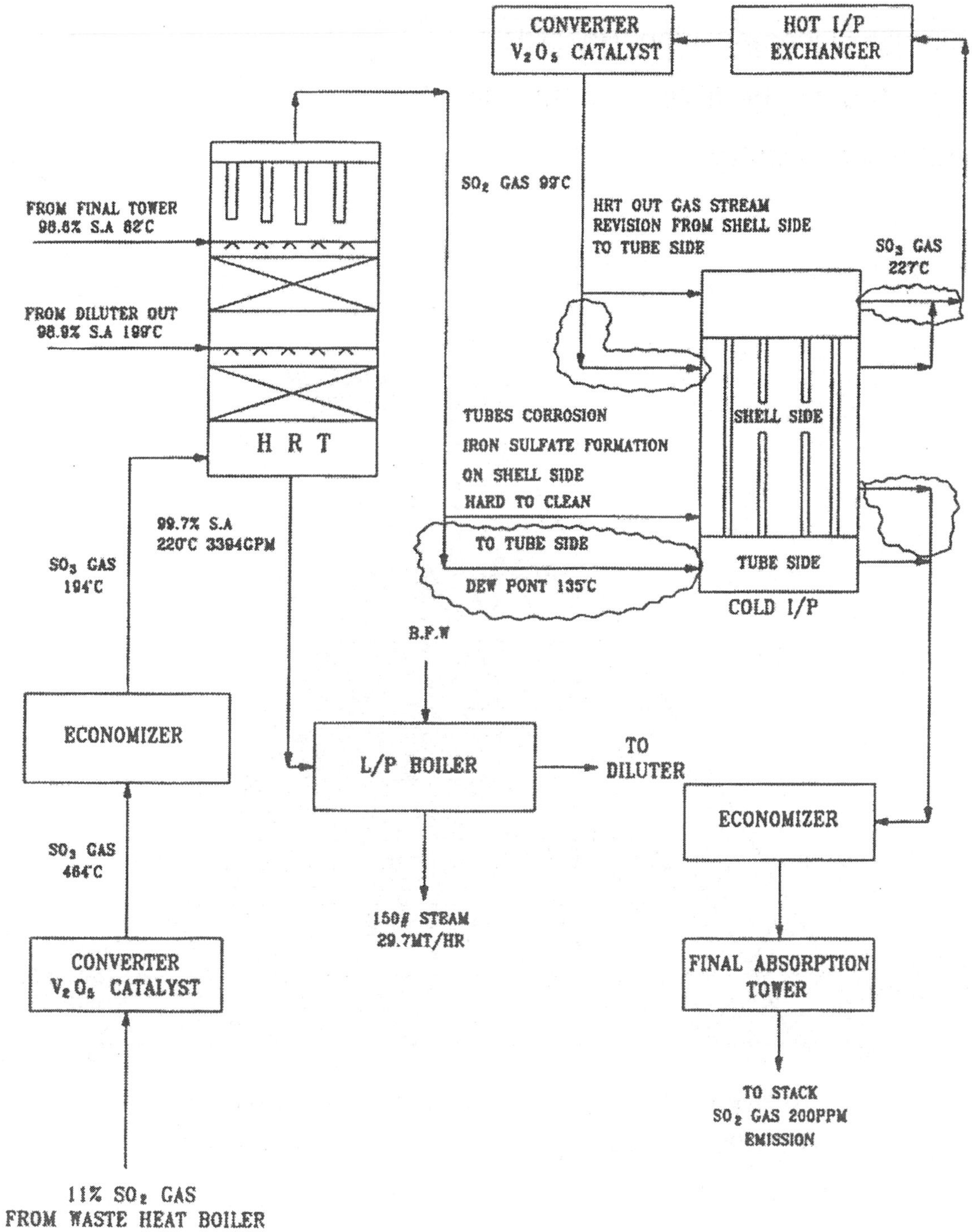

Thermal Decomposition Hazards of compound Fertilizers containing Ammonium Nitrate

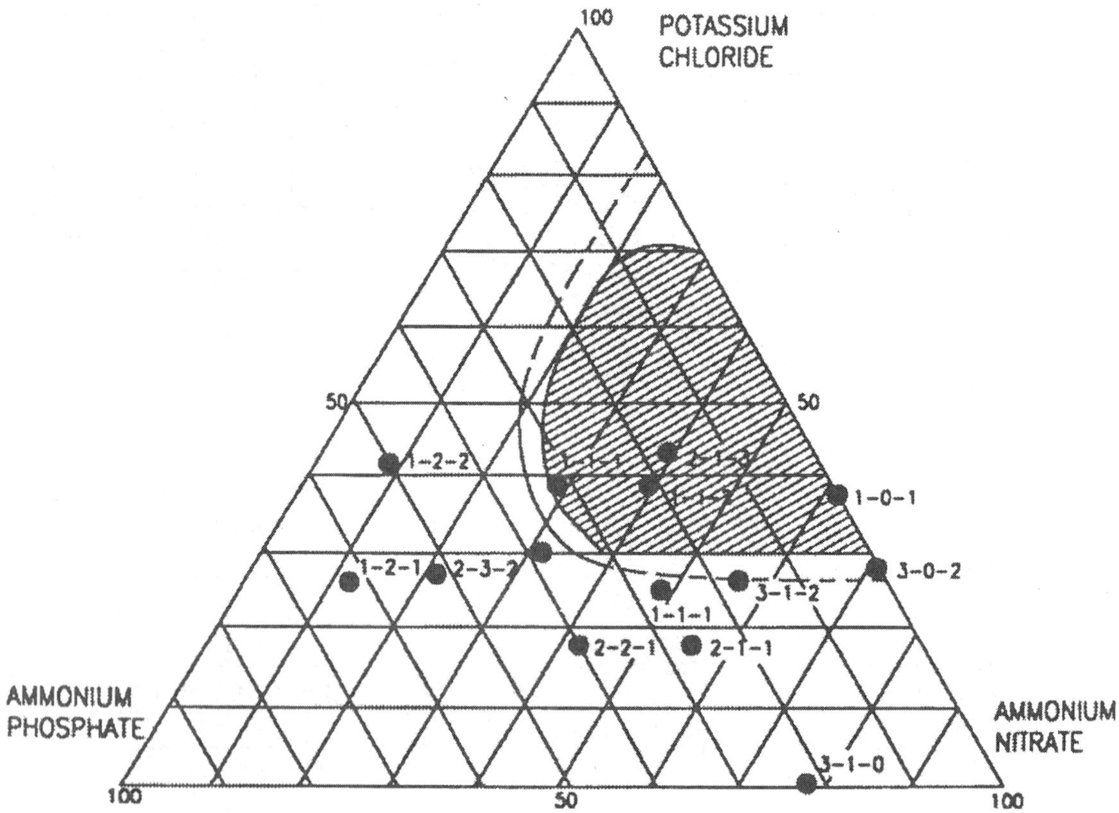

Compound fertilizer formulations showing regions of self-propagating decomposition

Dinitrotoluene Pipiline Explosion

Union Carbide Corp.,Institute, W. Va., Plant

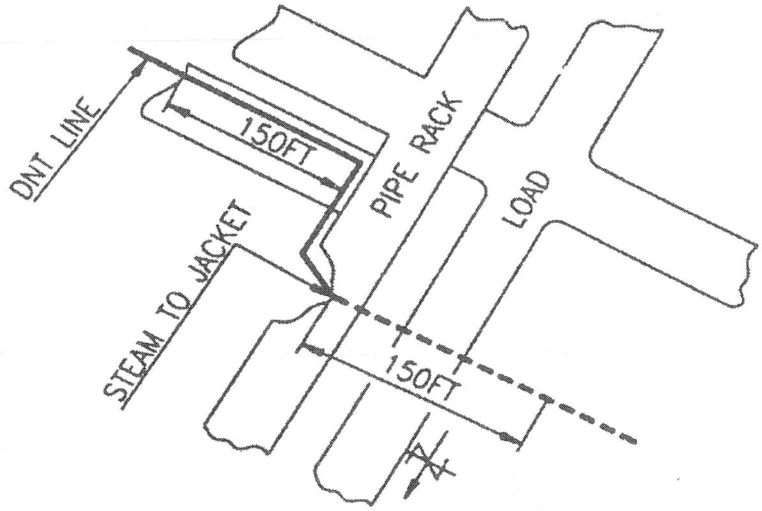

Location of explosion in plant

1) Analysis of incident
   - Scheduled shutdown : 10 days
   - Design condition for the steam jacket on the DNT line ;
     75 psig ———> 15 ~ 25 psig pressure reduction
   - Three process safety valves in the DNT line
   - 75 psig steam supply header : surface pyrometer : 218℃
2) Evaluation of cause of decomposition

<u>DNT pipeline explosion</u>

dynamic thermal stability (2 to 4℃/min.)

samples	Decomposition
DNT	260 ~ 290℃
DNT from pipeline	276℃
DNT with 2.5% Na_2CO_3 (26% in H_2O)	197 ~ 242℃
DNT with 0.38% red rust	260℃
DNT with Na_2CO_3 and red rust	220 ~ 235℃

3) Conclusion
   - DNT handling temp. : limited to 150℃ max.
   - Holding period : 150℃ , not exceed 14 days
   - Bulk storage temp. : 90℃ limit
   - Continuous temp. measurement : required
   - Desuperheat station : 125 ~ 135℃ at 20 ~ 25 psig

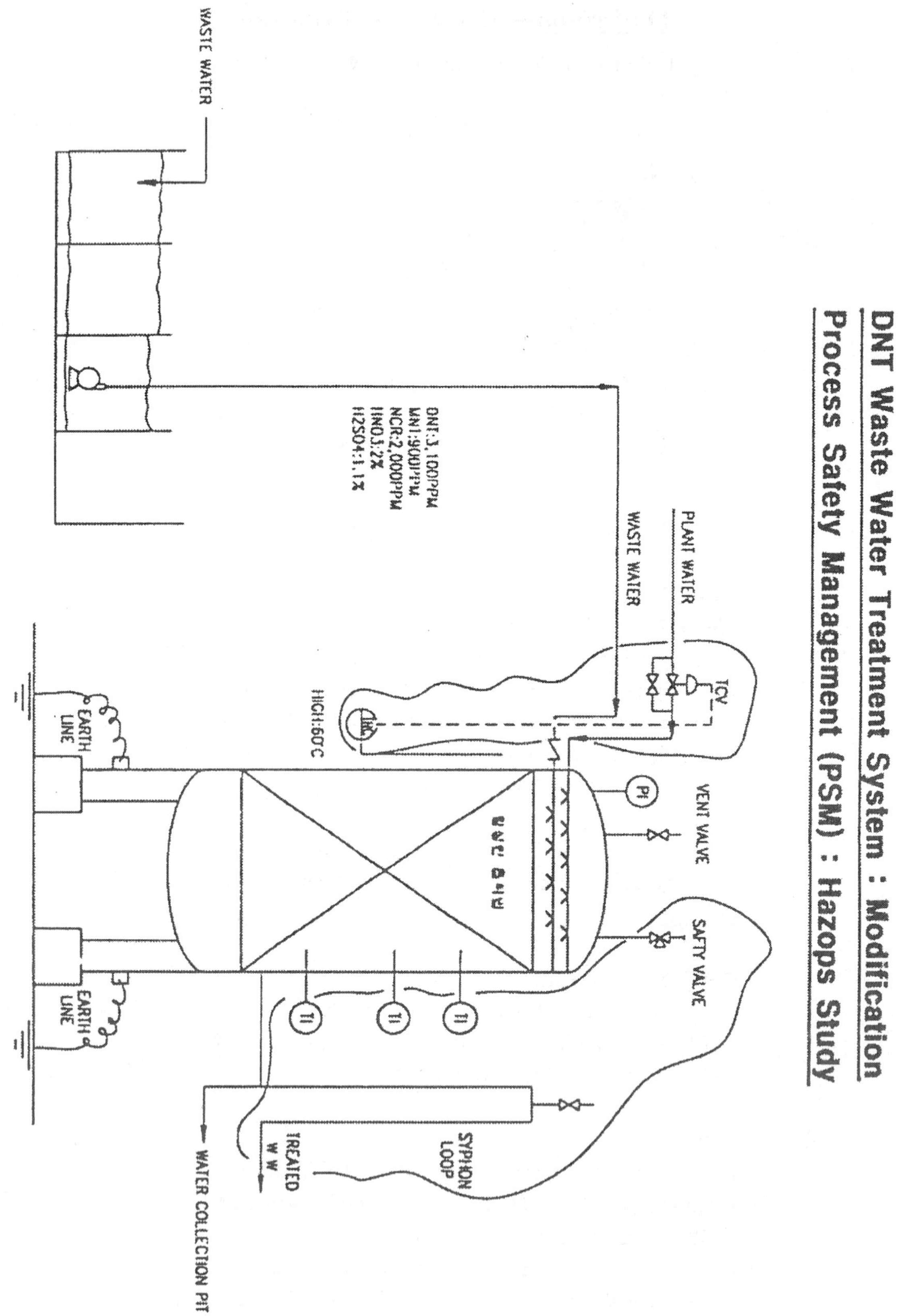
DNT Waste Water Treatment System : Modification
Process Safety Management (PSM) : Hazops Study
WASTE WATER
PLANT WATER
WASTE WATER
TCV
HIGH:60℃
DNT:3,100PPM
MNT:900PPM
NCR:2,000PPM
HNO3:2%
H2SO4:1.1%
VENT VALVE
PI
SAFTY VALVE
TI
TI
TI
EARTH LINE
EARTH LINE
SYPHON LOOP
TREATED W W
WATER COLLECTION PIT

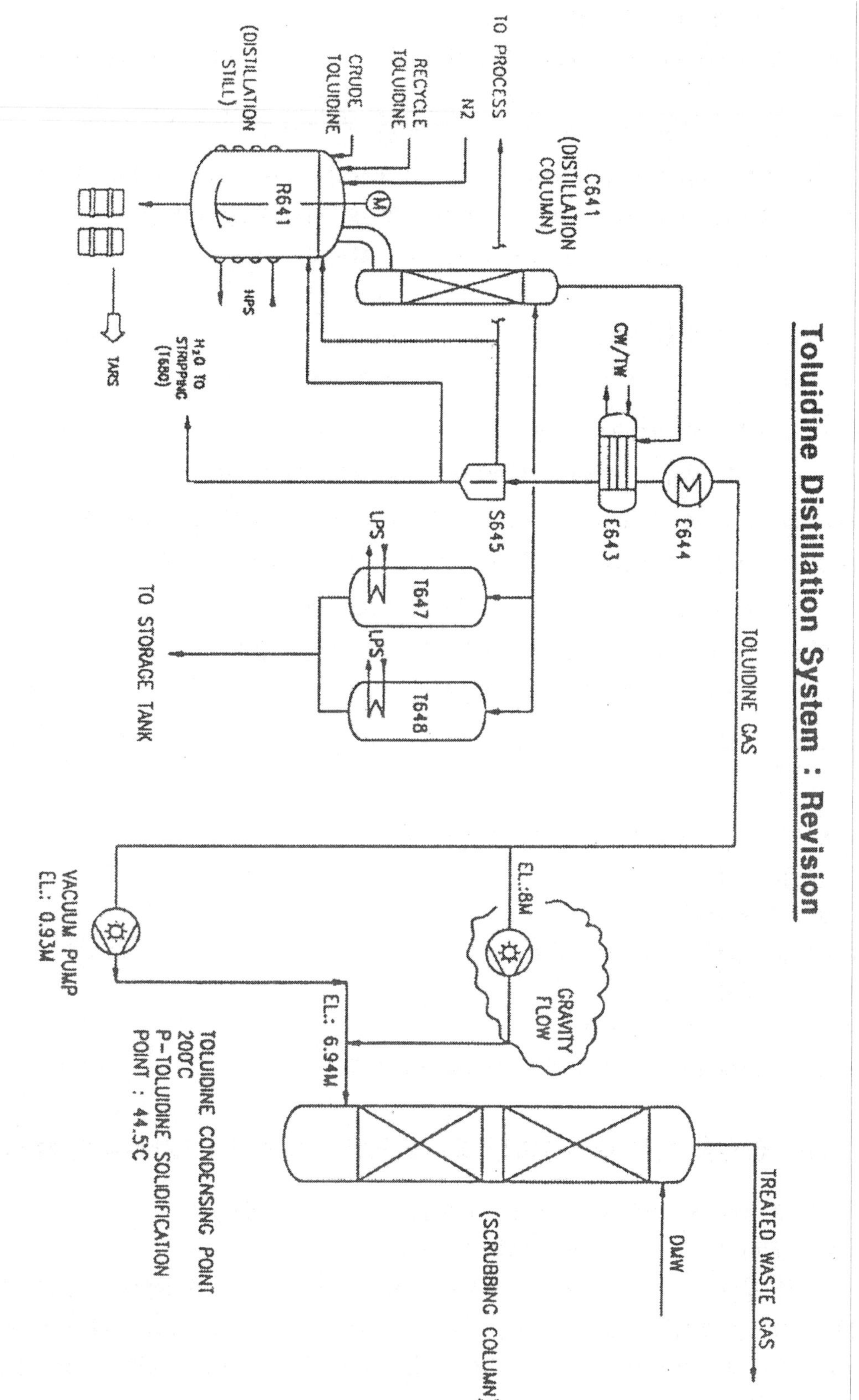
Toluidine Distillation System : Revision
C641 (DISTILLATION COLUMN)
TO PROCESS
N2
RECYCLE TOLUIDINE
CRUDE TOLUIDINE
(DISTILLATION STILL)
R641
M
HPS
H₂O TO STRIPPING (T680)
TARS
CW/TW
E644
E643
S645
T647
T648
LPS
TO STORAGE TANK
TOLUIDINE GAS
EL.:8M
GRAVITY FLOW
VACUUM PUMP
EL.: 0.93M
EL.: 6.94M
TOLUIDINE CONDENSING POINT 200°C
P-TOLUIDINE SOLIDIFICATION POINT : 44.5°C
TREATED WASTE GAS
DMW
(SCRUBBING COLUMN)

4) Process 앞에서의 기본철학 개념

- Process 앞에서는 humble heart (교만하지 않은 마음)로 임한다. 교만한 판단과 행위는 금한다.
- Process 상의 길이 아니면 가지 않는다 ; 새로운 길을 찾는다.
- Process 상의 원리, 원칙에서 벗어나면 행하지 않는다 ; 기술협의후 새길을 찾는다.
- 자연과학 측면의 의사결정을 한다 ; 사회과학 측면의 의사결정을 배제한다.
- 판단이 흐리거나 부정확 할때는 행하지 않는다 ; 확인후 시행한다.

요약 : 공정시스템의 응용설계와 기업

- 화학산업 : • 무수한 위험요소 내재
  • 환경문제와 안전문제가 완벽히 해결되어야 정상운영
- Design parameter와 Design consideration을 총망라하여 광범위하고 세부적으로 검토 응용
- Basic design은 Detail Design의 어머니 : Basic에 누락됨이 없도록 설계
- Alpha에서 Omega까지의 전과정을 복합적으로 검토 응용
- 산.학.연.관(Educational → 총괄적인 운영방안 모색 → 연구발전
- Engineering Philosophy의 필수적인 과정을 도입

↓

◎ 공정시스테메의 응용설계가 완벽한 단계에 접근가능
◎ 화학산업의 궤도가 정상화
◎ 기업이 육성 발전
◎ 대규모 화학공정의 License 개발이 가능
◎ 세계화 경쟁체제 돌입
◎ 기술인 : 기업 및 사회에 공헌
◎ 기업인 : 21세기의 새로운 분야를 개척하는데 도움

22-9. 화학 산업을 위한 球의 哲學(Sphere Philosophy for Chemical Industry)

무미건조하게 메마른 회색지대의 공장생활에서도 피어나는 꽃이 있다.
그것은 다름 아닌 『철학이란 마음속의 꽃』 이다.
향기는 말할 것도 없고 그 심원함이란 필설로 다할 수 없는 그러한 경지에서 피어나는 꽃이다.
이러한 아름다운 철학의 꽃으로 각자의 주위를 잘 가꾸어 나간다면 우리 주변의 전 조직체들은 Zero Defects의 지반 위에 무한한 발전을 영위하게 된다. 그러면 『철학의 꽃』 에 대하여 요약해 보기로 한다.

여기서 설명할 구의 철학(球의 哲學 ; Sphere Philosophy)에 대하여는 앞의 『철학의 위상과 역할』에 나타나 있는 chemical industry sphere의 개념도(槪念圖)를 참고로 하기 바란다.

우리주위를 감싸고 있는 모든 여건들을 구(球; Sphere)로 비유했을 때 우리들은 이 Sphere를 안전하게 유지하면서 더욱 성장 발전시켜 세계 속의 Sphere로 가꾸어 나가야 한다.

즉, Sphere내의 범주에 속하는 3개의 철학 군이 한곳에 함께 공존하며 자리하고 있는데 첫째 범주에 속하는 것이 경영 철학(Managing Philosophy) 군이고, 둘째가 공학 철학(Engineering Philosophy)군, 나머지 한 군이 현장 철학(On the Job Philosophy)군이 된다. 따라서 3개 철학 군이 3위 일체가 되어 Center의 한곳으로 핵의 힘이 모아지도록 통일해주는 주체가 있어야 하는데 우리 각자가 바로 이 주체의 역할을 해 주어야 한다.

주체의 역할 조직체로서 활동할 모체는 産·學·硏·官(Industry·Education· Research·Government)이 연합하여 철학의 기본바탕 위에서 유기적으로 협동하며 발전시켜 나가야 한다.

이렇게 유기적 협동체가 형성되어 현재의 위치에서 미래를 예측하고, 앞으로 당면하게 될 문제점들을 하나씩 해결해 나가야 한다.

이러한 실질적이고 냉정히 문제점들을 수행할 조직이 형성되어 운영될 때 여기서 이루어진 초점화된 힘은 불꽃으로 승화하여 주위에 힘을 발휘하게 되어 기업과 사회에 공헌할 수 있게 된다.

이렇게 3개의 군으로 분류했을 때 우리는 각자 어느 군에 속하는 지를 쉽게 알 수 있다. 일단 각자의 범주가 결정되면 각 군의 최고 의사 결정권자는 전 구성원들로 하여금 각자의 현 위치를 파악케 한 다음 예리한 철학의 눈(Philosophic Eye)을 가지고 조직의 구성원들을 재조명해 주어야 한다. 이때 철학적 힘의 구심점이 형성되면서 Zero Defects의 성장 발전이 있게 된다.

이 『Sphere Philosophy』는 정치, 경제, 사회, 문화 등 모든 분야에서 공동으로 순수한 힘을 모아 응용 발전시켜 나갈 때 안정을 기반으로, 한 차원 높은 궤도로 진입하게 되어 사회와 국가의 발전을 이끌어 내게 된다.

그리고 안전 측면에서 현대 화학 산업은 날이 갈수록 첨단화되어 가고, 대단위 공업단지 내에서의 대형 독극물 및 폭발성 화학제품공장들의 밀집화, 그리고 고온·고압의 화학공정을 내포한 공장의 밀집 화는 가속화되어 가고 있다. 뿐만 아니라 화학공장의 첨단화가 이루어지는 성장단계에 돌입하면서도 일부 기존의 첨단화된 화학공장들은 노후화의 소멸단계로 들어서는 단계에 있는 것이l 우리나라 화학 산업의 현 위치이다.

또한 집중적으로 보건(Health), 환경(Environment), 안전(Safety)의 삼위일체의 관리체제하에서 집중적으로 관리해 나가야 할 이들 제품들의 무역거래는 장거리 육· 해상 운송 수단 등에 의하여 국제화되어 가고 있다.

이제 우리나라의 주요 산업을 인생(人生)에 비추어 볼 때 이들 분야의 산업들은 중년(中年)을 넘어서고 있는 단계에 와 있다.

따라서 우리나라의 주요 산업인 석유화학부문, 원자력부문, 정밀화학부문, 무기화학부문, 유기화학부문, 독극물제조부문, 의약품부문 등의 제조 산업 부문에 대해서는 새로운 차원의 종합적이고 유기적인 관리체제를 도입하여 철학적이고 도덕적인 차원에서 관리 운영해 나가야 눈부신 발전은 말 할 것도 없고, 돌이 킬 수 없는 인재(人災)와 재해(災害)를 예방할 수가 있게 된다.

특히 화학 산업의 응용분야에 있어서 구의 철학(球의 哲學 ; Sphere Philosophy)의 근본인 『연합 통일된 하나』의 힘이 구심점을 잃고 무시되거나, 또는 각 군이 자기만의 독특한 엘리트(elite)정신을 가지고 독단적으로 현재와 미래를 예측 판단해낼 때 그 결과는 예외 없이 인재(人災)와 재해(災害)로 이어진다는 사실을 명심해야 한다.

따라서 복잡 다양하게 발전되어 가는 현대의 산업구조에 발맞추어 產·學·研·官의 해당 최고 의사결정권자들은 서로의 관리체제를『球의 哲學』의 개념으로 연합 통일하여『보건(Health), 환경(Environment), 안전(Safety); HES』을 삼위일체(Trinity)화 하는 운영 관리체제(Trinity Management System; TMS)로, 즉 HESTMS의 운영 관리법을 뿌리 내리도록 해야 한다. 그리고 이 시스템을 전 구성원들과 함께 철학적, 도덕적 마인드를 가지고 운영 관리해 나갈 때 해당 조직은 세계화 속에 미래지향적으로 성장 발전해 나가게 된다는 것을 인식해야 한다.

22-10. 철학적 의사결정 (哲學的 意思決定; Philosophic Decision-Making)

기술인 들은 해당조직에서 성장하여 가는 중에 특히 설계, 건설, 운영, 조업, 연구발전 및 경영분야에서 업무를 책임지고 수행 할 때 사회에 공헌하게 된다.

이들이 맡은 업무를 추진하는 과정에 철학적인 思考의 눈으로 안과 밖을 동시에 보며 주위상황을 정확히 판단해 낼 때 조직 내에는 믿음이 싹트게 되어 계속 성장을 이루게 된다.

또한 현대기업은 기술, 구성원, 경영의 세 가지 요소를 입체적으로 공동 발전시켜 나갈 때 새로운 변화와 창조력을 기업에 꾸준히 접목시켜 나갈 수가 있는데 이때 눈부신 발전을 기대 하게 된다. 이와 같이 조직이 계속 발전하여 사회에 공헌하기 위해서는 최고의사결정권자는 철학적 의사결정을 해주어야 하며, 자기 자신과의 고통스러운 싸움에서 승리를 이끌어 내야 한다.

따라서 우리들은 철학적 바탕 위에 자기 자신을 이겨 낼 수 있는 의사결정권자를 존경하며 따라가게 된다. 용기 있는 의사결정권자만이 철학적 의사결정을 하게 되는 것이다.

그래서『철학이란 마음속의 꽃』은 영원하며 아름답고 찬란한 빛으로 주위를 밝혀 주게 된다. 이 중요성에 깊은 영향을 받아 나는 대학 강단에서 특강을 할 때면 곧 사회에 배출될 때 묻지 않고 멋진 젊은 사자들에게 이『철학적 의사결정』을 잊지 말고 반듯이 이행해 줄 것을 강조하곤 한다.

그러면 쉽고도 어려운 『철학적 의사결정』에 대해 주요내용을 명기해 보도록 한다.

첫째, 항상 Philosophy를 마음의 Base에 두고 의사 결정할 내용이 있으면 해당된 내용들을 자연과학 측면의 의사결정으로 답을 구할 것인가 ? 아니면 사회과학 측면의 의사결정으로 답을 구할 것인가를 구분한다. 즉 문제의 사항들이 자연과학 측면과 사회과학 측면 중 어느 쪽에 비중이 더 큰지를 파악하면서 계속 의사 결정해 나가면 명쾌한 답에 초점이 맞추어 지게 된다.

여기서 중요한 것은 자연과학측면의 의사결정은 다수결로 판단하거나 결정할 수 없는 사항으로서 한사람이 옳아도 즉, 1%가 옳으면 99%는 이 1%의 옳은 방법 또는 사람을 따라주어야 한다. 자연과학의 의사 결정은 결코 다수결로 결정하거나 부디 괘씸죄를 적용해서는 안 된다. 그렇지만 사회과학측면의 의사 결정은 과반수가 찬성하면 그것을 따르면 성공적이다.

둘째, 우리는 항상 현재의 위치를 『조명해주는 눈』(Insightful Eye)을 가지고 구성원들을 보살펴 주고 『철학적인 눈』(Philosophic Eye)으로 조직을 관리해 나가야 한다. 즉 편협해지기 쉬운 주관적인 『사람의 눈』(Human Eye)으로 의사 결정을 하여 주위에 돌이킬 수 없는 피해를 주는 조직이 있는가 하면, 있는 상태를 그대로 직시하고 읽어 내는 객관적인 『카메라의 눈』(Camera Eye)으로 현명하게 의사 결정하는 조직도 있다. 결과적으로 객관성 있고 공정한 의사 결정하기 위해 Philosophic Eye를 가지고 객관적인 Camera Eye로 의사 결정 해줄 때 구성원들은 활성을 찾고 조직체는 유유자적하며 미래지향적으로 발전해 나가게 된다.

셋째, 『아닌 것은 아니다.』 라고 신념을 가지고 용기 있게 말할 수 있는 조직으로 변신해야 한다.

즉, Yes와 No를 자신 있게 구분하며 신념과 용기 속에 답변 할 수 있는 철학적 마음(Philosophic Mind)을 가진 구성원들로 키워내야 한다. 이의 구분이 철학적으로 이루어지지 않기 때문에 결과에 대하여는 사회에 물의를 일으키게 된다. 그 어떠한 역경과 시련 속에서도 Yes 와 No를 명확히 구분하여 답변 할 수 있는 구성원들이 많은 조직이 끝내는 무한한 영광 속에 끊임없는 발전의 길을 걷게 된다.

여기에는 예외라는 말이 존재할 수 없음을 명심하도록 하자.

그래서 올바른 조직에서는 "선비는 자기를 알아주는 자를 위해서 죽는다." 라고 하는 말이 조직원들 간에 자유롭게 오르내리고 있는 것을 볼 수 있다.

응용문제

1. 공정 시스템 설계와 기업과의 관계에 대하여 서술 하십시오.
2. 화학산업의 공정 시스템 설계의 체계적 접근에 대하여 설명 하십시오.
3. 인적 자원 육성시의 체계적 교육 과정에 대하여 설명 하십시오.
4. 공정 시스템 설계 시 주요 파라미터(Parameter)를 적용해야 하는 주요 사업 내용을 열거 하십시오.
5. 공정 시스템 설계 시 적용 해야 할 주요 응용 파라미터(Parameter)에는 어떠한 것들이 있습니까?
6. 화학공장 운영에 있어 표준 규격화(Standard Specification)를 실행해야 할 대상 들은 무엇입니까?
7. 화학공장 설계에 있어 필수적으로 응용해야 하는 MSDS의 내용에는 어떠한 것들이 있는지 열거 해 보십시오.
8. 공정 위험 요소 평가(Process Hazard Assessment)에 대한 시스템의 안전 설계에 대한 기본적 접근에 대하여 설명 하십시오.
9. 공정 위험 요소 평가(Process Hazard Assessment)의 대상은 어디이며, 어느 때 평가를 실행 해야 하겠습니까?
10. 공정 위험 요소 평가 관리 방법에 대하여 요약해 보십시오.

11. 화학공정 설계 및 시설 운영에 반영 해야 할 Facility Life Cycle에 대하여 설명 하십시오.
12. 유독 물 제품 수송(Transportation)에 따른 운송 수단의 설계에 대하여 설명 하십시오.
13. 손실 예방을 위한 공정 시스템의 설계 영역에 대하여 항목 별로 설명 하십시오.
14. 공정 시스템 설계를 완벽히 해 내기 위해서 철학적 개념은 왜 필요 한지에 대하여 각자 생각하고 있는 바를 피력 하십시오.
15. 공장 경영에 있어 철학의 위상과 역할에 대하여 각자 느끼고 있는 바를 피력 하십시오.
16. 공정 시스템의 응용 설계와 화학산업 운영의 기본 철학 개념에 대하여 각자 느끼고 있는 바를 피력하십시오.
17. 공장의 제반 운영에 있어 현장 철학 개념에 대하여 각자 느끼고 있는 바를 피력 하십시오.
18. 화학 공정(Chemical Process) 앞에서의 기본 철학 개념에 대하여 각자 느끼고 있는 바를 피력 하십시오.
19. 화학공장의 건설과 응용 설계에 있어 SRI 자료의 응용 필요성에 대하여 설명 하십시오.
20. SRI (Stanford Research Institute) 자료에는 화학공장 건설과 응용 설계에 응용 할 수 있는 어떠한 내용들이 있습니까?
21. 화학공학 전공 및 공장 건설 설계, 산업체, 즉 산, 학, 연, 관(產, 學, 硏, 官)등에서 기술인으로서 미래를 밝혀 나갈 구의 철학(球의 哲學; Sphere Philosophy)에 대하여 아는 바를 설명 하십시오.
22. HESTMS란 무엇을 말하는지 설명하십시오.
23. 현재와 미래의 영속적 발전을 위해 기술 인으로서 행하여야 할 철학적 의사결정 (哲學的 意思決定)에 대하여 요점을 논하고, 깊이 있게 강조해야 할 내용을 써 주십시오.

화학공장의 안전 설계와 관리 (SAFETY DESIGN AND MANAGEMENT OF CHEMICAL PLANTS) 23장

23-1. 개요

지금까지 앞의 총22장에 걸쳐 화학공장 전반을 검토하며 연구하고 세부적으로 배워 왔다.

즉, 공장 건설에서부터 시작하여 공장 조업, 공정개량과 연구 발전, 그리고 공장 경영 부문에 대하여 총체적으로 배워 왔지만, 그간 필자가 오랜 세월 동안 국. 내외 여러 공장에서 경험하고 이론적으로 접근하며 문제 해결을 위해 Process Upgrading 및 Improvement, Modification, De-bottlenecking 등을 실행하면서 중요시 다루며 간과 해서는 안될 안전설계 및 관리 부문을 이장에서 증보하여 다루기로 한다.

화학공장 설계에 있어 안전 설계의 철학적 개념을 도입하지 않고, 또한 이에 따른 응용설계를 하지 않고서는 화학공장으로서의 안전 운영과 경제적 가치 창출의 역할을 다 할 수가 없게 된다.

앞장에서도 강조한바 있지만 화학공장에서 생산하고 수송하는 대부분의 제품들은 대단히 독성이 강할 뿐만 아니라, 폭발의 잠재성이 높으며, 또한 환경적으로도 유해성이 아주 높다.

더욱이 이들 제품들을 생산 하는 공정들은 예민성이 아주 높고 복잡성을 띄고 있어 관리에도 많은 어려움을 주고 있다.

또한 이들 화학공장 들은 노후화가 급속히 진행 되면서 주민 지역 가까이에 서 생산활동을 하고 있다는 점을 감안하면 현재 뿐만 아니라, 향후에도 더욱 Zero-Defect의 안전 설계에 깊은 관심을 가지고 이를 응용하여 생산활동에 노력을 경주해 주어야 한다.

그렇기에 안전 설계에 집중하여 공장을 건설해 나가야 한다.

화학공학 기술자 들이 세계화의 국제적 무대에서 활약하려면 안전설계와 화학공장의 총체적 관리에 안전을 최우선으로 두어야 함을 다시 한번 강조 해 둔다.

설계에 있어 안전 설계부문을 향상시키고 공정을 안전측면에서 개량하며, 각 공정과 화학 공장 들을 전반에 걸쳐 더욱 안전하게 설계하도록 발전시켜 나간다면 제반 손실을 최소화 시킬 수 있을 뿐만 아니라 위험 요소들을 거의 대부분 제거 시킬 수가 있다고 본다.

여기서 참고해야 할 사항은 안전을 최우선으로 하되 화학공장은 경영 이익 창출을 하기위한 공장임을 염두에 두고 경제적 최우선 안전 설계가 되도록 한다는 것도 고려해 볼 필요가 있다.

공장 안전 설계에 있어 인간공학(Ergonomics, Human Factors)을 포함한 지적 설계(Intelligent Design)을 해야 한다는 철학을 뿌리내려 주기를 바라며, 아울러 안전 설계를 실행하면서 Zero-Defect위에 Safety First의 철학적 개념을 도입시키는 설계 문화를 확립해 나가기를 바란다.

화학공장의 Safety, Health, and Environment 부문에 애정과 사랑을 바탕으로 한 안전 설계를 총체적으로 실행한다는 것을 기본과 원칙으로 해주어야 한다고 본다.

화학공장의 더 안전한 설계 (Safer Design)는 기업 경제를 더욱 튼튼히 해주며, 이웃의 안전을 지켜주고, 국가와 사회를 위험에서 보호하며, 고품질의 제품을 생산해 주고, 삶의 질을 풍요롭게 해 줄뿐만 아니라 부가 가치를 최대한 높여 줌으로서 국제 경쟁력을 강화시켜 나갈 수 있다고 본다.

여기의 응용부문에는 특히 Engineering과 Projects부문에서 다음을 기본 바탕에 두어 보기로 한다.

-Philosophy and Love
-Industrial Psychology
-Human Reliability
-Human Factors Engineering
-Processing Equipment Reliability
-New Technology Developing
-Open-minded Communication

그리고 다음에 전개해 나갈 전 과정 들을 이해하고 여기에 안전이란 개념과 철학을 집중 발전시켜나가야 한다.

23-2. 화학공장의 안전을 위한 체계적 접근 (Systematic Approach for Safety of Chemical Plants)

화학공장 설계 단계에서부터 건설을 마치고 시운전을 거쳐 성능 보장을 마친 후에 정상
생산 과정을 이루며 발전과정을 거쳐 나갈 때까지 아래 각 단계의 부문에서 안전을 총체적으로 반영하여 관리 해 나가도록 한다.

1) Inception of the basic idea;
   As a result of customer request; Process design development

2) Plant Construction Planning;
   · Overall design considerations and plant location
   · Project evaluation and feasibility
   · Economics and market
   · Cost estimation; final economic evaluation
   · Plant overall planning

3) Plant Designing;

· Design Specification
· Data development for construction and final design
· Basic engineering design
· Detailed engineering design
· Computer-aided 3D design
· Specification settlement on Materials and Chemicals
· Materials and equipment selection
· Final design review
· Applying on Seismic Factor, etc

4) Plant Construction;

· Contracts and contractors selection
· Preparation of operating manual
· Plant construction planning
· Philosophic education and in-plant training
· Construction and erection
· Production schedule and planning

5) Preparation and Commissioning;

· Pre-commissioning, commissioning, process tuning and mechanical completion
· Pre-Startup Safety Review and Procedure
· Care and custody

6) Start Up and Performance Guarantee Test Run;

· Trial runs operation
· Initial start up
· Performance guarantee test

7) Production and normalization;

· Normalization of operation and production
· Continuous long run production

8) Process and Facility Improvement;

· Process application and improvement
· Upgrading on the updated process
· Introduction Review of new technology

23-3. 타당성 검토시의 안전 고려 사항 (Safety Considerations in Feasibility Study)

여기서 다루어야 할 내용들은 화학공장의 Basic & Detail Design을 위해서 사전에 충분히 검토하고 전문가들의 자문을 거쳐서 까지 모든 내용들을 안전과 관련하여 하나씩 세밀히 분석 검토 한 후에 완벽을 기한 다음에 의사결정을 해야 한다.

이 과정을 소홀히 다루어 주요 내용들의 판단미비사항이 한창 공정이 진행된 뒤에 발견하게 되면 모든 공정들은 원점에서 새로 시작되어야 한다는 점을 명심해야 한다.

Human Error에 의한 결함이 공장건설의 공사기간을 지연시키게 하고 기업에 막대한 손실을 입히게 되어 첫 시작단계에서부터 경제적 부담을 안겨 주게 된다.

그렇기에 첫 단계인 이 과정을 우선하여 성공시키기 위해 시간이 조금 더 걸 리드라도 전체 내용을 심도 있게 분석 검토하여 반영해 주기를 바란다.

1) Plant location and lay-out
2) Raw materials, chemicals and catalysts;
   · Specification,
   · Possibility of Supply on the long-term base,
   · Cost and quality, etc
3) Mechanism of chemical reaction, Chemical process, thermodynamics, etc
4) Equipment and facility to be applied;
   · Specification,
   · Reliability
5) Cost estimation and production cost
6) Profitability review; Return of investment
7) Materials of construction
8) Process Safety and Environment
9) Quality and properties of products;
   · Specification,
   · Impurities,
   · Storability
10) Loading and unloading
11) Transportation;
   · Trucking, railing, and shipping, etc
12) Marketing and competition;
   · Domestic and foreign
13) Sales and after sales service
14) Regulations and limit condition, etc

23-4. 화학공장 안전 설계의 주요 파라메타 (Major Parameters in Safety Design of Chemical Plants)

공장 안전 설계와 연관하여 다음 내용들은 기본적으로 충실히 검토 분석하여 안전 설계에 응용하여 반영시켜야 한다.

여기에 언급하는 Parameter들을 폭 넓고 깊이 있게 철저히 검토 분석하지 않고 Project와 Basic Design을 실행한 결과 후에 남는 후유증으로 공장을 정상화 시키기에 많은 위험과 손실을 초래하는 예를 종종 보아 왔다.

설계는 펜과 머리를 가지고 Computer를 통하여 이루 워 지지만 Computer에 입력하는 사람 머리의 Software는 가지각색이 될 수가 있기에 더욱 다양하고 깊이 있게 접근하여 다루어야 하는 내용의 것 들이다.

1) Physical and chemical properties
2) Stability and reactivity
3) Composition and Impurities
4) Technical information; MSDS and CSDS
5) Toxicological information
6) Corrosion and Erosion: Resistance and allowance
7) Reaction, Side reaction and By-products
8) Thermal decomposition
9) Static electricity
10) Piping arrangement on the pipe rack
11) Piping stress and load
12) Ecological information
13) Contamination and Waste disposal
14) Hazard identification
15) Regulatory information
16) Seismic factor
17) Flow, Temperature, Level and Pressure
18) Phase
19) Relief
20) Instrumentation
21) Sampling
22) Utilities
23) Maintenance
24) Addition

25) Safety and Environment
26) Inserting
27) Purging
28) Foundation Piling, etc.

23-5. 화학공장 운전 상의 주요 증상 및 안전 관리 요소 (Major Symptoms and Safety Managing Factors on Operation of Chemical Plants)

화학공장에서 근무한 경험이 있는 사람들이나 현재 일하고 있는 사람들이라면 누구나 아래와 같은 내용들을 공감 할 수 있는 중요한 내용들이다.

화학공장 운전에서 이러한 증상들은 종종 나타나게 되는데 설계상의 이를 해결하기위한 보완 책이 마련되어 있지 않거나 누락되었다면 위험을 예방하고 비상 상태가 발생 했을 경우 이를 해결하기위한 어려움은 상상하기 어려울 정도다.

본 내용들을 해결하기 위해 사전 Detail Design과정에서 전문 경험을 가진 엔지니어 들로 하여금 폭 넓고 깊이 있게 심사숙고 하여 설계에 반영해야 한다.

1) Impurities in raw materials
2) Toxic and hazardous
3) Thermal decomposition
4) Auto oxidation
5) Hygroscopic
6) Unstable state
7) Pyrophoric
8) Fuming
9) Fume solidification
10) Leaking through
11) Carry over
12) Surge
13)Vacuum formation
14) Hot spotting and surface
15)Sludge formation
16) Foaming
17) Plugging and clogging
18) Solidified
19) Upsetting
20) Hot sparks
21) Electrical sparks
22) Vibration
23) Erosion
24) Corrosion
25) Thermal stress
26) Stress cracking
27) Thermal cracking
28) Mechanical rubbing
29) Over amperage
30) Bulging
31) Ground sinking
32) Exposure
33) Impacting and friction
34) Accumulation of explosive materials
35) Incompatibilities
36) Loosening
37) Poor or over tightening
38) Hammering
39) Scaling
40) Fouling

41) Settling
42) Venting & purging; pressure/vacuum
43) Vapor locking
44) Blasting
45) Thermal shocking
46) Overpressure popping
47) Formation of static charges
48) Static electricity sparks
49) Trapping
50) Condensing
51) Channeling
52) Entrainment
53) Overflowing
54) Swelling
55) Welding hot debris and sparks
56) Thermal expansion
57) Mechanical cracking
58) Upsetting
59) Flooding
60) Siphon
61) Deviation
62) Cavitation
63) Overheating
64) Radiation heat
65) Over speed
66) Rupturing
67) Effluent
68) Metallic carbonizing
69) Formation of hazardous materials
70) Poor ventilation
71) Poor piling
72) Poor mixing
73) Poor reacting
74) Unbalancing
75) Poor heat-treating
76) Poor finishing
77) Off-spec gasket inserting
78) Soaking
79) Penetrating
80) Off-spec packing
81) Demister corrosion
81) Demister plugging/clogging
82) Poor pre-treatment
83) Dead ends/pots/zones
84) Coking
85) Blocking/blockage
86) Mothballing
87) Boiling
88) Inerting
89) Detonating
90) Deflagrating
91) Igniting
92) Bonding and grounding
93) Fire proofing
94) Flashing
95) Dispersion direction and velocity
96) Pluming
97) Spraying and misting
98) Flaming, etc.

23-6. 화학공장 안전 설계의 주요 카테고리 (Major Categories in Safety Design of Chemical Plants)

설계 및 엔지니어링에 있어서 취해야 할 과정을 중요시 다루어야 하며, 알파에서 오메가까지 총 과정에 걸쳐서 중요 내용 들을 살펴보고 분석하고 안전 설계에 반영 시켜야 한다.

앞에서도 중요시 다루 워 왔지만 안전 설계는 항상 전과정을 다루는 것이며 국부적인 것에 국한하여 전체를 보지를 못 하고 설계를 하였을 때는 그 후유증은 이루 말할 수가 없다.

따라서 여기에 언급하는 내용들을 충분히 고려하고 상세히 설계에 반영해 주기 바란다.

특히 아래 4항에서 언급한 공정이나 공장 여건의 변화 (Safety Design and Management of Changes)가 있을 시에 반영해야 하는 문제는 정상 설계 시 보다 더욱 폭 넓고 깊이 있게 심사숙고 하여 안전 설계에 심혈을 기울여야 한다.

1. Major Engineering Considerations to be reviewed and studied
   1) Chemical Product
      · Composition and Specification
      · Information on ingredients
   2)Handling and storage
   3) Fire fighting measures
   4) First aid measures
   5) Accidental release measures
   6) Exposure controls, and personal protection
   7) Disposal considerations
   8) Transportation information
   9) Plant specific information

2. Engineering and planning to be thoroughly reviewed
   1) Plant overall plotting and planning
   2) Construction planning and working
   3) Initial start-up
   4) Performance guarantee test
   5) Normal operation
   6) Process and system safety auditing
   7) Process improving
   8) Process developing
   9) Applying and upgrading

3. Fundamental Fields on Design; to be checked and confirmed in the initial project stage.

1) Manufacturing Processes;
   - Intermediate products
   - By-products treating
   - Process wastes treating process
   - Emission control process, etc
2) Settlement of Analytical Methods
3) Safety Relief Valve Specification
4) Control Loops and Flow Direction
5) Design Working Pressure
6) Materials Procurement Planning;
   - Specified raw materials
   - Additive chemicals
   - Catalysts
7) Specification; Materials and Equipment
   - Confirming,
   - Settling
8) Product Handling and Storage Process
9) Loading and Unloading
   - Products
   - Raw materials
   - Additive chemicals
   - Fuels and oils, etc
10) Error-free As-Built P&ID
11) For the end user, making sure how they handle and process suppliers' products correctly as design conditions.

4. Safety Design and Management of Changes

These projects should be exactly applied and reviewed in detail without any exception in the initial stage of the basic and detail Engineering.

VIP; to be applied and reviewed on Major Parameters and Considerations

1) Upgrading of specification
2) Up-to-dating of manufacturing process
3) Plant construction
4) System modification and revision

5) Process de-bottlenecking
6) System improvement and retrofitting
7) System and process upgrading
8) System automation
9) Basic and detailed designing in safety
10) Life cycle lengthening, etc

5. Efficiency Improvement on the Unit Process
Chemical Engineers performing the following activities and projects should clearly and carefully manage with a focus to prevent Human Errors.
The Standard Specification should be settled to bring acceptable products in the initial project stage.

1) Raw Materials
2) Adding and Feeding Chemicals
3) Catalysts
4) Packing
5) Fuels and Oils
6) Intermediate Products
7) By-Products
8) Final Products
9) Processing equipment and its spare parts
10) Settlement of Analytical Methods

23-7. 철학적 교육과 훈련 (Philosophic Education and Training)

위에서 언급한 내용 데로 안전 설계가 아무리 완벽하게 되었다 할지라도 철학적 교육과 훈련 과정이 소홀하여 Human Error가 발생된다면 모든 것은 사상 누각이 되고 만다.

따라서 각 공정 별로 주워진 내용의 정규적 내용 외에 아래 내용을 주안점으로 철학적 교육과 훈련에 지속적인 집중 관리 교육과 훈련을 시켜 나가야 한다.

1. Philosophic Education and Training
VIP: Chemical Plants; Seem to be one-year old Baby' s intelligence alive
Base: TobërunontheCurriculum
· Philosophic Decision-Making
· Risk-based Decision-Making

· Process Safety Management
· Life Cycle Management
· HAZOPS Study Management
· Process Risk Management
· Process Safety & Risk Assessment
· Process Safety Auditing Management
· Specification Management
· Quality Analysis Management
· Quality Control Management
· Accident Investigation Management
· Emergency & Contingency Planning
· Process Safety & Risk Assessment

2. Educational and Training Classes should be taught systematically and periodically;

- On the Philosophical Foundation,
- Under excellent Top Management,
- With UPDATED Teaching Materials
- With the evaluated progress in the classes

In education, a hearty manager should not be a provider of fish, but instead teach how to catch fish.

1) The Managing Philosophy
2) The Engineering Philosophy
3) The On the Job Philosophy
4) Natural Science and Social Science
5) Human Eye and Mechanical Camera Eye

We should educate and teach how to apply and manage with the Intelligence and Human Five Senses for the operating groups in the operation of the chemical plants in Safety.
Application and findings of Human Five Senses/Unsafe Acts/Unsafe Conditions when observe, inspect and investigate plants;

1) Seeing
2) Listening
3) Smelling
4) Feeling
5) Touching and tapping with Safety Device
6) Unsafe Acts
7) Unsafe Conditions

3. Accidents Investigation and Root Cause Findings
4. Plants Observation and Findings
5. Suggestions and Recommendations

23-8. 화학공장 안전을 위한 주요 설계 요소(Major Designing Factors for Safety of Chemical Plants)

앞에서 검토하고 배운 내용들을 실제 화학공장 전반 운영에 응용하고 실행에 옮겨 봄으로서 그간 배움의 보람을 느껴 보기를 바란다.

교육은 100년 대계를 위한 것이란 것을 마음에 아로 새기며 사회 국가에 공헌하는 엔지니어들로 성장 발전해 나가기를 바라면서 아래와 같이 요약한다.

1. Major Processes and Efficient Control;
   Efficient Process Controlling Available When applied for the following

   1) Settling of Raw Materials Specification
   2) Understanding of Mfg. Process in Detail
   3) By-Products Treating
   4) Waste Treating
   5) Laboratory Design and Ventilation System
   6) Emission Control
   7) Process Control and Regulating System
   8) Control Loops and Sequence
   9) Interlock System on Emergency
   10) Emergency Generators System
   11) Process Risk and Safety Device
   12) Gas Detecting System
   13) Process Upset and Equipment Troubles

2. Safety and Environment managing areas
   1) Hazardous materials and handling
   2) Health-Safety hazard control
   3) Hazardous emergency situations
   4) Maintenance procedures SOP in safety
   5) Emergency and countermeasures
   6) Fire and explosion hazards
   7) Fire fighting measures
   8) Personal protection and first aid
   9) Accidental release measures
   10) Safety work permit and routine survey
   11) Contingency plan

끝으로 설계의 결함과 Human Error는 위험한 상황을 불러 오고 최종적으로는 돌이 킬 수 없는 재해를 초래하게 된다.

또한 사랑과 애정을 바탕으로 하는 철학적 설계는 성공적이며 응용 발전에 만족감을 주게 된다.

결과적으로 사랑과 철학을 바탕으로 하는 지식과 전문성은 화학공장 운영에 Zero-Defect를 유도하여 국가, 사회 및 세계에 공헌하게 된다는 사실을 인식하게 될 것이다.

응용문제

1. 공장 안전에 반영해야 할 주요 단계를 설명 하십시오.
2. 공장 설계에 응용해야 할 주요 안전 Parameters를 열거해 보십시오.
3. 공장 운전에 나타나는 주요 증상 및 안전요소에 대하여 아는 바를 열거해 보십시오.
4. Safety Management of Changes에 대하여 아는 바를 설명 하십시오.
5. 철학적 교육과 훈련의 목적은 무엇입니까?
6. 철학적 교육과 훈련에 포함해야 하는 내용 들에 대하여 아는 바를 기술하십시오.
7. 화학공장에서 응용해야 할 주요 안전 관리에 포함해야 할 내용 들에 대하여 아는 바를 기술 하십시오.
8. 설계 결함과 Human Errors는 어떠한 영향을 초래 할 것이라고 생각 하십니까?

☆ 참고 문헌 ☆

본문에 참고한 내용들은 더 세밀하게 그 내용 출처들을 밝히려고 심혈을 기울였다. 여기 참고문헌에는 본 내용에 인용하고 참고한 내용들과 함께, 공학인들이 더 참고하고 읽어 볼 만한 국.내외 학회 발표 논문 및 책자도 수록했다.

저자는 오랜 세월 국•내외 대단위 화학공장에서 실무 및 컨설팅 업무를 담당해 오면서 실질적 경험 (Hands-on Experience)을 쌓아 오면서 휴머니즘에 바탕하여 총체적으로 공학공정 응용 안전설계에 깊은 관심을 가져왔다.

특히 국내 대학, 대학원에서 후학들을 위해 화학장치설계, 화학공정공학, 화학플랜트 설계특론 등의 교과목들을 강의 해 왔다.

저자는 이들에서 얻은 이론적, 실질적 경험의 바탕한 자료들과 국.내외 대단위 화학공장들의 도움을 받았다.

실질적 업무 추진에서 공학요소들을 이론에 입각하여 총체적으로 공장건설과 관리에 응용 해 나간다면 "모든 사고(incident/accident) 들은 예방 될 수 있다." 는 신념을 바탕에 둔다.

1. Max S. Peters "Plant Design and Economics for Chemical Engineers" 4th edition (1991)
2. Robert H. Perry "Perry's Chemical Engineers Handbook" 6th edition (1984)
3. Ernest E. Ludwig "Applied Process Design for Chemical and Petrochemical Plants" 2nd edition (1977)
4. A.V Slack "Ammonia Part II, IV" (1979)
5. Werner W. Duecher "The Manufacture of Sulfuric Acid" (1977)
6. A.V Slack "Phosphoric Acid" (1968)
7. Pierre Becker "Phosphates and Phosphoric Acid" (1983)
8. Johon R. Van Wazer "Phosphorus and its Compounds" (1961)
9. Chemical Engineering: October, 1994 A Mcgraw-Hill Publication U.S.A.
10. Hydrocarbon Processing: October, 1994 Gulf Publishing Company U.S.A.
11. Chemical Engineering: June, 1993 A Mcgraw-Hill Publication U.S.A.
12. Hydrocarbon Processing: March, 1994 Gulf Publishing Company U.S.A.
13. Safety Measures : Dring Mario Biazzi Sa
14. The Mary Kay O' Connor Process Safety Center, Texas University. Aug. 2003
15. Hydrocarbon Processing, November 2003
16. Chemical Engineering, February 2004
17. Kim,Y.H.(2012),On New Concepts, Applied Designed Core Management against 18. Earthquake in the Complex Chemical Plants, GPEM (Global Perspective on

Engineering Management) Vol.1, Issue 1, May 2012, PP. 7-14, World Academic Publishing

18. Kim,Y.H. (2012), A Supplementary Study on Chemical Process System of Chemical Engineering against both Earthquake and Tsunami, Proceeding of 2012 KIChE Autumn Symposium, Busan BEXCO, Busan, Korea
19. Kim,Y.H. (2011), Human Error Analysis and its urgent Measures on recent Explosion of those Nuclear power Plants occurred in Fukushima district of Japan,-Based on Process Safety and Basic Design Concept /Consideration in view of Process System of Chemical Engineering Fields-, Proceeding of 2011 KIChE (The Korean Institute of Chemical Engineers) Autumn Symposium, Songdo Convensia, Inchon, Korea
20. Kim,Y.H. (2010), What and How to newly apply for Process Safety Total Management (PSTM) in the Complex Chemical Plants? , Proceeding of 2010 Mary Kay O' Conner Process Safety Center International Symposium, Oct. 26~28, 2010, Texas A&M University, Hilton College Station-Conference Center, College Station, Texas, U.S.A.
21. Kim,Y.H. (2008), A Study on application of core consideration to Chemical Plant Safety Designs, Proceeding of 2008 KIChE (The Korean Institute of Chemical Engineers) Spring Symposium, Jeju ICC, Jeju, Korea
22. Kim,Y.H. (2008), A renovated proposal on Chemical Engineering Education in connection with Chemical Industry, Proceedings of 2008 KIChE Autumn Symposium, BEXCO, Busan, Korea
23. Kim,Y.H. (2007). Applied Design and Management against Natural Disasters, Earthquake in the Complex Chemical Plants, Proceeding of 2007 KIChE Spring Symposium, April 19~20, 2007, Lotte Hotel, Ulsan, Korea
24. Kim,Y.H. (2006), Sustainable Approach on the Applied Design and operation /Production of Complex Chemical Plants, SICE-ICASE International Joint Conference 2006, Oct. 18~21, 2006, BEXCO, Busan, Korea
25. Kim,Y.H. (2005), Sustainable Approach to Process Safety Management of Complex Chemical Plants, PSE ASIA 2005, August18~19, 2005, Seoul National University, Seoul, Korea
26. Kim,Y.H. (2005). New Conceptual applied Process Designf or the Chemical Plants, Proceeding of 2005 KIChE Autumn Symposium, Inha University, Incheon, Korea
27. 김영호 저 (2006). 화학공장의 응용설계와 건설, 서울, 아진 출판사
28. 김영호 저 (2004). 화학공장의 건설과 관리(제4판), 서울, 아진출판사
29. Kim, Y.H. (2004) Book titled: "Construction and Management of Chemical Plants, "598pp, 23 chap. Enlarged 4th Edition, 2004, by Y.H.KIM

30. Kim, Y.H. (2005) M. Eng. Thesis titled: "A Study on the Precision and Safety Design Techniques for Chemical Plants" on the thesis for Master Degree of Science, 2005, by Y.H.KIM
31. Kim, Y.H. (2005) Paper titled: "Sustainable Approach to Process Safety Management of Complex Chemical Plants," presented at "the PSE ASIA 2005: the 3rd International Symposium on Design, Operation and Control of Chemical Processes", held in Seoul National University, Korea by Y.H.KIM
32. Kim, Y.H. (2002) Paper titled: "What and how to execute the overall Management in the complex chemical plants," presented at "CHISA 2002, 15th International Congress of Chemical and Process Engineering," held in Praha, Czech Republic, by Y.H.KIM
33. Kim, Y.H. (2001) Paper titled: "Philosophic Decision-Making for Overall Management of Complex Chemical Plants," presented at "6th World Congress of Chemical Engineering," held in Melbourne Australia in 2001 Year, by Y.H.KIM
34. Kim, Y.H. (2005) Paper titled: "New Conceptual Applied Process Design for the Chemical Plants" presented at "2005 KIChE Autumn Symposium," by Y.H.KIM
35. Kim, Y.H. (2005) Paper titled: "Sustainable Approach to Safety Total Management of Complex Chemical Plants and its Industry," presented at "2005 KIChE Spring Symposium" by Y.H.KIM
36. Kim, Y.H. (2004) Paper titled: "Process Safety and Philosophy to be reflected deeply in the Complex Chemical Plants," presented at "2004 KIChE Spring, Symposium" by Y.H.KIM
37. Kim, Y.H. (2003) Paper titled: "Review and Knowledge Management on Process Safety in the Complex chemical Plants," presented at "2003 KIChE Autumn, Symposium" by Y.H.KIM
38. Kim, Y.H. (2003), Paper titled: "Human Factors and Overall Management to be observed and applied to the Complex Chemical Plants," presented at "2003 KIChE Spring Symposium," by Y.H.KIM
39. Kim, Y.H. (2013) New Concept Study for Protection of Overall Chemical Process Systems against Earthquake and Tsunami, Paper presented in "9th World Congress of Chemical Engineering", August 18~23, 2013 / Coex, Seoul, Korea
40. Kim, Y.H. (2013), titled: 화학공학과 화학공장에서, 3개 카테고리; 공학철학, 공학윤리, 그리고 의사결정에 대한 철학은 Human Errors에 어떻게 영향을 미치는가? ---화학공학과 화학공장의 관리 부족에서 오는 Human Errors에 기초하여--- presented at "2013 KIChE Autumn Symposium

41. Kim, Y.H. (2014), Title: Application Study against likely Process Troubles/Incidents to be occurred in the Chemical Plants and Chemical Process Industries, presented at "2014 KIChE Spring Symposium"
42. Kim, Y.H. (2015), Title: 공학철학과 윤리에 바탕 한, 공학/산업분야에서 발생하고 있는 인재(人災)예방과 인재최소화를 위한 응용연구, presented at "2015 KIChE Spring Symposium"
43. Kim, Y.H. (2016), Title: 다양한 공학활동에 있어서, 공학철학의 결정적 역할은 무엇이며 무엇을 분석하는가? presented at "2016 KIChE Spring Symposium"
44. Kim, Y.H. (2016), Title: Study on Overall Management of Complex Chemical Plants on the basis of Engineering Philosophy (공학철학에 기반한 대단위 화학공장의 총체적 관리에 대한 연구), presented at "2016 KIChE Autumn Symposium"
45. Kim, Y.H. (2017), Title: 공학철학에 기반한 대단위 화학공장에서 발생하는 휴먼에러에 대한 연구 (A Study on Human Errors occurring in the Complex Chemical Plants based on Engineering Philosophy), presented at "2017 KIChE Spring Symposium"

부 록 (Appendix)

부록 (Appendix) I	What and How to execute the Overall Management in the Complex Chemical Plants, paper presented in "15th International Congress of Chemical and Process Engineering", 25-29 August 2002
부록 (Appendix) II	Philosophic Decision-Making for Overall Management of Complex Chemical Plant, Paper presented in "6th World Congress of Chemical Engineering", Sept. 2001 Melbourne Australia
부록 (Appendix) III	공학철학과 윤리에 바탕한, 공학/산업분야에서 발생하고 있는 Human Error(인재, 人災)예방과 인재 최소화를 위한 응용연구
부록 (Appendix) IV	著者; 主要論文 發表 및 特講主題 要約 (韓國化學工學會, 世界化學工學會 論文發表 및 大學校/大學院 特講 主題)
부록 (Appendix) V	Collection of Practical English Patterns

What and How to execute the Overall Management in the complex Chemical Plants, paper presented in "15th International Congress of Chemical and Process Engineering", 25-29 August 2002 Praha, Czech Republic

부록 I

What and how to execute the overall management in the complex chemical plants

15thInternationalCongressofChemicalandProcessEngineering
25~29 August 2002
Praha, Czech Republic

Young Ho Kim
Y.H.KIM Engineering & Manufacturing Consultant,
1303-1701, Moonchonmaeul, Jooyupdong, Ilsanku
Koyang City,Kyungkido,Korea411-370
Telephone: +82-(0)31-917-2912
Fax: +82-(0)31-917-2912
e-mail: yhkim1116@hotmail.com

SUMMARY

In both developing and advanced countries, their chemical industries have been continuously growing towards high-tech fine chemical production, high growth of complexity, high-tech intensive facilities, and large size in capacity.

Moreover, these modernized complex chemical plants have been mostly producing very toxic, explosive and dangerous products in manufacturing and handling.

Accordingly, in case some accidents happen due to human errors in complex chemical plants, it not only becomes to bring on ecological serious change and destruction, but also human being, animals and plants, and even if other living things suffer from those accidents and disasters, etc

From the viewpoint of the above situation, this paper is deeply considering what and how to execute the overall management of complex chemical plants located in the very close neighborhood of residential areas and neighboring plants.

For the most part of situations and troubles, they come from human errors due to poor managing philosophy and poor overall management in the categories; application of design and engineering, application of parameters in detail, analysis of symptoms in chemical process, development of plant deterioration, reeducation and in-plant retraining, etc.

Importantly, in order to prevent and minimize any serious happening and situations by human errors, the author is summarizing this paper with the theories and hands on experiences over thirty years in the worldwide fertilizers and chemical plants in KoreaandTaiwanR.O.C.

Additionally, this paper is summarized with the followings; plants construction, production and operation, application of parameters in detail, design and engineering, process upgrading and retrofitting, process improvement and modification, plants de-bottlenecking, engineering and project, and consulting.

And also, summarizing with knowledge from the technical exchanges with many plants in the U.S.A.

Especially, the significance of this paper shows various basic categories for what to teach and how to learn to minimize those happenings and accidents due to human errors in complex chemical plants.

Moreover this paper is for persons from students of university through to CEOs of whole chemical plants required for the overall management and managing direction.

Ultimately, the purpose of this paper is for prevention against happening and situations due to human errors by applying and executing the below-discussed major categories of philosophic mind, major activities, major surveys, major symptoms and parameters, education and in-plant training, etc.

Moreover, this paper is to protect plants and society by executing the specified categories from the likelihood of any defects due to human errors in complex chemical plants.

Meaningfully, in this paper, the philosophic concepts for successful overall management of complex chemical plants are basically emphasized on the classified categories in priority.

Moreover, under these circumstances, chemical engineers should protect society from any situations and troubles due to human errors related to safety and clean environment.

For the application and execution of the overall management, the author has been teaching students of universities and postgraduate students during working for the industries and academic circles of Korea why they have to basically learn and apply for overall management of those complex chemical plants on the following categories,
1) Philosophic decision-making, 2) philosophic education and in-plant training, 3) engineering and project management, 4) overall planning of chemical plants, 5) construction planning and works, 6) construction quality control and analysis, 7) foundation management for construction, 8) pre-commissioning and commissioning, 9) mechanical completion, 10) care and custody, 11) initial start up, 12) production and operation activities, 13) facility preventive maintenance, 14) process control management, 15) process quality control management, 16) overall process and plant safety management, 17) process and system safety auditing, 18) MSDS and CSDS management, 19) environmental conservation, 20) process improvement and modification, 21) system retrofitting and improvement, 22) process upgrading, 23) managing development for communication, 24) forecasting management of various change situations, 25) overall process loss control, 26) applied design of chemical process and plants, and 27) operation of the overall joint committee, etc.

INTRODUCTION

The author has been accumulating theories and hands on experiences in the fields such as plant construction, pre-commissioning and commissioning, care and custody, mechanical completion and initial start up, trouble-shooting and normalization of operation, preventive maintenance, process upgrading and retrofitting, process improvement and modification, plants de-bottlenecking, design, engineering and project, and consulting, etc in the above-mentioned complex chemical plants.
During have been performing many activities in the above-mentioned fields, the author have not only experienced many situations, problems & troubles and accidents due to human errors, but also faced with many kinds of risks and dangerous situations.
Whenever experience and face with the above-mentioned those troubles and situations, the author has been trouble shooted in emergency, studied in detail and analysed what are the reasons on the every situations.
In case of serious situations and accidents, these have called many sacrifices against those persons concerned and even their families.
And according to the extent of situations and accidents, those sacrificed families were greatly grieved over the sacrifices of those persons concerned.

More seriously, the human errors in the complex chemical plants not only cause unexpected results on the ecological serious change and destruction, but also call catastrophes and disasters.
Under these backgrounds of serious situations and sacrifices due to human errors, the author could not help preparing to write this paper to protect the enterprises and society from the situations by human errors.
The motivation of this paper is for contribution to the society both by clearing up causes of situations of complex chemical plants and by presenting ways to cope with the situations.

And the causes and countermeasures on the followings are summarized with the results of situations study and analysis on the basis of the theories and hands on experiences that have got from the situations and troubles in the complex chemical plants.
Moreover, this paper is written for the purpose of the applications on the major activities, major symptoms and parameters in the major applied fields of chemical engineering as well as education and in-plant training to be discussed on the followings.

DISCUSSION AND RESULTS

The followings are major activities necessary for executing of the overall management in complex chemical plants for not only maximize the Enterprise' sprofit, but also increase the Enterprise' s competitive power by eliminating human being' serrors. Moreover, apply and execute these considerations continuously in the manufacturing process as well as during a plant' s primary construction.

Ultimately, these activities are for clean production by executing safety-first management and philosophic decision-making for further development of the complex chemical plants.
More importantly, for the currently operating complex chemical plants, CEOs and other top-ranking decision makers should put their high priority of duty into practice on the Safety First Management in their pure mind to continuously develop their companies.
Furthermore, CEOs should guide and direct the accomplishment of Safety First Management in the full course of from the feasibility study stage for plants construction to the product selling and its after-sales service.

In particular, the activities such as the safety audit and process risk survey for their plants should be the first consideration in the Safety First Management through whole systems and manufacturing process as well as their products transportation, etc.

Correct immediately those whole defects detected through audit and continuously work out countermeasures without any delay.

The CEOs should be thoroughly put the following major considerations and parameters into practice in their Philosophic Mind; so-called "Spherical Philosophy in Unity" for the purpose of their Enterprise' s permanent business and for further growth of their Enterprise' s competitive power.

The aforementioned "Spherical Philosophy in Unity" means the consubstantiality focusing the three categories of philosophies such as the "Managing Philosophy" , the "Engineering Philosophy" , and the "On the Job Philosophy" .

More definitely, in complex chemical plants, the Safety First Management on the top-ranking management involves applying and executing the whole knowledge and technology in complex chemical plants.

Philosophic mind to be based in the execution of the overall management

In the overall management of complex chemical plants, the CEOs and the Tops can successfully achieve the goal much better only when they execute the overall management in their philosophic mind.

The author says that the followings are sayings that could be foundation for the overall management executing on the philosophic mind:

1. Distinguish and execute Philosophic decision-making between the Natural sciences and the Social sciences in the overall management of the complex chemical plants.

   Given that, only 1% of judgment is correct based on scientific conception and theory; it would be prudent to follow exactly the 1% of scientific truths without exception.
2. Endeavor to discover the root cause of a problem.
3. Engrave in our mind "major accidents are inevitable" when omitting or disregarding a critical activity and/or process from consideration in the normal procedure.
4. Think and act based on principle and theory in the application.
5. Understand that "where there is a will, there is a way" .
6. Perceive that there is a way out of every situation.
7. Recognize that if you knock on the door, the door will open.
8. Practice that "Nothing ventured, nothing gained" .
9. Keeping in mind that courage and faith in the overall management make us healthy and strong in our life.
10. Believe that if we keep our heartfelt learning and studying attitude we will see improvements to the operability and efficiency of the complex chemical plants.

In addition, more importantly, the followings could be the bases of philosophic foundation for the approach of the Safety First and Zero Defect management in the complex chemical plants:

1. Objective and scientific thoughtful mind
2. Reasonable and overall insightful mind
3. Many-sided and complex thinking mind
4. Open-minded point of view
5. Micro and macro jointly seeing and considering mind
6. Mind seeing through the mechanical camera

Essentially, in the overall management of the complex chemical plants and industries, the CEOs and the Tops should have ability that can not only distinguish which one is more valuable between the scientifically correct Camera Eye and the occasionally subjective social Human Eye, but also choose exactly on the followings;

1. For the Camera Eye showing scientifically objective and exactly;
    1) Correct presentation
    2) Believable at timely showing
    3) Giving a firm faith
    4) Providing eternal truth
2. For the Human Eye showing prejudicially subjective view;
    1) Subjective judgment
    2) Narrow-minded view
    3) Prejudiced opinion
    4) Frequently indecision, accordingly sometimes they are making a mistake.

In Social sciences that could be the basis of social philosophic foundation on the emotional mind, everybody is happy when they follow the supporters' judgment more than 50 % on the following;

1. Cooperative and harmonious spirit
2. Mutual aid
3. Mutual help and dependence
4. Returning to the society

We should understand that the conception and philosophy between the social science and the natural science live together in our mind.

Accordingly, we ought to choose and philosophic decision-make top priority between social scientific philosophy and natural scientific philosophy in the philosophic overall management for the complex chemical plants.

Why is it that the Philosophic Overall Management is required for the complex chemical plants?

The complex chemical plants are making rapid progress on the advanced high technology that requires for high quality of manpower in the fields of the philosophic overall operation and overall preventive maintenance of plants as well as the supervision and management.

For the future of the complex chemical plants that continuously grow up with high value-added products towards high-tech fine chemical producing, high growth of complexity, high-tech intensive facilities and large size in capacity, etc, the author understands that the CEOs and the Tops should execute almost all decision-making jobs with the above-mentioned philosophic mind.

In particular, for the development of societies in safety and environment, this Philosophic Overall Management is required for the CEOs and the Tops of these complex chemical plants that have been mainly producing very toxic, explosive and dangerous products in manufacturing and handling.

Accordingly, we should understand the Philosophic Mind in the management of complex chemical plants because of applied and executed whole knowledge and technology on the foundation of consubstantiality on the three categories of philosophies, the "Managing Philosophy", the "Engineering Philosophy", and the "On the Job Philosophy".

Execute whole activities and considerations under the philosophic energy and spirit coming from the "Spherical Philosophy in Unity" for the development of the chemical plants and its industry.

Even any decision makers in their organizations, the author understands that they ought to follow the above-mentioned "Spherical Philosophy in Unity" for the development of Safety First Management and Zero Defect Management for the future of their Enterprises and Society. The application and execution on their knowledge and technology when not applied and executed in the "Spherical Philosophy in Unity", are not only as the unstable house on the sand waits its destruction, but also the powerless ship drifting about at the mercy of the wind and waves.

In the end, it is because the CEOs would late find the facts that those applications and execution on their knowledge and technology have finally loosened their centripetal force under the lack of philosophic mind.

Accordingly, accept to fulfill in the best time for the continuous growth and development of the basic conception on the Philosophic Overall Management against any risks in the complex chemical plants.

By accepting this basic conception in application, all calamities from risks to disasters caused by human errors could be approached to the Zero Defect in the complex chemical plants

Major Fields to be executed for the overall management with the philosophic mind

The following categories of activities for complex chemical plants require many different kinds of decision-making on each stage. Moreover, directly connect major decision-makings on the following activities to the profit-and-loss account of those companies and enterprises. Accordingly, the CEOs and the Tops ought to follow the philosophic overall management in complex chemical plants to protect companies and enterprises for their lovely Society and Country from any risks, accidents, catastrophe and disasters due to the human errors.

1) Project feasibility study
2) Plants layout planning
3) Engineering and project study in detail
4) Design philosophy
5) Education and in-plant training
6) Plant overall planning
7) Planning and works for plant construction
8) Pre-commissioning
9) Commissioning
10) Trial test operation
11) Initial startup and production normalization
12) Overall production and maintenance activities
13) Safety review and auditing on the overall system and process
14) Useful life measurement of whole equipment and facilities
15) System modification and revision
16) System retrofitting
17) Upgrading of system and process
18) System improvement
19) System automation
20) Process de-bottlenecking
21) Plant expansion
22) Environmental investment
23) Purchasing and procurement
24) Facility and plant maintenance
25) Good housekeeping

26) Clean production

27) Scraping of systems and plants

Major Activities to be exactly executed for the overall management

The following major activities and parameters are important key factors to be deeply considered for the overall management in complex chemical plants for the purpose of Safety and clean Environment of the Society.

Accordingly, the CEOs and the Tops should take deep interest in hearty execution of these major activities and parameters to protect the enterprises as well as society from any industrial risks, accidents, catastrophe, disasters caused by human errors in the fields of the overall chemical plants and its industries.

1) Corrosion and erosion allowance management
2) Code and standard, and regulations management
3) MSDS and CSDS management
4) Safety allowance management
5) Quality control and quality analysis management (QC and QA)
6) Spare parts management of processing equipment
7) Preventive maintenance management
8) Life cycle estimation management
9) Safety work permit procedures management
10) Evacuation and communication management against Emergency situations
11) Overall process review management
12) Substantial meeting management
13) Hazardous materials handling management
14) Hazard identification/surveys and analysis management
15) Whole specification management
16) Process efficiency management
17) Safety auditing management
18) Process safety management (PSM)
19) HAZOPS (Hazard and Operability Study) management
20) Static electricity and grounding management
21) Process risk identification and analysis and management
22) Standard operating procedure (SOP) management
23) Intensive management on the dangerous areas
24) Potential accidents and risk management
25) Safety organization management

26) Management of underground system; pipelines, civil and electrical facilities
27) Piling foundation management
28) Thickness measurement management
29) Trench and sewer system management
30) Management on the hazardous and dangerous materials storage tanks systems
31) Management for transportation of hazardous materials
32) Standard design management
33) Management of CPM and PERT; Program Evaluation and Review Technique
34) Unit consumption and loss management
35) All covered insurance management
36) Environmental conservation management
37) Useful life measurement and estimation management
38) Toxic gas detecting management
39) Forecasting management on the change situations
40) Education and training management
41) Sampling procedure management
42) Fire fighting drill management in efficient practice
43) Overheating risk management in process dead zone
44) System upgrading management
45) Stress management on piping and pipe rack
46) Housekeeping management
47) Routine meeting management; daily, weekly and monthly meetings

Major surveys and activities in the operation of the complex chemical plants

The following survey and activities in the operation should be thoroughly prepared and executed by the operational group under well-prepared program.

With these information on the below-mentioned, the operating crews, supervisors and managers should routinely check, record, inspect, survey, and field patrol according to the company regulations.

Reference design data and table to be prepared for routine survey, check and inspection;

1) Maintenance history card
2) Equipment list
3) Equipment design data list
4) Flow sheet instrument symbols list

5) Flow sheet and flow diagram symbols list
6) Flow sheet abbreviations list
7) Line symbols and designation list
8) Instrument control set point list
9) Safety valve design data for popping test
10) Rupture Disc, PSE data sheet
11) Pre-startup checklist
12) Warning and caution collecting list
13) Systems lubrication and greasing table
14) Troubleshooting reference chart
15) Alarm and interlock system list
16) Construction materials list
17) Production rate chart
18) Operating log sheet
19) Spare Part list
20) Eye washer and shower location list
21) Hydrant location drawing and list
22) Fire Extinguisher location list
23) Communicating page location list
24) Sump location list
25) Trench plot drawing
26) Underground design drawing

Major routine surveys and visual check and inspection activities in operation;

The human five senses are much helpful to survey and check, and inspect the following activities shown on the below list.

Namely, in the performance of the following activities in detail, apply seeing, listening, smelling, feeling, touching if necessary with safety device, and tapping slightly if necessary and safe for tapping.

And discuss the results of routine survey and activities and do decision making in the daily meeting, and confirm it in the weekly and monthly meetings.

1) Temperature control system
2) Pressure control system
3) Flow control system
4) Level control system
5) Electrical system
6) Instrument
7) Rupture disc and safety device
8) Ditch and trench conditions
9) Stack conditions
10) Drain and spillage conditions
11) Overflowing conditions
12) Color change conditions

13) Abnormal sound conditions
14) Soaking conditions
15) Smelling conditions
16) Vibrating conditions
17) Overheating conditions
18) Lubricating and greasing conditions
19) Bonding and grounding conditions
20) Cooling conditions
21) Gas generating conditions
22) Smoking conditions
23) Work permitting status
24) Safety regulation performing status
25) Paging and communication system status
26) Lightning conductor (rod) visual check
27) MCC room check and survey
28) Storage tanks and yard check and survey
29) Ware house check and survey
30) Loading & unloading facility survey
31) Control room patrol
32) Field temporary ware house check
33) Vent stack visual inspection
34) Laboratory patrol and check
35) Housekeeping status
36) Sewerage stream check and survey
37) Operating and maintenance crews' safety attitude
38) Fire fighting system and tools arranging status

Major symptoms and parameters happening against safety and clean production in the complex chemical plants

The symptoms and parameters on the following list are undesirable process factors that become the root causes of almost all industrial risks as well as against clean production and environment.

For the safety and clean production/environment in complex chemical plants, intensively manage the following symptoms and parameters in safety first for environmentally clean production.

Moreover, completely solve by detail study in the process design these symptoms and parameters and broadly consider them from the project stage initially.

In particular, fulfill and manage careful application in the process operation in concentration against these symptoms through the philosophic educational class and the in-plant OJT in the production facilities areas.

Furthermore, prepare in detail and put into practice in the philosophic overall management the updated SOP to treat perfectly these symptoms from the newly starting stage.

Moreover, solve and troubleshoot these symptoms and parameters in the early stages through devotion to teaching and managing their persons. Take great care in the stage from the feasibility study to product loading & transportation stage for their customers.

Major symptoms and parameters bringing from the processing systems & equipment, processing unit and plant, etc;

1) Impurities in raw materials
2) Toxic and hazardous
3) Thermal decomposition
4) Auto oxidation
5) Hygroscopic
6) Unstable state

7) Pyrophoric
8) Fuming
9) Fume solidification
10) Leaking through
11) Carry over
12) Surge
13) Vacuum formation
14) Hot spotting and surface
15) Sludge formation
16) Foaming
17) Plugging and clogging
18) Solidified
19) Upsetting
20) Hot sparks
21) Electrical sparks
22) Vibration
23) Erosion
24) Corrosion
25) Thermal stress
26) Stress cracking
27) Thermal cracking
28) Mechanical rubbing
29) Over amperage
30) Bulging
31) Ground sinking
32) Exposure
33) Impacting and friction
34) Accumulation of explosive materials
35) Incompatibilities
36) Loosening
37) Poor or over tightening
38) Hammering
39) Scaling
40) Fouling
41) Settling
42) Venting and purging; pressure/vacuum
43) Vapor locking
44) Blasting
45) Thermal shocking
46) Overpressure popping
47) Formation of static charges
48) Static electricity sparks
49) Trapping
50) Condensing
51) Channeling
52) Entrainment
53) Overflowing
54) Swelling
55) Welding hot debris and sparks
56) Thermal expansion
57) Mechanical cracking
58) Upsetting
59) Flooding
60) Siphon
61) Deviation
62) Cavitation
63) Overheating
64) Radiation heat
65) Over speed
66) Rupturing
67) Effluent
68) Metallic carbonizing
69) Formation of hazardous materials
70) Poor ventilation
71) Poor piling
72) Poor mixing
73) Poor reacting
74) Unbalancing
75) Poor heat-treating
76) Poor finishing

77) Off-spec gasket inserting
78) Soaking
79) Penetrating
80) Off-spec packing
81) Demister corrosion
81) Demister plugging/clogging
82) Poor pre-treatment
83) Dead ends/pots/zones
84) Coking
85) Blocking/blockage
86) Mothballing
87) Boiling
88) Inerting
89) Detonating
90) Deflagrating
91) Igniting
92) Bonding and grounding
93) Fire proofing
94) Flashing
95) Dispersion direction and velocity
96) Pluming
97) Spraying and misting
98) Flaming

How to cope with the situations and solve the problems due to these symptoms and parameters, which calls a misfortune calamity;

As most chemical engineers and managers may know above-mentioned symptoms and parameters in complex chemical plants, we can understand that almost all hazards and accidents due to these symptoms and parameters are mainly caused by the followings:

Moreover, we understand that the failure in the philosophic overall management on these kinds of major symptoms and parameters calls a misfortune calamity according to those situations that happen due to these symptoms and parameters on the above.

1. Insufficient review and poor approach in evaluation and feasibility study
2. Defect in the basic and detailed engineering
3. Poor and rough scheduling and planning in plant construction
4. Technically poor quality in procurement and purchasing management
5. Insufficient philosophic education and in-plant training
6. Incorrectness and poor settlement of analytical method for laboratory analysis
7. Poor supervision and management in plant construction works
8. Incorrect and rough supervision and confirmation in piling foundation works
9. Poor check/inspection/confirmation, supervision and management in pre-commissioning and commissioning
10. Mistaking on the acceptance and take over in the stage of care and custody
11. Insufficient preparation and poor check list on the SOP
12. Insufficient philosophic education and in-plant training in the initial startup
13. Poor executing of the philosophic education and in-plant training in the long run operation
14. Human error; namely operating and maintenance crews' idle, haughty and

irresponsible attitude in front of the processing unit and facility

Solve through the following stages these symptoms and parameters that should thoroughly execute the philosophic overall management with the above-mentioned philosophic mind.

Moreover, all terms on the above-mentioned major fields and activities should be thoroughly and technically managed in detail overall under philosophic overall management against any happenings due to the above-mentioned symptoms and parameters.

Each stage that should be considered and solved is as follows;

First, against the situations and problems due to the above-mentioned symptoms and parameters in complex chemical plants and its industries, the CEOs and the Tops should well bring up some groups' excellent able engineers and managers who could be leaders with philosophic mind and hands on experiences in their fields.

1. *In the project evaluation and feasibility stage;*
   1) Deep and broad consideration and detailed study
   2) Employment and assignment of excellent able engineers and managers on the theory and hands on experiences
2. *In plant overall planning stage;*
   1) Detailed review, deep and broad consideration
   2) Assignment of excellent able engineers and managers on the theory and hands on experiences
3. *In the basic engineering and design stage;*
   1) Correct design conception and definition
   2) Settlement and confirmations of analytical method in detail for laboratory analysis
   3) Employment and assignment of excellent able engineers and managers on the theory and hands on experiences
   4) Upgrading the quality on the theory and hands on experience
4. *In the detailed engineering and design stage;*
   1) Correct design on detailed specification
   2) Employment and assignment of excellent able engineers and managers on the theory and hands on experiences
   3) Applying and upgrading the quality on the theory and hands on experience
5. *In the final design stage;*
   1) Check, review and confirm the PFD and P&ID in detail with theories and hands on experiences
6. *In the preparation stage of operating manual;*

1) Preparation of teaching materials with the broad fields to be taught and classified subjects in detail

2) In particular, describe the following subjects; process operating conditions, process control in efficiency, instrumentation and electrical systems, plant operation, emergency situations and counter measures, maintenance, safety and environment, process control trouble shooting, safety and environment, accidental release measures, health-safety hazard control, fire and explosion hazards, fire fighting measures, cautions and warning summary, etc

7. *In the philosophic education and in-plant training stage;*

1) Deep and broad education with the detailed subjects on the broad fields

2) Operating manual prepared with their whole heart and great care

3) Assignment of senior engineers with high quality on the theory and hands on experience

4) Upgrading the quality for the operating crews and maintenance group

8. *In the raw materials purchasing stage;*

1) Preparation of detailed specification including impurities

2) Required ranges on each component

3) Assignment of senior engineers with high quality on the theory and hands on experience

9. *In the procurement stage;*

1) Preparation of detailed specification on the process equipment

2) Assignment of excellent able engineers and managers on the theory and hands on experiences

3) Selection of performance guaranteed handling equipment

10. *In the plant construction planning stage;*

1) Broad and detailed consideration on the stage whole activities

2) Assignment of excellent able engineers and managers on the theory and hands on experiences

11. *In the construction working stage;*

1) Detailed inspection, supervision and confirmation comparing with the designed materials specification in detail

2) Detailed inspection, supervision and confirmation on the cutting to correct dimensions

3) Correct & detailed supervision and confirmation in piling foundation works

4) Correct supervision, inspection and confirmation on the whole welding areas

5) Assignment of excellent able engineers and managers on the theory and hands on experiences
6) The SOP and check list preparation and management on its execution
7) Quality control and quality analysis (QC and QA)
8) Safety overall check, inspection, survey and auditing

12. *In the pre-commissioning, commissioning, process tuning and mechanical completion stages;*
1) Detailed check, inspection, comparison and confirmation in correctness comparing with overall designed specification including materials in detail
2) Assignment of excellent able engineers and managers on the theory and hands on experiences
3) The SOP and check list preparation and management on its execution

13. *In the care and custody stage;*
1) Correct acceptance and take over with check list and document in detail
2) Assignment of senior engineers with high quality on the theory and hands on experience
3) The preparation of SOP and check list preparation and management on its execution
4) For correct communication, making note with the missing items on the detailed design

14. *In the trial run stage;*
1) Correct check, calibration and tuning
2) Interlocking system check and confirmation
3) Emergency shutdown sequence check
4) Leaky test on the whole systems and unit process
5) Improvement of operating skill and making familiar with overall operation
6) Troubleshooting on the whole process unit and equipment
7) Assignment of excellent able engineers and managers on the theory and hands on experiences
8) Periodically executing of the philosophic education and in-plant training
9) The SOP and check-list preparation and management on its execution
10) Confirming on the safety check and inspection

15. *In the initial start up stage;*
1) Zero point check on corrosion and erosion rate
2) Measurement on corrosion and erosion rate

3) Assignment of excellent able engineers and managers on the theory and hands on experiences
4) Executing of the philosophic education and in-plant training
5) The SOP and check list preparation and management on its execution
6) Reconfirming on the safety check and inspection
7) Executing overall safety survey
8) Preparing of maintenance procedure

16. *In the performance guarantee test stage;*
1) Performance in detailed check on the whole systems
2) Final determination of the analytical methods as well as calculating methods on the unit consumption, and clearly recording on the second methods in case of difficulties of executing on the primary methods
3) Assignment of excellent able engineers and managers on the theories and hands on experiences
4) The SOP and check list preparation and its execution
5) Executing and confirming on the overall safety survey
6) Performing of quality control and quality analysis (QC and QA) in detail

17. *In the continuous long term production stage;*
1) Corrosion and erosion rate check and measurement
2) Routinely measuring and analyzing of the thickness on the whole processing unit and equipment
3) Periodically confirming and studying of stress analysis on the required processing unit and equipment
4) Detailed check and inspection on the whole process equipment
5) Periodically executing of the philosophic education and in-plant training
6) The up to date SOP and check list preparation and management on its execution
7) Periodic execution of preventive maintenance on the whole processing units and plants
8) Continuously upgrading the quality for the operating crews and maintenance group
9) Thorough philosophic overall management on the old aging equipment
10) Periodically executing and confirming of the overall safety survey and auditing on the whole processing and handling unit and systems
11) Refreshing on the human mind against sometimes operating crews' idle,

haughty and irresponsible attitude in front of the processing unit and facility, through the philosophic education

12) Periodically philosophic reeducating and in-plant retraining
13) Periodically man power survey and reorganization
14) Periodically checking and surveying on the performance of the whole equipment and manufacturing process, and comparing new data with the old data
15) Analyzing and summarizing on the daily unit consumption
16) Executing on the hourly basis of quality control and analysis
17) Periodically executing of the plants annual turn around and check and inspection on the whole processing unit and equipment, and finding out & counter measuring of any defects
18) Executing of hazard identification and analysis

Execution of periodic Philosophic Education and in-plant Training

The Philosophic education and in-plant training is not only the flower for the enterprises' future, but also foundation of the overall management.
Moreover, this could be a nucleus of endless development of complex chemical plants and its industries.

The following major subjects for philosophic education and in-plant training should be prepared in detail and taught systematically, and also managed thoroughly with whole heart its practice because poor philosophic education and in-plant training calls risks, accidents, catastrophes, and disasters caused by human errors.
Only hearty philosophic education and in-plant training can eliminate human errors in complex chemical plants.

More importantly, repeat these classes periodically with updated teaching materials in revision.
Moreover, the educational class and in-plant OJT for large-scale complex chemical plants requires at least six months for teaching based on daily eight hours.
Moreover, it is desirable to work for yet another six months as an assistant to a senior engineer to gain hands-on experience based on principles and theories in application for the complex chemical plants.

Finally, they could become a capable chemical engineer who can do and lead work in safety for themselves after one year of total educational class and in-plant OJT course in the complex chemical plants.
Accordingly, periodically and systematically execute with whole heart this philosophic

education and in-plant training.

And execute reeducation and in-plants retraining periodically according to company' s regulations.

I. Education

1. Introduction and Process Operating Conditions

   1) Process chemistry

   2) Safety philosophy

   3) Philosophy of design and operation

   4) Design Basis;

      (1) Plant capacity

      (2) Specification of raw materials

      (3) Specification of utilities

      (4) Specification of by-products and effluents

      (5) Specification of products

      (6) Consumption of raw materials

      (7) Consumption of utilities

   5) Detail specification of systems and equipment

2. General Process and Efficiency Control

   1) Manufacturing process details

   2) Products handling process

   3) Products loading and storage process

   4) By-products treating process

   5) Waste treating process

   6) Emission control process

   7) MSDS and CSDS

   8) Process risk

   9) Process quality control

   10) Process efficiency control

   11) Raw materials efficiency control

   12) Energy and materials conservation

   13) Laboratory

      (1) Process control analysis program

      (2) Analysis for quality control

      (3) Sampling procedures

      (4) Analytical items

      (5) Analytical methods

      (6) Safe ventilation for the in-laboratory

   14) Situations on the process upset and equipment troubles

3. Instrumentation and Electrical Systems

   1) Process control and regulating system; main and field controls

   2) DCS control system

3) Control loops and sequence
4) Process control interlock system
5) MCC and Emergency generators

4. Plant Operation
1) Preparation activities
2) Pre-commissioning activities in detail
3) Commissioning activities
4) Trial operation by simulation test
5) Initial startup procedures
6) Plant shutdown procedures
7) Plant emergency shutdown procedures
8) Process control and trouble shooting

5. Maintenance
1) Overall preventive maintenance of plants
2) Scheduled shutdown of plants
3) Plants annual turnaround
4) Maintenance procedure

6. Safety and Environment
1) Hazardous materials
2) Health-Safety hazard control
3) Hazardous emergency situations
4) Maintenance and safety procedures
5) Protective clothing and safety
6) Fire and explosion hazards
7) Emergency and its measures
8) Exposure controls
9) Personal protection
10) First aid
11) Safety in handling of materials
12) Fire fighting measures
13) Accidental release measures
14) Safety work permit
15) Safety meeting
16) Safety routine survey

7. Designed drawings explanation

8. Cautions and warning summaries on the processing equipment and manufacturing process

II. In-plant On-The-Job (OJT) Training
1) Safety first and safety device use
2) Startup sequence
3) Shutdown sequence
4) Emergency shutdown
5) Process interlock sequence
6) Trouble shooting
7) Visual inspection; process system
8) Equipment warning and caution
9) Fire fighting
10) Environment activities
11) Housekeeping

III. Educational and in-plant Training Result; Examination and Test
1) Receiving detail report covering whole subject
2) Doing written examination in detail on the class educational result

3) Asking a question in detail on the whole subjects in the fields

4) Required achievement higher than 95 marks in the written examination and field OJT test

Note; the unachievable five marks will remain behind as a risk factor.

Educational refresher classes and OJT are periodically required to release any likelihood of human errors from the remaining unsuccessful five marks and newcomers.

The author has done his best in technical service with high quality of overall technology and management from start to finish of plant construction, pre-commissioning, commissioning, mechanical completion & initial start up, trouble-shooting and normalization of production for the plants during working as a consultant for an enterprise of Taiwan R.O.C.

From the beginning as a chemical engineer first joined in the fourth fertilizers plant in Korea, the author has had many interests in achievement of the high efficiency of operation & production on overall zero defect through the hands on experiences in the workplace of the complex chemical plants.

In the performance of the author' s duties, the author has endeavored to apply the 'Philosophic Decision-Making' to the plant construction overall management, operation and production management, procurement management, safety and environmental management, engineering and project engineering management as well as the author' s consulting technical advisory service.

Furthermore, the author has been devoted to, followed and thoroughly proven practical applications for the categories study of 'what and how to execute for the overall management in the complex chemical plants' .

This was accomplished on the foundation of the 'Philosophic Decision-Making' , when performing the activities to be discussed below.

In particular, these activities have mentioned on the subject matter with the concept for 'Philosophic Decision-Making' that have been widely applied for operating crews through to Managers, the CEOs and the Tops of the former company' s organization in Korea.

Accordingly, all our teams and groups have been obtained satisfactory results such as higher productivity, process upgrading and improvement, de-bottlenecking of plants, and diversification of management through the fulfillment and application of the 'what and how to execute for the overall management in the complex chemical plants' on the concept of 'Philosophic Decision-Making' .

As a result of carrying out the practical application of this subject 'what and how to execute for the philosophic overall management in the complex chemical plants' on

the concept of the 'Philosophic Decision-Making' , the author was honored with the "1999 Technical Prize" from KIChE (Korean Institute of Chemical Engineers). The KIChE awards its Technical Prize to a person who has made a significant contribution in the fields such as engineering, manufacturing, technology and teaching of students and postgraduate students between chemical industry and academic circles of Korea.
The author also has received a 'Honored Service Award' in reward for the high quality of service and much contribution on the activities of such as plant construction, pre-commissioning, commissioning, initial start up & trouble-shooting and normalization of operation during served as a senior advisor, consultant.

CONCLUDING REMARKS

The author has already mentioned and emphasized that whole manufacturing processing units and systems in complex chemical plants should be protected from any human errors in order to execute the clean production in safety and clean environment.

The author has realized and perceived what are the main problems in the overall managements of complex chemical plants during have worked for one generation of for over thirty years in the worldwide fertilizers and chemicals plants.

Speaking with emphasis, the author understands the causes of almost risks and accidents due to human errors against clean production are fundamentally happened by the followings in the operation and applications of complex chemical plants;

1) Lack of philosophic mind and mutual communication
2) Prejudicially subjective decision-making in the philosophic overall management,
3) Making light of above-mentioned major fields and activities, and major surveys & inspection to be thoroughly executed,
4) Failure of major symptoms and detailed parameters on operation, design, engineering and project,
5) And poor execution of philosophic reeducation & in-plant retraining, etc

As already mentioned in emphasis, these causes that have a bad influence on the clean production finally not only become to bring on ecological serious change and destruction, but also human being, animals and plants, and even other living things suffer from those accidents and disasters, etc.

Accordingly, the CEOs and other top-ranking decision makers should determinedly remedy these undesirable factors against the clean production in safety and clean environment so that the above defects can be thoroughly improved and bettered.

Moreover, the CEOs and the Tops ought to basically understand what are the major fields, activities, surveys, major symptoms and parameters as well as reeducation and in-plant retraining, etc that are fundamental factors to be deeply and broadly applied in complex chemical plants.
Furthermore, they should do manage direction in detail for their managing group on these overall activities and factors to be carefully applied and executed in complex chemical plants.

Consequently, the CEOs, the Tops and the Academic scholars should understand that the above-mentioned activities and factors are fundamental for overall clean production, which can contribute for their society and global clean environment.
Moreover the CEOs and the Tops ought to routinely confirm whether or not their organization exactly execute these activities and factors in the course of their work performance.
Additionally, the author is emphasizing that the CEOs and the Tops must have a new understanding that these above-mentioned fundamental activities and factors are not always execute to their lower branch of organization in the application and execution.
The CEOs and the Tops should ask, direct and confirm the overall management these activities and parameters on the above-mentioned.
And the author encourages engineers to utilize this paper in their normal activity and to contact the above-mentioned author with their comments and experiences.
The complex chemical plants in the world can make a net contribution with many profits to their enterprises and society, and to the employees' families worldwide by applying and executing these fundamental activities and factors mentioned the above.
The author proposes that this category of the 'what and how to execute for the overall management in the complex chemical plants' on the foundation of the 'philosophic mind and decision-making' should apply and educate in the course of the regular education curriculum of the Chemical Engineering as well as basically for the Engineering College.

Acknowledgements

The author extends heartfelt thanks to Mr. C. J. Wu, President of Nan Ya Plastics Corporation, Mr. Andre Dubreucq, President of SECO Fertilizers, France, Mr. Arthur W. Burt, Market Specialist Phosphoric Acid, Bird Machine Company, Fla., U.S.A., Ph.D. SungTak Chung, Professor of Inha University, Korea, Ph.D. Eui Yeon Yu & Ph.D. Chang-Shin Sunwoo, Professors of Chonam National University, Korea, Ph.D. Yeong-Koo

Yeo, Professor of Hanyang University, Korea, Ph.D. Kwang Soon Lee, Professor of Sogang University, Korea, Ph.D. Il Moon, Professor of Yonsei University, Korea, Ph.D. In-Beum Lee, Professor of Pohang University of Science and Technology, Korea, Ph.D. Tai-Yong Lee, Professor of KAIST, Korea Advanced Institute of Science and Technology, Korea for reviewing this paper.

REFERENCE

1.Young Ho Kim (2001), Paper titled; Philosophic Decision-Making for Overall Management of Complex Chemical Plants, presented at "6th World Congress of Chemical Engineering" , held in Melbourne Australia, 23~27 September 2001

2.Young Ho Kim (1996), Book titled; Construction and Management of Chemical Plants, 509pp, 22 chap., Dong Hwa Technology Publishing Co., Seoul, Korea 100-834

3. Young Ho Kim (1996), Paper titled; A study on the applied design of chemical process systems, presented at 1996 KIChE Spring Meeting, held in KOEX, Seoul Korea, 10~11 May 1996

부록 II

Philosophic Decision-Making for Overall Management of Complex Chemical Plants, Paper presented in "6th World Congress of Chemical Engineering", Sept. 2011 Melbourne Australia

Philosophic Decision-Making for Overall Management of Complex Chemical Plants

Young Ho Kim

Y.H.KIM Engineering & Manufacturing Consultant,
1303-1701, Moonchonmaeul, Jooyupdong, Ilsanku
Koyang City,Kyungkido,Korea411-370

Modern chemical industry has been progressing along with frontier technologies, having large and technically intensive chemical plants with modern equipment and facilities. Accidents, near accidents and man-made disasters in the chemical plant industry have been increasing in intensity and casualties; from this aspect company' personnel, the community, and society feel anxious about the happenings. From the viewpoint of the above situation, this paper is considering ways to anticipate, minimize and solve in advance those happenings. Our objective is to confront problems in the complex chemical plants through the application of engineering combined with philosophic decision-making. In particular, the significance of this paper shows various improvement measures that we can use to minimize human errors in the following categories (1) philosophic decision-making, (2) application of major parameters, (3) engineering systematic approach (4) philosophic educational training (5) efficiency improvement on the system and process. In addition, this paper presents "how to apply major parameters and considerations" based on the experiences the author has gained working over 30 years in complex chemical plants.

INTRODUCTION

The author has worked for Fertilizer Plants and Chemical Plants with worldwide experience, for over 30 years. ChinHae and NamHae Fertilizers Plants in Korea are both joint ventured with companies in the U.S.A.; The author is presently a Consultant for Chemical Corporation in Taiwan R.O.C., and as such has perceived how "Spherical Philosophy in Unity" can contribute to the progressive development of high-tech Chemical Plant Industries in the future.

Encountering incidents, accidents, and even disasters happened throughout the world; it appears that many have been caused by poor management and poor execution of the "Spherical Philosophy in Unity" The philosophy is shown in Figure 1 of the following page. Moreover, this philosophy plays a great role in managing and executing the chemical plant industries. "Spherical Philosophy in Unity" is a philosophy whereby the concentrated Power of Philosophic Energy and Spirit focuses all three philosophies to the central part of the sphere. The three philosophies are the Managing Philosophy, the Engineering Philosophy and the On the Job Philosophy as shown in Figure 1. Only these categories of philosophy can govern whole kinds of defects and the likelihood of human error, which can happen in the chemical plant industry. Furthermore, if one of these three categories is lacking in the course of managing and executing chemical plants, consequent worse situations should precipitate other inevitable happenings.

More importantly, the author believes that the people in charge of managing and executing the chemical plant industry should rear them with the above-mentioned "Spherical Philosophy in Unity" .

Should senior managers have a poor understanding of this "Spherical Philosophy in Unity" then negative situations will occur. Accordingly, the concentrated power of "Spherical Philosophy in Unity" can accomplish ZERO DEFECTS and control the likelihood of human errors in the chemical plant industry.

Top management should exchange and feed back their Philosophy among these three categories of Philosophies; the Managing Philosophy, the Engineering Philosophy, and the On The Job Philosophy.

The author proposes that this philosophy should be applied and instructed in the course of the regular Education Curriculum in the Engineering College, and be quickly recognized and supported by the concerned authorities of each country.

In this complicated and advanced Chemical Plant Industry, we should all be charged with a mission to minimize human error. The "Spherical Philosophy in Unity" contributes against human error, and focuses on how to minimize those errors in the chemical plant industry. Thus, chemical engineers should be not only be educated and trained, but also developed and executed for the management and improvement of the chemical plant industry under the "Spherical Philosophy in Unity" . Ultimately, chemical engineers should protect society and the chemical plant industry from the calamities of human error through this philosophic decision-making for the overall management of complex chemical plants.

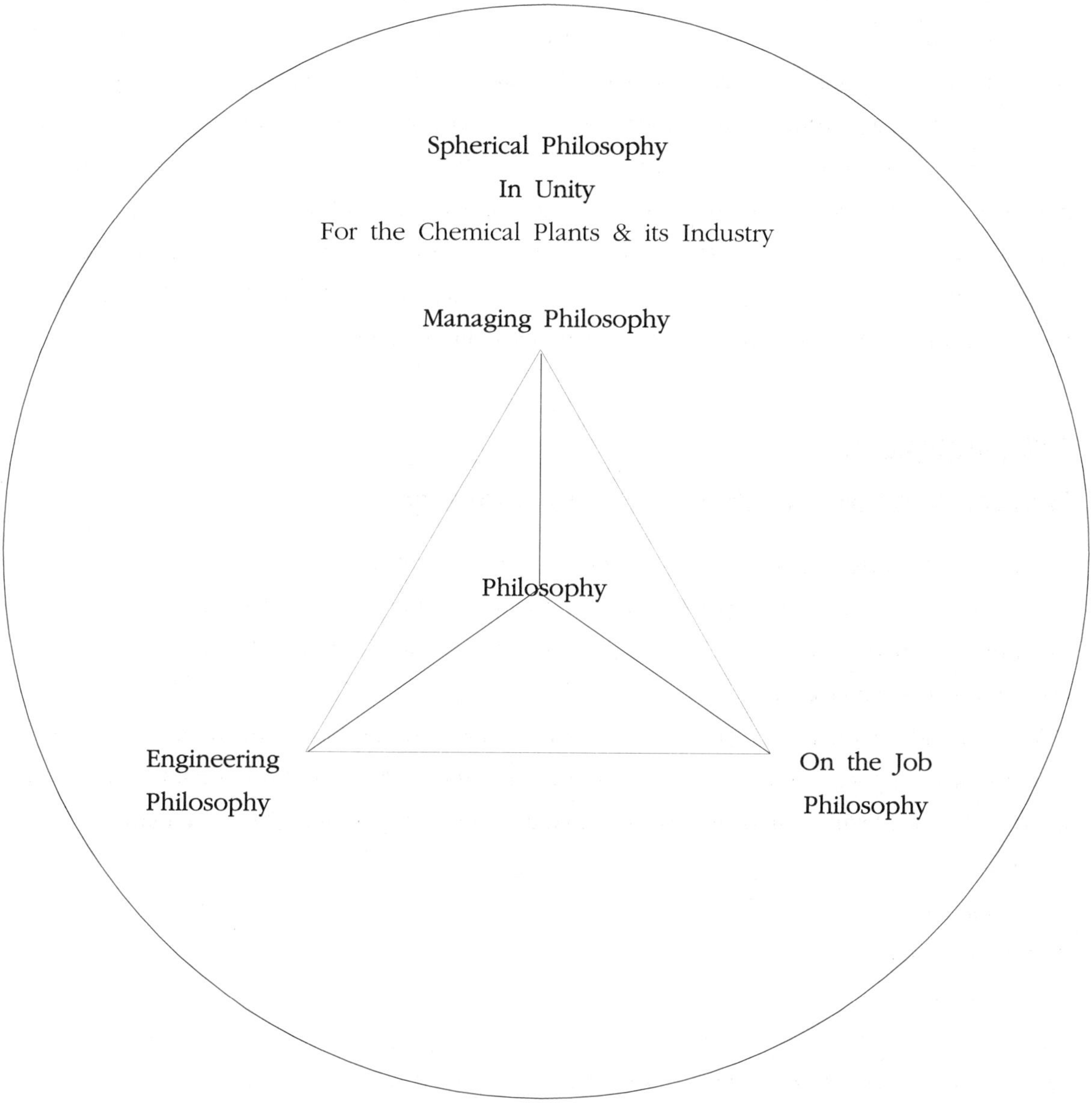

Figure 1 : 'Spherical Philosophy in Unity' for the Chemical Plants and its Industry

RESULTS

The author has accumulated over 30 years hands on experience in the worldwide Fertilizers and Chemical Plants in KoreaandTaiwan,R.O.C. From the beginning I have laboured with an intense interest to improve safety in the workplace. In the performance of my duties, I have endeavoured to apply the 'Philosophic Decision-Making' to the production and engineering management, plant construction management, and project engineering management as well as my current consulting advisory service. I have followed and thoroughly proven a practical application of the 'Philosophic Decision-Making' , when performing the activities to be discussed below. Specifically, this concept for 'Philosophic Decision-Making' was widely applied for operating crews through to C.E.O. through the former company' s organization in Korea.

Our team obtained satisfactory results such as higher productivity, process improvement, and management diversification through the fulfilment and application of the 'Philosophic Decision-Making' . As a result of carrying out the practical application of this 'Philosophic Decision-Making' , I was honoured with the "1999 Technical Prize" from KIChE (Korean Institute of Chemical Engineers).

DISCUSSION

Human error in the chemical plant industry

What is happening and developing from the "Human Errors?

In the complex chemical plant industry, the following serious calamities were caused by human errors, and should be thoroughly managed under the responsibility of concerned top management.

We should definitely apply many parameters and factors, which are absolutely required for application of management through the deep scientific considerations and reviews to the detail design and overall management of complex chemical plants.

1) Risks
2) Accidents
3) Catastrophes
4) Disasters

How to grow and develop Risk management for the worst possible situations?

We should have the ability to perfectly perform risk management.

Because risks are the new buds for disasters, which are an industrial enemy in the line of the Industrial Battle, we should try to nip in the bud, to cut away the new buds in early stage.

Accordingly, the sensible chemical engineer should not allow any limitation on their mind in the management of the chemical plant industry.

What are the origins of human errors?

Fundamentally, the following defects in character in such categories as the Managing philosophy, the Engineering philosophy, and the On the Job philosophy may cause serious calamities.

1) Poor management and poor execution under "Spherical Philosophy in Unity"
2) Closed-minded management of the leading and managing groups
3) One-sided view of the leading and managing groups
4) Prejudiced and narrow-minded thought processes
5) Frequently changing direction
6) Poor education and O.J.T.(On the Job Training); without periodic education and training courses
7) Poor safety management

Where do Human Errors come from?

Through long experience it has been found that Human Errors in the chemical plants come from the following:

1) Making an unwise decision with poor philosophy
2) Thinking on the singular philosophy without benefit of the above-mentioned three categories of philosophy
3) Lack of communication
4) Poor cooperation within organization
5) Management unconcerned with education and training
6) Poor management of manpower

PHILOSOPHIC DECISION-MAKING

The following Philosophical Mind should be embraced and ceaselessly cultivated from the early days in school and in the work place to Philosophic Decision-Making. Engineering must be willing to gain a new understanding of why this PHILOSOPHIC DECISION-MAKING is so important to make a decision in the operation and management of the Chemical Plant Industry.

In the course of my successes over the past 30 years, I have come to understand many philosophic sayings as applied my work and duty in the complex chemical plants. Accordingly, I would like to mention the following sayings, which can be a background and foundation for "Philosophic Decision-Making" .

1) Practicing 'Do your best as a human being and leave the rest to God'
2) Exhibit confidence, on the basis of the principle and theory
3) Recognize the objective way of thinking with whomever you are working
4) Endeavour to discover the root cause of a problem
5) Engrave in our mind that major accidents are inevitable when a critical activity and/or process is omitted or disregarded in the normal procedure
6) Teamwork is a absolute necessity
7) Practicing better communication and cooperation
8) Be practical, creative and innovative
9) Thinking and acting on the basis of principle and theory
10) Performing on the basis of definite countermeasures and judgment

The following are the bright and deep Secrets for Philosophic Management to be profoundly understood.

1) Understanding that "where there is a will, there is a way" .
2) Recognizing that if you knock on the door, the door will open.
3) Perceiving that there is a way out of every situation.
4) Practicing that "Nothing ventured, nothing gained" .
5) Keeping in our mind that Courage and Faith in management of the plant make us healthy, and strong in our life
6) Believing that if we keep our heartfelt learning and studying attitude we will see improvements to the plant operability and efficiency of the plants
7) As a Chemical Engineer, leading operators to a full understanding of the importance of their duty and responsibility for their plant

Philosophic decision-making between the Natural sciences and the Social sciences should be strictly distinguished and executed in the routine management of the chemical plants.

Given that only 1% of judgement is correct on the basis of the scientific conception and theory, it would be prudent to follow exactly the 1% of scientific truths without exception.

What is more important?

Not reading the face of their managing group under any circumstances in Natural sciences. Or reading how the wind blows and face of their managing group, and making the above-mentioned Human Errors in the operation and management of the Chemical Plant Industry. We should decide and solve for ourselves the Technical Matters through a free open-minded meeting when we are faced with Natural Scientific Matters. The following will be the philosophic eye in Chemical Plant Industry :

1) Objective and scientific thoughtful eye
2) Reasonable and overall insightful eye
3) Many-sided and complex thinking eye
4) Open-minded point of view
5) Both micro and macro jointly seeing eye
6) Mechanical Camera eye, scientifically is exact on the following;
   - -correct presentation
   - -believable at timely showing
   - -giving a firm faith
   - -Providing Eternal Truth.

In Social sciences, everybody is happy when that they follow the supporters' judgement more than 50%.

1) Cooperative and Harmonious spirit
2) Mutual aid
3) Mutual help and dependence
4) Returning to the society
5) Human Eye, occasionally, shows the followings:
   - -Subjective judgment
   - -Narrow-minded view
   - -Prejudiced opinion
   - -Frequently indecision, accordingly sometimes they are making a mistake

PROJECT AND ENGINEERING SYSTEMATIC APPROACH

The following Major Parameters should be strictly applied in the performance of Engineering Activities to prevent the Human Errors.

1) Physical and Chemical Properties
2) Stability and Reactivity
3) Technical Information on the MSDS and CSDS

4) Corrosion and Erosion; Resistance and Allowance
5) On-stream Factor of the Process Plants
6) Side Reaction and by-products
7) Thermal Decomposition
8) Technical Information for Transportation
9) Toxicological Information
10) Impurities
11) Static Electricity
12) Safety Allowance
13) Hazards Identification
14) Ecological Information
15) Waste Disposal
16) Regulatory Information

The following major engineering considerations should be thoroughly reviewed and studied

1) Chemical Product and Company Identification
2) Composition, Information on Ingredients
3) First Aid Measures
4) Fire Fighting Measures
5) Accidental Release Measures
6) Handling and Storage
7) Exposure Controls and Personal Protection
8) Disposal Considerations
9) Transportation Information
10) Plant specific Information

In the stages of Engineering and Planning, the Subjects mentioned below should be thoroughly and strictly reviewed and managed.

1) Plant Overall Plotting and Planning Stage
2) Construction Planning Stage of Plant
3) Construction Working Stage
4) Initial Start-up and Performance Guarantee Testing Stage
5) Organization Developing Stage for Improving of Managing Efficiency
6) Normal Operation Stage for the Plant
7) Process and System Safety Auditing Stage
8) Improving Stage of the Manufacturing Process

9) Process Developing Stage

10) Applied and Normalized Stage under the Advanced Technology

Fundamental fields should be checked and confirmed in detail in the initial project stage.

1) Planning and Procurement stage for the specified Raw materials and Chemicals
2) Confirming and settling the Specification for handling all Materials
3) Unloading Process Survey for the unloading of the Raw Materials
4) Storing Process for the Raw Materials
5) Manufacturing Processes; such as (1) Intermediate Products Manufacturing Process, (2) By-products Treating Process, (3) Wastes Treating Process, and (4) Emission Control Process
6) Product handling and storage processes
7) Product loading process
8) For the end user, making sure how they handle and process our products correctly

EFFICIENCY IMPROVEMENT OF THE SYSTEM AND PROCESS

Chemical Engineers performing the following activities and projects should clearly and carefully manage with a focus to prevent Human Errors.

The Standard Specification should be settled to safely bring in acceptable products in the initial project stage.

1) Raw Materials
2) Adding and Feeding Chemicals
3) Catalysts
4) Packing
5) Fuels and Oils
6) Intermediate Products
7) By-Products
8) Final Products
9) Processing equipment and its spare parts

Major Parameters and Major Considerations of these projects should be exactly applied and reviewed in detail without any exception in the initial stage of the basic and detail Engineering.

1) Manufacturing Process
2) Plant Construction

3) System Modification and Revision
4) Process De-bottlenecking
5) System Retrofitting
6) System and Process Upgrading
7) System Improvement
8) System Automation
9) Process Designing in Safety
10) Preventive Maintenance Managing for Facilities
11) Life Cycle Managing for the All

PHILOSOPHIC EDUCATIONAL AND TRAINING CLASSES

Systematic Educational and Training Classes on the Philosophical Foundation should be taught periodically with the following subjects under excellent Top Management. In education, a hearty manager should not be a provider of fish, but instead teach how to catch fish.

1) The Managing Philosophy
2) The Engineering Philosophy
3) The On the Job Philosophy
4) The Natural Science and The Social Science
5) Human Eye and Mechanical Camera Eye

These classes should be repeated periodically with UPDATED Teaching Materials.
As always it is indispensable to evaluate the progress of student training in the O.J.T. classes. Educational and Training classes should follow the outline of :

1) Educational class and OJT for the large-scale Chemical Plants, requires at least 6 months for teaching (on the basis of 8 hours per day).
2) The expected results after 6 months of educational class and O.J.T., students should achieve higher than 95 marks in the Examination and Field O.J.T. Test.
   Still the unachievable 5 marks will remain behind as a risk factor
   Educational refresher classes and O.J.T. are periodically required to release any likelihood from the remaining unsuccessful 5 marks and newcomers.
3) And it is desirable to work for yet another 6 months as an assistant to a senior Engineer to gain hands-on experience the Chemical Plants.
4) Finally, they will become a capable Chemical Engineer who can do work for themselves after one year of total Educational class and O.J.T. course.

HOW TO PROTECT AND MINIMIZE THESE HUMAN ERRORS

Through the everyday life in the above-mentioned chemical plants, finally I have recognized that those chemical process and systems have certain points of likeness compared with our lovely one year old baby when they are crying under some certain conditions and circumstances.

As usual, they used to only cry when they are inconvenient, unfamiliar, in pain from the inside and outside, hungry, and sick. When they are hungry and sick as usual, they are making noise by crying, feeling a chill, and coming to have fever. In case we compare these babies' present situation with the chemical process and systems of the chemical plants, those happenings are just similar with some noise, overheating on the process and equipment, and some vibrations, etc coming from the process and systems of chemical plants. Accordingly I can say that those chemical process and systems seems to be alive such as the human being and seems to have one-year-old baby' s intelligence. Therefore, we should take care of these chemical process and systems with our sensibility.

Moreover, we are desirable to understand this operating philosophy by Human Five Senses under "Spherical Philosophy in Unity" . In addition, they are willing to accept to do Intelligent Design in our sensibility for the advanced chemical process and systems in Safety.

We should educate and teach how to apply and manage with the Intelligence and Human Five Senses for the operating groups in the operation of the chemical plants in Safety.

I understand that this "Spherical Philosophy in Unity" will be the most important MIND against those human errors in the chemical plant industry. I sincere hope that the following guidelines should be understood as leading to minimize Human Errors.
The following should be followed and executed on the "Spherical Philosophy in Unity" .

1) Understanding and executing the Philosophic Safety Management
2) Understanding the Philosophic decision-making on the above-mentioned activities in detail
3) Listening periodically to the Philosophy Lecture for the management of Chemical Plants
4) Acting and performing their operation and management sensibly and intelligently
5) Executing the above-mentioned Activities of the 'Project and Engineering Systematic Approaching'
6) Preparing and Executing the Safety Work Permit Procedures, such as (1) Hot Work Permit, (2) Spark and Fires Work Permit, (3) Electric Work Permit, (4) Vessel Entry

Work Permit, (5) Special Dangerous Work Permit, (6) Excavation Work Permit, (7) General Work Permit, and (8) Radiography Work Permit

7) The UPDATED SOP (Standard Operating Procedures) should be prepared and executed in advance whenever they perform the above-mentioned Activities but also educated and trained through the above-mentioned classes.

Furthermore, they should establish the "Organization and Operation of Overall Joint Committee" against the Attack of any serious Situations and Emergency by Human Errors so that they can perfectly fulfil the followings.

1) The overall Joint Committee should be organized and run against any serious Situations and Emergency.
2) The activities to be performed by the Joint Committee should be established by the special Safety Group
3) The imaginary affected ranges of the catastrophe and disasters as well as Emergency countermeasures should be reviewed and developed by this Overall Joint Committee.
4) This overall Joint Committee should be perfectly prepared "to act and deal with" serious Situations and Emergency cases
5) How to evacuate and communicate against those Emergency Situations
6) How to organize with those Specialist and Experts for Emergency Fighting
7) How to prepare regulations on the above, etc

And also, they should prepare regulations so that they can thoroughly fulfil their duty in SAFETY on the management program in detail including the following 'SAFETY MANAGEMENT ACTIVITIES' .

These managing programs can be mainly classified with as follows; (1) Process review management,

(2) Periodic substantial meeting management, (3) Preventive maintenance management, (4) Hazardous materials handling management, (5) Specification management, (6) Process efficiency management, (7) Safety and Environment management, and (8) Housekeeping management.

The following show the activities to be fulfilled in detail to perform the successful overall SAFETY MANAGEMENT. I fully understand through my hands on experience that the following detail activities are so important to successfully eliminate the Human Errors in Chemical Plant Industry.

1) Process Safety Management (PSM)
2) Safety Management System (SMS) developing and executing
3) HAZOPS Study Management (HAZOPS; Hazard and Operability Study)

4) Static electricity and ground management
5) Process risk management
6) Standard Operating Procedure (SOP) management
7) Intensive management for the dangerous areas and its urgent measures meeting
8) Routine safety meeting
9) Establishing of organization for safety management
10) Color-coding and management on the pipeline for the flow of dangerous materials
11) Management on the underground systems; pipelines, civil and electrical facilities
12) Piling foundation management
13) Trench and sewer system management
14) Facility maintenance management
15) Preventive maintenance management
16) Management of spare parts of the unit plant; for the major important equipment
17) Management for dangerous materials storage tanks
18) Pyrophoric hazardous materials management
19) Transportation management for hazardous materials
20) Management on the specification of the whole handling raw materials
21) Design specification and drawing management in detail
22) CPM & PERT management
23) Unit consumption and loss management
24) Process efficiency management
25) Plants all covered insurance management
26) Environmental pollution and wastes management
27) Useful life management of equipment and facilities
28) Forecasting management of change situation
29) Education and training management
30) System upgrading and improvement management
31) All covered updating management
32) Housekeeping management

CONCLUDING REMARKS

Modern chemical plants are composed of processes with high level of complexity and produce chemicals which are seriously toxic, potentially explosive, reactive as well as environmentally hazardous.

These chemical plants form a full-scale industrial chemical complex, which is operating from upstream to downstream in a continuous process, producing seriously toxic and explosive chemicals; and all the while causing rapid deterioration of the processing equipment and facilities. Under these hostile circumstances, my purpose is to make a contribution toward protecting our lives, investments, the community and society from risks, accidents and man-made disasters, etc. Consequently, I encourage engineers to utilize this paper in their normal activity and to contact the above-mentioned author with your comments and experiences. The Complex Chemical Plants in the world can make a net contribution to Society and to the Families of its employees worldwide.

I propose that this category of philosophy should be applied and educated in the course of the regular Education Curriculum of the EngineeringCollege.

Acknowledgements

I extend heartfelt thanks to Ph.D. Yu Eui-Yeon, Professor, Dept. of Chemical Engineering, Chonnam National University, Korea, Ph.D. Sung-Yueh Shieh, Vice President, Mr. Yu-Ren Hung, Senior Chemical Engineer, Nan Ya Plastics Corporation, Formosa Group, Taiwan, R.O.C., Mr. Arthur W. Burt, Market Specialist Phosphoric Acid, Bird Machine Company, Fla., U.S.A., Mr. Joseph C. Pizzuto,Jr., Operations Consultant, La., U.S.A., and Mr. James R. Thornhill, Plant Operation Specialist, La., U.S.A. for reviewing this paper.

REFERENCE

1 Kim Young Ho (1996), Construction and Management of Chemical Plants, Dong Hwa Technology Publishing Co., Seoul,Korea100-834

공학철학과 윤리에 바탕한, 공학/산업분야에서 발생하고 있는 Human Errors(인재, 人災)예방과 인재 최소화를 위한 응용연구

부록 III

24 April (Friday), 2015

제주국제컨벤션센터
International Convention Center (ICC)
JeJu, Korea

YoungHo Kim
Y.H.KIM Eng. & Mfg. International Consultant, Representative
Cellular Phone: +82-(0)10-5496-6918
E-mail: yhkim1116@hotmail.com

ABSTRACT

The purpose of this paper is to prevent and minimize both any incidents and its recurrences from human errors that become contributing causes of almost all incidents frequently-occurring in the Engineering and Industrial Fields. Whenever these incidents are seriously taking place, we are facing with such dangerous conditions as making human being, animals and ecosystem, etc ruin.

More critically, air and water are immediately polluted and contaminated as consequences of explosion and destruction caused by many-sided accidents on the related plant equipment and facilities. So, human errors should be prevented and minimized by analyzing those root causes of various kinds of incidents and philosophic criteria. And also, in the initial stage of plants design, main core points should be deeply observed in detail and designed in application of process safety. Accordingly, this study analyzes basic design conditions and core design elements, and also summarizes the philosophic and ethical criteria of Engineering Philosophy/Ethics.

KEY WORDS:

human errors, root causes, incidents, Engineering and Industrial Fields, dangerous conditions, making ruin, polluted and contaminated, explosion and destruction, plant equipment and facilities, prevent, contributing causes, basic design conditions, core design elements, philosophic and ethical criteria of Engineering Philosophy/Ethics

I. 서론: 화학공정 및 산업체에서 왜 Human Errors를 예방하고 최소화해야 할까?

예를 들어, 화학공정이나 기기장치설계, 그리고 기존 가동 공장에서 Human Errors(人災)가 발생할 경우에는 다음과 같은 조건 등의 주워진 다양한 상황여건에 따라 그 피해 범위는 사고일발 아차 사고(near miss, near accidents), 대량 인명손실사고, 자산손실사고, 환경오염 및 파괴손실사고, 그리고 기본설계사와 상세설계사의 명예실추로 사업성 중단 사태 등을 동반하게 된다.

이 Human Errors의 결과는 돌이킬 수 없는 국민의 슬픔으로 이어져 국가 사회의 존립을 위태롭게 하거나 지속적 발전을 저해하게 된다.

따라서 제반 설계 시에 Human Errors에 대응할 수 있도록 핵심요소들을 반영해야 하고, 기존 공장 운영에 있어서는 공학철학적 바탕에서 반드시 의사 결정해야 한다.

위에서 언급한 조건은 다음과 같다.

•폭발성 및 위험성 물질 제조/취급 공정, •공장 및 시설의 Layout 설계결함, •공정 제어설계의 결점, •기기장치구조 및 바탕설계의 미흡, •기존공장의 불완전한 상태 유지, •기기장치의 수명(useful life) 설계 취약성, •기기장치의 재질선정 설계의 과실(fault), •기기장치 및 시설의 유지보수 소홀, 그리고 •의사결정권자의 공학철학적 판단오류 등.

I.1. 기후변화에 따른 우리나라의 화학산업과 원자력산업의 위험성 분석

현재 대한민국의 원자력발전소나 화학공장들은:

•고온 고압에서 방사성물질을 취급하며, •독성, 휘발성, 폭발성, 위험성이 강한 물질들을 다루며, •가벼운 진동이나 흔들림에 취약한 기기장치들이 가동되고 있는 상태에 있다. •지반이 약해질 경우나 진동이 발생할 때 독성 가스를 취급하는 관(管, pipe, duct)들이 균열(龜裂, 금, crack)이 발생하기 쉽고, •많은 공장들은 내진설계(耐震設計, Earthquake Resistant Design Standard)기준이 낮게 책정되었거나, 오래된 공장들은 내진설계가 현실에 미흡하게 되어 있는 실정이다. •공장 근 거리에는 마을과 거주자들이 많이 있다.

그래서 기후변화에 따른 결과로 이들 공장들이 영향을 받게 되면 자연 재해로 이어져 대형 폭발사고나 화재가 발생하게 되고, 방사성 물질의 확산과 오염, 독성개스가 분출되며, 독극성 오염물질들이 유출되어 수로를 따라 하천이나 강과 바다로 흘러 들어가게 된다.

이러한 상황이 발생하게 되면 방사성물질의 피폭과 방사성물질의 오염으로 수많은 인명피해와 생태계 파괴, 그리고 국가적 자산 손실이 발생하게 되어 대재앙의 비극이 초래된다.
특히 해상에서 지진이 발생할 시에는 쓰나미가 동반되기에, 해안가에 위치하는 원자력발전소나 화학공장들은 기기장치들이 해수에 잠기지 않도록 공정설계를 최신화하여 대비해야 한다.
기후변화에 따라, 태풍, 폭풍우 (rainstorm), 뇌우(thunderstorm), 홍수, 폭염(暴炎), 혹서(酷暑, heat wave), 게릴라성 폭우, 가뭄, 천둥, 낙뢰, 대기권 오존층 파괴, 설산과 빙산의 해빙, 초고온, 초저온, 화산폭발 등과 같은 현상들도 나타나게 된다.
이러한 현상들이 도래될 때, 대자연의 안전요소들이 파괴되고 상실되며, 지각의 변화, 화재, 폭발, 붕괴, 위험물질누출/확산, 독가스의 분출/확산, 수해 등을 입게 되어 상상을 초월하는 인명손실과 자산손실, 그리고 생태계 파괴등과 같은 대 재앙의 재해를 입게 된다.
이 때 독가스나 독성물질이 바람 방향에 따라 주거지역으로 확산되거나 비산될 경우에는 그 지역 주민들과 생태계는 모두 죽음에 이르러 파멸되게 된다는 사실을 재인식하고 다양한 측면에서 완전무결하게 대비책을 강구 해 나가야 한다.
왜냐면, 이 사고야 말로 바로 물리적 사고가 아니고 화학적 사고의 재앙적 재해의 피해 결과를 불러 오기 때문이다.

I.1.1. 화학산업의 위험성 분석

우리나라에는 위험물을 다루는 대표적 대단위 석유화학단지들이 울산, 여수, 대산, 3군데에 위치하고 있으며 화학공장 특성상 동해안과 서해안 그리고 남해안지역에 자리 하고 있다.
이들 대단위 화학단지 내에 위치하고 있는 공장들이 취급하거나 생산하는 제품들은 대부분 독성이 매우 강하며. 극도로 위험하고, 치명적인 독극물이며, 쉽게 인화되고, 반응성이 예민할 뿐만 아니라, 부식성과 마모성 그리고 폭발성이 강하다.
이들 대부분의 공장들은 이미 노후화가 되었거나 아직도 지속적으로 노후화가 진행되고 있다. 이에 반하여 이들 노후 된 시설이나 부품들을 적기에 완전하게 교체하지 않는 상태에서 설상가상으로 각 기기장치와 부품들의 수명을 연장 해 가는 실정이다.
최근에 이르러, 이들 공장들의 사고사례들을 보면 제반 관리에 있어 결함을 보이거나 공장운영관리에 소홀한 경향을 보이고 있다.
이들 대단위 공장에서 Human Errors로 인하여 위험물질들이 유출되거나 분출될 시에는 대량 인명피해나 자산손실, 그리고 환경적으로 생태계에 미치는 악영향은 상상을 초월하게 된다.
따라서, 이러한 여건상황에서 국가와 사회, 그리고 사업주와 직원들은 무엇을 어떻게 대비하고 준비하며 실행할 것인가를 원점에서부터 새롭게 검토 대비 해 나가야 한다.

I.1.2. 원자력산업의 위험성 분석

대한민국에서 현재 가동중인 23개의 원자력발전소들은 지정학적으로 볼 때 내부의 Human Errors에 의한 사고나 외부로부터의 군사적 공격이나 테러습격(Terroristic raid)에 의해 타격을 받을 때 그 피해의 결과는 핵전쟁의 재앙을 방불케 한다.

해양지진에 의한 쓰나미의 영향으로 기기장치들이 해수에 침수되는 취약성을 보이고 있는 실정이다.

2012년 2월 9일에 발생한 고리 1호기 Blackout 정전사고는 공학 인들이 볼 때 있을 수 없는 사고이다.

최근에 나타난 원전비리 사건과 연계된 제어 케이블의 시험성적서 변조와 불량부품공급은 상상을 초월한다.

의사결정권자와 책임자들에게 공학철학과 공학윤리, 그리고 공학적 의사결정의 소양이 결여되어 있다는 사실이 최악의 상황이다.

현재, 울진원전 6기, 월성원전 5기, 고리원전 6기, 영광원전 6기, 모두 23개 원자력발전소가 가동 중에 있는데 이 중 1개 원전에서 위에 언급한 상황으로 Human Errors가 발생할 때는 일본 후쿠시마 원전 사고와 같은 수준의 재앙적 사고를 불러 오게 될 것이다.

우리 원전기술자(Engineers)들은 위에서 언급한 내용들에서 사고가 발생하지 않도록 대비해야 하며 해외 원자력발전소의 사고와 국내 원자력발전소의 위기일발 아차 사고(near accident, near miss)에서 교훈을 얻고, 이들 중 해당 내용들은 설계에 반영할 뿐만 아니라, 교육에도 응용토록 해야 한다.

I.2. 연구목적과 연구방법

I.2.1. 연구목적

현재 산업현장에서 발생하고 있는 위기일발 이차사고들은 공학상식과 관리측면에서 숙고해 볼 때 최고 위험 수위에 도달하고 있다. 뿐만 아니라, 횟수를 더해 감에 따라 최악의 재앙적 사고를 불러 올 것은 명약관화하다.

저자의 이론을 바탕 한 실무경험(Hands-on Experience)과 지식을 공유함으로써 Human Errors로 인한 사고와 재발을 예방하고 최소화하기 위함이다.

I.2.2. 연구방법

Human Errors의 근본원인은 기본적으로 인문사회과학분야와 공학분야의 양 분야에서 기인되기에 공학철학과 공학윤리, 그리고 공학적 의사결정에 바탕하여 그 원인들을 분석 해 보고 산업현장에서 체험하고 문제 해결한 내용들을 응용하여 연구목적에 도달시키기로 한다.

I.3. 공학인 들을 위한 공학철학/윤리의 핵심관리: S-T-E-H-S

S-T-E-H-S는 Science(S)-Technology(T)-Engineering(E)-Humanity(H)-Society(S)의 머리약자이다.

과학(S)-기술(T)-엔지니어링(E)은 3위일체가 되어 사회와 하모니 (Harmony)를 이루어 주어야 하고, 여기에 공학의 근본이 되어야 할 Humanity(인류애)를 포함하여 사회(Society)에 공헌해야 한다.

과학-기술-엔지니어링 영역 에서 창출되는 산물들은 반드시 Humanity에 바탕 하여 국가사회에 공헌해야 한다.

저자는 오랜 세월 속에 대단위 산업현장에 근무하면서, 태풍이 상륙하는 매년 여름, 가을철에 간헐적으로 발생하는 비상정전 때 운전원들이 비상조치를 취하는 과정 속에 실수로 Human Errors를 유발시킨 결과 바람 방향에 따라 어느 한 시(city)가 유독가스(SOx)로 뒤덮이는 비극적 상황을 목격한 바 있다.

바람과 함께 유독가스가 산야의 초목들을 훑고 지나간 결과 가스의 영향을 받은 수목의 잎새들이 노랗게 고갈되어 죽어 간 생태계 피해 사고 현장도 보았다.

이 사고들은 3-카테고리(•공학철학, •공학윤리, 그리고 •의사결정의 6-가지 철학적/윤리적 판단기준)와 연관된 Human Errors였다.

Human Errors는 언제 어디서 어떻게 나타날지 모르기에 각 기업체, 산업체, 연구소 등의 최고 의사결정권자들은 이 3-카테고리에 기본 하여 의사결정하고 정책을 입안 실행실천 해 나가도록 해야 한다.

각 분야: 정계, 기업계, 산업계, 연구업계, 학계 등의 최고 의사결정권자들이 솔선수범하여 애정과 사랑을 담아 시간을 다투어 정책입안하고 실행실천에 옮겨 줄 때 국가 사회는 건전하게 존립할 수 있게 된다.

이들 분야의 최고 의사결정권자들이 과학(S), 기술(T), 공학(E)의 S-T-E분야 위에 정신적 3-카테고리를 접목하여 각 분야에 알 맞는 안전문화정책을 입안 수립하여 실행실천 해 준다면 국가사회는 성장 발전하여 선진국가로 진입할 수 있게 된다.

I.4. 공학철학과 윤리의 궁극적 목적과 역할

I.4.1. 목적:

1) 인재(人災, Human Errors) 예방:
   - •재해, 인명손실, 자산 및 자원손실, 경제생산적 가치손실 예방
   - •생태계 파괴 예방 등
2) 부정행위, 정신적 부패 예방:
   - •기업의 성장발전 퇴보와 파멸 예방
   - •건전한 기업의 세력(influence) 약화와 몰락 예방
   - •부강한 국가 사회의 위력(National Authority) 약화와 쇠퇴 예방
3) 3-카테고리(•공학철학, •공학윤리, •의사결정의 6-가지 철학적/윤리적 판단기준)의 정신: 지속적 유지 실행실천
4) 인류사회에 공헌 등

I.4.2. 역할:

1) 부정부패의 늪에서 공학인들을 보호
2) 극기력 배양(Educating Self-Control Power)
3) 기업의 부정적 요소들을 지양하고 지속적 성장발전을 도모
4) 창의성 개발 및 새로운 영역의 개척
5) Human Errors 발생의 최소화 유도
6) S.H.E. 보장: •기업의 지속적 성장발전 추구
   •국가사회의 건전성, 평안과 위력 강화
7) 기업과 국가사회의 구성원과 국민: 안전과 행복추구
8) 기업과 국가사회: 재해로부터 예방 및 보호 등

I.5. 공학분야에서의 부정부패 발생원 분석

미래의 비전과 TARGET을 정복하려는 이상을 가진 공학인들이 가는 길에 아래와 같은 핵심공학분야가 있다.

이 핵심분야는 공학인들이 요직에서 다루는 분야로 공학공정선정과 사업추진, 공정설계와 공장건설, 그리고 시운전 및 생산정상화 과정에 필수적으로 등장하게 되는 분야이다.

이 분야의 구성요소들은 해당 생산원가구성에 핵심적 요소가 된다.

이들 분야에 종사하는 공학인들은 그 활동영역에서 자신과 내부 또는 외부로부터 검은 돈(Black Money)과 연계되는 유혹에 노출되게 된다.

이 핵심분야들을 부정적 차원에서 다루게 되면 바로 부정부패의 발생원이 된다.

이 때 공학인들이 이 핵심적 요소들을 유혹의 늪에서 어떻게 다루고 의사 결정하는 가에 따라, 기업은 흥망성쇠의 길에 놓이게 되고 해당 공학인들의 운명은 갈리게 된다.

공학인들의 부정적 행동에 따라 이 핵심분야의 요소들은 변질될 수 있을 뿐만 아니라, 부정부패의 발생원이 될 수 있다.

따라서, 공학인들은 이 핵심분야를 다루게 될 때 **검은 돈(Black Money)과 연계되는 유혹**에 빠져서는 안되며, 또한 이 유혹에 접근하게 되면 미래의 화려한 비전과 TARGET은 그 자리에서 빛을 잃게 되고, 그 기운은 즉시 소멸하게 된다. 는 것을 마음 속 깊이 아로새겨야 한다.

공학분야에서 부정부패 발생원이 될 수 있는 일반적인 예를 들어 보면 아래와 같다.

1) 규격(規格, specification)이 정해져 있는 모든 종류의 물품: 규정되어 있는 규격을 선택할 때, 또는 변경시킬 때 이권(利權, profits and rights)이 개입될 수 있다.
2) 선정(選定, selection) 및 평가(評價, evaluation)할 때: 예: 공정(Process), 기술, 타입과 종류, 기종(機種), 기기장치, 가치평가, 등급평가, 손실평가, 재산평가, 자산평가, 능력평가, 기준설정 및 평가, 이익평가, 재평가 등
3) 타당성 조사(Feasibility Study)를 할 때

4) 분석방법(分析方法, Analytical Method)을 선택할 때
5) 분석결과(分析結果, Analytical Results)를 평가, 조정할 때
6) 설계내용 및 조건을 변경(Design Changes)할 때
7) 사고조사(事故調査, Incidents Investigation)를 할 때
8) 사고내용 및 조건을 변경(Change of Investigation Contents and Conditions)할 때
9) 표준계산 방법을 변경(Change of Standard Calculation Method)할 때
10) 원단위(原單位, Unit Consumption)를 계산할 때
11) 기술 및 영업 제안서(Technical and Business Proposal)를 제출할 때
12) 품질 분석 보고서(Quality Analysis Report)를 만들고 제출할 때
13) 성능보장서(Performance Guarantee Test Document)를 준비할 때
14) 기기장치 및 부품 수명(Useful Life on Equipment and Spare Parts)을 설정할 때 등 이다.

I.6. Human Errors에 의한 사회적 제반 사고(incidents)에서 얻은 교훈 요약

1. 경영 Group 공학철학/윤리경영 결여: •사고 원인 제공, •사회 전반에 불행적/비극적 영향초래
2. 경영진의 기업안전문화 수립 및 운영: 미 수립 및 소홀: 구성원들 안전에 대한 구심점 상실
3. 설계결함: •사고원인 제공, •인명 자산 손실 유발, •사회전반에 불행적/비극적 영향초래
4. 안전관리규정 및 원리원칙 미 준수: •사고원인 제공, •인명 자산 손실 유발, •사회 전반에 불행적/비극적 영향초래
5. 현장철학 결여: •사고원인제공, •공장폭발 사고 초래, •인명 자산 손실 유발, •사회 전반에 불행적/비극적 영향초래
6. 협력사(Contractor) 기술수준 취약 및 공학철학 결여: •사고원인 제공, •공장폭발 사고 초래, •인명 자산 손실 유발, •사회 전반에 부정적 영향초래
7. 협력사(Contractor) 이익배분 불균형: •기술관리 자격 미달 업체 선택, •사고원인제공, •공장폭발 사고 초래, •인명 자산 손실 유발, •사회 전반에 부정적 영향초래
8. 부정행위에 의한 조작과 행동: 검은 돈(Black Money, 음성소득)의 유혹 등

I.7. 공학인 들을 위한 철학적 의사결정

의사결정권자들은 철학과 윤리를 바탕 하여 심사 숙고한 과정을 거쳐 의사결정을 해야 하는 데, 아래에 언급한 “철학적, 윤리적 판단기준 6가지” 를 토대로 확고히 의사결정을 하도록 한다.
즉, “철학적, 윤리적 판단기준 6가지” (6-philosophic and ethical criteria for decision-making)는:

•철학적 마인드 유지(keeping philosophic mind),
•윤리적 행동(ethical action),
•신념 있는 행동(action in beliefs),)
•정직/양심 있는 행동(honest/conscientious action),
•용기 있는 주장과 설득(emphasizing and persuading in courage),
•인류에 공헌(contribution to human beings)이다.

즉, •철학적 마인드(mind)로 뿌듯함이 생기고,
•윤리적 행동으로 자랑스러움이 솟구치며,
•신념 있는 행동으로 마음이 흔들리지 않고,
•정직과 양심 있는 행동으로 하늘을 우러러 부끄러운 점이 없어지며,
•용기 있는 주장과 설득하는 행동으로 온 세상을 다 가진 듯 풍요로워 지고,
•인류에 공헌하는 정신으로 삶의 정도(正道)를 밟을 수 있게 되어 신선의 경지에 이르게 된다.

의사결정 할 때 철학과 윤리에 위배되는 사항에 대하여는 그 어떠한 경우에든 실행하지 않도록 하며, 철학적/윤리적 마인드를 가진 전문가들에 의하여 작성 배포된 운영 매뉴얼(manual)에 명기된 내용들에 의거 하여 있는 그대로 실행하도록 한다.

배포된 그 운영 매뉴얼은 정기적으로 세부 내용들을 면밀히 검토하여, 보완이 요구될 경우에는 지체 없이 그 내용들을 개정 증보 해 나가도록 한다.

주워진 제반 업무를 추진 해 나가는 과정 중에 실용적 경험 철학에 바탕 한 "철학적 의사결정의 판단기준 6가지" 에서 벗어나 의사 결정하게 되면 비극적 후유증이 뒤따르게 된다. 이 6가지의 기준을 따르지 않고 판단 실행한 의사결정권자는 예외 없이 그 조직에서 중도하차 하게 되고 법의 심판을 받게 된다. 그 순간 지금까지 공들여 쌓아온 금자탑이 무너지고 행복이 불행으로 바뀌는 전환점을 맞이하게 된다.

삶을 영위 해 나가면서 의사 결정해야 할 대, 이 6가지 판단기준을 따르게 되면 삶은 지속적으로 행복 해 지게 된다.

여기서 철학적 의사결정은 의사결정을 해야 하는 해당자들 모두에게 해당됨으로 앞에서 언급했던 내용을 아래와 같이 다시 한번 강조하기로 한다.

업무를 추진하는 과정 중에 그 어떤 경우에든, 의사결정해야 할 사항들이 있으면 철학(Philosophy)을 마음의 바탕에 두고, 해당된 사항들을 자연과학측면의 의사결정으로 답을 구할 것인가? 아니면 사회과학측면의 의사결정으로 답을 구할 것인가를 판정한다. 즉, 문제의 사항들이 자연과학측면과 사회과학측면 중 어느 쪽에 비중이 더 큰지를 반드시 전문적인 바탕에서 정확히 파악하고 판단하면서 계속하여 세부적으로 하향 의사결정해 나가면 최종단계에서 지혜로운 명쾌한 답에 초점이 맞추어 지게 된다.

이러한 철학적 바탕 위에 컨설팅 의사결정을 하면 재앙적 재해를 예방할 수 있게 된다. 컨설턴트의 이 외로운 의사결정이야말로 지구적 재해(Global disasters)로부터 인류를 보호하게 되는 것이다.

여기서 결코 간과(看過, overlooking)해서는 안 되는 자연과학측면의 의사결정사항 은 다수결로 판단하거나 표결할 수 없는 결정사항이란 것을 마음 속에 깊이 새겨두고 예외 없이 따르며 실행 실천해야 한다. 즉, 1%에 해당되는 자연과학측면의 전문적 의사결정권자가 연구하고 준비한 과학적이고 이론적인 보고서 내용, 실질적으로 체험한 기술자들의 보고서와 의견(Practical Engineers' reports and opinions with hands-on experiences)내용, 그리고 역사적인 사례 보고서(Historical reports on cases)내용이 옳다면, 비전문적이고 이론과 실제에 무지하여 오판하고 있거나 또는 실질적 체험이 없는 상태에서 비현실적 판단을 하고 있는 99%에 해당되는 의사결정권자들은 이 1%의 옳은 방법 또는 의사결정을 한 사람을 반드시 예외 없이 따라주어야 한다.
(Given that only 1% of judgment is correct on the basis of the scientific conception and theory, it would be prudent to follow exactly the 1% of scientific truths without exception.) 〈1〉
〈1〉 저자가 2001년 9월 25일 Melbourne, Australia에서 개최된 세계 제6차 화학공학회(6thWCCE)에서 발표한 논문주제: Philosophic Decision-Making for Overall Management of Complex Chemical Plants(대단위 종합화학공장의 총괄적 관리에 대한 철학적 의사결정)에서 발췌인용.
자연과학측면의 의사결정사항들은 결코 다수결로 결정하거나 표결로 처리해서는 안 된다는 사실을 재 강조한다.
상기에서 언급한 이 의사결정 내용을 간과하여 의사결정 해야 할 사항의 내용 들을 빠뜨리고 보거나, 비전문적으로 오판하여 Human Errors를 불러오게 되고, 부정행위로 결점들을 눈감아 주게 되면 이에 해당되는 의사결정권자들이 판단한 의사결정은 재앙적 재해의 근본원인(根本原因, root cause, contributing cause)이 되고, 이로 인해 국가사회는 존립위기에 놓이게 된다는 사실은 명약관화 (明若觀火, Being as clear as the light)하다.
이 때 오판한 의사결정권자들에게 국가사회적 책임을 추궁하려고 해도 그들은 이미 그들이 저지른 재앙적 재해의 피해를 입게 되어 지상에 존재하지 않을 것이라는 것은 그 누구도 단언할 수 없는 일이다.

I.7.1. 의사결정의 금기사항

자연과학 측면의 의사결정 사항은 다수결로 판단하거나 표결할 수 없는 절대적 결정사항이다. 1%에 해당되는 자연과학측면의 전문적 의사결정권자 가 판단한 의사결정이 옳다면, 비전문적이고 이론과 실제에 취약한 상태에서 오판하고 있는 99%에 해당되는 의사결정권자들은 이 1%의 옳은 방법을 주장하는 의사결정자를 반드시 따라주어야 한다.

II. 본론

II.1.HumanErrorsFree화학공학의 비전과 TARGET

Ⅱ.1.1.화학공학의 비전: 인류사회에 공헌하는 학문으로 안전과 행복을 추구하는 인재육성

- 핵심전략:

1. 공학철학과 공학윤리의 실천화: 완전한 국가사회의 지속적 번영 추구
2. 재앙적 재해발생의 예방화: 전 공학중심에서 국가사회의 건전한 존립
3. 공학인 들의 위치를 세계화: 공학인 들의 번영창출과 위상고취
4. 공학인 들의 인류사회에 공헌화: 정의롭고 Humanity를 품은 공학실천과 학문추구

Ⅱ.1.2. 비전 성취를 위한 TARGET: 공학철학을 바탕 한 창의적 탐색과 연구

- 핵심세부전략:

1. 창의성 창출: 세계화의 접근
2. 전문화 교육 및 연구: 이론과 실질적 경험에 바탕 한 전문성 확보로 정점에 도달
3. 진인사대천명의 정신: 창의적 탐색과 연구로 세계화의 접근
4. 철학적 의사결정의 실행 실천: 정의로운 正道를 걸을 수 있는 능력배양

Ⅱ.1.3. 비전에 접근한 인재(인류사회에 공헌하는 인재)

1. The able and capable Engineers/Technicians
2. The Great Scholar
3. The Global Leaders
4. The Worldwide Experts
5. The Great Engineers
6. The Great Technicians
7. The Nobelist, etc

Ⅱ.1.4. 순환을 통한 진화발전

1. 공학철학 바탕 위에 창의성 개발
2. 새로운 영역의 개척
3. 미래지향적 비전과 TARGET을 최신화 갱신(renewal)

Ⅱ.2. 인문사회과학 측면에서 Human Errors의 근본원인 분석

Ⅱ.2.1. 대학, 대학원, 학계 교육 측면:

1) 대학 및 대학원 교과과정(Curriculum)에서 필수 교과목 선정 누락:
   Ex: 공학철학, 공학윤리 교과목 없고, 수강생이 기피한다고 어려운 교과목을 삭제하는 경향이 있다.
2) 교과과정의 강의교재 선택 및 강의범위/내용 보완이 요구된다.
3) 실질적 경험과 체험(hands-on experience)을 통한 강의가 병행되어야 한다.

4) 총체적 공학/공정설계상의 제반 핵심내용 보강이 요구된다.
5) 사고조사 분석 접근의 부 정합성: 정확성 확보로 사고재발을 예방해야 한다.
6) 의사결정에 대한 6가지 철학기준 설정 교육이 요구된다. 등

II.2.2. 기업체/연구소 경영측면 Human Errors

1) 경영진의 공학철학과 공학윤리를 생각하고 판단하는 의식수준이 매우 낮다.
2) 의사결정을 위한 철학적/윤리적 판단기준 6가지가 준수되지 않는다.
3) 공학철학과 윤리에 역행하는 부정행위가 이루어지는 경향이 있다.
4) 신상필벌 규정이 준수되지 않는다.
5) 대학의 공학철학 및 공학윤리 교과목 미 이수자가 선발되고 있다.
6) 부정행위: 규격(Specification)설정에 전문성이 취약하다.
7) 부정행위: 기기장치 및 부품의 수명(Useful Life)관리 및 잔존수명이 오판되고 있다.
8) 부정행위: 전문성 결여로 의사결정을 오판하고 있다.
9) 철학적 Leadership 결여되어 있다.
10) 대화단절 및 닫힌 마음으로 의사소통이 부재한다.
11) 경영관리의 단편적 관점에서 오판한다.
12) 편협 된 마음으로 일방적 판단을 한다.
13) 변덕스러운 마음으로 수시로 의사결정변경을 한다.
14) 제반 소양, 안전, 기술 교육관리 소홀하다.
15) 불공정 인사관리: 전문 인력 배양 및 조직 인사관리가 부적절하다.
17) 교만함과 자만심: 독단적 판단 및 규정 미 준수로 의사결정이 오판되고있다.
18) 부실운영: 관리규정 준수 및 적용이 소홀하다. 등

II.3. 공학 측면에서 Human Errors발생의 핵심영역 분석

아래 핵심영역에서 Human Errors를 내포할 경우에 그 후유증은 지속적으로 사고(incidents)를 유발하게 된다.
따라서 공학철학에 바탕 하여 이 영역에 잠재되어있는 Human Errors를 완벽하게 제거 해 나가야 한다.

1) Project feasibility study
2) Plants layout planning
3) Engineering and project study in detail
4) Design philosophy
5) Education and in-plant training
6) Plant overall planning
7) Planning and works for plant construction

8) Pre-commissioning
9) Commissioning
10) Trial test operation
11) Initial startup and production normalization
12) Overall production and maintenance activities
13) Safety review and auditing on the overall system and process
14) Useful life measurement of whole equipment and facilities
15) System modification and revision
16) System retrofitting
17) Upgrading of system and process
18) System improvement
19) System automation
20) Process de-bottlenecking
21) Plant expansion
22) Environmental investment
23) Purchasing and procurement
24) Facility and plant maintenance
25) Good housekeeping
26) Clean production
27) Scraping of systems and plants

II.4. 공학측면에서 Human Errors를 예방하기 위한 단계(stage)영역 분석

모든 Human Errors는 프로젝트 초기 단계에서부터 체계적으로 완벽히 제거되도록 Project Manager는 세밀하게 관리 해 나가야 한다.

이 단계 역시Human Errors를 내포할 경우에 그 후유증은 지속적으로 사고(incidents)를 유발하게 된다.

1) In the project evaluation and feasibility stage
2) In plant overall planning stage
3) In the basic engineering and design stage
4) In the detailed engineering and design stage
5) In the final design stage
6) In the preparation stage of operating manual
7) In the philosophic education and in-plant training stage
8) In the raw materials purchasing stage
9) In the procurement stage

10) In the plant construction planning stage
11) In the construction working stage
12) In the pre-commissioning, commissioning, process tuning and Mechanical completion stages
13) In the care and custody stage
14) In the trial run stage
15) In the initial startup stage
16) In the performance guarantee test stage
17) In the continuous long term production stage

II.5. Human Errors에 의한 사고진행과 H.W. Heinrich Principle

II.5.1. 사고진행(Incidents Progress)

Human Errors는 산업현장에서 제반 여건에 따라 아래 과정에서 보는 바와 같이 Risk 로부터 발생하기 시작하여 최종적으로 인류 파괴에까지 영향을 미치게 된다.

1) 위험한 상태(Risks)
2) 사고(Accidents)
3) 재해(Disasters)
4) 인간의 파괴(Human Destruction)

II.5.2. H.W. Heinrich 원칙 응용

산업현장에서 처음 나타나는 Risk현상(Near misses)이 기술적으로 원인분석, 해소되지 않고 지속적으로 쌓여져 300건에 도달하게 되면 작은 사고(Minor injury incident)가 발생하게 된다.
이 때 이 작은 사고의 근본 원인을 분석, 해결하지 않고 방치한 결과 29건에 도달하게 되면 그 후 대형사고(Serious injury or Death)가 발생하게 된다. 는 원칙이다.
저자에게 이 원칙은 경험과 체험 상으로 견주어 볼 때 경향은 정확성이 입증된 바 있다.
따라서 저자는 이 Heinrich원칙을 준수하며 제반 화학공장의 안전관리에 응용하며 컨설팅을 하고 있다.

II.6. Human Errors에 의한 사고의 직접원인과 간접원인 분석

1. 직접원인(Direct Cause): 현장에서 불안전한 행동과 불안전한 상태를 방치한 여건에서 작업할 때
2. 간접원인(Root Causes/Contributing Causes):
   1) 총괄 관리적 요인:
      (1) 경영진: ●경영 및 공학철학 개념 결여: •안전규정 무시, •직원안전 사랑결핍
      •협력사 이익배분 불균형

●총괄적 안전 정책(Safety Policy) 및 문화(Culture) 부재:

•총괄적 안전관리 무관심 및 소홀

(2) 원청 기술공급사(Basic 설계사): ●초기 기본설계 미흡: 설계결함

(3) 기술진: ●공학/현장철학 결여

●안전관리규정 및 원리원칙 미 준수

●안전작업허가서(Safety Permit) 미 발행: •해당 핵심내용 미확인

●직원 기술/안전관리 교육 소홀: •기술/안전 집중교육 및 관리 소홀:

•후진적/초보적 수준

(4) 작업자: ●안전/기술 집중교육 관리소홀: 후진적 수준

2) 협력사 경영진: ●경영 및 공학철학 개념 결여: •안전규정 무시, •직원안전 사랑결핍

•이익배분 불균형

●총괄적 안전 정책(Safety Policy) 및 문화(Culture) 부재:

•총괄적 안전관리 무관심 및 소홀

(1) 관리적 요인: ●안전작업허가서 관리 소홀: •핵심내용 미확인, 미 수령

•후진적 무지수준

●안전교육관리 무방비 소홀 상태: •협력사 직원 사전 안전/기술 집중교육 관리소홀: 후진적 수준

(2) 협력사 작업자 개인결함요인: ●불안전한 행동과 불안전한 상태에서 작업

II.7. Human Errors예방을 위한 공학인들의 수행업무 요약

1) 신념과 윤리적 행동에 기반하여: 상대방의 문화를 이해하도록 한다.
2) 분명한 목표 수립: 그 목표와 관련된 풍부한 자료 수집: 세부성을 가진다.
3) 목표 업무내용: 상세하게 서면으로(in writing)제시: 상호이해를 명확히 한다.
4) 목표를 계획대로 추진하기 위해서: 다양한 방법 모색: 세부사항 파악에 집중.
5) 계획은 실행 가능하도록 수립하고, 계획은 적기에 완성하도록 한다.
6) 실행과정에서 예상되는 문제점: 그 해결안을 즉시 계획에 포함시켜 업무수행
7) 전문지식은 실제경험(hands-on experience)을 쌓으면서 터득하고, 응용하도록 한다.
8) 전문성의 난이로 의사결정이 어려울 때는: 일단 결정을 유보하고, 끈질기게 그 해결안을 찾도록 이론과 실제를 비교분석하며 탐색한다.
9) 문제해결이 어려울 때는 해당 전문가들 외에, 다른 분야의 전문가와 인문사회과학을 전공한 전문가들을 공개토의 및 회의에 참석시켜 최선의 해결책과 아이디어/힌트를 얻도록 한다. (상호 전문분야의 융합)
10) 업무추진과정에서 수시로 Scenario Study를 하여 최악의 경우에 대비한다.
11) 계약서 작성시: 상대 국가와 회사의 문화를 이해: 서로 상반되는 해당사항들을 상술하여 계약내용의 미비로 인해 피해를 보지 않도록 세부 내용들을 모두 포함시키도록 한다.

12) 思考를 유연하게 하고, 창의성, 문제 해결력을 위해 다양한 취미와 유머감각을 갖추도록 한다.
13) 지성과 감성분야를 동시에 계발하여 전문영역을 확장하고 창의력을 기른다.
14) 과정 중심적 思考형, 융합과 종합적 사고형, 창의력 창출형, 토론형, 현장확인 점검형의 자세를 갖춘다.
15) 철학, 문학, 예술 (특히 음악과 미술), 문화 등의 감성영역에 관심을 가지고 지속적으로 자기 계발을 한다.
16) 전문지식 습득에 심혈을 기울이며, 창의성 창출과 문제 해결력을 위해 다양한 영역개발에 관심을 가지며, 상호 교류하는 융합형 인재가 되도록 한다. 등

II.8. Human Errors예방을 위한 Y.H.KIM's 근본원칙(Principle)

이 Human Errors예방의 Y.H.KIM' s 근본원칙(Principle)은 저자가 40여년간 국•내외 산업현장에서 체험한 Human Errors를 분석 해 본 결과, 그 원인은 근본적으로 아래 내용이 결여된 상태에서 발생한 것으로 판단되었기에 이를 Human Errors 예방의 근본원칙으로 설정했다.
Human Errors예방은 공학철학, 의사결정 "철학적/윤리적 판단기준 6가지" (6-philosophic and ethical criteria for decision-making)를 예외 없이 실행 실천하는 것이다.
•철학적 마인드 유지(Keeping philosophic mind),
•윤리적 행동(Ethical action),
•신념 있는 행동(Action in beliefs),
•정직/양심 있는 행동(Honest/conscientious action),
•용기 있는 주장과 설득(Emphasizing and persuading in courage),
•인류에 공헌(Contribution to human beings)

II.9. Human Errors의 최소화 전략

II.9.1. Application of YHK's 10 Essential Groups for PSTM Analysis of the 10 Essential Groups, PSTM: Total Items Number: Elements: 21, and Managing Cores: 296 or over.

The followings are necessary condition to prevent incidents and solve problems.
Based on PSTM developed by YHKIM:
•Software: Philosophic Decision-making and Manpower Personnel Management
•Managing 10 Essential Groups, 21 Essential Elements and 296 Managing Cores
In particular, Manpower Personnel Management is necessary condition.
And it is absolute condition that they should assign a right man in a right post.
Main stream of Managing 10 Essential Groups are analyzed and summarized as follows:

Where, Unit is total items number, and the total items number means "or over" .
The 21 Essential Elements for PSTM are analyzed and summarized as follows:

Group 1: Managing Philosophy of Top Managing Group:

Essential Elements: 1) the Philosophic Decision-Making (Managing Cores : 5)
Sub-total: Element: 1 (Managing Cores: 5)

Group 2: Technology, Manufacturing Process and Operation:

Essential Elements: 1) Operation (Managing Cores: 44)
2) Process (Managing Cores: 8)
3) Laboratory (Managing Cores: 11)
4) Process Hazard Analysis (Managing Cores: 21)
5) Management of Changes (Managing Cores: 14)
Sub-total: Elements: 5 (Managing Cores: 98)

Group 3: Symptoms:

Essential Elements: 1) Symptoms(ManagingCores:52)
Sub-total: Element: 1 (Managing Cores: 52)

Group 4: Education and Training:

Essential Elements: 1) Classroom Education (Managing Cores: 8)
2) In-plant Training (Managing Cores: 12)
Sub-total: Elements: 2 (Managing Cores: 20)

Group 5: Facilities:

Essential Elements: 1). Mechanical Integrity (Managing Cores: 18)
2). Maintenance (Managing Cores: 11)
3). Heavy Equipment (Managing Cores: 7)
Sub-total: Elements: 3 (Managing Cores: 36)

Group 6: Storage and Transportation:

Essential Elements: 1). Storage Farms (Managing Cores: 12)
2). Transportation (Managing Cores: 7)
Sub-total: Elements: 2 (Managing Cores: 19)

Group 7: Hazard Detection:

Essential Elements: 1) Detection (Managing Cores: 9)
2) Monitoring (Managing Cores: 4)
Sub-total: Elements: 2 (Managing Cores: 13)

Group 8: Emergency Management:

Essential Elements: 1) Critical Conditions (Managing Cores: 7)
2) Emergency Planning and Control (Managing Cores: 14)
Sub-total: Elements: 2 (Managing Cores: 21)

Group 9: Safety and Environmental:

Essential Elements: 1) Safety (Managing Cores: 18)

2) Environmental (Managing Cores: 7)

Sub-total: Elements: 2 (Managing Cores: 25)

Group 10: Contractor:

Essential Elements: 1) ContractorsManagement(ManagingCores:7)

Sub-total: Element: 1 (Managing Cores: 7)

Total Items Number: Elements:21,andManagingCores:296orover

III. 결론

1. 기후변화에 따는 제반 공장의 공정설계 보완
2. 공학인 들을 위한 공학철학/윤리의 핵심관리: S-T-E-S-H의 통합
3. Application of YHK' s 10 Essential Groups for PSTM
4. 부정부패의 늪에서 공학인들의 보호
5. 3-카테고리(공학철학, 공학윤리, 의사결정)의 실천
6. 공과대학/대학원: 교과과정(Curriculum):
   •교양 필수 교과목: 공학철학, 공학윤리 교과목 도입, 학점 이수
7. 기업체 및 협력업체: 교육 훈련(Education & Training):
   •경영진에 공학철학, 공학윤리 개념 이해 및 주입
8. 인력관리
   •공학철학과 공학윤리에 바탕 하여, 의사 결정할 수 있는 최고경영자 영입.
   •CEO 영입/승진, 임 · 직원 선발: 공학철학/윤리 소양을 갖춘 인재를 영입 채용

참고문헌

Kim, Y.H. (2013), The Root Cause Analysis and its Problems-Solution related to the Recent Accidents of Chemical Plants in Petrochemical Complexes of Korea ---Based on Human Errors from the Management on Process Safety and Design in Process System of Chemical Engineering--- 26 April (Fri.), Proceeding of 2013 KIChE Spring Symposium, Kimdaejung Convention Center, Gwangju, Korea

Kim, Y.H. (2013), How do these three categories; Engineering Philosophy, Engineering Ethics and 6-Philosophic Criteria for Decision-making exert a beneficial influence to Human Errors in the Chemical Engineering and Chemical Plants? -Based on Human Errors coming from the poor Management in the

Chemical Engineering and Chemical Plants- 25 Oct. (Fri.), Proceeding of 2013 KIChE Autumn Symposium, EXCO, DaeGu, Korea

Kim, Y.H. (2011), Human Error Analysis and its urgent Measures on recent Explosion of those Nuclear Power Plants occurred in Fukushima district of Japan -Based on Process Safety and Basic Design Concept/Consideration In view of Process System of Chemical Engineering Fields- 27 Oct. (Thur.), Proceeding of 2011 KIChE Autumn Symposium, Songdo Convensia, Inchon, Korea

KIM,Y.H. (2010). What and How to newly apply for Process Safety Total Management (PSTM) in the Complex Chemical Plants? 26~28 Oct. 2010 Mary Kay O' Conner Process Safety Center International Symposium, Texas A&M University, Texas, U.S.A.

KIM,Y.H. (2002), "What and how to execute the overall management in the complex chemical plants" , in 25~29 August 2002, For 15th International Congress of Chemical and Process Engineering, Praha, Czech Republic

KIM,Y.H. (2003), "Human Factors and Overall Management to be observed and applied to the Complex Chemical Plants," 25~26 April, Proceeding of 2003 KIChE Spring Symposium, Sunchon National University, Sunchon, Korea

부록IV

著者; 主要論文 發表 및 特講主題 要約 (韓國化學工學會, 世界化學工學會 論文發表 및 大學校/大學院 特講 主題)

1973.6 韓國化學工學會, 化學工學 (第 11卷, 第 3號), KIChE
燐酸製造 工程 溶媒抽出法과 在來式 濕式法의 比較 및 技術
(Comparison solvent extraction process with conventional wet phosphoric acid process and their technology) for KIChE

1978.2 韓國化學工學會, 化學工學 (第 16卷, 第 1 號)
燐酸製造에 있어서 二水石膏 工程
(Dihydrate process of phosphoric acid manufacture) for KIChE

1995.8 麗水水産大學校 化學工學科 化學工場 設計 講師 招聘依賴
Yeosu National University, Chemical Engineering Department

1995.11.10 金榮鎬 著 : 化學工場의 建設과 管理 初版發行
(Construction and Management of Chemical Plants; Written by Kim Young Ho, The 1st Edition)

1995.11.30 朝鮮大學校 工科大學 化學工學科 特別 招請 講義
Chosun University, Chemical Engineering Department
精密化學 工業의 現況과 未來
(The present condition and future of Fine Chemicals Industries)

1996.4.15 漢陽大學校 工科大學 化學工學科 特別 招請 講義
HanYang University, Chemical Engineering Department
化學工場의 戰略的 應用設計와 運營
(A strategic applied design and management of the chemical plants)

1996.4.26 韓國化學工學會 全南支部 春季 論文發表
KIChE, ChunNam Branch
化學産業의 環境과 安全에 대한 戰略的 管理方向
(A strategic approach to environment and safety of the chemical industry)

1996.5.10/11 韓國化學工學會 (KIChE 1996), 春季 學術發表
工程시스템의 應用設計에 관한 考察
(A study on the applied design of chemical process systems)

1996.7.19 韓國科學技術院 (KAIST), 化學工學科 特別 招請 講義
KAIST(Korea Advanced Institute of Science and Technology), Chemical Engineering Department
工程 시스템의 應用設計에 관한 考察
(A study on the applied design of chemical process systems)

1996.8.5 金榮鎬 著 : 化學工場의 建設과 管理 增補版 增補版 發行
(Construction and Management of Chemical Plants; Written by Kim Young Ho, The 2nd Edition)

1997.2.17 韓國科學技術院(KAIST)化學工學科 産學協同 公開講座 講師招聘
KAIST, Chemical Engineering Department
化學工場의 設計 應用과 工程시스템의 應用設計에 관한 考察
(Design application of chemical plants and a study on the applied design of chemical process systems)

1997.5.30 全南大學校 工科大學 化學工學科 特別招請 講義
ChunNam National University, Chemical Engineering Department

化學工場의 建設과 管理를 위한 化學工學 技術者의 姿勢와 役割
(An attitude and a role of chemical engineers for construction and management of chemical plants)

1997.11.21 慶尙大學校 工科大學 化學工學科 特別 招請 講義
KyungSang National University, Chemical Engineering Department
化學工場의 設計와 建設을 위한 化學 工學 技術者의 姿勢와 役割
(An attitude and a role of chemical engineers for design and construction of chemical plants)

1998.3.1 全南大學校 工科大學 化學工學科 客員教授(教授待遇) 任用
(Appointed as a Guest Professor, Department of Chemical Engineering, Engineering College, ChunNam National University)

1998.4.10 全南大學校 工科大學 化學工學科 客員教授 特別 講義
ChunNam National University, Chemical Engineering Department
化學工場을 위한 Project Engineering 과 Philosophy
(Project engineering and philosophy for chemical plants)

1998.5.12 延世大學校 工科大學 化學工學科 特別 招請 講義
YeonSae University, Chemical Engineering Department
化學工場의 建設과 管理를 위한 化學 工學 技術者의 姿勢와 役割
(An attitude and a role of chemical engineers for construction and management of chemical plants)

1998.5.27 仁何大學校 工科大學 化工 · 高分子 · 生物工學部 特別招請 講演
InHa University, Chemical Engineering Department
化學工場의 建設과 管理를 위한 化學 工學 技術者의 姿勢와 役割
(An attitude and a role of chemical engineers for construction and management of chemical plants)

1998.8.6 浦項工科大學教 工程産業의 知能自動化 研究 센터
PhoHang University of Science and Technology, Chemical Engineering Department센터

化學工程 시스템의 應用設計에 관한 考察
(A study on the applied design of chemical process systems)

1998.10.15 全南大學校 工科大學 化學工學科 客員教授 特別講義
ChunNam National University, Chemical Engineering Department
化學工場의 運營과 化學工學 技術者의 姿勢
(Operation of Chemical Plants and an Attitude of Chemical Engineers)

1999.1.25 韓國科學技術院 (KAIST) 産·學 協同 公開講座 講師 招聘
化學工場의 設計應用과 工程시스템의 應用設計에 관한 考察
(Design Application of Chemical Plants and A Study on the Applied Design of Chemical Process Systems) KAIST, Chemical Engineering Department

1999.10.22 韓國化學工學會 技術賞 受賞
Received an honorable "Technical Prize" from the KIChE (Korean Institute of Chemical Engineers), which is awarded a person who has been making a contribution to between Chemical Industry and Academic Circles of Korea.

1999.11.11 木浦大學校 工科大學 環境工業教育科 特別講義
化學工業의 環境과 教育方向
(Environment of Chemical Industry and Direction of Education) MokPo National University, Chemical Engineering Department

1999.11.11 全南大學校 工科大學 化學工學科 特別講義
化學工業의 發展과 化學工學技術者들의 未來
(Growing of Chemical Industry and Future of Chemical Engineers)
ChunNam National University, Chemical Engineering Department

1999.11.17 釜山大學校 工科大學 化學工學科 特別講義

化學工場의 設計應用과 工程시스템의 應用設計에 관한 考察
(Design Application of Chemical Plants and a Study on the Applied Design of Chemical Process Systems) PuSan National University, Chemical Engineering Department

2000.8.28 韓國科學技術院(KAIST) 化學工學科 特別招請講義
蒸溜塔의 基本設計와 運轉에 關한 Startup과 Trouble-shooting
('Startup & Tuning' and 'Operation & Trouble-shooting' on the Distillation Unit/Process; KAIST)

2001.4.6 延世大學校 工科大學 化學工學科 招請 特別講義
化學工場 및 化學産業에 있어서 컨설턴트로 成長하기 위한 準備
(For growing up as a Consultant in the field of the Engineering and Manufacturing for Chemical Plants and Industry), YeonSae University, Chemical Engineering Department

2001.8.28 韓國科學技術院(KAIST) 化學工學科 特別招請講義
蒸溜塔의 基本設計와 運轉에 關한 Startup과 Trouble-shooting
('Startup & Tuning' and 'Operation & Trouble-shooting' on the Distillation Unit/Process; KAIST)

2001.9.23~27 第6次 世界 化學工學會(6th World Congress of Chemical Engineering)招請 論文 發表, 23~27 September 2001, Melbourne Australia, Paper Title; Philosophic Decision- Making for Overall Management of Complex Chemical Plants
(大單位 綜合 化學工場의 總體的 管理에 對한 哲學的 意思決定)

2002.2.25 Received an "Honored Service Award" in reward for the great service and much contribution on the activities of such as Construction, Pre-commissioning, Commissioning, Initial Start Up and Trouble-shooting, and Normalization of Operation served as a Senior Advisor, Consultant during totally full 2 years for DNT&TDI Plants from the Nan Ya Plastics Corpora- tion, Formosa Group in Taiwan, .O.C.

2002.3.14 韓國科學技術院 (KAIST) 生命化學工學科 特別招請講義
化學工程의 改良 및 改善
(Improvement and Modification on the Chemical Process), KAIST, Dept. of Chemical Engineering

2002.3.14 韓國科學技術院 (KAIST) 生命化學工學科 特別招請講義
化學工場 및 化學産業에 있어서 또 다른 Challenging Way는 무엇일까?

(What is another challenging way to approach for Chemical Engineers for the future?), KAIST, Dept. of Chemical Engineering

2002.3.15 서강대학교, 化學工學科, 特別招請講義
化學工場 및 化學産業에 있어서 또 다른 Challenging Way는 무엇일까?
(What is another challenging way to approach for Chemical Engineers for the future?) Sogang University, Dept. of Chemical Engineering

2002.5.1 全南大學校 工科大學 化學工學科 特別招請講義
化學工場 및 化學産業에 있어서 또 다른 Challenging Way는 무엇일까?
(What is another challenging way to approach for Chemical Engineers for the future?)ChunNam National University, Dept. of Chemical Engineering

2002.5.17 社團法人 韓國清淨技術學會 2002년도 春季 學術 發表會;
공주 대학교
Membrane Contactor Workshop, Panel Discussion; Panelist

2002.8.15 제15차 國際化學工程工學會 (15th International Congress of Chemical and Process Engineering) 招請 論文 發表, 25~29 August 2002, Praha Czech Republic, Paper Title; What and how to execute the overall management in the complex Chemical Plants (大單位 化學工場에서의 總括的 管理를 위해 무엇을 어떻게 實行 할 것인가)

2003.3.12 高麗大學校 工科大學, 化工生命工學科, 特別招請講義

what is another challenging dream for chemical engineers future?
(化學工學校 術者들의 未來를 위하여 挑戰 해볼 또 다른 꿈은 무엇일까?

2003.4.17 서강대학교, 化學工學科, 特別招請講義
Message for Chemical Engineers challenging toward International Stage
(國際 舞臺로 挑戰하는 化學工學者 들을 위한 메시지)

2003.4.25~26 韓國化學工學會(KIChE 2003), 春季學術大會 論文發表
Human factors and overall management to be observed and applied to the complex chemical plants
(大單位 化學工場에서 應用하고 觀察해야 할 總括管理와 人間의 要素

2003.9.19 嶺南 大學校, 應用化學工學部, 特別招請講義
Design Application of Chemical Plants(化學工場의 設計 應用)

2003.10.24~25 韓國化學工學會(KIChE 2003), 秋季 學術大會發表
Review and knowledge management on process safety in the complex chemical plants
(大單位 化學工場의 工程 安全에 대한 檢討와 知識管理

2003.11.20 麗水 大學校, 化學 工學科, 特別招請講義
Design Application and Process Safety of Chemical Plants
(化學工場의 設計 應用과 工程 安全)

2003.11.20 順天 大學校, 化學 工學科, 特別招請講義
Design Application and Process Safety of Chemical Plants
(化學工場의 設計 應用과 工程 安全)

2004.4.23~24 韓國化學工學會(KIChE), 2004 春季學術大會 論文發表
Process Safety and Philosophy to be reflected deeply in the Complex Chemical Plants
(大單位 化學工場에 깊이 反映해야 할 工程 安全과 哲學)

2005.3.1 全南大學校 工科大學 化學工學科 客員教授 任用
(Appointed as a Guest Professor, Department of Chemical

Engineering, Engineering College, ChunNam National University)

2005.3.22 韓國科學技術院 (KAIST) 生命化學工學科 Consulting:
Sustainable Approach towards efficient Recycling and clean Production of Eco-Industrial Park)
生態産業團地의 效率的 再生利用과 淸淨生産을 위한 持續的 接近方法)

2005.4.6 서강대학교, 化學工學科, 特別招請講義
New Conceptual Design Application and Process Safety of Chemical Plants
(化學工場의 새로운 概念의 設計應用과 工程 安全)

2005.4.14 江原大學校, 化學工學科, 特別招請講義
New Conceptual Design Application and Process Safety of Chemical Plants
(化學工場의 새로운 概念의 設計應用과 工程 安全)

2005.4.22~23 韓國化學工學會(KIChE), 2005 春季學術大會 論文發表
Sustainable approach to Safety Total Management of Complex Chemical Plants and its Industry
(大單位 化學工場/産業의 安全綜合管理에 대한 持續的인 接近方案)

2005.5.12 서강대학교, 化學工學科, 特別招請講義
New Conceptual Process Design and Its Application on Chemical Plants
(새로운 概念의 工程設計와 化學工場에 그의 應用)

2005.5.19 全南大學校 工科大學 化學工學科 特別招請講義
New Conceptual Design Application for Chemical Plants and Our Preparation/Challenge
(새로운 概念의 化學공장 設計應用과 우리들의 準備와 挑戰)

2005.8.18~19 PSE ASIA 2005, The 3rd International Symposium on Design, Operation and Control of Chemical Processes, 초청논문 발표
Sustainable Approach to Process Safety Management of Complex Chemical Plants
(大單位 化學工場의 工程安全管理에 대한 持續的 接近方案)

2005. 10. 14　仁何大學校 工科大學 化學工學科 特別招請 講義
New Conceptual Process Design and Its Application on Chemical Plants (새로운 槪念의 工程設計와 化學工場에 그의 應用)

2005.10.21~22　韓國化學工學會 (KIChE), 2005 秋季 學術大會發表, 仁何大學校 New Conceptual Applied Process Design for the Chemical Plants
(化學工場의 새로운 槪念의 工程應用設計)

2005.11.3　東國大學校 工科大學 生命.化學工學科 特別招請 講義
New Conceptual Process Design and Its Application on Chemical Plants (새로운 槪念의 工程設計와 化學工場에 그의 應用)

2006.4.20~21　한국화학공학회 (KIChE) 2006 Spring Symposium 논문발표
Title: In the applied Design of chemical Plants, Settlement of Specification and Life Cycle of Processing Equipment and its Facilities

2006. 5. 9　전남대학교 공과대학 화학공학과 특강
Message for Chemical Engineers Challenging toward International Stage (국제무대로 도전하는 화학공학 기술자들을 위한 메시지)

2006. 5.16　동국대학교 공과대학 생명화학공학과 특강
New Conceptual Process Design and Its Application on Chemical Plants (새로운 개념의 공정설계와 화학공장에 그의 응용)

2006. 6.27　KAIST 대학원 (생명화학공학전공) 특강
New Conceptual Applied Process Design for Chemical Plants
(새로운 개념의 화학공장 공정응용설계)

2006.9.14　한국가스공사 연구개발원 특강
저자 저서: 화학공장의 건설과 관리 (제4판) 전체내용
요약 특강

2006.10.18~21　SICE-ICASE International Joint Conference 2006
Title: Sustainable Approach on the Applied Design and

Operation/Production of Complex Chemical Plants

2006.10.27~28 한국화학공학회 (KIChE) 2006 Autumn Symposium 논문발표
Title: Review on Process Risk Factors in the Applied Design of Chemical Plants

2006.11.14 전남대학교 공과대학 화학공학과 특강
Review on Process Core Factors in the Applied Design of Chemical Plants (화학공장 응용설계에 있어서 공정 주요요소 재검토)

2006.11.14 조선대학교 공과대학 화학공학과 특강
Review on Process Core Factors in the Applied Design of Chemical Plants (화학공장 응용설계에 있어서 공정 주요요소 재검토)

2007.4.19~20 한국화학공학회 (KIChE) 2007 Spring Symposium 논문발표
Title: Applied Design and Management against Natural Disaster, Earthquake in the Complex Chemical Plants

2007.5.30 전남대학교 공과대학 화학공학과 특강
Applied Design and Management against Natural Disaster, earthquake in the Complex Chemical Plants (대단위 화학공장의 자연재해, 지진에 대비한 응용설계 및 관리)

2007.8.23 한국화학공학회 (KIChE) 공정기술 성장동력화 추진위원회 (공성추)추진: "원천 공정 기술 사용화 타당성 평가방안 " 집필 제출

2007.10.26 2007 한국화학공학회 (KIChE) 가을학회 및 학술대회 초청강연,
주제: 국내 공정기술 성장동력화 전략 (Strategy for Growth Power of Domestic Process Technology)

2007.10. 26~27 한국화학공학회 (KIChE) 2007 Autumn Symposium 논문발표

2008.3.14 경희대학교 공학계열 교수 대상, 강촌리조트 Seminar 초청특강
주제: 산업체에서 바라는 공학교육 혁신방안

2008.4.23~25 Title: Evaluation Study on Feasibility of Newly-Developed Available Process
한국화학공학회 (KIChE) 2008 Spring Symposium 논문발표

Title: A Study on Application of Core Considerations to Chemical Plant Safety Designs

2008.10.22~24 한국화학공학회 (KIChE) 2008 Autumn Symposium 논문발표
Title: A Renovated Proposal on Chemical Engineering Education in connection with Chemical Industry

2009.10.21~23 한국화학공학회 (KIChE) 2009 Autumn Symposium 논문발표
What and How to Apply for Process Safety and Risk Management (PSRM) in the Complex Chemical Plants

2010. 4.21~23 한국화학공학회 (KIChE) 2010 Spring Symposium 논문발표
Title: On New Concepts, Applied Design and Core Management against Earthquake in the Complex Chemical Plants, ---Based on the Informal Education thru. Author's both Hands-on Experiences and International Consultation---

2010.10.26~28 Mary Kay O'Conner Process Safety Center International Symposium 2010에서 논문발표, (Texas A&M University, Hilton college Station-Conference Center, College Station, Texas, U.S.A.)
Title: What and How to newly apply for Process Safety Total Management(PSTM) in the Complex Chemical Plants?

2011.9.20 전남대학교 여수캠퍼스 화학공학과 특강
지진이 동반하는 화학적 천재지변에 대비한 화학공학 응용 설계 융합 --일본 후쿠시마 원전폭발과 처리과정을 기반으로--

2011.11.7 경상대학교 화학공학과 특강
New Conceptual Applied Process Design for the Complex Chemical Plants (대단위 화학공장을 위한 새로운 개념의 응용공정설계)

2011.12.1 전남대학교 공과대학 화학공학과 특강
I. 지진이 동반하는 화학적 천재지변에 대비한 화학공학 응용 설계 융합 --일본 후쿠시마 원전폭발과 처리과정을 기반으로--
II. 미래를 꿈꾸는 학생들에게 들려 주고 싶은 메시지

2011.3.17 (재) 울산테크노파크 울산정밀화학센터 정밀화학사업단 특강
저자 저서: 화학공장의 건설과 관리 (제4판) 전체 요약 특강

2011.4.13 POSCO, POSCO Family

2011.4.18 저자 저서: 화학공장의 건설과 관리 (제4판) 전체 요약 특강
POSCO, POSCO Family
저자 저서: 화학공장의 건설과 관리 (제4판) 전체 요약 특강

2011.4.27~29 한국화학공학회 (KIChE) 2010 Spring Symposium 논문발표
Title: Process Trouble Investigation in the Complex chemical Plants based on Hypothetico-Deductive Reasoning

2011.10.26~28 한국화학공학회 (KIChE) 2011 Autumn Symposium 논문발표
Title: Human Error Analysis and its Urgent Measures on Recent Explosion of those Nuclear Power Plants occurred in the Fukushima District of Japan
---Based on Process Safety and Basic Design Concept/consideration in view of Process System of Chemical Engineering Fields---

2012.11.20 전남대학교 공과대학 화학공학과 특강
I. 지진과 쓰나미에 대비한 화학공학 공정시스템의 보완 연구
II. Global Leader를 꿈꾸는 학생들에게 들려 주고 싶은 메시지

2012.11.29 포항공과대학교 (POSTECH)화학공학과 4학년 특강
공정설계 주안점 분석
---공정설계 Consulting 사례분석 중심으로---

2012.11.29 POSCO Engineering 연구센터 Workshop 주제발표
POSCO 공정설계 방법론 정립을 위한 Workshop에서
"공정설계 Consulting 사례" 발표

2012. January 2012 GPEM(Global Perspective on Engineering Management), World Academic Publishing
Title: On New Concepts, Applied Design and Core Management against Earthquake in the Complex Chemical Plants

2013. 4.24~26 한국화학공학회 (KIChE) 2013 Spring Symposium 논문발표
Title: The Root Cause Analysis and its Problems-Solution related to the Recent Accidents of Chemical Plants in Petrochemical Complexes of Korea
---Based on Human Errors from the Management on Process Safety and Design in Process System of Chemical Engineering---

2013. 8.18~23 제9차 세계 화학공학회(9th World Congress of Chemical Engineering) 논문발표, 18~23 August, 2013, Coex, Seoul, Korea
Title: New Concept Study for Protection of Overall Chemical Process Systems Against Earthquake and Tsunami

2013. 10.25 한국화학공학회(KIChE) 2013 Autumn Symposium 논문발표
Title: 화학공학과 화학공장에서, 3개 카테고리; 공학철학, 공학윤리, 그리고 의사결정에 대한 철학은 Human Errors에 어떻게 영향을 미치는가?
---화학공학과 화학공장의 관리 부족에서 오는 Human Errors에 기초하여---

2014. 4. 24 한국화학공학회(KIChE) 2014 Spring Symposium 논문발표
Title: Application Study against likely Process Troubles/Incidents to be occurred in the Chemical Plants and Chemical Process Industries

2015. 4. 24 한국화학공학회(KIChE) 2015 Spring Symposium 논문발표
Title: 공학철학과 윤리에 바탕 한, 공학/산업분야에서 발생하고 있는 인재(人災)예방과 인재최소화를 위한 응용연구

2016. 4. 29 한국화학공학회(KIChE) 2016 Spring Symposium 논문발표
Title: 다양한 공학활동에 있어서, 공학철학의 결정적 역할은 무엇이며 무엇을 분석하는가?

2016. 10. 20 한국화학공학회(KIChE) 2016 Autumn Symposium 논문발표
Title: Study on Overall Management of Complex Chemical Plants on the basis of Engineering Philosophy (공학철학에 기반

한 대단위 화학공장의 총체적 관리에 대한 연구)

2017. 4. 27~28 한국화학공학회(KIChE) 2017 Spring Symposium 논문발표
Title: 공학철학에 기반한 대단위 화학공장에서 발생하는 휴먼에러에 대한 연구(A Study on Human Errors occurring in the Complex Chemical Plants based on Engineering Philosophy)

Collection of Practical English Patterns 부록 V

1. Greetings (인사)

1. If you see him, please say hellow to him for me.
2. Thank for your kind assistance and cooperation all the time.
3. Congratulations on being appointed managing director and plant manager.
4. Congratulations on your well deserved appointment as managing director and plant manager.
5. Kindly send also to Mr. Kim our best wishes for a happy and well deserved retirement.
6. Please accept my congratulation on your recent appointment.
7. It gave me great pleasure to learn that you'r assigned managing director.
8. NAMHAE chemical is Number "1" in Korea when it comes to making a foreign visitor comfortable !
9. We appreciate the time you spent with us discussing new low P2O5 grade N.P.K's for NAMHAE.
10. How are you and hope everything is fine with you.
11. After i return back home, i would like to express my highest consideration to you and your staff for the hospitality and delicious dinner offered to us during our visit to JUNNAM province.
12. I assure you that our visit has been fruitful for both countries in the resent and in the future.
13. I am very happy to let you know that I have arrived home safe.
14. I would like to thank you for all your courtesies during my visit to your plant.
15. I call, with a great deal of pleasure, so many acts of kindness your staff showed us, making our stay in your country both interesting and pleasant.
16. I feel my visit to your company was very fruitful one, particulary in that i was able to make aquaintance of you and your officiers on more personal basis.
17. It will do much toward strengthening the friendly relationship between our two

companies.

18. We are always aware of the importance of the friendly relationship that exists between our two countries and hope that the future will afford us more opportunities to cooperate with you.
19. Please convey my personal regards to all of your staffs whom i met with during my visit.
20. Your consideration and interest is appreciated.
21. Please give my regards to Mr. Lee.
22. Congratulation on being appointed plant manager.
23. We want to congratulate you and wish you all our best for the future.
24. Cordial congratulation and best personal regards.
25. Your continued cooperation is very helpful for us.
26. We are quite grateful for your kind cooperation always extended to us.
27. It is always good to hear from you.
28. I trust that you and all my friends at NAMHAE are doing well.
29. We hope you will be able to join us.
30. The following items will be considered for such discussion.
31. Following are our comments regarding the various topics we discussed.
32. As of July 1, 2002. I have been appointed to be a deputy director of..... I sincerely hope that the present friendly relationship will be continued under our new orgarnization.
33. I hope our further cooperation will be continued.
34. We are quite grateful for your kind cooperation always extended to us.
35. We conglatulate you on your nomination and wish you great success and rewards in your new activities.
36. Thank you very much for the kind reception you extended to me at your plant.
37. Please extend my regards and appreciation to them.
38. We thank and appreciate you for your cooperation and kind acceptance for our plant visit.
39. We can assure you of our good collaboration and are looking forward to cooperation with you.
40. Please let me thank you and all the members of the technical committee for selecting TOBIAS Engineering Inc. as the basic engineering company.
41. Very best wishes to you and your family, and I hope 2002 year will bring you a lot of happiness and prosperity.
42. It was indeed a pleasure for me to have an opportunity of meeting you and your collegues when I visited YOSU.

2. Forewards (서두)

43. We are in receipt of your fax. dated March. 2, 2002 and appreciate your interest in our company.
44. Thank you very much for your telefax regarding modification of your system to reduce emission.
45. We thank you for this opportunity and look forward to providing its services to you.
46. You are welcome to visit our plant on Tuesday 28. January and we will arrange technical meeting with you to review the operation.
47. Thanks for your courtesy and your interest in our company.
48. As of this date, we have not received purchase order from you.
49. We regret to inform you that other vendor has been selected as a supplier for economizer.
50. In connection with the subject study, we would like to know your progress status for study and how to approach for heat recovery.
51. In accordance with your fax. (Request)
52. With regard to your fax. dated Dec.24. 2001.
53. Thank you for remembering our company and asking us to propose our technology for your gas-cleaning needs.
54. We are sorry about the late answer to your fax.
55. In response to your fax.,please be advised of the following information.
56. Thank you for fax. dated 15th which we have read with great interest, please find hereafter the requested comments ;
57. We are sorry to hear from you that.
58. I hope all is still well your plant.
59. I am writing to ask your permission to let engineers from ncc see the HRS in may.
60. It's so nice to hear from you through your fax.
61. I'm sorry that you did not receive my response on Mar. 10, 2002.
62. Last week we received a number of technical questions from ncc on the PA C/T project.
63. Thank you for your prompt responses to previous technical queries.
64. We have received the standard form of data sheet by DHL courier.
65. As informed you in my fax. dated Jan. 31, I am pleased to send you enclosed a paper.
66. Thank you for your helpful message which was sent by fax. dated Jan. 26. 2002.

67. We have received your revised fax. dated November 30, 2001. and offer you as follows.
68. We want to express our gratitude for your initial order of oil.
69. He would be happy to discuss our proposal to NCC.
70. Thank you for your fax. of today.
71. Sorry for our be lated reply.
72. Here is the information that you requested on coating agent.
73. We were unable to read all of your message due to poor telex reception but believe we understand the problem.
74. We have now had the opportunity of studying the letter of June 13, 2002 from content signed by Mr. Oppenheim.
75. I realize my replies may raise additional questions.
76. Thank you for your order for a one year subscription to Fertilizer International.
77. I take pleasure in introducing to you Mr. Kim.
78. Sorry that I have not replied sooner to your fax.
79. Kimre is very strong worldwide in the fertilizer business.
80. Confirm receipt of our a.m fax. message.
81. In this regard, we in NCC are very interested in a deeper cooperation with your company.
82. We refer to your fax. of Dec. 10, 2001.
83. With pleasure we have learnt by your fax. dated Nov. 1st 2001.
84. In case you should attend the safety meeting.
85. With reference to your fax. Oct. 19. further to our phone conversation today, we are pleased to send you enclosed information.
86. We are in receipt of your fax. dated May 25, 2002.
87. We acknowledge our receipt of your 19 July fax.
88. Your fax. No. NAM-176 indicates.
89. As you may know, the NH3 symposium 1991 shall be held in san diago August 19-22.
90. We thank you for a set of operating data on the reforming section on your NH3 plant.
91. We have received your fax. and are proceeding to prepare a proposal.
92. Please resend your fax. of 11/20/'02 as it was not well received.
93. We are pleased to send you the copy in accordance with your request through Mr. Kim

94. As for your request, the following items could be possible.
95. After close review of the above mentioned inquiry,
96. We would like to point out that we still assume back up from N2 bottles for 201-f.
97. Reference is made to your telephone conversation with Mr. Park.
98. Through our Houston office, we have received a reference list from which it appears that those pumps have a good reference background in hydrocarbon service.
99. We have as of now not received the serial number for this item.
100. Please hand over this fax. to Mr. Lee.
101. I regret that it takes a very long time for us to answer the above.
102. Status of remaining five items in same sequence is as follows.
103. We will expedite this order accordingly.
104. Thank you for your consideration of badger for this project.
105. Please advise whether or not NCC intends to continue cooling water circulation in the unrevamped plant.
106. We acknowledge our receipt of your fax. and we are now studying the new process.
107. As indicated in the above mentioned fax.,
108. Please accept my apologies for my delay in answering your announcement.
109. Let me try to answer to your question.
110. The estimated cost for this portion of work is listed as follows.
111. Report will be issued to owner by the company with following contents.
112. He asked me to respond to your questions regarding our new scrubbing systems.
113. Thank you for the analysis data you sent us.
114. We have duly received your fax. of Apr. 8, 2002.
115. We respond to your 28 Sept. telefax on this subject as follows.
116. Thank you for the information given in your fax message T-681.
117. We appreciate your interest in our products and sevices.
118. We refer to your fax dated May 22 2002.
119. Referring to your fax dated Jun. 12 2002.
120. We have read your fax of Sep. 21 2002 with great interest.
121. We would like to come back to your fax MNFB-110, concerning the results of the performance test.
122. I apologize for not replying earlier but I was not in the office last week.
123. We are plaesed to provide our proposal for services related to the scrubber system modifications at NAMHAE.

124. Thank you for your interest in the LAROX PF automatic pressure filter.
125. Thank you for your recent inquiry regarding WEATHERLY Inc.
126. We want to express our gratitude for your initial order of GALORYLATH 732.
127. The reason we are writing to you is to request a revision drawing for the fume scrubbers.
128. We refer to your today's fax message which we comment as follows.

3. Inquiries(문의, 조회)

129. Please let us know if this schedule does not meet your requirement.
130. Our boilers are running on 696 psig of pressure.
131. The cause of errosion and corrosion on the turbine seems to be due to poor steam quality and less superheated steam.
132. Please evaluate its feasibility and advise us of its rough estimated cost.
133. We recommend you to postpone your annual shut down period from Sep. 9~29 to one month later if necessary due to hardness to shorten delivery by the end of August 2001.
134. Please advice us why about 1200㎜ from the top of 1st straight column is empty.
135. Would you please make your comment, if any.
136. Please retransmit your fax. of 5/17. we did not receive entire transmission.
137. We kindly ask you to inform us if you used preheater when you operated the plant.
138. In this connection, do you have any experience to operate HRS system.
139. We have been instructed by Mr. Lee to address all future queries and comments to his attention.
140. In the meantime, we suggest that the scope of the reimbursable work be performed in korea by Mr. Kim.
141. Based on previous experiences, I will predict that they will request from you a very large amount of additional information.
142. Prior to submittal of our proposal,
143. Please acknowledge receipt of the fax. and expedite information.
144. With this approach, two points should be considered.
145. We are kindly asking you to urgently send us the full detailed information.
146. I would be interested in to know status of any operating improvements.
147. For that purpose, you can contact directly to Mr. kim.
148. We will contact Mr. Lee again on the matter of the Anti-scaling agent.
149. Please contact us with this information.

150. Did you receive my telefax of Aug. 18, 2001 ?

151. In reply to your telefax of June 23, 2002 on this subject of phosphogypsum, please find below the answers to your question.

152. If so, please suggest your idea to solve the problem.

153. Do you use any kinds of anti-caking agent to prevent caking of npk and urea?

154. Would you please inform us of your comments and convenience on above, shortly.

155. Please also indicate the delivery time and budget price.

156. In order to avoid prolonged steaming of the reforming catalyst in the future.

157. Please clarify with the pump vendor and let us have your comments on the above.

158. We have no experience with your pump.

159. Please let me know which time of arrival would be more convenient concerning everybody's schedule at either.

160. Please let us know at your earliest convenience if you are be able to attend the meeting.

161. We would like to ask you to advise whether you agree and accept this procedure proposed by us.

162. Please consider our offer and let us know how you would like for us to proceed.

4. Requests (요청)

163. We await the information to prepare our proposal.

164. Please provide the following information so that we can finalize our proposal.

165. Please remember to send us a description of the problems you are having in your plant.

166. I will need 3 persons to help me in handling the cathodes.

167. Can you kindly confirm by telex if your schedule permits the meeting we propose for 28 January.

168. In this connection, you are kindly requested to give us reasonable explanation about change of heat duty so that we can verify it to NCC.

169. Do you know of any problems ?

170. When i receive this confirmation from you, I will re-submit an up to date proposal.

171. We would need a clear definition of the scope of work to be performed.

172. Please return the enclosed form as soon as possible so that we may coordinate our activities.

173. If not received or pages faulty, please telephone immediately.

174. Please deliver this fax. to Mr. Chang.

175. Please hand this fax. over to Mr. Kim.

176. If you have any question concerning this fax, please contact her at (813) 428-3610 (please let me know).
177. We ordered typewriters from the XYZ company.
178. We ask you to pay your best attention to packing.
179. Please feel free to discuss with us any ideas on granulator and dryer cracks and repairs.
180. Please confirm your agreement or send us your comments as soon as possible, this will allow us to take the necessary actions.
181. Please see the attached equilibrium graph of fluoride in air over pond water.
182. However, your fax. came in illegible so we can not read it, please resend your fax.
183. We also need your process data and a sketch or copy of drawing of your scrubber.
184. Please advice if additional information is needed prior to our making this shipments.
185. If you are interested in attending, please let me know by April 2 along with a list of people from your company who would be attending.
186. We should like to ask you to accept them.
187. There are new ideas to be shared with you.
188. For NCC's application study, we would like to know the followings.
189. I would also like to know if you have a topic to present.
190. Would you please send us technical information/data on the "saturator" for application study of our ammonia plant?
191. We would like to know if you can arrange despatch of a qualified specialist to judge current condition and how and when we need maintenance of the insulation.
192. Individual resumes have been enclosed.
193. If available, please submit an exchanger data sheet.
194. We also request that you give a copy of this fax. to Mr. Lee.
195. I am very sorry to have to ask but once again your fax. of 11/20/'01 was not well received.
196. As we do not have Fluor pipe specification, we ask you to confirm that we can use Kellogg pipe specification for this area.
197. Please also inform us how you operate the plant in the present mode of operation.
198. We have still not got a fixed data for the burner test from NAO.
199. We still do not have a fixed data for the burner start.

200. Please inform if this alternative is acceptable.
201. Please confirm that a 109-J capacity increase will be limited to change in fan size.
202. Attached to this letter is a simple diagram of our new modified process.
203. Your comments on above points will be highly appreciated and will expedite final draft of Jacob's license agreement.
204. Answers to above will allow us to be better prepared for initial review of plant operations.
205. In this regard, please inform us of your comments on the above and appropriate measures for solving nox problem.
206. Please get in touch with us or our representative in your country for arranging a test.
207. Monsanto and other clients would value the feedback and experience you have had.
208. We shall be very grateful, if you are kind enough to advise us your convenience on his visit.
209. We hereby kindly request you to submit the quotation with technical matters based on the attached specifiaction.
210. Before answering your questions, we need additional information as specified in the attached.
211. Prior to submittal of our proposal, we are requesting that you transmit the following information which is required to firm up the process facilities.
212. Can you please contact the client and ask whether they would accept a joint bid by KOLON and UHDE ?
213. To better answer your request, our vessel experts ask that you reply us some technical data including followings.
214. We would be appr2Weciate your assistance in booking two single rooms for them for four nights 21-25/2/02.
215. The following data is required to confirm assumptions made during the base case calculations.

5. Response (응신)

216. In accordance with your request we plan to forward a copy of our company information package to you by mail.
217. Our proposal to your captioned project is under preparation.
218. On the other hand, we received invitation to bid of your same project from engineering co.
219. Frankly speaking, we are not in a position to know the situation between you and

engineering co.

220. Perhaps IFDC might be of assistance in this area.

221. I would like to make an appointment to see him while I am in Korea.

222. In our country, we adopt the method to determine only gas phase fluoride as well in your country.

223. The test method is specified by JIS(Japanese Industrial Standard) K0105.

224. Attached is a list of companies that may be able to design.

225. The emission levels of the plant typically coincide with the limits set forth in the permit.

226. Current regulations require our plant emission sources to operate in accordance with the requirement of air permits issued by the EPA.

227. We will prepare the study on a cost reimbursable basis, for the estimated cost of us $5,000, plus travel and living expenses, under the terms and conditions of attached exhibits.

228. We will commence the study upon receipt of your approval and an irrevocable letter of credit in favor of a U.S.bank of our choice.

229. Two days on site should be sufficient time.

230. If you wait until mid April, it may be possible for me to come myself in conjunction with my visit to Japan.

231. In such a case time on site can be extended to three or four days.

232. We have now finished the evaluation of the plant data you have sent us.

233. This corresponds to 2,000 ppmv in the stack which is more in line with the measured figure of 2,660 ppmv.

234. Our comments of any data we receive are always done with the same philosophy whichever the location of the unit.

235. We will do our best however to make improvement on the above detail.

236. Considering the changing economic situation and the recent movement of the U.S. dollar compared to other currencies including the Canadian dollar, I would like to upgrade our bid to take advantage of this situation and be more competitive.

237. The process consists of basically four steps.

238. According to our calculation, the operating cost is balanced by the profit obtained by recovering the DNT.

239. In view of quality and import restriction, all other materials and equipment including steam drum will be supplied by local market.

240. To expedite analysis, we will assign a chemist and a field technician.

241. For the above reason, we are recommending that FSA continues to be sent to gypsum stack.
242. Please see sketches 2 and 3.
243. Delivery of the tank is scheduled for Aug. 20.
244. We do not have plan to shut down for long time any one of both plants until next turn around due to demand of domestic and export fertilizer and low inventory of s-acid these days.
245. For your easy reference we enclose copy of the abstract for the presentation.
246. We are very happy to hear you got almost all the drawing from NCC.
247. On behalf of him we would like to send to NCC a formal technical proposal.
248. Needless to say, Mikropul environmental system is world leader in design and manufacturing of all environmental related equipment.
249. I apologize very much for the long time involved in analyzing the mist data.
250. As shown on attached drawing, elbow was broken twice by gravity drop of the debris.
251. Per your inquiry, enclosed is some imformation which describes our total in-house capability.
252. We are pleased to send you the enclosed announcement of an upcoming workshop dealing with the design and operation of N.P.K plant.
253. We thank you in advance for your cooperation and hope this change does not unduly inconvience you.
254. If you agree, please let me know and I will ask our licensee to make direct contact with you.
255. Regarding anti-scale agent, we use "ADPA" solution for sulfate analyzer in PA plant.
256. Our answer to this question was yes.
257. We should appreciate it if you would kindly return your order.
258. We hope that our answers were helpful in obtaining shareholders approval for the project.
259. These documents will also be sent by express air mail.
260. I hope that the above will meet your interest.
261. Following is just my private guess why they have been keeping silence.
262. Please note that the unit will shutdown immediately if the gas temp. reaches 1000℃.
263. As a preliminary step before a decision is made to engage CCI for the study, I would recommend that you hire Mr. Kim.

264. We believe he is highly qualified to perform this study.
265. As noted our bid was basis our standard frame.
266. TO avoid any corrosion on this material, it has to be replaced by glass rings.
267. It was not until june of 2001 that we understand your desire to maintain a 450℃ temp. year round.
268. Experience in different plants and our laboratory indicated that this kind of packing material has a certain corrosion within the period of operation.
269. Corrosion is depending on type of plant, type of acid and the composition of the ceramic which is found in natural source.
270. The glass rings can also be used in your second NAC plant.
271. Therefore we kindly ask you, independent on the possible date of order, to send us in advance the end-user certificate so that we can apply for the export permission.
272. Possibly operation conditions must be changed.
273. Please take into consideration that in case of order we need the export therefore by the german authorities.
274. Order can only be replaced afert receipt of export permission.
275. For your information, please find enclosed an example with the text of the certificate to be issued.
276. We declare that we shall not make re-export to third countries without approval of the B.F.W.
277. We are sure that this conditioning agent will help you in upgrading your NPK fertilizer quality in terms of anti-caking and dust control.
278. We have many programs in ways of coating agent and process additives as shown in CFPI pamphlet.
279. We, therefore, cordially suggest that organize a technical meeting attended by your N.P.K production man and a maintenance man at laboratory and factory in france.
280. If you desire, he could be very able to give a permission on air pollution control technology.
281. He is a world renowned expert on air pollution control, especially as applied to phosphate Fertillizer plants.
282. We expect the PH in last washer to be about 7.5 ~ 7.8.
283. We have received your revised fax. dated November 30, 2001b . and offer you as follows.
284. While this is not based on your pond water, we believe it is representative of

most ponds.

285. Equipment is built as approved and operated as designed.
286. We have some familiarity with this plant.
287. We had sent you on September 25 two papers related to this subject.
288. The removable packing shown in figure 6 is style 37/97.
289. The chief uses are as droplet and dust eliminators and structured packing.
290. The attached proposal is for renovation of your existing fume scrubber II.
291. Coating agent is available in limited quantities.
292. The need for heavy gauge drums would be determined by you.
293. Although we do not expect this to be a problem it is possible that on occasions this product may not be available.
294. Anti-caking agent 101a will both provide a more superior Anti-caking performance than anti-caking agent 102b.
295. Also, the viscosity characteristics of anti-caking agent make it somewhat difficult to handle.
296. Please note that all of these products will require heating to insure good application.
297. The recommended handling temperatures for these products are as follows.
298. The need for heavy gauge drums would be determined by you.
299. The above price does not include pallets or heavy gauge drums.
300. This will vary with dp cell tops and dp cell position.
301. Below is a copy of my telefax of Aug 31, 2001.
302. Operation temperatures, pressures and liquid compositions are the same as for current operation.
303. We trust that this fax. provides you with the information you wanted and we look forward to the successful commissioning of the plant.
304. We are still waiting for various documents from Taiwan and until these are received and studied we have no need to have a project engineer in Korea.
305. It must stated that we cannot accept that its content agrees with the specifications that were sent by you with an inquiry to bid.
306. Enviromental law of water pollution control in Japan indicates the following enviromental regulation.
307. In some case, phosphogypsum has been used as a source of calcium and sulfur.
308. Shipment can be made Sept. 16, 2001 if order received this week.
309. According to analysis data, the dust content is the low level which we expected.

310. As you know, an electrostatic precipitator is collecting only solid particles such as dusts and mists.
311. I was out of the office during the Christmas Holidays and I also took some extra vacatitime.
312. We are considering fume scrubber packing in PA acid plant to be replaced from existing pall ring to Kimre pad for the purpose of reduction of flourine emission.
313. We agree with the modification you have carried out in order to use the condensate from AN plant for second washer.
314. Please return the enclosed form as soon as possible so that we may coordinate our activities.
315. While more comprehensive documentation is being prepared, we are pleased to send you in the meantime the enclosed short technical description of the device.
316. I was informed that AIChE symposium was still on schedule in Sanfransisco.
317. We are pleased to inform you that we have been able to reduce our delivery time.
318. In anticipation of approval we would recommend you to consider the following itinerary.
319. Other arrangements may be available.
320. In this regard, we propose that NAMHAE visit one of the following plants.
321. As of this date, we do not have further details, but will advise you soonest.
322. As per a plant visit by Mr. Kim of NAMHAE chemical, we plan as follows.
323. If you feel this schedule is acceptable to you, Please advise me of your condition.
324. I propose to visit the site during the second half of November.
325. In that case i will plan to arrange a fax. contact for your convenience.
326. The detail of the inspection work is described in the proposal along with the equipment required.
327. In addition, there are preparation to be made.
328. Our system has reviewed the data you sent to us and confirms that the design of this by-pass was in accordance with design standards based on the following conditions being the same as.
329. The options we suggest for solving this problem are.
330. I suggest that you contact them directly and explore this possibility.
331. We have estimated the expected percentage changes with respect to preceding.
332. You will be able to check the compressor capacities against the CO2 suction.
333. He says in the past almost no one inspected.
334. Therefore, the acid plant was in efficient.

335. It has always been a pleasure to work with you, and I do thank you for your kindness and good spirit.
336. There is no regulations set forth by the Japanese government concerning the safty inspection of the NH_3 storage tank.
337. Inspection points are corrosion and cracks especially at the weld part.
338. Exchanger 151-ca/cb were added after initial installation of the plant.
339. The data provided for the deaerator is not consistent wiht other plant data.
340. In my opinion, your curriculum vitae is excellent, very well presented, and I am confident you with find your way and succeed in your new activities.
341. There is no USA regulation mandating inspection of there tank.
342. Below is our report to the questions indicated in your fax. dated 19 Nov.
343. The reason for the problem with the pipe is not known.
344. The problem you described would have checked by engineer as you indicated on section b.
345. There has been similar failure as experienced by NAMHAE.
346. In conclusion, we consider that the plant and process are safe, provided the recommended operating conditions in N301 are respected, that is namely;
347. The use of LPG as fuel will be clarified later.
348. For this reason, we consider it is necessary to protect the system with a new safety valve inlet 204-C.
349. The result of our simulation calculation gives t1/t0 = 230'c/365'c for the process air steam compared to the actually measured t1/t0 = 180'c/430'c.
350. To overcome this problem two possibilities exist.
351. HTS is in favour of the solution feeding cold LPG to 204-J and 204-JA.
352. When switching from naphtha to LPG as feed stock, two main changes will appear.
353. As you will see, the maximum burner pressure will be 150 psig which is in good agreement with the specification for the LPG pump item 56-P-701.
354. During our visit to Yosu, we learned that there were problems with the burner cocks for the arch burners.
355. For the purpose of estimating the turn down ratio, you should use the LPG specification given to you, and we are thinking in terms of maintaining a constant flow of atomizing steam in this situation.
356. We have assumed a pressure of about 2 kg/cm2 in secondary atomization chamber.
357. However, in that situation the pressure in 201-E should also be lower than 10

kg/cm2, as discussed in the minutes of meeting in Yosu on FEB. 9-11, 2002.

358. The HTAS flow sheet also reflects design basis as per Kellogg flow sheet.
359. Such operation should be limited as much as possible, and by operating 123-J with a connection from 102-F in future time.
360. D.E confirmed that the pump was designed for sprro. wp.
361. It is evident that facilities must be available for the re-reduction of RKNR with H20/H2 〈 3 in the event of steaming of rknr.
362. If our above assumption is correct, then a new N2 start-up compressor will be needed for the operation with that catalyst.
363. As promised, HTAS will run a computer calculation on the expected and guaranteed catalyst based on the operating conditions specified in our flow sheet no.11 Rev.2.
364. There conditions are the same as given in the specifications for the original burners.
365. The specifications for arch burners were forwarded to NAO by fax. dated FEB. 25.
366. To my big suprise, he informed that they will have to postpone the test again.
367. Burner test can be carried out sooner.
368. He can deliver burners five weeks after order.
369. Please note that a HAZOP study is normally performed for complicated plants, which involves a high safety risks.
370. We shall tomorrow forward our offer on the above mentioned catalysts.
371. The tentative date for the burner testing will be july 24th.
372. We suggest that a manometer be installed between the minimun flow valve and the globe valve.
373. We think our pump data sheet is quite clear on this point.
374. Suction pressure may vary from 1kg/m2a to 5-6kg/m2a.
375. In view of the delivery situation for PPIC, we agree with your suggested mode.
376. CO concentration on dry gas basis will not exceed 2.4 mole % exit the high temp. shift catalyst.
377. These is no special loading procedure for your catalyst.
378. There catalysts are loaded in exactly the same way as the catalyst.
379. We have instructed them to take action.
380. When this is taken out of service the let down will increase by a like amount.
381. Minor changes to the steam balance such as this will be accommodated during the job balance.
382. We suggest piping the 2 condensate polishers in parallel such that both can be used when necessary.

383. The Fe concentration of the solution remained fairly constant in the range of bottom for a period of about 2 months.
384. Review of the data showing fe concentration in the solution does not show any relationship between solution concentration and corrosion in the plant.
385. Both a and b were checked against the fan performance curves and were found to be adequate for the increased production case.
386. Our proposal does not include the recovery of NH3 gas generated during unloading of imported NH3 from ships to the compressor.
387. This means, to make cog available for us we have to pay cost for substitute fuel such LPG.
388. I thus regret and apologize for not being able to respond sooner to the questions you asked at that time.
389. I'm afraid that we have no experience or reports about the performance of the catalyst.
390. We wonder if it is really needed to lower the pressure as above also during the operation with 30-40% through out of process gas.
391. We trust that our proposal satisfies your requirements and enables you to make a decision in favor of badger for this project.
392. The analytical method determining the concentration of fluoride in the collected sample can be found in attachment 2.
393. Required delivery time is minimum 3.5 months after P/O as informed by our fax. dated Jul. 4, 2002.
394. You will find enclosed our suggestion for modification of the spent acid treatment, as suggested by Dr. Kim in the above mentioned fax.
395. Operation on LPG feed is very similiar to operation on naphtha.
396. We are currently enquiring and will revert to you if we get better information.
397. We have reviewed carefully all the information in our hands and give you here below our analysis of the situation.
398. We will be reviewing your inquiry immediately and will respond to your fax very shortly.
399. Per our recent communications, enclosed is information on the 750 TPD ammonia plant.
400. We have reviewed the draft sent by NAMHAE and have the following comments.
401. Following are answers to your questions contained in your May16 fax.
402. I received fax issued by you and let me reply as follow.
403. We are pleased to respond to your referenced inquiry as follows.

404. We trust that information provided will be of interest and is responsive to your immediate needs.

405. In response to your telefax of 10 May. 2002, we are pleased to respond as follows.

406. This means your work scope is limited to basic engineering.

407. Here is the information you recently requested about Dow plastic lined piping products.

408. We will be reviewing some of your questions that were forwarded by NAMHAE.

409. We have already quoted to Daewoo engineering and Daerim engineering on your behalf for this project.

410. We regret the five day delay in the issue of the engineering design package and accept your assessment of a delay penalty of $ 1,340 to be deducted out of the fourth installments.

411. We will reply by the end of this week on your waste water ammonia problem.

412. I submit the following comments for your consideration in trying to identify the cause of the problem.

413. Technical assistance on site during the critical phases of the construction, erection and start-up can be provided.

414. During the first batches, the composition of the feed to the crystallizer unit was in fact too rich in o-NT(about 4% instead of 0.5%), leading to the production of more eutectic oil and consequently less p-NT.

415. The technical information necessary to make a change of campaign is included in BIAZZI operating manual, however, we will naturally be happy to provide any further infomation you may need.

416. We are of the opinion that dissolved water is still present in tetraline and is responsible for the icing of the evaporator, which leads to low heat transfer and thus decrease of suction pressure and trip of compressor.

417. In spite of a great deal of discussions and information exchanges, LINDE is unfortunately not in position to yet perfectly define the cause of the problem.

418. Functioning of filter cloth is not proper, resulting in too frequent shut-down for repair.

419. We inspect our steam drum on every turnaround and make repairs as necessary.

420. It is our understanding that NAMHAE would like to prepare for the 200 ppm emissions case now and you are anticipating a spring, 2001 shut down to make required modifications.

421. In all of our discussions and reviews of the converter simulations, one important factor stands out.
422. On a separate topic we will be sending you shortly a revision to the details of the tail gas scrubber.
423. To ensure proper installation of the spray lances , following are two suggested methods.
424. We are sorry but are not in a position to submit the technical documents for the MBA project before Monday, 20.
425. We have no specific design practice for pressurization of buildings in our hands
426. The formed ice lead to such forces in the evaporator that this one was damaged.
427. We will be pleased to answer any questions you may have on the engineering package as the detailed engineering proceeds.

6. Concluding Remarks(맺음말)

428. We thank you for the opportunity to provide our services and know-how to you.
429. I hope that this information will help you.
430. We will shortly send to you some questions.
431. Please feel free to contact us again if there is any way we can further assist you.
432. If i can be of further assistance, please do not hesitate to call me.
433. The detailed schedule will be advised to you at least two weeks before your departure.
434. We have no doubts the people of NAMHAE are experienced and therefore should understand our remarks.
435. If you desire, we can arrange for you to meet him in Seoul while you are in Korea.
436. Please advise if you have any further questions.
437. We hope there will be another chance to work together in other future project and thank you very much for your valuable assistance.
438. We wanted to purchase your product but a few other factors made it unable.
439. As we are in a hurry in project schedule, your earlier answer will be appreciated.
440. She will be pleased to assist you.
441. Your prompt action would be very helpful for smooth progress of our subject project.
442. If you have any questions, please contact MS. Barbara of our advertising and public relations department.

443. We would much appreciate your opinion on this matter as soon as possible we would like to make decision before this year.

444. I want our relationship will be continued and more increased in future.

445. I look forward to our continued good relationship.

446. We would fully appreciate it.

447. I look forward to a long, mutually beneficial relationship.

448. Please respond as soon as possible, so we may make the necessary travel arrangements.

449. If you have any further question, please let me know.

450. Please kindly arrange everything necessary and let us know all details.

451. If you have any problems with this fax., please call 53-4208 and advise.

452. Please let me know if i can be of any help in the future.

453. Please let me know if you receive it.

454. We look forward to receiving your reply in the future.

455. Your continued cooperation is greatly appreciated.

456. Your response to these points will be greatly appreciated.

457. Should you need further information, please feel free to contact me again.

458. Please advise if you are interested and we can discuss further details.

459. In connection with trip, i will forward by courier request for cash advance on NPK plant project.

460. Please keep in mind that this proposal is based on a compressor start-up.

461. Attached please find agenda for conference.

462. Please keep this in mind when checking in.

463. This would be a very big help to me.

464. Please advise your agreement or comments by return fax.

465. We look forward to receiving your order which will be carried out to your complete satisfaction.

466. In this regard, we, in CFPI, are very interested in a deeper cooperation with your company.

467. If you have farther questions, please advice.

468. We will let you know what we learn concerning the metals.

469. If you have any questions on our proposal or on other installations, please let me know.

470. He is very knowledgeable in Ammonia, urea, sulfuric acid, phosphoric acid, nitric acid and NPK plant.

471. Looking forward to your prompt attention and reply by return.
472. Your soonest reply would be most appreciated.
473. I am sending again replies to the following items.
474. MEC is willing to do the writing with NAMHAE's concurrence and approval.
475. We are also mailing copies of the material safety data sheets for these two products.
476. We look forward to NAMHAE's acceptance of co-authorship of the paper that should be interesting and informative to the sulfuric acid industry.
477. Mec believes that this paper would increase NAMHAE's and MEC's prestige at the international level.
478. Your attention to this matter is greatly appreciated.
479. I would like to express my deep appreciation for your generosity.
480. If you need more information or need to change this schedule, please let me know.
481. I will do my best to search for the answers.
482. We trust that this fax provides you with the information you wanted and we look forward to the successful commissioning of the plant.
483. Please contact us if you are interested in this expanded schedule.
484. I look forward to our receiving your payment in the near future.
485. Your best and kindest attention to this will be greatly appreciated.
486. I hope our relationship will be continued and more increased in the future.
487. Needless to mention, also we will be pleased to continue our good cooperation in the frame of future projects.
488. I await your instructions.
489. All the time, we deeply appreciate your sincere and hearty support.
490. If you have any questions concerning this fax., please contact Yeosu at (0662) 83-2060.
491. Hopefully these informations would be useful to you.
492. We would appreciate to be kept informed of the results obtained.
493. I hope to hear from you soon.
494. Sorry that we could not be of more help.
495. For your reference, we are attaching some technical information sheet.
496. We trust you will find these responses comprehensive, but please advise if you have any questions.
497. We hope that the above will meet your interest and look forward to hearing from you soon again.

498. After presentation we shall mail you a copy of the paper for your ready information.
499. Thanks for your understanding and if you have any questions, you may call me at 83-5555
500. Should you change your flight, please let us know.
501. We will inform you as soon as we have received.
502. By return fax., we would appreciate it if you could let us know.
503. Please advise before my departure.
504. Once again, thank you for your kind assistance and cooperation.
505. Attached is the copy of fax.
506. For your reference, i send you by air mail.
507. I hope that the above will meet your requirement.
508. Your continued cooperation is greatly appreciated.
509. Please answer our above-mentioned fax. by return.
510. We will do our best to assist you.
511. If I can be of further assistance, please do not hesitate to call Jim or myself.
512. Please advise if pages are not clearly received.
513. Your early reply will be highly appreciated.
514. I await your comments on this matter.
515. We look forward to receiving your purchase order.
516. If you need our assistance in any way, please do not hesitate to contact us.
517. If you have any other questions, don't hesitate to ask us.
518. Please let us know by return fax.
519. Please let us know if you require additional assistance.
520. Please let us know if we can be of additional service to you.
521. Please advise your thought.
522. Please feel free to contact us if you need further clarification.
523. We must unfortunately decline your request for us to submit our proposal.
524. Attached is a paper published by GMBH.
525. To clarify the situatiion we wish to advise and require confirmation of the following.
526. Please find attached the manual for the catalyst for your primary reformer.
527. Please do not hesitate to ask.
528. Awaiting your results and comments with interest.
529. Looking forward to hearing from you, we remain.
530. Your prompt response will be highly appreciated.
531. Thank you in advance for your kind cooperation.

532. We of course remain at your disposal for any further question.
533. We would be grateful to you if you could let us be informed of the results obtained.
534. Please keep us informed of the test results and do not hesitate to contact us if you have any further points to discuss.
535. Assuring you of our best attention at all times.
536. If there are any questions or points that need clarification, please do not hesiate to call on us or myself personaly.
537. We thank you for this opportunity, hope this scope agrees with your needs and look forward to working with you on this project.
538. We look forward with enthusiasm to again working with NAMHAE on this project.
539. If at any time you have a problem or see a problem developing, please feel free to contact me.
540. Should you have any comments, please feel free to contact us.
541. We hope our proposal is in line with your ideas and look forward to hearing from you again.
542. Hoping to work with you on this project.
543. Hoping to have been of some help to you, we remain.
544. Please let us be informed of the evolution of the situation.
545. I hope that above will meet your interest.
546. We appreciate your immediate attention and action for this matter.
547. Please acknowledge receit of the telefax and expedite information.
548. We intend to provide you a solid return on your investment with BETZ.
549. We wish you full success with this operation.

7. Miscellaneous (기 타)

550. As follow up to your purchase contract, we are scheduling our manager for a technical vist to your plant.
551. Ideally, we wish to schedule this visit to your plant for tuesday 28Jan.
552. We are planning to telephone you 15 January-approximately 09:30 to confirm detail.
553. To follow up with more detailed technical and project discussion, I will visit you on early July.
554. We are agreeable to your travel plans.
555. Should you need help in making hotel reservations or in obtaining registration forms for AIChE functions, we will be happy to help.

556. We ask, though, that you handle your AIChE registration personally in the light of the various technical sessions and activities for which you may have individual preference.
557. AIChE registration may be made in advance, or may be made in San franciso starting sunday, November 5.
558. If necessary, we would make hotel reservations in Yosu for you.
559. From our part there is no problem arriving Yosu on May 6, or May7.
560. Please let us know which arrival time do you prefer.
561. The date is not certain.
562. Upon receipt of payment, your subscriptions will commence.
563. We are preparing schedule for next trip to korea, and will send it to you by tomorrow.
564. So I have not been using my e-mail very frequently. I am looking forward to meeting you and your wife at the conference.
565. Your hotel rooms are being charged to my visa credit card account.
566. Should you still be coming to seoul next week, we would like to resolve this issue at that time.
567. I don't believe that this work can be carried out in one day.
568. The proposal is scheduled to be completed no later than Dec.30, 2001.
569. Please discuss with your job site people and contact us if necessary.
570. Please respond as soon as possible, so we may make the necessary travel arrangement.
571. We have arranged for flight from seoul to Yeosu on Aug. 31.
572. As you know, I shall arrive in seoul on Aug. 31.
573. Please let me know phone no. and adress of the beach hotel at Yeosu.
574. Everything is going well here.
575. Susan doesn't seem to be interested in talking with me about raising the price.
576. I sent a fax to you at the seoul office thinking that is where you would be.
577. Would you please call me and don't use the fax machine.
578. Good luck on trip.
579. On arrival at Yosu if no one to meet you, take taxi to Yosu beach hote.
580. We would appreciate your having someone meet us at the airport.
581. Mr. Carr is scheduled to arrive august 29. and we are coordinating the arrangements for his visit.
582. I would appreciate if you would make plane reservation for me.

583. It would be appreciated if someone would meet them at airprot.

584. Please approve the above tentative schedule.

585. If the following schedule is satisfactory to you, we would like to change to this schedule.

586. Would you please make hotel arrangements and flight reservations to and from Yosu.

587. I had looked forward to the visit very much so that I could see my many friends again.

588. We could confirm a firm schedule hopefully within this week.

589. Please help us conclude this area of concerns ; maybe we can pick up some time and startup will happen near the desived time.

590. With reference to your telefax dated Aug. 17 and Aug 22, 2001 regarding your final schedule, please be advised that we have reserved a room a the beach hotel from Aug. 31 to Sep. 9, 2001.

591. We would agree to same terms as before.

592. Dut to a conflict in my schedule, I will be unable to come to korea.

593. I have just received 4 phone calls sounding long distance.

594. Is there a chance to get a flight from seoul to Yosu on Aug. 31,1988 after 17:30.

595. My tickets to Yosu are open, and my visit to the jobsite can be schedule at your convenience.

596. Plaese let me know whom shall I contact, including phone no if unexpected problems occure.

597. He should be back this week.

598. On October 4, world agriculture and business leaders representing estimated 40 contries will gather in Kuala Lumpur, Malaysia to convene the 43rd IMC world food production conference.

599. For your information, our itinerary while in korea is enclosed.

600. Please inform their flight schedule to Japan and their age to use domestic flight reservation.

601. Please let us know if the proposed visit and dates of arrival are convenient for you.

602. Will you please arrange our visit to plant and pick us up at airport if possible.

603. At that same time, there will be plenty of time for questions and an exchange of ideas.

604. We trust the above satisfies your requirements. Should you have any further clarifications, please let us know.

605. Car rental is available of $60 daily, major credit card, international and korea driver's licenses required.

606. I hope you will be able to join us.
607. If it is conveniant to you, he will visit your plant and have a discussion with you.
608. Should you need help in making hotel reservations, we will be happy to help.
609. Her telephone no. is 54-3485 and the address is as indicated above.
610. The USA and North Korea have not decided when and where to meet.
611. In respect of above-mentioned fax regarding supervisor dispatch, please note that our Mr. Magarin is out of the office for a business trip. He will be back on 26 March 2002.
612. We have booked the above flight for Mr. Lyou.
613. Our Mr. Moore has booked himself on the same flight as yours.
614. Therefore, we kindly ask you to wait for our answer until Mr. Pizzuto is back in his office.
615. We have also made a twin-room reservation at the GREEN WAY hotel under your name on august.
616. Following reservations have been made.
617. Please purchase open tickets for the flights above.
618. IMC has given final approval for your visit to the NH3 plant.
619. We are now proposing the following agent.
620. We just submitted our requests to IMC for plant visit authorization.
621. A detailed itinerary proposed by Kellogg will also follow.
622. It will be open beginning sunday afternoon.
623. This is the same hotel which will be the site of the AIChE the preceding three days.
624. You handle your AIChE resistration personally in the light of the various technics session.
625. AIChE resistration may be made in advance.
626. As agreed, I will meet you.
627. I have been contacted by Mr Marshell of CBI industries.
628. My personal schedule at this time is full until the thrid week of nov.
629. Please find attached the updated agenda for the engineering review meeting.
630. It is my pleasure to submit this proposal for Mr. Lyou's instructions.
631. Most of them do not inspect the external insulation.
632. I shall be in Europe from 2 Oct. until 3 Nov.
633. Is there specific time table for this project ?
634. He formerly worked for CBI for a long time.
635. We feel he is well qualified.

636. Procedures are as described in the proposal.
637. Ncc is intended to inspect CBI NH3 tank in the second quarter of 1991.
638. At this time, Mr. Kim was out of the office working on assignment.
639. He returned to the office in early April.
640. So far, we have not sent any response to Mr. Kim regarding them.
641. Mr Tom has been previously involved with N2 fertilizer.
642. We would be available to visit you about March. 1 or 2 if that is convenient.
643. Thank you for your decision to come with an instrument engineer to Namhae.
644. Kellogg is most anxious to visit NAMHAE in resolving this problem.
645. Myself or someone from UBE Industries will accompany you.
646. For details, I will explain when we will see in TOKYO.
647. We hope to discuss about it in Yosu with your staff on a day in a week of FEB. 17.
648. We are looking forward to fruitful discussion in order to continue with the project on the successful basis as in the past.
649. You shall be welcome here in the week starting april 15th.
650. We expect to air mail this to you in about one week.
651. We shall make hotel reservations for you when your schedule has been fixed.
652. We confirm that the reservation of two twin rooms and one single room at the hotel.
653. We shall inform you about the flight schedule, as soon as it is determined.
654. We shall revise our travelling schedule accordingly.
655. There is no need to throttle in the loop and thus no reason to modifiy the valve mentioned since the recycle wheel is being changed.
656. Increased in solution concentration in the range of 2 to 3% HCL should not cause corrosion in the unit.
657. Our findings and observations are as follows.
658. We don't have an environmental regulation problem at our plant.
659. After reading your faxs, we have cancelled all flight reservations previously made for you.
660. We have received your 26 July fax. concerning the trip to Hukuoka and visit to IMC plant.
661. We shall be very grateful, if you are kind enough to advise us of your convenience on his visit at your earlist possible date.
662. Please advise us of your Houston arrival flight so we can arrange the airport pick-up.

663. If so, I will need his arrival and departure date for the reservation.

664. We prefer to schedule after March.

665. We are pleased to learn that Mr. Pedersen will visit Korea and he shall be welcome here April 27~30.

666. For your information, our itinerary while in korea is enclosed.

667. We are sorry to inform you that most probably we will not be able to arrive in Korea until after Oct. 9.

668. Attached please find an invitation to visit us in our hospitality suite during above conference.

669. Attached please find an invitation for the above meeting.

670. For your information, we will be giving two presentations.

671. Please be informed that I will arrive at seoul by KE-701 at 14:00 on Monday .

672. I will be arriving in seoul at 8:30 PM Jan. 23 on flight JAL-953.

673. Please advise as to your availability on the 12th.

674. Kindly note our offices are closed from Dec. 22nd to January 3rd.

675. Please acknowlegde receit of this fax by giving us further details if there are any.

676. Please advise us of your convenience for the schedule as above.

677. I look forward to welcoming you in London.

678. Please confirm if above fits your travel schedule.

679. Taking an opportunity of my force coming visit to ULSAN on May 19 and 20, I wish to visit you at Yosu plant in the morning of May 21.

680. We are pleased to inform you that, effective January 19th 2002, our office is moving to new location.

681. We appreciate your message about the present status as well as the planned progress of the project.

682. I hope our relationship will be continued and more increased in future.

683. I take pleasure in introducing Mr. Sarasina, Manager of engineerin dept.

684. If everything proceeds as I hope and expect , I should be able to make a trip to Korea around March 13.

685. Our meeting would not be completed without you, please attend.

686. Please let me know by no later than October 8 if you will be able to attend.

687. I would like the opportunity to further discuss the capablities of BETZ.

688. Attached is the preliminary agenda for the meeting, please let me know if there are additional items you would like to present or see added to the agenda.

689. Let me know by return fax how many people are traveling with you.

690. There most likely is a commuter airline flight from Philadelphia which you could pursue further.

691. Please let me know the names of those in your party so that I can arrange for plant passes.
692. Whereas, NAMHAE and BIAZZI entered into a license agreement for mononitrotoluene plant as of the day of October, 1989.
693. Upon receit of payment , your subscription will commence.
694. I am happy to inform you that my successor in my present job will be Mr. Jean Francois Priat.
695. Hoping that we will have the pleasure to meet again in an other frame, I am.
696. Attached please find invoice no.h987 in the amount of $ 59,000. as third installment for front end package for emission control of npk plant.
697. I could visit you during my next visit to korea to make a technical presentation of our acid technology products and processes.
698. I would like to visit NAMHAE alone for four or five days, starting March. 27 or 28. my preference would be to arrive on 27.
699. Due to the increased size of order or if it is a combined order, we can offer a better price on additional material as well.
700. Regarding above-mentioned fax, we already know about the problem of control systems and PCs being partly not co-matching "Year 2000 Compliant".
701. This refers to your fax YNL-0115. We looked through your investigations. Please find below our comments.
702. Final confirmation will be made during the design review meeting after receiving your comments.
703. With regard to above-mentioned fax, please be informed as follows;
704. By using our direct numbers, you enable us to give you a quick response to your messages.
705. From 02-03-31 our fax number 2143-21695 will no longer be available.
706. In connection with the first meeting day next week I regret to inform you that I have a very important meeting on Monday early morning.
707. With respect to the kick-off meeting on April 1 to 4, 2001, we like to thank you very much for the positive atmosphere and the pleasant arrangements by your company. We like to ensure you that we will do our very best to fulfill at your needs and experiences.
708. We wish to take this opportunity to thank you for allowing us to submit our proposal for the above-mentioned project.
709. Please enclosed you will find our bid number YN-3721, which covers commercial and technical aspects of your inquiry.

710. We trust that you will find this offer complete to your requirements. If you have any questions, please do not hesitate to contact us anytime.

711. Please let us know if you prefer to receive the drawings in original CADCAM format or in the AUTOCAD format.

712. With reference to the above-mentioned order, we are forwarding copy of the P.O. duly signed.

713. Williams is now modifying programs offering updates to cover this problem. For any proposal such as how to modify software and possibly also the PC, we will have to wait until approx. end of this year.

714. Preliminary talks about this can be done with our system manager during commissioning of the plant.

715. Kindly let us inform about the present situation and the anticipated commissioning period.

716. Please be informed in advance that it will be almost impossible for us to dispatch a commissioning team from mid July to August period.

717. Referring to your fax dated 19 May, which has been sent to me for action, while I am traveling away from Taiwan.

718. With regard to your fax 9853, dated January 15, 2002, please be informed that we have no HAZOP study report for this plant available.

719. In connection with the open items of engineering review meeting for machinery, please be informed as follows;

720. I told him that I personally knew that you did and gave you high recommendations.

721. I also said that I would contact you so that you could resubmit your C.V. showing phosphoric acid production and technical experince.

722. By the way the plant is now under construction and should be starting up in February to March 2001.

723. Sorry I have missed some replies but I have been out of the office.

724. It is a possible way to supplement your income.

725. I would think that our sales director Mr. Thornhill might be interested in exploring this association on perhaps a case-by-case basis.

726. I will be glad to send a e-mail of introduction to Mr. Fell.

727. He is our technical director in charge of all process work and start-up activities.

728. We do have start-ups for the following plants coming up around September this year.

729. I will talk to Mr. Thomas and suggest that we consider using your services for this start-up, as we will probably need more personnel for this effort.

730. These individuals would have to relocate to either India or Australia for a period of time. Say 2 to3 years.
731. I will keep my eyes and hears open to try to help as much as possible.
732. Please keep in touch and I will let you know if I get other leads.
733. I was delighted to get some news from you even if the news is not very good.
734. I am sure he will spread your curriculum vitae in a large international audience.
735. Should I see any possibility of co-operation with you, I will certainly contact you.
736. In the meantime, should you have any opportunity to visit our country, please do not hesitate to contact me; it is always a pleasure for me to meet you.
737. I am in receipt your facsimile of January 17, 2002 with regard to the DNT plant safety audit.
738. Due to our workload and current project forecast, Mr. Taylor regrets that we will not be able assist you with this project.
739. In case salts are present, they should be treated with care and removed by washing rather than by strong scraping, heating or burning.
740. You can reach him at the following e-mail; yhkim@hotmail.com.
741. Please use my new e-mail address; yhkim@hotmail.com. I will keep this e-mail address active through the end of this year.
742. I hope this message finds you well.
743. If the line rings busy, then some one here is on line with the computer, please try again later.
744. Yes, I will be very happy to meet with Mr. Pirre in Taiwan. Please be advised that I am presently in Mailiao Taiwan.
745. I will return to my office on 29 January 2002. If Mr. Arthur requires some assistance before 29 January, I suggest that he contacts Mr. Vince.
746. Yes, of course, I will suggest that Mr. Thomas engages Mr. Kim as a consultant.
747. Thank you very much for your message earlier this month. Please accept my apologies for not replying earlier.
748. I hope preparations for the conference are proceeding smoothly.
749. I am very delighted to hear your prompt message regarding the "Permission to copy Abstract and Manuscript".
750. Congratulations for your "Honored Service Award", I know that you are well deserving of such regard.

찾아보기

(ㄱ)

(ㅇ)

(ㅎ)

(A)

(B)

(C)

(D)

(E)

(F)

(G)

(H)

(U)

(V)

(W)

(Y)

(Z)

저 자 약 력

현재: •Y.H.KIM Eng. & Mfg. International Consultant, Representative
•한양대학교 공학대학원, "화학플랜트 설계특론" 교과목 전담

학력: •한양대학교 공학대학원 화학공학과 공학석사
•한양대학교 공과대학 화학공학과 공학사

전공: 화학공학: •공정시스템 Eng. •화학공장응용설계 •화학장치설계
•화학공정공학 •공정안전 •공장안전

저서: 대학/대학원 교재:
•화학공장의 응용설계와 건설 (2015, 제3판), 도서출판 아진
•화학공장의 건설과 관리 (2017, 제5판) 도서출판 아진
•우리들의 비전과 TARGET을 어떻게 정복할 것인가? (2015, 초판) 신광문화사
•공학철학 (Engineering Philosophy) (2016, 초판), 도서출판 아진

경력: •한양대학교 공학대학원, 화학플랜트 설계특론 (Special Topics on Design of Chemical Plants) 교과목 교육전담
•KAIST 인문사회과학과 대우교수, 공학철학, 행복론 교과목 교육전담
•POSTECH, 포항공과대학교 Engineering 대학원, 화학장치설계(Design of Chem. Equipment), 화학공정공학 (Chemical Process Engineering) 교과목 교육전담
•전남대학교 공과대학 화학공학과 객원교수
•한국과학기술정보연구원(KISTI) 전문연구위원
•DuPont (Korea) Inc. Independent Consultant
•대만 Formosa Group, NanYa Chemical Corp. Senior Consultant
•대만 Formosa Group, NanYa Chemical Corp. PSRME Consulting
•인도 GNVFC Fertilizers Co., Ltd. PSRME Consulting
•인도 OSWAL Chemical & Fertilizers Corp. Senior Consultant
•한. 미 합작 남해화학㈜(제7비료공장): 미국 Flour, DPG, Chemico, Agrico사에서 교육 이수
•한. 미 합작 진해화학㈜(제4비료공장) 장학생 선발 입사
•대학/연구소 특강 및 컨설팅: 서울대, KAIST, 포항공대, 연세대, 고려대, 한양대, 서강대, 전남대, 인하대, 부산대, 동국대, 포스코패밀리, 울산정밀화학센터, 한국가스공사 연구개발원, POSCO Engineering 연구센터 등
•기업체 안전교육: LG화학 기술연구원, 대우조선, 삼성중공업, POSCO 광양제철, Lotte 대산유화, 한화석유화학, 풍산금속 등
•미8군 KATUSA 만기전역

수상: •미국 마르퀴즈 세계인명사전 (Marquis Who' s Who In the World, 2011 Year, 28th Ed.) (2011 제28 판)에 등재
•영국 IBC 국제인명센터(International Biographical Centre, Cambridge, England), Top 100 Engineers-2011에 등재
•대만 Formosa Group, NanYa Chemical Corp. "Honored Service Award" 수상
•대한민국 사단법인 한국화학공학회(KIChE) 기술상 수상

논문발표:
•제6차 화학공학 세계학회(6th World Congress of Chemical Engineering), 화학공정교육부문
•제9차 화학공학 세계학회(9th World Congress of Chemical Engineering), 화학공정교육부문
•GPEM (The Global Perspectives on Engineering Management) World Academic Publishing
•미국 MKOPSC (Mary Kay O' Connor Process Safety Center) 국제학회, 화학공정안전부문
•SICE-ICASE 2006 International Conference 국제학회, 화학공정안전부문
•3rd PSE Asia 2005 International Symposium 국제학회, 화학공정안전부문
•CHISA 15th Int. Congress of Chemical and Process Engineering 국제학회, 화학공정안전부문
•한국화학공학회(KIChE) Process System Engineering 부문 등에 총 43편

삶의 좌우명: •진인사대천명(盡 人 事 待 天 命, Do your best and leave the rest to God.)
•오늘은 내일의 원천이다.

E-mail: yhkim1116@hotmail.com
Blog: http://blog.daum.net/greenishk

화학공장의 건설과 관리

- 5판 -

A-JIN

지은이와 협의 인지 생략

인　　쇄	2017년 04월 10일
발　　행	2017년 04월 20일
저　　자	김영호
발 행 처	도서출판 아진 437-120 경기도 의왕시 이미로 40 (포일동 653번지) 인덕원·IT밸리 A동 1019호 TEL:02-737-0663 FAX:02-737-0664 Homepage:ajin.to E-mail:kgb@ajin.to
발 행 인	김 근 배
등록번호	제300-1995-56호
I S B N	978-89-5761-510-2　　93570

가격 45,000원